생화학 기초 개념

Nobuyoshi Esaki, Hiroyoshi Fujita

化学同人
生化学基礎の基礎
知っておきたいコンセプト

Nobuyoshi Esaki · Hiroyoshi Fujita
KAGAKU-DOJIN PUBLISHING COMPANY, INC.
SEIKAGAKU KISO NO KISO

국외집필자

Nobuyoshi Esaki	교토(京都)대학교 명예교수
Tatsuo Kurihara	교토(京都)대학교 교수
Hisaaki Mihara	리츠메이칸(立命館)대학교 교수
Kenji Kano	교토(京都)대학교 교수
Hiroyoshi Fujita	홋카이도(北海道)대학교 교수
Ken Sato	홋카이도(北海道)대학교 교수
Tohru Nakayama	토호쿠(東北)대학교 교수
Tohru Yoshimura	나고야(名古屋)대학교 교수
Hiroshi Ueno	나라여자(奈良女子)대학교 교수
Shun-ichi Kuroda	오사카(大阪)대학교 교수
Kenji Inagaki	오카야마(岡山)대학교 교수
Hiroki Kondo	큐슈(九州)대학교 교수

생화학 기초 개념

Nobuyoshi Esaki, Hiroyoshi Fujita 편저
지광환 편저역

탐 구 당

머리말

본서는 생화학 분야에서 일본을 대표하는 교토대학교 교수들을 중심으로 집필과 편집을 맡아 일본에서 큰 인기를 얻어 여러 대학에서 강의에 사용되고 있는 책입니다. 본서의 특징은 필요한 부분만 읽어도 개념을 얻을 수 있다는 점에 있습니다. 요즘, 생화학은 이학과 공학의 여러 분야의 기초 분야를 다루게 되어 범위가 제한 없이 넓어지고 있습니다. 따라서 생화학 교과서는 점점 더 두꺼워 지고 있습니다. 또한 대부분은 내용이 너무 광범위하여 독자들이 알기 어려운 내용으로 되어 있는 것 역시 사실입니다.

이렇게 분량이 많고 두꺼운 교과서와는 대조적으로, 중요한 포인트를 간단하게 습득할 수 있는 참고서가 있으면 편리할 것 입니다. 그러나 애석하게도 생화학의 분야에서는 지금까지 거의 이러한 참고서가 거의 존재하지 않았습니다. 그래서 교과서도 아니고 사전도 아니며, 각 항목을 읽으며 학습 할 수 있는 하이컨셉 참고서로서 본서를 만들게 되었습니다.

본서는 '생화학 기초의 기초', '생화학 기초의 두드림'에 이어 최신의 내용을 추가하고 보기 편하게 완전히 새롭게 디자인하여 "생화학 하이컨셉"을 출판하게 되었습니다.

집필과 번역에 있어 국외 집필 교수들과의 오랫동안 공동연구 등을 통해 맺은 관계를 바탕으로, 각 집필자의 의도에 충실하게, 알기 쉽고, 흥미롭게 표현하고, 새로이 추가된 항목도 본래의 책 의도에 맞게 주제를 선택하였습니다. 표기에서는 한국어로의 표현 방법에도 노력을 하였지만, 영문과 한자를 동시에 표기하여 이해를 돕고자 하였습니다. 또한 노벨상 수상자(생리의학상과 화학상)일람을 부록에 넣어 본서의 각 항목들이 인류에 공헌하는 비중을 느낄 수 있도록 하였습니다.

본 참고서가 생화학에 관심이 있는 모든 분들에게 생화학의 흐름을 파악할 수 있는 기초가 되기 바랍니다. 생화학을 전공으로 하지 않지만, 전공선택으로 공부해야 하는 학부학생들과, 의약학전문대학(원)을 준비하는 학생들이 생화학의 흐름을 잡는데 큰 도움이 되리라 생각합니다. 심지어는 생화학의 기초지식이 필요한 화학공학, 고분자공학, 신소재공학 등 타 전공의 대학원생도 개념과 흐름을 이해하는데 도움이 될 것입니다. 그리고 본

서로 공부를 한 학생들이 생화학이 어렵다는 인식보다 매우 흥미로운 분야임을 느꼈으면 합니다.

일본의 집필자 여러분, 일본화학동인 출판사, 탐구당 홍정수 대표님, 그리고 교정에 도움을 준 손미진 조교, 전영준, 배원빈, 손현빈, 문태양 군 들에게 감사의 말씀을 드립니다.

대표편저역자 지 광 환

목차

Chapter 01

생체 원소

生體元素, Bioelement

생체의 구조 유지, 에너지 대사, 세포 증식 등 생명 활동에 필요 불가결한 원소를 생체 원소 또는 생원소라고 한다(그림 1). 그 중에서도 C, O, N, H는 주 구성 원소로 불리고, 그 함량은 동물, 식물, 미생물 등 거의 모든 생물 종에 있어서 생체를 구성하는 전 원소 총량의 약 95%를 차지한다. 이들 4 원소 외에 주로 뼈와 치아에 존재하는 Ca과 P를 더하면, 인간의 경우 전량의 99% 이상을 차지하며, 이들 6원소를 가리켜서 다량 원소로 부른다. 여기에 소량 원소로 불리는 S, Mg, Cl, Na, K, Si를 더하면, 사람을 구성하는 전체 원소(전 구성 원소)의 100% 가까이 되므로, 이들 12원소를 상량 원소라고 한다(그림 2). 한편, 고등식물에서는 P보다 K의 함량이 높고, 다량 원소는 O, C, H, N, Ca, K의 6원소로, 그 총량은 전체의 98% 이상이 된다. 이외의 생체 원소로서 함량은 적지만 필요 불가결한 원소가 많이 존재하는데 이들을 필수 미량 원소라고 부른다. 미량 원소는 일반적으로 중량비가 0.01%(100 ppm) 이하의 원소를 말하며, 사람의 경우에는 Fe(중량비 0.006%)보다 함량이 낮은 필수원소가 여기에 해당된다. 함량이 높은 순으로 Fe, F, Zn, Sr, Pb, Cu, Sn, Mn, Se, I, Ni, Mo, Cr, As, V, Co의 16원소가 포함되고, 인간이나 실험 포유동물에 있어서 그 필수성이 확인되었다(그림 1). 식물에서는 B도 필수 미량 원소표에 포함되어 있고, Al도 성장 촉진 효과가 있다.

필수 미량 원소는 비타민류와 같이 필수 영양소이지만, 비타민류와는 다르게, 통상

Key words

주 구성 원소(主 構成元素, basic structural element), 상량 원소(常量元素, major element), 필수 미량 원소(必須微量元素, essential trace element)

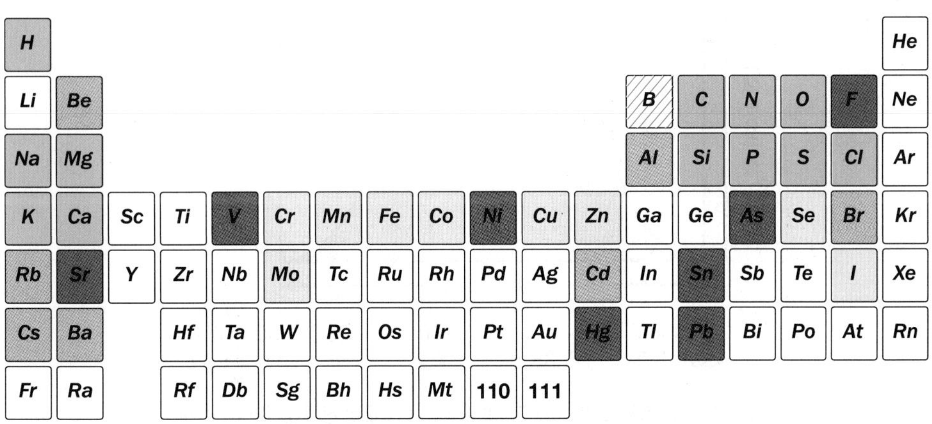

| 그림 1 | 주기율표와 생체 원소

상량 원소(▭), 사람에 있어서 필수성이 확인된 미량 원소(▭), 실험 포유동물에서 필수성이 확인된 미량 원소(▬), 사람에 존재하는 그 외의 생체 원소(▭), 식물에 특이적인 필수 미량 원소(▨).

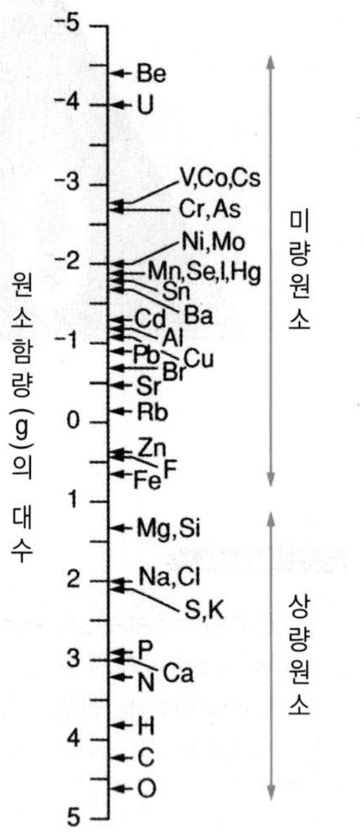

| 그림 2 | 사람의 표준원소 조성
표준의 사람(체중 70 kg)의 원소함량(g)을 대수(log)로 표시한 것
(즉 1 = $\log_{10}10$ → 10 g, 2 = $\log_{10}10^2$ → 100 g, 3 = $\log_{10}10^3$ → 1 kg, 4 = $\log_{10}10^4$ → 10 kg 을 의미함)

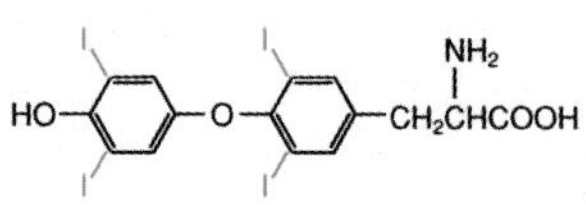

• Thyroxine 구조

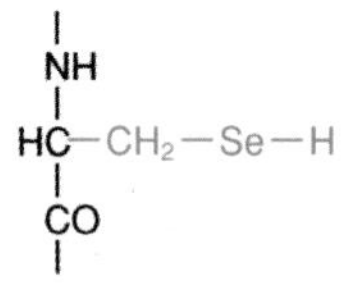

• 셀레노시스테인 (selenocysteine) 구조

의 식생활을 하면 결지증이 나타나는 경우는 거의 없다. 그 이유로는 필요량이 매우 적기 때문에, 통상의 식품에서의 공급으로 충분하다는 점과, 원소 그 자체가 비타민류처럼 대사분해를 받기 때문에, 체내에서 재흡수, 재이용되기 쉽다는 점 등이 있다. 그런데 음식이 아닌, 고칼로리 수액(輸液) 등을 장기간 이용하는 경우, 수액에 필수 미량 원소를 첨가하지 않으면 결지증에 걸리는 경우가 있다. 그리고 외부와의 식품의 유통이 거의 없는 지역에서는 필수 미량 원소의 결지증이 풍토병으로 나타나는 경우도 있다. 요오드(I)는 갑상선 호르몬의 thyroxine• 과 triiodothyronin에 함유되어 있고, 요오드가 부족하면, 갑상선 호르몬의 생산이 불충분하게 되고, 갑상선종양에 걸리기 쉽게 된다. 요오드는 해초류에 많이 함유되어 있는데, 해초류를 거의 먹을 기회가 없는 내륙에서는 요오드 결지에 의한 갑상선종의 발병이 눈에 띈다. 셀레늄(Se)은 glutathione peroxidase 등의 효소의 활성중심에 셀레노시스테인(selenocysteine) 잔기• 의 형태로 함유되어 있고, 중요한 생리적 기능을 하고 있다. 이전에 중국의 흑룡강성 극산현에서 다발한 심장병이 셀레늄의 결지에 의한 풍토병으로 판명된 적이 있다. 이 지방에서는 토양과 하천에 셀레늄 함량이 적은 이유로, 이 지역에서 재배된 음식에는 셀레늄 함량이 적어 풍토병의 원인이 되었다.

필수 미량 원소라 하더라도 과량 섭취하면 독이 된다. 그림 3에 나타낸 바와 같이, 어느 원소라도 생명 활동에 있어서 최적의 농도범위가 있다. 그 이하의 농도에서는 결지증이 되고, 그 이상의 농도라면 과잉증이 된다. 셀레늄도 플루오르(F)도 과잉증을 나타내는 농도가 결지증을 나타내는 농도의 정도가 수 배인 점은 주목을 끈다. 멘케스 증후군(Menkes' syndrome)은 구리(Cu)대사에 관련한 선천성 유전질환인데, 소화관에서 간장으로의 구리 흡수의 장애로, 소화관에서는 구리가 과다 축적되어 중독현상이 일어나고, 간장 등에서는 구리가 부족한 결지상태가 되는 병이다.

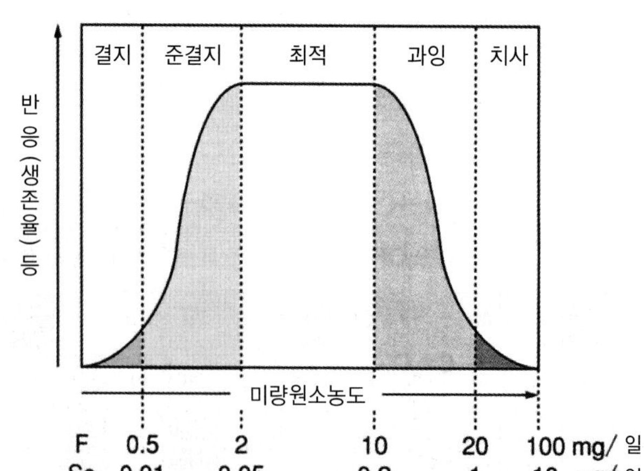

| 그림 3 | 필수원소의 농도와 생체의 반응(예로 생존율)과의 관계
F 와 Se의 1일당의 섭취량을 각각 mg 혹은 μg으로 표시

당질의 구조

糖質의 構造, Structure of Carbohydrate

Chapter 02

Key words

D-글루코스(D-glucose), 피라노즈(pyranose), 셀룰로스(cellulose), 전분(starch), 글리코겐(glycogen), 키틴(chitin)

당은 생물의 주요한 영양원으로 당의 동료인 당질은 자연계에 무엇보다도 많이 존재하는 유기화합물이다. 통상 당은 탄소, 수소, 산소만으로 이루어진 분자로, 단당은 $C_nH_{2n}O_n$(n은 3 이상의 정수)의 조성을 취하고 있다. 구조적으로는 탄화수소의 골격에 카보닐기와 복수의 하이드록시기가 붙어 있는 형태를 취하고 있다. 카보닐기가 알데하이드이면 알도스(aldose)라 부른다. 또한 구성 탄소 원자의 수에 의해서 삼탄당(triose), 사탄당(tetrose), 오탄당(pentose), 육탄당(hexose), 칠탄당(heptose)이라 부른다. D형•의 알도스와 케토스(ketose)의 구조를 그림 1에 나타내었다. 무엇보다 중요한 단당은 글루코스(포도당, glucose)이다. 광합성을 수행하는 생물(주로 식물)은 이산화탄소와 물로부터 태양광의 에너지를 이용하여 글루코스를 합성한다(30항 참조). 생성된 글루코스는 영양원이 될 뿐 아니라 중축합하여 셀룰로스(cellulose)가 되어 생물의 조직을 형성하기도 한다.

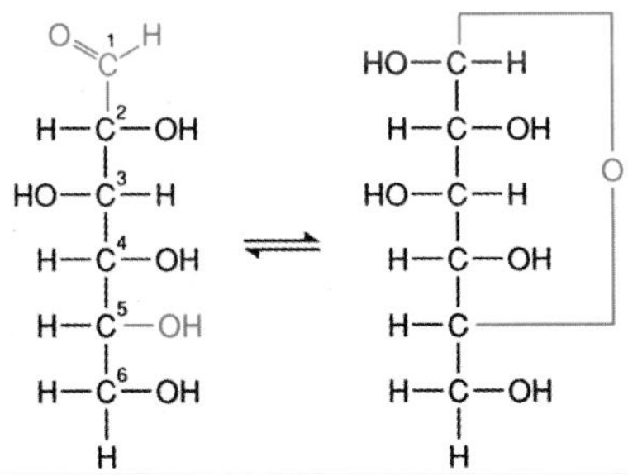

D-glucose β-D-glucopyranose

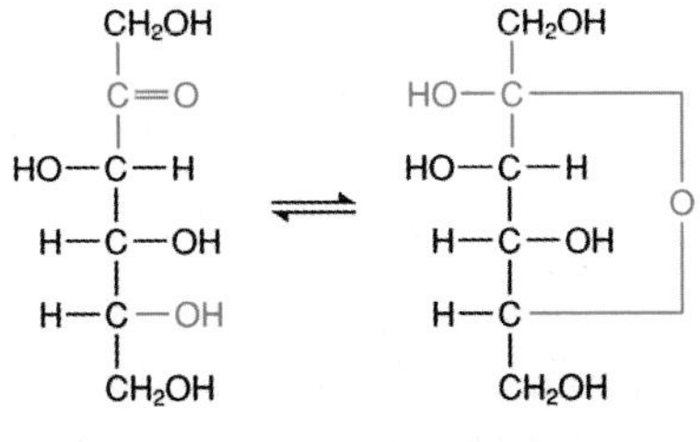

D-fructose β-D-fructofuranose

•입체배위의 R, S표기법

비대칭 탄소 주변의 입체배위를 표시하는데 있어 R, S표기법이 사용된다. 비대칭 탄소에 붙어 있는 네 개의 치환기에 원자번호가 큰 순서로 우선 순위를 두고, 우선 순위가 제일 작은 치환기 ④를 가장 멀리 두고분자를 보았을 때, 우선 순위 ①, ②, ③이 우회전이라면 R, 좌회선이면 S라고 한다.

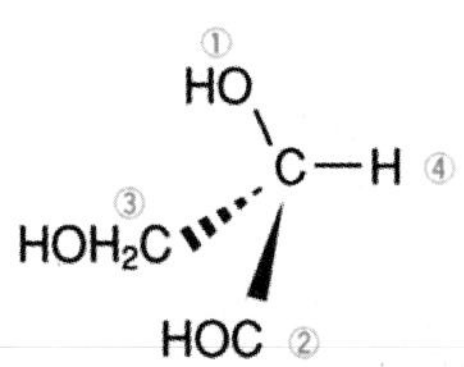

D-(R)-glyceraldehyde

•D의 의미

알데하이드기 또는 케토기로부터 가장 먼 비대칭 중심이 D-glyceraldehyde의 그것과 마찬가지로 R 배치이면 D 형이라고 함

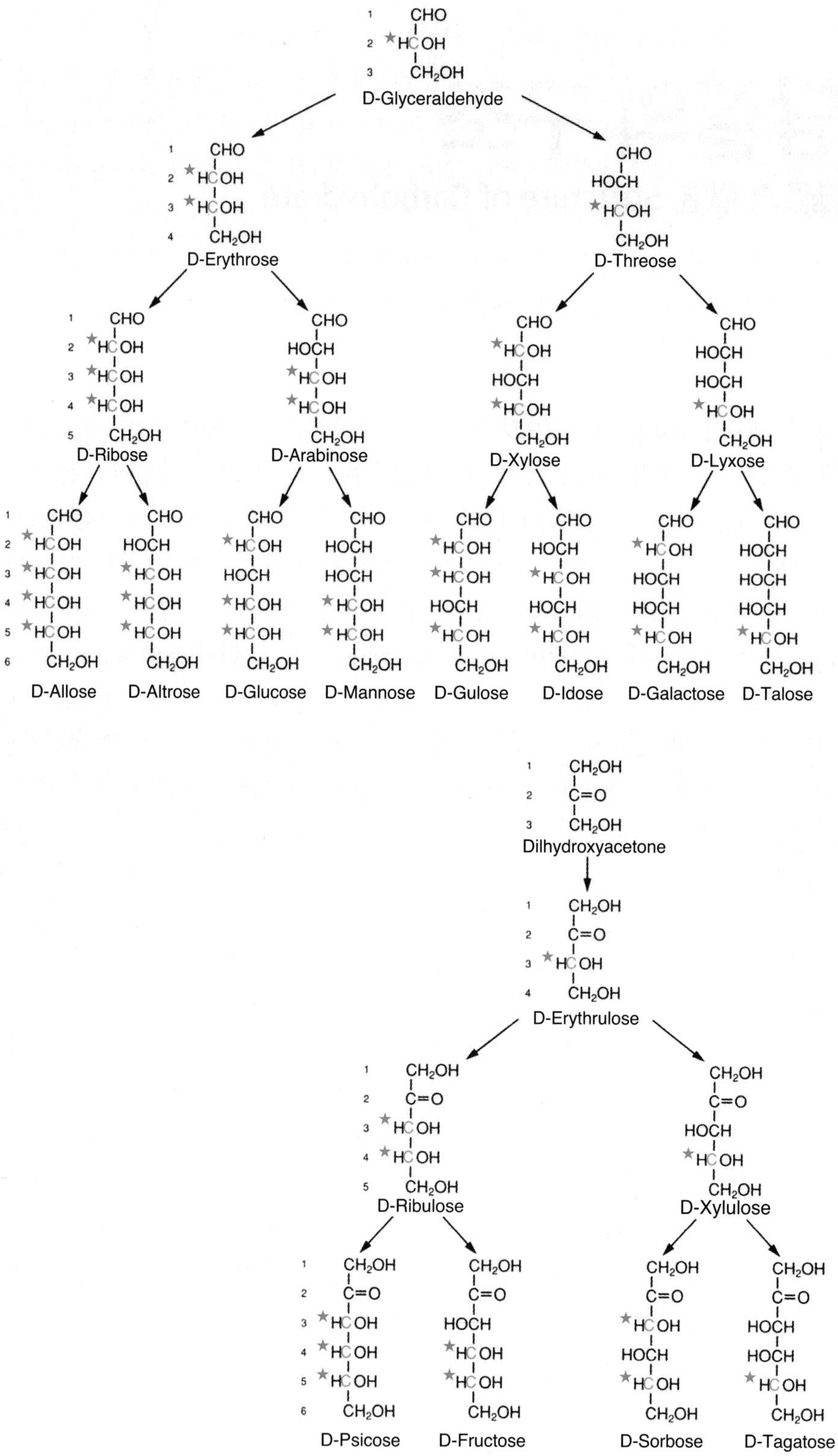

| 그림 1 | D형 알도스와 D형 케토스의 구조

★ 파란색으로 나타낸 탄소는 R배치, 나머지는 S배치를 나타낸다. D-glyceraldehyde와 그의 대장체(對掌體)인 L-(2S)-glyceraldehyde는 서로 거울상 이성질체(enantiomers)의 관계이다. 한편, 탄소수 4 이상의 알도스와 탄소수 5 이상의 케토스는 분자 내에 복수의 비대칭 탄소를 갖기 때문에, diastereomer라고 한다. 예를 들면 D-리보스와 D-아라비노스, D-글루코스, D-만노스 등은 서로 하나의 비대칭 탄소의 위치가 다를 뿐이고, 서로 epimer의 관계에 있다.

•당의 환원성

단당과 다당에서 말단에 헤미아세탈(hemiacetal) 구조가 존재하면, 쉽게 알데하이드 형으로 돌아가는 것이 가능하여 환원성을 나타낸다. 예를 들면, 알데하이드를 갖는 당을 은(Ag) 이온의 용액과 처리하면, 알데하이드가 carbonate로 산화되는 것과 동시에 은 이온이 금속 은으로 환원되기 때문에 은의 석출을 관찰할 수 있다. 아세탈은 환원성을 나타내지 않는다.

D-글루코스와 같은 알도스 그리고 D-플럭토스(fructose)와 같은 케토스 모두 하이드록시기와 알데하이드기 또는 케토기가 반응하여 환상구조가 된다. 헤미아세탈과 같은 육각환을 피라노스(pyranose)●, 헤미케탈과 같은 오각환을 푸라노스(furanose)라 한다. 통상 용액에서나 고체의 상태에서나 모두 환상구조가 많고, 특히 다당에서는 완전한 환상구조가 된다. 글루코스에서는 원래 비대칭 탄소가 다수 존재하지만, 환상구조를 취함으로써 새로운 비대칭 탄소가 생기고, α형과 β형의 입체 이성체가 생성된다●. β형의 구조식을 Haworth 구조식과 실제의 구조에 가까운 의자형의 구조식을 나타내면 다음과 같다.

●아노머(anomer)

원을 형성하는 반응에 의해 비대칭 중심이 생기는 알데하이드의 탄소를 아노머 탄소라 한다. Haworth 구조식으로 당의 구조를 표시할 때, OH기가 환의 아래에 위치하는 것을 α, 위에 위치하는 것을 β라고 부른다.

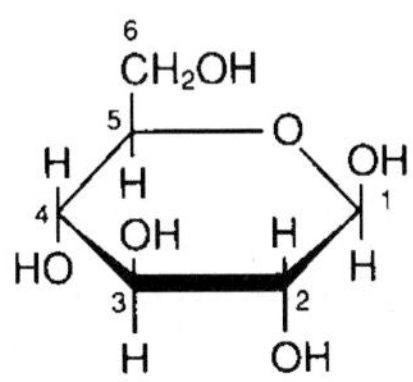

Haworth 구조식

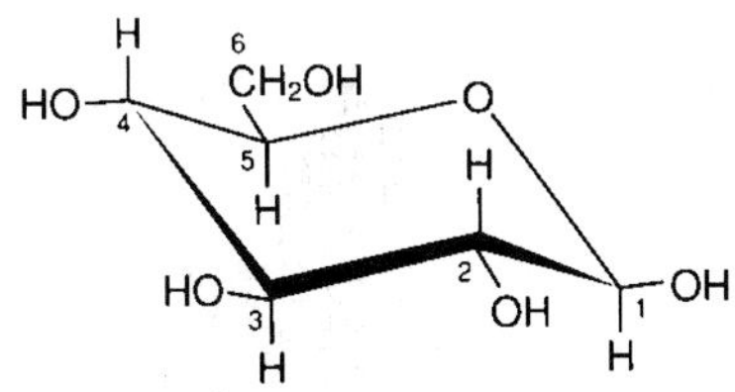

의자형 구조식

●헤미아세탈과 아세탈 (hemiacetal, acetal)

알데하이드와 1 mol의 알코올이 반응하여 생긴 생성물을 헤미아세탈, 2 mol의 알코올과 반응하여 생긴 생성물을 아세탈이라고 한다. 과당(플럭토스, fructose)과 같은 알데하이드기 대신에 케토기를 갖는 당의 경우에도 헤미케탈(hemiketal)과 케탈(ketal)이 존재한다.

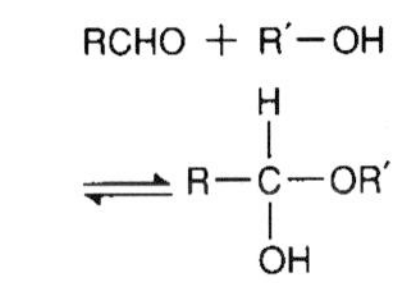

헤미아세탈

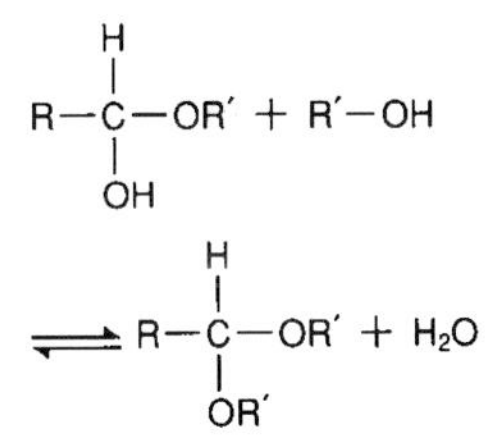

아세탈

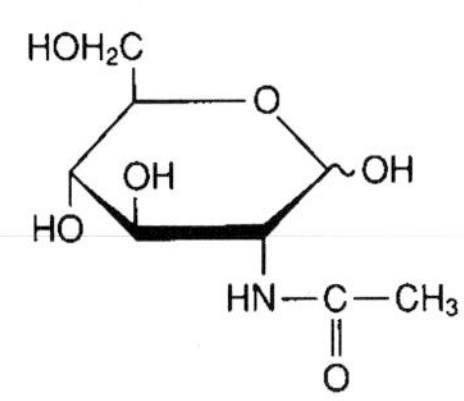

N-아세틸글루코사민 (N-acetylglucosamine)

글루코스와 같은 단당은 분자 내의 헤미아세탈의 하이드록시기를 이용하여 다른 당의 하이드록시기와 축합하여, 두 개 이상의 다당을 형성하는 것이 가능하다. 이때 생성하는 결합을 글리코사이드(glycoside) 결합이라고 하고, 생성물을 아세탈●이라고 부른다. 두 분자의 글루코스가 1위와 4위에서 결합하면 말토스(maltose)가 형성된다. 물론 다른 한편의 당의 다른 위치(2, 3, 6위)의 하이드록시기가 아세탈을 형성하는 것도 가능하여 생성 가능한 이당 및 다당의 종류는 매우 다양하다. 이것이 당의 특징 중 하나이고, 글리코겐(glycogen, 동물의 주요한 저장형의 당), 전분(starch, 식물의 저장형의 당), 셀룰로스 등의 차이가 이 결합양식에서 기인한다. 전분은 글루코스가 α1→4 결합하여 생긴 아밀로스(amylose)와 거기에 α1→6 결합의 분기를 통하여 형성된 아밀로펙틴(amylopectin)으로 되어 있다. 따라서 글리코겐과 아밀로펙틴은 서로 닮은 구조를 하고 있다. 셀룰로스는 글루코스가 β1→4 결합으로 연결된 폴리머이다. 게, 새우 등의 갑각류의 껍질 성분인 키틴(chitin)은 N-아세틸글루코사민(N-acetyl glucosamine)●이 β1→4 결합하여 형성된 폴리머이다. 또한 단백질 중에서는 당 사슬로 수식되어 있는 것이 있는데 이를 당 단백질이라고 부른다. 당 사슬은 아스파라긴(asparagine) 잔기 또는 세린(serine), 트레오닌(threonine) 잔기와 결합하여 전체 사슬의 길이는 여러 종류가 있지만, 수 개에서 수 십 개의 당의 단위로 연결되어 있는 것이 많다.

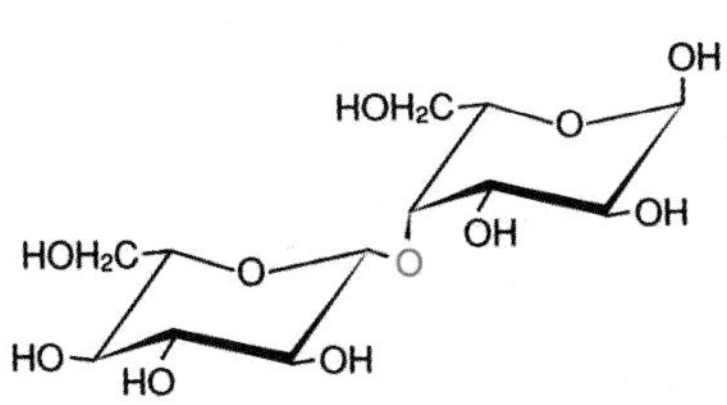

말토스(maltose)

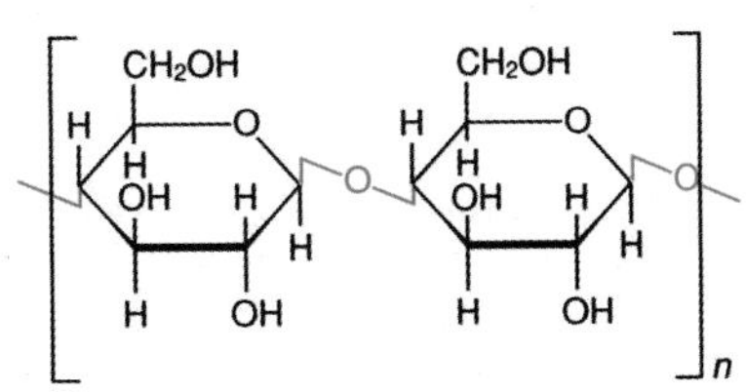

셀룰로스(cellulose)

Chapter 03

지질과 생체막

脂質과 生體膜, Lipid and Biomembrane

Key words

트리아실 글리세롤(triacyl glycerol), 인지질(燐脂質, phospholipid), 스테롤(sterol), 지질이중층(脂質 二重層, lipid bilayer), 유동(流動)모자이크 모델(fluid mosaic model)

지질이란, 좁은 의미로는 트리아실 글리세롤(유지, 油脂), 글리세롤 인지질(glycerol phospholipid), 스핑고 인지질(sphingo phospholipid) 등 분자 중에 긴 사슬지방산 또는 이와 비슷한 탄화수소 사슬을 갖는 생체 분자를 가리킨다. 그리고 넓은 의미로는 스테로이드와 전분도 함유한다. 이렇게 지질을 한 마디로 하면, 서로 화학적 성질을 달리하는 많은 화합물 군이 함유된다. 그리고 대분분은 물에 녹지 않는다. 지방산(脂肪酸)●은 지질의 중요한 구성 성분이다. 고등동식물의 주요한 지방산은 팔미트산(palmitic acid), 스테아린산(stearic acid), 올레인산(oleic acid)등이 있다. 이들의 대부분은 트리아실 글리세롤 등과 에스터형으로 존재하고, 생체 내에서 유리(遊離)한 상태로 존재하는 경우는 매우 드물다.

트리아실 글리세롤●은 글리세롤의 세 개의 OH기에 3개의 지방산이 에스터로 결합한 구조를 가지고 있다. 트리아실 글리세롤은 에너지 저장물질로서 매우 중요하다. 당과 단백질보다도 산화 정도가 낮기 때문에, 산화에 의해 큰 에너지를 얻을 수 있기 때문이다. 동물의 지방 세포에서는 세포 내의 대부분이 트리아실 글리세롤로 되어 있는 지방적(脂肪滴)으로 이루어져 있다. 트리아실 글리세롤은 생체 내에서 무엇보다도 대량으로 존재하는 지질이지만, 생체막의 구성 성분은 아니다.

생체막의 주요한 구성 성분은 인지질이다. 인지질은 글리세롤을 골격으로 하는 글리세롤 인지질(glycerol phospholipid)과 스핑고이드(sphingoid)를 골격으로 하는 스핑고 인지질로 크게 나눌 수 있지만, 이것들은 모두 친수성의 머리 부분(콜린 인산 등)과 소수성의 꼬리부분(긴 탄화수소 사슬)을 합친 양친매성 화합물(극성 및 비극성의 용매에 모두 친화성을 갖는 화합물)이다(그림 1). 이 양친매성이야말로 수용액 계에서 막 구조를 형성하기 위해 꼭 필요한 성질이다. 고농도의 인지질을 물 속에서 분산시키면, 다수의 분자가 회합하여 지질이중층을 형성한다(그림 2). 지질이중층은 물 속에서 닫힌 공간을 만들어 내며, 극성화합물을 투과시키지 않기 때문에, 지질이중층으로 둘러싸인 공간은 외부와 다른 환경을 만들어 내는 것이 가능하다. 극성화합물이 생체막을 투과하기 위해서는 대부분의 경우 뒤에서 설명하는 막 단백질이 필요하고 상세한 내용에 대하여는 막 수송을 다룬 48항을 참조하기 바란다.

● 대표적인 지방산의 구조 (이중결합은 모두 cis)

팔미트산
$CH_3(CH_2)_{14}COOH$
스테아린산
$CH_3(CH_2)_{16}COOH$
올레인산
$CH_3(CH_2)_7CH{=}CH(CH_2)_7COOH$
리놀산
$CH_3(CH_2)_4CH{=}CHCH_2CH{=}CHCH_2)_7COOH$

● 트리아실 글리세롤 (R^1, R^2, R^3는 탄화수소 사슬)

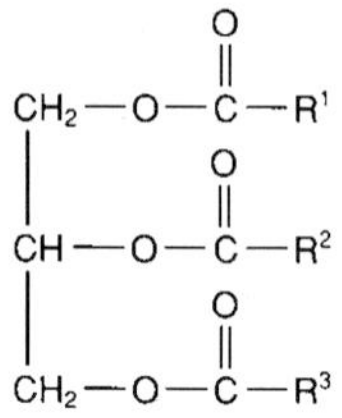

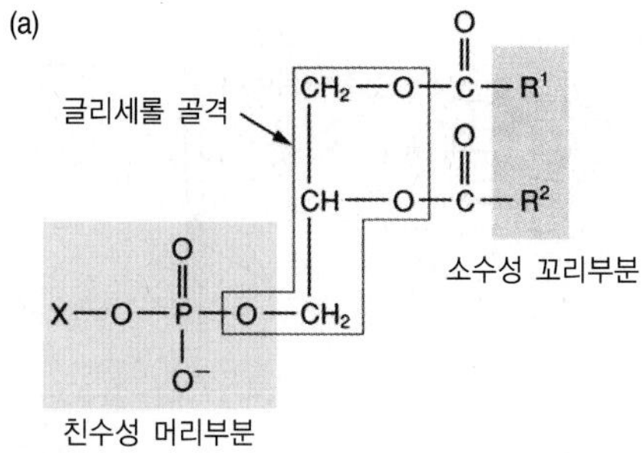

인지질	X−
Phosphatidic acid	$H-$
Phosphatidyl ethanolamine	$H_3\overset{+}{N}CH_2CH_2-$
Phosphatidyl choline (lecithin)	$(CH_3)_3\overset{+}{N}CH_2CH_2-$
Phosphatidyl serine	$^{-}OOCCH(\overset{+}{N}H_3)CH_2-$
Phosphatidyl inositol	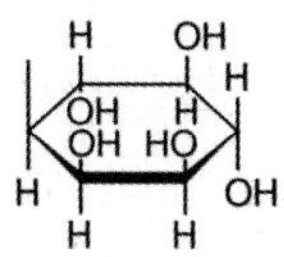
Phosphatidyl glycerol	$HOCH_2CH(OH)CH_2-$
Diphosphatidyl glycerol (cardiolipin)	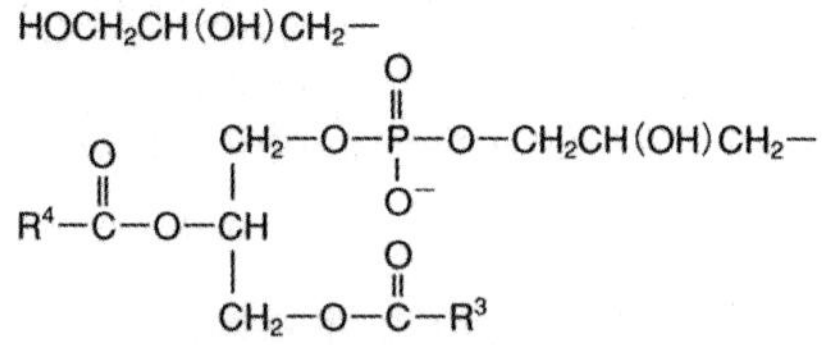

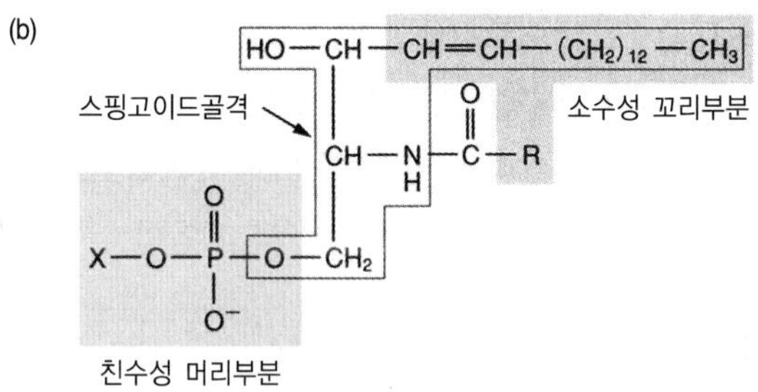

인지질	X−	R−COOH
Sphingomyelin	$(CH_3)_3\overset{+}{N}-CH_2-CH_2-$ Choline	$CH_3-(CH_2)_{14}-COOH$ Palmitic acid

| 그림 1 | 인지질의 구조

(a) 글리세롤 인지질, (b) 스핑고 인지질

생체막을 구성하는 지질로서 중요한 다른 하나가 스테롤(sterol)• 이다. 스테롤은 소수성의 스테로이드 골격에 친수성의 하이드록시기가 결합한 구조를 갖는다. 지질이중층에서는 하이드록시기가 외측(물과 접촉하는 측)을 향하도록 배향한다. 동물의 경우, 주요한 스테롤은 콜레스테롤(cholesterol)• 이다. 식물과 효모는 이것과는 다른 종류의 스테롤을 갖는다. 원핵생물은 마이코플라스마(mycoplasma) 등을 예외로 하면 거의 스테롤을 갖지 않는다.

•스테롤

스테로이드 골격을 함유하고 3위에 하이드록시기를 갖는다. 탄소수 27~30의 화합물의 총칭

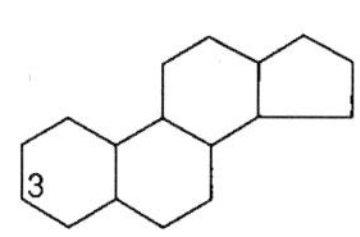

스테로이드 골격

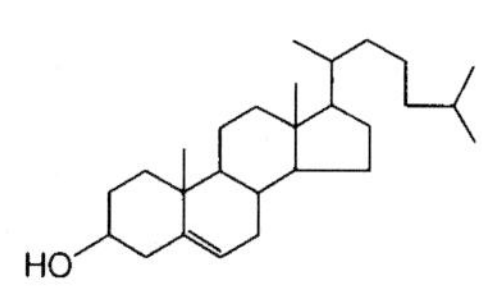

콜레스테롤

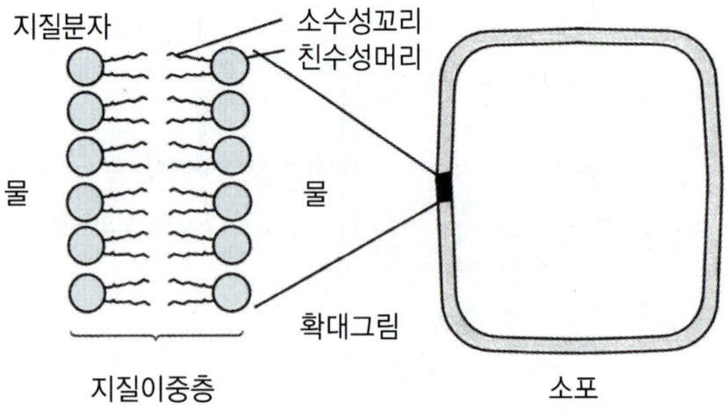

| 그림 2 | 지질이중층이 형성하는 소포의 모델

생체막에는 위에서 말한 지질 외에도 다량의 단백질이 존재한다. 세포의 종류에 따라 차이가 있기는 하지만, 생체막에서 단백질이 차지하는 양은 막 질량의 반 또는 그 이상 차지하는 경우가 많다. 미토콘드리아 내막에서는 특히 단백질 함량이 높아, 약 75%를 차지한다. 예외적으로 신경축삭(돌기)을 감싸는 미엘린(myelin)에서는 지질의 함량이 약 80%를 차지한다. 막 단백질에는 막 내재성(內在性) 단백질과 막 표재성(表在性) 단백질이 있다. 막 표재성 단백질에는 친수성이 높고, 쉽게 막에서 유리시키는 것이 가능하다. 막 내재성 단백질은 지질이중층에 박혀 있어 단백질 표면의 소수성 부분이 막의 소수성 부분과 상호 작용하고 있으며 일반적으로 분리하는 것이 용이하지 않은 경우가 많다.

이상과 같이, 생체막은 주로 인산지질, 스테롤, 단백질로 구성되어 있지만, 당도 막 단백질과 결합한 형태(당 단백질)와 지질과 결합한 형태(당 지질)가 존재한다. 당 단백질과 당 지질에서 당은 지질이중층에는 묻혀 있지 않고, 막 표층에 존재한다. 생체막에 있어서 당의 함량은 지질과 단백질과 비교하면 적은 편이고, 수 %에 지나지 않지만, 세포간의 인식 등에 있어서는 중요한 역할을 담당하고 있다.

생체막 중의 지질과 단백질의 존재양식을 설명하는 모델로서 제창된 것이, 유동 모

Subnote

• 플립플롭(flip-flop)

지질이중층의 내층-외층 간에서 지질 분자가 반전하는 것. 인공막 인지질의 경우, 플립플롭은 콜레스테롤, 디아실글리세롤(diacylglycerol), 세라미드 등과 비교해서 현저하게 늦지만, 생체막에서는 인지질translocase의 작용에 의해서 빠르게 인지질의 반전이 일어난다. 이러한 플립플롭은 생합성 된 지질 분자가 막의 반대측으로 이동하는 기구로서 중요하다.

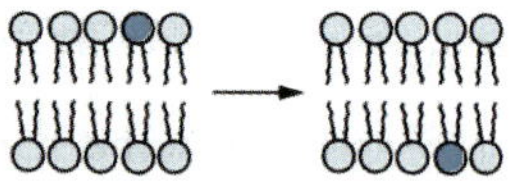

• 인지질 수송 단백질

진핵생물세포에 있어서 인지질을 어떤 막 구조체로부터 다른 막 구조체로 수송하는 역할을 하는 단백질. 소포수송(小胞輸送, 46항 참조, 2013년 노벨상 수상)과 함께, 인지질의 세포 내 수송기구로서 중요하다.

자이크 모델(fluid mosaic model)이다(그림 3). 이 모델에서는 유동성을 갖는 지질이중층 모자이크상 중에 막 단백질이 존재한다. 막을 구성하는 지질은 측면상에서 자유롭게 확산 가능하다. 즉, 막을 2차원적인 액체로 상정하고, 단백질은 이 액체 중에 떠 있는 존재로 생각한다. 인지질을 구성하는 지방산의 불포화도가 상승하면, 막의 유동성도 상승한다. 콜레스테롤도 지질이중층의 유동성에 영향을 미치는 것으로 알려져 있다. 인지질만으로 형성된 지질이중층의 물성은 특정 온도를 경계로 하여 급격하게 변화한다(지질이중층의 상전이). 즉, 고온에서 자유롭게 확산하는 지질 분자가 저온에서는 거의 확산할 수 없게 된다. 콜레스테롤은 상 전이를 완화시켜, 결과적으로 저온에서는 유동성을 증가시키고, 고온에서는 유동성을 감소시키는 역할을 한다. 따라서 콜레스테롤은 생체막에서 중요한 역할을 담당하고 있다.

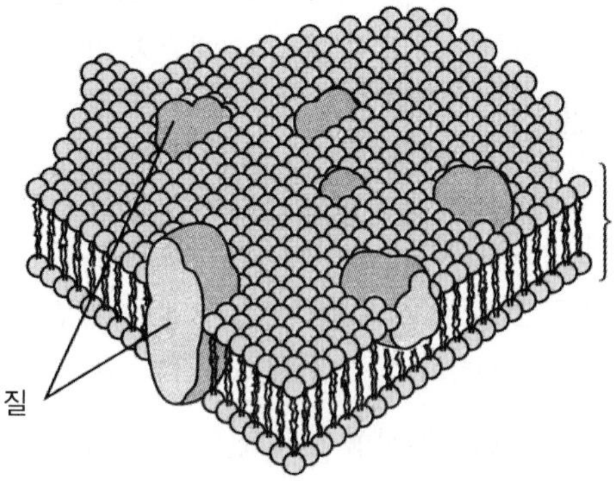

| 그림 3 | 유동 모자이크 모델

종래의 유동성 모자이크 모델에서는 지질이중층은 유동적이고 균질한 것으로 인식하였으나, 근래 지질이중층에도 불균일성이 있고, 유동성이 높은 이차원적인 액체처럼 행동하는 지질이중층 안에, 유동성이 적은 지질영역(도메인, domain)이 '주형(template)' 처럼 떠 있다는 모델이 제창되었다. 스핑고 지질과 콜레스테롤을 주성분으로 하는 도메인 등, 헤테로적인 구조가 존재한다는 것이 알려지고 있다.

Chapter 04

핵산의 구조

核酸의 構造, Structure of Nucleic Acid

Key words

데옥시리보 핵산(核酸, deoxyribonucleic acid ; DNA), 리보 핵산(ribonucleic acid ; RNA), 뉴클레오타이드(nucleotide), 상보성(相補性, complementarity), 이중나선(二重螺線, double helix), 수소결합(水素結合, hydrogen bond)

핵산은 염기, 당, 인산으로 구성된 분자(뉴클레오타이드)이다. 모노 뉴클레오타이드의 대표적인 예는 생체 내에서 에너지의 통화(通貨)로 활동하는 아데노신 5′-삼인산(ATP)●과 세포 내에서 second messenger로 활동하는 cyclic adenosine 3′, 5′ – phosphate(cAMP)●가 있다. 유전정보를 담당하는 데옥시리보 핵산(DNA)의 경우, 염기와 당의 유니트(단위)가 인산을 통하여 여러 개 연결 된 초고분자(polynucleotide)이다. 리보핵산(RNA) 역시 기본적으로 동일한 구조이지만, 구성 성분이 조금 다르다. DNA의 경우, 핵산염기는 아데닌(adenine, A), 시토신(cytosine, C), 구아닌(guanine, G), 티민(thymine, T)의 네 종류 이지만(그림 1), RNA의 경우에는 티민 대신에 우라실(uracil, U)●을 사용하고 있다. 또한 구성 성분인 당도 DNA에서는 데옥시리보스(deoxyribose)●이지만, RNA에서는 리보스(ribose)●를 사용하고 있다. 당의 5′위의 하이드록시기가 인산에스터로 되고, 옆의 뉴클레오타이드의 3′의 하이드록시기와 중축합하여 고분자 사슬이 형성된다. 사슬의 양측의 말단은 결합할 상대가 없으므로, 5′ 말단과 3′ 말단으로 불린다.

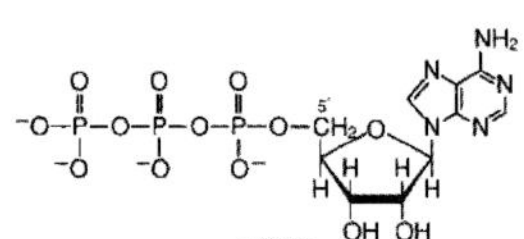

ATP

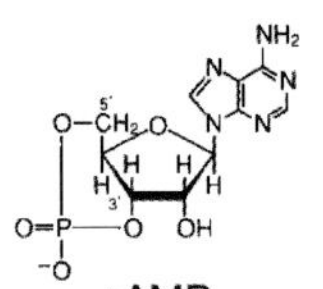

cAMP

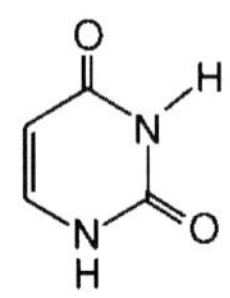

Uracil

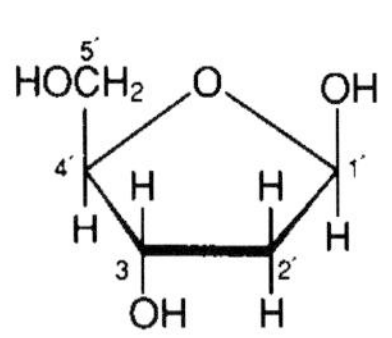

Deoxyribose

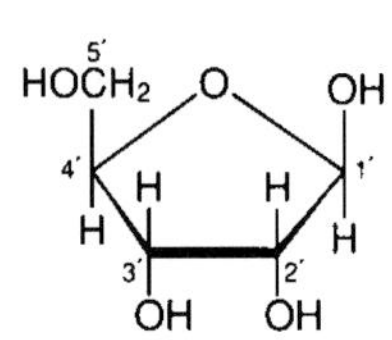

Ribose

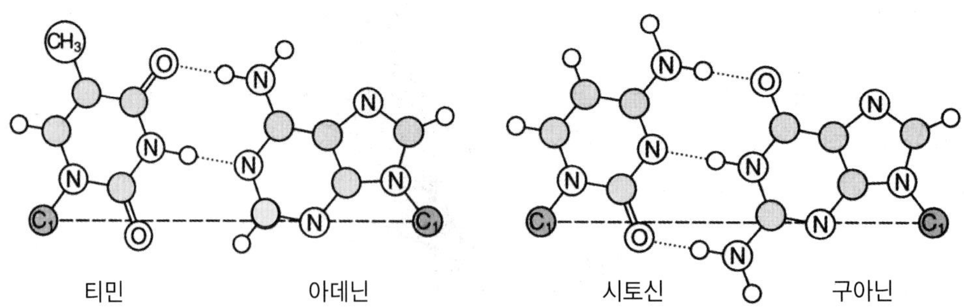

| 그림 1 | 아데닌과 티민, 구아닌과 시토신의 수소결합을 통한 결합
●는 탄소, ○는 수소를 나타냄

핵산(核酸)의 최대의 특징은 4종류의 염기(鹽基, base)가 마주보며 결합하는 성질을 갖는 것이다. 즉, A와 T(U), C와 G가 서로 마주보며, 각각 2개와 3개의 수소결합을 형성하고 있다. DNA의 경우, 고분자 사슬이 이 성질에 기초하여 역평행으로 상보적으로 이중 사슬을 형성하고 있다. 즉, 한 방향의 사슬의 A는 반대 사슬의 T와 반드시 결합하고 있는 것이다. 실제로 DNA 분자는 이 이중 사슬이 오른쪽으로 감겨있는 나선을 형성하고 있다. 나선의 직경은 2.0nm(1nm = 10 Å)이고 10개의 염기마다 1회전 하고, 회전당 3.4nm씩 나선이 전진한다. 이것이 유명한 Watson-Crick의 DNA구조 모델이다(그림 2). RNA의 경우에는 통상 이중 사슬을 형성하지 않고, 분자 내에서 상보적인 부분끼리가 결합하고 있다. RNA의 일종인 transfer RNA(tRNA)의 경우, 그림 3에 나타내고 있는 것처럼 특유의 클로버형의 입체구조를 하고 있다.

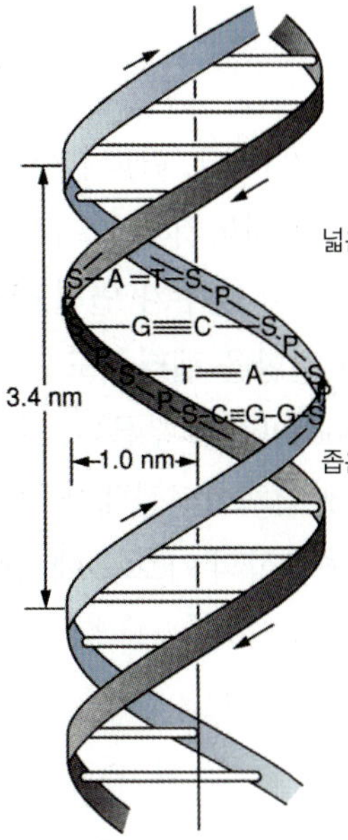

| 그림 2 | DNA의 구조
상보적인 2개의 사슬이 역방향으로 결합하고, 전체가 우선성의 나선을 형성하고 있다. 화살표는 5′ 말단에서 3′ 말단으로 나선의 방향성을 나타낸다. DNA와 결합하는 물질은 넓은 홈(major groove) 또는 좁은 홈(minor groove)에서 염기와 상호 작용한다.

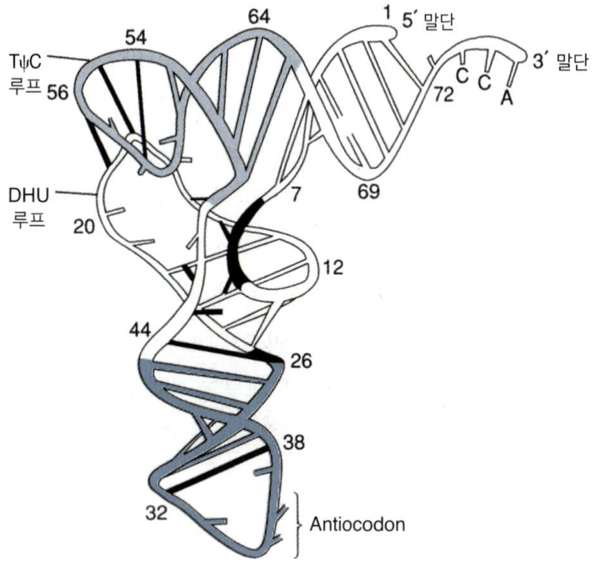

| 그림 3 | tRNA의 구조

RNA에는 tRNA이외에도 메신저(전령) RNA(messenger RNA, mRNA)와 리보좀 RNA(rRNA)가 있다. mRNA는 전사되어 생성된 단백질의 직접적인 설계도가 된다. rRNA는 단백질의 합성장소인 리보좀의 성분이다. mRNA는 전사된 후, 일부가 절단되거나(스프라이싱, splicing) 캡 구조와 폴리(A)의 부가를 거쳐서 구조 변화를 한다. 상세한 내용은 40항의 RNA 프로세싱(processing)을 참조하기 바란다.

Chapter 05

단백질의 1차 구조

蛋白質의 1次 構造, Primary Structure of Protein

Key words

아미노산(amino acid), 펩타이드 결합(peptide bond), 아미노 말단(N 말단, amino terminal), 카복실 말단(C 말단, carboxyl terminal)

단백질이란 다수의 아미노산이 중축합하여 생긴 분자(고분자)이다. 단백질의 원료가 되는 아미노산에는 20 종류가 있고(그림 1), 각각의 아미노기와 카복실기가 다른 아미노산의 카복실기와 아미노기와 탈수반응을 일으켜서 다수가 연결되어 있다. 이렇게 해서 형성된 화합물을 펩타이드(peptide), 형성된 결합을 펩타이드 결합(peptide bond), 또는 더 일반적으로는 아마이드 결합(amide bond)이라고 부른다. 글리신(glycine) 이외의 아미노산은 비대칭 탄소를 갖고 있기 때문에 입체이성질체가 존재하지만, 단백질을 이루고 있는 아미노산은 모두가 L 형이다[입체화학의 기호로 얘기하면●, 시스테인(cysteine) 이외는 모두 S 배치가 된다].

아미노 말단(N–말단) 카복실 말단(N–말단)

아미노산의 중축합은 2개부터 가능하지만, 일반적으로 단백질이라고 불리는 것은 100개 정도 이상의 아미노산이 사슬상으로 연결된 것을 이르는 경우가 많다. 큰 것은 아미노산이 5,000개 이상 연결되어 그 분자량이 50만을 넘는 단백질도 있다. 단백질의 양 끝 부분의 아미노산은 결합할 상대가 없기 때문에 아미노기 또는 카복실기의 상태로 존재하게 된다. 그래서 아미노기가 유리한 채로 존재하는 쪽을 아미노 말단(보다 간단하게는 N 말단), 카복실기가 유리의 상태로 존재하는 부분을 카복실 말단(더 간단하게 C 말단)이라고 부른다. 단백질이 기능을 발휘하기 위해서는 아미노산의 배열, 즉 1차 구조가 중요하다. 1차 구조에 따라서 보다 복잡한 고차의 구조(입체구조)가 결정되기 때문이다.

아미노산이 어떠한 순서로 연결되는가는 유전자에 의해서 결정된다. 상세한 것은 '단백질의 생합성'을 서술한 41항에서 설명하겠지만, 핵산염기 A, C, G, T(U)의 3문자의 배열이 하나의 아미노산을 지정한다. 예를 들면, GCT(U)는 알라닌(alanine)을 지정한다. 유전자(DNA)가 전사되어 생기는 mRNA의 염기 배열에 기초하여 리보좀 상에서

●알라닌(L–alanine)의 입체 배열

중심의 탄소는 비대칭 탄소이고, 이 탄소에 결합하고 있는 네 개의 치환기의 우선 순위는 ①, ②, ③, ④가 되고, 좌회전이므로 S가 된다.

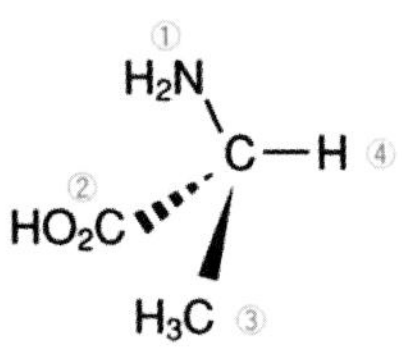

L-(S)-Alanine

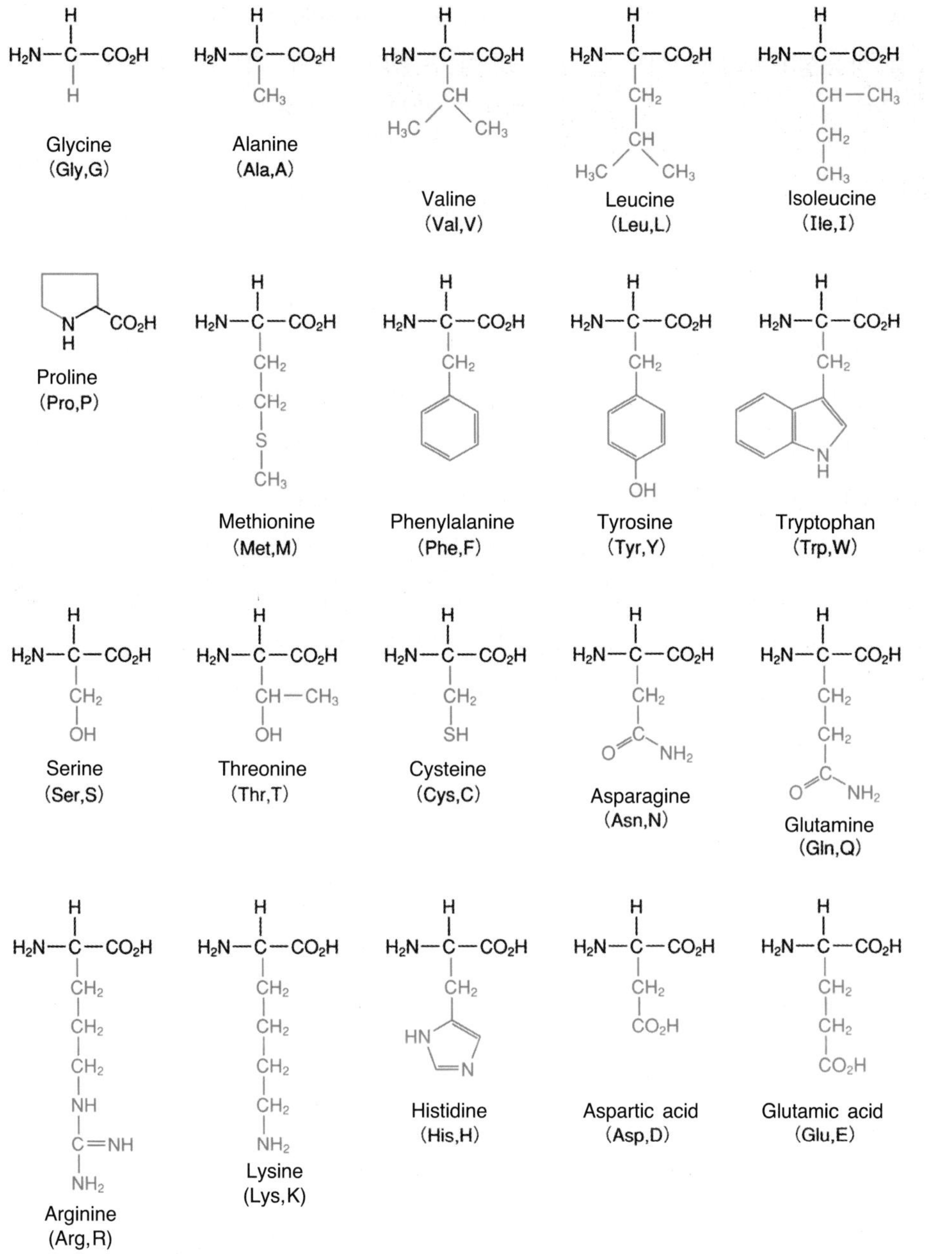

| 그림 1 | 단백질을 구성하는 20종류의 L-아미노산

최상단에는 수소 또는 알킬기를 곁사슬에 갖고 있는 아미노산을, 2단에는 방향족 아미노산 등을, 3단에는 극성을 곁사슬로 갖는 아미노산을, 최하단에는 염기성 또는 산성의 아미노산을 배치하였음.

단백질로 번역 되는데, 실제로는 번역 후에 때때로 단백질의 화학적 수식이 일어나서 원래의 아미노산과는 다른 구조로 변하는 경우가 있다. 단백질의 화학변형의 예로는 ① 프로테이스(protease)에 의한 절단, ② 설프하이드릴(sulfhydryl) 결합의 형성, ③ 세린(serine) 잔기와 아스파라진(asparagine) 잔기에 당 사슬 첨가 ④ 세린 잔기 등의 인산화 등이 있다.

동일한 단백질이라도 생물종이 다르면 1차 구조에 차이가 있다. 1차 구조의 차이 정도를, 상동성(homology)의 높낮이로 표현할 수 있다. 1차 구조를 비교하여 보면 생물종이 가까우면 가까울수록 상동성이 높아지고, 생물종이 멀어지면 멀어질수록 상동성이 낮아지게 된다(52항 참조). 예를 들면 포유류간에서는 거의 모든 단백질의 1차 구조의 상동성이 90% 이상이지만, 포유류(진핵생물)와 대장균(원핵생물) 사이에는 상동성이 50% 또는 그 이상 낮아지는 경우도 많다. 그러나 이러한 경우에도 단백질의 입체구조의 유지와 효소활성에 관여하는 부분은 보존되어 있는 것이 보통이다. 왜냐하면 단백질의 기능상 중요한 부위에 변이가 생기면 본래의 기능을 잃어버리기 쉽기 때문이다. 또한 다른 단백질이더라도 기능이 닮아 있는 경우에는 1차 구조의 상동성을 보이는 경우도 있다. 따라서 만일 어떤 기능을 알 수 없는 미지의 단백질과 기존에 알고 있는 단백질과 1차 구조에서의 상동성이 보이면, 해당 단백질의 기능을 유추하는 유력한 단서가 된다. 이렇게 단백질의 1차 구조는 아직도 감추어져 있는 정보를 가지고 있을 가능성이 높기 때문에, 이러한 정보를 발견하는 것도 바이오인포매틱스(bioinformatics)라 불리는 새로운 분야의 임무 중 하나이다. 그리고 궁극적으로는 1차 구조만으로도 단백질의 입체구조를 정확하게 예측가능 하도록 하는 것이 생화학자의 거대한 꿈이다.

Subnote

• 게놈 해석 프로젝트

바이러스를 제외하고, 대장균과 같은 원핵생물에서도 수 천 개의 유전자를 갖고 있어 그 수만큼의 단백질의 1차 구조가 존재한다. 진핵생물인 효모는 대장균의 유전자수의 수 배, 사람은 수만의 유전자를 가지고 있다. 1995년경부터 생물의 전 유전자 배열이 보고되기 시작해서 2000년에는 결국 사람의 유전자 배열도 거의 결정 되었다. 이에 따라 단백질의 1차 구조(추정된)는 판명이 된 것이고, 금후의 연구는 단백질의 고차구조와 단백질과 다른 물질과의 상호 작용(protein-ligand interaction)의 해명이 중요하게 되었다(119항 참조)

단백질의 고차구조

蛋白質의 高次構造, Higher-order Structure of Protein

06 Chapter

단백질의 1차 구조(5항 참조) 중에서 규칙적인 구조를 규정하는 배열이 있다. 단백질의 규칙적 구조의 대표로서 알파헬릭스와 베타시트가 있다(그림 1). 알파헬릭스는 사슬이 3.6 잔기로 1회전 하고, 회전당 0.54nm씩 이동하는 오른쪽으로 말린 나선이다. 나선의 상하에서 펩타이드(peptide) 사슬이 수소결합을 하여 구조를 안정화 시킨다. 베타시트는 펩타이드 사슬이 평행 또는 역평행하여 마주보며 수소결합을 형성하여 안정화 되어 있다. 이러한 규칙적 구조(2차 구조)들이 입체적으로 쌓인 것이 단백질의 3차 구조다. 단백질이 이량체 이상의 집합체로서 존재할 경우에는 그 집합구조(4차 구조)도 중요하다. 2차 이상의 구조를 합쳐서 고차구조라고 부른다. 알파헬릭스와 베타시트 등의 규칙적인 구조는 단백질이 일정의 입체구조를 유지하는데 불가결한 요소이고, 가열 등에 의해서 단백질이 변성하는 경우에는 이들의 구조도 파괴된다.

Key words

알파-헬릭스(α-helix), 베타-시트(β-sheet), 수소결합(水素結合, hydrogen bond), 4차 구조(quaternary structure), 고차구조(higher-order structure, 변성(變性, denaturation), 결정구조해석(結晶構造解析, crystal structure analysis)

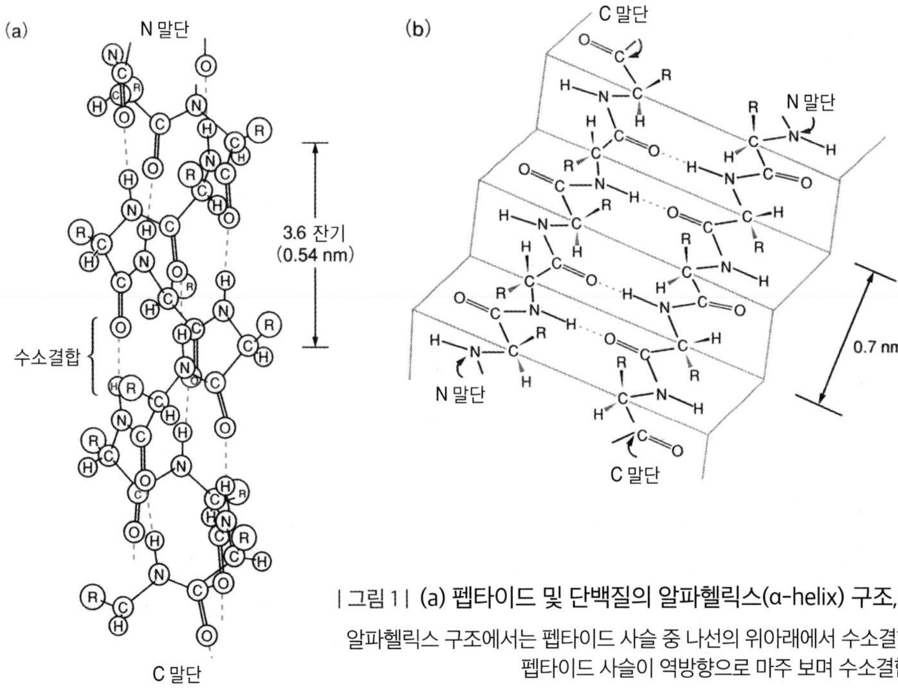

| 그림 1 | (a) 펩타이드 및 단백질의 알파헬릭스(α-helix) 구조,(b) 베타시트(β-sheet) 구조

알파헬릭스 구조에서는 펩타이드 사슬 중 나선의 위아래에서 수소결합이 생성된다. 베타시트 구조에서는 펩타이드 사슬이 역방향으로 마주 보며 수소결합을 하고 있다.

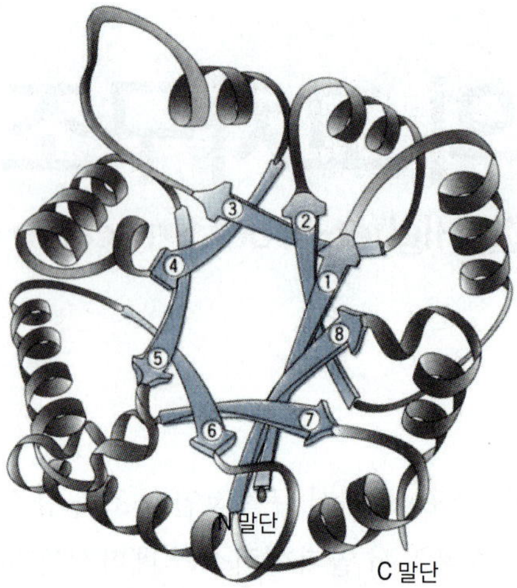

| 그림 2 | Triosphosphate isomerase(트리오스인산 이성화 효소)의 입체구조

이러한 규칙적인 구조와 규칙성이 결여된 구조가 합쳐져서 개개의 단백질의 입체구조가 완성된다. 모든 생물이 가지고 있는 단백질의 종류를 합하면, 십 만종이 넘는다고 생각되지만, 입체구조적으로는 유사한 것들도 다수 존재하기 때문에 종류는 훨씬 적어져서 어떤 계산법으로는 천 종류 정도가 아닐까 하는 의견도 있다. 이미 수 백 종류의 독립된 입체구조가 알려져 있기 때문에, 미지의 단백질의 입체구조 종류는 그다지 많지 않을 수도 있다. 단백질의 고차(입체)구조를 알아보는 유력한 방법은 X선을 이용한 결정구조 해석법이다(122항 참조). 단백질이 잘 결정화 되는 경우에는 대부분 이 방법이 적용되지만, 막 단백질 등 결정화하기 힘든 경우에는 무력한 방법이 된다. 결정을 얻기 힘들고, 가용성인 단백질의 경우 적용할 수 있는 방법은 핵자기공명(NMR)스펙트럼법이다(2002년 노벨상 수상). 그러나 이 방법은 그 대상의 분자량이 대략 수만 이하의 것으로 한정 되는 단점이 있다.

X선 결정구조 해석법에 의해 해명된 단백질의 입체구조의 예(triosphosphate isomerase)를 그림 2에 나타내었다. 이 구조는 내부를 구성하는 알파헬릭스 나선과 동체를 구성하는 베타시트 구조가 잘 보이는 좋은 예이다.

Subnote

• CD 스펙트럼

빛을 Nicol 프리즘 등의 편광자(偏光子)에 통과시키면, 진동방향이 일정한 편광이 얻어진다. 편광은 같은 양의 우회전의 성분과 좌회전의 성분으로 이루어져 있다. 부제한 분자에서는 우회전의 성분과 좌회전의 성분의 흡수가 다르기 때문에, 화합물 전체로 보면, 어느 쪽으로든 흡수가 치우치게 된다. 파장을 바꿔가며 이 흡수의 편중을 기록한 것이 CD(원편광 이색성, 圓偏光 二色性, circular dichroism)스펙트럼으로, α 헬릭스는 222nm와 208nm에서 β구조는 217nm에서 (−)의 Cotton 효과(흡수)를 나타낸다.

안핀센 실험

Christian Anfinsen's Experiment

Chapter 07

모든 단백질은 펩타이드 결합을 통해 연결되는 20개 종류의 아미노산으로 이루어진 선형 복합체이다. 이러한 유사성에도 불구하고 단백질들은 매우 다른 특성을 가지고 있으며 개개의 단백질에서 고유한 접힌 형태(입체구조)로 존재한다. 단백질의 1차 구조가 어떻게 고유한 3차 구조를 결정하는지에 대한 질문을 해결하기 위해 단백질 접힘을 결정하는 화학 원리를 이해하려는 노력이 꾸준히 이루어져 왔다. 초기에는 단백질 접힘의 가역적 성질을 이용하여, 단백질 구조를 인위적으로 풀거나(unfolding), 아니면 다시 접히도록 하여(folding), 그 화학반응의 특성들을 주로 연구하였다. 미국의 화학자 안핀센(Anfinsen)은 미국 국립보건연구원(National Institute of Health, NIH)에 근무하면서 췌장의 효소 리보뉴클레이즈 A(ribonuclease A) 의 접힌 구조를 인위적으로 망가뜨린 다음, 적절한 조건에서 망가진 단백질이 다시 초기의 접힌 상태를 회복하는 것을 실험적으로 입증하여, 단백질의 아미노산 서열 자체의 정보가 고유한 접힌 형태를 결정하는 것을 밝혔다. 안핀센 실험방법은 다음에 기술하는 것처럼 의외로 간단명료했다.

Key words

리보뉴클레이즈 A(ribonuclease A), 요소(urea), 구아니딘 염산염(guanidine hydrochloride), 수소결합(hydrogen bond), 소수성결합(hydrophobic interaction), 단백질 접힘(protein folding), 단백질 구조 예측(protein conformation prediction)

Ribonuclease A는 생물학적 활성(효소활성)이 있고 124개의 아미노산으로 이루어져 있으며, 8개의 시스테인 잔기가 존재하여, 4개의 이황화결합(disulfide linkage)을 갖는다(그림 1). 즉, 이 효소가 활성을 갖기 위해서는 적절한 위치에서 이황화결합이 이루어져야 한다. 안핀센은 두 가지 화합물을 실험에 사용하였다. 한 물질은 요소(urea) 또는 구아니딘 염산염(guanidine hydrochloride)인데 이 물질은 질소와 산소를 가지고 있어 단백질의 3차 구조를 형성하는 단백질 내 수소결합(hydrogen bond)과 소수성결합(hydrophobic interaction)을 방해하여, 고농도로 사용하면 단백질의 변성을 유발시키는 물질이다. 다른 한 물질은 2-mercaptoethanol인데 이 물질은 sulphydryl기를 가지고 있어 단백질의 시스테인 잔기를 환원시켜 이황화결합을 망가뜨리는 물질이다(그림 2).

안핀센은 변성제(urea)와 환원제(2-mercaptoethanol)를 ribonuclease A를 함유한 용액에 넣고 효소활성을 측정하였다. 그 결과 환원되고 변성된 ribonuclease A는 3차 구조가 깨져 활성을 100% 잃음을 확인했다. 그 후 환원제와 변성제를 제거하고 ribonuclease A를 적절한 조건에서 공기에 노출시키면 시스테인 잔기들이 재산화 되면서 3차 구조를 형성하여 원래의 효소의 활성을 거의 회복하는 것을 확인하였다(그림 1). 이는 변성제와 환원제가 제거되면 ribonuclease A가 자발적으로 3차 구조를 형성하여 생물학적으로

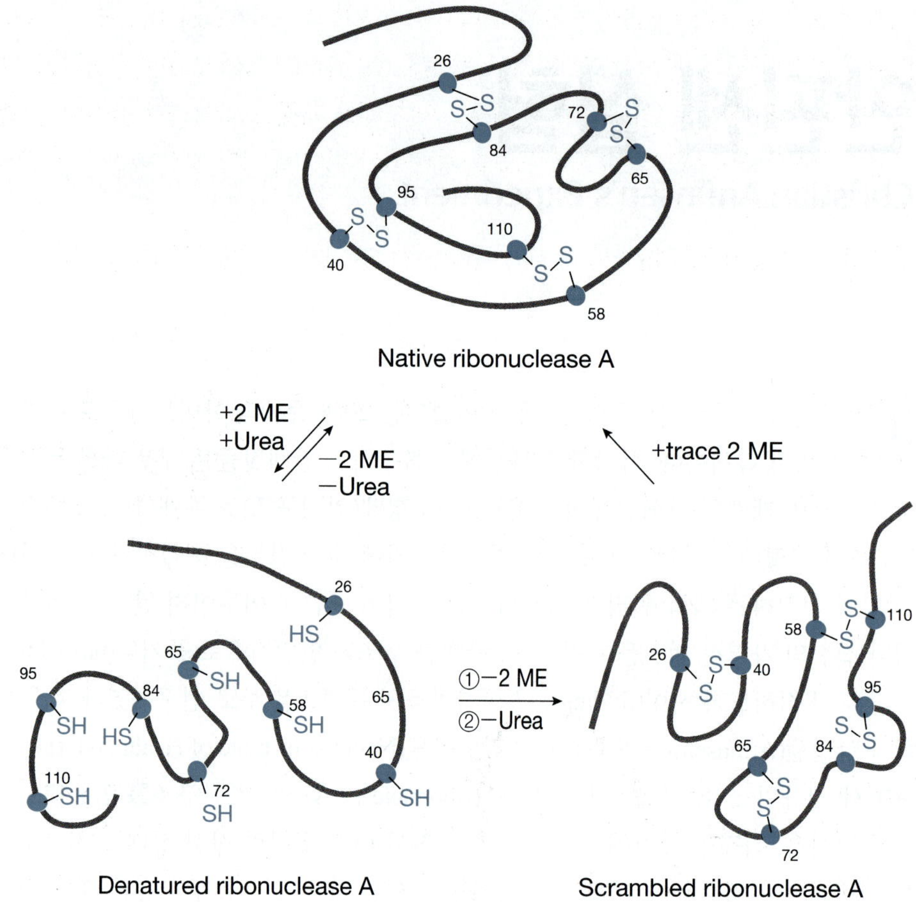

| 그림 1 | Anfinsen 실험의 모식도

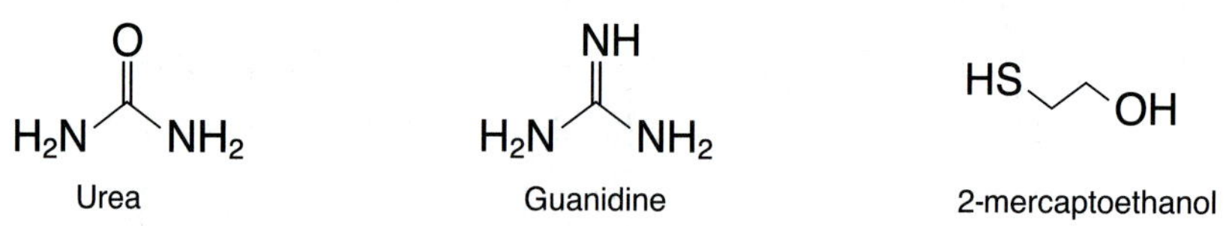

| 그림 2 | 안핀센 실험에 사용된 시약들

활성을 갖는 형태로 복귀함을 의미한다. 즉, 8개의 시스테인 잔기가 만들 수 있는 4개의 이황화결합은 105가지의 경우의 수가 가능하지만($7 \times 5 \times 3 = 105$) 활성을 갖는 열역학적으로 안정한, 특수한 부위에서 재산화가 일어난다는 말이다.

안핀센은 이 실험의 control 실험으로서 변성시킨 효소용액에서 먼저 환원제(2-mercaptoethanol)만을 제거하여 이황화결합을 형성(산화)시킨 후에 변성제(urea)를 제거한 경우에는 1~2%만의 활성이 관찰되었다. 안핀센은 이러한 단백질을 scrambled 형태라 명명하였고, 여기에 극소량의 환원제(2-mercaptoethanol)를 첨가하면 본래의 활성을 다시 갖게 되는 것을 알아내었다. 안핀센은 이러한 현상을 다음과 같이 해석하였다. 변성제의 존재 하에서 환원제를 제거하면 무작위적인 이황화결합이 형성되어 제대로 활성을 가질 수 있는 형태는 1/105의 경우의 수만 존재할 것이고 scrambled 형태에 극소량의 환원제를 첨가하면 이황화결합의 재배열이 일어나면서 열역학적으로 가장 안정한 형태를 이루는 자연 상태로 돌아옴으로써 100%의 활성을 되찾을 것이라는 것이었다. 즉, 단백질의 1차 구조에 단백질의 3차 구조를 형성하는 힘이 내재되어 있다는 것을 증명하였다.

안핀센은 이 업적으로 1972년 노벨 화학상을 수상하였다. 안핀센의 연구 결과는 "단백질 접힘을 결정하는 화학적 원리를 이해한다면 단백질의 아미노산 서열로부터 그 단백질의 고유한 접힌 구조를 예측할 수 있음"을 보였다는데 의의가 있다.

1980년대에 들어, 단백질 공학의 연구방법론이 적용되기 시작했다. 즉, 유전자 조작을 통해 단백질의 특정 아미노산을 다른 아미노산으로 바꾸었을 때(site directed mutagenesis) 이 변화가 특정 단백질에 어떤 영향을 주는지를 연구하면서 단백질 접힘 연구가 급진전을 이루게 되었고 이 연구 또한 1993년 노벨 화학상을 수상하게 된다.

또한 단백질 접힘 문제를 이론적으로 접근하여 실험이 제공하지 못하는 정보들을 얻으려는 노력도 계속되고 있다. 중요한 질문으로는 어떤 화학결합력이 최종구조를 결정하는지, 반응 속도가 어떻게 결정되는지, 반응중간체가 존재하는지, 반응경로(reaction pathway)는 어떠한지 등이다.

단백질 접힘 문제의 궁극적인 해답은 주어진 아미노산 서열만으로 단백질의 접힌 구조를 예측할 수 있을 때 얻어진다고 볼 수 있다. 이러한 단백질의 구조 예측은 생화학 분야에서 가장 어려운 문제로 손꼽히고 있다. 최근에는 생화학은 물론 이론화학, 물리학, 전산과학, 정보이론 등의 다양한 학문 분야에서 이 문제를 다루고 있고, 이러한 학제간 연구를 통하여 빠른 속도로 진전을 이루고 있다. 하지만 아직도 이 문제에 대한 해결은 단지 부분적으로만(크기가 작고 전형적인 구조를 가진 단백질에 한해서만) 제시되고 있을 뿐이다.

Chapter 08

효소와 조효소

酵素와 補酵素, Enzyme and Coenzyme

Key words

특이성(特異性, specificity), 비타민(vitamin), NAD(nicotinamide adenine dinucleotide), FAD(flavin adenine dinucleotide), FMN(flavin adenine mononucleotide), 조효소 A(coenzyme A), 티아민 이인산(thiamine diphosphate), 피리독살 인산(pyridoxal 5'-phosphate), 비오틴(biotin), 테트라하이드로엽산(tetrahydrofolic acid), 코발아민(cobalamine), 비타민 K(vitamin K)

생체 반응은 효소 단백질에 의해 촉매 된다. 효소의 특징은 훌륭한 촉매활성을 갖는데 있으며, 반응 속도를 10^3~10^{17}배까지 빠르게 하는 것이 가능하다(9항 참조). 더욱이 이러한 반응이 상온, 상압, 중성 부근의 pH라고 하는 온화한 조건에서 작용한다. 효소의 또 하나의 특징은 높은 특이성을 갖는다는 데 있다. 즉, 특정의 기질•에만 작용하여(기질특이성, substrate specificity) 특정의 반응을 촉매하여 특정의 생성물을 만들어 낸다(반응특이성, reaction specificity). 효소에는 또한 특정의 입체이성체에 작용하는 입체특이성(stereospecificity)과, 기질의 특정의 작용기를 인식하여 작용하는 구조특이성(structure specificity)이 있다. 효소의 활성부위는 도메인(domain)•과 서브유니트(subunit)•의 계면에 형성된, 다소 소수성을 띤 안쪽으로 들어간 곳에 있는 경우가 많고, 기질의 작용기와 입체이성을 인식하여 결합하는 기질결합 부위와, 화학변환을 행하는 촉매부위로 이루어진다.

생물은 통상 1,000 종류 이상의 효소가 있고, 여러 가지 반응을 촉매 한다. 효소의 명명법은 국제생화학 분자생물학연합(IUBMB)의 위원회에 의해 정해져 있고•, 촉매하는 반응의 종류에 의해서 효소는 다음과 같은 6개의 그룹으로 나뉜다. 그 6그룹은 산화환원 효소(oxidoreductase), 전이 효소(transferase), 가수분해 효소(hydrolase), 탈리 효소(lyase), 이성화 효소(isomerase), 합성효소(ligase)이다.

효소 단백질을 구성하는 아미노산 곁사슬에는 구전자성(求電子性)의 화학물질이 아닌, 단백질만으로 촉매 가능한 반응의 종류에는 한계가 있다. 그래서 생물은 진화의 과정에서 비단백질성의 보인자를 함유하는 효소를 획득해 왔다. 이러한 보인자는 구전자성으로 금속 이온 등 유기화합물로 되어 있다. 후자를 보결 분자족이라고 부른다. 이러한 효소에서는 단백질 부분을 아포 효소(apo-enzyme), 보인자와 결합한 활성형을 홀로효소(holo-enzyme)라고 부른다.

금속 이온을 강하게 결합하고 있는 것을 금속 효소라 부르고, 금속 이온과의 결합력이 약한 금속 이온에 의해 활성화 되는 효소를 금속활성화 효소라 하여, 서로 구별하고 있다. 대부분의 금속 효소가 Fe, Zn, Cu, Co 등의 전이금속(轉移金屬, transition metal)을 함유하는 데 반해, 금속활성화 효소는 K, Ma, Ca 등의 알칼리 금속, 알칼리 토금속(alkaline earth metal, -土金屬)으로 활성화된다. 금속 효소의 경우, 금속 이온은 촉매반응에 직접 관여하지만, 금속활성화 효소의 경우에는 금속 이온이 기질의 결합을 도와주

•**기질(基質)**

효소의 촉매 작용에 의해 반응을 일으키고, 생성물로 변환되는 화합물 또는 분자를 말한다.

•**도메인(domain)**

영역 또는 범위를 의미하는 말이다. 단백질의 입체구조를 살펴보면, 구조적으로 합쳐진 독립된 영역이 존재한다. 이러한 영역을 도메인이라고 부른다. 많은 효소 단백질은 몇 개의 도메인으로 구성되어 있다.

•**서브유니트(subunit)**

효소 단백질은 대부분 복수의 폴리펩타이드 회합체이다. 구성하는 폴리펩타이드는 동일한 것 또는 다른 것도 있다. 각각의 폴리펩타이드를 서브유니트라고 한다. 변성 처리하지 않으면 서로 해리하지 않는 경우도 있으며, 온도, pH, 이온강도의 변화, 또는 여러 가지 화합물과 이온의 첨가만으로 해리하는 경우도 있다.

고 있다.

보결 분자족은 조효소로도 불리고 있지만, 조효소에는 보조 기질이 되는 물질도 포함된다. 보조 기질이 되는 조효소의 특징은 생체 내에 그 분자를 사용하여 동종의 반응을 촉매하는 효소가 다수 있고, 더욱이 그것을 재생하는 계가 존재하는 점이다. 보결 분자족이 되는 것, 보조 기질이 되는 것을 포함해서 조효소에는 비타민 유래의 것이 많이 포함되어 있다. 비타민 유래 조효소는 사람 또는 동물이 생합성할 수 없어 영양소로서 소량 섭취하지 않으면 안 된다. 조효소 전구체 비타민의 대부분은 수용성 비타민인 것에 반해서 지용성인 비타민 D와 E에는 조효소 작용이 없다.

대표적인 조효소의 활동을 살펴보자.

•EC 번호

효소가 촉매하는 반응, 작용을 받는 기질에 의해서 효소는 세분화되고, 각각에 계통적인 번호가 붙여져 있다. 예를 들면, 산화환원 효소는 크라스 1로 분류되어 그 중 CH-OH에 작용하는 것은 서브크라스 1이 되어 크라스 1.1이 된다. 더욱이 그 중에서 NAD^+ 또는 $NADP^+$를 조효소로 하는 것은 크라스 1.1.1이 된다. 크라스 1.1.1에는 기질특이성이 다른 효소가 다수 있고, EC 1.1.1.1부터 EC 1.1.1.259까지의 순서로 번호가 부여되어 있다.

• NAD^+ 및 $NADP^+$

Nicotinamide adenine dinucleotide(NAD^+)와 nicotinamide adenine dinucleotide phosphate($NADP^+$) 둘 모두 탈수소 효소(dehydrogenase)의 보조 기질이 되어 기질로부터 hydride(H^-)를 받아, 자신은 환원형인 NADH와 NADPH가 된다(그림 1). 니코틴산은 나이아신(niacin)이라고 불리기도 하는데, 수용성 비타민의 하나로서 부족하면 펠라그라병•에 걸린다.

•펠라그라(Pellagra) 병

니코틴산의 결핍에 의해 일어나는 전신질환. 피부의 부종, 수포, 혀의 염증, 설사, 지각과 운동감각마비, 경련, 치매 등을 일으킨다.

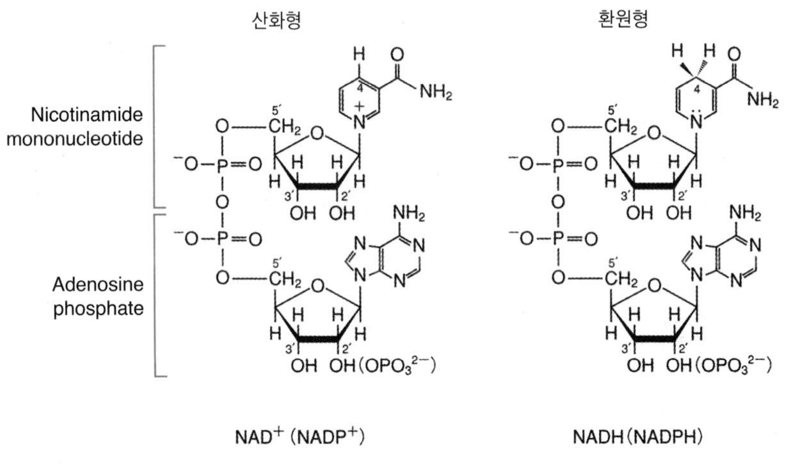

| 그림 1 | NAD^+, $NADP^+$, NADH, NADPH의 구조

$NADP^+$ 및 NADPH에서는 adenosine phosphate의 오탄당(리보스) C-2′위의 OH기가 인산기로 치환되어 있다.

• FAD 및 FMN

효소에 의해서 보결 분자족으로서 flavin adenine dinucleotide(FAD)를 함유하는 것과 flavin mononucleotide(FMN)을 함유하는 것이 있다(그림 2). 리보플라빈(riboflavin)은 비타민 B_2이다.

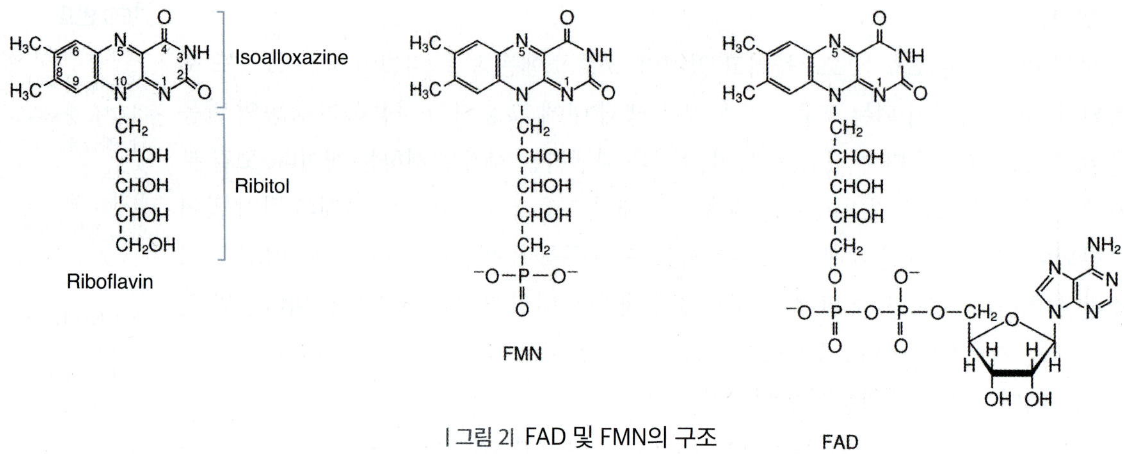

| 그림 2| FAD 및 FMN의 구조

• 조효소 A

조효소 A는 약자로 CoA라고 한다. CoA의 SH기는 지방산의 카복실기와 thioester 결합을 형성하고 아실(acyl)기 전이에 관여한다(그림 3). CoA는 보조 기질이지만, acyl-carrier protein(24항 참조)등 phosphopantetheine을 보결 분자족으로 함유하고 있다. Pantothenic acid는 비타민이다.

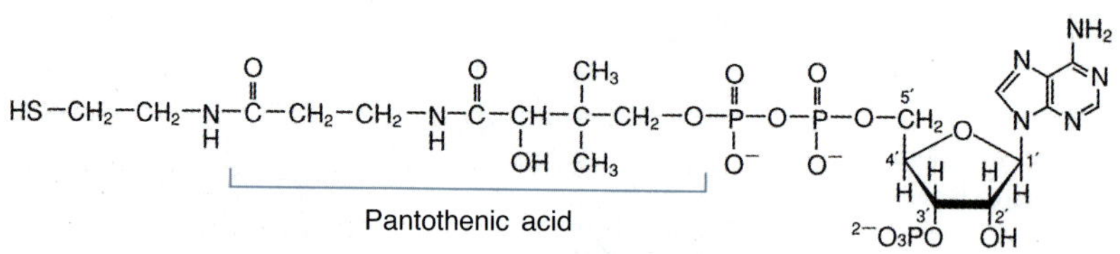

| 그림 3 | 조효소 A(CoA)의 구조

SH기는 카복실기와 thioester 결합(R-CO-S-CoA)를 형성한다.

• 티아민 이인산(thiamine diphosphate)

티아민 이인산은 피루빈산 탈탄산 효소(pyruvate decarboxylase)등 주요한 효소의 보결 분자족으로, 반응중심은 thiazole ring이다(그림 4). Thiazole ring의 C-2 위치는 카바니온(carbanion)을 생성하기 쉽고, 카보닐(carbonyl) 화합물과 반응해서 부가체를 형성하여, 탈탄산 반응과 트랜스케토레이스(transketolase) 반응(25항 참조)을 촉매 한다. 티아민은 비타민 B_1으로 부족하면 각기병•에 걸린다.

Subnote

• 리보자임(Ribozyme)

촉매활성은 효소 단백질 외에도 RNA 분자도 촉매활성을 갖는 것이 있고 리보자임(ribozyme)으로 불린다. 이는 ribonucleic acid(핵산)와 enzyme(효소)의 합성어이다. 생합성된 긴 RNA의 일부분이 잘려지고 남은 부분이 결합하는 현상을 splicing이라고 하는데, 이러한 반응은 잘려진 부분, 즉 인트론(intron) 배열을 가진 RNA에 의해 촉매 된다는 것이 알려져 있다. 리보자임은 미생물부터 척추동물에 이르는 각종 생물에 존재한다.

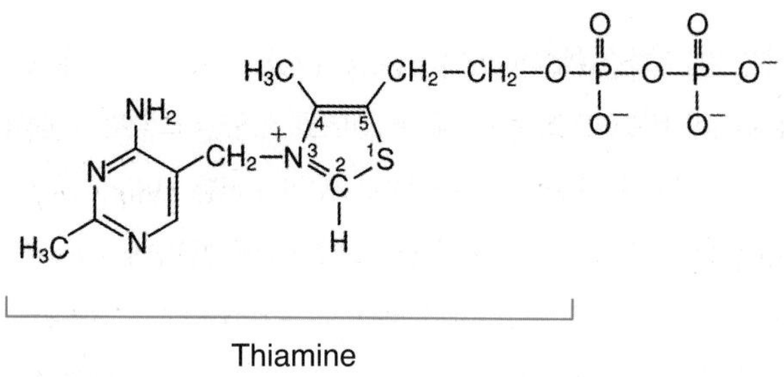

| 그림 4 | 티아민 이인산의 구조

• **각기(脚氣)**
하지가 떨림에 의해 보행장애를 특징으로 하는 다발성 신경염으로, 비타민 B1(thiamine)의 결지에 의해 일어난다. 하지의 지각둔화와 지각이상은 점차로 아랫부분으로 이동하고 발병 메커니즘은 충분하게 알려져 있지 않다.

• 피리독살 인산(pyridoxal phosphate)

피리독살 인산은 비타민 B_6의 조효소 형으로서 아미노산의 라세미화(racemization), 탈탄산(decarboxylation), 곁사슬의 탈리(elimination), 곁사슬의 치환(replacement), 아미노기 전이(transamination, 27항 참조) 등 다양한 반응에 관여한다. 효소 단백질의 특정의 라이신(lysine) 잔기와 피리독살 인산의 알데하이드기가 탈수축합하여 내부 알디민(internal aldimine)을 형성하고 있다. 기질 아미노산이 오면 라이신 잔기와 교환하여, 기질의 아미노산과 피리독살 인산이 결합하여 외부 알디민(external aldimine)을 생성한다(알디민 전이반응, 그림 5). 피리독살 인산의 피리딘(pyridine) 질소 원자가 프로톤화(proptonation) 되면, 전자 구인성이 되어 아미노산의 α-수소와 카복실기 등의 탈리가 일어나기 쉽게 된다.

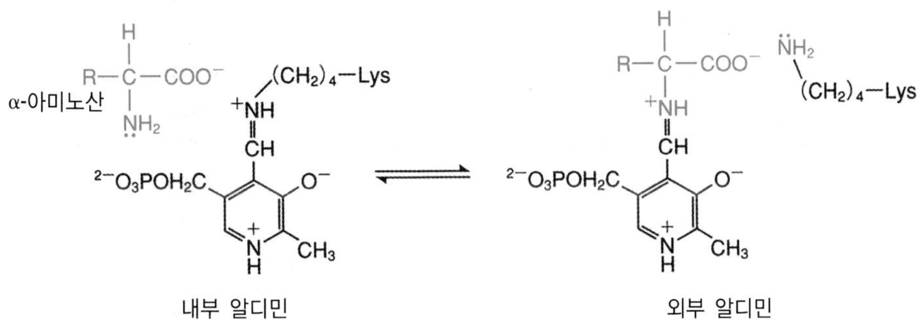

| 그림 5 | 피리독살 인산의 알디민 전이반응(trans-aldimination reaction)

• 비오틴(biotin)

비오틴(비타민의 한 종류)은 pyruvate carboxylase 등의 보결 분자족이다. 효소 단백질의 특정의 라이신 잔기의 ε-아미노기와 비오틴의 카복실기가 아마이드 결합을 통해 결합하고 있다(그림 6).

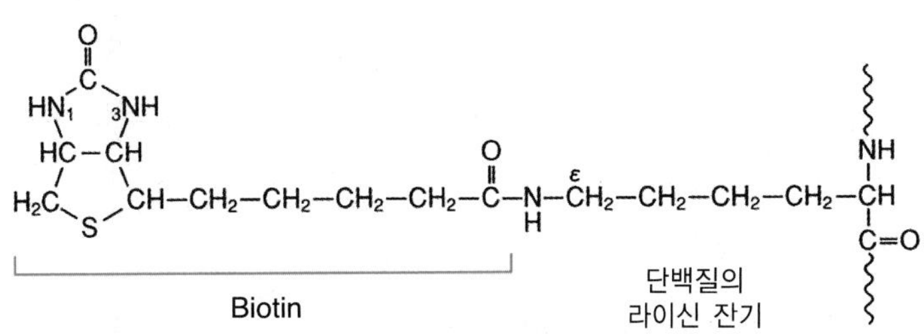

| 그림 6 | Pyruvate carboxyalse의 구조

• 테트라하이드로 엽산(tetrahydrofolate)

엽산(葉酸, folic acid, 비타민의 한 종류)의 조효소형은 테트라하이드로 엽산이다(그림 7). N-5와 N-10의 질소 원자는 methyl기($-CH_3$), methylene기($-CH_2$), methenyl기($-CH$), formimino기, 또는 formyl기의 수용체가 되어 기질에 이들의 작용기를 전이한다.

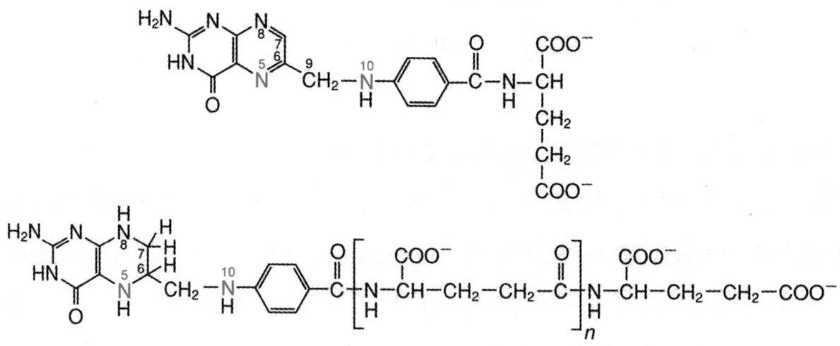

| 그림 7 | 엽산(위) 및 테트라하이드로 엽산(아래)의 구조

• 코발아민(cobalamine)

코발아민(비타민 B_{12})의 조효소형은 메틸 코발아민(methyl cobalamine) 또는 아데노실 코발아민(adenosyl cobalamine)이다. Co의 아래 부분에는 benzimidazole nucleotide가 위 방향에는 메틸기 또는 5′-deoxyadenosine기로 되어 있다(그림 8). 어떤 경우에도 기질의 수소 원자와 그것에 인접한 작용기를 분자 내에서 바꾸는 반응을 촉매 한다.

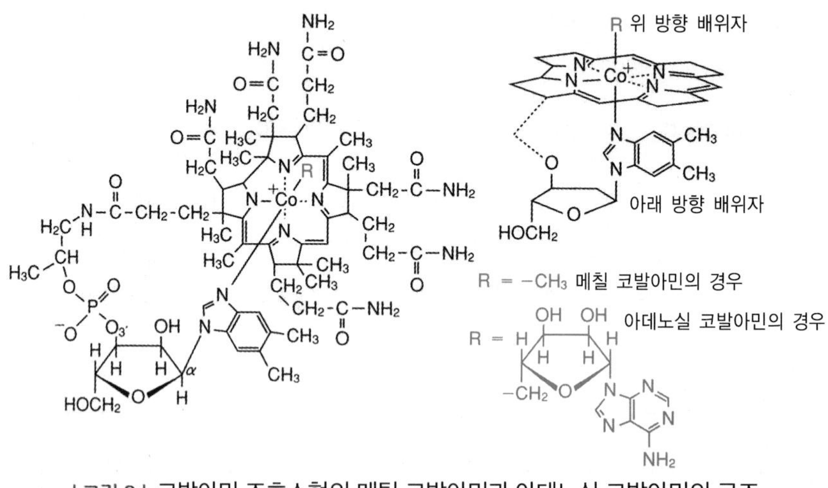

| 그림 8 | 코발아민 조효소형의 메틸 코발아민과 아데노실 코발아민의 구조

• 비타민 K

비타민 K(그림 9)는 지용성 비타민으로서는 드물게 보인자로서 기능한다. 혈액응고에 관련한 단백질의 글루탐산(glutamate) 잔기를 γ-carboxyglutamate 잔기로 변환시키는 carboxylase의 보인자이다.

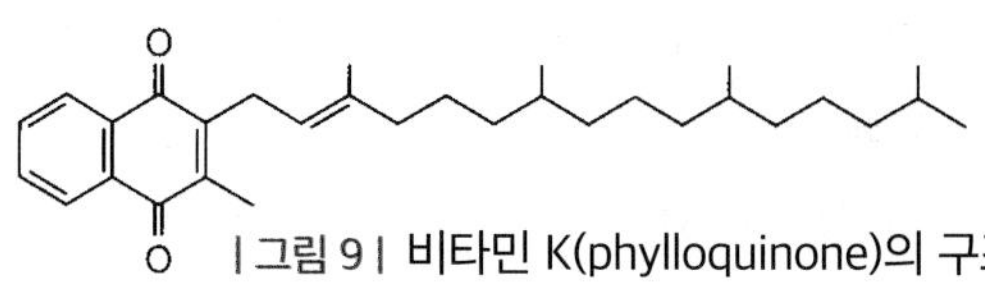

| 그림 9 | 비타민 K(phylloquinone)의 구조

효소반응의 기제

酵素反應의 機制, Mechanism of Enzyme Reaction

09 Chapter

효소(8항 참조)는 매우 효율이 좋은 촉매인데, 그렇게 높은 촉매효율은 어떤 이유로 나타나는 것일까? 대저 화학반응이 일어나기 위해서는 에너지 장벽을 넘을 필요가 있고, 그 산(정상을 전이상태•라고 부름)이 높으면 높을수록 반응 속도가 늦어진다. 촉매는 자기자신은 변화하지 않고, 그 산을 낮게 하는 역할을 한다. 효소의 경우에도 교묘한 방법으로 전이상태의 에너지를 낮추는 것이 가능하다(그림 1)

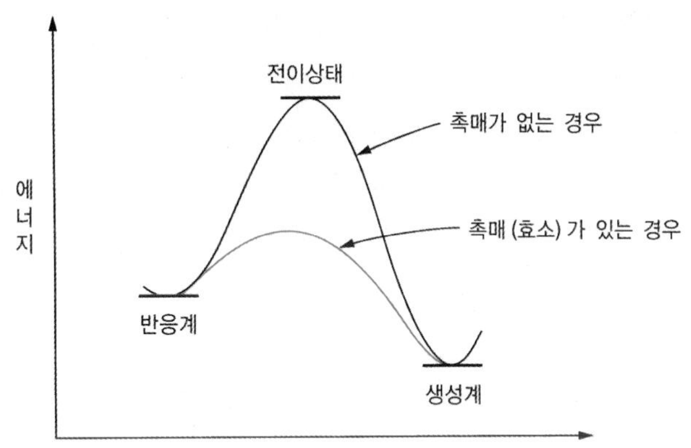

| 그림 1 | 반응의 에너지 다이어그램

(전이상태, 촉매가 없는 경우, 촉매가 있는 경우)

효소 단백질은 대체로 구상(球狀)으로 볼 수 있고, 중앙부에는 활성부위라 불리는 공동이 있어서 거기에 기질이 결합하고 화학변환이 일어난다. 복수의 서브유니트로 구성된 효소의 경우 활성부위가 두 개의 서브유니트 사이에 존재하는 경우도 있다. 활성부위는 특유의 형상과 아미노산 잔기의 배치를 가지고 있기 때문에 결합 가능한 기질의 종류가 한정되고 기질특이성이 발휘된다. 기질이 바른 형태로 결합하면 많은 경우 효소의 형태가 변화하여(conformation change) 활성부위에 존재하는 아미노산 잔기가 기질에 작용하기 쉽게 된다고 생각된다(12항 참조). 예상 되는 작용의 방법으로서는 산염기 촉매 및 구핵성 촉매 등이 있지만•, 아미노산 곁사슬의 작용기는 어느 경우에도 약산 또는 약염기로 이루어져, 단독으로는 유효한 역할을 하기 힘들고, 공동으로 역할을 분담해서 높은 촉매효율을 획득한다.

Key words

효소(酵素, enzyme), 촉매(觸媒, catalyst), 활성부위(活性部位, active site), 산염기촉매(酸鹽基觸媒, acid-base catalysis), 구핵성촉매(求核性觸媒, nucleophilic catalysis), 전이상태(轉移狀態, transition state), 반응중간체(反應中間體, reaction intermediate)

•전이상태

화학반응은 하나의 공유결합이 절단되고 다른 공유결합이 형성되는 과정이므로, 반응 중간에 절단되는 공유결합과 새로 형성되는 공유결합이 존재하는 상태가 존재한다. 반응이 완결될 때까지 전이상태에서 에너지 준위가 가장 높다. 반응의 출발점부터 전이상태에 이르기까지 필요로 하는 에너지를 활성화 에너지라고 부른다.

•산염기와 구핵시약

산과 염기의 기본은 각각 수소 이온과 수산화물 이온이지만, 수소 이온을 방출하는 능력을 갖는 것은 넓은 의미로 산이고, 받는 능력을 갖는 것은 염기이다. 아스파라긴산(aspartic acid)과 글루타민산(glutamic acid)의 곁사슬에 함유하고 있는 카복실기(carboxyl group)는 전자의 예이고, 라이신(lysine)의 곁사슬의 아미노기는 후자의 예이다. 염기가 수소 이온 이외의 원자, 예를 들면 탄소와 인 등과 반응할 때, 이것을 구핵공격이라고 표현한다. 세린 프로테이스의 반응에서는 이미다졸기와 해리한 카복실기는 염기로서 작용하고, 해리한 hydroxyl기는 구핵시약으로서 작용한다.

무엇보다 상세하게 연구 된 트립신(trypsin)과 키모트립신(chymotrypsin) 등의 단백질 가수분해 효소(protease)를 예를 들어 설명한다(그림 2). 트립신은 아르기닌(arginine)과 라이신(lysine)등의 염기성 아미노산의 카복실 말단 측의 펩타이드(peptide) 결합을, 키모트립신은 페닐알라닌(phenylalanine)과 타이로신(tyrosine)과 같은 방향족 아미노산의 카복실 말단 측의 펩타이드 결합을 가수분해하는 효소이다. 이렇게 기질특이성이 다름에도 불구하고, 두 효소의 작용기구는 매우 흡사하다(이 두 효소 이외에도 닮은 메커니즘을 갖는 효소가 많이 존재하고, 이러한 효소들을 serine protease라고 총칭한다). 이러한 효소들의 활성부위에는 세린(serine), 히스티딘(histidine), 아스파라긴산(aspartic acid)이 존재하고, 각각의 곁사슬의 하이드록시(hydroxyl)기, 이미다졸(imidazole)기, 카복실(carboxyl)기가 수소결합의 네트워크를 형성하고 있다. 기질이 결합하면, 하이드록시기에서 이미다졸을 경유하여 해리된 카복실기에 프로톤이 이동하여, alkoxide(hydroxyl기로부터 프로톤이 해리한 형태)가 형성된다. 이것이 펩타이드 결합의 carbonyl 탄소를 구핵공격하여 사면체 중간체를 형성한다. 여기에 생성된 새로운 alkoxide 이온은 배후에 존재하는 잔기와 수소결합을 하여 안정화된다. 그 후 사면체 중간체가 붕괴하여 기질의 아실기 부분이 세린과 공유결합한 중간체가 생성되어 가수분해 반응의 전반이 끝난다. 반응의 후반에는 세린 대신에 용매의 물 분자가 이 중간체의 에스터를 구핵공격하여 전반과 같은 메커니즘으로 반응이 완료된다.

이렇게 중성 수용액 중에 존재하지 않을 것 같은 세린 유래의 alkoxide 이온을 생성하거나 중간체(전이상태에 가까움)를 안정화 시킴에 의해 전체의 반응 속도가 향상된다.

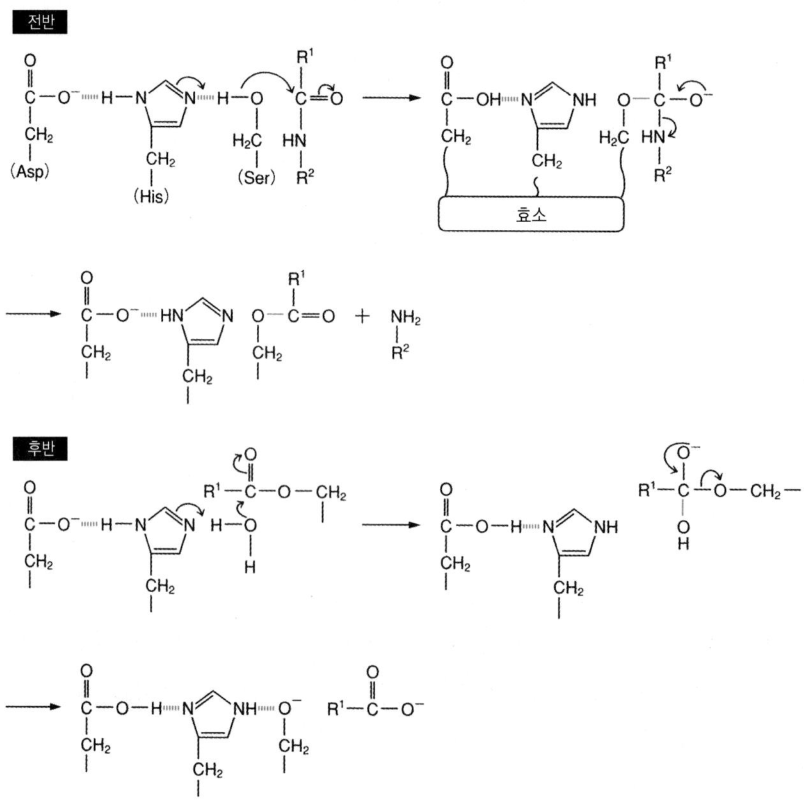

| 그림 2 | 세린 프로테이스(serine protease)의 작용 기구

효소반응 속도론

酵素反應 速度論, Enzyme Kinetics

Chapter 10

효소반응(8항 참조)도 기본적으로는 일반의 화학반응, 즉 비 효소적 반응과 동일하지만 후자와는 다른 특유한 반응 속도식을 갖는다. 통상의 화학반응에서는 반응하는 성분(기질)의 농도에 비례하여 속도가 상승하는 것이 보통이지만 효소반응에서는 기질의 농도를 증가 시켜가면 반응 속도 v가 더 이상 빨라지지 않는 포화 상태에 이른다(그림 1).

Key words

반응 속도론(反應速度論, kinetics), Michaelis-Menten의 식(Michaelis-Menten equation), Lineweaver-Burk의 식(Lineweaver-Burk equation)

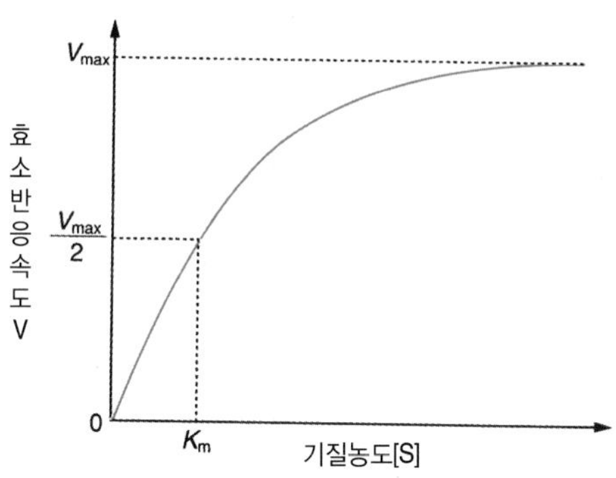

| 그림 1 | 효소반응 속도의 포화현상(Michaelis-Menten의 식)

이러한 현상은 효소반응이 다음과 같은 scheme에 따라 진행하는 것으로 가정하면 잘 설명된다. 즉, 효소 E와 기질 S가 반응하여 먼저 복합체 ES 를 형성한다고 가정한다. 이 복합체가 화학변환을 일으키는 과정(반응 속도 정수를 k_3로 나타낸다)이 율속단계(律速段階, rate limiting step)이지만 복합체를 형성하지 않는다면 반응이 일어날 수 없다.

$$E + S \underset{k_2}{\overset{k_1}{\rightleftarrows}} ES \xrightarrow{k_3} E + P\ (\text{생성물})$$

효소는 촉매이지만 통상 기질이 과량 존재하는 상태에서의 반응이므로 효소가 복합체를 형성해 버리면 그 이상의 기질의 농도를 늘려도 반응 속도의 상승에는 기여하지 않는다. 이것을 수식으로 표현하면 식 (1)과 같이 된다(Michaelis-Menten의 식).

●알로스테릭 효소 (allosteric enzyme)

복수의 서브유니트로 이루어진 효소의 경우, 반응 속도식이 단순히 Michaelis- Menten의 식에 따르지 않고, S자형의 곡선이 되는 경우가 있다. 기질 등의 리간드가 하나의 서브유니트에 결합함에 의해서 효소의 입체구조가 변하여, 그 영향이 다른 서브유니트에 전달됨에 의해서 2번째 이후의 기질이 결합하기 쉽게 되거나 또는 결합하기 어렵게 되어 속도식에 영향이 나타난다. 이와 같이 효소의 활성부위 또는 활성부위와는 다른 부위에서 리간드가 결합함에 의해서 기능의 조절을 받는 효소를 알로스테릭 효소라고 부른다.

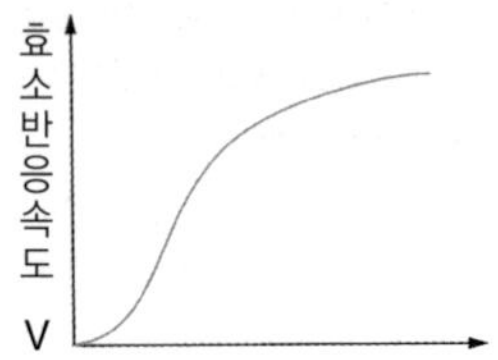

$$v = \frac{V_{\text{max}}[\text{S}]}{K_{\text{m}} + [\text{S}]} \tag{1}$$

$$K_{\text{m}} = \frac{[\text{E}][\text{S}]}{[\text{ES}]} \qquad V_{\text{max}} = k_3[\text{E}]_0 \ \text{([E]}_0\text{는 전체 효소농도)}$$

이 식의 K_m을 미카엘리스(Michaelis) 정수로 부르고, 효소와 기질의 친화성의 지표가 된다. 즉, 이 값이 작으면 작을수록 효소와 기질의 친화성이 높음을 나타낸다. 한편, V_{max}를 최대속도로 부르고, 기질과 포화된 효소가 최대로 반응할 경우의 속도를 나타낸다. 실제 이러한 파라메터를 산출하기 위해서는 Michaelis-Menten의 식을 Lineweaver-Burk의 식 (2)로 변형해서 사용한다.

$$\frac{1}{v} = \frac{K_{\text{m}}}{V_{\text{max}}} \cdot \frac{1}{[\text{S}]} + \frac{1}{V_{\text{max}}} \tag{2}$$

이 식에 따라서 플롯해서 얻어진 직선의 x 절편과 y 절편에서 K_m과 V_{max}를 구할 수 있다(그림 2). K_m의 단위는 정의에서 나타낸 바와 같이 M(mol/Liter)이고, 실제의 수치는 10^{-3}~10^{-6} 정도의 것이 많다. 한편 V_{max}는 여러 가지 단위로 표현되지만, V_{max}를 $[\text{E}]_0$(전체 효소농도)로 나눈 값 k_3의 단위 min^{-1}로 나타내는 것이 제일 알기 쉽다. 이 단위가 의미하는 것은 1개의 효소 분자가 1분 간에 몇 분자의 기질을 처리할 수 있는가를 나타내는 지표이고, 약1,000개 정도가 전형적인 수치이다.

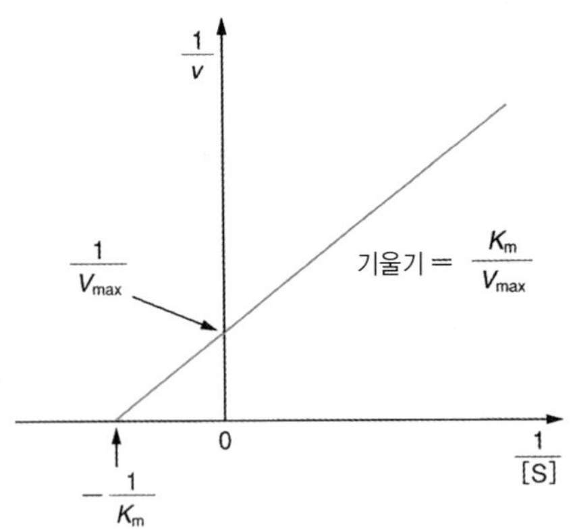

| 그림 2 | 효소반응 속도의 Lineweaver-Burk의 식에 의한 해석

위에서 설명한 Michaelis-Menten 식은 기질이 하나라고 가정한 단순한 계에 대한 것이지만 기질이 2종류 이상 존재하면 저해제와 조절제가 존재하는 경우(11, 12 항 참조) 등에서도 확장해서 적용 가능하다. 그리고 이러한 식의 해석에 의해서 효소에 대한 기질의 결합양식(결합하는 순서 등)을 알 수 있다.

효소저해제

酵素沮害劑, Enzyme Inhibitor

효소의 활동을 억제하는 물질을 효소저해제라고 한다. 어느 효소에도 대개 이러한 물질이 존재한다. 저해제는 크게 단백질성의 물질 또는 저 분자의 유기화합물로 분류할 수 있다(수은과 카드미니움 등 중금속도 때때로 효소의 활성을 소실 시키지만, 그 작용이 불가역적이고 특이성이 적은 경우가 대부분이어서 제외하기로 한다). 단백질성의 저해제는 물론 생물이 만들어 내는 물질로서 표적 효소에 K_i가 10^{-9}~10^{-12} M(nano M ~ pico M) 정도의 힘으로 결합하는 것이 많다. 즉, 기질보다도 천배 또는 백만배 이상 강하게 결합한다. 저 분자의 저해제의 경우, 생물이 생산하는 것과 인공적으로 만들어진 것으로 나눌 수 있다. 또 효소를 가역적으로 저해•하는 것과 불가역적으로 저해하는 것으로 나눌 수도 있다. 저해제는 필요에 따라서 효소의 활성을 조절하는 역할을 한다고 생각된다. 또한 단백질 가수분해 효소(프로테이스, protease)의 단백질성의 저해제가 식물의 종자 등에 간혹 함유되어 있는데, 이는 다른 생물에게 먹히는 것을 방지하고, 자손을 보호하는 역할을 한다고 추정된다.

Key words

반응 속도론(反應速度論, kinetics), 저해제(沮害劑, inhibitor), 페니실린(penicillin), 아스피린(aspirin), 사린(sarin), 게놈창약(創藥, genome drug design)

•저해정수

저해제 I가 효소 E에 가역적으로 결합하는 경우($E + I \rightleftarrows EI$; EI는 효소와 저해제의 복합체), 저해정수(결합정수)를 Michaelis 정수처럼 다음과 같이 정의 한다.

$$K_i = \frac{[E][I]}{[EI]}$$

페니실린 등의 β-락탐(β-lactame)계의 항생물질은 미생물의 세포벽의 합성에 관계하는 효소를 저해함에 의해서 미생물의 증식을 억제할 수 있다. 페니실린이 인류를 감염증에서 해방시켜 준 '마법의 약'인 것은 잘 알려진 사실이다. 페니실린을 발견한 Alexander Fleming은 이 공로로 1945년도 노벨 생리의학상을 수상하였다.

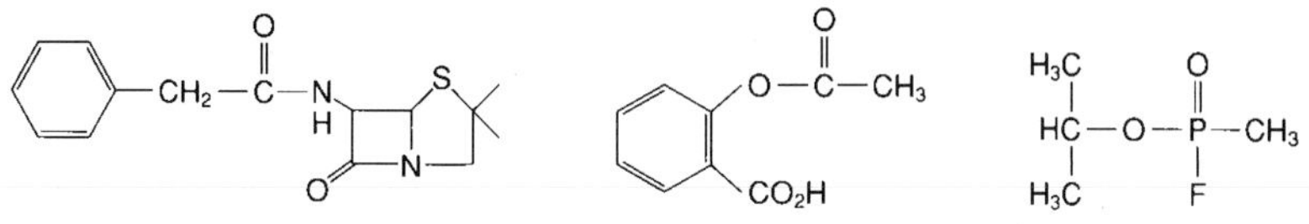

페니실린 G　　아스피린　　사린

진정해열제로서 100년 이상 사용되어 온 아스피린의 작용기구가 알려진 것은 비교적 최근의 일이다. 아스피린은 염증을 일으키는 프로스타그란딘(prostaglandin, 66항 참조)을 합성하는 효소인, 사이클로옥시제네이스(cyclooxygenase)의 작용을 억제하여, 해열 작용을 발휘한다.

저해제는 효소의 반응기구를 해명하는데도 중요한 역할을 한다. 예를 들면, 사린(sarin) 등의 유기인(organophosphorus) 화합물은 serine protease의 불가역적인 저해제로 작용하는데, 이는 사린의 작용으로 활성을 잃은 효소를 분석하여 보니 활성부위인 세린(serine) 잔기가 사린에 의해 특이적으로 인산화되어 있음을 알게 되었다. 이는 9항 효소반응의 기구에서 설명한 효소 작용기구를 증명하는 중요한 증거가 된다. 생체 내에서 사린의 표적이 되는 혈액중의 아세틸콜린 에스터레이스(acetylcholine esterase)라는 효소가 있다. 이 효소는 신경전달물질인 아세틸콜린을 가수분해하는 효소인데, 사린과 반응하여 실활(失活)한 결과, 아세틸콜린이 분해되지 않고 작용을 계속하여 근육의 마비를 일으켜 사망에 이르게 한다.

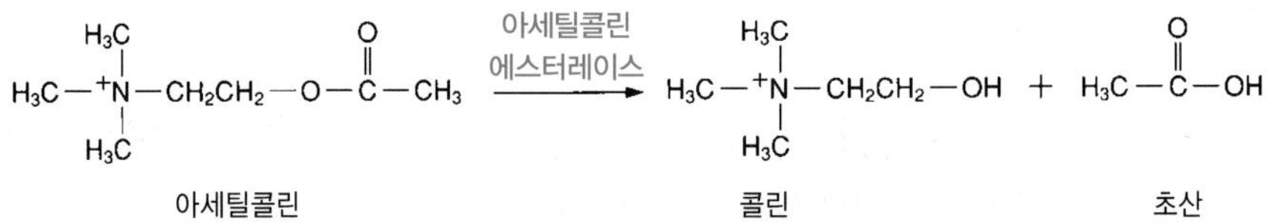

이렇게 효소저해제는 약이 되기도 하고 독이 되기도 하는 중요한 물질이다. 최근 인간을 포함한 많은 생물들의 게놈 배열이 결정된 결과, 포스트 게놈 또는 게놈창약이라고 하는 말을 일상적으로 듣게 되었다. 게놈창약의 목표는 효소 단백질의 입체구조와 작용기구에 기초한 효율적인 약을 개발하는 것이다. 이상 설명한 저해제는 우연한 기회에 발견된 경우이지만, 이러한 방법으로 저해제를 발견하는 것은 효율이 매우 안 좋다. 만일 효소 단백질의 활성부위와 작용기구를 알고 있다면, 그러한 지식을 기초로 해서 저해제를 분자 설계하는 것은 비교적 쉬운 일일 것이다. 이러한 것을 목적으로 하는 것이 바로 게놈 창약이다. 따라서 병의 원인이 되는 단백질 효소가 있으면, 우선 그 입체구조를 밝히고, 작용기구를 연구하는 것이 최근의 큰 학문의 흐름이다. 이렇게 하여 개발된 저해제 중에서 실제 약이 되는 것은 극히 일부분이다. 위에서 설명한 것과 같이 저해제는 독이 되는 것도 있고 부작용이 강한 것들도 많이 있기 때문이다.

한편, 저해제 존재 하에서 효소의 반응 속도론(10항 참조)에 대해서 생각해 보자. 우선 저해제 I가 기질 S와 닮은 분자 구조를 갖는 경우에는 I는 효소 E의 기질결합 부위에서 S와 경쟁하게 되어 효소반응 속도가 저하하게 된다. 이 저해의 양식을 경쟁저해 또는 길항저해라고 부른다. 길항저해에는 3중 복합체 ESI는 형성하지 않는다. 길항저해의 속도식은 다음과 같이 표시된다(식 1).

$$v = \frac{V_{\mathrm{max}}[\mathrm{S}]}{K_{\mathrm{m}}\left(1 + \frac{[\mathrm{i}]}{K_{\mathrm{i}}}\right) + [\mathrm{S}]} \tag{1}$$

여기서 K_m, V_{max}는 각각 저해제가 없는 경우의 Michaelis 정수와 최대속도(10항 참조), [I]는 저해제 농도를 나타낸다. K_i는 EI의 해리정수이고, 저해물질정수로 정의된다. Lineweaver-Burk의 식에 기초한 1/v ~ 1/[S]로 플롯하면(10항 참조), V_{max}가 일정하고, K_m이 변화하는 그래프가 얻어진다(그림 1a).

한편, I가 S와 다른 장소에서 효소와 결합하여, 효소의 구조가 변화하여 활성이 저하되는 경우가 있다. I는 E와 ES 모두 결합하지만, I와 S의 결합이 서로 영향을 미치지 않는다. 즉, $[E] + [S] \rightleftarrows K_m[ES]$ 와 $[EI] + [S] \rightleftarrows K_m'[ESI]$에서 $K_m = K_m'$의 경우, 그리고 $[E] + [I] \rightleftarrows K_i[EI]$ 와 $[ES] + [I] \rightleftarrows K_i'[ESI]$에서 $K_i = K_i'$의 경우, 비길항저해가 된다. 비길항저해의 속도식은 다음의 식으로 표현된다(식 2).

$$\upsilon = \frac{\dfrac{V_{max}[S]}{K_m\left(1+\dfrac{[i]}{K_i}\right)+[S]}}{K_m+[S]} \tag{2}$$

$1/\upsilon \sim 1/[S]$로 플롯하면, K_m이 일정하고, V_{max}가 변화하는 그래프가 얻어진다(그림 1b).

또한 I와 S의 결합 부위가 다르지만, 양자의 결합이 서로 영향을 주는 경우($K_m \neq K_m'$, $K_i \neq K_i'$)에는 혼합형으로 불리는 저해양식이 된다. 더욱이 I가 E와 결합하지 않고, ES하고만 결합하는 경우에는 불경쟁적 저해로 불리는 저해가 일어난다. 혼합형과 불경쟁적 저해는 $1/v \sim 1/[S]$로 플롯하면, 각각 그림 1(c), (d)로 표시된다.

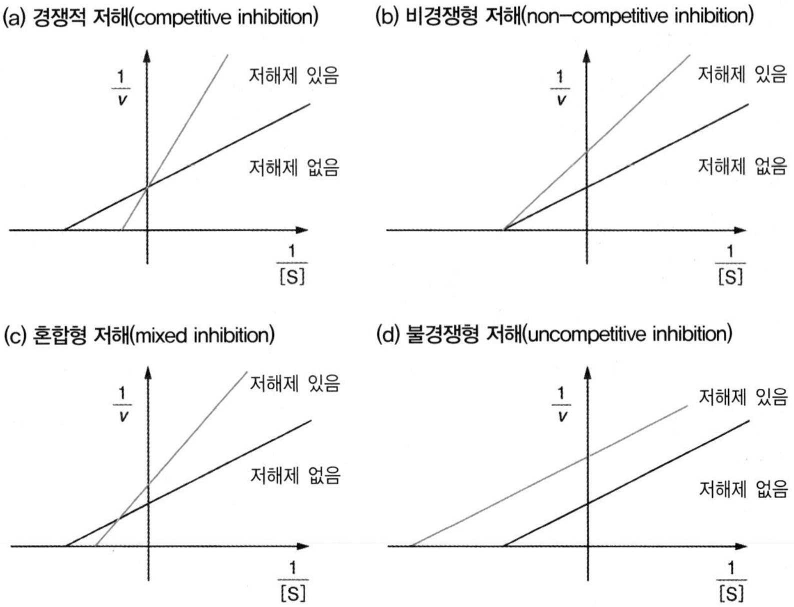

| 그림 1 | 저해양식에 따른 효소반응 속도의 해석

Chapter 12

효소활성의 조절

酵素活性의 調節, Regulation of Enzyme Activity

Key words

효소활성(酵素活性, enzyme activity), 조절 효소(調節酵素, regulatory enzyme), 알로스테릭 조절물질(allosteric effector), 알로스테릭 부위(allosteric site), 피드백 저해(feedback inhibition)

생물은 필요한 경우에, 필요한 장소에서 효소가 활동하도록 조절하는 기능을 가지고 있다. 필요에 응답하여 효소의 활성을 높이거나 억제하는 조절을 한다. ❶ 효소 그 자체의 입체구조의 변화를 통하여 조절하는 경우, ❷ 다른 단백질에 의한 수식(인산화 등) 또는 절단에 의한 조절방법, 또는 ❸ 조절 단백질과의 회합을 통하여 조절하는 경우 이렇게 크게 세 가지 방법이 알려져 있다.

입체구조의 변화를 통하여 활성조절 가능한 효소를 조절 효소라고 부른다. 이것은 진화의 과정에서 획득한 특이적인 능력이라고 말할 수 있다. 원래 효소활성을 제어하는 간단한 방법은 효소 분자 그 자체의 합성량을 조절하는 것이지만 그것만으로는 불충분하다. 이미 합성된 효소의 활성을 억제하지 않으면, 물질과 에너지의 쓸모 없는 낭비를 멈추게 할 수 없다. 특히 진핵생물의 경우에는 단백질의 발현제어에 시간이 걸리므로 효소활성 그 자체의 조절이 필수적이다. 입체구조의 변화는 리간드의 결합에 의해서 일어난다. 전형적인 예는 대사경로의 초기단계를 촉매하는 효소의 경우에 관찰된다. 촉매부위 이외에 대사경로의 최종산물이 결합하는 부위가 있어 거기에 최종산물이 결합하면, 단백질의 형태(conformation)가 변화하여 촉매부위의 구조 변화를 일으켜 활성이 억제된다. 조절을 하기 위해서는 활성을 높일 필요가 있는 경우도 있다. 어떤 물질에 의해서는 억제되지만, 다른 물질에 의해서는 활성화되는 효소도 적지 않다. 제어 물질이든 활성화 물질이든 이러한 조절물질들을 알로스테릭 조절물질(allosteric effector)이라고 부른다. 그리고 이러한 물질이 결합하는 부위를 알로스테릭 부위(allosteric site) 또는 조절부위라고 부른다. 알로스테릭의 어원은 물리적(입체적)으로 떨어져 있음을 의미하고 있고, 촉매부위와 알로스테릭 부위는 어원대로 서로 떨어져 존재한다. 따로따로 서브유니트에 존재하는 경우도 있고 동일의 서브유니트에 있다고 해도 물리적으로는 떨어져 있다.

조절 효소 중에서도 가장 많이 연구된 효소는 aspartate와 carbamoyl phosphate로부터 N-carbamoylaspartate를 생성하는 반응을 촉매하는 aspatate transcarbamoylase이다.

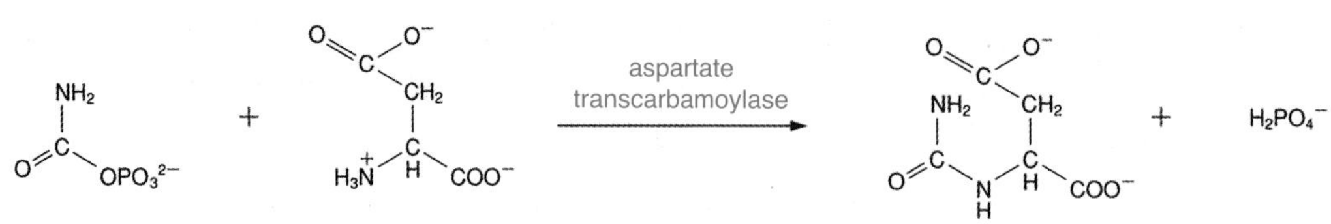

carbamoyl phosphate　　Aspartate　　N-carbamoylaspartate

이 효소는 생합성 경로의 최종산물인 cytidine triphosphate(CTP)에 의해 활성이 억제된다. 즉, CTP에 의한 피드백 저해(feedback inhibition)를 받는다. 반대로, adenine triphosphate(ATP)에 의해 활성화 된다(그림 1). 생리적으로는 ATP는 많이 있으니, CTP의 합성량을 늘리고 더 나아가서 DNA 복제를 준비하는 역할도 있다. 반응 속도를 기질농도에 대하여 플롯하면, 보통은 포화곡선이 얻어지지만(10항 참조), 조절 효소의 경우에는 그림 1과 같은 S자형이 된다. 이것은 기질의 결합에 협동성(cooperativity)이 있기 때문이다.

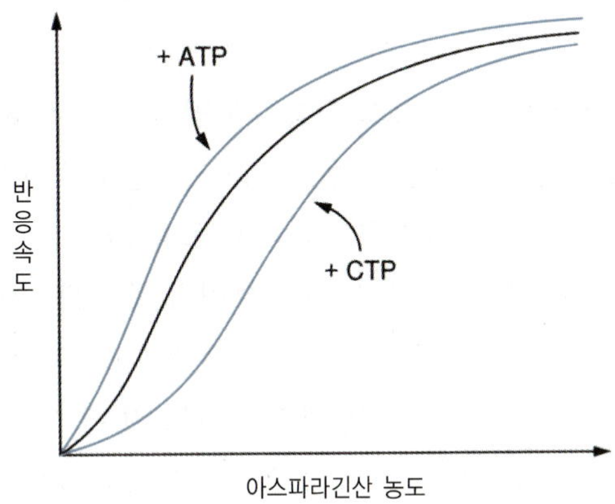

| 그림 1 | aspatate transcarbamoylase에서 보이는 알로스테릭 효과

aspatate transcarbamoylase에서는 촉매부위와 알로스테릭 부위가 서로 다른 서브유니트에 있어, 각각 6 분자씩 회합하여 복합체를 형성하고 있다.

Subnote

• 아이소자임(Isozyme)

생물에는 같은 반응을 촉매 하지만, 다른 유전자에 의해서 지정되는 복수의 효소가 존재하는 경우가 있다. 이들을 아이소자임(isozyme)이라 부른다. 아이소자임은 기질과의 반응성, 저해제와의 친화성, 알로스테릭 조절물질에 대한 감수성 등의 점에서 각각 다른 경우가 많고, 세포와 조직의 종류에 따라서 아이소자임의 양이 다르다. 결과적으로 대사와 대사 조절이 변하여, 세포와 조직마다 생리적인 요구에 따라 활동하고 있다. 예를 들면, 동물의 lactate dehydrogenase(26항 참조)에는 M형과 H형의 2종류의 분자가 있어, M_4, M_3H, M_2H_2, MH_3, H_4의 5종류의 사량체로서 존재한다. 심장근육에서는 H_4, 골격근에서는 M_4가 주성분이고, 각각 기질에 대한 친화성, 반응 생성물인 pyruvate에 의한 알로스테릭 저해 정도가 다르다. M_2H_2등 다른 아이소자임에서는 양자의 중간적인 성질을 보인다.

Chapter 13

마이오글로빈과 헤모글로빈

Myoglobin & Hemoglobin

Key words

마이오글로빈(myoglobin), 헤모글로빈(hemoglobin), 헴(heme) 옥시헤모글로빈(oxyhemoglobin), 디옥시헤모글로빈(deoxyhemoglobin), 메트헤모글로빈(methemoglobin, MetHb), 메트헤모글로빈혈증(methemoglobinemia), 시토크롬 b5 환원 효소(cytochrome b5 reductase), 2,3-디포스포글리세롤산(2,3-diphosphoglycerate, 2,3-DPG), 막스 페루츠(Max Perutz), 존 켄드류(John Kendrew)

마이오글로빈은 근육 중에 있는 산소 분자를 사용할 때까지 저장하는 색소 단백질이다. 1개의 헴을 가지며 분자량은 약 17,800이다. 이 단백질은 8개의 알파 헬릭스로 이루어져 있으며, 이들 알파 헬릭스가 헴을 둘러싸고 산소 분자는 이 헴의 철과 결합하고 있다. 외부의 산소 농도가 낮은 경우, 예를 들면 근육의 산소요구가 혈액에서 공급할 수 있는 산소량을 초과한 경우에만 산소 분자를 방출하여 긴급상황에서의 산소저장고로서 기능한다. 근섬유에 많이 분포되어 있으며 구상 단백질이다. 마이오글로빈은 고래, 물개, 돌고래 등 물에서 생활하는 포유류의 근육에서 특히 많이 발견되는데 이는 대량의 산소를 저장해야만 하는 생활환경에 기인한다. 또한 일반 동물의 근육이 빨간 것은 마이오글로빈 단백질 때문이다. 산소에 대한 친화성은 헤모글로빈보다 높기 때문에 혈중의 헤모글로빈에서 산소를 전달받아 저장하는 것도 가능하다.

헤모글로빈(hemoglobin)은 인간을 포함한 모든 척추동물과 일부 다른 동물의 혈액 중에 존재하는 적혈구 안의 단백질이다. 헤모글로빈 역시 산소 분자와 결합하는 성질을 가지고 있고, 폐에서 조직으로 산소를 운반하는 역할을 하고 있다. 성인의 헤모글로빈은 α 와 β 두 가지 폴리펩타이드를 각각 두 개씩 갖는 4량체 구조를 하고 있다. 각 서브유니트는 글로빈으로 불리는 폴리펩타이드 부분과 보결 분자족인 1개의 헴 부분이 결합한 것이며, 분자량은 1 개당 약 16,000이다. α 서브유니트는 141개, β 서브유니트는 146개의 아미노산으로 구성되어 있다. 따라서 헤모글로빈 전체($\alpha_2\beta_2$)는 64,500의 분자량을 가지고 4개의 헴을 갖는다(그림 1). 헴은 2가의 철 원자를 중심으로 배위한 폴피린(porphyrin) 유도체이다(23항 참조). 이 헴의 철 원자에 산소가 결합하여 혈액을 통해 각 조직에 운반된다.

따라서 헤모글로빈은 펩타이드 사슬이 4개인 4량체이지만 마이오글로빈은 단량체인 점이 큰 차이점이다. 마이오글로빈과 헤모글로빈은 X선 회절 분석으로 3차 구조가 최초로 분석된 단백질들로서도 유명하다(그림 1). 1958년 막스 페루츠(Max Perutz) 와 존 켄드류(John Kendrew)는 향유고래에서 얻은 마이오글로빈의 결정을 사용하여 2Å의 분해능으로 마이오글로빈 단백질의 3차 구조를 분석하였다(그림 2). 이 공로로 페루츠와 켄드류는 1962년 노벨 화학상을 수상하였다.

산소와 결합한 헤모글로빈은 옥시헤모글로빈(oxyhemoglobin), 산소와 결합하지 않은 헤모글로빈은 디옥시헤모글로빈(deoxyhemoglobin)이라고 부른다. 옥시헤모글로빈

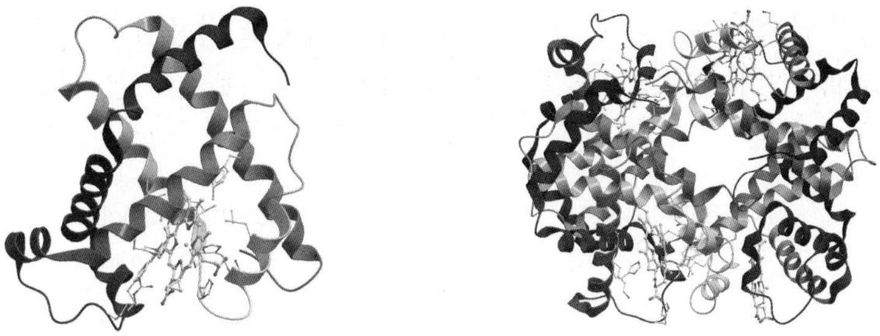

| 그림 1 | 마이오글로빈(PDB1mbo)과 헤모글로빈(PDB1gzx)의 3차원 구조

| 그림 2 | 마이오글로빈의 3차원 모형을 제작 중인 존 켄드류(John Kendrew) 박사

은 선적색으로 동맥피의 색이며 디옥시헤모글로빈은 암적색으로 정맥피의 색깔이다. 디옥시헤모글로빈의 철 원자는 폴피린의 질소 원자와 히스티딘 잔기의 이미다졸 그룹의 질소 원자가 배위하여 4면체가 되며, 옥시헤모글로빈은 이미다졸 반대편에 산소 분자가 결합하여 팔면체가 된다. 또한 헴 부분에 산소가 결합한 철은 2가로 남아있어 산화되기 어렵다. 그러나 일부는 산소의 산화력에 의해 서서히 산화되어 철 원자가 3가인 methemoglobin(MetHb)이 되어 산소결합능을 잃게 된다(자동산화). 적혈구 중에는 이를 방지하기 위해 환원효소계를 가지고 있다. 이 MetHb을 헤모글로빈으로 환원시키는 효소는 cytochrome b5 reductase이다. 산화된 MetHb은 산소 대신에 물이 헴의 철 원자와 결합하고 있다. MetHb는 산소와의 결합 능력을 잃었기 때문에 산화 헤모글로빈이라고 부르는 것이 옳지만, oxyhemoglobin(산소와 결합한 헤모글로빈)과 혼동하기 쉬우므로 주의가 필요하다. 그리고 혈액 중에 methemoglobin(MetHb)이 많은 상태를 'methemoglobin 혈증'이라고 한다. 이 증상의 원인은 hemoglobin 분자이상, cytochrome b5 reductase 결손, 생체방어 효소계의 이상(glutathione reductase계의 결손 등) 및 과산화물에 노출 등이 원인이다. 임상적으로 MetHb 수치가 5% 이상이면 육안적으로 청색증이 감지된다.

헤모글로빈은 혈중 산소압이 높은 곳(폐)에서 산소와 결합하여 낮은 곳(말단조직)에서 산소를 방출한다. 한 곳의 헴에 산소가 결합하면 그 정보가 서브유니트에 전달되어 단백질의 서브유니트간 구조(4차 구조)의 입체적 변화를 유발시켜 다른 헴의 산소결합력을 증대시켜 산소와 결합하기 쉽게 한다. 이를 헴의 상호 작용이라 하고, 결과 산소운반효율을 증대시킨다(그림 3).

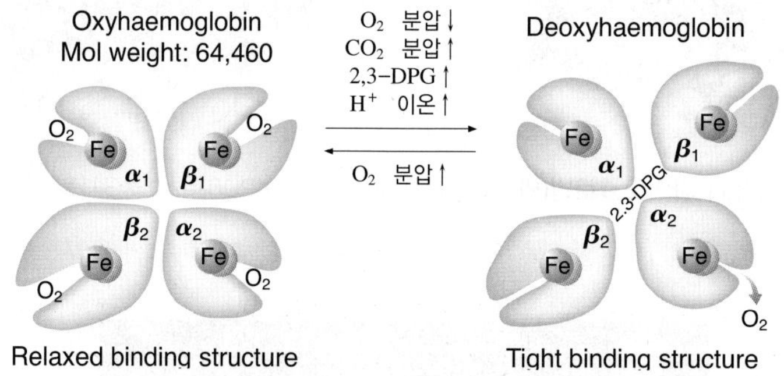

| 그림 3 | Oxyhemoglobin과 deoxyhemoglobin의 단백질 구조의 변화

또한 pH가 낮고 이산화탄소가 많은 환경에서는 헴 단백질의 N 말단에 있는 valine 잔기에 수소 이온이나 이산화탄소가 결합하여 헴 간 상호 작용을 저해한 결과, 산소와의 친화성을 낮춘다(이를 보어 효과라 한다). 또한 산소가 적은 환경에서 산소를 이용하지 않고 포도당의 분해를 통해 에너지를 생산하는 혐기적 해당 과정의 중간대사 산물인 글리세린 2,3-인산(2,3-diphosphoglycerate: 2,3-DPG)이 β 서브유니트와 결합하여 산소와의 친화도가 내려간다(그림 4, p62 산소친화성의 변화 참조)

헴 사이의 상호 작용과 수소 이온, 이산화탄소, 2,3-DPG 효력 때문에 헤모글로빈의 산소해리도 곡선은 시그모이드(sigmoid) 형태가 되고, 산소 분압이 높은 폐포의 모세혈관에서는 산소와 결합하기 쉽고 산소 분압이 낮고, 이산화탄소 농도가 높은 말단조직에는 산소와 쉽게 해리하기 때문에 효율적으로 산소를 운반할 수 있다.

일산화탄소는 산소보다 훨씬 강한 친화력으로 헤모글로빈과 결합하여 산소운반을 방해하여 독성을 발휘한다. 일산화탄소와 결합한 헤모글로빈은 빛을 조사하여 연결을 끊을 수 있다.

동일한 호흡색소인 마이오글로빈은 헤모글로빈보다 산소를 방출하기 어렵기 때문에 근육과 같은 산소를 많이 필요로 하는 조직에서는 산소의 저장고로 사용되어, 마이오글로빈에 산소가 전달된다.

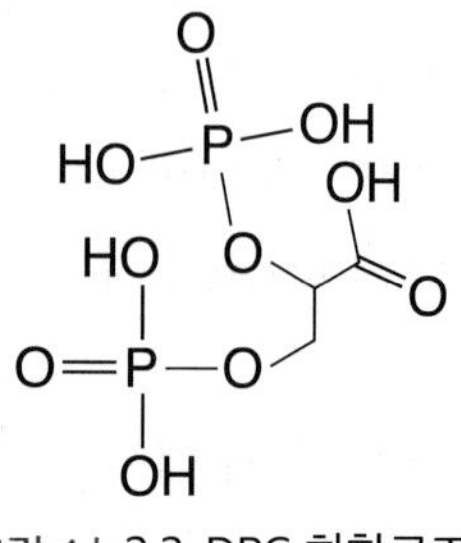

| 그림 4 | 2,3-DPG 화학구조

세포의 구조

細胞의 構造, Cell Structure

Chapter 14

세포는 자립적으로 자기를 복제하는 생명체의 최소단위이다. 원핵생물에서는 수 μm, 진핵생물은 수십 μm정도의 크기가 많다(15항 참조). 세포의 크기와 형태는 매우 다양하지만, 모두가 유전 물질로서 DNA를 가지고 있으며, 지질과 단백질을 주성분으로 하는 세포막에 의해 둘러싸여 있다. 세포막은 외부로부터 격리된 환경을 만들어 내기 위한 필수 구조이다. 세포 전체의 형태는 동물 세포에서는 주로 세포 내부에 존재하는 세포골격(actin filament, 미소관, 중간경 filament로부터 구성되는 그물망 구조체)과 세포 접착에 의해서 결정되고, 식물세포와 원핵생물세포의 경우에는 주로 세포막의 외측에 존재하는 세포벽에 의해 결정된다.

세포 내부의 구조를 살펴보면, 원핵생물세포와 진핵생물세포가 현저하게 다름을 알 수 있다. 진핵생물세포에서는 핵과 미토콘드리아 등의 내막계(organelle)가 존재하지만, 원핵생물세포에서는 대부분의 경우 이와 같은 내막계가 존재하지 않고(광합성 세균에서는 예외적으로 내막계가 존재), 진핵생물세포와 비교하면 매우 단순한 구조를 하고 있다.

진핵생물의 세포 내에는 여러 가지의 세포소기관이 존재한다(표 1, 그림 1). 세포 내부는 핵질과 세포질로 나눌 수 있지만, 염색체 DNA는 핵 내에 존재하고, 핵막(외막과 내막의 이중구조를 취함)에 의해서 세포질과 격리되어 있다. 핵 안에는 리보좀을 형성하는 장소인 핵소체로 불리는 구조체도 존재한다. 핵막과 연속한 막계인 소포체가 있고, 여기에는 리보좀이 다수 부착한 조면(粗面)소포체로 불리는 영역과 부착하지 않은 활면(滑面)소포체라 불리는 영역이 존재한다. 조면소포체에 결합한 리보좀에서 합성된 단백질은 소포체막과 내강(內腔)에 삽입되어 거기서부터 골지체, 라이소좀, 액포, 세포막, 세포 밖 등의 구획으로 전송된다(46항 참조).

골지체는 편평한 주머니가 여러 층 겹쳐진 구조를 하고 있으며, 소포체로부터의 소포가 융합하는 면을 시스부, 반대면을 트랜스부, 그 사이를 중간부라고 부른다. 골지체에는 소포체로부터 보내온 단백질에 당이 첨가되는 당 수식(glycosylation)을 받는다. 골지체로부터 출아하는 소포에 이동한 단백질은 라이소좀, 액포, 세포막, 세포 밖 등에 보내진다.

라이소좀은 단일막으로 둘러싸인 소기관이지만 그 형태는 다양하다. 라이소좀의 특징은 그 소기관이 낮은 pH로 유지되어 있다는 점과 낮은 pH에서 높은 활성을 나타내는

Key words

세포(細胞, cell), 세포막(細胞膜, cell membrane), 세포벽(細胞壁, cell wall), 세포질(細胞質, cytoplasm), 사이토졸(cytosol), 세포골격(細胞骨格, cytoskeleton), 세포소기관(細胞小器官, organelle), 핵(核, nucleus), 핵소체(核小體, nucleolus), 핵공(核孔, nuclear pore), 소포체(小胞體, endoplasmic reticulum), 골지체(Golgi body), 라이소좀(lysosome), 액포(液胞, vacuole), 미토콘드리아[mitochondrion, mitochondria(복수)], 퍼옥시좀(peroxisome), 엽록체(葉綠體, chloroplast)

가수분해 효소들이 많이 있다는 점이다. 라이소좀은 세포 외에서 endocytosis로 세포 내로 수송한 물질(47항 참조)과 세포 내에서 필요 없어진 물질의 분해를 담당하고 있다. 식물세포와 진균세포에 존재하는 액포는 라이소좀과 비교하면 크고, 세포 체적의 9할 정도를 차지하는 경우도 있지만, 기능적으로는 라이소좀과 비슷하고, 소화기능을 가지고 있다. 액포에는 소화 기능 외에, 영양분 등의 저장 기관으로서도 기능한다.

진핵생물세포의 주요한 에너지 생산기관인 미토콘드리아는 내막과 외막의 이중구조를 갖는다. 내막은 주름진 형태의 크리스테(cristae)로 불리는 구조를 형성하고 있다(22항 참조). 미토콘드리아에는 구연산 회로와 전자전달계가 존재하고, 산화적 인산화에 의한 ATP의 생산을 담당하고 있다.

퍼옥시좀에는 분자상 산소를 사용하여 산화반응을 촉매하는 산화 효소들(oxidase류)과 이 반응에 의해 생성하는 과산화수소를 분해하는 카탈레이스(catalase)가 존재한다.

식물세포에만 존재하고, 광합성을 담당하는 엽록체(30항 참조)는 미토콘드리아와 같이 내막과 외막의 이중막으로 둘러싸여 있는 구조를 취하는데, 외막으로 둘러싸인 내막에는 제3의 막인 틸라코이드막(thylakoid membrane)을 가지고 있다.

이들 소기관들 이외의 부분을 채우는 액상은 사이토졸(cytosol)로 불린다.

표 1 진핵생물세포의 소기관의 기능

소기관	주된 기능
핵	DNA의 저장, 유전정보의 발현과 라이소좀의 집합에 관여
소포체	어떤 종의 단백질과 지질의 합성
골지체	소포체로부터 단백질에 결합한 당쇄의 processing
라이소좀	세포 내에 들어 온 물질의 소화, 세포 내 물질의 분해와 재사용
미토콘드리아	화합물의 산화, 에너지의 생산
퍼옥시좀	화합물의 산화
엽록체	광합성

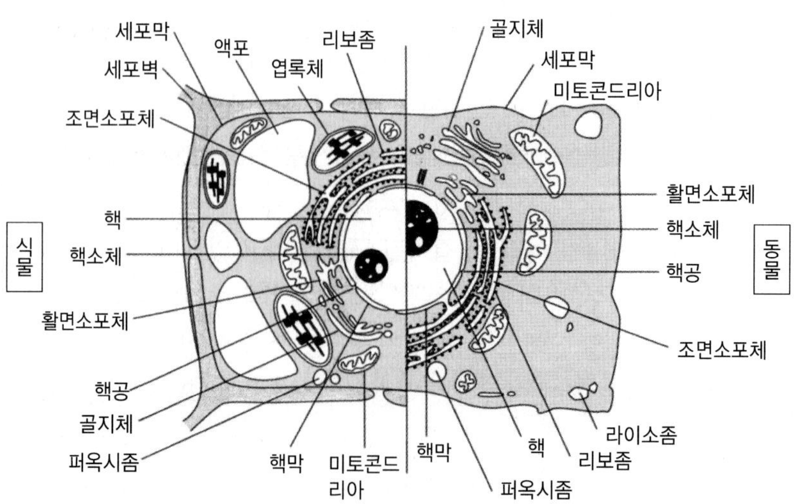

| 그림 1 | 진핵생물세포의 구조(생화학사전 제3판 동경화학동인, 1998, p568)

원핵생물, 진핵생물

原核生物, 眞核生物, Prokaryote and Eukaryote

15 Chapter

생물계는 염색체 DNA를 수납하는 핵의 유무를 지표로 해서 핵을 갖는 진핵생물과 핵을 가지고 있지 않은 원핵생물로 나눌 수 있다. 양자에는 핵의 유무 이외에도 세포의 구조에 명확한 차이가 있다. 진핵생물세포는 원핵생물세포와 비교해서 현저하게 복잡한 구조를 가지고 있으며, 핵 이외에도 소포체, 골지체, 라이소좀, 미토콘드리아, 퍼옥시좀 등이 있다. 식물에는 이들과 함께 엽록체와 액포가 존재한다. 원핵생물세포는 일반적으로 진핵생물세포보다 작고, 통상 원핵생물세포는 수 μm, 진핵생물세포는 수십 μm정도이다. 원핵생물이 세균이라고 불리는 이유이기도 하다. 대부분의 경우 원핵생물은 단세포 생물이다. 한편, 진핵생물에는 효모와 같은 단세포 생물로서 생육하는 것과 동물과 식물처럼 다세포 생물로서 생육하는 것이 존재한다.

Key words

원핵생물(原核生物, procaryote, prokaryote), 진핵생물(眞核生物, eucaryote, eukaryote), 진정세균(眞正細菌, eubacteria), 고세균(古細菌, archaea), 공생설(共生設, symbiosis theory)

위에서 언급한 바와 같이 핵 등의 세포소기관의 유무에 착목한 경우, 생물계는 이분화된다. 그러나 세포를 구성하는 분자의 구조에 착목한 경우에는 생물계는 진화계통적으로 3그룹(영역)으로 나뉘어 질 수 있음이 밝혀졌다. 즉, 고세균(원시균으로도 불린다), 진정세균, 진핵생물로 나눌 수 있다(그림 1). 고세균과 진정세균은 어느 것이라도 원핵생물이지만, 진화계통적으로는 고세균과 진정세균의 관계는 진핵생물과 진정세균의 관계처럼 멀다. 진정세균에는 대장균과 고초균 등이 포함되고, 고세균에는 메탄생성고세균, 고도호염고세균, 호열성고세균 등 극한환경에 생육하는 미생물이 다수 포함된다. 고세균과 진정세균을 독립한 분류군으로 생각하게 된 계기는 리보좀의 소 서브유니트에 포함되는 RNA의 염기 배열의 차이가 있었기 때문이다.* 그러나 고세균과 진정세균에는 이외에도 명확한 차이가 있다. 예를 들면 세포막을 구성하는 지질의 구

* **리보좀 RNA**

현재, 생물의 분류와 진화계통수의 제작에서 무엇보다 일반적인 지표로 사용되는 것은 리보좀의 소 서브유니트에 함유되어 있는 RNA(rRNA)의 염기 배열이다. 모든 생물은 단백질 생합성 장치로서 리보좀을 가지고 있기 때문에, rRNA는 모든 생물에 걸쳐서 근친도(近親度)를 측정하는 척도로 사용하기에 아주 좋다.

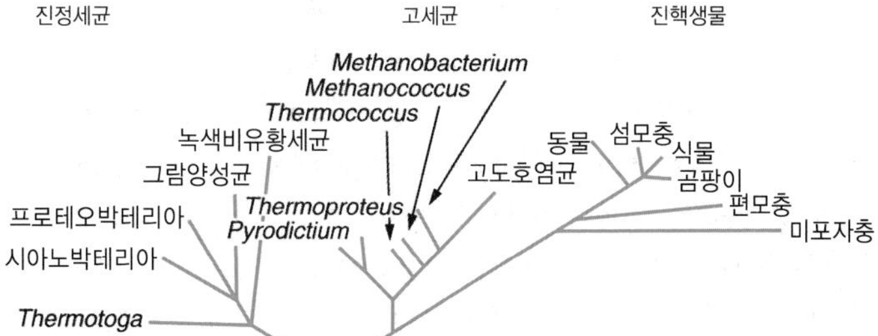

| 그림 1 | 리보좀 RNA의 염기 배열에 기초한 진화계통수

조에 있어서도 양쪽이 현저하게 다르다. 진정세균의 세포막을 구성하는 지질은 진핵생물의 경우와 같이 글리세롤과 지방산이 에스터 결합한 구조를 가지고 있지만, 고세균에서는 글리세롤과 알코올이 에터 결합한 에터 지질이 세포막을 형성하고 있다.

진핵생물세포는 원핵생물세포보다 아주 복잡한 세포 구조를 갖는다. 이러한 복잡한 구조 중에서 미토콘드리아와 엽록체는 진핵생물의 선조가 되는 세포에 원핵생물이 세포 내 공생의 형태로 성립되었다는 공생설이 넓게 인정되고 있다(그림 2). 프로테오박테리아(proteobacteria)와 관련 깊은 호기성의 원핵생물이 미토콘드리아의 선조로 생각되고 있으며, 또한 사이아노박테리아(cyanobacteria)와 관련 있고, 광합성을 수행하는 원핵생물이 엽록체의 선조로 생각되고 있다. 미토콘드리아와 엽록체에는 핵 DNA와는 다른 독자의 DNA가 존재하고, 또한 원핵생물의 것과 닮은 독자적인 단백질 생합성 장치가 존재 하는 것 또한 공생설의 근거가 되고 있다. 현존하는 미토콘드리아와 엽록체의 DNA는 이들의 소기관에 존재하는 단백질의 극히 일부만 코드(지정)한다. 이것은 진화의 과정에서 유전자가 핵 DNA에 전이한 결과로 생각된다. 공생의 숙주는 고세균과 근연(近緣)의 세포일 가능성이 시사되고 있다.

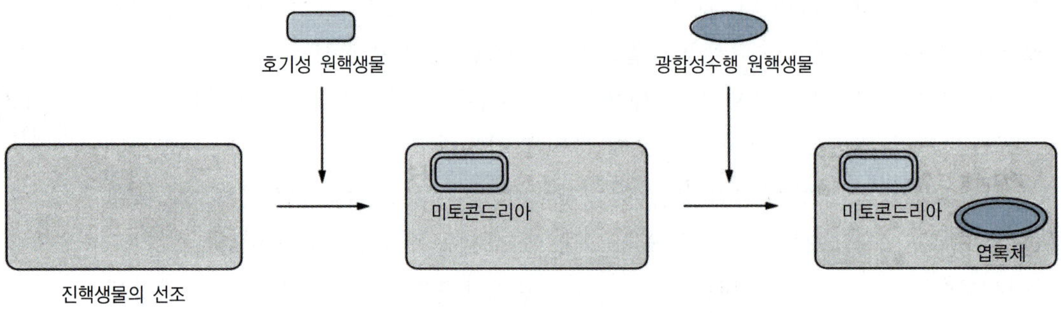

| 그림 2 | 공생설

병원성 미생물

病原性微生物, Pathogenic Microorganism

16 Chapter

병원성(pathogenicity)은 세균이나 바이러스 등의 병원체가 다른 생물에 감염을 일으키는 성질과 능력을 말한다. 미생물이 숙주를 감염시켜 질병을 일으킬지 여부는 미생물과 숙주의 조합에 의해 결정된다. 미생물 측의 힘을 결정하는 요소로는 감염된 미생물의 수, 즉 양적인 인자 이외에, 숙주에 대한 감염의 유무, 병원성 유무, 비루렌스(virulence)의 강약(높낮이)이라는 질적인 요인들이 있다.

감염성은 미생물이 숙주의 체내에서 안정적으로 증식할 수 있는지를 의미한다. 예를 들어, 식물 바이러스와 박테리오파지 등 동물 이외의 숙주를 감염시키는 바이러스는 동물 세포에 침입하여 증식할 수 없다. 따라서 이들은 동물에 대해서는 비전염성이다. 비감염성 미생물은 원래 숙주–병원균의 관계가 성립하지 않기 때문에 이들은 동시에 비병원성이기도 하다.

병원성은 전염성 미생물이 숙주에 감염된 경우 질병을 일으킬지 여부를 의미한다. 예를 들어, 유산균은 사람의 소화관에 감염(정착)하지만 질병이 생기지는 않아 비병원성 세균이다. 그러나 살모넬라균의 대부분은 인체에 독성이 있어 소화관 감염과 식중독 등의 원인이 되지만, 닭에 대해서는 비병원성인 것이 많아 계란이나 닭고기를 통해 감염한 경우는 사람에게 병원성을 나타낸다.

비루렌스(virulence, 독력, 毒力)은 그 병원체가 얼마나 감염을 일으키기 쉬운지, 또한 발병 때 얼마나 위험한가를 나타내는 연속적인 개념이다. 예를 들어, 식중독의 원인균인 살모넬라와 장티푸스균은 모두 생물학적으로는 같은 *Salmonella enterica* 종으로 분류되지만, 비루렌스의 차이에 의해 후자는 장티푸스 등의 매우 심각한 질병을 일으킨다. 비루렌스는 강약이나 높낮이로 표현되며 비루렌스가 높은(강한) 병원체를 강독성, 낮은(약한) 병원체를 약독성이라고 부른다.

로버트 코흐(Robert Koch, 1843~1910, 1905년 노벨상 수상)의 탄저균 발견(1877년) 이후 많은 병원성 세균(결핵균 1882년, 콜레라균 1885년)들이 분리되었다. 이에 따라 미생물학과 의학(감염학)과의 접점이 명확히 되어 감염에 대한 치료에 큰 영향을 미쳤다. 그러나 미생물학의 여명기에 있어서는 심각한 질병을 일으키는 병원체를 분리하는 것이 우선시되고, 이 때문에 당시 발견된 병원체의 대부분은 건강한 사람에게 감염되어도 발병할 수 있는, 매우 비루렌스가 높은 것들이었다. 이러한 과정에서 미생물을 "병원성"과 "비병원성"으로 분류하게 되었다. 그러나 연구의 진전에 의해 기회감염

Key words

병원성(pathogenicity), 비루렌스(virulence), 로버트 코흐(Robert Koch), 기회감염(opportunistic infection), 헬리코박터 파일로리(Helicobacter pylori), 유레이스(urease)

(opportunistic infection)의 개념이 대두되었다. 기회감염이란 면역체계가 정상적으로 작동하지 않을 때에 발생하는 감염을 말한다. 예를 들어 HIV(Human immunodeficiency virus)는 시간이 경과하면서 면역체계에 손상을 가함으로써 질병에 대한 저항능력을 약화시킨다(2008년 노벨상). 따라서 건강한 면역체계를 가진 경우라면 쉽게 치료가 되지만, 에이즈 환자일 경우에는 바이러스나 박테리아와 같은 병원균이 인체에 침입했을 때 면역체계가 저항하지 못하여 생명에 위협을 받게 된다(그림 1). 즉, 지금까지 인간에 병원성이 없다고 알려진 미생물에 의해서도 면역력이 저하된 사람에서 질병이 일어날 수 있다는 것이 알려져, 발병 여부는 단순히 미생물의 병원성에만 의존하는 것이 아니라 숙주와의 힘의 균형에 의해 결정된다는 생각이 대두하게 되었다. 결국 병원성 미생물에 감염된 후 발병의 여부는 이러한 미생물 측의 질적 양적 요소뿐만 아니라 감염된 개체의 면역 등의 생체 방어기구 인자의 균형에 의한다.

한 예로 병원성 세균인 헬리코박터에 대하여 알아보자. 위(胃, stomach)의 내부는 위액의 염산에 의해 강한 산성을 나타내므로, 기존에는 박테리아가 서식할 수 없는 곳 이라고 생각했다. 그러나 헬리코박터 파일로리는 유레이스(urease)라는 효소를 생산하는데 이 효소는 위점액 중의 요소(urea)를 암모니아와 이산화탄소로 분해하여 국소적으로 위산을 중화시켜 위장점막에 정착, 기생한다.

$$(NH_2)_2CO + H_2O \longrightarrow CO_2 + 2NH_2$$

이 균의 발견으로 동물 속의 특수 환경에 적응하여 서식하는 세균의 존재가 분명해졌다. 헬리코박터 파일로리에 감염되면 만성위염, 위궤양 및 십이지장궤양뿐 아니라 위암, 말트림프종 등의 발생이 증가하는 것으로 보고되었다. 헬리코박터 파일로리는 현재까지는 인간 악성종양의 원인 가능성이 있는 것으로 확인된 유일한 세균 병원체이다. 헬리코박터 파일로리는 1983년 호주의 로빈 워렌(Robin J. Warren)과 배리 마샬(Barry Marshall J.)에 의해 발견되었다. 이 두 과학자는 이 세균을 발견하고 발명 메커니즘을 규명한 공로로 2005년 노벨 생리의학상을 수상하였다.

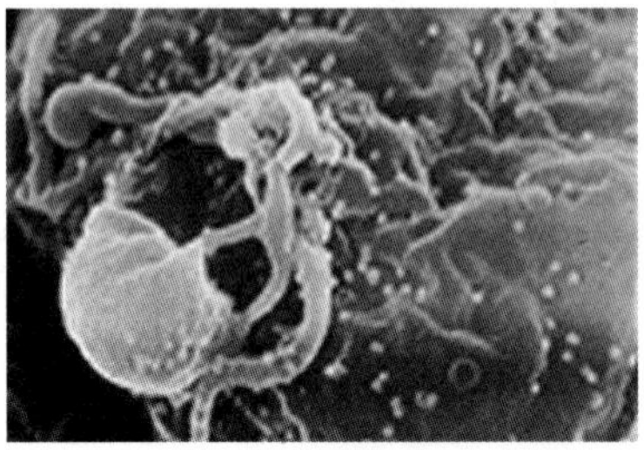

| 그림 1 | AIDS 바이러스

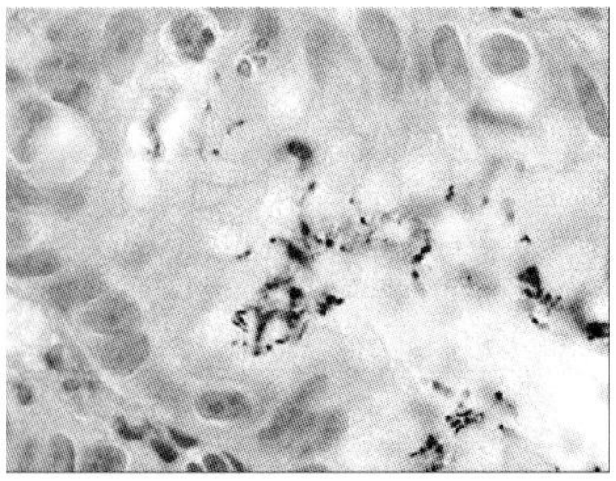

| 그림 2 | 위 점막에 부착 기생하는 헬리코박터

기생충 퇴치

寄生蟲退治, Parasite Eradication

Chapter 17

병원성 미생물에 이어 본 항목에서는 기생충에 대하여 알아보고자 한다. 기생충은 말 그대로 인간이나 동물에 기생하는 벌레를 말한다. 2020년 미국 아카데미 수상작도 '기생충'이었다. 최근 어떤 기생충은 면역반응을 도와주는 등 이로운 점이 있다는 연구보고도 있지만, 기생충에 의한 질병은 인류를 수 천년 동안 괴롭혔다. 특히, 기생충 관련 질병은 세계에서 가장 가난한 사람들에게 영향을 미치고 있다(그림 1). 2015년 노벨 생리의학상은 치명적인 기생충 질환 치료제 개발에 수여되었다. 오무라 박사와 캠벨 박사는 림프사상충과 회선사상충에 효과적인 신약 아버멕틴(avermectin)과 이버멕틴(ivermectin)을 개발하였고, 투유유 박사는 말라리아의 사망률을 크게 줄인 아르테미시닌(artemisinin)을 개발하였다. 아르테미시닌은 수백만 명의 목숨을 구했으며 이버멕틴은 50만 명 이상의 실명을 예방했다.

Key words

림프사상충증(elephantiasis), 회선사상충증(river blindness), 말라리아(malaria), 아버멕틴(avermectin), 이버멕틴(ivermectin), 아르테미시닌(artemisinin)

• 기생충과 치명적 질병

다양한 기생충이 질병을 유발한다. 세계 인구의 3분의 1이 기생충에 감염되어 있으며, 감염자는 아프리카, 남아시아 및 중남미에 많다. 특히 림프사상충과 회선사상충의 피해가 큰데, 림프사상충증은 1억2천만 명이 넘는 사람들이 감염되어 있으며, 만성 부종을 일으키고 다리가 두꺼워지며 통증이 심하여 정상 생활이 불가능하다. 회선사상충증은 일명 하천실명병으로 알려져 있는데 그 이유는 각막 만성염증으로 실명하게 되기

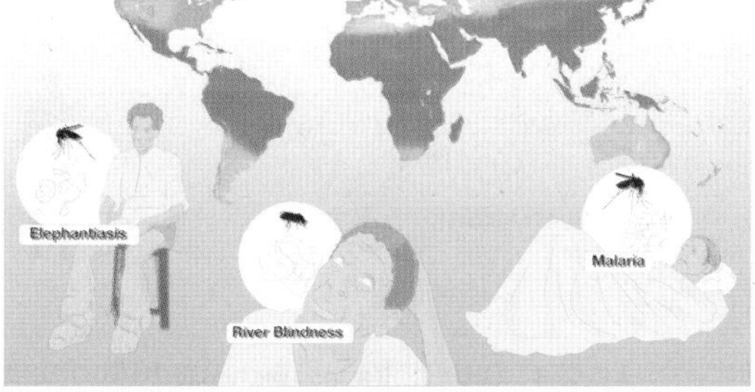

| 그림 1 | 치명적인 기생충 질병의 예

Elephantiasis(림프사상충증, 피부가 코끼리 피부처럼 두껍고 딱딱하게 변해서 붙인 병명, 일명 상피병), River blindness(회선사상충증, 실명한다고 해서 붙인 병명, 일명 하천실명병) 및 말라리아. 기생충 관련 질병의 분포도를 파란색으로 나타냈다.

때문이다. 말라리아는 우리가 아는 한 인류와 함께한 병이다. 이는 단일 세포 기생충에 의한 모기 매개 질병으로 원충이 적혈구에 침입하여 열을 일으키고 심한 경우 뇌 손상과 사망을 초래한다. 세계 인구 중 34억명이 말라리아에 걸릴 위험이 있으며 매년 45만 명이 넘는 사람들이 말라리아로 사망하고 있다(그림 1).

• 박테리아로 기생충 치료제 개발

일본 생화학자 오무라 박사는 토양에 살면서 항균 작용과 약제를 생산하는 것으로 알려진 박테리아인 스트렙토마이세스(*Streptomyces*)로 연구를 하였다(Waksman, 1952년 노벨상, 스트렙토마이신 개발). 오무라 박사는 일본 시즈오카현 골프장 토양 샘플에서 항기생충 능력이 있는 스트렙토미세스의 새로운 균주를 분리하여 실험실에서 성공적으로 배양하는데 성공했다(그림 2).

미국 생물학자 캠벨 박사는 오무라 박사의 *Streptomyces*의 효능을 탐구했다. 그는 *Streptomyces* 균주 중에서 가축과 농장동물의 기생충 구제에 월등하게 효과가 있는 한 균주를 발견하고, 그 생물 활성 물질을 정제하여 아버멕틴(avermectin)이라 명명하였다. 이어서 화학적 변형을 통하여 1981년 이버멕틴(ivermectin)이라는 더 효과적인 항기생충제를 개발하였다. 이버멕틴은 기생충 애벌레(microfilaria)를 효과적으로 죽였고 안정성이 입증되었다(그림 3). 이버멕틴은 인간에는 없고 기생충 신경세포에만 존재하는 글루탐산-개폐 염소 채널(Glutamate-gated chloride channels)에 작용하여 염소 이온의 세포 밖 유입을 촉진시켜 기생충의 신경 마비를 유도한다. 또한 GABA 수용체에 작용하여 기생충의 마비를 일으킨다. 포유류의 GABA 수용체는 중추신경계에 존재하고 혈관뇌장벽에 의해 이버멕틴이 통과할 수 없어 사람에게는 안전한 것이다.

| 그림 2 | 항기생충(회선사상충과 림프사상충) 물질검색

회선사상충과 림프사상충에 대항하는 미생물을 스크리닝하여 *Streptomyces*의 효능을 확인한 후, 수천 개의 *Streptomyces* 후보균에서 다시 50개의 후보를 선정, 그 중에서 *Streptomyces avermitilis* 균이 아버멕틴(avermectin)을 생성함을 발견.

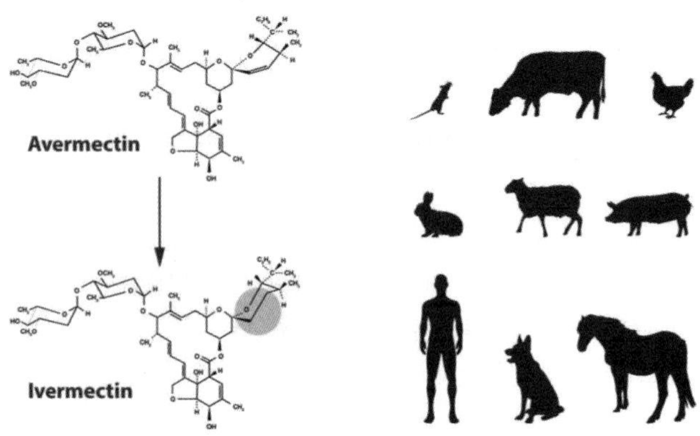

| 그림 3 | 아버멕틴(avermectin)과 변형 이버멕틴(ivermectin)의 개발

아버멕틴의 이중결합 하나가 환원되어 독성이 약화된 이버멕틴은 회선사상충과 림프사상충을 포함하여 다양한 기생충에 대해 동물과 인간 모두에게 매우 효과적이다.

• 전통식물로 기생충 치료제 개발

말라리아는 전통적으로 클로로퀸(chloroquine) 또는 퀴닌(quinine)을 이용하여 치료하지만 치료 효과가 만족스럽지 않았다. 중국 투유유 박사는 새로운 말라리아 치료제를 전통 약초에서 찾아보고자 했다. 말라리아에 감염시킨 동물들을 대상으로, 대규모 약초 스크리닝 실험에서 식물 개똥쑥(아르테미시아 아누아, Artemisia annua)의 추출물이 흥미로운 후보로 떠 올랐다. 많은 시행착오와 실험으로 개똥쑥에서 항말라리아 활성성분을 성공적으로 추출할 수 있었다. 아르테미시닌(artemisinin)으로 불리는 이 성분이 감염된 동물과 인간 모두에서 효과적이었으며, 말라리아 원충을 초기 발생단계에서 죽이는 예방약의 기능도 있었고, 심각한 단계의 말라리아 치료에도 효능을 나타냈다 (그림 4).

이와 같이 매우 많은 사람들의 생명을 구한 항기생충 신약 개발 과정을 보면 '자연계는 다양한 천연약물의 보고이며, 신약 개발의 시작점'이라는 교훈을 얻게 된다.

| 그림 4 | 말라리아 치료제 아르테미시닌의 개발

고대 문헌 검색으로 식물 아르테미시아 아누아(artemisia annua)를 후보로 선정, 말라리아 치료 물질의 정제 방법을 개발, 말라리아에 대해 현저하게 효과적인 약물, 아르테미시닌(artemisinin)을 개발

Chapter 18

바이러스, 파지

Virus, Phage

Key words

박테리오파지(bacteriophage), 레트로바이러스(retrovirus)

바이러스는 단백질로 되어 있는 껍질(capsid 라고 불린다)과, 이 껍질에 싸여 있는 유전자를 갖는 입자로 되어 있다. 바이러스는 세포를 기본 단위로 하는 생물과는 달리 분열에 의해 자기복제를 수행하지 않는다. 복제는 예외 없이 다른 생물의 세포 안에서 행하여 지고, 그 세포의 단백질 합성 장치와 핵산 합성 장치가 이용된다. 바이러스의 복제가 일어나는 세포를 숙주 세포(host cell)라고 부른다.

바이러스 유전자의 형태는 다양해서 이중 사슬 DNA, 단일 사슬 DNA, 이중 사슬 RNA, 단일 사슬 RNA가 있다. 형상으로 보면 선상(線狀)과 환상(環狀)이 있고, 이들 유전자를 감싸는 껍질의 형태도 다양해서 나선구조를 갖는 것, 정이십면체 구조를 갖는 것, 이것들을 합쳐 놓은 것 등이 있다(그림 1). 단백질성의 껍질의 바깥 측에, 지질로 형성된 막을 갖고 있는 것도 있다.

DNA를 유전자로 사용하는 바이러스에서는 그 복제에 DNA 의존형 DNA polymerase(replicase라고도 불린다), RNA를 유전자로 사용하는 바이러스는 RNA 의존형 DNA polymerase(reverse transcriptase, 역전사 효소)가 이용된다. 역전사 효소의 발견은 그 당시까지 굳게 믿고 있던 central dogma(유전 정보는 DNA → RNA → 단백질의 한 방향으로만 흘러간다고 하는 학설)에 반하는 것으로 큰 반향을 일으키고 발견된 지 5년 만인 1975년 노벨 생리의학상을 수상하게 된다. 역전사 효소를 갖는 바이러스는 레

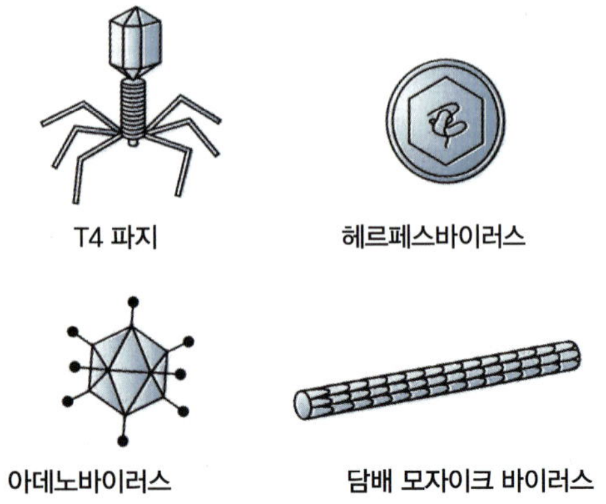

| 그림 1 | 대표적인 바이러스의 구조

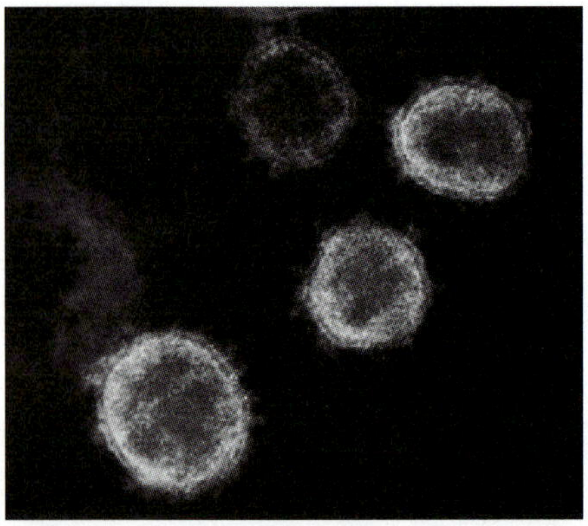

| 그림 2 | 2020년 중국 우한에서 발생하여 전 세계에 큰 혼란을 야기한 코로나 19 바이러스

트로바이러스라 불리고, 코로나 바이러스(그림 2), 에이즈 바이러스(76항 참조)와 인간 T 세포 백혈병 바이러스가 포함된다. RNA가 유전자로 기능한다는 사실은 촉매능을 갖는 RNA(ribozyme)의 발견과 더불어, RNA world 가설(생명의 기원이 RNA라는 가설)의 근거가 된다.

바이러스는 숙주 세포에 대하여 특이성이 높고, 각 바이러스는 세균, 식물, 동물 중에서 특정의 종에만 감염한다. 세균을 숙주로 하는 바이러스는 '박테리아를 먹는다'는 의미로 박테리아 파지 또는 간단히 파지로 총칭한다. 다세포생물이 숙주인 경우에는 기관에 대한 특이성이 높은 경우가 많다. 예를 들면, 간염 바이러스는 간세포에만 감염한다.

바이러스의 유전자가 숙주 세포의 안에 들어가는 방법은 우선 T2파지와 같이 세포 표면에 결합한 파지 입자로부터 핵산만 숙주 세포에 주입되는 메커니즘이 보인다. 또는 많은 동물 바이러스의 경우, 엔도사이토시스(endocytosis, 47항 참조)에 의해 파지 입자 전체가 숙주 세포에 들어간 후 껍질이 분해되어 핵산이 유리하는 메커니즘을 사용한다(그림 3). 모든 경우, 바이러스는 숙주 세포 표면에 존재하는 특정의 수용체를 인식해서 특정의 세포에만 감염한다. 숙주 세포에 들어간 바이러스는 숙주 세포의 DNA에 침입하여 바이러스 게놈의 정보에 의해 당장 바이러스 입자를 합성, 방출하고, 숙주 세포를 파괴하는 경우가 있다[파지의 경우, 용균(溶菌)이라고 부른다]. 한편, 당장 바이러스 입자를 생산하지 않고, 바이러스 게놈이 숙주 세포의 게놈에 잠입하여, 숙주 세포의 증식과 함께 바이러스의 게놈이 복제되어 가는 경우가 있다[파지의 경우, 용원화(溶原化)라고 불린다].

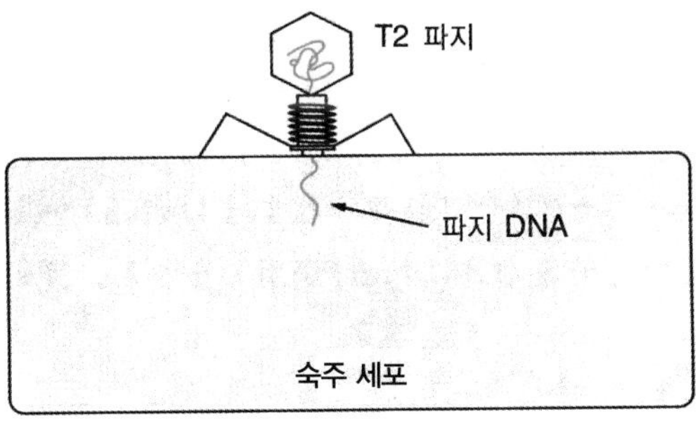

T2 파지 DNA의 숙주 세포 침입

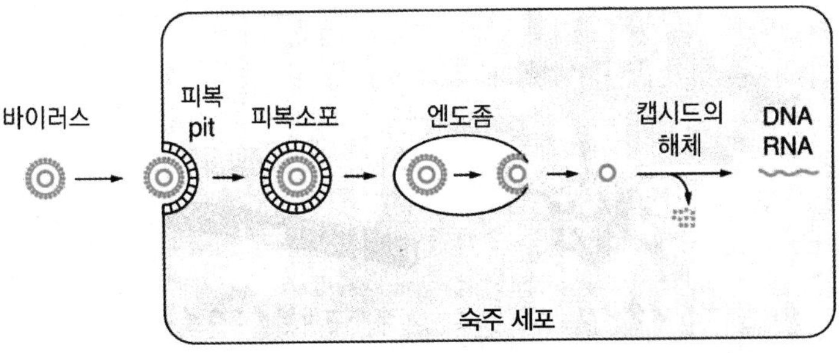

엔도사이토시스에 의해 숙주 세포에 침입하는 바이러스

| 그림 3 | 바이러스 유전자가 숙주 세포에 침입하는 메커니즘

바이러스는 자기의 핵산을 특정의 세포에 주입하는 성질을 갖고 있으므로, 외래 유전자를 바이러스 DNA와 연결시킨 뒤, 특정의 세포에 침입시키는 것이 가능하다. 즉, 바이러스를 DNA의 운반책(벡터, vector)으로 이용하는 것이 가능하다. 분자생물학의 발전에는 대장균을 숙주로 하는 박테리아 파지를 이용한 유전자 조작계가 매우 중요한 역할을 담당하였다. 또한 바이러스는 유전자 치료(81항 참조)에도 이용되고 있다. 유전병을 갖는 환자의 혈액으로부터 T 세포를 빼내서 시험관 내에서 백혈병 바이러스를 벡터로 사용하여 여기에 정상 유전자를 도입하여, 이것을 환자의 체내에 주입하는 치료가 실시되고 있다.

Subnote

• 바이러스와 암

바이러스 중에서는 숙주 세포의 증식 제어를 교란시키는 단백질을 지정하는 DNA를 가지고 있는 것이 있다. 이러한 단백질을 생산한 결과, 숙주 세포를 암으로 만드는 유전자를 암 유전자라고 부른다(78항 참조)

• 바이러스와 진화

숙주 세포의 게놈에 침입한 바이러스의 게놈은 복제된 바이러스 입자에 합류할 때, 근접한 숙주 세포의 게놈 배열을 가지고 같이 합류하는 경우가 있다. 또는 바이러스 유래의 게놈 배열이 숙주 세포의 게놈에 남겨진 경우도 있다. 이러한 과정을 통하여 숙주 세포의 게놈 배열의 변화가 가속화하여, 생물의 진화에 기여하였을 가능성도 있다.

바이러스의 이용

Use of Viruses

Chapter 19

일반인들에게는 바이러스는 단지 병을 유발시킨다는 나쁜 이미지가 강하지만 실제로 바이러스는 의학 및 유전공학에서 없어서는 안 될 중요한 연구 도구이다. 이러한 바이러스 관련 연구를 바이러스학이라고 하며 인류에게 도움이 되는 바이러스의 사용 방법에 대하여 알아본다.

Key words

유전자 변형 생물(GMO, genetically modified organism), 숙주 특이성(host specificity), B형 간염 바이러스(hepatitis B virus)와 인체 유두종 바이러스(human papillomavirus), 바이러스 지시 효소 프로드러그 치료(Virus-Directed Enzyme Prodrug Therapy, VDEPT), 에드워드 제너(Edward Jenner)

• 생물학 연구에서의 바이러스

바이러스는 세포의 기능을 조작하고 조사하는 데 사용할 수 있는 간단한 시스템을 제공한다. 바이러스는 유전자와 DNA 복제, 전사, RNA 형성, 번역, 단백질 형성 등 유전학, 분자세포생물학, 면역학에서 널리 사용한다.

• 의학적 이용

바이러스는 다양한 표적 세포에 질병의 치료에 필요한 유전자를 운반하는 운반책(carrier 또는 vector)으로 사용할 수 있다. 바이러스는 유전에 기인하는 유전 관련 질병 치료와 암과의 전쟁에서 광범위하게 연구되고 있다. 물론 바이러스를 완벽하게 통제하는 수준까지 도달하기에는 아직 이른 감이 있지만, 미래의 의학적 이용에 필수적이다.

• 박테리오파지 요법의 바이러스

목적으로 하는 특정 박테이라에만 감염시킬 수 있는(host specific) 특정 바이러스는 특정 병원성 박테리아를 파괴할 수 있다. 이를 bacteriophage therapy라고 한다. 박테리오파지는 지구에 존재하는 바이러스의 대부분을 차지하며 가장 많은 종류가 존재하여 분자생물학을 이용하여 세균성 질환의 치료 목적으로 연구가 진행되고 있다.

• 나노 기술의 바이러스

나노 기술은 미세한 입자를 조작하는 기술이다. 바이러스는 나노 크기의 물질이며 숙주에 감염하는 생물학적 기능이 있다. 따라서 바이러스는 숙주 세포에 유전공학적으로 변형된 유전자와 나노 크기의 물질을 도입시키는 데 운반체(carrier, vector)로서 이용할 수 있다.

• 무기 및 생물학적 전쟁에서의 바이러스

병원성 바이러스는 대규모 인구의 죽음과 파괴를 야기할 수 있는 능력이 있다. 따라서 바이러스는 아주 작고 검출하기 어렵지만 파급성이 커서 테러나 생물학적 전쟁에 사용될 수 있다는 우려가 있다.

• 농업 바이러스

유전공학 방법을 이용하여 유전자를 변형시킨 DNA의 운반체(vector, vehicle) 역할을 하는 바이러스를 식물과 동물에 침투시켜 변형된 유전자를 갖는 생물을 만들 수 있다. 예를 들면 병충해에 강한 과일, 긴 유통 기간에도 품질을 유지하는 과일 등이 그것들이다. 이렇게 새로운 유전자의 도입으로 유전자가 변형된 생명체(미생물, 동물, 식물)를 GMO(genetically modified organism)라고 한다.

• 암 예방 및 관리용 바이러스

농업에 이용되는 유전자 변형 생물 생산 기술은 윤리적 이유로 사람에게는 시도되지 않았다. 그러나 개인의 세포에서 추출한 세포에 변형된 유전자를 도입하는 연구는 최근 몇 년 동안 활발히 연구되고 있다. 이는 유전자 치료로 알려져 있다. 유전자 치료의 핵심 요소는 환자의 세포에 새로운 기능 유전자를 도입하는 것이다. 만일 성공적으로 기능 유전자가 도입되어 원하는 기능이 작동한다면 결함을 갖는 유전자 문제를 해결할 수 있을 것이다. 최근까지 바이러스를 이용하여 수행된 임상 시험의 70% 정도는 암세포가 타겟이다. 이러한 치료 목적으로 adenoviruses가 벡터로 많이 사용되며 특정 암세포에만 결합하는 특이성을 향상시키고 부작용을 최소화하기 위한 유전자 설계가 진행되고 있다.

• 바이러스와 백신

바이러스는 백신을 처음 사용한 에드워드 제너(Edward Jenner)가 처음으로 사용하였다. 제너는 우두 바이러스를 사용하여 천연두 감염을 예방하였다. 소아마비, 홍역, 수두의 약한 또는 죽은 바이러스 입자를 건강한 사람에게 주사하면, 바이러스에 대한 면역을 강화하고 면역 체계는 외부 바이러스의 화학 구조를 기억하여 후에 침입하는 바이러스를 공격하여 병을 예방한다.

• 암 예방 백신

B형 간염에서 유래하는 간암과 자궁경부암은 바이러스 유래 암으로 알려져 있다. 따라서 이 두 가지 암을 유발시키는 hepatitis B virus(1976년 노벨상)와 human papillomavirus(2008년 노벨상)에 대항하는 백신을 주사하면 B형 간염을 원인으로 하는 간암과 자궁경부암을 예방할 수 있다. 실제로 각각의 백신은 각각의 바이러스에만 함유된 단백질을 이용하여 개발되었다.

• 바이러스 지시 효소 프로드러그 치료 (Virus-Directed Enzyme Prodrug Therapy, VDEPT)

바이러스에 감염된 세포(예, HIV) 또는 종양 세포에 특정 바이러스를 감염시켜 그 특정 바이러스가 가지고 있는 효소 작용을 이용하는 방법이다. 즉, 특정바이러스와 세포독성 약물의 비활성 전구체(prodrug)와 동시에 투여하면, 일반 세포에는 영향을 주지 않지만 표적 세포에서만 전구체가 활성화 독성을 나타낼 수 있다. 예를 들어, thymidine kinase(TK) 효소를 가지고 있는 adenovirus는 HIV 바이러스에 감염된 세포에 침입하여, 함께 투여한 항바이러스 핵산 유도체인 acyclovir(아시클로버)가 TK 효소에 의해 인산화되어 monophosphate thymidine으로 전환된다. 이런 단일 인산화 유도체는 내인성 cell kinase에 의하여 삼차 인산 유도체로 인산화되고 이 삼차 인산 유도체는 정상 기질인 deoxyguanocyl-3-인산과 경쟁하여 HIV 바이러스의 DNA polymerase만을 특이적으로 저해시킨다. 즉, prodrug 사용 표적 부위에서만 약물로 변화하도록 바이러스를 이용할 수 있다.

• 생물학적 해충 제어

바이러스는 유해한 해충을 제어하는 데 사용할 수 있다. 전통적으로 농업에 사용되었지만 최근에는 인간의 건강 증진에도 이용성이 증대되고 있다. 특정 바이러스를 박멸하고자 하는 해충의 먹이로 사용하여, 박멸 대상 해충에 기생하여 병원성을 나타나게 할 수 있다. 해충 제어에 사용되는 바이러스는 일반적으로 박멸 목적 종에 질병을 일으키는 병원성이 있다. 바이러스를 이용한 살충제 시장은 크지는 않지만, 여러 종의 곤충 제어에 이용될 수 있다. 바이러스성 살충제는 지속 효과가 좋고 경우에 따라 해충들 사이의 확산 효과도 기대할 수 있다. 또한 기존 살충제보다 본질적으로 독성이 적다. 그러나 햇빛에 약해 제한된 범위에서 사용해야 하는 점, 화학 약품에 비해 효과속도가 느린 점, 초기 치료의 높은 비용 등이 단점이다.

| 그림 1 | 유전자 재조합 식품(GMO)

미국에서 시판되는 GMO는 15개 작물 70여개 품종으로 콩, 옥수수, 감자, 토마토, 호박 등이 주요 작물이다. 제초제 저항, 해충 저항, 과숙 억제, 과피 손상 방지의 특성을 갖도록 만들어져 있다. 가장 많이 유통되는 품목은 콩과 옥수수로 우리나라에 유통되고 있는 콩과 옥수수의 대분분을 미국으로부터 들여오고 있다.

Chapter 20

해당계

解糖系, Glycolysis

Key words

Embden-Meyerhof-Parnas(EMP) 경로(EMP pathway), 기질 수준의 인산화(基質水準의 燐酸化, substrate-level phosphorylation), 피루빈산(pyruvic acid), 유산(乳酸, lactic acid)

생물의 가장 기본적인 에너지원이며, 탄소원인 글루코스(glucose)를, 10단계(또는 11단계)의 효소반응으로 2분자의 피루빈산(pyruvic acid) 또는 유산으로 변환시키는 대사경로를 해당이라고 부른다[그림 1, ① → ⑩ ⑪ ; 연구자의 이름을 따서 Embden-Meyerhof-Parna(EMP) 경로로 불리는 경우도 있다]. 해당계는 글루코스 1분자로부터 2분자의 ATP와 2분자의 NADH + H^+ 를 생성하는 에너지 공급원이며, 산소를 필요로 하지 않고 무산소 조건 하에서도 또는 산소가 있는 호기적 조건하에서도 기능할 수 있다. 해당계의 최초의 두 개의 당 인산화반응(반응 ①과 ③)은 당인산기를 부가함에 의해서 중간체가 세포 밖으로 누출됨을 방지함과 동시에 다음에 설명하는 기질레벨의 인산화에 의해 ATP 합성의 준비 단계로서의 의미를 가지고 있다. Aldolase 반응 ④에서 육탄당 인산은 두 개의 삼탄당 인산으로 분열된다. 분열된 두 개의 삼탄당은 서로 빠르게 변환하여, 결국 같은 경로를 밟게 된다(반응 ⑥ 이후에는 글루코스 한 분자당 2번 회전하게 된다).

ATP의 생성은 phosphoglycerate kinase ⑦과 pyruvate kinase ⑩의 작용으로 일어나지만, 이들 효소의 기질은 모두 고에너지 화합물(p54, Subnote 참조)이고, 그 탈인산화가 ADP의 인산화와 화학 공역함에 의해서 기질내의 고에너지 인산 결합의 에너지가 생성물(ATP) 분자 중에 보존된다. ATP의 이러한 생성 방법을 '기질 수준의 인산화'라고 부르고, 호기성 생물에서 보이는 '산화적 인산화'(酸化的 燐酸化, oxidative phosphorylation)와 광합성 생물에서 보이는 '광인산화'(光燐酸化, photophosphorylation)와 구별하고 있다. 또한 반응 ⑥은 그 경로에서 일어나는 유일한 산화반응이고, NADH + H^+를 생성한다. 해당계에서는 세 단계의 비가역반응이(반응 ①, ③, ⑩) 있고, 그 반응 속도는 세포 내의 여러 가지 성분에 의해 조절을 받고, 이러한 조절 작용으로 해당계 전체의 대사 속도가 제어되고 있다.

해당계는 거의 모든 생물에 존재하고, 예외 없이 세포질졸(사이토졸)에서 일어난다. 글루코스 이외의 당들도 각종 효소에 의해서 해당계의 중간체로 변환되고, 해당계에 들어와 분해되므로, 해당계는 당의 이화 작용에 중심적인 역할을 담당하고 있다고 말할 수 있다. 또한 동물해당계의 glucose 6-phosphate는 glycogen 대사와 연결되고, glucose 6-phosphate 이외 몇 가지 중간체에 있어서는 펜토스 인산 회로와 연결된다. 더욱이 피루빈산(pyruvic acid)은 알라닌(alanine) 등의 아미노산의 이화(異化), 동화(同化)에,

dihydroxyacetone phosphate는 triacylglycerol의 대사에 연결된다.

피루빈산이 이후에 어떻게 대사 되는가는 생물 종, 조직, 생육 조건의 차이에 따라 다르다. 혐기적 조건하에 있는 근육과 유산균에서 피루빈산은 유산 dehydrogenase ⑪에 의해 유산으로 환원된다(해당계 또는 유산 발효). 또한 효모에서 피루빈산은 탈탄산을 받아(⑫) 에탄올로 환원된다(⑬ 알코올 발효). 혐기적 조건 하에서 피루빈산이 유산이나 알코올이 되는 환원반응이 일어나는 근본적인 이유는 유산균이나 효모가 자신들의 성장에 필요한 ATP를 얻기 위함이다. 즉, 혐기 상태에서는 해당계가 유일한 에너지 생성반응이고 이 해당계를 계속 돌리기 위해서는 생체 내 NADH와 NAD^+의 pool이 유지되어야 하기 때문이다. 즉, 유산과 알코올을 생산하면서 NAD^+를 생성시켜야 해당계를 유지할 수 있게 되는 것이다.

호기적인 조건에서 피루빈산은 pyruvic acid dehydrogenase 복합체의 작용에 의해 acetyl CoA로 된 후, 구연산 회로에 유입된다.

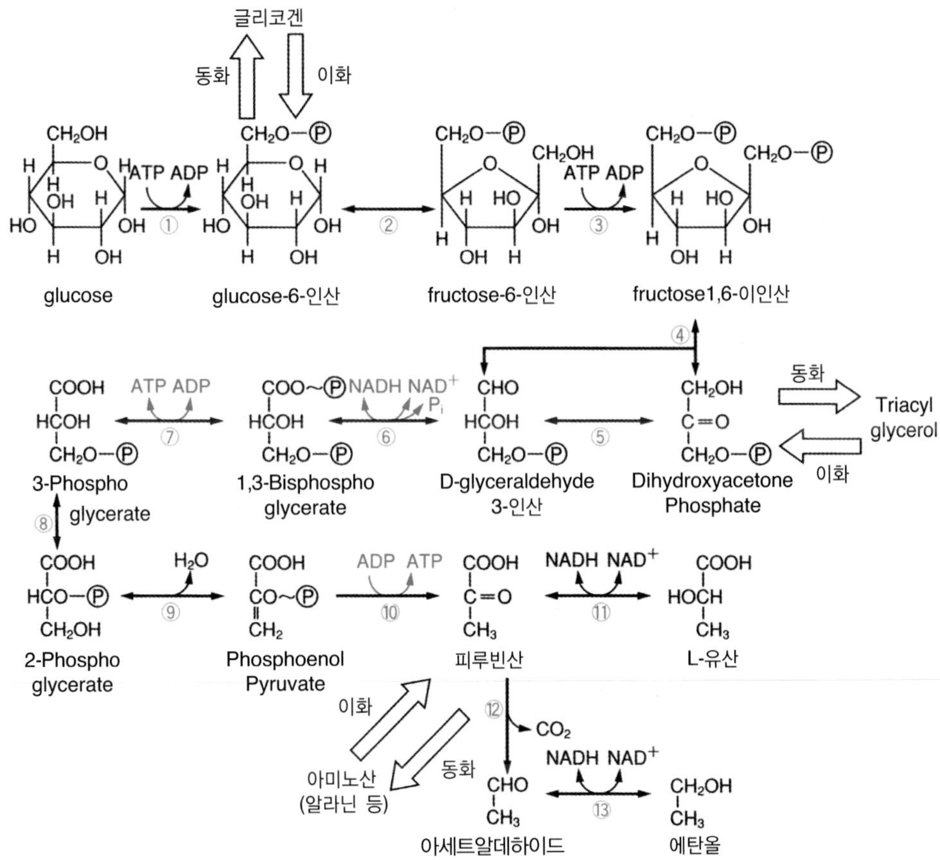

| 그림 1 | 해당계

↔는 가역반응, →는 비가역반응을 나타낸다. 큰 화살표는 다른 생체 물질과의 대사적 연결을 나타낸다. ~Ⓟ는 고에너지 인산 결합을 나타낸다. 각 반응을 촉매하는 효소의 명칭은 다음과 같다. ① glucose kinase 또는 hexokinase, ② phosphoglucose isomerase, ③ phosphofructo kinase, ④ fructose bisphosphate aldolase, ⑤ triose phosphate isomerase, ⑥ glyceraldehyde 3-phosphate dehydrogenase, ⑦ phosphoglycerate kinase, ⑧ phosphoglycerate mutase, ⑨ enolase, ⑩ pyruvate kinase, ⑪ lactate dehydrogenase, ⑫ pyruvate decarboxylase, ⑬ alcohol dehydrogenase.

Subnote

• 고에너지 화합물

고에너지 화합물은 가수분해 될 때 다량의 자유 에너지의 감소가 일어날 수 있는 결합(고에너지 결합)을 갖는 화합물이다. 이 개념은 당초, ATP로 대표되는 고에너지 인산 화합물로서 제창되었지만, 그 후 인산 화합물 이외에도 사용하게 되었다. 고에너지 결합이라고 하는 말은 흡사 에너지가 이 결합에 존재하여 가수분해에 의해서 해방되는 인상을 준다. 그러나 실제로는 가수분해에 의한 자유 에너지의 감소는 (a) 기질인 고에너지 화합물의 분자 내의 정전기적 반발이 있고, (b) 가수분해 생성물이 이온화, 이성화, 또는 공명구조를 취함으로 안정화 되어 있는 것 등에 기인하고 있다. 고에너지 화합물의 예로서 (1) ATP, ADP, pyrophosphate, (2) 인산과 carbonic acid의 탈수 화합물(예: 1,3-bisphospho glycerate), (3) enol phosphate(예: phosphoenol pyruvic acid), (4) thioester(예: acetyl CoA), (5) carbamoylphosphate가 있다. 이들의 고에너지 화합물의 가수분해에서 일어나는 표준 자유 에너지 변화 ΔG^{o}는 29~63 kJ mol^{-1}이고, 고에너지 화합물의 전형으로 생각되는 ATP의 ADP로의 가수분해 에너지(31 kJ mol^{-1})는 낮은 편이다. 그러나 ATP는 다른 고에너지 화합물로부터 생성되기 쉽다는 점과 생체 내의 여러 가지 반응에 공역해서 이용될 수 있다는 장점이 있다.

구연산 회로

枸櫞酸回路, Citric Acid Cycle

Chapter 21

구연산 회로는 tricarboxylic acid cycle(약칭, TCA회로)라고도 하고 발견자의 이름을 따서 Krebs 회로라고도 불린다. 당, 지방질, 아미노산의 탄소골격을 산화 분해해서 에너지를 획득하기 위해 대사경로에서 호기적 조건하의 에너지대사에서 중심적인 역할을 수행하고 있다. 또한 이 회로의 중간체의 많은 화합물들은 아미노산 등 다른 생체 물질의 생합성의 전구체가 되기도 한다. 따라서 구연산 회로는 다수의 이화, 동화 경로의 교차점에 있고, 생체 물질의 분해와 생합성의 양방향에 있어서 중추적 위치에 자리하고 있다(표 1).

Key words

Tricarboxylic Acid Cycle(TCA 회로, TCA cycle), Krebs 회로(Krebs cycle), 이화(異化, catabolism), 동화(同化, anabolism), 보충대사경로(anaplerotic pathway)

표 1 생체 물질의 이화, 동화와 구연산 회로의 연결

구연산 회로의 중간체	관련하는 주요한 대사
아세틸 CoA	당, 아미노산, 지방산의 이화와 동화
구연산	지방산과 스테로이드 화합물의 전구체
2-Oxoglutarate	아미노산의 이화와 동화
Succinyl CoA	Porphyrin 화합물의 전구체
	기수 사슬 지방산과 아미노산의 이화
Oxaloacetate	당신생과 아미노산의 이화와 동화
	질소(핵산 등) 대사 관련 화합물의 전구체

당과 몇몇 아미노산으로부터 이화의 과정을 거쳐서 생성한 피루빈산(pyruvic acid)은 피루빈산 탈수소 효소(pyruvic acid dehydrogenase) 복합체에 의해 산화적 탈탄산 작용을 받아 아세틸 CoA가 된다. 또한 지방산은 β 산화에 의해 아세틸 CoA를 생성한다. 이렇게 생성된 아세틸 CoA는 oxaloacetate와 축합하여 구연산이 되어 회로에 흘러 들어간다(그림 1, ①; 숫자는 그림 중의 반응을 나타낸다). 구연산 회로를 한 번 도는 동안, 탈수(②), 가수(②), 산화적 탈탄산(③, ④), 기질 수준의 인산화(⑤), 탈수소(⑥), 가수(⑦), 탈수소(⑧)의 각 반응이 순차적으로 진행된다.

구연산 회로 1회전의 반응수지(反應收支)는 다음과 같다.

$$\text{Acetyl CoA} + 3\text{NAD}^+ + \text{FAD} + \text{GDP} + \text{P}_i + 2\text{H}_2\text{O} \longrightarrow$$
$$\text{CoA-SH} + 3\text{NADH} + \text{FADH}_2 + \text{GTP} + 2\text{CO}_2 + 2\text{H}^+$$

회로를 한 바퀴 돌아 생성하는 CO_2의 탄소 원자는 그 직전에 회로에 유입된 아세틸기의 것이 아니고, 그것과 축합한 oxaloacetate에서 유래한다(그림 1). 또한 GTP의 생성(반응 ⑤)은 뉴클레오사이드 이인산 kinase 반응(GTP + ADP ⇄ GDP + ATP)에 의해 ATP 생성과 생리적으로 같은 가치가 있다.

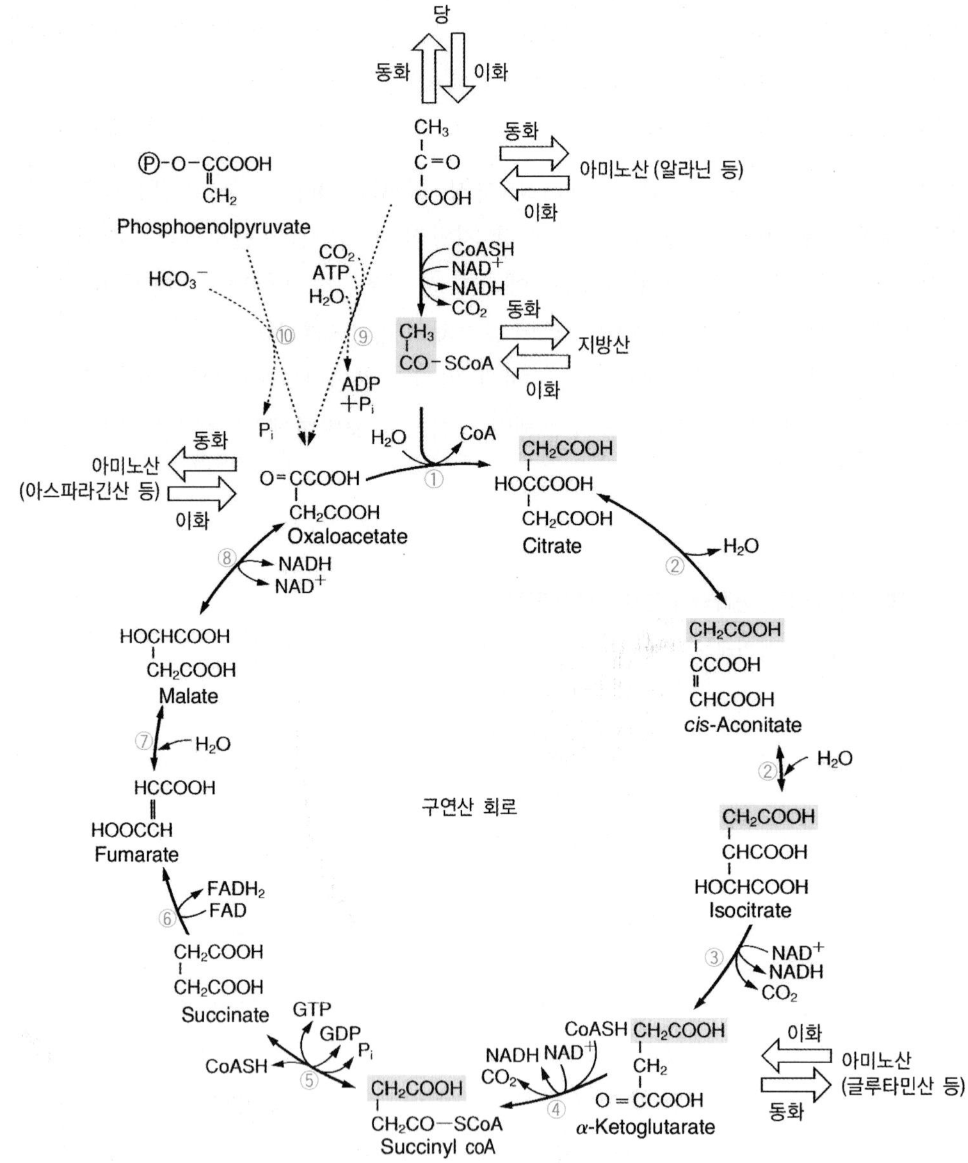

| 그림 1 | 구연산 회로

굵은 화살표가 회로를 구성하는 효소반응이고, ↔는 가역반응, →는 비가역반응을 나타낸다. 또한 파선 화살표는 anaplerotic 경로를, 굵고 하얀 화살표는 다른 생체 물질과 대사적으로 연결함을 나타낸다. 구연산으로부터 succinyl CoA까지의 화합물에 대해서는 회로에 유입된 직후의 아세틸 CoA의 부분을 사각으로 표시했다. Succinate는 대칭 분자로서 하류의 중간체에서는 아세틸 CoA에서 유래한 부분을 특정 지을 수 없다. 각 반응을 촉매하는 효소의 명칭은 다음과 같다. ① Citrate synthase, ② aconitase, ③ isocitrate dehydrogenase, ④ 2-oxoketoglutarate dehydrogenase complex, ⑤ succinyl CoA synthetase, ⑥ succinate dehydrogenase, ⑦ fumarase, ⑧ malate dehydrogenase, ⑨ pyruvate carboxylase, ⑩ phosphoenol pyruvic acid decarboxylase.

생성된 환원력(3NADH + $FADH_2$)은 전자전달계에 유입되어 각각 산화형의 조효소로 원위치 함과 동시에 산화적 인산화에 의해 다수의 ATP를 생산한다. 즉, 1분자의 NADH와 $FADH_2$는 각각 3 분자 및 2분자의 ATP를 생산한다고 가정하고 ATP와 동급인 GTP의 생성도 고려하면, Acetyl-CoA한 분자가 산화되면 회로 1회전 당 12분자의 ATP가 생성된다. Glucose 1분자가 EMP 경로 pyruvate dehydrogenase 복합체의 반응(2회) 및 구연산 회로(2회전)을 거쳐서 호기적으로 완전 분해된 경우에 있어서 위의 계산을 하면, 글루코스 1분자에서 이론상 38 분자의 ATP가 생성됨을 알 수 있다.

구연산 회로의 효소군 중에서 succinate dehydrogenase 복합체는 진핵생물에서는 미토콘드리아 내막에, 원핵생물에서는 세포막에 존재한다. 다른 효소는 모두, 진핵생물에서는 미토콘드리아의 매트릭스, 그리고 원핵생물에서는 모두 사이토졸에 존재한다.

또한 oxaloacetate는 아미노산의 생합성에서도 소비되기 때문에 이것이 부족하면 아세틸 CoA가 회로에 유입되지 않고 구연산 회로의 원활한 회전에 지장을 초래하게 된다. 이것을 방지하기 위해 pyruvic acid carboxyalse(포유동물)와 phosphoenol pyruvic acid carboxylase(식물, 세균) 등의 효소가 활동함에 의해 필요한 oxaloacetate가 보충되고 있다. 이렇게 해서 부족하기 쉬운 대사 중간체를 보충하는 장치를 anaplerotic 경로라 부른다.

Chapter 22

전자전달계

電子傳達系, Electron Transport System

Key words

미토콘드리아(mitochondria), 프로톤 구동력(驅動力, proton motive force), 화학침투공역설(化學浸透公役設, chemiosmotic theory), 시토크롬(cytochrome), cytochrome c oxidase, F_0F_1형 ATP 합성효소 복합체(F_0F_1 ATP synthase complex), 산화적 인산화(酸化的 燐酸化, oxidative phosphorylation)

진화의 과정에서 생물은 대기중의 산소를 이용하여 유기화합물로부터 효율 좋게 에너지를 얻는 방법을 확립해 왔다. 전자전달은 그 중심적 역할을 하는 것으로서 주로 구연산 회로(21항 참조)에서 생성된 NADH + H^+와 $FADH_2$에 함유되어 있는 고에너지 전자를, 산소 분자에 전하면서 산소를 환원시키는 과정이다. 이 전자전달 시 방출되는 자유 에너지는 미토콘드리아 내막의 안과 밖에서 프로톤 농도구배(proton gradient)의 형성에 이용되고, 이 농도차를 구동력(프로톤 구동력)으로 이용하여 ATP가 합성된다.

전자전달계는 미토콘드리아 내막의 크리스테에 존재하고(그림 1), 전자전달을 담당하는 일련의 막 단백질군으로 되어 있고, 주로 4개의 복합체(I~IV)를 형성하고 있다(그림 2). 복합체 I은 NADH ubiqinone oxidoreducatase 복합체이다. 그 구성 성분인 NADH dehydrogenase는 구연산 회로에서 생성된 NADH + H^+로부터 2개의 고에너지 전자를 빼앗는다. 이 전자는 flavin mononucleotide(FMN)를 거쳐 같은 복합체 중의 비헴 결합 단백질 중의 철-유황 클러스터•(그림 2, Fe-S로 약칭)를 경유하여, 최종적으로 막내에 존재하는 ubiquinone•(Q)에 전달된다. 한편, 복합체 II는 succinate ubiqinone oxidoreductase 복합체라고도 불리며, 구연산 회로의 유일의 막 효소인 succinate dehydrogenase 복합체와 그 구성 성분을 이른다. Succinate의 산화에 의해 생성된 $FADH_2$의 전자는 같은 복합체 내의 철-유황 클러스터를 경유해서 ubiquinone에 전달된다.

•철-유황 클러스터

미량 원소인 철의 생체 내의 중요한 역할의 하나로서 전자전달을 들 수 있다. 이 전자전달을 담당한 철의 존재형태는 두 종류(헴과 비헴)가 있고, 비헴 철의 대부분은 철-유황 클러스터로 존재한다. 철-유황 클러스터는 단백질 중의 시스테인 잔기의 유황 원자와 철이 일정의 클러스터(집합체)를 형성하고 있어 이름 붙여졌다. 철-유황 클러스터를 구성하는 단백질을 철-유황 단백질이라고 부른다. NADH dehydrogenase 복합체와 succinate dehydrogenase 복합체는 철과 유황 외에 flavin도 함유하는 복합형 철-유황 단백질이다.

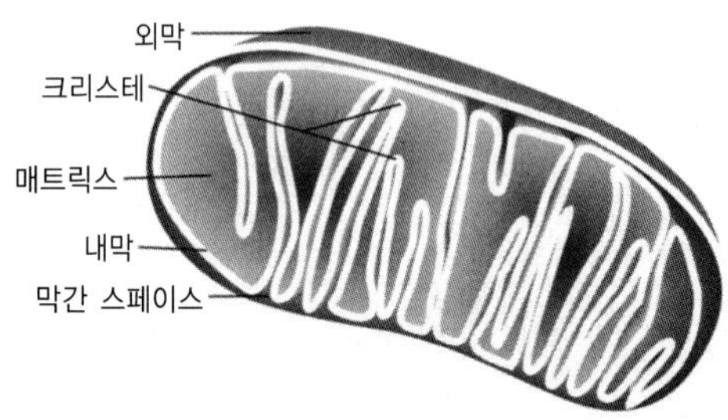

| 그림 1 | 미토콘드리아의 구조

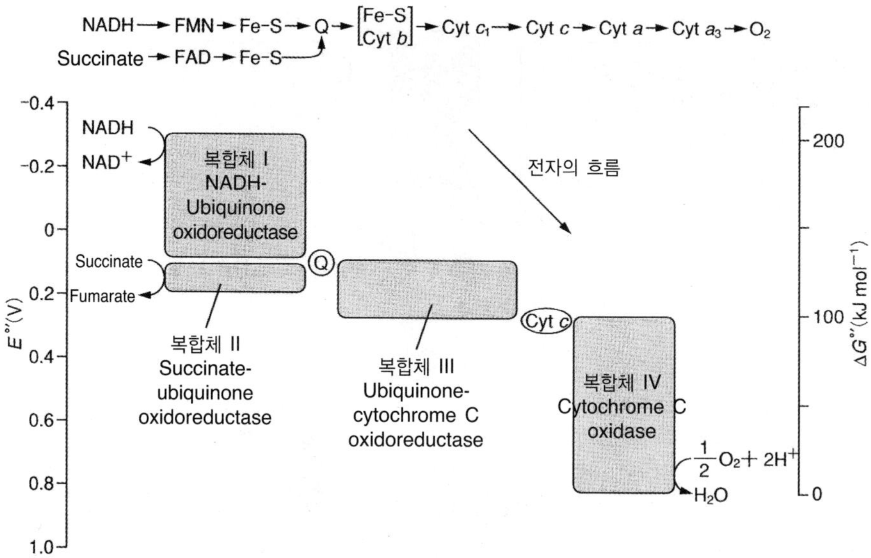

| 그림 2 | 미토콘드리아에서의 전자전달계

전자전달계에 있어서 각 성분의 전자를 전달하는 순서를 표시하고, 이것과 대응하여, 각 성분을 함유하는 복합체 (I~IV)의 환원전위(왼쪽의 y축) 및 물과의 표준 자유 에너지 변화(오른쪽의 y축)을 나타내고 있다.

이렇게 생성된 환원형 ubiquinone은 막 내에서 확산하여, 복합체 Ⅲ(ubiquinone-cytochrome c oxidoreductase)에 의해 산화된다. 환원형 ubiquinone에서 뛰쳐나온 전자는 헴 단백질인 2 종류의 cytochrome *b*•(Cyt *b*)에 전달되고, 이어서 철-유황 클러스터, cytochromo c_1(Cyt c_1)의 순서로 복합체의 안에서 이동되어 cytochrome c에 전달된다. 생성된 환원형 cytochrome c는 막 면을 확산하여, 최종 수용체인 산소 분자에 전달된다. 한 분자의 산소를 물로 환원하는 데는 전자 4개를 필요로 한다.

이 과정에서 복합체 I, III, IV는 전자를 전달할 때마다 프로톤을 미토콘드리아의 매트릭스로부터 막간 스페이스에 이행시킨다(복합체 II에서는 이러한 움직임은 없는 것으로 알려져 있다). 결국 복합체를 경유하면서 전자가 환원전위의 높은 곳에서 낮은 곳으로 이동 시 방출되는 자유 에너지는 미토콘드리아의 매트릭스로부터 막간 스페이스에 프로톤을 퍼내는데 사용된다. 이 결과 매트릭스 안의 pH는 8전후로 상승하지만, 막간 스페이스의 pH는 7 전후로 유지되기 때문에, 미토콘드리아 내막을 사이에 두고 약 1 pH의 pH 구배(pH gradient)가 형성된다. 동시에 양 이온인 프로톤의 이동은 막간 스페이스를 (+), 매트릭스 측을 (−)로 하는 막 전위를 내막에 형성된다. 그 결과, 막간 스페이스로부터 매트릭스를 향하여 프로톤이 이동하는 것 같은 구배가 형성된다. 이 프로톤의 구동력을 이용하여, 미토콘드리아 내막에 존재하는 F_0F_1형 ATP 합성효소 복합체(그림 3)가 ADP와 P_i 로부터 ATP를 합성한다. 이와 같이, 전자전달계의 산화환원반응에 의해서 유리한 에너지를 이용하여 ADP 와 P_i 로부터 ATP를 합성하는 과정을 산화적 인산화라고 부른다.

•유비퀴논(ubiquinone)의 구조와 산화환원

N은 대장균에서는 8, 고등동물에서는 10

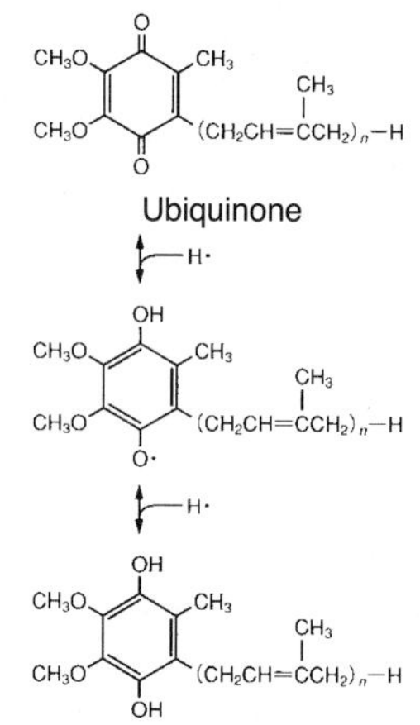

Ubiquinol
(환원형 ubiquinone)

•Cytochrome

Cytochrome은 헴 보결 분자족을 함유하는 전자전달 단백질로, 전자전달 과정 중에 환원형 2가 철과 산화형 3가 철의 상태를 가진다. 함유한 헴 종류에 의해서 cytochrome a, b, c 등으로 분류, 명명된다. Cytochrome은 헴에 기초한 몇 가지의 특징적인 흡수대를 가시영역에 가지고 있고, 환원형 cytochrome의 흡수대의 가장 장파장 쪽에 있는 것(α 흡수대)의 위치가 cytochrome의 특징을 짓는데 이용된다. 예를 들면 cytochrome a의 α 흡수대는 600nm 전후, cytochrome b에서는 560nm 전후, cytochrome c에서는 550nm 전후에 있다.

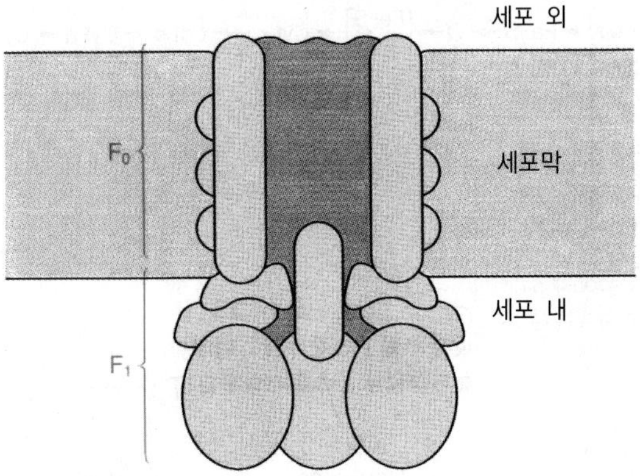

| 그림 3 | 대장균의 F_0F_1형 ATP 합성효소 복합체의 단면과 모식도

F_1 성분은 세포막의 내측에 있다. F_0 성분은 막을 관통하고 있고, 프로톤이 움직일 수 있는 길을 형성하고 있다.

전자전달계와 산화적 인산화로 되어 있는 ATP 합성기구는 영국의 P. Mitchell에 의해 1960년대에 화학침투압설(chemiosmotic theory)로 제창되어 현재 폭 넓게 받아들여지고 있으며, 이 공로로 Mitchell 박사는 1978년 노벨 화학상을 수상하였다.

헴 대사계

헴 代謝系, Heme Metabolism

Chapter 23

• 생체내의 철과 헴

지구상에 존재하는 철은 방치하면 녹슬지만, 체내에서 중요한 기능을 담당하고 있는 철은 원칙적으로 녹슬지 않는다(체내에서의 녹슨 철은 빈혈과 헤모크로마토시즈(hemochromatosis) 등의 병의 원인이 된다). 70kg 성인은 4~5g의 철을 함유하고 있고, 그 중 약 80% 이상이 헴에 포함된 철이다. 헴 철을 함유하는 단백질을 헴 단백질이라고 부르고, 그 중 주요한 것들로 산소운반체인 헤모글로빈(약 70%), 미오글로빈(약 13%), 약물대사 효소인 시토크롬 P450(약 11%)를 들 수 있다. 이 외에도 헴 단백질의 대표적인 역할로 산화환원 효소(catalase, cytochrome c oxidase 등)와 전자전달체(시토크롬 b_5, 시토크롬 c 등, 22항 참조)가 보고되어 있고, 후자는 철-유황 중심을 갖는 비헴철 단백질이며 미토콘드리아의 호흡 사슬을 형성하고 있다.

헴은 폴피린 링에 철이 배위한 것이다(철-프로토 폴피린)•. 생물계에 존재하는 대표적인 금속 폴피린으로는 구리가 배위한 연체동물과 절지동물의 헤모시아닌 등이 알려져 있다.

Key words

헴(heme), 헤모글로빈(hemoglobin), 시토크롬 P450(cytochrome P450), δ-아미노 레불린산 합성효소(δ-aminolevulinate synthase, ALAS), 폴피린(porphyrin), 헴 옥시제네이스(heme oxygenase), 비리루빈(bilirubin)

•**헴의 구조**

M은 메틸기, P는 프로피온기, V는 비닐기를 나타낸다.

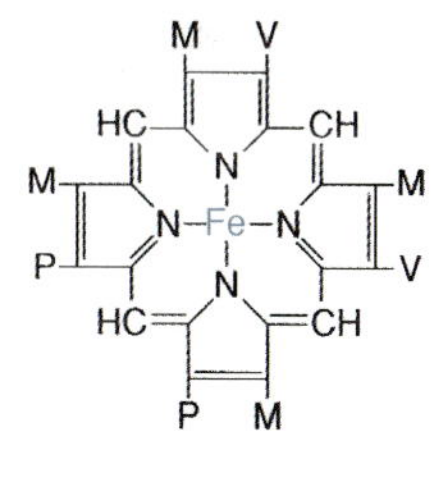

• 주요한 헴 단백질의 기능

고등동물에 있어서 주요한 헴 합성장기는 간장 및 골수이고, 각각 주로 시토크롬 P450 또는 헤모글로빈•의 보결 분자족으로 이용되고 있다. 시토크롬 P450은 일산화탄소와 결합 시 450nm 부근에서 최대 흡수를 나타내는 단백질로 발견되어 당초에는 전자전달계를 구성하는 단백질로 생각되어서 P450이라고 명명되었다. 그러나 그 후의 연구에 의해서 외래성 이물과 약재의 독성에 관여하는 제1차 반응(생물학적 활성화), 체내에서 생산된 스테로이드 호르몬과 담즙산, 스테롤의 생합성, 지방산의 ω 산화, 비타민 D의 활성화 등 모노옥시제네이스 반응[$S + NAD(P)H + H^+ + O_2 \longrightarrow SO + NAD(P)^+ + H_2O$]을 담당하고 있는 효소군임을 알게 되었다. 현재에는 단순하게 P450라고 불리는 경우도 많다. 더욱이 P450의 각 분자종의 유도 메커니즘은 대응하는 제2차 반응을 담당하는 UDP-글루쿠론산 트랜스페레이스(UDP-GT)의 각 분자종의 전사활성화와 잘 협조하고 있다.

산소운반체인 미오글로빈 및 헤모글로빈은 매우 닮은 구조를 하고 있고, 또한 최초로 X선 구조해석에 의해 입체구조가 판명된 단백질로 알려져 있다•.

•**헤모글로빈의 사량체 구조**

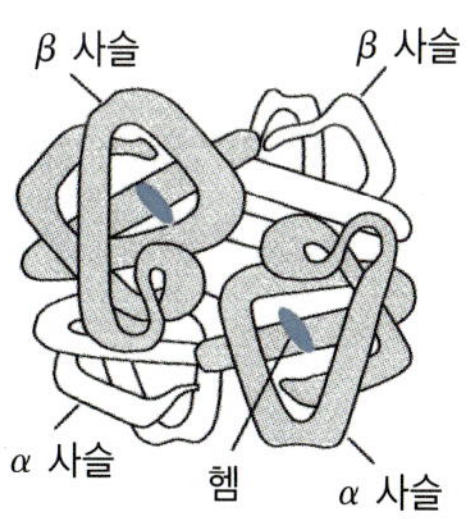

양 단백질의 차이점은 미오글로빈이 단량체지만, 헤모글로빈은 알파구조가 2개, 베타구조가 2개를 갖는 사량체로 이루어져 있는 점이다. 이러한 구조적 차이로 인해, 헤모글로빈은 2, 3-디포스포글리세린산(diphosphoglycerate, DPG)의 결합의 유무에 의해 서브유니트간의 상호 작용을 통하여, 즉 알로스테릭 효과에 의한 산소 분압이 높은 경우는 산소와 결합하기 쉽게, 산소 분압이 낮은 곳에는 산소와 유리하기 쉽게 조절 된다. 즉, 산소가 많은 폐에서 산소가 적은 전신으로의 산소운반에 적절한 성질을 가지고 있다•.

•**헤모글로빈의 입체구조의 해명**

이 공적으로 M.F. Perutz와 J.C. Kendrew는 1962년도 노벨 화학상을 수상하였다. 특히 헤모글로빈의 입체구조를 학위논문의 테마로 선택한 Perutz가 학위심사 시, 완전구조의 해명까지는 거리가 있지만, 장래성이 있는 연구라는 이유로 학위를 받은 에피소드(만일 완전구조 해명을 요구받았다면, 학위를 받기까지 23년이 걸렸을 것)는 잘 알려져 있다.

•**산소친화성의 변화**

DPG 1분자가 사량체의 헤모글로빈 1분자의 중심부분에 결합하면, 산소와 결합하고 있지 않은 철은 폴피린 면에서 0.75Å 정도 튀어 나오게 되고, 베타 사슬 서로를 결합시키는 DPG는 산소가 배위하고 있지 않는 헤모글로빈의 사차구조를 안정화 하여, 산소친화성을 낮춘다. 그러나 산소가 헴철에 배위하면, 직경이 작게 된 철은 폴피린 평면으로 들어간다. 그 때문에 중심부분의 간격이 작아지고, DPG는 헤모글로빈으로부터 제거되고, 산소친화성이 높아지게 된다.

• 헴 합성과 그 조절

고등동물의 헴 합성은 다음과 같이 일어나게 된다(그림 1). 우선 미토콘드리아에 존재하는 δ-아미노레불린산(ALA) 합성효소(ALAS)에 의해 glycine과 succinyl CoA로부터 ALA가 생성된다. 다음에, 세포질에 존재하는 2번부터 5번까지의 효소에 의해 monopyrrole에서 tetrapyrrole, porphyrin ring의 합성(uroporphyrinogen III)으로 진행된다. 더욱이 곁사슬의 탈탄산 반응으로 coproporphyrinogen III이 되고, 다시 미토콘드리아로 전달돼서 6번째, 7번째의 효소에 의해 곁사슬의 수식을 받아 protoporphyrin IV가 된다.

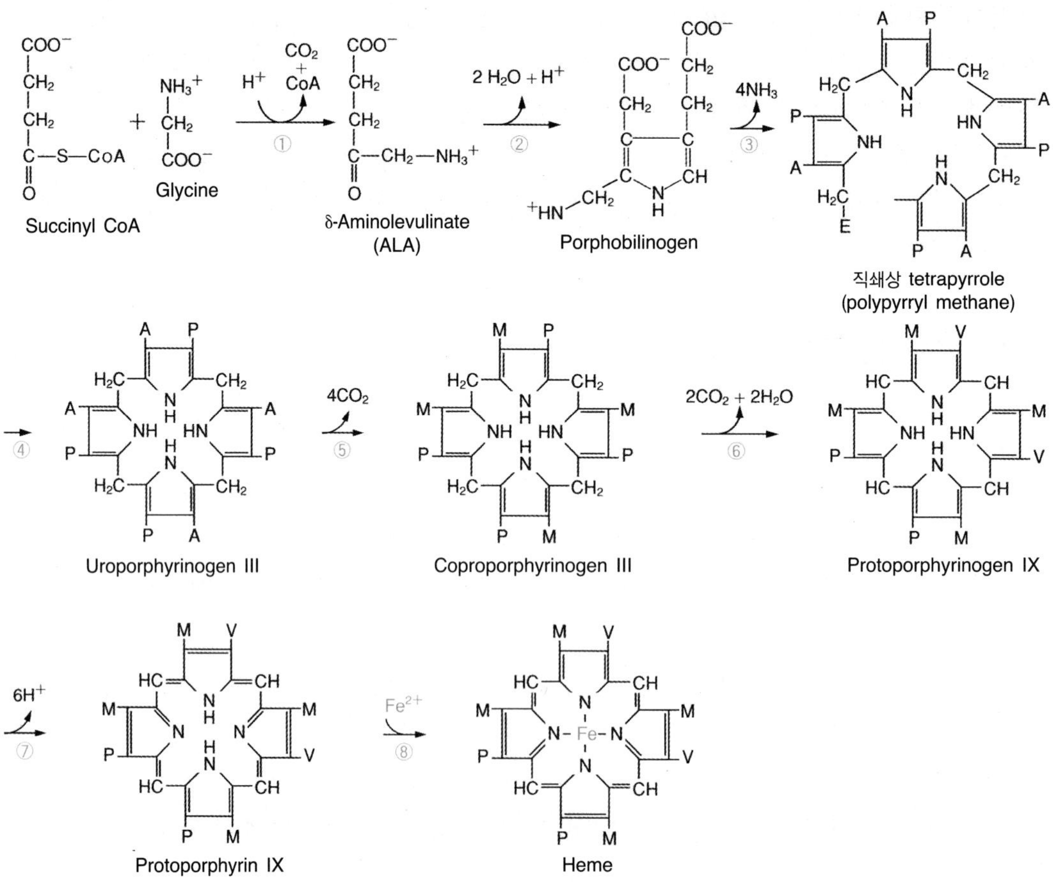

| 그림 1 | 헴 생합성 경로

A는 초산(acetic acid), E는 효소, M은 메틸 그룹, P는 프로피온산(propionic acid), V는 비닐 그룹을 표시함.
① δ-aminolevulinate synthase, ② Porphobilinogen synthase, ③ Porphobilinogen deaminase, ④Uroporphyrinogen III cosynthase, ⑤ Uroporphyrinogen decarboxylase, ⑥ Coproporphyrinogen oxidase, ⑦ Protoporphyrinogen oxidase, ⑧ ferrochelatase

그리고 마지막 효소로 환원철이 porphyrin ring의 중심에 도입되어 헴(정확히는 proto-heme)이 합성된다*.

고등동물에서의 헴 합성은 주로 ALAS의 수준에서 일어난다고 생각된다. 예전부터 연구되어 온 간(liver)의 헴 합성계에서는 ALAS가 마지막 대사 산물인 헴 자신에 의해서 negative feedback 조절을 받는다고 알려져 있다. 즉, 세포 내 헴의 양이 많으면, 단백질에 결합하지 않는 유리 헴이 증가하며, 이 유리된 헴에 의해 ALAS의 전사가 억제되고, 그 결과 헴 합성이 저하된다. 한편, 외래성의 이물과 약물의 대사를 위해서 많은 시토크롬 P450을 필요로 하는 경우에는 유리 헴이 감소하고, 헴에 의한 전사의 제어가 적어지므로, ALAS가 증가하는 필요량의 헴이 공급되는 조절 메커니즘이 존재한다. 기구를 가지고 있다. 이러한 조절이 유효하게 작동하기 위해서는 불필요한 ALAS는 신속하게 분해되어야 한다. 실제로 간의 ALAS 단백질의 반감기는 5분 정도밖에 되지 않는다.

한편, 주로 헤모글로빈의 보결 분자족으로서 헴을 공급하는 골수에서는 이러한 negative feedback 조절을 받는다고 하면, 단기간(사람이면 1주일간)에 100 ml 적혈구당 33 g의 헤모글로빈이라는 대량의 헴을 합성하는 것은 불가능하다. 최근의 연구에서 negative feedback 조절을 받는 간의 ALAS는 제3염색체(3p21)에 존재하는 ALAS1 유전자에 의해서 조혈세포의 ALAS는 X 염색체(Xp11~q12)에 존재하는 ALAS2 유전자에 의해서 만들어지는 아이소자임이라는 것이 판명되었다. 전자(ALAS1)는 비특이적 ALAS(ALAS-N), 후자(ALAS2)는 적혈구형 ALAS(ALAS-E)로 불리고 있다. ALAS-E의 발현은 헴에 의해서 positive 하게 제어되고, 이렇게 하여 헴이 다량 축적, 합성시키는 것이 가능하게 된다. 단기간에 대량의 헴을 필요로 하는 조혈세포에는 이러한 조절 작용이 유리하다*.

더욱이 조혈세포에는 GATA-1, NFE2 등의 조혈계 전사인자에 의한 헴 합성효소군을 지정하는 유전자의 활성화가 대량의 헴 공급을 가능하게 하고 있다.

• 헴의 분해와 조절

기능을 잃어버린 헴 단백질이 분해되면, 헴이 단백질에서 유리한다. 헴 그 자체가 생체에 있어서는 proto oxidant로 작용하여 유해하므로 유리한 헴은 신속하게 분해 될 필요가 있다. 헴의 분해는 간장, 췌장, 골수 등의 세망내피계세포(細網內皮系細胞)에서 일어나며, 그림 2에 나타낸 바와 같이, 우선 마이크로좀의 헴 옥시제네이스(Heme Oxygenase, HO)에 의해 비리베루진 Ⅸα와 철과 일산화탄소가 생성된다. 조류와 양생류에서는 비리베루진 Ⅸα는 그대로 배설되지만, 포유류에서는 비리베루진 리덕테이스(reducatase)에 의해 비리루빈 Ⅸα가 된다. 비수용성의 비리루빈 Ⅸα는 알부민과 결합하여 간장에 운반되고, UDP-GT의 비리루빈형 분자종에 의해 수용성의 포합형 비리루빈이 되어 담즙 중으로 배출된다. 다양한 원인에 의하여 비리루빈이 생체 내에 축적된 병적 상태를 황달이라고 하고, 소수성의 비포합형 비리루빈이 뇌혈관 관문을 투과해서 위독한 중추신경 증상을 나타내는 경우를 핵황달이라고 부른다.

• 식물의 ALA 합성

식물과 사이아노박테리아등 광합성을 하는 생물과 대장균에 있어서는 glutamate 1-semialdehyde transferase에 의하여 글루타민산으로부터 ALA가 합성된다.

• ALAS-E의 효소 복합체의 형성

더욱이 ALAS-E는 기질인 succinyl CoA를 제공하는 succinyl CoA 합성효소의 ATP 의존형 β 서브유니트와 효소 복합체를 형성하여, succinyl CoA를 효율 좋게 이용할 수 있게 되어 있다.

이렇게 비리루빈은 생체에서 유독하다고 생각되어 왔다. 그러나 최근에, 헴 분해의 초기 효소 HO(헴 옥시제네이스)에는 헴에 의해 유도를 받는 HO-1과 유도되지 않는 HO-2의 두 가지의 아이소자임이 존재한다는 것이 밝혀졌다. 이 HO-1은 헴뿐만 아니라 카드뮴 부하, 자외선조사 등의 각종 스트레스에 의해서 유도된다는 것이 밝혀졌고, 비리베루진과 비리루빈의 항산화 작용이 생체의 기능 유지와 방어에 필요함을 인식하게 되었다•.

•**가나자와 대학의 보고 예**

실제로 가나자와 대학에서 세계 최초로 보고된 HO-1 결지증의 환자는 감염에 약하다고 보고하였다. 따라서 비리베루진과 비리루빈은 단순한 노폐물이 아니고, 몸을 방어하는 역할도 수행하고 있다는 것을 보여주고 있다.

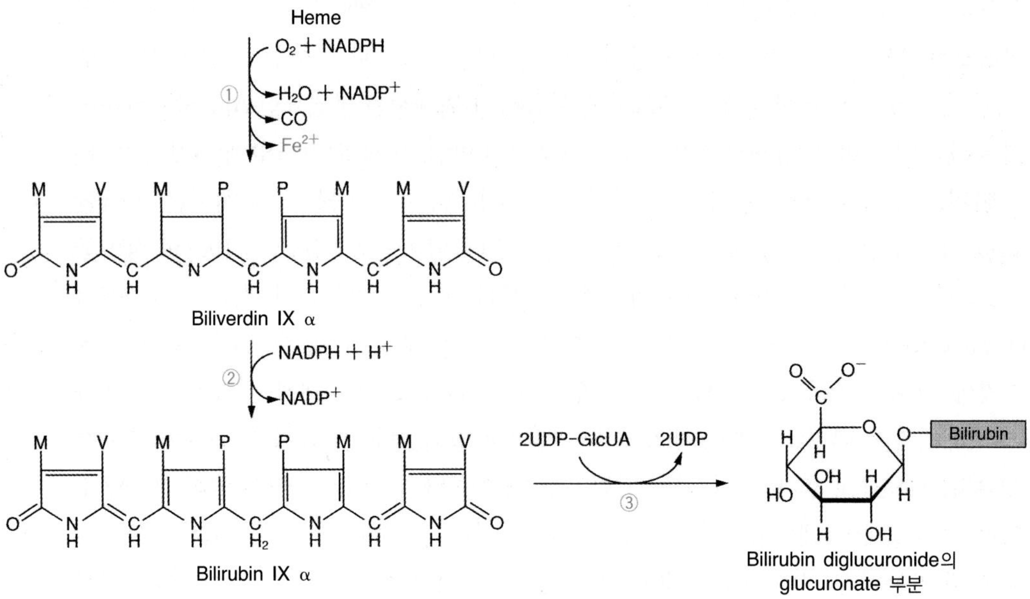

| 그림 2 | 헴의 분해 경로

① Heme oxygenase, ② Biliverdin reductase, ③ UDP-glucuronate transferase

지방산 대사

脂肪酸 代謝, Fatty Acid Metabolism

24 Chapter

Key words

생합성(生合成, biosynthesis), 이화(catabolism), 아세틸 CoA(acetyl coenzyme A), 말로닐 CoA(malonyl coenzyme A), 아실 캐리어 단백질(acyl carrier protein ; ACP), 지방산 합성효소(fatty acid synthase), β 산화(β-oxidation), 에이코사노이드(eicosanoids)

• 생합성

지방산의 생합성은 알킬사슬을 C2 단위로 늘여서 탄소수 16~18까지 연장시키는 효소계와 이것을 더욱 연장시키는 효소계로 이루어져 있다. 또한 알킬사슬은 이중결합을 도입(불포화산)하는 효소계도 있다. 합성된 지방산은 생체막의 구성 성분이 되는 것 이외에도 에너지의 저장물질인 중성지방의 구성 성분으로서 지방조직에 축적된다.

(1) 탄소수 16~18까지의 포화 지방산의 생합성

아세틸 CoA를 출발 단위로 해서 말로닐 CoA가 이것을 수차 축합함에 의해서 C2 단위로 연장해 간다(그림 1). 말로닐 CoA는 아세틸 CoA로부터 아세틸 CoA carboxylase의 반응(반응 ①)에 의해 제공된다. 아세틸기의 연장은 아세틸기의 전이(②), 말로닐기의 전이(③), 축합(④), 3-옥시아실기의 환원(⑤), 2, 3-탈수(⑥), 에놀기의 환원(⑦)의 반응계를 회로로 하여, 이 회로를 7, 8회 반복한 후 합성된 아실기가 CoA로 전이(아실기 전이)함으로써 완결된다. 이 효소들의 활성은 세포 내에서는 사이토졸에 존재한다. 단, 세균과 식물에서는 ①~⑦을 촉매하는 개개의 효소가 세포 내에 분산되어 있어, 합성 중에 아실기를 결합하는 담체(아살 캐리어 단백질; ACP)가 각각의 효소들 사이를 왕래하면서 반응을 진행시키지만, 동물과 효모에서는 개개의 효소가 아실 캐리어 단백질과 같이 서로 분리되어 있지 않고 복합체를 형성하고 있다. 이 다 효소(多酵素) 복합체는 지방산 합성효소로 불리로, 효모의 복합체의 분자량은 200만 정도로 무척 크다.

(2) 탄소수 20 이상의 지방산의 생합성

이렇게 하여 합성된 탄소수 10~16의 지방산의 CoA 유도체를 기질로 해서 (1)과는 다른 효소계가 기질의 알킬 사슬을 더욱 연장시킴에 의해서 탄소수 20 이상의 지방산이 합성된다. 이 반응은 (1)에서 서술한 효소계와는 대조적으로 막계에서 일어나고, 2종류의 경로(미토콘드리아계와 마이크로좀계)가 있다.

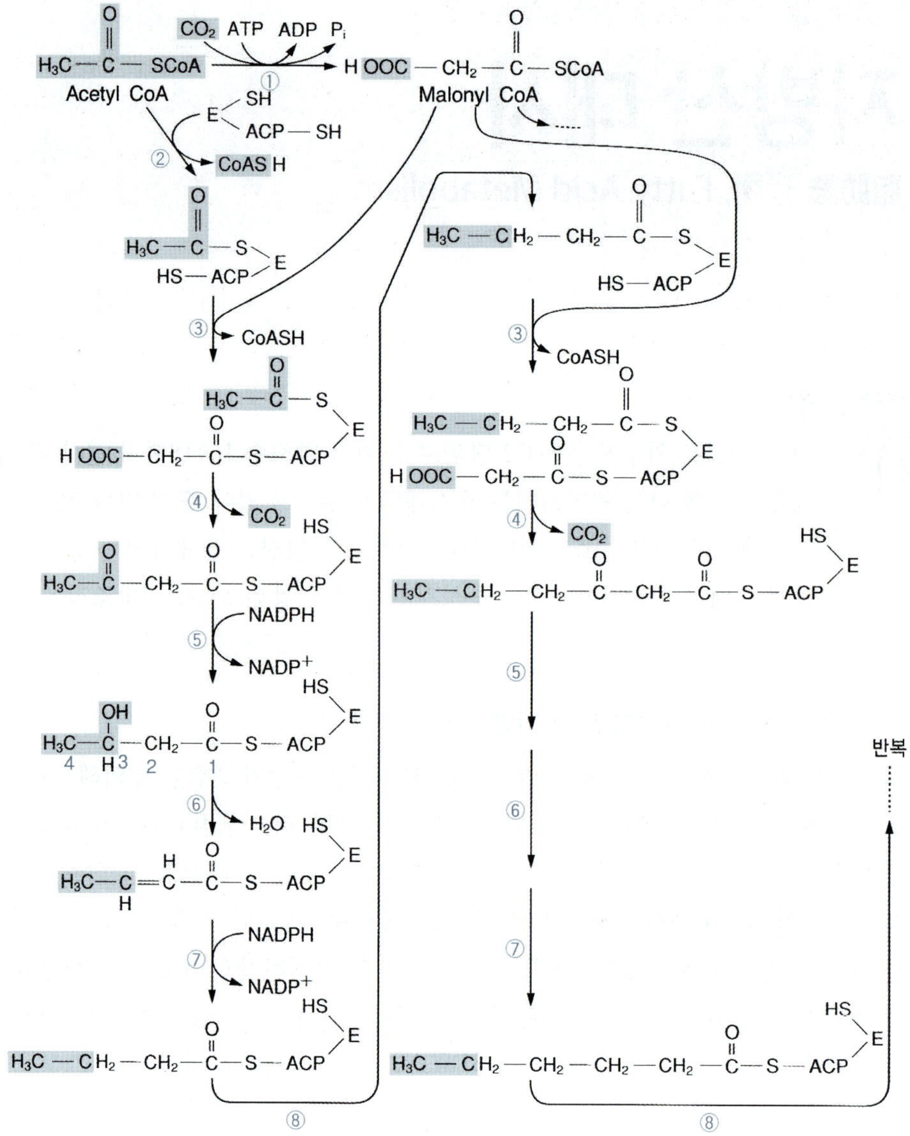

| 그림 1 | 포화 지방산의 생합성

ACP-SH는 아실 캐리어 단백질을 나타낸다.

(3) 지방산의 불포화도

지방산에의 불포화결합 도입의 방법은 두 가지가 있다.

1. 비산화적 불포화: 세균에서 발견되는 것으로, 위에서 기술한 지방산 합성효소반응의 단계에서 일어난다. ⑥의 탈수반응이 2, 3번이 아니고, 3, 4번에서 일어난 결과, ⑦의 환원반응을 하지 않고 불포화결합을 남긴 채로 다음의 회로로 진행되어 불포화 지방산이 생성된다.

2. 산화적 불포화: 진핵생물에서는 NADPH 의존성의 모노옥시제네이스인 desaturase(불포화 효소)라고 하는 효소의 작용에 의해 CoA 또는 아실 캐리어 단백질에 결합한 지방산에 cis형의 이중결합이 도입된다.

• 고도 불포화 지방산의 산소첨가반응

동물과 식물에 있어서 고도 불포화 지방산의 산소첨가반응은 생리활성 물질의 생합성 시 초기반응으로 중요하다. 동물에서 아라키돈산과 같은 탄소수 20의 고도 불포화 지방산은 산소첨가를 받은 후 프로스타그란딘과 트롬복세인(thromboxane)등의 일련의 생리활성 지질 분자(에이코사노이드라고도 불린다, 그림 2)로 대사된다. 에이코사노이드는 합성된 장소의 근방에서 극미량으로 기능하는 국소조절인자이며 다양한 구조를 가지고, 또한 그에 상응하여 생리활성도 다양하다. 한편, 고등식물에 있어서는 리놀산과 리놀렌산 등의 탄소수 18개의 불포화 지방산에 산소첨가를 계기로 자스몬산(Jasmonic acid) 등의 식물 성장 제어 물질의 생합성과 풀 냄새의 원인 물질인 알코올과 알데하이드의 생성이 일어난다.

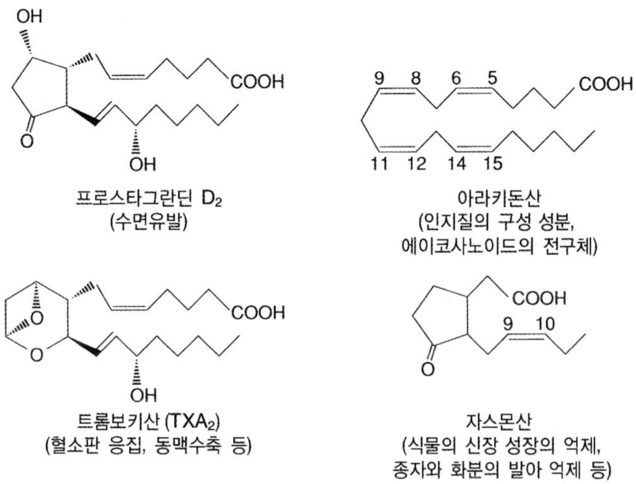

| 그림 2 | 생리활성 지질 분자의 구조식과 기능

• 이 화

지방산은 생체의 에너지의 저장 형태의 하나이다. 이 지방산에 축적된 에너지는 지방산이 C2 단위로 분해되어 β 산화라고 하는 이화 과정에 의해 이용 가능하게 된다(그림 3). 이 β 산화계는 진핵생물에서는 미토콘드리아의 matrix와 peroxisome에 존재한다. 우선 지방산의 CoA 유도체(아실 CoA)가 2, 3-탈수소, 물 첨가 탈수소(그림 3의 반응 ①, ②, ③)를 순차적으로 받은 후, acetyl CoA acetyl transferase에 의한 thiol 개열반응(반응④)을 받아서 원래의 아실 CoA보다 탄소가 2개 적은 아실 CoA와 아세틸 CoA를 형성한다. 전자의 경우 이 반응이 반복적으로 일어나서 아세틸 CoA가 수차 생성된다. 이렇게 해서 $2n$개의 탄소를 갖는 지방산에서는 n개의 아세틸 CoA가 또는 $2n+1$개의 탄소를 갖는 지방산에서는 n-1분자의 아세틸 CoA와 1분자의 propionyl CoA가 생성된다. β 산화에서 생성된 아세틸 CoA와 환원력(NADH + H^+, $FADH_2$)은 각각 citric acid 회로(구연산 회로, 21항 참조)와 전자전달계(22항 참조)에 유입되어 ATP를 생성한다. 불포화 지방산의 경우, 그 포화 탄소 부분은 포화 지방산과 같이 β 산화를 받고, 불포화 부분도 β 산화를 받는 것이 가능한 구조로 변환된 후 β 산화를 받는다.

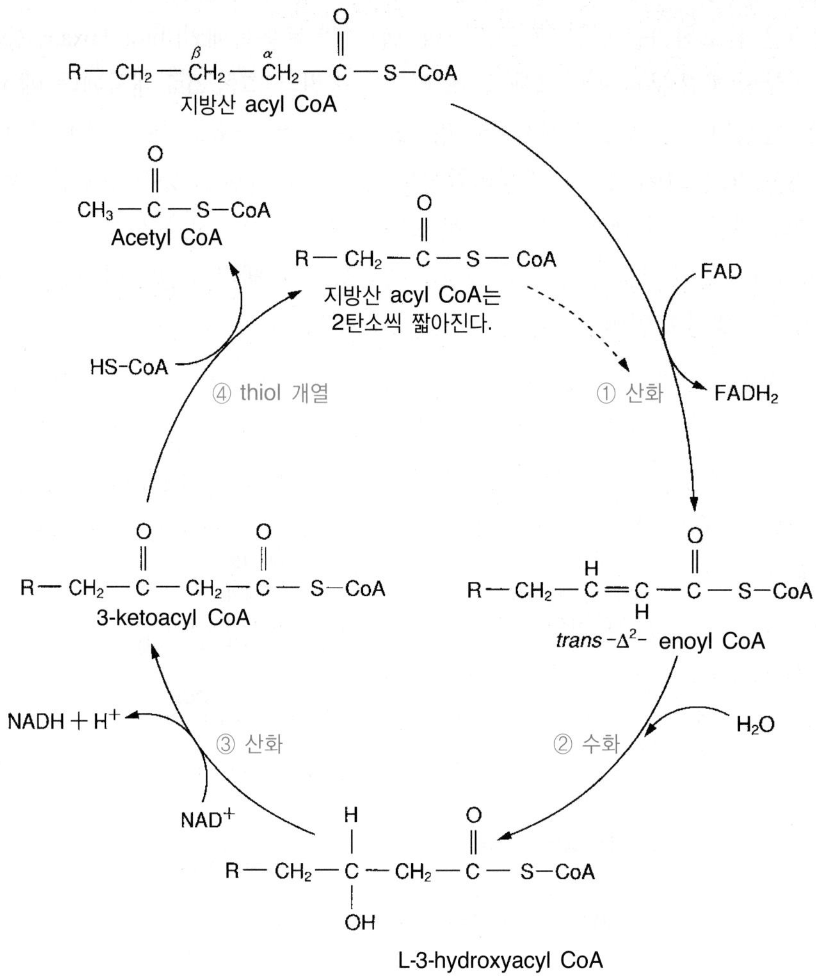

| 그림 3 | 포화 지방산의 β 산화

① Acyl CoA dehydrogenase, ② Enoyl-CoA hydratase, ③ 3-Hydroxyacyl CoA dehydrogenase, ④ thiolase

펜토스 인산 회로

五炭糖 燐酸回路, Pentose Phosphate Cycle

Chapter 25

Key words

글루코스 6-인산 디하이드로제네이스(glucose 6-phosphate dehydrogenase), 트랜스알도레이스(transaldolase), 트랜스케톨레이스(transketolase)

에너지 대사의 목적은 ATP 생산뿐 아니라 여러 가지 물질의 생합성에 필요한 환원력을 NADPH의 형태로 생산하는 것도 에너지 대사의 중요한 역할이다. 물질 생산에 필요한 환원력은 모두 NADPH가 담당하고 있기 때문이다. 그것은 생합성에 관련하는 모든 탈수소 효소가 NADH가 아니고 NADPH를 조효소로 가지고 있다는 사실과도 관련되어 있다. 그럼, NADH는 무엇을 하고 있을까? NADH의 경우 산화적 인산화에 의해서 대부분 ATP 생산에 이용하고 있다. 보통, 간세포(liver cell)의 세포질에서 NADPH의 농도는 $NADP^+$의 농도보다도 수 십배 높고, 반대로 NAD^+의 농도는 NADH의 농도보다 수 백배 높다. 이러한 사실로 보면, 통상의 에너지 대사의 결과로서, NADPH가 고농도로 축적되어 있음을 알 수 있다.

글루코스로부터 NADPH를 생산하기 위해, 생물은 펜토스 인산 회로를 이용한다. 이 회로를 이용하여, 글루코스 6-인산을 산화시켜 2분자의 NADPH를 생산하는 것이 가능하다(식 1).

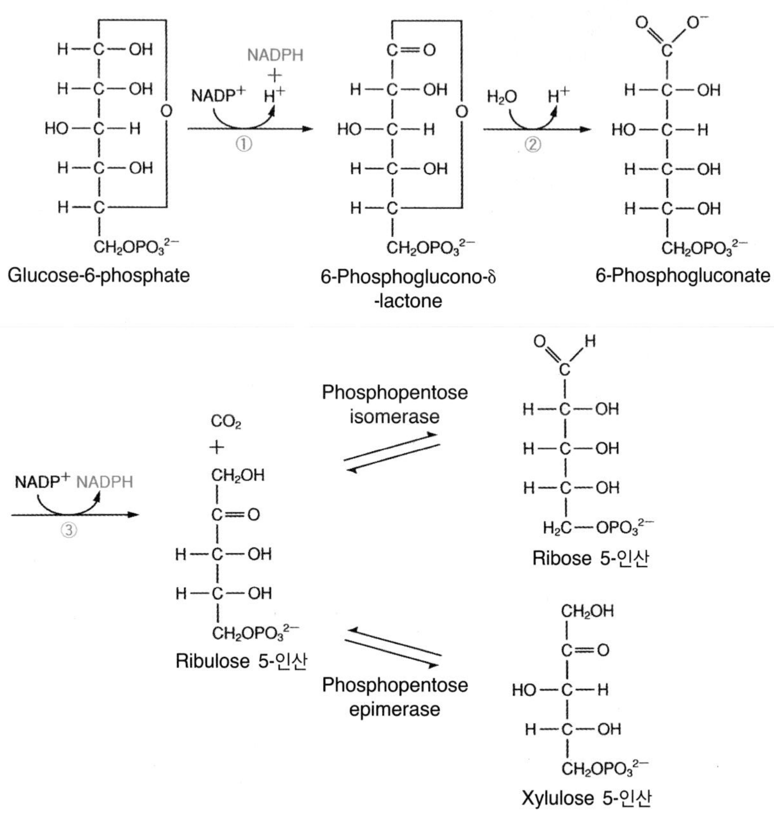

(1)

제1단계인 글루코스 6-인산 dehydrogenase의 반응은 사실상 불가역적이어서 글루코스 6-인산의 산화, 즉 NADPH를 생성하는 방향으로 반응을 진행시킨다. 생성된 리보스 5-인산과 자일로스 5-인산은 트랜스케톨레이스라고 하는 티아민 피롤린산을 조효소로 하는 효소의 작용에 의해 glyceraldehyde 3-인산과 sedoheptulose 7-인산으로 변환되어 (식 2),

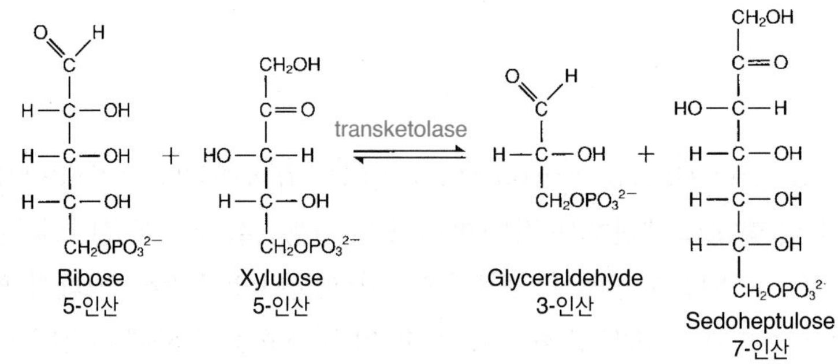

(2)

결과적으로 양자는 트랜스알도레이스라고 하는 효소에 의해 erythrose 4-인산과 fructose 6-인산으로 변환된다(식 3).

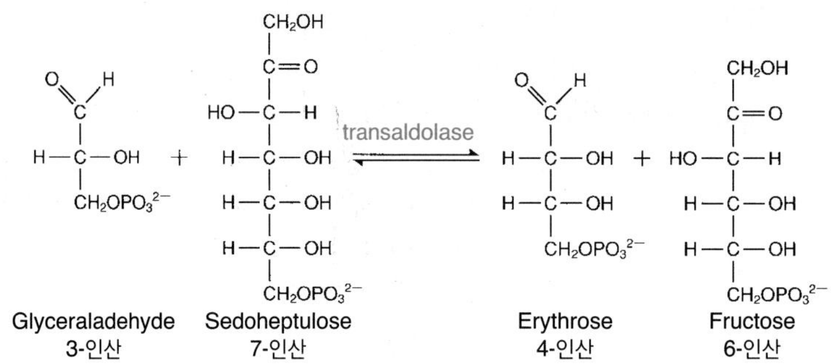

(3)

트랜스케톨레이스에 의해서 erythrose 4-인산은 xylulose 5-인산과 반응하여 glyceraldehyde 3-인산과 fructose 6-인산을 생성한다(식 4).

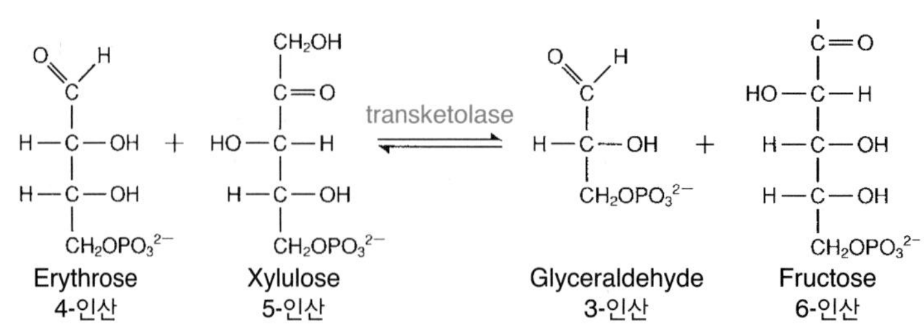

(4)

결국 2분자의 xylulose 5-인산과 1분자의 ribose 5-인산으로부터 2분자의 fructose 6-인산과 1분자의 glyceraldehyde 3-인산을 생성하게 된다(식 5).

$$\text{2 xylulose 5-인산} + \text{ribose 5-인산} \rightleftharpoons \text{2 fructose 6-인산} + \text{glyceraldehyde 3-인산} \qquad (5)$$

식 (1)에서 나타낸 바와 같이, xylulose 5-인산과 ribose 5-인산 역시 glucose 6-인산으로부터 생성되기 때문에, 식 (6)의 관계가 성립된다.

$$\text{3 glucose 6-인산} \rightarrow \text{3 ribose 5-인산} \rightleftarrows \text{2 fructose 6-인산} + \text{glyceraldehyde 3-인산} \quad (6)$$

Fructose 6-인산 그리고 glyceraldehyde 3-인산 모두 해당 경로의 중간체이므로, pentose 인산 회로가 해당 경로의 우회로(bypass)로 사용됨을 알 수 있다.

Ribose 5-인산은 그 자체가 뉴클레오타이드 합성의 전구체이다. DNA 합성이 활발한 계, 예를 들면 급속하게 분열하고 있는 세포 등에서는 NADPH의 생산보다도 ribose 5-인산의 생산이 중요한 의미를 갖는다. 그 경우, 해당 경로에서 생성된 fructose 6-인산과 glyceraldehyde 3-인산으로부터 식 (4), (3), (2)의 역반응을 순차적으로 진행시킴에 의해서 ribose 5-인산을 생산할 수 있다.

반대로, ribose 5-인산 등 다른 중간체를 생산할 필요가 없고, 단순히 NADPH만을 생산할 필요가 있는 경우, 당 신생경로(26장 참조)에 의해 glyceraldehyde 3-인산으로부터 fructose 6-인산을 거쳐서 glucose 6-인산을 재생시킨다. 결국 식 (7)에 나타낸 바와 같이, 1분자의 glucose 6-인산으로부터 12분자의 NADPH가 생산된다.

$$\text{glucose 6-인산} + 12NADP^+ + 7H_2O \rightarrow 6CO_2 + 12NADPH + 12H^+ + P_i \quad (7)$$

Pentose 인산 회로의 경우, 지방 조직에서 높은 활성이 보인다. 아세틸 CoA로부터 지방산을 합성하기 위해 대량의 NADPH를 필요로 하기 때문이다.

Chapter 26

당신생

糖新生, Gluconeogenesis

Key words

pyruvate carboxylase, phosphoenolpyruvate carboxykinase, fructose 1,6-bisphosphatase, glucose 6-phosphatase, fructose 2,6-bisphosphate, Cori 회로(Cori cycle)

사람은 성인이 1일 약 160 g의 글루코스(glucose)를 소비한다. 그러나 사람의 체내에는 글리코겐(glycogen)으로부터 조달 가능한 양과 유리된 글루코스의 양을 모두 합쳐도 약 210 g의 글루코스만 존재하므로 사람은 글루코스에 대하여는 사실상 "하루살이"를 하고 있는 셈이다. 그럼 과격한 운동을 하고 급격하게 글루코스를 소모하거나 기아의 상태에서 사람은 어떻게 대처하고 있을까? 그 경우에는 다른 성분으로부터 글루코스를 합성해야만 한다. 당신생은 이러한 경우를 대비해서 동물이 가지고 있는 능력으로 주로 간과 신장에서 유산과 아미노산, 글리세롤에서 글루코스를 생합성 하는 것을 말한다.

동물은 pyruvic acid●에서 글루코스●를 생합성하기 위해 ATP 4 분자, GTP 2분자, NADH 2분자를 소비한다.

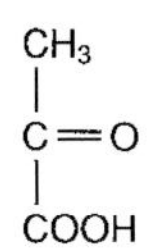

●피루빈산 (pyruvic acid)

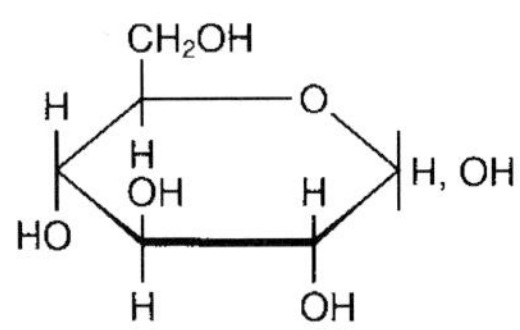

● 글루코스 (glucose)

$$2\text{ pyruvic acid} + 4\text{ATP} + 2\text{GTP} + 2\text{NADH} + 6\text{H}_2\text{O} \longrightarrow \text{Glucose} + 4\text{ADP} + 2\text{GDP} + 2\text{NAD}^+ + 6\text{ Pi} + 2\text{H}^+$$

해당 경로에서는 ATP 2분자와 NADH 2분자가 생성된다.

$$\text{Glucose} + 2\text{ADP} + 2\text{NAD}^+ + 2\text{P}_i \longrightarrow 2\text{ pyruvic acid} + 2\text{ATP} + 2\text{NADH} + 2\text{H}_2\text{O}$$

이러한 당신생 과정을 생각하면, 당신생을 위해서는 많은 에너지를 사용해야만 한다는 것을 알 수 있다.

당신생의 특이한 반응을 살펴보자. 제1단계에서 pyruvate carboxylase는 미토콘드리아에 편재하는 biotin 효소로 아세틸 CoA에 의해 활성화 된다. 아세틸 CoA는 반응에는 관여하지 않지만, allosteric effector(12항 참조)로 기능한다. 아세틸 CoA의 농도가 높아지면, oxaloacetate의 농도도 높은 쪽이 생물에게는 편리하다. 아세틸 CoA와 oxaloacetate가 축합해서 구연산(citric acid)이 형성되면, 구연산 회로를 돌릴 수 있기 때문이다(21항 참조). 따라서 oxaloacetate를 생성하는 pyruvate carboxylase가 아세틸 CoA에 의해 활성화 된다는 말은 대단히 합리적이다. 당을 합성하기 위해서 필요한 ATP가 부족하면, 구연산 회로를 돌려서 ATP를 얻으면 해결이 되기 때문이다.

Oxaloacetate는 malate dehydrogenase의 작용으로 malate(일명 사과산)로 변환되어 미

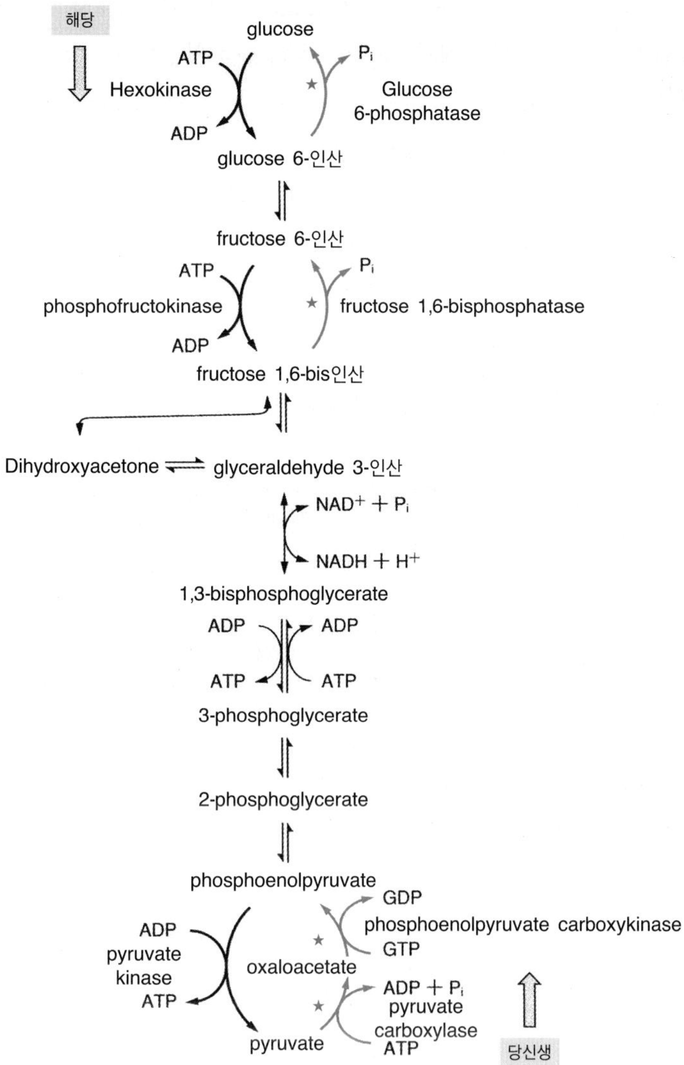

| 그림 1 | 당신생과 해당(解糖)의 비교

pyruvate 2분자로부터 glucose 1분자가 생성되는 것에 주의

토콘드리아에서 세포질로 옮겨진다. 세포질에서는 malate가 다시 oxaloacetate로 재산화된 후 glucose 6-인산으로 변환될 때까지 모두의 반응이 세포질에서 일어난다(그림 1). 최후의 반응을 촉매하는 glucose 6-phosphatase는 소포체막에 국재하고 glucose 6-인산의 가수분해는 소포체내강(小胞体内腔)에서 일어난다. 기질인 glucose 6-인산을 소포체내강에 수송하여 생성된 glucose 인산은 각각 다른 수송체를 이용하여 세포질에 돌아온다.

해당 과정과 당신생 과정 모두 glucose 6-인산과 fructose 1,6-이인산의 상호변환과 pyruvate와 phosphoenolpyruvate의 상호변환, 이 두 과정을 모두 엄밀한 제어 하에 두고 있다. 예로 fructose 2,6-이인산은 기아 조건에서는 농도가 낮아지고, 섭식 조건에서는 농도가 높아진다. 이와 일치하듯이 fructose 2,6-이인산은 fructose 1,6-bisphosphatase를 저해하여 당신생을 억제하고 phosphofructokinase를 활성화하여 해당을 가속시킨다. Citrate와 AMP의 경우에도 서로 반대의 작용을 한다. Pyruvate kinase는 ATP에 의해 저해되지만, pyruvate carboxylase와 phosphoenolpyruvate carboxykinase는 둘 다 ADP에 의해 저해된다. 결과적으로, ATP가 풍부한 경우에는 당신생 과정이 더 활발하게 일어나게 된다.

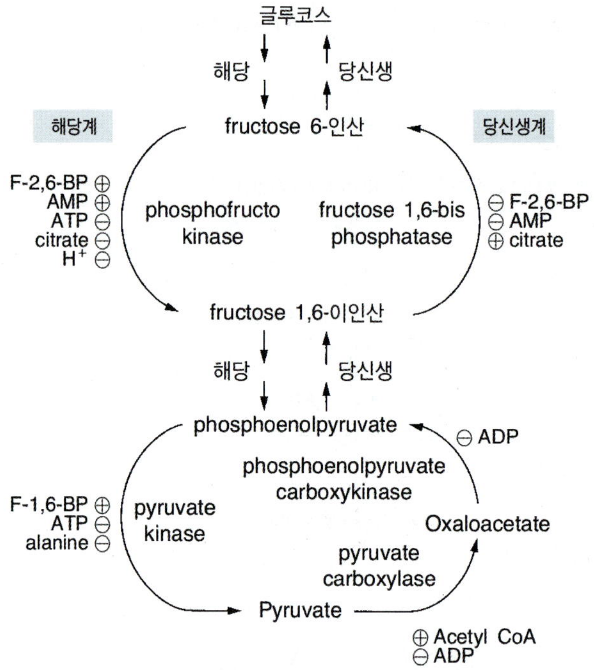

| 그림 2 | 간에서의 당신생과 해당의 조절기구 비교

F-2,6-BP는 fructose 2,6-bisphosphate의 약자. (+)는 활성화, (-)는 저해

당신생은 주로 간장에서 일어난다. 신장피질(腎臟皮質)에서도 반응이 일어나지만, 간의 10% 정도에 지나지 않는다. 그러나 뇌, 심근(心筋), 골격근 등에서는 당신생은 거의 일어나지 않는다. 간은 골격근에 글루코스를 제공하고, 골격근에서 생성된 유산은 간으로 옮겨져 글리코겐으로 변환되는 회로가 알려져 있는데 이를 Cori cycle이라고 한다(그림 3).

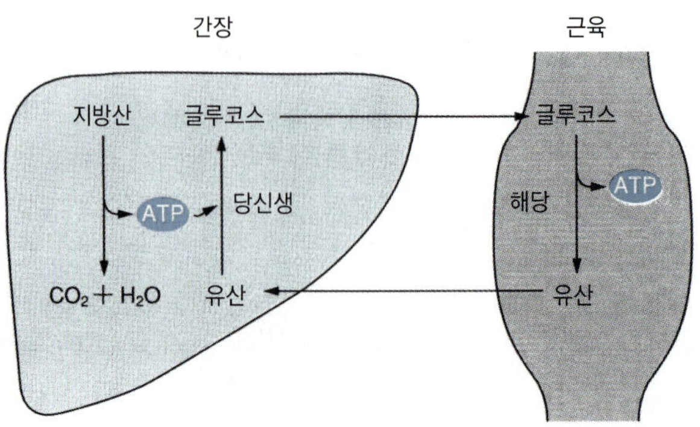

| 그림 3 | Cori 회로

근육에서 생성된 유산은 간에서 글루코스로 바뀌고, 글루코스가 근육에 제공된다.

아미노산 대사

아미노산 代謝, Amino Acid Metabolism

Chapter 27

단백질을 구성하는 20종류의 아미노산 중에서 사람은 12종류만 생합성할 수 있는 능력이 있다. 나머지 8종류는 음식에서 섭취하여 보충할 필요가 있다. 이러한 아미노산을 필수 아미노산●이라고 한다. 식물과 미생물에서는 통상 20종류의 아미노산 모두를 생합성할 수 있다. 그 생합성 경로는 6개의 계열로 나뉘어져 있으나, 탄소골격은 해당계(20항 참조), 구연산 회로(Citric cycle, tricarboxylic cycle, 21항 참조) 또는 펜토스 인산 회로(25항 참조) 중 하나의 중간체에서 유래하게 된다. 근립균(根粒菌)은 공기 중의 질소(N_2)를 nitrogenase로 암모니아의 형태로 환원시켜, 아미노산의 질소로 이용하는 것이 가능하다.

그 외의 미생물과 식물에서는, N_2를 질소원으로 이용하는 것은 불가능하지만, NO_3^- 또는 NO_2^-는 이용 가능하다. 어느 쪽도 먼저 암모니아(NH_3)로 환원시킨 후에 이용하고 있다. 미생물, 식물, 동물의 모든 경우, 암모니아는 glutamate dehydrogenase에 의해 이용되거나(식 1), glutamine synthetase에 의해 glutamine에 이용되고(식 2), 더욱이 다양한 아미노산 또는 다른 유기질소 화합물로 변환된다.

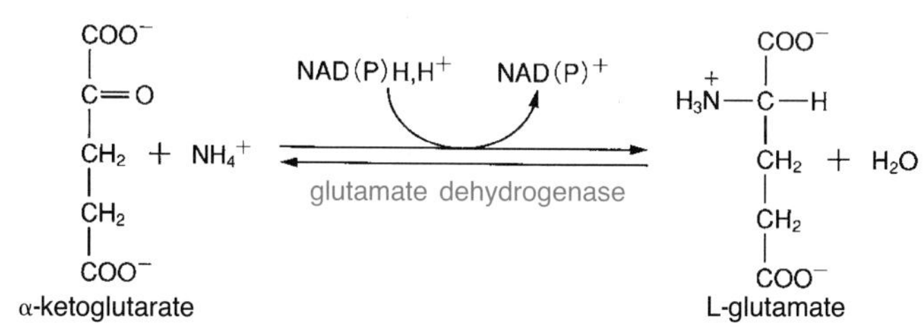

(1)

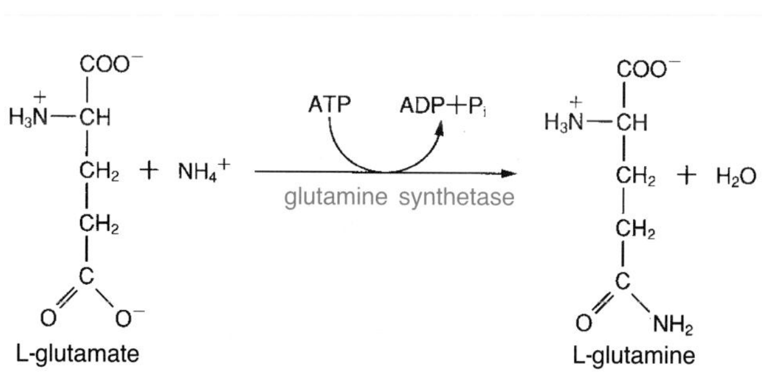

(2)

비필수 아미노산의 생합성에는 aminotransferase(식 3)의 작용에 의해 glutamate의 질소 원자가 여러 가지 아미노산에 이용된다.

Key words

필수(必須) 아미노산(essential amino acid), 나이트로제네이스(nitrogenase), 글루타민산 탈수소 효소(glutamate dehydrogenase), 글루타민 생합성효소(glutamine synthetase), 아미노기전이 효소(aminotransferase), 페닐케토뇨증(尿症)(phenylketouria), 당원성(糖原性, glucogenic), 케토원성(케토原性, ketogenic), 케톤체(ketone body), 호모시스테인뇨증(homocystinuria)

●필수 아미노산

구체적으로는 isoleucine, tryptophan, threonine, valine, phenylalanine, methionine, lysine, leucine이다.
구조식은 단백질의 1차 구조인 5항의 그림 1을 참조할 것. 사람은 arginine을 생합성할 수 있어, 이것은 비필수 아미노산으로 분류되지만, 성장기에서는 생합성되는 양이 적어 부족하다. 마찬가지로 histidine도 성숙기에는 음식에서 섭취할 필요가 있다.

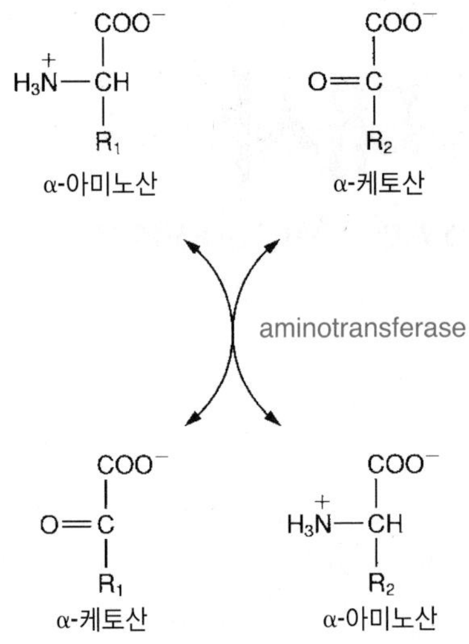

(3)

한편, glutamine의 아미노기의 질소는 asparagine synthetase에 의해 asparagine의 합성에 이용된다. Glycine은 serine에서 proline은 glutamate에서 cysteine은 methionine에서 tyrosine은 phenylalanine으로부터 각각 합성된다. Tyrosine의 생합성에 관여하는 phenylalanine hydroxylase가 유전적으로 결여 되면 phenylalanine의 대사가 정상적으로 일어나지 않아 phenylpyruvate로 전환되어 축적되게 된다. 그 결과 phenylketone 뇨증(尿症)이 되어 위독한 정신지체를 일으킨다. 이 외에도 methionine과 cysteine의 대사과정에 중간체로 생성되는 homocysteine의 연구도 주목을 받는 분야인데, 이는 homocysteine이 심장병 등을 일으키는 위험인자의 하나로 밝혀졌기 때문이다. 즉, homocysteine을 분해시키는 효소인 cystathionine β-synthase가 유전적으로 결함이 있으면 homocysteine이 체내에 축적되고, 결과적으로 동맥경화, 정신지체 등을 일으킨다. 이러한 환자의 뇨중에는 homocysteine의 양이 많아 homocystinuria라고 불린다.

아미노산의 분해에 있어서도 aminotransferase는 중요한 역할을 담당하고 있다. 대부분의 아미노산은 아미노기를 α-ketoglutarate로 전이시켜 glutamate를 생성하고, 자신은 α-keto 산이 되어 분해된다. Glutamine, proline, arginine, histidine은 아미노기의 전이없이 glutamate로 직접 분해된다. 과량의 glutamate는 glutamate dehydrogenase에 의해 α-ketoglutarate와 암모니아로 분해된다. 포유류의 경우에는 암모니아는 요소 회로를 통하여 요소로 변환되어 배출된다.

아미노산의 탄소골격은 최종적으로는 α-ketoglutarate, oxaloacetate, pyruvate, fumarate, succinyl CoA, acetyl CoA, acetoacetyl CoA 중 하나로 분해되서 당으로 변환되거나 (26항 참조) 에너지원으로 이용된다. 앞의 다섯 종류로 변환되는 것을 당원성이라고 부른다. 어느 경우라도 당신생의 기질이 되기 때문이다. Acetyl CoA와 acetoacetyl CoA로 변화되는 것을 keto원성이라고 부른다. Acetoacetyl CoA로부터 생성하는 acetoacetate, 그리고 acetoacetate로부터 생성하는 acetone, 또는 D-3-hydorxyacetate를 케톤체(ketone body)로 부르기 때문이다. Acetyl CoA는 간에서 acetoacetyl CoA로 변환되기 때문에

acetyl CoA를 생성하는 것도 keto원성이다.

Leucine과 lysine은 keto원성이다. Isoleucine, tryptophan, phynylalanine, tyrosine은 keto원성인 동시에 당원성이기도 하다. 그 외의 아미노산은 당원성이다(그림 1).

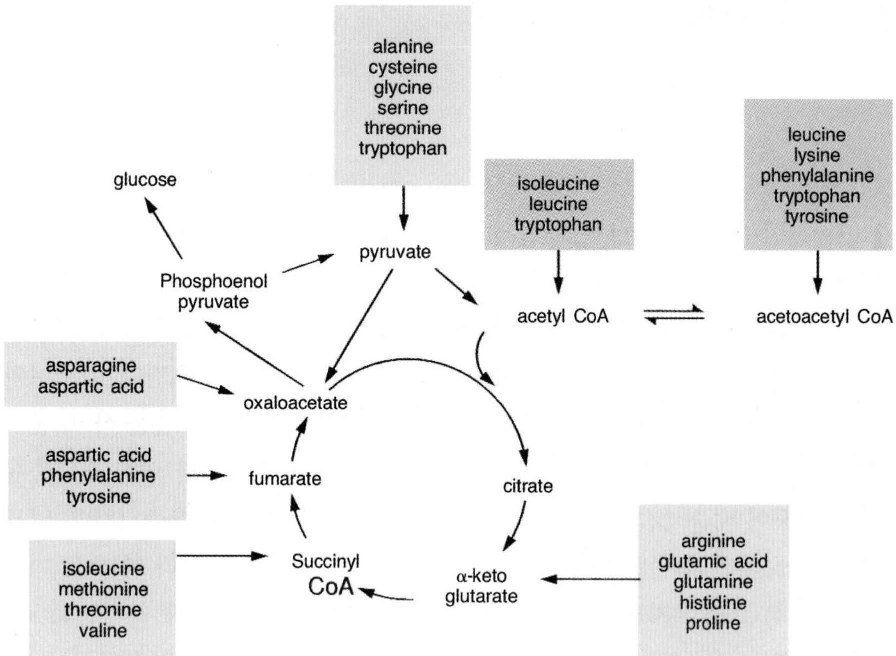

| 그림 1 | 당원성 아미노산과 keto원성 아미노산의 대사경로

keto원성 아미노산은 ▒ 안에 당원성 아미노산은 ▢ 안에 표시하였다. Isoleucine, tryptophan, phynylalanine, tyrosine은 keto원성인 동시에 당원성이기도 하다.

Chapter 28

요소 회로

尿素回路, Urea Cycle

Key words

고암모니아 혈증(hyperammonemia), 요소(urea), 요산(尿酸, uric acid), carbamoyl-phosphate synthase, ornithine carbamoyltransferase, arginiosuccinate lyase, fumarase, malic dehydrogenase

아미노산이 분해하면 암모니아가 생성된다. 암모니아는 동물, 식물 모두에게 유독하다. 사람의 경우, 암모니아를 제거하지 않으면, 혈액중의 암모니아의 농도가 상승하여, 고암모니아 혈증을 일으킨다. 유전적 결함에 의해서 고암모니아 혈증 환자가 되는 경우가 있다. 위독한 경우(특히 유아기)에는 뇌 손상을 일으킨다. 암모니아는 중추신경계에 대하여 강한 독성을 가지고 있기 때문이다. 아가미 호흡을 하고, 물에서 서식하는 생물은 암모니아를 독성이 없는 물질로 전환시켜 배출한다. 어류와 파충류는 요산으로 바꾸어 배출시킨다(29항 참조). 포유류는 요소의 형태로 배출시킨다. 암모니아로부터 요소로 변환되는 회로는 다섯 가지의 효소반응(요소 회로라 함)으로 이루어져 있다(그림 1). 요소 분자의 두 개의 질소 원자 중 하나는 암모니아, 또 하나는 aspartate에서 유래하고, carbamoyl기는 이산화탄소에서 유래한다. 다섯 반응의 전체 식을 표시하면 다음과 같다.

$$CO_2 + NH_4^+ + \text{aspartate} + 3ATP + 2H_2O \longrightarrow \text{urea} + \text{fumarate} + 2ADP + 2P_i + AMP + PP_i$$

• Arginine의 NO 생합성

일산화질소(NO)는(64항 참조) arginine에서 생합성 된다. Arginine은 citrulline으로 변환되므로, NO 생합성계는 요소 회로의 분기경로(shunt)가 된다. 실제, NO의 생합성은 요소 회로와 밀접하게 관련되어 있으며, NO의 생합성은 요소 회로를 구성하는 효소에 의해서 직접 제어를 받는다.

사람의 경우, 암모니아의 생성은 주로 간에서 일어나고, 요소 회로도 역시 간에서 일어난다. 암모니아를 carbamoyl 인산으로 변환시키는 carbamoyl-phosphate synthase와, carbamoyl 인산을 citrulline으로 변환시키는 ornithine carbamoyltransferase는 간세포(肝細胞)의 미토콘드리아에 존재한다. 그 이외의 세 개의 효소는 간세포의 세포질에 존재한다. 따라서 ornithine은 세포질에서 미토콘드리아로, 반대로 citrulline은 미토콘드리아에서 세포질로 이동하지 않으면 안 된다. 미토콘드리아의 막에 있는 단백질이 양자의 교환을 촉매한다.

요소 회로에서 생성된 fumarate는 구연산 회로에는 들어가지 않는다. Fumarate를 생성하는 argininosuccinate lyase는 세포질에 있지만, 구연산 회로는 미토콘드리아에 있기 때문이다. 세포질에서 fumarate는 fumarase에 의하여 malate로 변환되고, malate는 malic dehydrogenase에 의해서 oxaloacetate로 변환된다. 이렇게 생성된 oxaloacetate는 주로 당신생에 사용된다.

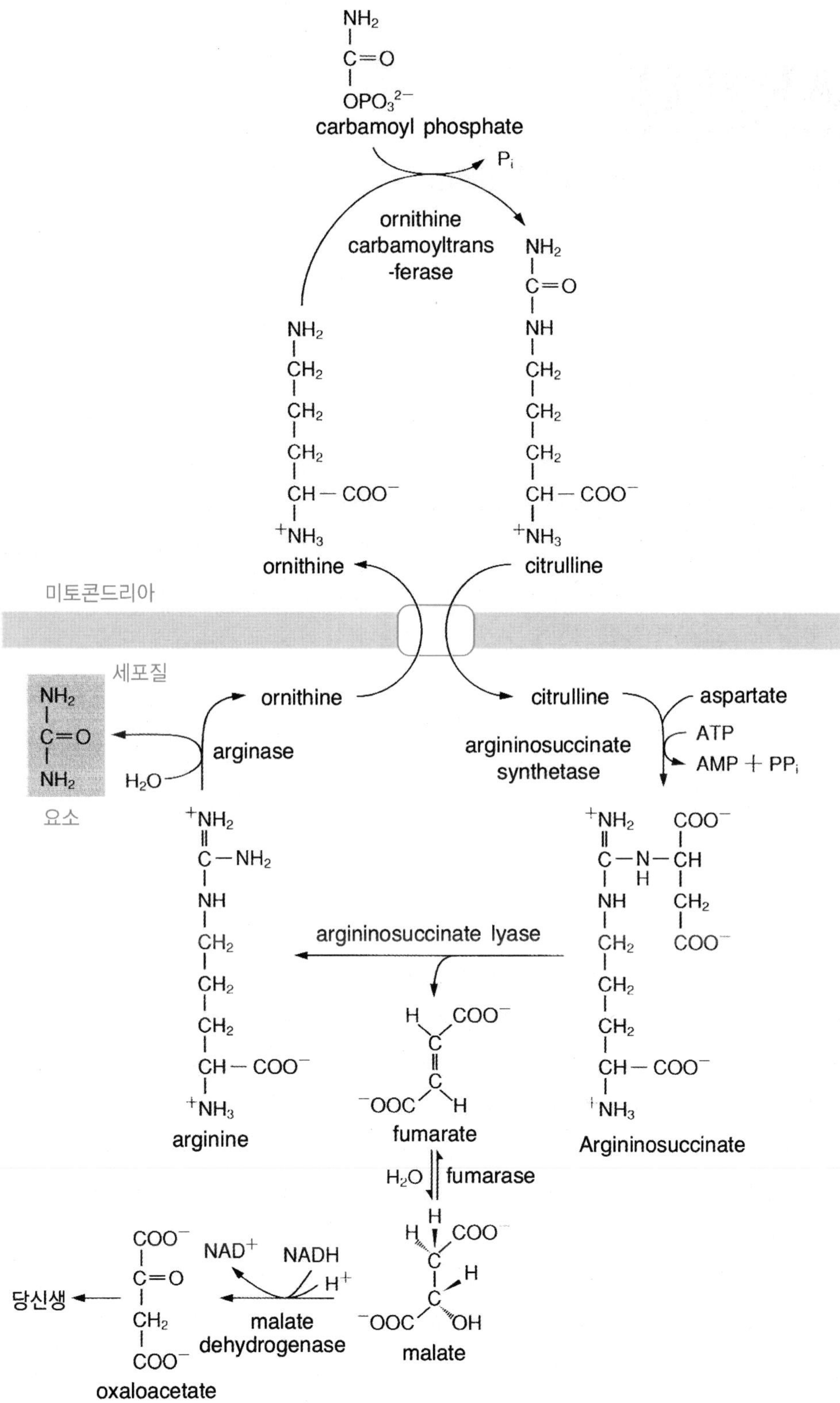

| 그림 1 | 요소 회로

carbamoyl-phosphate synthase 반응은 불가역적으로 진행하여, 활성화에는 Mg^{2+}와 N-acetylglutamate를 필요로 한다.

Chapter 29

핵산대사

核酸代謝, Nucleic Acid Metabolism

Key words

de novo 합성(*de novo* synthesis), 5-phosphoribosyl-1-pyrophosphate ; PRPP, 재이용반응(再利用反應, salvage reaction), ribonucleotide reductase, fluorouracil, thymidylate synthase, xanthine oxidase, 요산(尿酸, uric acid), 고요산혈증(高尿酸血症, hyperuricemia)

원자를 연결해서 복잡한 화합물을 구축하는 것을 *de novo* 합성이라고 한다. 핵산의 주성분인 퓨린환(purine ring)과 피리미딘환(pyrimidine ring)의 *de novo* 합성은 서로 전혀 다른 경로로 일어난다. 퓨린과 피리미딘 양쪽 모두, 가장 중요한 물질은 5-phosphoribosyl-1-pyrophosphate(PRPP)이다. 퓨린 nucleotide의 경우, PRPP로부터 출발해서 10단계에서 이노신산(IMP)이 합성되고, IMP는 adenylate(AMP)와 guanylate(GMP)로 변환된다(그림 1). 한편, 재이용반응이라고 하는 PRPP와 염기로부터 퓨린 nucleotide를 직접 합성하는 것도 가능하다(식 1).

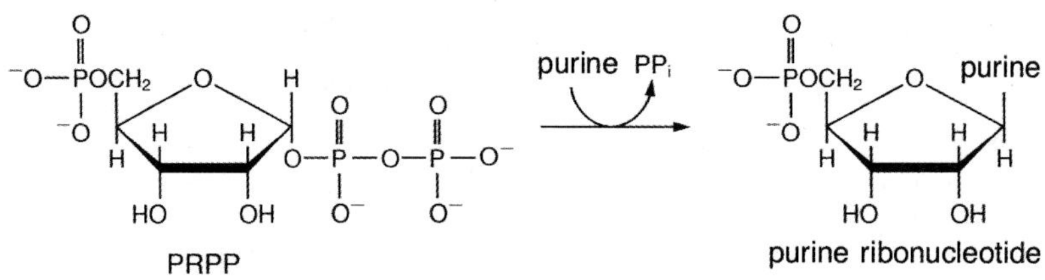

(1)

Adenine phosphoribosyl transferase는 adenine으로부터 adenylate를, hypoxanthine과 guanine에도 작용하여 inosinate과 guanylate를 생성한다. 한편, pyrimidine nucleotide의 경우에는 aspartate와 carbamoyl phosphate가 축합해서 orotate가 생성된 후에 PRPP와 반응해서 uridylate로 된다(그림 2). 퓨린이든 피리미딘이든 이렇게 해서 생성된 nucleotide 인산은 nucleotide 이인산 또는 nucleotide 삼인산으로 변환된다. 그 반응은 nucleoside phosphate kinase• 또는 nucleoside diphosphate kinase가 관여한다(그림 3). Uridylate는 uridine triphosphate(UTP)로 변환된 후, cytidine triphosphate(CTP)로 변환된다(식 2).

• 키네이스(Kinase)

ATP 등 nucleotide 삼인산의 말단 인산기를 물 이외의 화합물에 전이시켜, 인산 화합물을 생성하는 반응을 촉매하는 효소의 총칭

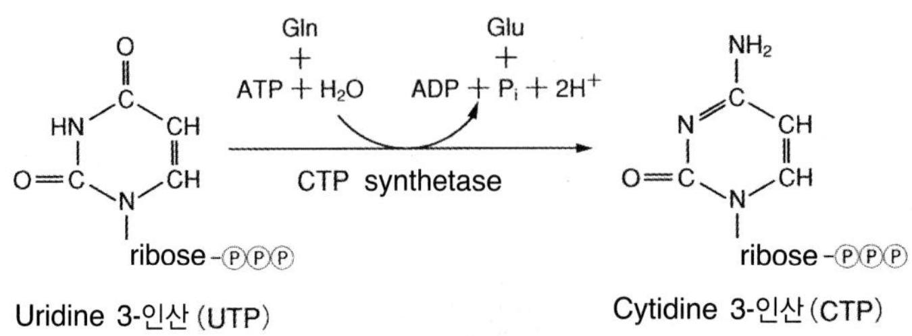

(2)

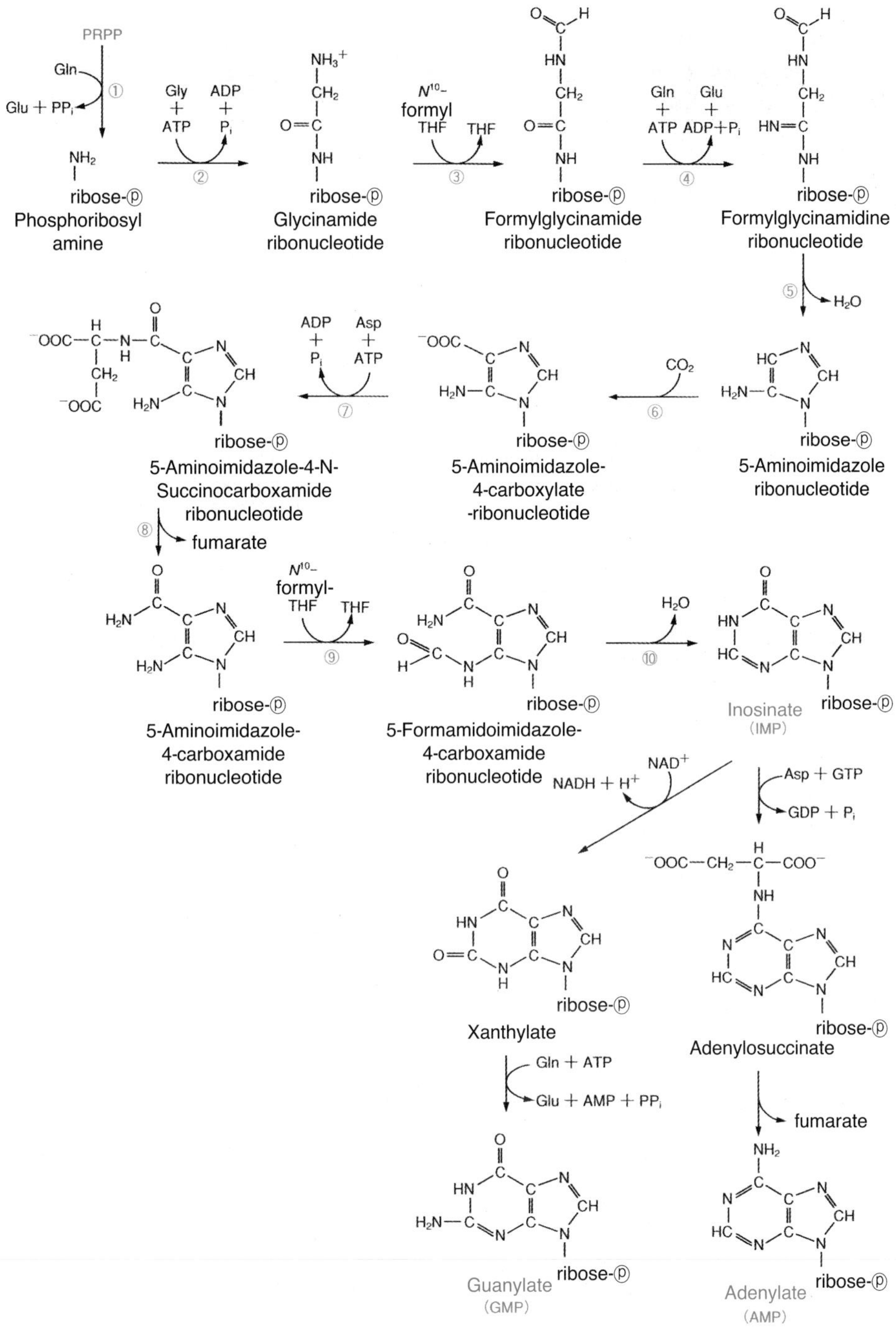

| 그림 1 | 퓨린 nucleotide의 생합성 경로

척추동물의 경우, 반응 ②, ③, ⑤를 촉매하는 효소는 하나의 폴리펩타이드 사슬 중에 있다. 반응 ⑥과 ⑦을 촉매하는 효소, 그리고 반응 ⑨와 ⑩을 촉매하는 효소도 역시 하나의 폴리펩타이드 사슬 중에 있다.

DNA를 구성하는 nucleotide는 deoxyribose이다. Deoxyribose nucleotide는 ribose nucleotide로부터 합성된다. 이 반응을 촉매하는 ribonucleotide reductase는 염기에 대한 특이성이 작지만 nucleoside 이인산에만 작용한다(식 3).

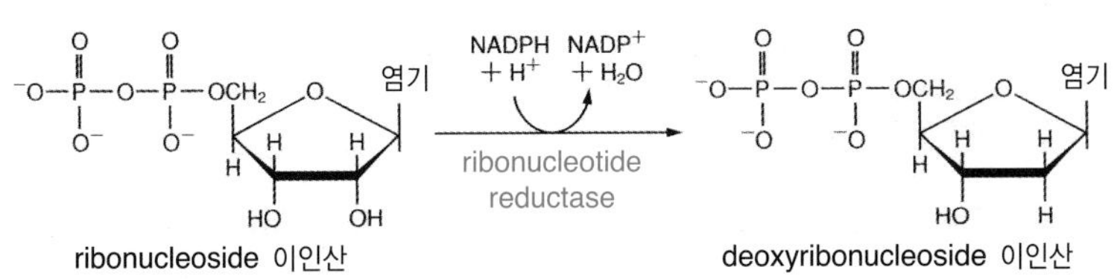

(3)

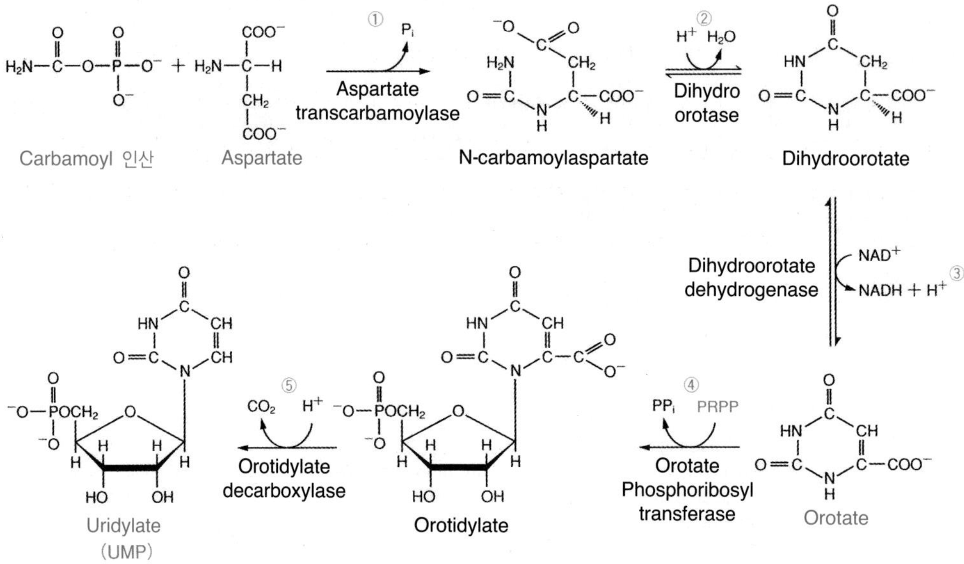

| 그림 2 | Uridylate의 생합성경로

척추동물의 경우, 반응 ①~③을 촉매하는 효소는 하나의 폴리펩타이드 사슬 중에 있다. 반응 ④와 ⑤를 촉매하는 효소도 역시 하나의 폴리펩타이드 사슬 중에 있다.

$$\mathrm{UMP + ATP \rightleftharpoons UDP + ADP}$$

$$\mathrm{XDP + YTP \rightleftharpoons XTP + YDP}$$

| 그림 3 | nucleoside 인산, 이인산, 삼인산의 상호변환

nucleoside phosphate kinase는 기질특이성이 높고, 예를 들면 nucleoside phosphate kinase의 한 종류인 UMP kinase는 UMP에 특이적으로 작용한다. 한편, nucleoside diphosphate kinase는 기질특이성이 적고 여러 종류의 nucleotide에 작용한다. 예를 들면 X는 U, Y는 A를 나타낸다.

dUDP는 dUMP로 변환되어 thymidylate synthase에 의해 dTMP로 된다(식 4).

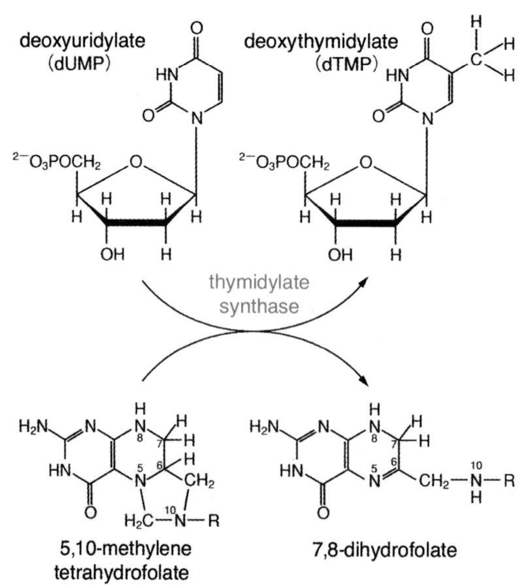

(4)

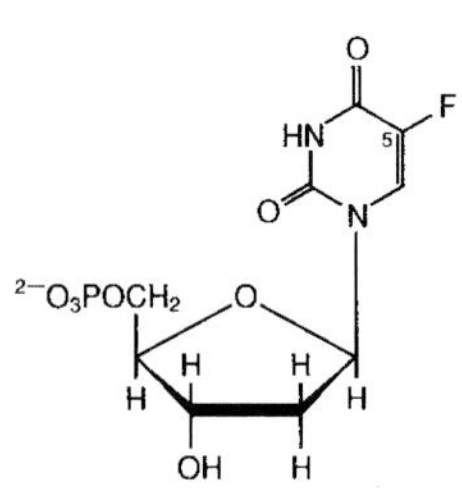

Fluorodeoxyuridylate

Fluorouracil은 생체 내에서 fluoro deoxyuridylate●로 되어 thymidylate synthase에 결

합하여, 이 효소를 비가역적으로 실활시킨다. dTMP를 합성할 수 없게 되면 정상 세포보다 암세포가 더 큰 피해를 받게 되므로, fluorouracil은 항암제로써 사용된다.

IMP에서 생성된 hypoxanthine은 xanthine oxidase에 의해 xanthine이 되고, 결국 요산으로 변환된다(식 5). 요산나트륨은 소변으로 배출되지만, 고요산혈증의 경우에는 소변 중에 요산나트륨이 고농도로 축적된다. 요산나트륨은 용해도가 낮아 축적되면, 통풍•을 일으키는 경우가 있다. 체내에서 요산나트륨의 결정이 석출되고 관절과 신장에 부담을 주는 것이 그 원인으로 알려져 있다.

•통풍

발의 관절, 특히 엄지 발가락에서 가장 흔히 발병한다. 통풍발작이 있으면 해당 관절에서 극심한 통증을 경험하게 되며, 관절이 부어 오르며 붉게 되거나 열감이 느껴지는 등 염증의 증상들이 동반된다. 고요산혈증의 상태가 지속되면 만성통풍성 관절염이 되고, 경우에 따라서는 신장 장애와 심장질환을 일으키는 경우가 있다.

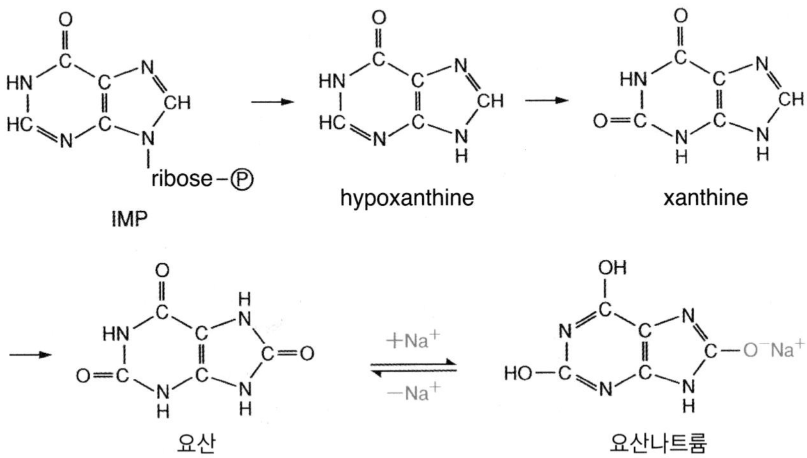

(5)

Chapter 30

광합성

光合成, Photosynthesis

Key words

광합성 세균(photosynthetic bacteria), 명반응(明反應, light reaction), 암반응(暗反應, dark reaction), 엽록체(葉綠體, chloroplast), 광화학계(光化學系, photosystem), special pair, 환원적 펜토스 인산 회로(還元的 五炭糖 燐酸回路, reductive pentose phosphate cycle)

빛 에너지를 이용하여 이산화탄소로부터 탄수화물 등의 유기화합물을 합성하는 과정을 광합성이라고 하고, 모식적으로는 다음과 같이 표시한다.

$$CO_2 + 2AH_2 \longrightarrow CH_2O + 2A + H_2O$$

AH_2는 전자공여체이다. 광합성은 광합성 세균과 식물에서 일어난다. 식물에서는 A는 산소 원자(따라서 AH_2는 물)이고, 광합성의 결과, 산소 분자($2A = O_2$)를 발생하지만, 광합성 세균은 물 대신 황화수소(H_2S) 등도 전자공여체로서 이용한다.

식물에서는 광합성은 엽록체(그림 1)에서 일어난다. 한편, 광합성 세균에는 엽록체가 아니라 색소포(色素胞, 크로마토포아, chromatophore)라고 불리는 발달한 막에서 광합성이 일어난다. 엽록체와 색소포는 클로로필(chlorophylll)● 등의 광합성 색소를 함유하고 있고, 그 종류는 생물종에 의해 다르다.

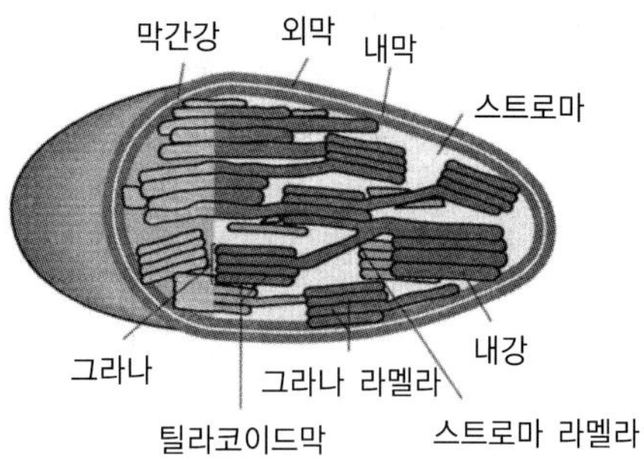

| 그림 1 | **엽록체의 구조**

엽록체는 내부에는 thylakoid막으로 불리는 구조가 있고, 이것이 겹친 구조를 그라나(grana)라고 부른다. Thylakoid막과 그라나 이외의 영역을 스트로마(stroma)라고 부른다.

광합성은 빛이 관여하는 명반응(그림 2)과 빛이 관여하지 않는 암반응(그림 3)의 두 개의 과정으로 구성되어 있다. 명반응은 빛의 흡수에 의한 여기 분자의 생성으로 시작하고, 전자이동을 한 후 NADPH와 ATP를 합성하는 광화학반응이고 틸라코이드막과 그라나에서 일어난다. 한편, 암반응은 명반응에서 합성된 NADPH + H^+와 ATP를 이용하여 이산화탄소로부터 탄수화물을 합성하는 대사경로이고 스트로마에서 일어난다.

명반응은 광화학계(I과 II), 산소발생 복합체, 시토크롬 *bf* 복합체 및 ATP synthase로

● **엽록소(chlorophyll)**

Mg가 결합한 환상 tetrapyrrole을 갖는 porphyrin계 색소. 통상 phytol 등의 긴 사슬 알코올과 에스터 결합을 하고 있다. 곁사슬의 차이 등에 의해 다수의 종류가 존재한다. 엽록소의 종류는 생물종에 따라서 다르다. 예를 들면, 엽록소 a는 광합성 세균 이외의 모든 광합성 생물에서, 엽록소 b는 고등식물, 녹조, 연두벌레에서만 발견된다. 세포 중의 엽록소는 단백질과의 복합체로서 존재하고 P680과 P700(이것들은 모두 엽록소 a이다)과 같이 광에너지의 흡수와 변환을 수행한다.

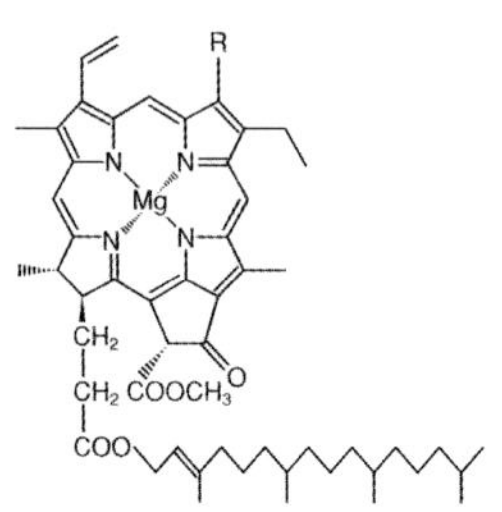

Chlorophyll의 구조식
R = CH_3 chlorophyll a
R = CHO chlorophyll b

구성되고, 그 메커니즘은 영문 Z를 닮은 그림을 이용해서 설명된다(그림 2). 이 명반응은 빛에너지를 화학에너지로 변환하는 매우 중요한 역할을 담당하고 있다. 광화학계 I과 II에서는 '반응중심'이라고 불리는 색소 복합체가 있고, 그 극대흡수파장에 기초하여 각각 P680과 P700으로 불리고 있다. 모두 반응 중심에는 'special pair'로 불리는 엽록소 a의 이량체가 포함되어 있다. 주변의 안테나 색소에 포획된 빛에너지는 P680과 P700에 모여 그것의 special pair의 전자를 여기한다. 광화학계 II의 반응중심(P680)에서 튀어나온 여기전자는 그림 2에서 보는 바와 같이 몇 가지의 전자전달체를 통하여 광화학계 I의 반응중심(P700)에 전달되어 다시 광여기 된다. 이 여기전자는 몇 가지 전자전달체를 거쳐 NADP의 환원에 이용된다.

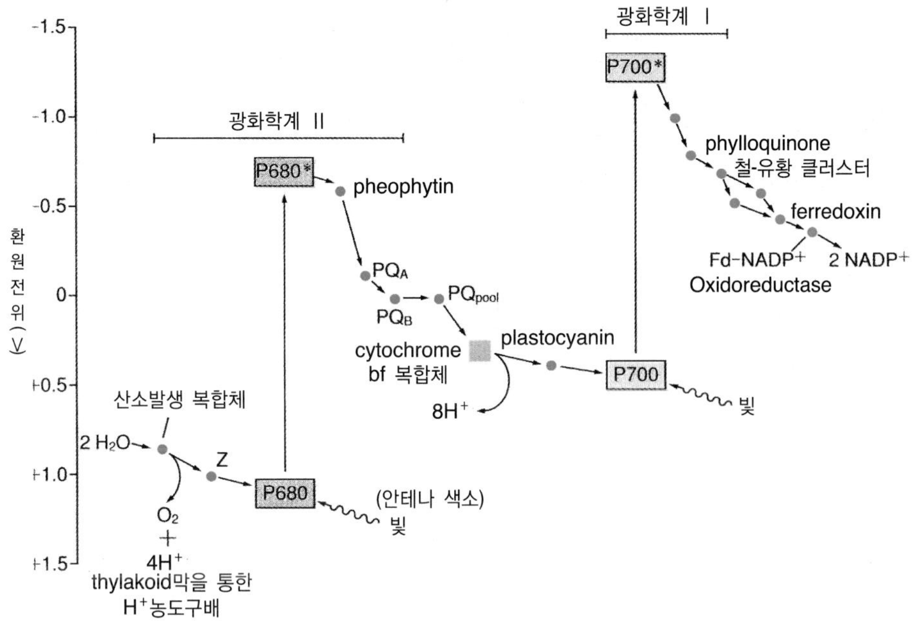

| 그림 2 | 광화학계

Z도형은 광화학계의 구성 성분을 그 환원전위로 나타낸 것으로, 그림의 위쪽에 위치할수록 에너지 상태가 높고, 반응은 그림의 왼쪽에서 오른쪽으로 진행한다. 광화학계 II에서는 안테나 색소로 불리는 집광색소 복합체가 존재하고 있고, 광에너지를 포착해서 반응중심(P680 이라 부름)에 모여서 P680을 여기 시킨다(P680*의 생성). P680에서 튀어 나온 여기전자는 몇 가지의 전자전달색소(ferredoxin 과 plastoquinone PQ)를 경유하여 cytochrome bf 복합체에 전달된다. 전하 분리에 의해 전자가 없어진 상태가 된 P680*은 강력한 산화제이면서 산소발생 복합체에 의해 물의 분해($2H_2O \rightarrow O_2 + 4H^+ + 4e^-$)반응과 커플링(공역)함에 의해 물에서 전자를 빼서 환원시키고, 광여기를 받는다. 물의 분해에 의해 생성된 proton이 thylakoid 막 내강에 방출된 결과, thylakoid 막을 통한 proton의 농도구배가 형성된다. 이와 같은 proton의 농도구배를 이용하여, ATP synthase가 ADP를 인산화 해서 ATP를 합성한다. 이 반응은 빛에 의존하고 있으므로, 광인산화라고 불린다. 또한 cytochrome bf 복합체에 전달된 전자는 plastocyanin으로 불리는 막 내부 가동성 전자전달계를 통하여, P700에 운반된다. P700은 광에너지에 의해 여기된 여기 상태(P700*)가 되고, 여기 전자는 각종 전자전달체(phylloquinone, 몇 종의 철-유황 클러스터, ferredoxin)를 경유하여 $NADP^+$에 전달되어(NADPH의 생성), 전자전달이 완결된다.

한편, 암반응에서는 공기중의 이산화탄소(CO_2)가 고정된 탄수화물(일반식 CH_2O)이 생성된다. 명반응에서 생성된 NADPH와 ATP는 이 과정에서 이용된다. 탄소고정에 의한 탄수화물의 합성반응은 하나의 회로를 구성하고 있고, 환원적 펜토스 인산 회로, C3 회로(C3 cycle) 또는 Calvin(또는 Calvin-Benson) 회로 등의 명칭으로 불린다. 이 회로는 크게 세 과정(carboxyl화, 환원, 재생)으로 구성되어 있다(그림 3).

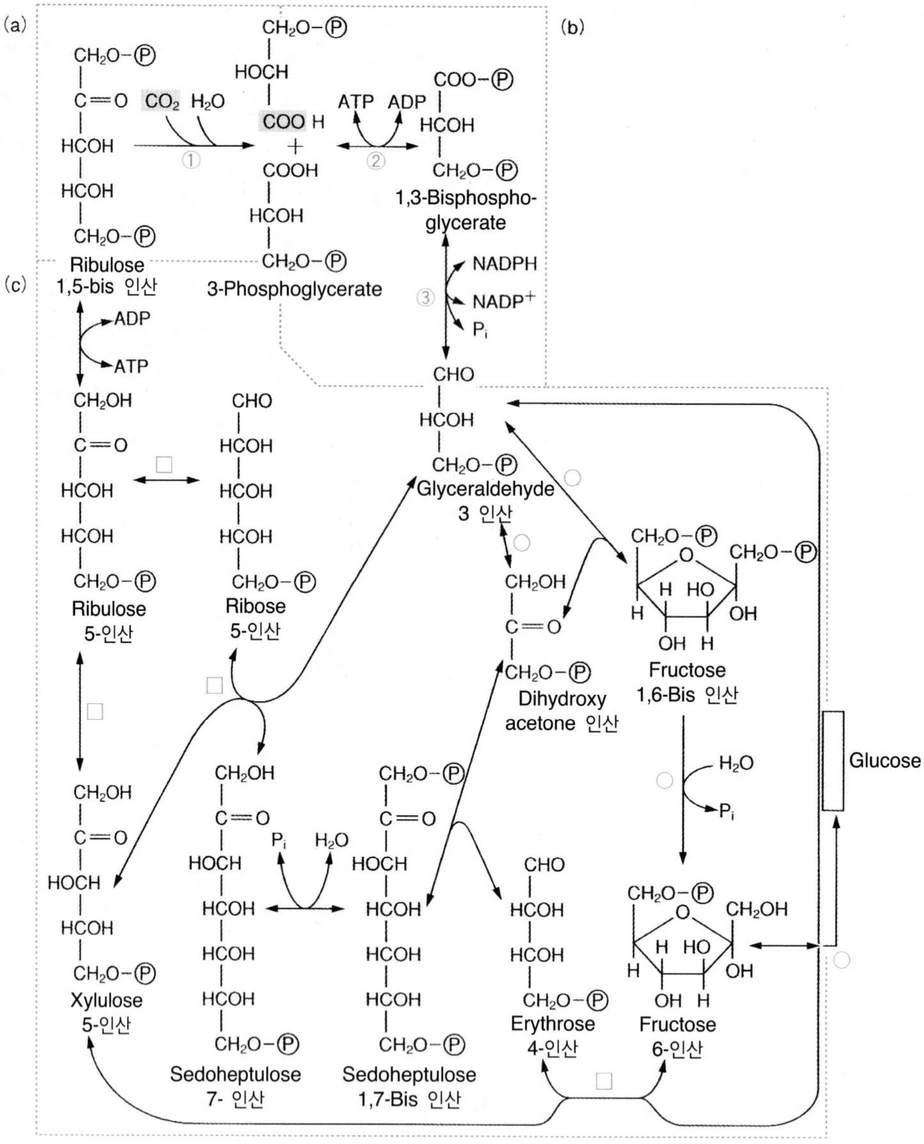

| 그림 3 | 환원적 펜토스 인산 회로

기공에서 광합성 세포에 포획된 CO_2는 ribulose 1,5-bisphosphate carboxylase/oxygenase(종종 RuBisCO라고 부른다)의 작용에 의해 ribulose 1,5-bisphosphate와 반응하여 3-phospho glycerate 2분자를 생성한다[carboxyl화, (a)의 반응 ①]. 생성물인 3-phospho glycerate는 환원과정[(b)의 반응②, ③]을 거쳐서 glyceraldehyde 3-phosphate가 된다. glyceraldehyde 3-phosphate의 일부는 회로를 벗어나서 글루코스 등의 육탄당 합성에 이용되고, 남은 것은 재생과정 (c)를 거쳐서 ribulose 1,5-bisphosphate를 재생한다. 이 재생과정은 복잡해 보이지만, 펜토스 인산 회로(□로 표시)와 해당계(○로 표시)의 일부의 역반응을 합친 것으로 생각된다.

질소고정

窒素固定, Nitrogen Fixation

Chapter 31

Key words

근립균(根粒菌, root nodule forming bacteria), 나이트로제네이스(nitrogenase), 철 단백질(Fe-protein), 몰리브덴-철 단백질(molybdenum-iron protein), P-cluster, FeMo-cofactor, M-cluster

아미노산과 핵산을 함유하는 생체 분자의 질소가 어디에서 왔는지 살펴보면 모두 대기 중의 질소 가스(N_2)에서 유래한다. 그러나 질소 가스는 우리 주변에 널려 있지만, 화학반응성은 매우 낮아서 극히 일부의 생물만이 이용할 수 있다. 따라서 질소고정 미생물에 의해서만 N_2로부터 NH_3로 환원될 수 있다. 즉, 질소고정은 광합성과 호흡과 함께 생물권에서 일어나는 화학반응 중에서 무엇보다 중요한 반응이다.

대표적인 질소고정 미생물을 표 1에 나타내고 있다. 질소고정을 하는 미생물을 보면 Azotobacter와 같은 단생 미생물도 있고, 근립균과 같이 고등식물과 공생하여 질소고정하는 것도 있다. 대두과(科) 식물과 근립균에 의한 공생 질소고정은 생물적 질소고정 중에서도 큰 비율을 차지하고 있다. 이러한 세균의 질소고정 능력을 담당하고 있는 것은 nitrogenase(나이트로제네이스)라고 하는 효소인데, 다음에 표시하는 질소의 환원반응을 촉매하고 있다.

$$N_2 + 8H^+ + 8e^- + 16ATP + 16H_2O \longrightarrow 2NH_3 + H_2 + 16ADP + 16P_i$$

Nitrogenase는 철 단백질 또는 몰리브덴-철 단백질로 불리는 두 개의 단백질로 형성되어 있으며, 둘 모두 철-유황 클러스터를 가지고 있다. 철 단백질은 30 kDa의 동일의 subunit로 형성된 이량체이고, ATP의 가수분해와 전자이동을 공역시키는 역할을 담당하고 있다. 몰리브덴-철 단백질은 $\alpha_2\beta_2$의 헤테로 사량체로(240 kDa), N_2와 철 단백질의 결합부분을 갖고 있다. Nitrogenase의 개념도를 그림 1에 나타내고 있다. 철 단백질의

표 1 질소고정 세균의 예

Azotobacter
(호기성 세균)
Clostridium
(혐기성 세균)
Rhodospirillum rubrum
(광합성 세균)
Anabaena
(사이아노박테리아)
Rhizobium
(근립균)

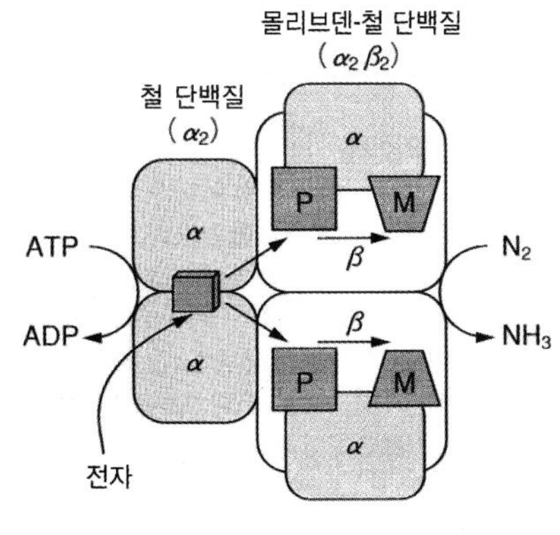

| 그림 1 | Nitrogenase 복합체의 개념도

subunit의 연결 부위에는 ATP/ADP의 결합 부위와 [4Fe-4S] 클러스터(그림 2a)가 존재한다. [4Fe-4S] 클러스터는 페로독신에서 전자를 받아서 몰리브덴-철 단백질에 전자를 전달한다. 이 때 전자이동과 연동해서 ATP의 가수분해가 일어나고 그 결과 철 단백질이 해리되고 전자가 역류하지 않도록 하고 있다. 몰리브덴-철 단백질의 α와 β의 경계면에는 두 개의 [4Fe-4S] 클러스터가 황 원자로 연결된 P-클러스터가 존재한다(그림 2b). 전자는 P-클러스터를 통해서 몰리브덴을 함유한 FeMo-보인자(M-클러스터로 부름)로 이동한다. FeMo-보인자는 [Mo-3Fe-3S] 클러스터와 [4Fe-4S] 클러스터가 비단백질성 리간드인 황에 의해 연결되어 형성되어 있다(그림 2c). N_2는 이 보인자의 중간 틈에 결합, 환원반응이 진행된다고 추측된다. 그러나 N_2 환원의 상세한 분자 기구, 1당량의 H_2를 생성하는 메커니즘, 그리고 nitrogenase의 복잡한 클러스터가 어떻게 생합성 되는가에 대한 문제는 아직 해명되고 있지 않다.

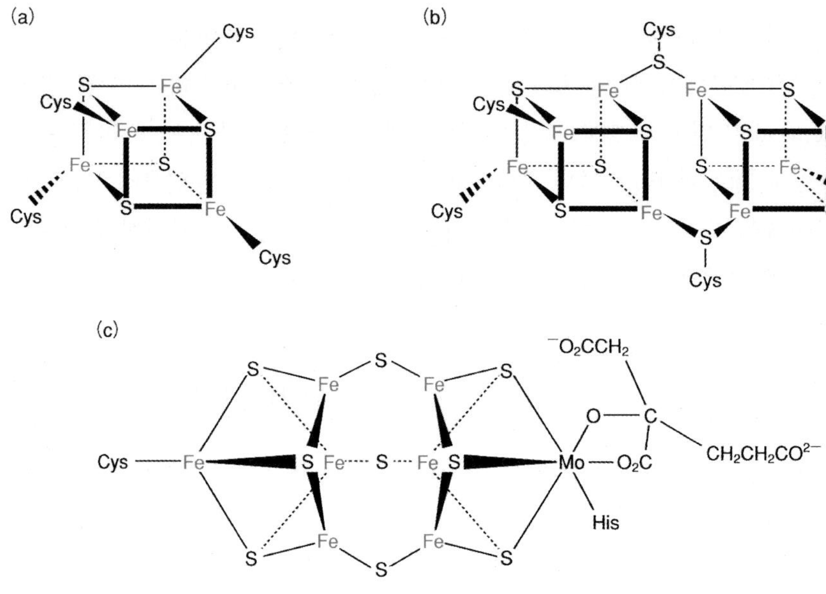

| 그림 2 | (a) [4Fe-4S] 클러스터, (b) P-클러스터, (c) M-클러스터

유전자와 게놈

Gene and Genome

Chapter 32

Key words

멘델의 법칙(Mendel's law), 우열의 법칙(優劣의 法則, law of dominance), 독립의 법칙(獨立의 法則, law of independence), 게놈(genome), 유전자형(遺傳子型, genotype), 표현형(表現型, phenotype)

1865년 오스트리아의 수도승인 G.J. Mendel은 완두콩을 사용한 연구를 기초로 유전에 관한 세 가지 법칙, 즉 우열의 법칙(법칙이라고 부르지 않는 사람도 있음), 분리의 법칙, 독립의 법칙을 발견하였다. 유전을 지배하는 물질, 즉 유전자라고 하는 개념을 가능하게 한 이 세 가지 법칙에 대하여 알아보자.

대립하는 형질, 즉 표면이 매끄러운 완두콩의 종자와 표면에 주름이 있는 완두콩을 교배하면 잡종 제1대(F1)에서는 모두 표면이 매끄러운 완두콩이 나오고 주름이 있는 완두콩은 보이지 않는다. 이렇게 F1에서는 대립하는 형질 중에서 우성의 형질만 나타나고 열성의 성질은 나타나지 않는 현상을 우열의 법칙이라고 말한다. 이 현상을 유전자로 설명하면 다음과 같이 설명할 수 있다(그림 1). 매끄러운 형질을 결정하는 유전자를 A, 주름이 있는 형질을 결정하는 유전자를 a로 한다. 양친의 체세포에는 이 유전자가 있는 염색체(33항 참조)가 2개씩 존재하기 때문에, 유전자도 AA 또는 aa의 쌍으로 존재한다(이것을 유전자형이라고 함). 생식 세포가 형성하는 단계에서는 염색체가 반으로 줄어들기 때문에, 생식 세포(화분 또는 배)에는 A 또는 a의 유전자가 한 개씩 분배된다. 수정에 의해서 생식 세포가 융합해서 유전자가 다시 쌍으로 존재하게 되었을 때, 잡종 제1대(F1)은 모두 Aa의 조합이 된다. Aa의 조합을 갖는 개체는 A에 의해 규정되는 '종자 표면'이 매끄러운 형질(표현형, phenotype)이 우선적으로 나타난다.

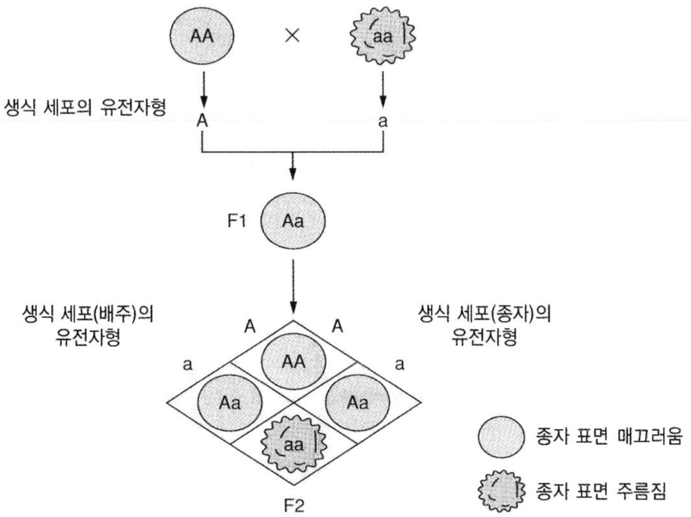

| 그림 1 | 우열의 법칙과 분리의 법칙

그런데 이 Aa의 유전자형을 갖는 제1세대(F1)끼리 교배하여 얻은 잡종 제 2대(F2)에서는 표면이 매끄러운 것과 주름이 있는 것이 3:1의 비율로 나타난다. 이렇게 F1에는 나타나지 않았던 형질이 F2에서 분리되어 나타나는 현상을 분리의 법칙이라고 부른다. 이것은 F2의 유전자형으로서 AA : Aa : aa가 1 : 2 : 1의 비율로 형성되기 때문이다(그림 1).

멘델이 발견한 3번째의 법칙은 두 개의 형질의 유전에 관한 독립의 법칙이다. 완두콩의 종자의 표면 형태와 잎의 색, 즉 두 가지 형질에 대해서 종자가 매끄럽고(유전자형은 AA) 잎이 황색(BB)의 완두콩과 종자가 주름지고(aa) 잎이 녹색(bb)인 것을 교배시킨다(그림 2). F1의 유전자형이 AaBb로 되고 A는 a에 대하여, B는 b에 대하여 우성이므로 F1에서는 모두 종자의 표면이 매끄럽고 잎은 황색이 된다. 한편 F2에서는 종자의 표면이 매끄럽고 잎이 황색인 것, 표면이 매끄럽고 잎이 녹색인 것, 표면에 주름이 있고 잎의 색이 황색인 것, 그리고 표면이 주름지고 잎의 색이 녹색인 비율이 9:3:3:1이었다. 이것은 F1의 생식 세포가 화분과 배에서 AB, Ab, aB, ab의 4종류의 유전자형이 된 것과 또 이러한 수정에 의해서 생성되는 F2의 유전자형에 대해서는 AABB, AaBB, AABb, AaBb가 9, AAbb, Aabb가 3, aaBB, AABb가 3, 그리고 aabb가 1개의 비율로 생기는 것을 알 수 있다. 즉, 종자의 표면의 형태를 결정하는 유전자 A 또는 a, 잎의 색을 결정하는 유전자 B 또는 b가 각각 독립적으로 자손으로 전달하는 것을 의미하고 있으며 이것을 독립의 법칙이라고 부른다●. 이상에 설명한 멘델의 법칙은 '물질로서의 유전자'라고 하는

●멘델의 법칙의 예외

단, 각각의 대립형질을 결정하는 대립유전자가 같은 염색체위에 존재하는 경우에는 그 두 개의 유전자는 하나로 움직여서 자손에 전달되기 때문에, 독립의 법칙이 성립하지 않는다. 이 외에도 많은 유전자가 같은 형질발현에 작용하거나, 역으로 하나의 유전자가 많은 형질발현에 관여하는 경우에도 멘델의 법칙을 따르지 않는 경우가 있다. 이와 같이 멘델의 법칙에 따르지 않는 유전양식을 모두 합쳐서 비멘델성 유전이라고 부른다.

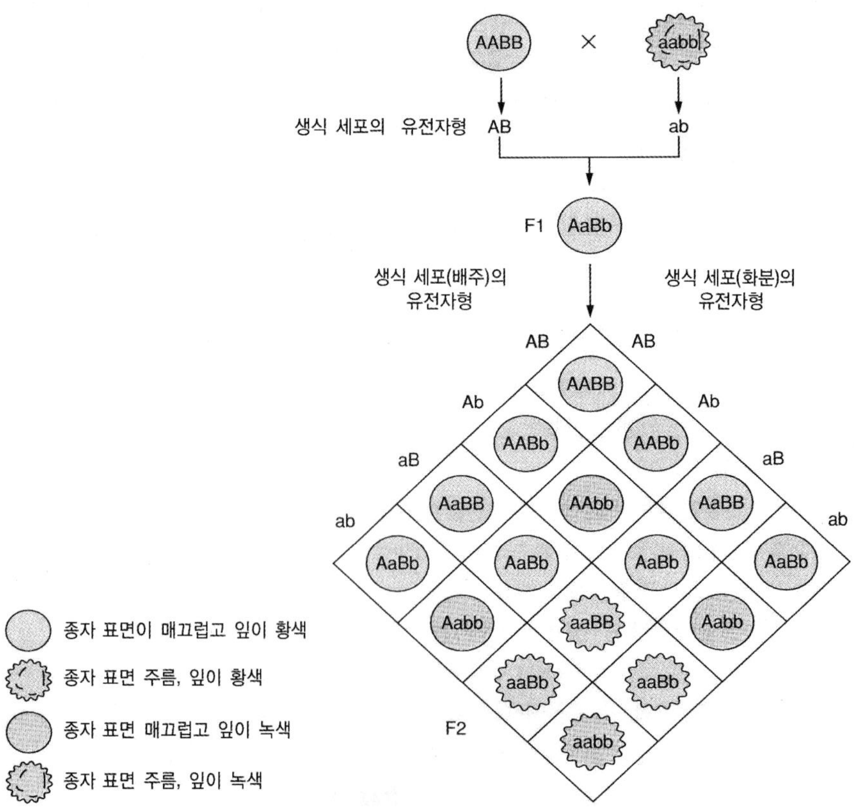

| 그림 2 | 멘델의 독립의 법칙

개념을 확립한 획기적인 사실이었지만, 1900년이 될 때까지 인정되지 않았다.

그 후 T.H. Morgan에 의해서 유전자가 염색체(33항 참조)상에 선상으로 배열되어 있는 것이 시사되었지만, 유전자의 본체가 DNA라는 것은 1944년에 O. T. Avery가 폐렴쌍구균을 이용하여 수행한 실험에 의해서 처음으로 밝혀졌다. S형 폐렴쌍구균은 다당으로 형성된 높은 점성 막으로 자신을 보호함으로써 실험 쥐의 면역계에 저항성을 가지고 결과적으로 실험 쥐에 강한 병원성을 나타낸다. 반면 R형 폐렴쌍구균은 막을 형성하지 않고 병원성을 가지지 않는다. Avery는 R형 폐렴쌍구균에 S형 폐렴쌍구균에서 정제한 DNA와 섞어 놓으면, S형 균으로 형질전환이 가능한 것을 발견하였다. 또한 1952년 A.D. Hershey와 M. Chase는 ^{32}P와 ^{35}S로 표식한 T2 파지를 대장균에 감염시킨 경우, 대장균은 ^{32}P로는 표식이 되지만 ^{35}S로는 표식되지 않는 것을 발견하였다. ^{32}P와 ^{35}S는 각각 DNA의 인(P)과 단백질의 시스테인과 메티오닌의 황(S) 원자를 표식한다. 따라서 이 결과는 감염 시에 파지로부터 대장균에 들어온 새로운 파지의 생성에 관여한 유전물질은 핵산이고, 파지의 단백질이 아니라는 것을 의미한다. 1953년에는 J.D. Watson과 F.H.C. Click가 DNA는 이중나선 구조를 하고 있다는 것을 밝혀(4항 참조), 유전자 기능의 연구가 분자수준에서 전개되게 되었다.

현재 유전자는 고분자 DNA(RNA 바이러스에서는 RNA)의 일정 영역의 염기 배열에 의해서 규정되는 유전의 작용단위로 정의되고, 단백질과 tRNA, rRNA 등을 지정하고 있는 구조유전자와 프로모터, 오퍼레터(38항 참조) 등과 같은 전사를 제어하는 부위로 되어 있다•. 원핵생물에는 구조유전자의 염기 배열은 mRNA가 전사(37항 참조)된 후, 유전암호에 따라 단백질로 번역된다(41항 참조). 한편 진핵생물의 경우에서는 많은 구조유전자가 단백질을 지정하는 부분(엑손, exon)과 인트론(intron)으로 불리는 비지정 영역으로 분단되어 있기 때문에, mRNA는 비번역 영역이 제거된 후에 단백질로 번역된다(40항 참조).

앞에서 기술한 대로, 유전자는 염색체상에 배열되어 있지만, 생물에 있어서는 최소로 필요로 하는 유전자를 포함하는 한 쌍의 염색체를 게놈(genome)이라고 부른다•. 세균과 진핵생물의 생식 세포는 한 쌍, 진핵생물의 체세포는 두 쌍의 게놈을 가지고 있다. 대장균의 게놈은 약 3백만 개의 염기쌍이 한 개의 환상 DNA를 형성하고 있고, 인간의 게놈의 경우 22쌍의 상염색체와 XX 또는 XY의 성염색체로 되어 있다. 따라서 사람의 염색체는 총 46개이다. 다양한 생물에 있어서 게놈 전체의 염기 배열을 밝히려는 게놈프로젝트가 진행되고 있으며 Celera Genomics 사의 연구결과에서는 인간의 게놈의 크기는 약 30억 쌍의 염기로 이루어져 있으며, 유전자수는 23,000~40,000개로 추정하고 있다. 이 결과는 게놈의 대부분이 비유전자 DNA로 구성되어 있음을 나타내고 있다.

•유전자의 다른 정의

구조유전자만을 '유전자'로 부르는 경우도 있음

•게놈의 다른 정의

특정 생물이 갖는 전체의 유전정보를 지정해서 게놈이라고 하는 경우가 많다.

Chapter 33

염색체의 구조

染色體의 構造, Structure of Chromosome

Key words

히스톤(histon), 뉴클레오좀(nucleosome), 크로마틴(chromatin), 링커(linker), 센트로미어(centromere), 텔로미어(telomere)

일반적으로 생물에 있어서 유전자의 대부분은 G, A, T, C의 배열로 염색체 중에 존재한다. 그러면 그 유전자를 총괄하는 염색체 DNA는 어떠한 구조를 하고 있을까?

DNA 사슬의 기본적인 구조를 간단히 보면, 데옥시뉴클레오사이드-5′-인산(deoxynucleoside-5′-phosphate)이 각각 인산기와 3′-OH기 사이에 phosphoester결합을 형성하여 뉴클레오사이드가 연결된 것이다. 특정의 생물을 제외하면, 이 DNA 사슬은 이중 사슬의 상태로 존재한다(4항 참조). 원핵생물인 대장균을 예를 들면, 그 염색체 DNA는 약 300-400만 개의 뉴클레오사이드가 연결된 이중 사슬의 폴리뉴클레오타이드(polynucleotide)로서 세포질 내에 콜로니(colony) 상으로 존재하고 있다.

진핵생물에 있어서 염색체는 대장균의 염색체와 비교하면 수 배에서 수 백배, 경우에 따라서는 1,000배가 되는 생물도 있다. 일반적으로 동식물 등의 진핵생물의 염색체 DNA는 단백질과 결합해서 안정한 고차구조를 형성하고 있고, 그 단백질의 해리와 결합에 의해서 신장과 응축을 반복한다. 신장시의 기본 단위는 히스톤(histone)이라고 하는 염기성 단백질에 DNA 사슬이 감긴 구조이다. 히스톤은 분자량이 10~20 kDa인, 작은 단백질이고, 146염기쌍의 DNA가 8 분자의 히스톤(H2A, H2B, H3, H4의 4종류의 분자가 각 2분자씩 총 8량체를 형성)에 감겨, 뉴클레오좀(nucloesome)이라 불리는 외형상 구형의 기본 단위를 형성하고 있다(그림 1).

대부분의 DNA는 이 히스톤에 감겨서 뉴클레오좀을 형성하고 있지만, 그 이외의

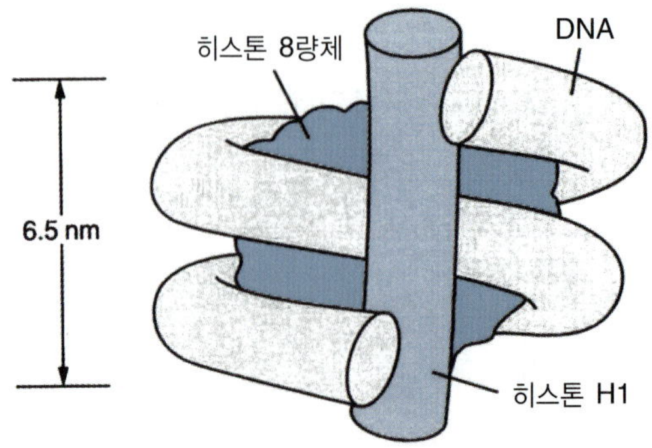

| 그림 1 | 뉴클레오좀(nucleosome)의 구조

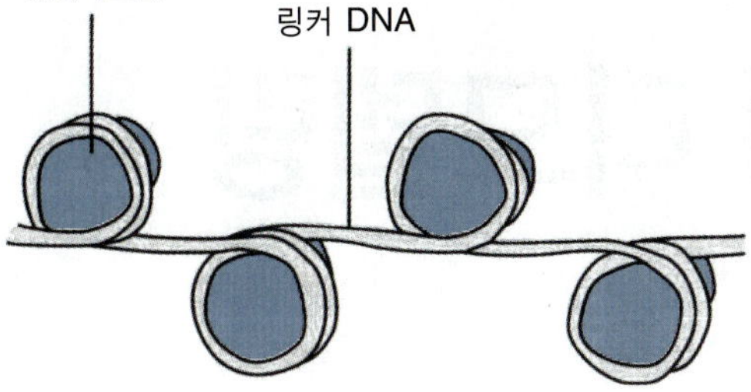

| 그림 2 | 크로마틴 섬유

DNA는 링커-DNA(linker-DNA)라 불리는데, 옆에 존재하는 뉴클레오좀을 연결하는 역할을 담당하고 있다. 이와 같이 링커에 의해서 연속으로 연결되어 존재하기 때문에 진핵생물의 염색체는 구슬에 실을 엮어 놓은 듯한 섬유상 구조를 하고 있다(그림 2). 이 섬유상 DNA 단백질 복합체를 크로마틴(chromatin)이라고 부른다. 그리고 뉴클레오좀으로서 나선상에 접힌 염색체 DNA는 더욱 뉴클레오좀 자신부터 나선상에 정렬함으로써 거대한 DNA 분자가 접힌 형태를 취한다. 이렇게 염색체는 세포분열기에는 1 μm정도의 X자형의 구조를 취하고 광학 현미경으로 관찰되는 정도의 크기가 된다. 세포분열기에 있어서 하나의 염색체가 길이 수 cm에 이르는 연속한 1개의 DNA 분자가 접히고 포개짐으로써 하나의 세포 내에 잘 응집하게 된다.

진핵생물에 있어서 세포분열이 끝나면 염색체는 DNA 분자 수준까지 풀려서 핵 내에 펼쳐지고 DNA의 복제가 시작된다. 그 과정이 끝나면 다시 단백질과 결합, 응축하여 염색체로서의 형태를 나타내게 된다. 세포의 분열, 증식의 시기에는 이러한 염색체부터 DNA 분자로의 확산, DNA 분자로부터 염색체로의 응축이라고 하는 사이클을 반복하게 된다.

사람의 염색체 DNA에는 수만 종의 유전자가 존재하고 있는데, 그 유전자들의 염기배열은 전체의 수 % 정도에 지나지 않고, 나머지 90 % 이상의 염기들은 센트로미어•, 텔로미어•, 특이한 반복 배열, 유전자 내의 배열(인트론)과 유전자간에 스페이스로서 존재하고, 염색체의 구조 유지와 고차의 기능 조절에 관여한다고 생각된다.

•센트로미어

동원체라고도 하며, 유사분열 시에 방추사가 결합하여, 각 극으로의 이동에 중요한 역할을 하는 염색체의 일부. 많은 동식물에서는 동원체는 염색체상의 한 부분에 몰려있다.

•텔로미어(2009년 노벨상)

염색체의 말단에 위치하여, 말단소립이라고도 불린다. 텔로미어는 한 생물종 내에 있어서 모든 염색체에 걸쳐서 극히 보존성이 높은 구조를 가지고, 주로 6개의 뉴클레오타이드의 배열이 반복함으로써 이루어져 있다. 또한 말단의 이중 사슬 DNA의 헤어핀 구조, DNA 복제 기점의 밀집 등도 특징으로 들 수가 있다.

Chapter 34

크로마틴 리모델링

Chromatin Remodeling

Key words

아세틸화(acetylation), 히스톤 아세틸화 효소(histone acetyltransferase), 메틸화(methylation), 메틸화 효소(methyltransferases), 인산화(phosphorylation), 인산화 효소(kinase), 유비퀴틴화(ubiquitination), ATP 의존성 크로마틴 리모델링 복합단백체(ATP-dependent chromatin remodeling complex), 리모델링 단백질(remodeler protein)

섬유상 유전자-단백질 복합체인 크로마틴은 생물체가 필요한 시기에 필요한 유전자를 선택적으로 발현시키기 위한 시스템을 가지고 있다. 즉, 시기에 따라 적절하게 전사를 담당하는 효소들이 접근할 수 있도록 크로마틴의 구조가 변하면서 유전자 발현을 제어한다. 즉, 크로마틴 리모델링은 nucleosomes의 구조와 위치를 재구성 하여 유전자 발현에 관련된 여러 시스템(효소들)이 nucleosomal DNA에 접근을 용이하게 하는 효소의 작용이다. 이러한 개조는 주로 다음의 과정으로 일어난다.

① Histone modifying complex라 불리는 효소 복합체는 히스톤에 아세틸화(acetylation, histone acetyltransferase), 메틸화(methylation, methyltransferases), 인산화(phosphorylation, kinase), 유비퀴틴화(ubiquitination, 3 enzymes) 등 다양한 화학반응을 일으킨다. 이러한 수정은 히스톤과 DNA 사이의 결합력에 영향을 준다. 따라서 히스톤과 DNA가 풀어지거나 단단히 결합하도록 한다. 예를 들면 히스톤 단백질의 H3 및 H4에서 특정 lysine 잔기의 메틸화는 히스톤과 DNA의 추가적 결합력을 제공해 더욱 견고히 결합하게 되고 결과적으로 전사인자들의 결합을 방지하게 되어 유전자 표현을 억제하게 된다. 반면 히스톤의 아세틸화는 히스톤과 DNA의 결합을 약화시켜, 전사인자들의 결합이 용이하게 하여 유전자 발현을 증가시키게 된다.

② ATP 의존성 크로마틴 리모델링 복합단백체는 뉴클레오좀을 이동, 변형 시켜 뉴클레오좀을 재구성하여 유전자 발현을 조절한다. 이러한 단백질 복합체는 ATP 분해를 담당하는 부분이 있어 ATP의 가수분해를 수행하고 이때 얻는 에너지를 이용하여 뉴클레오좀을 겹치고, 꼬이고, 환구조를 형성하는데 사용한다. 이러한 새로운 구조의 뉴클레오좀은 히스톤을 밀쳐내기도 하고 새로운 히스톤으로 결합을 이루기도 한다. 이렇게 생성된 뉴클레오좀은 꼬인 곳이 적어 유전자가 활성화 된다. 또한 크로마틴 재구성에 관여하는 단백질들은(SWI/SNF, ISWI 등) DNA의 위치를 바꾸는 작용(DNA translocation)에 의해서도 크로마틴의 리모델링이 이루어진다. 예를 들면, SWI/SNF remodeler는 뉴클레오좀 간 거리를 무작위적으로 만들어 놓고 ISWI remodeler는 뉴클레오좀 간 거리를 일정하게 배열시켜서 뉴클레오좀 사이에 빈 공간을 만드는 역할을 한다.

크로마틴 리모델링은 유전자 표현을 조절할 뿐 아니라 염색체가 합쳐질 때와 분리할 때, DNA의 복제와 수리, 세포주기, apoptosis, 세포의 분화와 전분화능(pluripotency) 등에 중요하다. 따라서 크로마틴 리모델링의 제어 시스템이 망가지면 생명현상 유지에 필수적인 시간과 장소에서 적절하게 조절이 되지 않아 암을 포함한 인간의 여러 질병이 발생하게 된다. 즉, histone modifying 효소 복합체, ATP 의존성 크로마틴 리모델링 복합단백체, 그리고 remodeler라 불리는 단백질들에 유전적인 결함이 생기면 암 발생을 예상할 수 있다. 따라서 크로마틴 리모델링 경로를 타겟팅하여 연구가 활발히 진행되고 있으며 현재 여러 암의 치료 전략으로 진화하고 있다.

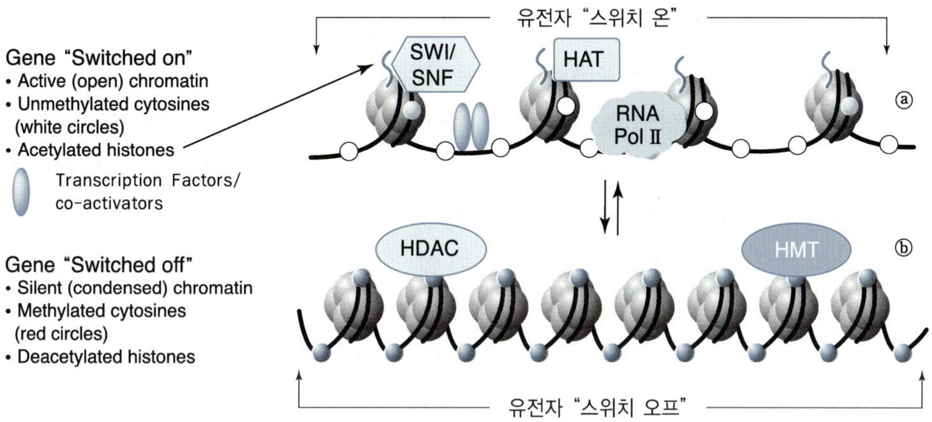

HAT; histone acetyl transferase 효소,
HADC; histone deacetylase 효소,
HMT; histone methyltransferase 효소

| 그림 1 | 크로마틴 리모델링

위의 그림은 전사인자가 틈이 생긴 nucleosome 사이에서 유전자를 작동시킬 수 있는 반면 아래 그림은 크로마틴이 단단히 응축한 상태로 전사인자가 작용할 수 없는 휴지기의 유전자를 나타내고 있다.

Chapter 35

'Junk DNA'의 새로운 역할

New Function of Junk DNA

Key words

오픈 리딩 프레임(Open Reading Frame; ORF), 비단백질 코드(noncoding DNA), 전사조절인자(transcription factor), 인핸서(enhancer), 인슐레이터(insulator)

정크 DNA(Junk DNA, 잡동사니 유전자)는 염색체 또는 게놈의 기능이 특정되지 않은 DNA 영역을 이른다. 이 이름은 1972년 일본의 생물학자 오오노 스스무(大野乾)에 의해 명명되었다. 정크 DNA는 게놈 분석의 결과 "알려진 유전자와 상동성이 보이지 않는다" 또는 "상동성이 높음에도 불구하고 작동에 필수적인 배열에 변이 등이 생겨 실제로 기능할지 의심스럽다"는 영역이 다수 발견된 것으로부터 붙여진 명칭이다. "불필요한 공간", "쓰레기 영역"이라고 생각되었다. 그러나 분자생물학은 태동한 지 얼마 되지 않은 학문 분야이며, 기능이 인정되지 않은 DNA 영역도 아직 규명되지 않았을 뿐 중요한 기능이 있는지도 모른다는 관점에서 정크라는 말은 잘못된 것이라는 인식이 있었다. 즉, 대부분의 동식물의 게놈 DNA의 대부분에서 생물학적 역할을 밝히지 못하였고 유전자가 코딩하는 단백질에 대한 정보가 불완전한 경우에도 그 유전자의 존재 염색체 영역을 오픈 리딩 프레임(Open Reading Frame; ORF 실제로 아미노산 배열로 번역하는 영역의 수)로 식별할 수 있다. 게놈을 다루는 대부분의 과학자들은 이와 같이 염색체 영역의 기능과 작용 메커니즘에 대한 정보가 거의 없더라도 이러한 영역이 중요하다고 생각하는 것이 합리적이라고 인식하고 있다.

인간 게놈의 약 97%는 "비단백질 표현 영역"임을 표시하고 있다. 대조적으로 복어(Fugu rubripes)의 게놈 크기는 인간의 1/10 정도 밖에 없지만, 게놈의 1/3이 유효한 유전자로 코드 되어 거의 인간과 동일한 유전자를 가지고 있다고 생각된다. 또한 양파의 게놈 크기는 인간 게놈의 약 12배이며, 인간보다 많은 "쓰레기 DNA"를 포함하고 있다고 생각된다. 이처럼 게놈의 기능을 가지고 있다고 추측할 수 있는 공간과 정크공간의 비율은 종에 따라 현저히 다른 듯 하다.

그런데 정크 DNA가 형성되고 그것이 게놈 속에서 유지되어 온 이유는 무엇일까? 이에 대해서는 여러 가설이 있다.

① 정크 DNA 영역은 진화의 과정에서 단편화 되어(조각나서) 파기된 부분이다. 즉, 비활성화된 유전자의 집합이다. 이 가설의 증거로는 바이러스에서 작동하지 않는 DNA가 있다는 것이다.

② 정크 DNA는 유전자의 손상과 해로운 변이에 대한 보호적인 완충 공간으로 작동한다. 실제로 DNA의 대부분이 대사와 성장과 같은 생명체 유지에 필수적인 과정에 무관한 부분이라서 염기 배열의 한 곳의 손상 또는 무작위적인 손상으로 생명체가 영향

을 거의 받지 않는다.

③ 정크 DNA는 잠재적으로 유리한 새로운 유전자로 발현할 수 있는 배열의 저장고로 이용될 수 있다.

④ 생물의 태아에서 성체까지의 성장에 따라 정크 DNA는 메타 DNA(meta-DNA, 기초적 DNA)의 역할을 한다. 정크 DNA의 고도로 보존된 영역이 모든 척추동물에 공통적으로 발견되어 이 영역이 생존을 위해 필수적인 부분일 것이다.

⑤ 정크 DNA는 여러 아직 인식되지 않은 기능을 할지도 모른다. 예를 들어, 일부 단백질을 코드 하지 않는 RNA(non-coding RNA; ncRNA)가 정크 영역에서 전사되는 것으로 밝혀지고 있다.

⑥ 정크 DNA는 정말 아무것도 기능이 없는지도 모른다. 예를 들면, 게놈의 1%에 해당하는 정크 DNA 영역(위의 논코딩 RNA 유전자 등 진화적으로도 잘 보존된 지역을 포함)이 제거된 마우스가 죽지 않고 생존 가능했기 때문에, 정크 DNA는 적어도 개체 발생과 생명 유지에 중요하지 않을 것이다.

⑦ 정크 DNA의 단일염기치환이 분자영양학적인 개체 차이를 유발시킨다. 지용성 비타민은 10배, 수용성 비타민과 미네랄은 100배의 개체 소요량 차이를 보인다.

실제로 정크 DNA의 많은 부분은 유전자 조절에 중요한 기능을 가지고 있는데, 예를 들면 사람의 경우 전사된 DNA의 불과 2%만이 단백질로 번역된다. 게놈의 염기 서열은 번역을 받지 않는 이른바 비단백질 코드 영역이 다수 존재하는 것으로 알려져 있으며 이중 일부는 매우 중요한 기능을 하는 것이 알려져 있다(표 1).

따라서 게놈 수준의 유전자의 기능에 대한, 잘못된 인식을 주는 '정크 DNA'라는 용어는 사용하지 않는 것이 좋겠다. '비단백질 코드 DNA'(noncoding DNA)와 같은 용어를 사용하는 것이 더욱 정확하다고 할 수 있다. 새로운 개념의 '정크 DNA'란, 변이가 무작위로 발생하고 그 발생 수가 비교적 많을 것으로 예상되는 영역을 정의하는 것이 바람직하며 이 영역을 종간 비교에 사용할 수 있을 것이다.

표 1 Noncoding DNA의 역할

유전자 스위치	유전자의 스위치 온 · 오프 담당
유전자 표현 조절	단백질의 생성량 조절
전사인자 유전자	전사조절인자를 생성하여 DNA→ mRNA의 정보전달 조절
Operator	RNA 중합 효소의 결합 부위
Enhancer	전사인자의 결합 부위
Promoter	전사 촉진 부위
Insulator	유전자 발현의 조절
Centromere	세포분열 조절, 염색체 구조 유지
Telomere	염색체의 복제 조절
Protection function	돌연변이로부터의 유전자의 frame shift 변이 방지

2012년 사이언즈지 보고에 따르면 유전자의 발현을 촉발하거나 정지시키는 약 4

백만 개의 전사인자 이른바 '스위치 유전자'가 정크 DNA에 얼마나 있는지를 규명했다. 특히 염증성 장질환인 크론병과 17가지 암 그리고 6개 손가락 돌연변이 등은 정크 DNA에 있는 '스위치'의 작동과 직접적인 연관성이 있음을 밝혔다. 이러한 비단백질 코딩 DNA의 역할을 세밀하게 밝히면 인간 게놈의 기능별 세밀 지도를 만들 수 있고 결국 맞춤 의학의 시대를 기대할 수 있다.

DNA의 복제

DNA의 複製, DNA Replication

Chapter 36

유전정보는 DNA의 형태로 자손에 전달된다(예외로 바이러스에서 RNA가 유전정보를 담당하는 것이 있다). 세포는 유전정보를 두 개의 딸세포에 전달하기 때문에 세포주기의 적당한 시기에 게놈 DNA를 정확하게 두 배로 만든다. 이 과정을 DNA 복제라고 한다. DNA 복제는 세포분열 전에 반드시 일어나는 작용이고, 복제의 원칙은 C는 반드시 G와, A는 반드시 T와 결합함으로써, 즉 상보 사슬의 염기에 의해 규정된 대로 새로운 DNA 사슬이 copy되는 것이다.

Key words

반보존적 복제(半保存的 複製, semi-conservative replication), 복제 기점(複製起點, replication origin), 레프리좀(replisome), DNA 폴리머레이스 Ⅲ(DNA polymerase Ⅲ), 교정 기능(校正機能, proof-reading), 불연속복제(不連續複製, discontinuous replication)

DNA의 이중 사슬구조를 발견한 J.D. Watson과 F.H.C. Crick은 DNA 복제는 반보존적이라는 가설을 세웠다. 그 가설은 우선 어버이의 이중 사슬 DNA가 단일 사슬 DNA로 분리되고, 각각의 단일 사슬 DNA를 기본모형(주형, 鑄型, template)으로 하여 상보적인 사슬이 합성되는 양식으로 진행하여, 결과적으로 어버이 DNA 분자에서 온 한 사슬을 포함하는 딸 DNA가 2분자 생성된다는 것이다. 1958년, M. Meselson과 F. Stahl에 의해 이 가설을 검증하는 실험이 수행되었다(그림 1). 먼저, 질소원으로 $^{15}NH_4Cl$만 함유하고 있는 배지 중에서 대장균을 배양해서 어버이 DNA를 ^{15}N로 표식하면 보통의 DNA보다 비중이 커지게 된다. 수 세대 배양한 후 $^{14}NH_4Cl$ 배지에 옮겨서 배양 시간 별로 DNA를 추출하여, ^{14}N, ^{15}N의 상대적 함량을 밀도구배 평형 침강법(density gradient equilibrium sedimentation ultracentrifugation)으로 측정하였다. 그 결과 1세대 후에서는 DNA의 밴드는 정확히 ^{14}N-DNA와 ^{15}N-DNA의 중간에 하나의 밴드로 존재하였다. 2세

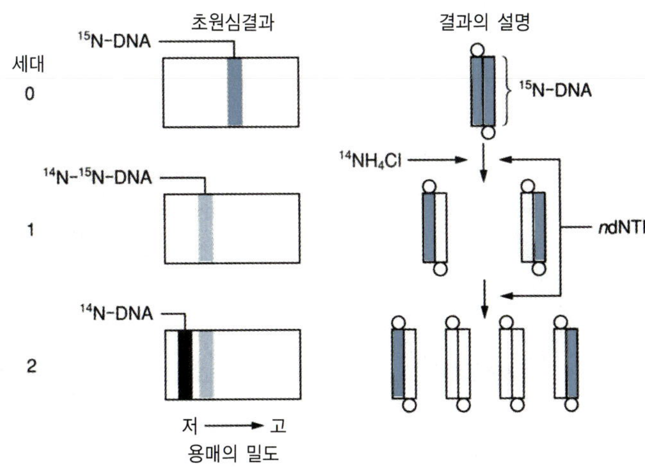

| 그림 1 | DNA의 복제가 반보존적임을 입증한 Meselson과 Stahl의 실험

대 후에서는 중간과 ^{14}N-DNA의 두 개의 밴드가 같은 양으로 검출되었다. 이 결과로부터 DNA는 반보존적으로 복제됨이 입증되었다.

DNA 복제에는 개시, 신장, 종결의 명확한 세 단계가 있다. 우선 복제 단백질이 복제 기점을 인식하여 복제가 시작된다. 신장단계에서는 복제 포크(replication fork)• 의 위치에서 복제 단백질에 의한 상보 사슬의 정보에 따라 딸 DNA 사슬이 합성된다. 마지막 단계는 종결로, 복제 단백질과 합성된 딸 DNA 사슬이 분리된다.

•복제 포크

DNA 이중 사슬이 단일 사슬로 분리되어 반보존적 복제가 진행되는 부분을 나타낸다. 그림 2와 같이 환상 이중 사슬 DNA가 복제되는 경우, 복제 포크는 2개 존재하게 되고, 복제 포크 한 개당 수천 kb의 DNA가 복제된다는 계산이 나온다.

DNA 복제 메커니즘은 생물종에 따라서 일부의 효소가 다르지만, 원핵생물, 진핵생물(15항 참조) 모두 같다. 여기서는 많은 연구가 되어 있는 대장균에 관하여 복제의 생화학적 메커니즘을 알아본다.

대장균 게놈은 4.6×10^6 염기대의 큰 환상 이중 사슬 DNA이다. 이 게놈의 복제를 수행하는 것은 레프리좀이라는 단백질이다. 레프리좀은 복제 기점으로 불리는 DNA 분자상의 특정 영역을 인식하여 양방향으로 복제를 개시한다(그림 2). 그리고 신장 반응이 진행하여, 2개의 복제 복합체가 종결부위에서 만나면 복제가 종결된다. 레프리좀은 2개의 복제 포크의 양방향에 하나씩 존재하고, 개시 신장 반응에 필요한 몇 개의 단백질을 함유한다. 레프리좀에는 반응 개시 시 이중 사슬을 단일 사슬로 해리시키는 helicase, 복제 포크의 전후에서 DNA의 초나선을 완화시키는 gyrase, 단일 사슬로 분리된 DNA 사슬의 재결합을 방지하는 단일 사슬 결합 단백질(single-strand binding protein ; SSB), RNA 프라이머를 합성하는 primase, 신장 반응에 필요한 DNA polymerase III 등이 존재한다.

복제 기점에서 RNA primase의 작용에 의해서 프라이머가 만들어지면, DNA polymerase III에 의해서 DNA의 신장 반응이 시작된다. DNA polymerase III은 DNA 사슬을 5′→3′ 방향으로 신장하는 것이 가능하지만, 3′→5′ 방향으로 신장하는 것은 불가능하다. 따라서 DNA 합성 시 3′→5′ 어버이 DNA 사슬의 복제는 어버이 DNA의 뉴클레오타이드 사슬을 연장하는 사슬(leading strand)에서는 복제 기점에서 하나의 프라이머를 만들면 연속적으로 합성이 진행되지만, 그 반대 방향의 사슬(lagging strand)에서는 불연속 합성이라는 방법을 사용하게 된다(그림 3). 즉, lagging strand에서는 신장 반응이 복제 포크의 진행과는 역방향으로 진행하지 않으면 안 되므로, 복제 포크가 약 1,000 염

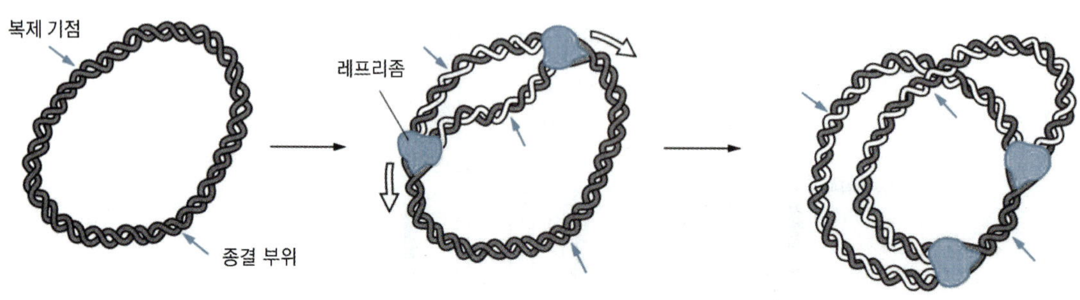

| 그림 2 | 대장균 염색체 DNA의 복제

기 진행하면 RNA 프라이머를 합성하고, 그 프라이머를 주형으로 DNA의 합성이 일어난다. 이 RNA 프라이머에 결합한 짧은 DNA 사슬(원핵생물에서는 약 1,000 뉴클레오타이드)를 발견자인 오카자키 레이지(岡崎令治, Okazaki Reiji)•의 이름을 따서 오카자키 단편(Okazaki fragment)이라고 부른다. DNA polymerase III은 바로 앞에서 합성된 Okazaki fragment에 도착하면, DNA에서 떨어져서 DNA-RNA의 결합 부위에 틈(nick)을 남긴다. 그 후에 DNA polymerase I이 5′→3′ exonuclease 활성에 의해서 RNA 부분을 제거하고, DNA polymerase I의 다른 활성인 polymerase 활성에 의해 DNA 사슬로 바꾸어 놓는다. 마지막에 DNA ligase의 작용에 의해서 틈(nick)이 결합된다.

•오카자키 레이지

1930년 히로시마시 출생. 1966년 나고야대학교 이학부 조교수 재임 중 복제 시의 DNA 합성 전구체인 짧은 사슬 DNA(Okazaki fragment)를 발견하였다. 그리고 이 DNA 사슬의 생성, 신장, 결합 반응을 밝혀, DNA의 불연속적 복제기구 해명에 큰 기여를 하였다. 1975년, 만성골수성 백혈병으로 44세의 젊은 나이로 사망하였다.

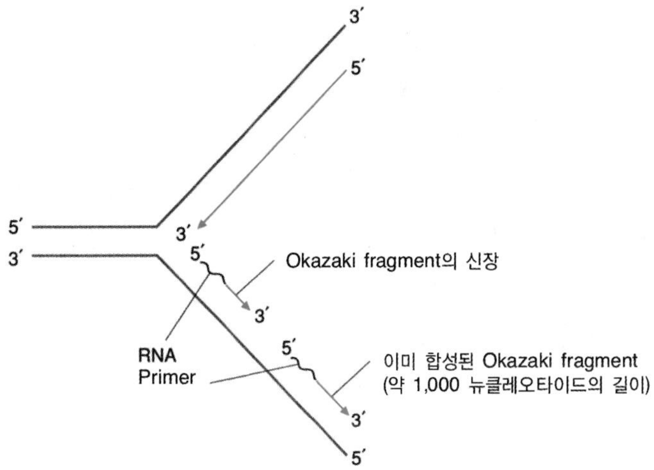

| 그림 3 | 복제 포크에서 연속합성과 불연속합성

DNA polymerase I과 III은 3′→5′ exonuclease 활성(exo는 밖이라는 의미, nuclease는 핵산의 결합을 가수분해 하는 효소)를 가지고 있고, DNA 합성 시 잘못 결합한 염기쌍을 형성한 경우, 바로 그 염기쌍을 제거하는 교정 기능을 가지고 있다.

Chapter 37

DNA의 전사

DNA의 轉寫, DNA Transcription

Key words

메신저 RNA(messenger RNA : mRNA), RNA 폴리머레이스(RNA polymerase), 프로모터(promoter), 공통 배열(共通配列, consensus sequence), σ 인자(sigma factor), 터미네이터 부위(terminator region), ρ 인자(rho factor)

유전자 발현에 있어서 정보의 흐름은 다음과 같이 나타낼 수 있다.

$$\text{DNA} \xrightarrow{\text{전사}} \text{mRNA} \xrightarrow{\text{번역}} \text{단백질}$$

DNA로부터 RNA로의 정보의 이동은 RNA 폴리머레이스에 의하여 행하여 지고, 이 과정은 전사로 불린다. 즉, 전사는 DNA 주형 사슬로부터 mRNA를 합성하는 것이다. mRNA로부터 단백질로의 정보이동은 리보좀을 매개로 일어나고, 단백질의 합성(41항 참조)은 번역이라고 불린다. DNA 중에서 RNA로의 전사에 관여하는 부분을 유전자라 하고, 유전자는 단백질로 번역되는 부분과 그 과정을 조절하는 부분으로 나눌 수 있다(그림 1). 조절유전자로서는 유전자의 5′ 말단에 접근하고 있는 프로모터와, 3′ 말단에 존재하는 전사의 종결에 필요한 터미네이터 부위 등이 존재한다.

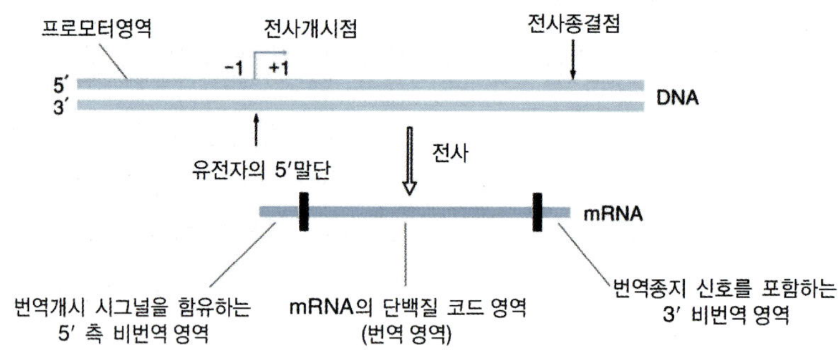

| 그림 1 | 원핵생물의 유전자와 mRNA

전사에는 개시, 신장, 종결의 세 단계가 있고, 여기서는 원핵 세포의 전사메커니즘에 대하여 소개한다.

(1) 대장균의 전사개시

프로모터라고 하는 것은 간단하게 말하면, RNA 폴리머레이스가 결합하여 전사를 개시하는 부위이다. 프로모터에는 박스(box)라고 불리는 짧은 염기 배열이 있고, RNA 폴리머레이스 holo 효소(subunit 5개, $\alpha_2\beta\beta'\sigma$)가 이 염기 배열을 인식하여, 프로모터와 결합을 한다. 대장균에서 박스는 두 종류가 있는데 하나는 -10 박스이고(Pribnow box)•

•**Pribnow box**

Pribnow 배열이라고도 한다. 원핵 세포 유전자의 전사개시 부위의 약 10염기 상류를 중심으로 해서 존재하는 공통 배열, TATAAT의 염기 배열이 무엇보다 많이 보인다. 이 공통 배열을 발견한 D. Pribnow의 이름을 따서 명명되었다. 또한 진핵 생물에 있어서도 비슷한 공통 배열이 확인되어 있고, 이것을 TATA 박스라 부른다. TATA 박스는 약 -25 위에 존재한다.

또 하나는 -35 박스이다. 이들은 모두 6염기로 구성되어 있다. 여러 가지 유전자를 조사한 결과, 박스의 배열은 다소 다르지만 유사한 배열을 보인다. 그 공통 배열을 그림 2에 나타내고 있다. RNA 폴리머레이스 core 효소(subunit 4개, $\alpha_2\beta\beta'$) 만으로는 프로모터를 인식하지 못하고, 세포질 중의 σ 인자와 결합함으로써, -10 박스와 -35 박스에 강하게 결합하여 RNA 합성을 개시한다. RNA 합성의 개시 후에 σ 인자는 해리하고, RNA 폴리머레이스 core 효소가 RNA 사슬을 연장시킨다.

대장균 RNA 폴리머레이스

Holo-enzyme($\alpha_2\beta\beta'\sigma$)   Core-enzyme($\alpha_2\beta\beta'$) + 시그마 인자(σ)

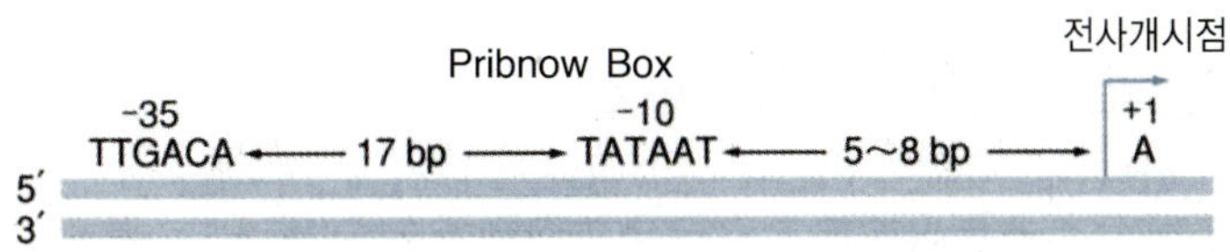

| 그림 2 | 대장균 프로모터의 공통(consensus) 배열

(2) 전사의 종결

전사 단위의 종결 지점에는 로인자(ρ)가 관여하는 터미네이터 부위와 관여하지 않는 터미네이터 부위가 존재한다. ρ 인자는 RNA 폴리머레이스와 mRNA를 주형(鑄型, template)에서 떼어내서 전사를 정확한 위치에서 종결시키는 인자이다. ρ 비의존성 터미네이터 부위에서는 GC가 많은 stem loop 구조에 U 가 이어지는 구조(그림 3)가 존재하고, *in vitro*(시험관내)의 실험에 의해 ρ 인자가 없어도 이 구조의 mRNA에서 전사가 종결됨이 밝혀졌다.

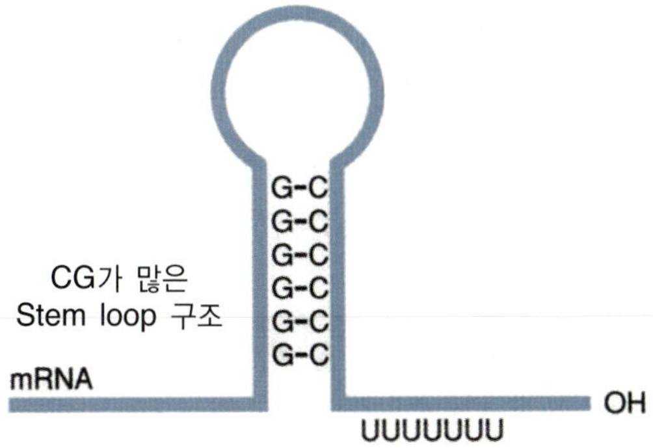

| 그림 3 | ρ 비의존성 전사 종결에 관여하는 RNA 전사물

Chapter 38

전사조절

轉寫調節, Transcriptional Regulation

Key words

프로모터(promoter), 락토스 오페론(lac operon), 오퍼레터(operator), 리프레서(repressor), cAMP 조절 단백질(cAMP regulatory protein ; CRP), 어테뉴에션(전사감쇄, 轉寫減衰, attenuation), 어테뉴에이터(attenuator)

여기서는 주로 원핵 세포에 있어서 전사조절에 대하여 설명하고자 한다. 효소(8항 참조)를 생산하기 위해서는 영양원과 에너지를 소비하게 된다. 생체 내에는 항시적으로 발현하는 효소와 필요가 있을 때만 발현하는 효소가 있다. 전자의 대표적 예는 글루코스 대사(20항 참조)에 관여하는 일련의 효소들이 있고, 이들 효소를 생산하는 데는 외부로부터 특별한 인자가 관여하지 않는다. 왜냐하면, 글루코스 대사는 체내 에너지원, ATP 생산에 무엇보다 중요한 계이며, 다른 당들도 글루코스 대사경로에 들어오기 때문이기도 하다. 이렇게 효소를 제어하는 프로모터는 온·오프의 스위치를 전환하는 역할은 하지 않고, 항상 '온'의 상태에 설정되어 있어, 효소는 항상 생산된다.

후자의 효소 생산은 어떠한가? 예로 대장균의 경우, 주위에 탄소원으로 글루코스(포도당)는 없고, 락토스(유당)만 존재하는 경우, 대장균은 살아남기 위해서 평상 시에는 만들지 않던 락토스 대사 효소를 생산하지 않으면 안 된다. 대장균의 락토스(*lac*) 오페론은 복잡한 프로모터 영역과 락토스 대사에 관여하는 3종류의 구조유전자로 형성되어 있고(그림 1), 락토스만 이용할 수 있는 상황에서 발현한다. 오페론• 은 일반적으로 하나의 프로모터에 의하여 제어되는 유전자군으로 해석되고 있다. *lac* 오페론은 정(+)와 부(−)의 양방향 제어기구에 의해 조절된다.

lac 오페론의 부(−)의 제어에 대해서는 오퍼레터라고 하는 유전자상의 특정 부위에 리프레서가 결합함으로써, 오페론의 전사가 저해된다. 유도물질• 이 존재하지 않는 경

• 오페론

특이적인 리프레서(repressor)와 오퍼레터에 의해서 지배되는 하나로 연결된 유전자군으로, 하나의 전사 단위이다. 일반적으로는 한 종의 프로모터에 연결된 유전자군으로 해석해도 좋다. 곰팡이 이상의 미생물과 고등생물이 되면, 이렇게 하나로 연결된 오페론을 형성하지 않고, 유전자군이 산재해 있는 경우가 많다.

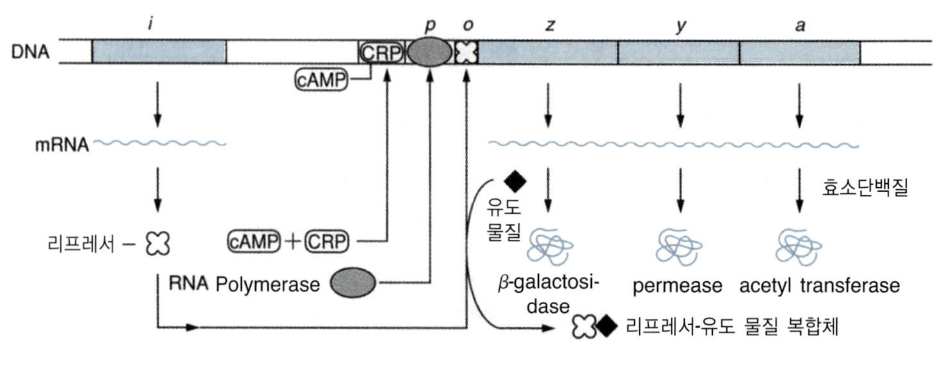

| 그림 1 | 대장균의 락토스 오페론

E. E. Conn, P. K. Bruening, R. H. Doi, "Outlines of Biochemistry, "Fifth Edition, John Wiley & Sons, Inc.(1987), Fig. 21.2을 일부 수정

우에는 리프레서가 오퍼레터에 결합해서 전사를 방해하지만, 락토스 등의 유도물질이 존재하면, 유도물질이 리프레서의 알로스테릭 부위에 결합해서 단백질의 구조 변화를 유발하고, 결과적으로 오퍼레터에 결합할 수 없게 되어 전사가 촉진된다.

정(+)의 제어는 cAMP-CRP 복합체라고 하는 물질이 프로모터의 약간 상류의 CRP 결합 부위에 결합함에 의해 조절된다. 그 결과, RNA 폴리머레이스가 프로모터에 결합하기 쉽게 되어 오페론의 전사가 시작된다. 이와 같이 전사가 개시되기 위해서는 유도물질이 오퍼레터로부터 리프레서를 떼어내는 것과 cAMP-CRP가 CRP 결합 부위에 결합하는 것, 이 두 가지 모두가 필요하다.

또한 다른 제어기구로서, 트립토판(*trp*) 오페론(트립토판● 합성에 관여하는 유전자는 다섯 개 존재한다) 등에서 존재하는 어테뉴에션(attenuation)이라고 하는 전사, 번역 협조제어(協調制御, cooperative regulation)가 있다. *trp* 오페론에는 오퍼레터 부위와 최초의 효소 유전자 사이에, 162개의 뉴클레오타이드의 리더 배열이 존재한다. 이 리더 배열이 결손된 변이체에서는 *trp* mRNA의 합성량이 증가한다. 변이를 갖지 않는 정상체에서도 트립토판의 양이 많을 때는 리더 배열의 최초의 130개에서만 뉴클레오타이드 mRNA가 합성되지만, 트립토판의 양이 적을 경우에는 리더 배열을 포함한 7,000 뉴클레오타이드의 trp mRNA가 합성된다. 이러한 결과로부터 리더 배열 내에 제어를 받는 전사 종결 부위가 존재하며, 이 부분(어테뉴에이터 부위)에 의해서 전사가 조절된다고 생각된다(그림 2).

● 유도물질

인듀서(inducer)라고도 불린다. 어떤 물질을 투여할 때 그 물질의 대사에 관여하는 효소를 다량 생산시키는 물질. 유도물질은 리프레서와 특이적으로 결합하여 구조 변화를 일으키기 때문에 리프레서가 오퍼레터에 결합할 수 없게 되고, 오페론의 전사가 일어난다.

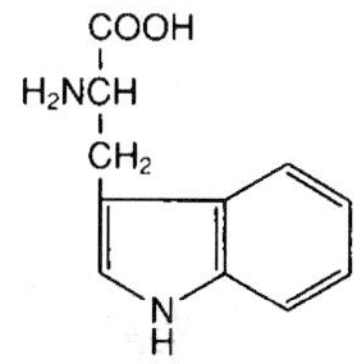

L-Tryptophan 화학구조식

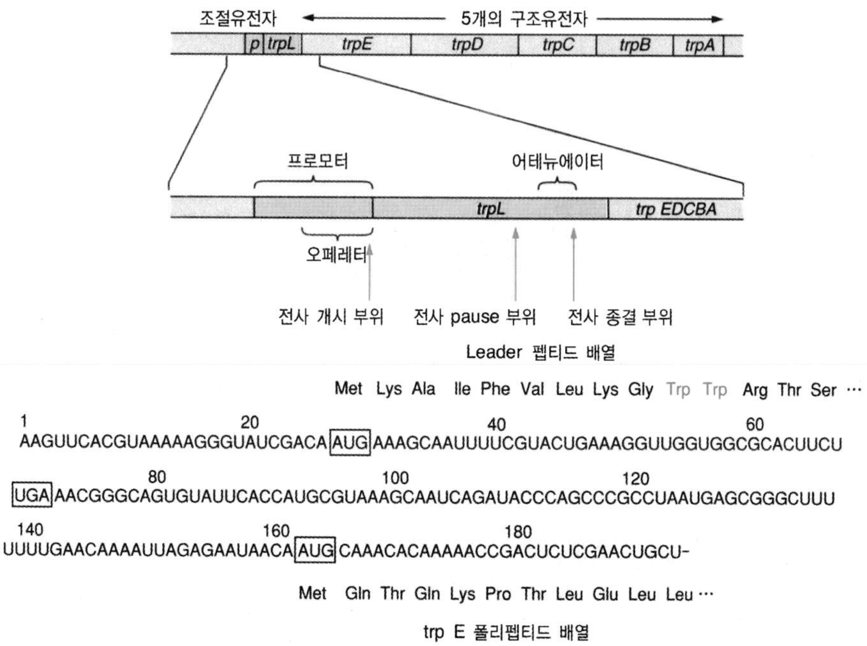

| 그림 2 | 대장균의 트립토판 오페론

트립토판이 풍부한 경우에는 어테뉴에이터 부위에서 전사 종결 신호가 보내져 전사가 종료하고, 트립토판의 합성이 제어되게 된다. 반대로 트립토판이 적은 경우, 전사계속 신호가 보내져 트립토판 합성이 촉진된다.

도대체 어테뉴에이터 부위는 어떻게 해서 세포 내의 트립토판 양을 감지할 수 있을까? 이 질문에 대한 단서는 리더 배열의 mRNA로부터 번역되어 생긴 14잔기의 리더 폴리펩타이드의 10번과 11번의 위치에 트립토판 잔기가 존재함에 있었다(그림 2). 연속하여 두 개의 트립토판 코드를 번역할 수 있는 정도의 Trp-tRNA가 있으면, 리보좀은 완전한 리더 펩타이드를 합성한다. 그러면 리보좀이 제1, 제2 영역을 덮게 되고, 스템 3:4가 형성되어 RNA 폴리머레이스에 전사 종결의 신호를 보내게 된다(그림 3). 세포 내에 Trp-tRNA가 부족하면, 번역 중의 리보좀은 연속하는 트립토판 코드를 왕복하게 되고, 결과 스템 2:3이 형성되고, RNA 폴리머레이스는 전사를 계속한다. 이와 같이, 어테뉴에이터 부위에서 전사 종결여부는 Trp-tRNA의 농도와 리더 RNA의 이차구조에 의해 결정된다.

다음 진핵세포의 전사조절을 알아보면 원핵 세포의 경우와 다르다. 진핵세포에서는 프로모터의 상류에 인핸서(enhancer)라는 특수 배열이 존재한다. 인핸서에는 다양한 전사인자●에 인식되는 부위가 있고, 이 전사인자가 결합함에 의해서 전사가 활성화 된다. 이 인핸서의 특징은 전사개시점에서 수천 염기 떨어져 있거나 염기 배열의 방향이 반대로 되어 있는 경우도 있지만, 그런 경우도 기능을 수행하는 경우가 있다. 멀리 떨어진 부위에 결합한 전사인자는 DNA가 루프를 형성함으로써 먼저 전사개시 복합체에 영향을 미쳐 RNA의 발현량을 증대시킨다.

●전사인자(2006년 노벨상)

전사반응에 있어서 RNA 폴리머레이스 이외에 필요로 하는 단백질성의 인자이고, DNA와 결합하는 부위와 다른 단백질과 결합하는 부위의 두 결합 부위를 가지고 있다. DNA에 결합하는 단백질인 전사인자는 그 구조적인 특징으로부터 몇 가지 그룹으로 분류되어 있다.

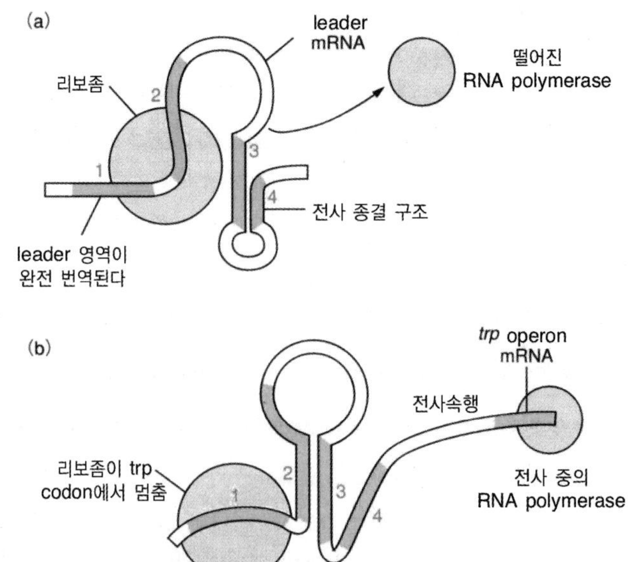

| 그림 3 | 어테뉴에션의 기구

(a) 트립토판의 양이 많은 경우, (b) 적은 경우

RNA 간섭

RNA Interference, RNAi

Chapter 39

RNAi는 RNA interference의 약자로 RNA 간섭이라고 한다. 이는 이중가닥 RNA와 상보적인 염기 배열을 갖는 mRNA가 분해되는 현상이다. 그리고 작게 잘라진 작은 RNA는 다른 RNA에 결합하여 이들의 활성을 증가시키거나 감소시킬 수 있다. mRNA가 단백질의 발현을 억제하는 것이 한 예이다.

통상 유전자의 기능 저해는 염색체 상의 유전자를 파괴함에 의해서 수행될 수 있지만, 그 과정이 매우 복잡하다. 그러나 RNA 간섭은 복잡한 조작을 필요로 하지 않고, 인공적으로 세포 내로 이중 사슬 RNA를 도입함에 의해서 임의의 유전자의 발현을 억제시킬 수 있다. 즉, RNA 간섭으로 특정 유전자 기능을 멈추게 하고 세포 등을 관찰하여 특정 유전자의 기능을 알아볼 수 있다는 것이다.

1998년 Fire 박사는 예쁜꼬마선충(*C. elegans*)을 이용하여 sense 가닥과 antisense 가닥의 혼합 RNA가 각각의 단독 RNA보다 큰 RNA 간섭효과가 있음을 발견하였다. 이 효과는 표적 mRNA와의 몰 비를 생각하면 단순히 antisense 가닥이 mRNA에 1:1로 붙어 저해하는 것이 아니라 다른 추가적 이유가 있든지, 효소적 활성이 있음을 예상하였다. 그 후 RNase Ⅲ의 한 종류인 Dicer라 명명된 효소(그림 1)에 의해서 긴 이중가닥 RNA가 siRNA(small interfering RNA)라 불리는 21-23개의 짧은 nucleotide로 절단되고, siRNA는 몇 개의 단백질로 구성된 RNA-단백질 복합체 RISC(RNA-induced silencing complex)를 형성하게 되고, 표적 mRNA에 상보적인 쌍을 이루어 mRNA의 절단을 유도하여 표적 mRNA가 번역 과정에서 주형으로 기능하는 것을 막는다는 것이 밝혀졌다(그림 2, 3). RISC에 통합된 이후 siRNA는 RNAi는 이와 같이 유전자의 발현에 대해 선택적이면서 강력한 영향력을 행사하기 때문에 특정 dsRNA를 합성하여 원하는 유전자의 억제를 유도할 수 있다는 점에서 실험실에서는 *in vitro*와 *in vivo* 조건 모두에서 활용한다. 각 세포에서 특정 유전자를 큰 규모로 억제하는 방법으로도 활용할 수 있다.

RNAi 기작은 효모에서부터 사람에 이르기까지 많은 생물종에 보존되어 있고, 2001년 포유류의 세포에 siRNA를 도입한 결과 특정 유전자의 발현을 억제함을 확인하였다. 따라서 특정 유전자의 발현으로 야기되는 병의 치료에도 RNA 간섭이 주목을 받게 되었다. RNA 간섭의 생물학적 의의는 바이러스와 전위인자(transposon, 51항 참조)와 같은 외부 유전자로부터 세포를 보호하는 기능과 일반적인 유전자의 발현을 조절하는 기능을 하도록 진화되어 왔다는 점이다. 그리고 stRNA(small temporal RNA) 등의 작용기

Key words

miRNA(microRNA), siRNA(small interfering RNA), 작은 RNA(small RNA), 단일가닥 RNA(ssRNA; single-stranded RNA), 이중가닥 RNA(dsRNA; double-stranded RNA), Dicer 효소, 핵산 내부 가수분해 효소(endonuclease), RISC(RNA-induced silencing complex), stRNA(small temporal RNA), 전사 후 유전자 침묵(PTGS; post-transcriptional gene silencing), 이질염색질(heterochromatin)

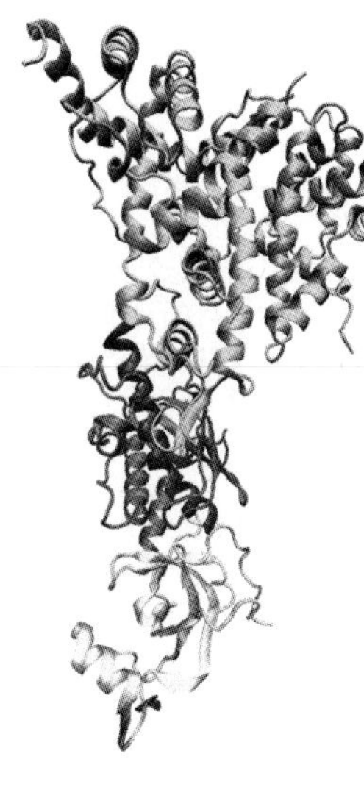

| 그림 1 | Dicer 효소의 3차 구조

dsRNA를 siRNA로 분해하는 효소 단백질

구의 일부를 공유하는 miRNA가 발생 과정에서 유전자 발현을 제어하고 있음이 밝혀졌으며. 효모를 이용한 연구에서는 염색체의 센트로미어(centromere)와 텔로미어(telomere)의 이질염색질(heterochromatin) 형성에 RNAi의 기구가 관여하고 있음이 보고되었다. 즉, 염색체 재구성에도 RNA 간섭이 중요하다. 미국의 Andrew Fire 와 Craig Mello 박사는 'RNAi에 의한 생체조절의 발견'의 공헌으로 2006년 노벨 생리의학상을 수상하였다.

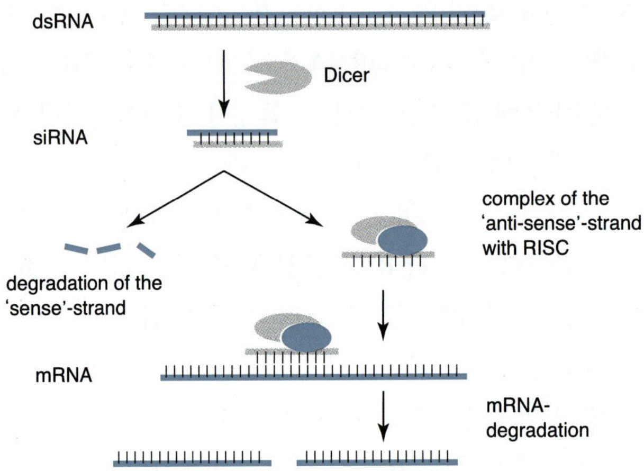

| 그림 2 | dsRNA의 miRNA•로의 분해 과정

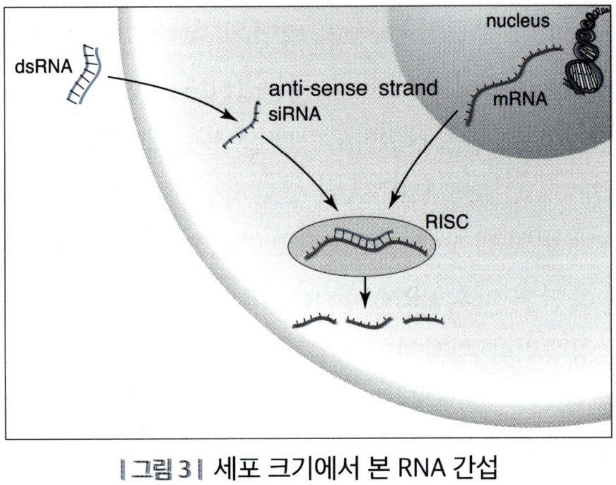

| 그림 3 | 세포 크기에서 본 RNA 간섭

•마이크로 RNA(miRNA)

세포 내에 존재하는 길이 20-25 염기 정도의 단일가닥 RNA를 이른다. 다른 유전자의 발현을 조절하는 기능을 가지고 있다. 즉, 단백질로 번역되지 않는 RNA이다.

•siRNA

길이가 21-23염기쌍인 이중가닥 RNA이다. mRNA의 파괴에 의해 배열특이적으로 유전자 발현을 억제하는 역할을 한다. 선충과 식물에서 전사 후 유전자 침묵에 관여한다. 사람에게서도 RNA 간섭을 일으킨다. siRNA를 이용한 RNA 간섭으로 특정 유전자를 녹다운 시키는 방법은 생물학과 의약학 분야의 기초 연구에 응용되고 있으며 임상에의 응용이 기대되고 있다.

RNA 프로세싱

RNA Processing

Chapter 40

세포에는 성숙 RNA뿐 아니라 그 전구체 RNA도 존재한다. 특히 진핵생물에서는 우선 RNA 전구체가 합성되어 그것이 프로세싱 이라고 하는 가공반응을 받아서 성숙 RNA로 된 후 다양한 기능을 발휘한다. 프로세싱 반응에는 다음과 같은 것들이 있다(그림 1).

Key words

프로세싱(processing), 말단수식(末端修飾, end modification), 캡구조(cap structure), 폴리 A 꼬리(poly A tail), 폴리 A 중합 효소(重合酵素, poly A polymerase), 스프라이싱(splicing), 엑손(exon), 인트론(intron)

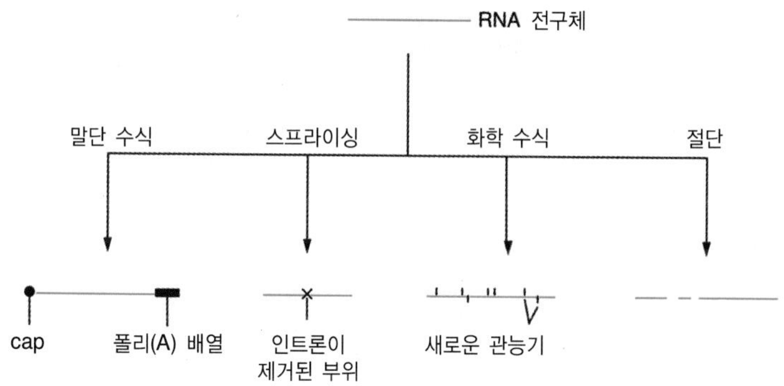

| 그림 1 | 네 종류의 RNA 프로세싱 반응

(1) 말단수식

진핵생물 및 고세균(古細菌)의 mRNA의 합성경로에서 일어나는 반응이다. 합성 직후의 mRNA 전구체의 5′ 말단에 7-메틸 구아닌산이 수식된다. 이 반응에서는 우선 mRNA의 5′ 말단의 삼인산부터 가수분해에 의해 1분자의 인산이 유리하여, 남은 이인산의 5′ 말단에 GTP로부터 구아닌산기가 전이해서 5′-이인산에 결합하여, 최후에 S-아데노실 메티오닌에 의해 구아닌 잔기의 N-7 질소가 메틸화 한다. 이 특징적인 말단구조는 캡 구조로 불린다. 또한 3′ 말단에는 폴리(A) 중합 효소에 의해서 약 250개의 아데닐산 잔기가 부가된다. 이것을 폴리 A 꼬리부분이라고 한다. mRNA의 양쪽 끝의 프로세싱은 세포 내 뉴클레이스에 의한 분해로부터 자신을 지키기 위해 중요한 과정이다.

(2) 스프라이싱

RNA 전구체로부터 인트론을 제거하는 반응이다. 진핵생물의 유전자는 엑손과 인트론*이 섞여 있고, 유전자가 전사될 때는 있는 그대로 copy된다. 인트론의 염기 배열은

GU로 시작하고 AG로 끝나는 것과 분기부위로 불리는 것의 존재가 밝혀져 있다. 인트론은 분기부위의 아데닐 잔기의 2′-OH가 인트론의 5′ 말단의 인산을 구핵공격하여 생긴 상류 엑손의 3′-OH가 3′ 스프라이싱 부위와 결합함에 의해서 제거된다(그림 2). 인트론이 떨어져 나가면서 올가미고리 구조•를 형성한다. 스프라이싱 되지 않은 mRNA 전구체는 헤테로 핵 RNA(heterogeneous nuclear RNA ; hnRNA)라 불린다.

•엑손과 인트론

진핵생물에서 단백질의 정보에 상당하는 부분이 유전자 DNA 중간 중간에 분단된 경우가 대부분이다. 유전정보가 코드 되어 있는 부분을 엑손(번역 배열) 이라고 하고, 유전정보가 코드 되어 있지 않는 부분을 인트론[비번역, 개재배열(介在配列)] 이라고 한다.

•올가미고리 구조 (lariat structure)

라리아트 구조라고도 부른다. 스프라이싱 반응의 생성물로서 인트론이 형성하는 환상분열구 및 그 구조를 갖는 RNA를 이른다. 올가미 고리, 즉 lariat와 같은 구조를 하고 있어 이름 붙여졌다.

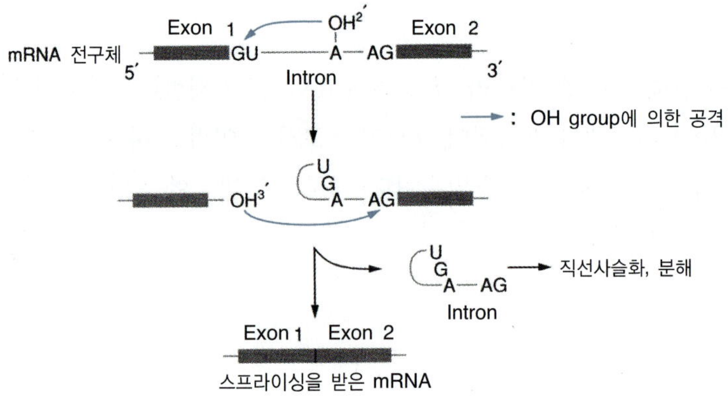

| 그림 2 | 진핵생물 mRNA 전구체의 스프라이싱 기구

(3) 화학변형

mRNA, rRNA, tRNA에서 일어나는 반응이다. 특히 mRNA의 화학변형은 RNA의 편집(RNA editing)이라고 불리고, 전사 산물의 코드 특성(coding property)•을 바꾸는 경우도 있다. rRNA와 tRNA는 새로운 작용기가 각각의 RNA의 리보스와 염기에 부가됨에 의해서 기능을 획득한다.

•코드 특성

아미노산 배열을 결정하는 유전자 코드는 예외 없이 원핵, 진핵 모두의 생물에서 같고, 3개의 뉴클레오타이드의 배열 방법이 아미노산을 결정한다(41항 참조). RNA의 편집에 의해서 mRNA의 배열이 변화하면, 다른 단백질을 만드는 경우가 있다.

(4) 절단

rRNA와 tRNA의 프로세싱 반응이다. 원핵생물의 rRNA 전구체는 약 30 S의 크기로, 3종류(5S rRNA, 16S rRNA, 23S rRNA)의 rRNA를 모두 함유하고 있다. 성숙 rRNA를 생산하기 위해서는 리보뉴클레이스에 의한 절단반응이 일어나야 한다. 즉, rRNA 전구체와 tRNA 전구체는 합성 후에 작게 절단되어 성숙 RNA가 된다. 이러한 프로세싱 반응은 원핵생물과 진핵생물(15항 참조)의 양쪽 모두에서 일어난다.

단백질의 생합성

蛋白質의 生合成, Protein Biosynthesis

41 Chapter

단백질은 20종류의 L-α-아미노산이 펩타이드 결합을 통하여 중합한 것으로, 생체 내에 있어서의 합성은 전사와 번역이라고 하는 두 과정을 거쳐 일어난다. 이것을 공장에서의 제조 과정으로 비유하면 '전사'는 제품의 설계도의 작성에 해당하며, '번역'은 실제 조립에 해당한다. 또한 단백질에 따라서는 합성된 후에 공유결합적 수식을 받는 것도 있다. 이를 번역 후 변형이라고 한다.

Key words

전사(轉寫, transcription), 번역(飜譯, translation), 아미노산의 활성화(activation of amino acid), 개시 복합체(開始複合體, initiation complex), 연장(延長, elongation), 펩타이드 전이반응(轉移反應, transpeptidation), 트랜스로케이션(translocation), 번역 후 변형(post-translational modification), 코돈(codon)

전사(轉寫, transcription)

단백질의 1차 구조(아미노산 배열, 5항 참조)는 DNA에 지정되어 있다. 전사라 함은 단백질 합성 시 그 단백질을 지정하는 DNA의 복사물인 mRNA가 RNA 폴리머레이스(polymerase)• 의 활성에 의해 합성되는 과정이다(37항 참조). 진핵생물의 경우, 전사는 핵 내에서 일어나고, 생성된 RNA는 몇 가지 수식을 받은 후, 사이토졸(cytosol)에서 번역에 사용되게 된다.

번역(飜譯, translation)

mRNA의 뉴클레오타이드를 아미노산의 배열로 '번역'하는 과정이다. mRNA상의 세 개의 뉴클레오타이드의 순서가 하나의 아미노산 잔기를 지정한다. 이 세 개의 뉴클레오타이드로 형성된 배열을 '코돈(codon)' 또는 유전암호라고 부르고, 전 아미노산에 대한 유전암호가 밝혀져 있다(표 1). 이 유전암호를 해독하여, 핵산의 배열을 아미노산의 배열로 바꾸어 놓는 역할을 하는 것이 tRNA이다.

번역은 구체적으로는 (1) 아미노산의 활성화, (2) 펩타이드 결합 생성반응의 장소(개시 복합체)의 형성, (3) 펩타이드 사슬의 연장, (4) 종결이라는 4개의 스텝을 경유하여 일어난다. 개시 복합체의 형성으로부터 종결까지 리보좀(사이토졸과 소포체막에 존재)에서 일어난다.

(1) 아미노산의 활성화

아미노산의 활성화는 아미노아실 tRNA synthetase에 의해 촉매된다. 아미노산은 ATP와 반응하여 아미노아실 아데닐산이라고 하는 '고에너지 중간체'를 생성하고, 순차적으로 이 중간체의 아데닐기가 각 아미노산에 특이적인 tRNA로 변환되어 완성형(아

•RNA 폴리머레이스 (RNA 중합 효소, RNA polymerase)

RNA를 합성하는 효소의 총칭. 일반적으로는 전사에 이용되는 효소와 같이 DNA를 주형(template)으로 RNA를 합성하는 효소를 나타낸다. 원핵 세포에 존재하는 효소는 한 종류뿐이고, $\alpha_2\beta\beta'\sigma$의 4종류의 5개의 서브유니트로 되어 있다. σ(시그마) 인자는 DNA상에 있는 RNA 폴리머레이스 결합 부위(프로모터, promoter)를 식별하는 단백질로서 프로모터의 종류에 의해 사용이 나뉘어져 있다. 진핵세포에는 모두 약 10종류의 서브유니트로 이루어진 3종의 RNA 폴리머레이스가 존재한다. RNA 폴리머레이스 Ⅰ은 rRNA, Ⅱ는 mRNA, Ⅲ은 tRNA의 합성에 관여한다. 2006년 R. D. Kornberg는 진핵생물에서 일어나는 전사, 즉 효모의 RNA 폴리머레이스의 결정구조를 해석하여 전사의 메커니즘을 밝힌 공로로 노벨 화학상을 수상하였다.

미노아실 tRNA)이 되어 펩타이드 사슬 형성의 직접적인 전구체가 된다.

표 1 표준 유전암호

최초의 위치 (5′ 말단)	2번째 위치 U	C	A	G	3번째 위치 (3′ 말단)
U	Phe	Ser	Tyr	Cys	U
	Phe	Ser	Tyr	Cys	C
	Leu	Ser	종결	종결	A
	Leu	Ser	종결	Trp	G
C	Leu	Pro	His	Arg	U
	Leu	Pro	His	Arg	C
	Leu	Pro	Gln	Arg	A
	Leu	Pro	Gln	Arg	G
A	Ile	Thr	Asn	Ser	U
	Ile	Thr	Asn	Ser	C
	Ile	Thr	Lys	Arg	A
	Met	Thr	Lys	Arg	G
G	Val	Ala	Asp	Gly	U
	Val	Ala	Asp	Gly	C
	Val	Ala	Gln	Gly	A
	Val	Ala	Glu	Gly	G

표준 유전암호는 64개의 triplet codon으로 되어 있다. 그 mRNA 배열이 표에 나타내어 있다. 왼쪽은 코돈의 최초(5′위)의 뉴클레오타이드, 위열은 코돈의 2번째(중앙)의 뉴클레오타이드, 오른쪽 난은 코돈의 3번째(3′위)의 뉴클레오타이드를 나타낸다. 코돈 AUG는 메티오닌(Met)를 지정하고 또한 단백질 합성의 개시의 신호로 이용된다. 이 표를 완성한 미국 국립보건원(NIH)의 뉴런버그 박사는 1968년에 노벨상을 수상했다.

(2) 개시 복합체의 형성

mRNA는 단백질의 합성 공장인 리보좀과 결합하여, 거기에 개시 tRNA가 배치되어 단백질 합성의 개시 복합체를 형성한다(그림 1a). 이 복합체의 형성에는 복수의 단백질성의 개시인자와 에너지를 필요로 한다. 개시 tRNA의 종류, 리보좀의 종류, 개시인자의 숫자, 개시 복합체 형성의 시그널 배열 등은 원핵생물과 진핵생물(15항 참조)의 사이에 차이점이 있다(표 2).

(3) 펩타이드 사슬의 연장

펩타이드 사슬은 펩타이드 전이반응과 트랜스로케이션(translocation)을 반복함에 의해 길어진다. 개시 복합체 중의 리보좀에는 triplet codon에 기초하여 아미노아실 tRNA가 결합할 수 있는 부위가 2개(P 사이트와 A 사이트) 있고, P사이트(개시코돈 AUG)에

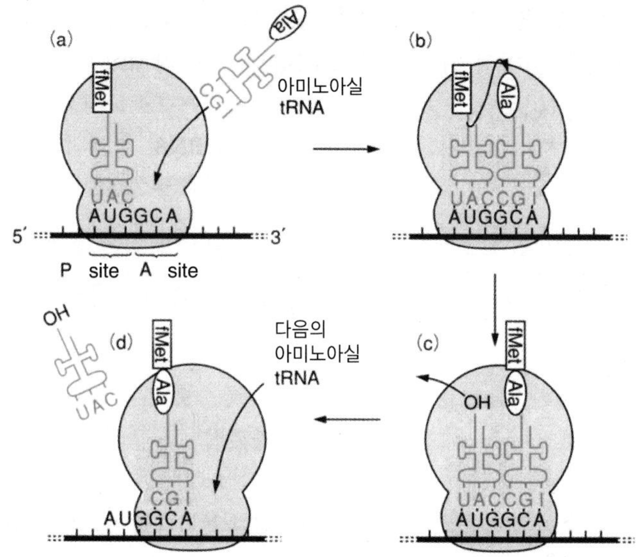

| 그림 1 | 개시 복합체의 형성(a)과 펩타이드 사슬의 연장(b→d)

눈사람을 거꾸로 해 놓은 듯한 구조가 리보좀을 나타내고, 위 아래의 원형이 각각 대, 소의 서브유니트를 나타낸다. 또한 소 서브유니트상에 걸쳐 있는 굵은 선은 mRNA이다. 간단히 표시하기 위해, 개시인자와 연장인자의 관여는 표시하지 않았다. (a) P사이트에 개시 tRNA가 위치하고, A 사이트는 비어 있는 상태. (b) Ala-tRNA가 A 사이트에 위치하고 펩타이드 전이가 일어난다. (c),(d) 트랜스로케이션(translocation), 또한 Ala-tRNA의 안티코돈(anti-codon)의 최초의 염기(I)는 이노신(inosine)이다.

표 2 개시 복합체 형성에 있어서 차이점

차이점	원핵생물	진핵생물
리보좀 대(大) 서브유니트	50S	60S
리보좀 소(小) 서브유니트	30S	40S
리보좀 전체 크기	70S	80S
개시 tRNA	fMet-tRNA	Met-tRNA
개시인자의 수	3종류	적어도 9종류
mRNA상의 리보좀 결합 부위	SD 배열 있음	SD 배열 없음

는 개시 tRNA가 배치되어 있다(그림 1a). 2번째의 코돈에 대응하는 아미노아실 tRNA가 A 사이트에 배치하게 되는데 이 경우에는 2 종류의 단백질성의 연장인자와 에너지(GTP의 가수분해)가 필요하다. 계속해서 P 사이트의 개시 tRNA의 아실기 부분이 A 사이트에 결합하고 있는 아미노아실 tRNA의 아미노산의 아미노기에 전이함에 의해서 펩타이드 결합의 생성이 일어난다(펩타이드 전이반응, 그림 1b). 이 펩타이드 전이는 리보좀의 큰 서브유니트상의 peptidyltransferase의 활성에 의해 촉매된다. 다음으로 P사이트의 tRNA가 방출되고, A사이트에 있는 peptidyl tRNA가 P 사이트로 이동한다(translocation, 그림 1c, d). Translocation에는 제3의 연장인자와 에너지(GTP의 가수분해)가 필요하다. 빈 A 사이트에는 3번째 코돈에 대응하는 아미노아실 tRNA가 배치한다. 이렇게 하여 리보좀은 translocation 할 때 마다 mRNA상의 1코돈만큼 3′ 방향으로 이동하여, 단

백질은 N말단에서 C 말단의 방향으로 정확하게 합성되어 간다. 또한 원핵생물과 진핵생물 모두에서 연장은 설명한 바와 같이 일어나지만, 연장인자의 종류는 양자의 사이에 차이가 있음이 밝혀졌다.

(4) 종결

리보좀이 mRNA상의 종결코돈에 도달하면, 합성된 단백질은 종결인자로 불리는 단백질 분자의 활동으로 tRNA로부터 떨어져 나가서 리보좀에서 유리된다.

번역 후 변형

합성된 폴리펩타이드 사슬은 그 후 기능발현을 위하여 다양한 변형을 받는 경우가 많다(42항 참조). 이것을 번역 후 변형이라고 부른다. 아미노산 곁사슬에서 일어나는 번역 후 변형에는 S-S결합의 형성, 아세틸화(acetylation), 미리즈틸화(myristoylation), 파르네실화(farnesylation), 인산화(phosphorylation), 메틸화(methylation), ADP-리보실화, 당쇄 부가(glycosylation) 등이 있다. 이 외에도 프로테이스에 의한 특이적 분해(한정분해, partial proteolysis), 단백질의 세포 외로의 분비, 특정 세포 내 구획으로의 국재화 등도 불활성 상태인 단백질을 활성화 시키는데 필수적인 번역 후 변형의 방법이다.

단백질의 변형

蛋白質의 變型, Protein Modification

Chapter 42

Key words

번역 후 변형(post-translational modification), 화학변형(化學修飾, chemical modification), 인산화(phosphorylation), 당화반응(糖化反應, glycation)

단백질의 변형에는 생체 내에서 일어나는 번역 후 변형과 *in vitro*에서 인위적으로 수행하는 화학변형이 있다. 전자로는 유전자에 프로그램 되어 있는 생체에 불가결한 변형과 병의 원인이 되는 제어되지 않은 변형이 있다.

단백질의 어떤 경우에는 번역 후, 주 사슬이 절단되고 나서야 처음으로 기능을 나타내는 경우가 있다. 예를 들면 인슐린(insulin)은 먼저 86잔기의 전구체로 합성되지만, 췌장 베타 세포의 소포체로부터 골지체로의 전송(46항 참조) 도중에 전구체의 절단이 일어나고, 더욱이 A 사슬(21잔기)과 B 사슬(30잔기)로 절단되어 활성을 갖는 성숙형의 인슐린이 된다(그림 1). 단백질의 분비와 세포 내 전이(46항 참조), 프로테이스의 성숙 등에 있어서도 이러한 주 사슬 펩타이드 절단을 동반하는 번역 후 변형이 많이 보인다.

번역 후 변형에는 단백질 이외의 생체 물질이 공유결합하는 것도 있다. 그 중의 하나가 단백질의 인산화는 단백질의 세린(serine), 트레오닌(threonine), 티로신(tyrosine) 잔기의 하이드록시기 등에 ATP의 γ-인산기가 전이하여, 인산 에스터를 만드는 반응으로 protein kinase(단백질 인산화효소)가 촉매한다. 이 인산화반응은 가역반응이고, 인산화 된 잔기는 phospho-protein phosphatase(인산화 단백질 탈인산화효소)의 활동으로 탈인산화 된다. 단백질은 인산화 되면 입체 구조가 변화하여, 효소인 경우에는 그 활성이 변화한다. 인산화-탈인산화는 효소활성의 온·오프의 스위치로서 기능을 하며, 세포 내 신호전달(signal transduction, 55항 참조)과 세포주기(53항 참조)의 제어 등에 중요한

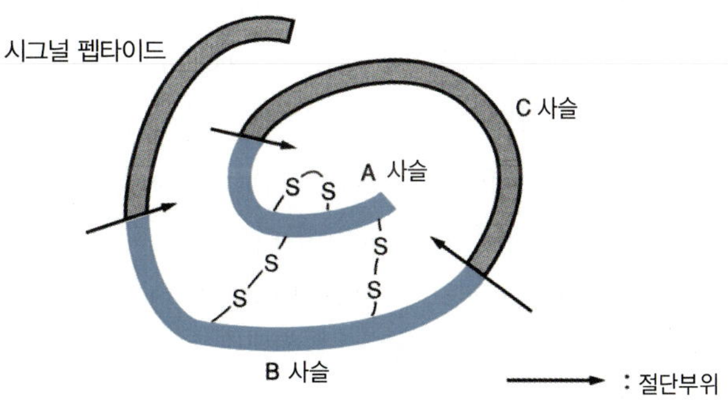

| 그림 1 | 인슐린의 생합성

인슐린에는 당 대사에 있어서 중요한 역할을 담당하는 펩타이드 호르몬이다. Prepro형으로 합성된 후 금방 시그널 펩타이드가 절단되어 proinsulin이 된다. 3개의 disulfide 결합을 갖고 있는 proinsulin은 골지체의 β 과립 내에서 C 사슬이 절단되어 21잔기를 갖는 A 사슬과 30잔기를 갖는 B 사슬의 완성된 형태의 인슐린이 생성된다.

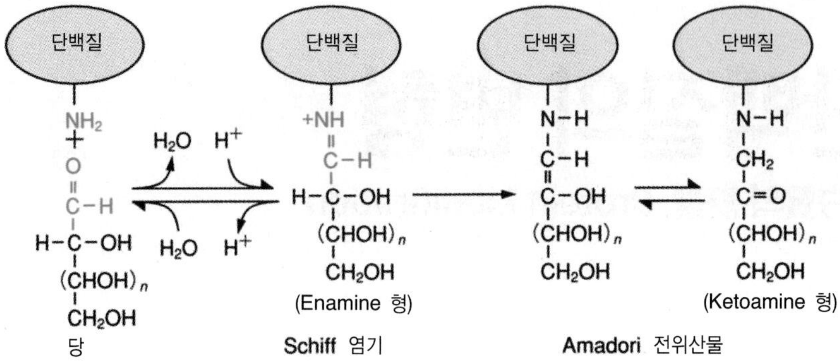

| 그림 2 | 단백질의 글라이케이션(glycation)

역할을 한다. 한편, 단백질에 당질이 공유결합하여 당 단백질이 생성되는 경우도 많다. 결합하는 당은 단당부터 다당까지 다양하고, 당 단백질 1분자당의 당 사슬의 수도 1부터 수백에 이르기까지 다양하다. 당의 결합은 단백질의 트레오닌(threonine) 또는 세린(serine)의 곁사슬에 O-글리코사이드(glycoside) 결합에 의한 경우와 아스파라긴 곁사슬의 N-글리코사이드 결합에 의한 경우가 있다. 당 사슬 수식은 단백질을 프로테이스에 의한 분해로부터 보호하고, 구조적 안정화를 향상시키면서 혈액형에서 보이는 것과 같은 항원 결정기로서 작용을 하는 경우도 있다. 이외에도 생체 기능의 제어에 관여하는 단백질의 변형으로는 펩타이드 사슬 신장인자(41항 참조)의 ADP 리보실화와 히스톤의 아세틸화 등이 있다.

한편 당에 의한 단백질의 변형에는 비효소적으로 일어나는 glycation(당화반응)이라고 불리는 반응이 있다. 이 반응은 글루코스와 플럭토스 등의 환원당의 카보닐기와 단백질의 N-말단 아미노기와 라이신(lysine)의 ε-아미노기가 반응하여 Schiff염기를 형성함과 동시에 Amadori 전위산물(轉位産物)• 등을 생성하는 반응이다(그림 2). 이들 반응은 당뇨병의 합병증의 요인이 되는 동시에 반응의 결과 생긴 수식 단백질의 축적이 세포의 노화와 관련이 있다고 추측된다.

• Amadori 전위산물

당과 단백질간의 결합이 Schiff 염기(Enamine형)로부터 케토아민형이 되어 생성된 유도체는 반응성이 좋아, 여러 가지 생체 성분과 가교구조를 형성하게 되어 형광성의 물질(AGE, advanced glycation end-product)이 된다.

마지막으로 *in vitro*에서 단백질의 화학변형에 대하여 살펴보면, 현재 단백질의 특정의 아미노산 잔기의 역할을 연구하기 위해서 유전자공학적으로 아미노산 잔기를 다른 잔기로 바꾸는 부위특이적 변이(site directed mutagenesis) 방법이 이용된다. 이 방법이 확립되기 전에는 아미노산 곁사슬의 화학변형은 단백질 연구의 중요한 수법이었다. 예를 들면 아르기닌 잔기를 특이적으로 변형하는 페닐글리옥살(Phenylglyoxal, 그림 3)과 같이 아미노산 곁사슬의 선택적인 변형을 위한 다양한 시약이 개발되었다. 단백질의 화학변형은 단백질의 불용성 수지로의 고정화와 단백질-단백질 상호 작용의 연구 등에 이용되고 현재도 많이 사용되는 중요한 기술이다.

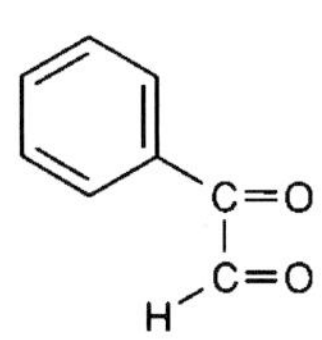

| 그림 3 | Phenylglyoxal의 구조식

단백질의 분해

蛋白質의 分解, Protein Degradation

Chapter 43

Key words

프로테이스(protease), 라이소좀(lysosome), 카테프신(cathepsin), 칼파인(calpain), N 말단 법칙(N-end rule), 유비퀴틴(ubiquitin), 프로테아좀(proteasome)

단백질의 분해라 하는 것은 펩타이드 결합이 가수분해 되어 단백질이 작은 펩타이드들과 아미노산으로 분해되는 것을 이른다. 생체 내에서 일어나는 단백질의 분해는 세포 외에서 일어나는 것과 세포 내에서 일어나는 것으로 나눌 수 있다. 세포 외에서 일어나는 단백질의 분해의 예로서는 펩신(pepsin) 등의 프로테이스(단백질 가수분해 효소, 표 1)에 의해 촉매되는 위와 장의 소화 작용을 예로 들 수 있다.

표 1 소화에 관여하는 프로테이스의 종류

명칭	작용부위	기질특이성
펩신(pepsin)	위	적다
트립신(trypsin)	장	Arg과 Lys의 C 말단 측의 펩타이드 결합
키모트립신(chymotrypsin)	장	Phe, Trp, Tyr 의 C 말단 측의 펩타이드 결합
카복시펩티데이스 A (carboxypeptidase A)	장	C 말단의 펩타이드 결합, 단 C 말단이 Arg, Lys, Pro의 경우는 작용하지 않음

세포 내에서 단백질 분해에 관여하는 프로테이스는 라이소좀 경로에서 활동하는 것과 비라이소좀 경로에서 활동하는 것으로 크게 나뉜다. 라이소좀(효모에서는 액포에 상응한다)은 진핵세포에 많이 존재하는 세포 내 기관으로, 카테프신이라 총칭되는 약 70종류의 산성 프로테이스(최적 pH가 산성 쪽)를 함유하고 있다. 세포 내 단백질의 약 반수는 라이소좀에 가두어져, 카테프신에 의해 분해된다. 비라이소좀 경로의 프로테이스에는 칼파인이라 불리는 칼슘의존성 중성 프로테이스와 뒤에서 설명하는 프로테아좀이 있다. 세포 내에서 일어나는 단백질의 분해는 세포 기능에 직접 관련이 있는 경우가 많고, 세포 내의 단백질은 그 기능에 응답하여 각각 다른 수명을 갖는다. 예를 들면 신호전달(55항 참조)하는데 있어, 단시간에 한정적으로 활동하는 단백질의 대사회전은 빠르고(분해되기 쉽고) 그 분해에는 칼파인이 관여하는 듯하다. 반면 해당계(20항 참조)의 효소와 세포골격(68항 참조)을 형성하는 단백질의 수명은 길다.

이러한 단백질의 수명은 어떻게 결정될까? 수명의 결정인자에 관하여, A. Varshavsky는 대장균의 β-갈락토시데이스의 분해속도가 N 말단 아미노산의 차이에 의해 크게 다르다는 것을 발견하고, 이러한 현상을 N 말단 법칙(N-end rule)이라고 이름 붙였다. 또한 대사회전이 빠른 단백질에는 프롤린-글루탐산-세린-트레오닌 배열(PEST 배열)이 존재하고, 이것을 단수명(短壽命) 단백질 식별의 신호로 생각하고 있다. 그러나 N 말단 법칙과 PEST 배열에 대하여, 이러한 신호를 선택적으로 인식하는 프로테이스가 있을까 하는 점등 아직 상세한 점이 미해결 상태라 가설의 영역에 머물고 있다. 이에 반해 선택적인 단백질 분해의 계로서 유비퀴틴과 프로테아좀이 주목 받고 있다. 유비퀴틴은 진핵세포에 넓게 분포하는 76개의 아미노산으로 형성된 단백질로서 분해 되는 표적 단백질 중 특정의 lysine 잔기와 공유결합 한다. 더욱이 유비퀴틴이 중합한 후, 표적 단백질은 프로테아좀에 의해 분해된다(그림 1). 프로테아좀은 분자량 약 200만의 거대한 프로테이스 복합체로서 그 활성은 ATP에 의존한다. 이러한 단백질 분해의 메커니즘을 발견한 공로로 A. Ciechanover, A. Hershko, I. Rose 3인은 2004년도 노벨 화학상을 수상하였는데, 이는 향후 인간의 면역 및 단백질 사멸 과정에 따른 각종 종양 및 질병의 예방과 밀접한 관련이 있기 때문이다.

생체 내에 있어서 단백질의 분해는 자기분해에 의한 프로테이스의 활성화와 preproinsulin이 인슐린을 생성하는 것과 같이 단백질의 번역 후 변형(42항 참조)에 있어서도 중요하다. 또한 혈액응고반응(67항 참조)에서 보이는 바와 같이 프로테이스 반응의 증폭에 의한 정보전달도 단백질 분해의 역할의 하나이다.

한편 *in vitro*에서 단백질의 가수분해는 단백질의 구조 연구에 있어서 중요하다. 아미노산 조성의 분석을 위한 완전가수분해에서는 단백질에 산 또는 알칼리를 첨가하여, 감압 하에서 24시간 가열한다. 일차구조결정 등을 하기 위하여 단백질을 특정위치에서 분해하는(한정 분해라 이름) 경우에는 CNBr(cyanogen bromide)에 의한 화학적인 방법(메티오닌 잔기의 C 말단 측을 절단)과, 절단 위치의 특이성이 높은 프로테이스를 이용한다.

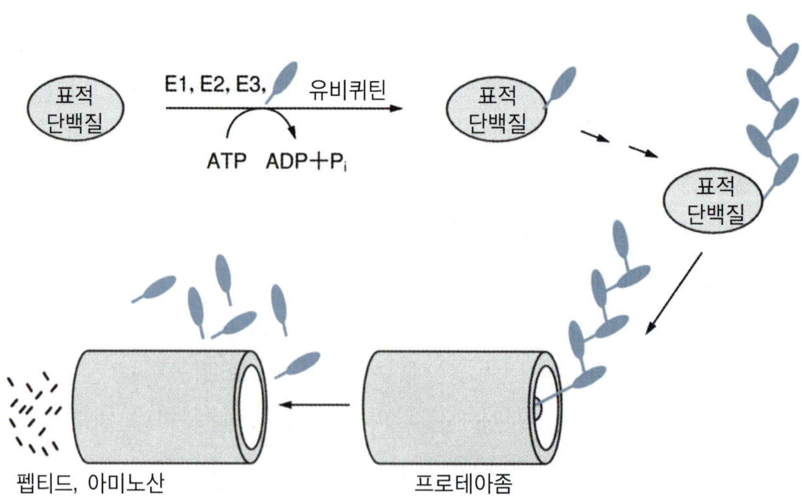

| 그림 1 | **유비퀴틴 프로테아좀 계에 의한 단백질의 분해**

프로테아좀의 표적이 되는 단백질은 유비퀴틴 활성화 효소(E1), 유비퀴틴 축합 효소(E2), 유비퀴틴 리가제(E3)라는 3 종류의 효소에 의해 유비퀴틴화 된다. 단백질에 결합 한 유비퀴틴에 계속하여 유비퀴틴이 결합하여 폴리 유비퀴틴화된 표적 단백질은 원통상의 26S 프로테아좀에 들어가 ATP의존적으로 가수분해 된다.

자가포식

오토파지, 自家捕食, Autophagy

Chapter 44

오토파지 개요

Key words

라이소좀(lysosome), 프로테아좀(proteasome), 효모(*Saccharomyces cerevisiae*), 오토파고좀(Autophagosome), 액포(vacuole)

자가포식(오토파지, Autophagy)은 세포의 세포 내 단백질을 분해하는 방식의 하나이다. 자가분해라고도 불린다. 효모에서 인간에 이르기까지의 진핵생물에서 발견되는 기구이며, 세포 내에서의 비정상적인 단백질의 축적을 방지하고, 단백질을 과잉으로 합성 또는 영양환경이 악화될 때 단백질을 재활용을 하거나 세포질 내에 침입한 병원성 미생물을 제거하여 생체의 항상성 유지에 관여한다. 이 외에도 개체 발생 과정에서 프로그램 세포사멸(아포토시스) 그리고 헌팅턴 병 같은 신경변성 질병의 발생, 세포의 암화의 억제에도 관여한다. 자가포식은 2016년 일본 오스미 박사가 단독으로 노벨 생리의학상을 수상한 분야로, '단백질의 분해' 항목에서 서술하지 못한 최신의 내용에 대하여 알아보고자 한다. 자가포식은 영어로 autophagy라 하는데 auto는 그리스어의 "자신"을 나타내는 접두어이고, phagy는 "먹는다"는 뜻으로 1963년 크리스티앙 드 뷔브 박사가 처음 사용하였다.

라이소좀과 유비퀴틴-프로테아좀의 발견

1953년부터 1955년까지 드 뷔브 박사는 다양한 가수분해 효소를 가지고 있는 세포 소기관인 라이소좀을 발견하였다. 드 뷔브 박사는 1963년 세포가 자신의 단백질을 소포의 형태로 라이소좀과 융합시켜 분해시키는 현상을 발견하고 자가포식(오토파지)이라고 처음으로 명명하고 그 자가포식 소체를 오토파고좀(autophagosome)이라고 명명하였다(그림 1) 벨기에인 드 뷔브 박사는 라이소좀의 발견으로 1974년 노벨상을 수상하였다.

그후, 유비퀴틴- proteasome계에 의한 단백질 분해 메커니즘의 해명은 진행되지만(43항 참고, 2004년 노벨상), 유비퀴틴으로는 오래된 소기관이나 매우 큰 단백질 복합체를 제거하는 방법은 설명할 수 없었다. 대안인 자가포식 가설이 소기관 제거에 유력한 해답이 될 듯 했으나, 분자생물학적 해명에 진전이 없었는데, 그 이유는 전자 현미경에 의한 관찰이 오토파고좀을 발견하는 유일한 수단이었고, 전자 현미경으로는 살아있는 세포를 관찰할 수 없기 때문이다. 또한 오토파지 현상에 부정적인 논문도 발표되는 등 논쟁이 지속되었다.

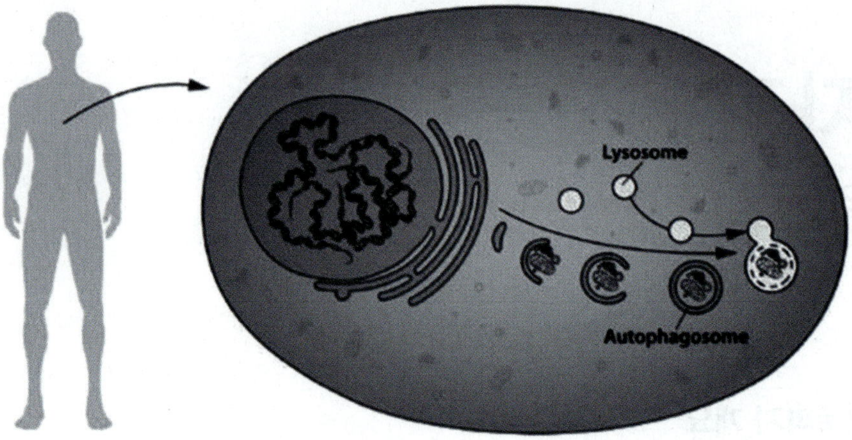

| 그림 1 | 라이소좀과 오토파고좀

효모에서의 자가포식의 발견

1992년에 오스미 박사는 효모(*Saccharomyces cerevisiae*)에서 자가포식 현상을 관찰하는데 성공했다. 효모는 성장이 빠르고 유전자가 인간과 유사하고 비교적 연구하기가 수월해서 종종 인간세포의 모델로 사용된다. 효모는 특히 복잡한 세포경로에서 중요한 유전자를 찾아내는데 유용하다. 효모의 액포(vacuole)는 인간의 라이소좀과 비슷한 특성을 가진 소기관으로 다수의 가수분해 효소를 포함한다. 출아 효모에서는 세포 부피의 25% 이상을 차지하는 최대크기의 기관이기도 하다. 또한 출아 효모는 질소원이 고갈되면, 감수분열을 하거나 포자를 형성하지만, 액포의 가수분해 효소가 결여된 균은 포자 형성이 불완전하다는 사실로부터 액포가 영양 기아 상태에서 중요한 생리 기능을 담당할 것이라는 주장이 제기되었다.

이러한 논문에 착안한 오스미 박사는 기발한 실험을 계획하였다. "만약 자가포식이 활성화되어 있는 동안 액포의 분해 기능을 못하게 하면, 자가포식 소체가 액포 안에 축적되어 현미경으로 관찰이 가능할 것이다"라고 가정하고 단백질분해 효소를 결핍시킨 효모(돌연변이 효모)를 기아 상태에서 현미경으로 관찰했다. 오스미 박사의 예상대로 배양 후 몇 시간이 지나지 않아 단백질 분해 효소 결핍 때문에 분해되지 않고 액포에 쌓인 작은 알갱이들이 브라운 운동으로 격렬하게 움직이고 있는 것을 관찰할 수 있었다. 현미경으로 오토파지 현상을 확인한 후, 전자 현미경으로 각 단계의 효모 시료를 이용한 추가적인 관찰로 다음과 같은 것이 밝혀졌다.

1. 과립은 단일막 구조이다.
2. 기아 상태에서 격리막이 출현하고 막 신장과 함께 세포질 단백질 등을 둘러싸는 오토파고좀을 형성한다.
3. 오토파고좀은 액포와 융합, 방출되어 단일막의 autophagic body가 된다(그림 2).

출아 효모에서 관찰된 이러한 일련의 막 형성 상황은 드 뒤브 박사가 제창한 오토파지 현상 그 자체였다. 이러한 실험의 의의는 효모에서 자가포식 현상이 일어난다는 사실을 밝힘과 동시에 자가포식 과정에 필요한 유전자와 그 유전자의 기능을 분석하는 실험적 방법을 찾아냈다는데 있다.

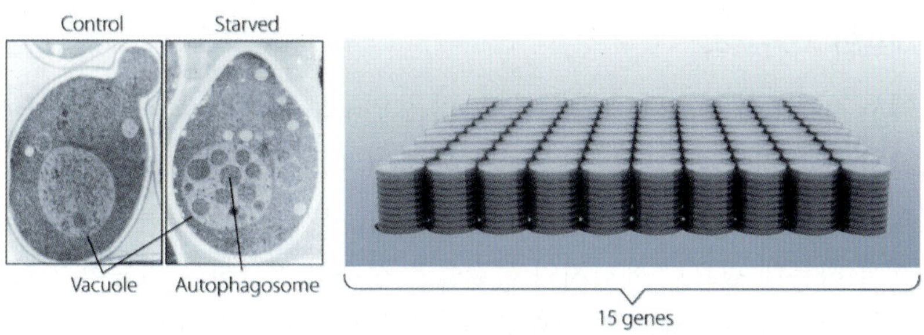

| 그림 2 | 오토파고좀의 형성과 관련 유전자

자가포식 유전자의 동정

오스미 박사는 자가포식 현상을 확인하는 단백질분해 효소를 결핍시킨 효모(돌연변이 효모 = 기아로 오토파고좀이 축적되는 효모)로 추가 실험을 계획하였다. 즉, 자가포식 현상에 필요한 유전자가 불활성화 되면, 오토파고좀 형성은 일어나지 말아야 한다. 돌연변이를 유발시키는 시약으로(유전자를 무작위로 변이시키는) 효모를 노출시킨 후, 기아 상태에서 자가포식 현상이 없는 효모를 관찰하는 수많은 실험이 계속되었다. 결과, 1년이 채 못 되어 자가포식 현상에 필수적인 첫 번째 유전자를 찾아냈다. 5,000개의 돌연변이 중 단 하나에서 자가포식 현상이 없어진 변이주를 찾은 것이었다. 0.02%의 저조한 확률이었지만, 계속 자가포식 관련 유전자를 스크리닝하는 과정에서 총 15개의 오토파고좀 형성 관련 유전자를 찾아내고 각 유전자들이 코딩하는 단백질들의 기능도 밝혔다. 마침내 자가포식 현상을 제어하고 오토파고즘의 형성을 담당하는 일련의 단백질들의 역할을 밝혀냈다(그림 3).

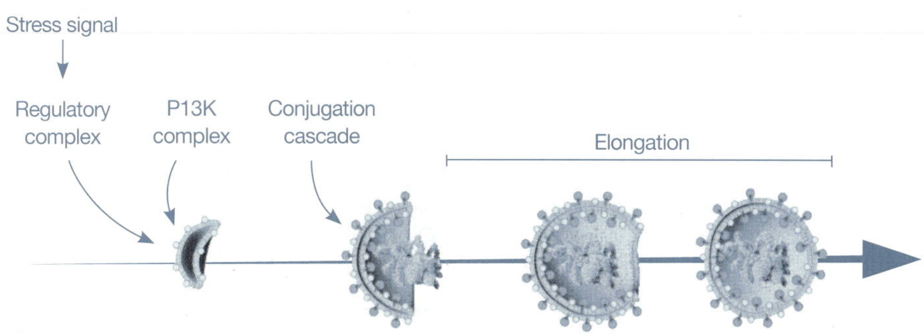

| 그림 3 | 자가포식 메커니즘

포유류의 자가포식 유전자

효모에서 자가포식 유전자 스크리닝을 하던 당시, 인간과 마우스의 게놈 해독이 이루어지고 있었다. 이러한 게놈 해독 성과를 바탕으로 효모의 자가포식 유전자와 상동성이 높은 자가포식 관련 유전자가 인간과 마우스에서 차례차례로 발견되었다.

인간세포와 자가포식

효모에서 자가포식 시스템이 발견된 후, 많은 연구로부터 자가포식이 포유류에게도 매우 중요한 생리 기능을 한다는 사실이 밝혀졌다(그림 4). 그 기능들은 세포의 구성 요소가 분해되고 재활용되는 것과 관련이 있었다. 즉, 자가포식 기구는 세포의 구성 요소를 리사이클 하는데 필요한 에너지와 물질들을 신속히 공급하는 기능이 있어 기아 상태 또는 스트레스에 반응하는 데 필요하다. 예로 세포 내에 침입한 세균과 바이러스를 자가포식으로 제거하며, 배아발생과 세포분화에도 기여하며, 손상된 단백질과 소기관을 제거하는데 꼭 필요한 필수 메커니즘이라고 할 수 있다.

자가포식 기능에 문제가 생기면 체내에 정크 물질이 쌓여 파킨슨병, 2형당뇨병, 알츠하이머 등 발병이 증가되고 유전병이나 암에 걸릴 수도 있다. 따라서 다양한 질병에서 자가포식을 타켓으로 하는 약물들이 개발되고 있다. 오스미 박사는 이미 널리 알려진 자가포식 현상을 사고 전환을 통한 실험과 증명으로 노벨상 수상의 영광과 더불어 신약 개발을 통해 인류에 큰 공헌을 한 것이다.

최근 자가포식과 다이어트의 관계도 조명을 받고 있다. 단식 또는 저녁부터 16시간 이상 굶는 간헐적 단식을 통해 체내 정크 물질을 자가포식 작용으로 분해시킨다는 이론이다. 단식으로 외부 세균을 리사이클 시켜 사용하고 대사질환을 리셋시키고, 대장 재생 능력도 증가시킴이 보고되었다. 적게 먹는 것이 건강에 좋고 장수와 관련이 있다는 연구가 많은데 이는 자가포식이 모든 생물의 기본 생존 전략이라는 컨셉과 일치한다.

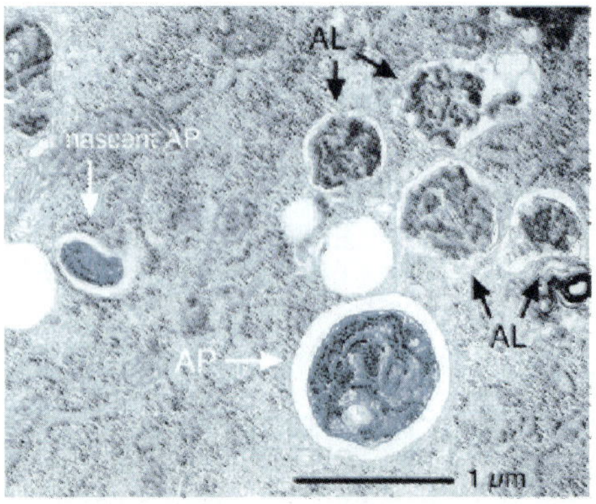

| 그림 4 | 전자 현미경으로 본 마우스의 배아 섬유 아세포의 자가포식 : AP(오토파고좀)과 AL(오토라이소좀), nascent AP(막 생기기 시작한 오토파고좀)

단백질의 폴딩과 샤페론

Protein Folding and Chaperone

Chapter 45

리보좀상에서 합성된 단백질은 끈의 상태로 멈추지 않고 각각 고유한 입체구조(conformation)를 취한다. 이 구조 형성을 단백질의 폴딩(folding) 또는 접힘이라고 부른다. 단백질은 고유의 입체구조를 취한 후에야 비로소 그 기능을 발휘하기 때문에, 폴딩은 생물에서 매우 중요한 과정이다. 단백질을 요소 등의 변성제로 처리하면, 본래의 입체구조를 잃어버리고 유연한 폴리펩타이드 사슬이 된다. 변성제 농도를 낮추면, 단백질은 자발적으로 접힘으로써 원래의 입체구조를 취한다(그림 1). 1972년도 노벨 화학상을 수상한 C. B. Anfinsen은 리보뉴클레이스 A(ribonuclease A)의 변성과 재생에 관한 연구를 수행하여 '단배질의 입체구조는 그 1차 구조(5항 참조)에 지정되어 있

Key words

입체구조(conformation), 폴딩(folding), 분자 샤페론(molecular chaperone), 변성(denaturation), 단백질의 재생(renaturation of protein, refolding of protein)

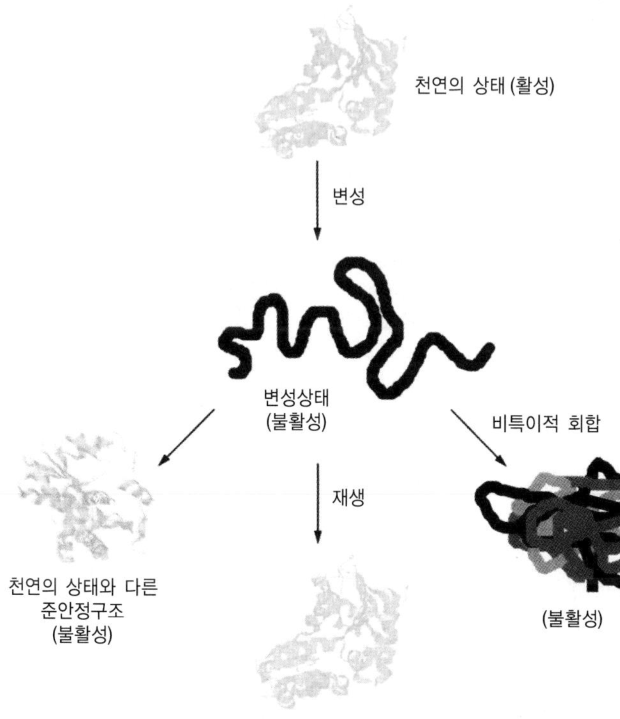

| 그림 1 | 단백질의 변성과 재생

고유의 입체구조를 갖는 천연 상태의 단백질은 가열과 변성제 처리에 의해 변성하고, 합성 직후와 같이 유연한 펩타이드 사슬이 된다. 이 상태의 단백질은 냉각 또는 변성제의 제거에 의해 재차 접힘이 시작된다. 이때 조건에 따라서 원래의 천연 상태에 재생되지만, 다른 부분과 비특이적인 회합을 하거나 또는 천연의 상태와는 다른 준안정화된 구조(속도론 적으로 확인된 상태)로 되기도 한다.

다'라는 가설(Anfinsen dogma)를 제창하였다.

단백질의 고차구조(6항 참조)는 펩타이드 사슬과 아미노산 잔기의 곁사슬 등에서 형성되는 수소결합(hydrogen bond)과 소수결합(hydrophobic interaction)으로 이루어져 있다. 예를 들면, α-헬릭스(α-helix)와 β 시트(β sheet) 등의 이차구조는 펩타이드 사슬 간의 규칙적인 수소결합에 의해 형성된다. 또한 단백질의 3차 구조 형성은 소수성 아미노산 곁사슬이 단백질 내부에 모이고 물 분자와 상호 작용을 하는 극성 아미노산 곁사슬이 바깥 측으로 나오려고 하는 특성에 의해서 일어난다. 또한 단백질의 폴딩은 이차구조를 갖지만 명확한 3차 구조를 갖지 않는 molding module로 불리는 구조를 경유하는 것이 보고되어 있다.

한편, 단백질은 자율적인 폴딩을 한다고 설명했지만, 실제로는 *in vitro*에서 바르게 접히기 위한 조건을 찾아 내는 것은 쉽지 않다. 그 이유는 접힘 도중의 단백질에서는 내부에 있는 소수성 곁사슬이 노출하여 다른 단백질 분자와 비특이적인 회합을 유발하거나, 본래의 입체구조와는 다른 에너지적으로 준안정화한 구조(속도론 적으로 trap된 상태)를 취해 정상적인 폴딩을 방해하는 경우가 있기 때문이다. 이러한 경우와는 다르게 생체 내에서는 분자 샤페론이라 불리는 단백질이 존재하여, 비특이적인 회합을 저해하여 단백질의 폴딩을 도와주고 있다. 분자 샤페론의 많은 경우에는 온도 상승 등의 스트레스에 의해 유도되는 열 쇼크 단백질(heat shock protein, stress protein의 일종)이고약한 ATP 분해 활성을 갖는다. 분자 샤페론에는 많은 종류가 있지만 각각 구조상의 상동성은 적다. Hsp60 family(분자량 60,000의 heat shock protein에서 명명)에 속하는 분자 샤페론은 원통형의 구조를 하고 있고, 내부에서 폴딩 중의 단백질을 에워 싸서 접힘이 완료될 때까지 단백질을 '격리' 한다(그림 2). 또한 분자 샤페론은 이와 같이 단백질의 자

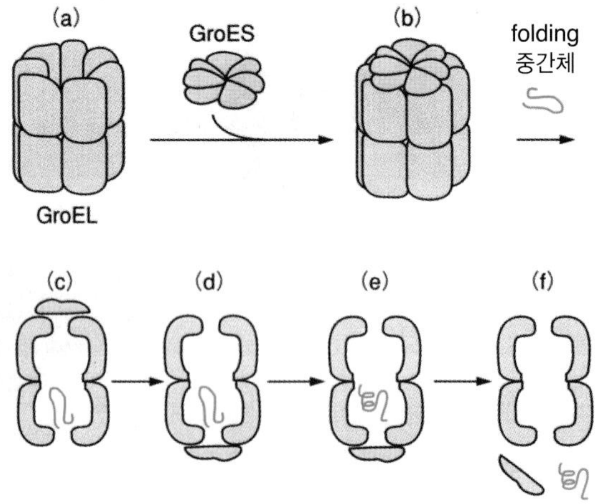

| 그림 2 | 대장균의 Hsp60 homolog(GroEL)의 반응

대장균에서의 Hsp60의 호모로그인 GroEL은 칠량체의 링 2개로 구성된 원통구조를 하고 있고(a), 그 한 방향의 입구에는 GroES로 불리는 단백질 복합체로 뚜껑이 덮인 구조를 하고 있다(b). 폴딩 중간체는 GroES와는 반대편의 입구에서 GroEL의 안쪽으로 들어가서 trans 복합체(c)가 된다. ATP의 존재 하에서 GroES가 기질 단백질과 같은 편에 있는 cis 복합체가 형성된다(d). GroEL의 구멍 속에서 기질 단백질의 접힘이 진행되고(e), 접힘의 속도가 빠른 것은 천연형의 상태로서 방출된다(f). 이 속도가 느린 단백질은 폴딩이 미완성의 상태로 방출된 후 재차 GroEL과 결합하여 같은 사이클을 반복한다.

율적인 폴딩을 도와주는 것뿐 아니라 속도론적으로 trap된 상태의 단백질을 되감아 놓는 적극적인 활동을 하고 있다는 설도 있다. 단백질 중에서는 합성 후 미토콘드리아에 운반되거나 세포막을 투과하여 분비되는 것도 있다. SecB와 Hsp70 등의 분자 샤페론은 이와 같이 단백질이 합성 직후에 세포질에서 폴딩하는 것을 막으며, 그것들의 막 투과(46, 48항 참조)를 도와준다. 또한 Hsp90은 glucocorticoid 수용체에 결합함에 의해서 스테로이드 호르몬에 의한 유전자 발현을 제어한다. 이와 같이 분자 샤페론은 단백질의 폴딩의 제어를 통하여 다양한 생명 활동을 지켜주고 있다.

Subnote

• Glucocorticoid에 의한 유전자 발현조절

부신피질로부터 분비된 스테로이드 호르몬 중에서 당질대사에 관여하는 호르몬을 glucocorticoid라 부른다. 간세포(肝細胞) 등에 존재하는 glucocorticoid 수용체는 리간드와 결합하지 않는 상태에서는 Hsp90과 결합하여 세포질에 존재하고 있지만, glucocorticoid와 결합하면 Hsp90가 해리하여 이량체를 형성하고 핵 내로 이동하여 특정 유전자의 전사를 활성화한다.

Chapter 46

단백질의 세포 내 수송

蛋白質의 細胞 內 輸送, Intracellular Transport of Protein

Key words

단백질 막 투과(protein translocation), 소포수송(vesicular transport), 수송시그널(transport signal)

단백질 생합성의 장소는 기본적으로 사이토졸이다. 진핵생물세포의 조면소포체에서 생합성된 경우에도 생합성의 장소인 리보좀은 소포체막의 사이토졸 측에 부착하면서 존재하여, 생합성 그 자체는 사이토졸에서 일어난다. 예외는 미토콘드리아 DNA와 엽록체 DNA에 지정된 단백질들로, 이것들은 각각의 기관(오르가넬라, organelle) 안에서 생합성 된다(단, 미토콘드리아와 엽록체의 단백질의 대부분은 핵 DNA에 의해 지정되고, 사이토졸에서 생합성된 후 이들 기관에 수송된다).

한편, 이렇게 사이토졸에서 합성된 단백질의 대부분은 그대로 사이토졸에 존재하는 것이 아니라 다양한 기관으로 이동한다. 기관을 가지고 있지 않은 원핵생물에 있어서도 일부의 단백질은 사이토졸 이외의 구획, 즉 세포막과 세포 외로 이행한다.

진핵생물에 있어서 단백질의 세포 내 수송은 수송경로라는 관점에서 보면 크게 두 개로 나뉜다. 하나는 소포체를 경유하는 경로, 또 하나는 소포체를 경유하지 않는 경로이다(그림 1). 전자는 소포체, 골지체, 라이소좀(효모와 식물에서는 액포), 세포막, 그리고 세포 밖의 단백질이 포함된다. 후자에는 핵, 미토콘드리아, 퍼옥시좀, 엽록체의 단백질이 포함된다. 후자의 경우 사이토졸에서 합성된 단백질이 직접 최종 목적지의 기관에 이동하지만, 전자에서는 사이토졸에서 합성된 단백질이 일단 소포체로 이동한 후 골지체를 경유하여 세포 밖과 라이소좀으로 이동한다.

어느 기관으로 이동하는가 하는 정보는 이동하는 단백질 자신이 가지고 있다. 예를 들면, 소포체에 이동하는 단백질은 N 말단에 시그널 배열•로 불리는 소수성 아미노산

•**시그널 배열과 시그널 인식입자**

소포체로 이동하는 단백질은 N말단에 시그널 배열을 갖는다. 이러한 단백질의 번역 과정에서 시그널 배열이 리보좀의 밖으로 노출하게 되면 여기에 시그널 인식 입자(signal recognition particle, SRP)로 불리는 단백질-RNA 복합체가 결합한다. SRP가 결합하면 번역은 그 단계에서 정지한다. 다음으로 번역 도중의 단백질-리보좀-SRP의 복합체는 소포체에 존재하는 SRP수용체에 결합한다. 그러면 SRP는 시그널 배열로부터 유리하여 번역이 재개된다. 단백질은 번역과 공역하는 형태로 소포체에 보내진다. 소포체 내강에 방출된 단백질의 경우, 시그널 배열은 시그널 펩티데이스에 의해 절단된다.

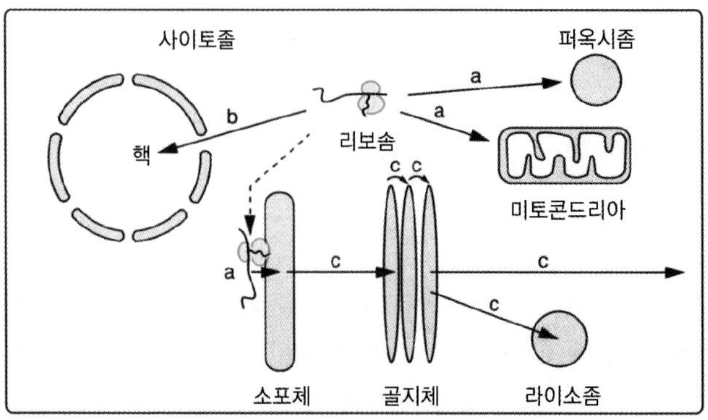

| 그림 1 | 단백질의 세포 내 수송 경로

a, b, c로 표시한 단백질의 이동은 각각 그림 2 (a), (b), (c)의 기구로 이동한다.

이 많은 영역을 가지고 있고, 이것이 소포체로의 이동을 담당한다. 이와 같은 시그널(수송 시그널)은 다른 기관으로 이동하는 단백질에서도 발견되어 있다(표 1).

표 1 수송 시그널의 예

수송장소	시그널	위치	특징
소포체	MALWMRLLPLIALLALWGPDPAAA–	N 말단	연속한 소수성 아미노산 잔기 (공통 배열은 보이지 않음)
미토콘드리아	MLSLRQSIRFFKPATRTLCSSRYLL–	N 말단	하이드록시기를 갖는 아미노산 잔기와 염기성 아미노산 잔기가 풍부 (공통 배열은 보이지 않음)
퍼옥시좀	–(S/A)(K/R/H)L	C 말단	C말단 3잔기만 기능함 (공통 배열은 보이지 않음)
핵	–PKKKRKV–	내부	연속한 염기성 아미노산 잔기 (공통 배열은 보이지 않음)

수송의 방법이라는 관점에서 보면 세포 내의 단백질 수송을 크게 3종류로 나눌 수 있다. 막 투과(그림 2a), 핵막공(核膜孔) 통과(그림 2b), 소포수송(그림 2c)이다. 막 투과에서는 단백질이 지질이중막을 통과한다. 지질이중막은 단백질로 만들어진 막 투과 장치가 존재하고, 그 안을(터널을) 통과하는 형식으로, 막의 반대측으로 단백질이 이동한다(그림 2a). 소포체, 미토콘드리아, 퍼옥시좀, 엽록체로의 이동이 이에 해당한다. 핵으로의 이동에 있어서는 그림 2b에 나타낸 것처럼, 단백질은 핵의 내외를 연결한 핵막공(핵막의 구멍)을 통과한다. 한편, 소포체를 경유한 수송에 대해서는 소포체 이후의 수송은 그림 2c에 나타내는 소포수송에 의해 일어난다.

소포수송에서는 공여 측의 막계에서 수송돼야 할 단백질을 함유한 소포가 출아하고•, 그 소포가 수용하는 막계에 융합하고•, 그 때 이동시키는 단백질을 수용체의 막계로 방출한다. 이러한 소포체 운반 기구의 연구는 2013년 노벨 생리의학상을 수상했는

•코드 단백질

소포의 형식은 코드 단백질이라고 불리는 일군의 단백질이 막 표면에서 회합함에 의해서 일어난다. COP I과 COP II라고 불리는 단백질군이 각각 골지체와 소포체로부터 소포형성에 관여한다. 세포막에서 소포형성(47항 참조)에는 클라스린(clathrin)이라고 하는 단백질군이 관여한다.

•소포수송에 있어서 소포와 수용 측의 막계의 융합 (2013년 노벨상)

소포와 수송 측의 막계와의 융합에는 소포막에 존재하는 v-SNARE와 수용 측의 막계에 존재하는 t-SNARE라 불리는 한 쌍의 막 단백질이 관여한다.

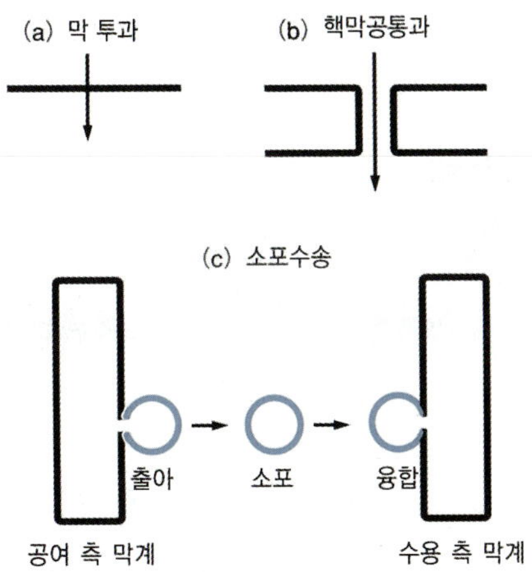

| 그림 2 | 단백질 수송의 세 가지 방식

굵은 선은 지질이중막을 나타낸다.

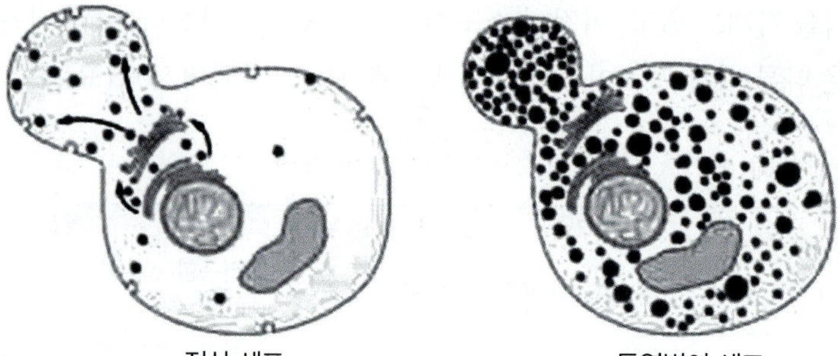

| 그림 3 | 효모의 소포체 수송

데 쉐크만 박사는 효모에서 소포체 수송에 관여하는 유전자를 발견하였다. 소포체 수송 관련 유전자를 녹아웃 시킨 효모는 생성한 단백질 수송이 제대로 이루어 지지 않았다(그림 3).

2013년 노벨상 공동수상자 로스만 박사는 소포체의 단백질이 표적으로 막과 융합할 수 있음을 발견하였다. 즉, 이동해야 하는 막의 특정 단백질을 인식하여 올바른 위치에서 융합하고 운반물(cargo)을 목적지에 전달할 수 있음을 발견하였다. 또한 쥐트호프 박사는 이러한 소포체 운반이 뇌의 신경세포에서 칼슘 이온이 신호전달 물질로 작용함을 밝혀 소포체 수송이 엄밀히 제어되고 있음을 알아냈다(그림 4)

단백질이 적절한 장소에 수송된다는 것은 세포 기능의 유지에 필수이고, 단백질 수송 시스템의 이상으로 생기는 유전병도 다수 알려져 있다. 또한 유전자조합에 의해 단백질을 생산하는 경우, 유전공학적 수법으로 시그널 배열을 단백질에 부여하여, 세포외로 단백질을 분비시켜, 회수하기 쉽게 하는 방법도 이용되고 있다. 단백질의 세포 내 이동 경로를 규정하는 특정 신호 체계를 발견한 G. Blobel 박사는 1999년 노벨 생리의학상을 수상하였다.

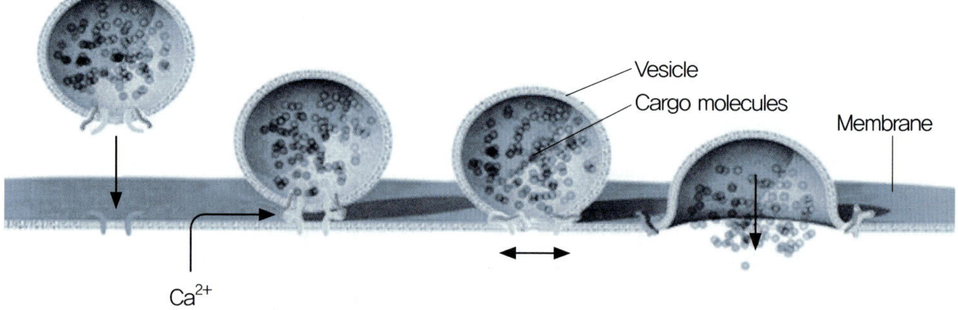

| 그림 4 | 효모의 소포체 수송

엔도사이토시스

Endocytosis

Chapter 47

세포막의 일부가 함몰해서 소포를 형성하고, 세포 내부로 들어가는 현상을 엔도사이토시스라고 한다. 진핵생물에는 엔도사이토시스에 의해 외계의 물질을 내부로 들여온다든지, 자신의 세포막을 세포 내부로 들여오는 기구를 갖추고 있다. 엔도사이토시스에 의해서 세포 내부에 말려 들어올 수 있는 물질은 저 분자 화합물, 단백질 그리고 세포까지 다양하다. 엔도사이토시스의 작용에서는 세포 외액이 소포체 내부로 들어오므로, 거기에 존재하는 용질도 동시에 세포 내로 들어온다. 이러한 비특이적인 방법과는 달리 수용체(receptor)를 매개로 한 특이적인 흡입기구도 존재한다(그림 1). 세포 표층에는 여러 가지 물질과 특이적으로 결합하는 수용체가 존재하고, 이러한 수용체에 결합한 물질이 엔도사이토시스에 의해서 세포 내로 흡입된다. 예를 들면, 동물의 혈액 중의 철을 운반하는 트랜스페린(transferrin)이라 불리는 단백질은 세포 표층에 존재하는 수용체와 결합한 후 엔도사이토시스에 의해 세포 내로 운반된다. 또한 콜레스테롤의 운반체인 저밀도 리포 단백질(LDL, low density lipoprotein) 역시 수용체를 매개로 한 엔도사이토시스에 의해 세포 내로 운반된다.

엔도사이토시스로 세포 내에 생성된 소포(小胞, vesicle)는 그림 1에 나타낸 것과 같

> **Key words**
>
> 클라스린(clathrin), 어댑틴(adaptin), 다이나민(dynamin), 클라스린 피복 소포(클라스린 被覆小胞, clathrin-coated vesicle), 클라스린 피복 피트(clathrin-coated pit), 엔도좀(endosome), 음 작용(飮作用, pinocytosis), 식 작용(食作用, phagocytosis)

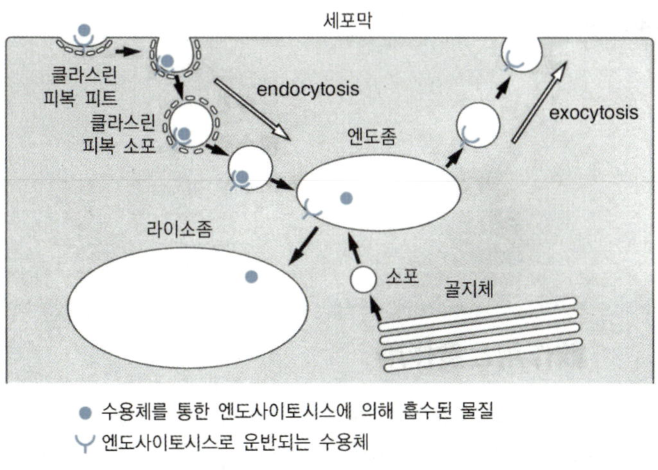

| 그림 1 | 엔도사이토시스 경로

하나의 예로서 수용체를 매개로 한 엔도사이토시스 경로를 나타낸다. 엔도좀 내의 산성 환경 하에서 수용체와 리간드가 해리하고, 리간드가 라이소좀으로, 수용체가 세포막으로 이동하는 모양을 나타내고 있다.

이, 엔도좀이라 불리는 막 구조를 형성한다. 엔도좀은 골지체로부터 출아한 소포와 융합하면서 그 성질을 변화시켜 간다. 엔도좀에서는 막에 존재하는 프로톤 펌프(proton pump)의 작용으로 내부가 산성(pH~5)으로 변화한다. 엔도사이토시스에 의해 운반된 여러 가지 복합체의 내부의 상호 작용(예를 들면 LDL과 그 수용체의 상호 작용, 트랜스페린과 철의 상호 작용)은 산성 조건에서 약해지고, 복합체의 해리가 일어난다. 해리 한 복합체 성분 중, 어떤 것은 라이소좀으로 이동하고(예를 들면 LDL), 어떤 것은 세포막 또는 세포 외로 반송된다(예를 들면 LDL 수용체). 이와 같이 엔도좀은 엔도사이토시스로 세포 내로 들어온 물질의 행선지 별로 나누는 장소라고도 말할 수 있다. 라이소좀에서는 여러 가지 가수분해 효소의 작용 등에 의해서 안으로 들어 온 물질의 분해 등이 일어난다. 세포막에서는 그림 1에 나타낸 것과 같이 엔도사이토시스와 엑소사이토시스를 함유하는 경로에서 항상 순환하고 있고, 이 점에서 동적인 구조체를 유지할 필요가 있다.

엔도사이토시스는 클라스린이라고 불리는 단백질에 의해서 일어난다. 그림 2에 나타낸 것처럼, 클라스린 분자가 세포질 쪽의 세포막 상에서 다수 회합하여 세포막의 일부를 함입시킨다(이 함입구조를 클라스린 피복 피트라고 부른다). 클라스린의 회합이 더욱 진행되면, 세포막의 일부가 소포로서 유리한다. 이것을 클라스린 피복 소포라 부른다. 클라스린 피복 소포의 형성에서는 클라스린 이외에 어댑틴과 다이나민이라고 하는 단백질이 관여한다. 어댑틴은 세포막의 막 단백질과 클라스린을 연결시키는 어댑터로서 기능하는 분자이고, 특정의 막 단백질을 클라스린 피복 소포에 끌어들이는데 중요하다. 또한 GTPase의 일종인 다이나민은 소포를 세포막으로부터 졸라매어 떼내는 기능이 있다고 생각된다. 클라스린 피복은 소포 형성 후 엔도좀 구조를 형성하기 전에 신속하게 소포로부터 떨어진다(그림 2).

Subnote

• 음 작용과 식 작용

동물의 식세포와 원생동물은 세포 등 대형의 과립상 외래 물질을 엔도사이토시스에 의해 세포 내로 운반한다. 이를 식 작용이라고 한다. 이에 반해, 용액상의 물질을 엔도사이토시스에 의해 세포 내로 운반하는 것을 음 작용이라고 한다. 음 작용에서는 거의 일정의 크기의 클라스린 피복 소포가 형성되지만, 식 작용에서 형성된 막구조(식포)의 크기는 일정하지 않고 운반할 물질에 상응하여 그 크기가 정해진다.

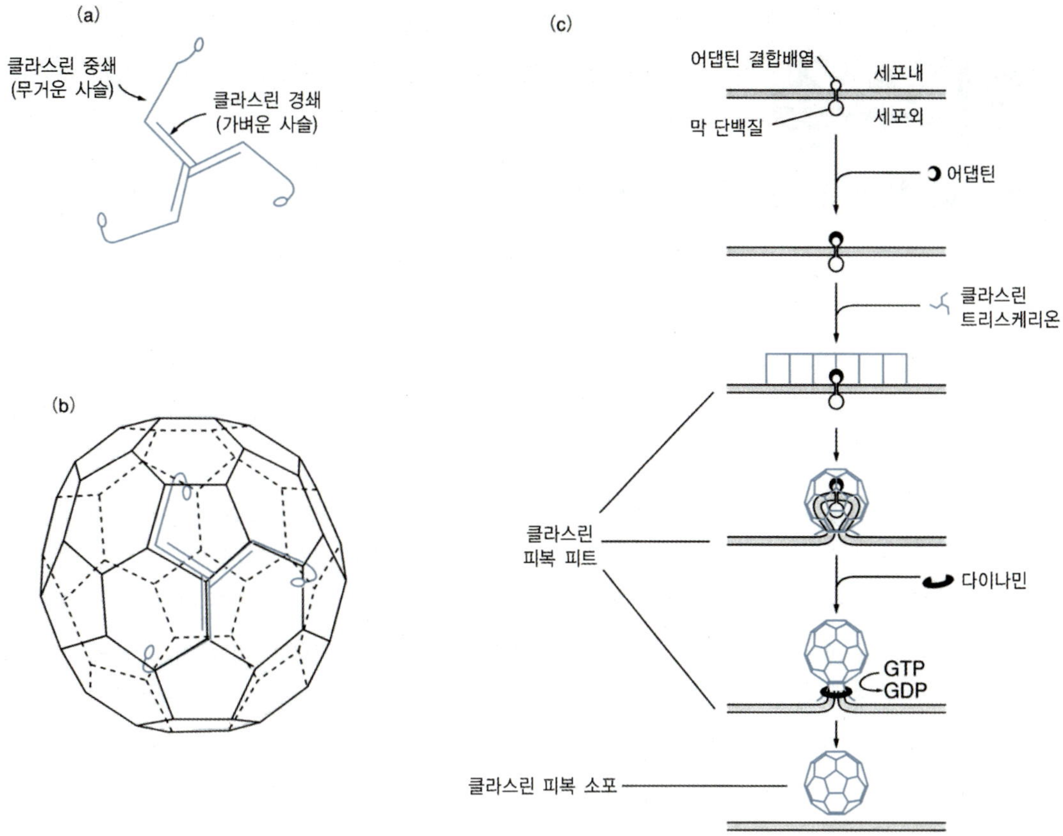

| 그림 2 | 클라스린 피복 소포의 구조와 형성기구

(a) 클라스린 분자가 형성하는 트리스케리온(triskelion)의 구조. 클라스린에는 무거운 사슬(약 180 kDa)과 가벼운 사슬(약 35 kDa)이 있고, 무거운 사슬 3개와 가벼운 사슬 3개로 기본 구조가 되는 트리스케리온을 형성한다.
(b) 트리스케리온에서 형성된 농상구조(籠狀構造). 트리스케리온은 축구공의 줄이 들어간 것과 비슷한 농상구조를 형성한다. 클라스린 피복 소포는 이 농상구조에 의해 덮여 있다.
(c) ① 어댑틴 결합 배열을 갖는 막 단백질에 어댑틴이 결합한다. ② 여기에 클라스린 트리스케리온이 결합하여, 클라스린 피복 피트가 형성된다. ③ 다이나민의 작용에 의해 클라스린 피복 소포가 막으로부터 유리된다.

Chapter 48

막 수송

膜輸送, Membrane Transport

Key words

수동수송(受動輸送, passive transport), 능동수송(能動輸送, active transport), 채널(channel), 트랜스포터(輸送体, transporter, carrier, porter), 펌프(pump)

세포가 생명 활동을 유지하기 위해서는 세포막을 통하여 외계로부터 여러 가지 영양소를 받아들이고, 불필요한 대사 산물과 독물을 외부로 방출할 필요가 있다. 신경세포에서 전기 신호를 생산하기 위해서는 외부로부터 이온을 받아들이거나 방출할 필요가 있고, 전자전달계에서는 프로톤을 막 투과 시켜서 막 내외에 프로톤 농도구배를 만들어 낼 필요가 있다(22항 참조). 이렇게 생체막을 통한 물질의 수송은 생명 활동의 필수 과정이다. 그런데 '지질과 생체막'(3항)에서 설명한 바와 같이, 생체막의 주성분인 지질이중층은 이온과 분자량이 큰 화합물(글루코스 등)을 거의 통과시키지 않는다. 따라서 세포는 특정의 물질을 특정의 조건이 충족되었을 경우, 통과시키는 독특한 방법을 진화의 과정에서 만들어 왔다. 채널과 트랜스포터(수송체)라 불리는 내재성 막 단백질이 그 실체이다.

채널은 수동수송•만을 행할 수 있다. 한편, 트랜스포터에는 수동수송을 하는 것과 능동수송•을 할 수 있는 것이 있다(그림 1). 능동수송을 하는 트랜스포터를 펌프라고 부르는 경우가 있다. 채널과 수동수송을 하는 트랜스포터를 엄밀히 구별하는 것은 곤란한 일이지만, 수송하는 분자와 결합한 후, 형태의 변화(conformational change)를 일으켜 분자를 수송하는 것을 트랜스포터, 수송 과정에서 단백질의 변화가 일어나지 않는 것을 채널이라고 보는 것이 일반적이다.

• **수동수송(passive transport)과 능동수송(active transport)**

농도구배(이온의 경우와 전기화학적 구배)에 따른 수송을 수동수송, 따르지 않은 것을 능동수송이라고 한다. 수동수송에는 채널과 트랜스포터를 통하지 않는 단순확산과 이들을 통한 촉진확산이 있다.

채널 중에서 이온의 막 투과를 관리하는 것을 이온 채널이라 부른다. 이온 채널은 특정의 이온만을 통과시키는 필터가 붙어 있는 구멍과, 특정 자극에 응답하여 채널을 개폐하는 문(gate)를 가지고 있다. 이온 채널은 그 이온의 선택성에 따라 5종류로 분류된

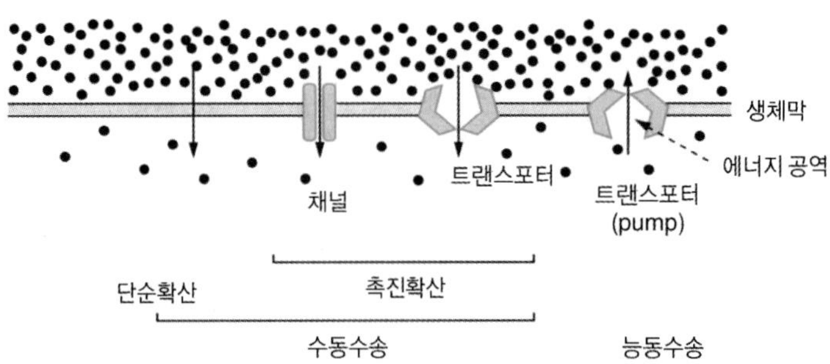

| 그림 1 | 막 수송의 개념도

● 수송되는 물질, → 수송의 방향

표 1 대표적인 채널

채널	예
이온채널	
• Na^+ 채널	전위 작동형 나트륨 채널
• K^+ 채널	전위 작동형 포타슘 채널
• Ca^+ 채널	전위 작동형 칼슘채널 이노시톨 1, 4, 5-삼인산(IP3)수용체 (IP3를 리간드로 하는 리간드 작동형 채널) NMDA수용체 (글루타민산을 리간드로 하는 리간드 작동형 채널)
• 비선택성 양 이온 채널	니코틴성 아세틸콜린 수용체 (아세틸콜린을 리간드로 하는 리간드 작동형 채널)
• Cl^- 채널	γ-amino butyric acid($GABA_A$ 수용체), 글리신 수용체 (모두 리간드 작동형 채널)
그 외	H_2O 채널(아쿠아포린, aquaporin)

다. 즉, Na^+ 채널, K^+ 채널, Ca^{2+} 채널, 비선택성 이온 채널, Cl^- 채널이 있다(표 1). 이들 채널은 특정의 자극을 받았을 때에만 열려 특정의 이온만을 투과시킨다. 응답하는 자극의 종류는 전위 작동형, 리간드 작동형, 기계 작동형으로 분류할 수 있다. 이온 채널의 주된 기능은 전기 신호의 발생과 특정 이온(주로 Ca^{2+})의 세포 내 농도 변화를 통한 정보전달이다. 정상의 세포에서는 뒤에서 논 할 이온 펌프의 작용에 의해서 세포막과 각 기관의 막에 이온의 농도구배가 만들어 진다(그림 2). 이온 채널이 열리면, 이들 이온이 농도구배에 따라서(엄밀하게 말하면, 전기 화학적 구배●) 세포 내에 유입되거나 세포 밖으로 유출하여, 세포의 전위를 변화시키거나, 세포 내의 특정 이온의 농도를 변화시킨다. 신경세포 축삭에서는 전위 작동형 Na^+ 채널과 전위 작동형 K^+ 채널의 개폐에 의해서 전기 신호가 전달된다. 또한 근세포에서는 소포체막과 세포막에 존재하는 Ca^{2+} 채널이 열림에 의해서 소포체 내에 축적되어 있던 Ca^{2+}와 세포 외의 Ca^{2+}가 사이토졸에 유입되어 이것을 계기로 근 수축이 일어난다.

●**전기화학적 구배**

전하를 갖는 물질의 두 액간의 수송현상(이 현상은 생체막을 매개로 하는 수송)을 생각하면, 두 액간의 물질의 농도 차에서만 기인한 것이 아닌, 두 액간의 전위차(막 전위)도 고려할 필요가 있다. 중성 물질이 확산하는 경우에는 전위차의 영향을 받지 않기 때문에, 두 액의 농도가 같아졌을 때 평형에 도달한다. 한편, 전하를 갖는 경우에는 두 액간의 전위차가 평형에 영향을 미친다. 예를 들면, 일반적으로 세포 내의 전위는 세포 밖보다 낮기 때문에, 양 이온은 세포 내에 흘러 들어가는 경향을 보이고, 반대로 음 이온은 세포 밖으로 흘려 내보내는 경향이 나타난다. 이와 같이, 농도차와 전위차의 양쪽을 모두 고려한 두 액간의 구배를 전기화학적 구배라 부른다.

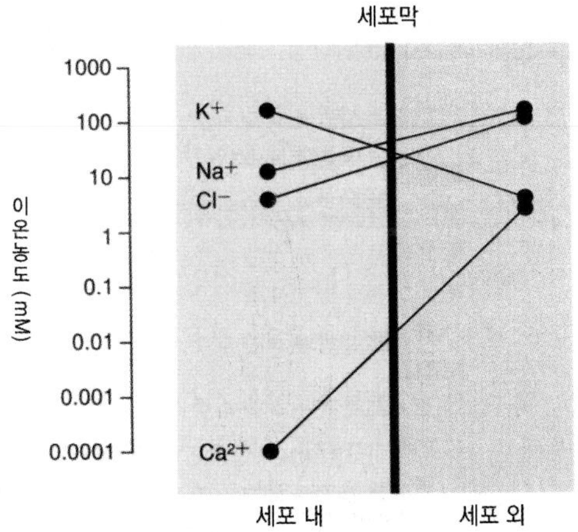

| 그림 2 | 세포막에 형성된 이온의 농도구배

포유류 골격근세포의 예. 세포 내외의 각 이온의 농도를 플롯하고 있다.

채널에는 이온 이외의 물질을 투과시키는 것도 있다. 예를 들면, 아쿠아포린(aquaporin)이라고 불리는 채널이 물 분자를 선택적으로 투과시킨다. 아쿠아포린은 물 분자에 대한 선택성이 매우 높아 프로톤이라도 투과시키지 않는다. P. Arge는 아쿠아포린을 발견한 공노로 2003년 노벨 화학상을 수상하였다.

수동수송에 관여하는 트랜스포터의 대표적인 것으로 glucose transporter를 들 수 있다(표 2). 적혈구의 glucose transporter는 가장 오래 전에 알려지고 연구되어온 트랜스포터다.

표 2 대표적인 트랜스포터

	이용되는 에너지	예
① 수동수송을 수행하는 것	없음	Glucose transporter
② 능동수송을 수행하는 것 1차성 능동수송	ATP 가수분해 에너지	P형 ATPase 나트륨 펌프, 칼슘 펌프, 프로톤 펌프, ABC transporter, 다제배출(多劑排出) 단백질
	빛에너지	Bacteriorhodopsin
	산화 에너지	Cytochrome oxidase
2차성 능동수송 공수송(共輸送)	프로톤 구배	Lactose transporter
	나트륨 이온 구배	Glutamate transporter
대향수송(對向輸送)	나트륨 이온 구배	Na^+/H^+ 교환수송체, Na^+/Ca^{2+} 교환수송체

트랜스포터 중에서 능동수송을 담당하고 있는 것(펌프)은 농도구배(이온을 수송하는 경우는 전기화학적 구배)의 역으로 물질을 수송하기 때문에 에너지를 이용하는 기구를 갖추고 있다. ATP의 가수분해 에너지를 이용하는 트랜스포터가 많이 발견되어 있지만, bacteriorhodopsin과 같이 빛에너지를 이용하여 프로톤을 능동수송 하는 것과, cytochrome oxidase와 같이 산화 에너지를 이용하여 프로톤을 능동수송하는 것도 있다(표 2). ATP의 가수분해 에너지를 이용하는 트랜스포터 중에서 가장 중요한 것은 P형 ATPase로 총칭 되는 단백질 그룹이 있다. 이 그룹에는 세포 내 외에서 Na^+, K^+의 농도구배를 만들어 내는 Na^+, K^+-ATPase(나트륨 펌프)와 근세포에 있어서 소포체 내에 Ca^{2+}을 축적시켜서 사이토졸의 농도를 낮게 유지하는 Ca^{2+}-ATPase(칼슘 펌프), 위산의 분비를 행하는 H^+, K^+-ATPase(프로톤 펌프) 등이 포함되어 있다(그림 2). P형 ATPase에는 수송과정에서 ATP에 의해 자신이 인산화 되는 공통적인 특징이 있다. ATP의 가수분해 에너지를 이용하는 트랜스포터로서 한가지 중요한 것은 ABC 트랜스포터로 불리는 그룹이 있다. 이물질(異物質)을 세포 외로 다량 배출시키는 단백질 등이 이 그룹에 포함된다. 이들은 공통으로 ATP 결합영역(ATP-Binding Cassette)를 가지고 있다.

이들 트랜스포터가 만들어 낸 이온 농도구배를 에너지원으로 이용하는 트랜스포터도 존재한다. 예를 들면, 대장균의 트랜스포터에는 프로톤 농도구배를 에너지원으로 이용한다. 즉, 농도구배에 따라서 프로톤의 세포 내의 운반과 공역하는 형식으로 락토스를 능동수송한다(세포 내로의 운반, 공수송, 共輸送). 같은 방식으로 글루타민산 트랜스포터 등의 어떤 종의 아미노산 트랜스포터는 Na^+의 세포 내로의 수송과 공역시키는 형식으로 아미노산의 능동수송(세포 내로의 수송)을 수행한다. 이들 트랜스포터는 프로톤 펌프와 나트륨 펌프가 만들어 낸 이온구배를 이차적으로 이용하므로 이러한 수송을 2차성 능동수송•이라고 부르는 경우가 있다. 또한 이것과 대응하는 형식으로, 앞에서 기술한 이온 펌프 등에 의한 수송을 1차성 능동수송이라고 부른다.

생체 내의 주요한 ATP 생산계인 ATP 합성효소는 미토콘드리아 내막과, 엽록체의 틸라코이드막, 세균의 세포막에 존재하는 트랜스포터에 있지만, 이 효소는 전기화학적 구배에 따라서 프로톤의 수송을 ATP 합성에 공역시키고 있다. 또한 ATP 합성효소는 막을 통한 전기화학적 구배를 화학에너지로 변환시키는 기구로써 매우 중요하다. R. MacKinnon은 생체 세포막에 존재하는 이온채널의 작동 메커니즘을 밝힌 공로로 2003년 노벨 화학상을 수상하였다.

•2차성 능동수송

2차성 능동수송에서는 수동수송 되는 물질과 능동수송되는 물질의 막 투과의 방향이 같은 공수송(共輸送)과(앞에서 기술), 양자의 방향이 반대 방향인 대향수송(對向輸送)이 있다. Na^+/H^+ 교환수송체와 Na^+/Ca^{2+} 교환수송체가 반대 방향 수송을 수행하는 트랜스포터의 대표적 예이다. 그러나 둘 모두 Na^+의 수동수송과 공역하는 형식으로 H^+와 Ca^{2+}을 역방향으로 능동 수송한다.

Chapter 49

유전자의 변이와 복구

遺傳子의 變異와 修復, Gene Mutation and Repair

Key words

점변이(点變異, point mutation), 삽입(挿入, insertion), 결실(缺失, deletion), 변이원(變異原 mutagen), 티민 이량체(티민二量體, thymine dimmer), 직접복구(直接修復, direct repair), 광회복 효소(光回復酵素, DNA photolyase), UvrABC 엔도뉴클레이스(UvrABC endonuclease), AP 부위(apurine/apyrimidine site), 제거복구(除去修復, excision repair)

변이라 함은 DNA의 염기 배열의 변화이다. 변이의 대부분은 하나의 뉴클레오타이드가 다른 뉴클레오타이드로 바뀌는 점변이이지만, 한 개 또는 여러 개의 뉴클레오타이드가 삽입되거나 결실되는 변이도 있다. 변이는 복제 중의 실수에 의한 정확하지 않은 염기의 도입, 유전자의 염기에서 탈아미노기 반응과 화학물질 또는 방사선과 같은 변이원에 의한 손상 등에 의해서 발생한다. 그러나 세포는 발생한 변이를 즉시 원상복귀 시키는 DNA복구 효소를 준비하고 있다. 복구에는 복제 전 복구과 복제 후 복구의 두 종류가 있고, 전자로는 DNA 복제 전에 DNA상의 이상구조(異常構造)를 발견해서 복구한다. 후자는 새로 합성된 DNA 중의 잘못된 염기를 발견하여 복구을 수행한다. 다른 말로 하면, 변이란 'DNA복구가 달성되지 못한 결과'로 표현할 수 있다.

만일, 단일 사슬의 어떤 부위가 손상을 입었을 경우, 다른 한 쪽 사슬이 주형이 되어 변이장소를 복구한다. 단백질은 손상을 입어도 결국은 분해되는 화합물이 된다. 그러나 게놈은 복구되어야만 한다. 생체 내에서 변이를 피하기 위해서 매우 많은 DNA복구 메커니즘이 존재한다. 여기서는 그 중에서 2015년 노벨 화학상을 수상한 DNA 복구 메커니즘을 중심으로 알아보자.

(1) 직접 복구

DNA가 자외선을 받으면, DNA 중의 인접한 두 개의 티민이 공유결합으로 가교반응을 일으켜 티민 이량체(그림 1)인 피리미딘 이량체를 형성한다. 피리미딘 이량체는 이중나선에 적합하지 않기 때문에, 이것을 제거하지 않으면 복제와 유전자의 발현이 저해된다. 그러나 거의 모든 세포는 DNA photolyase라고 불리는 광회복 효소를 가지고 있으며, 피리미딘 이량체를 광화학적으로 절단하여, 원래의 단량체로 회복시킨다. 아지즈 산자르 박사는 DNA photolyase를 발견하고 대량 생산에도 성공하였을뿐 아니라 세균의 자외선 손상 복구 메커니즘을 규명하였다. 또한 '포톨라이에이스의 인간 버전이 생체 시계(circadian clock)에 관여한다'(56항 참조)는 사실도 추가로 밝혔다.

(2) 뉴클레오타이드 제거 후 복구(NER: nucleotide excision repair)

피리미딘 이량체는 뉴클레오타이드 제거 복구라고 하는 과정에서 복구된다. 대장균에서는 이 복구 과정에서 세 개의 효소가 필요하다(그림 2). 우선 uvrABC 엔도뉴클레에

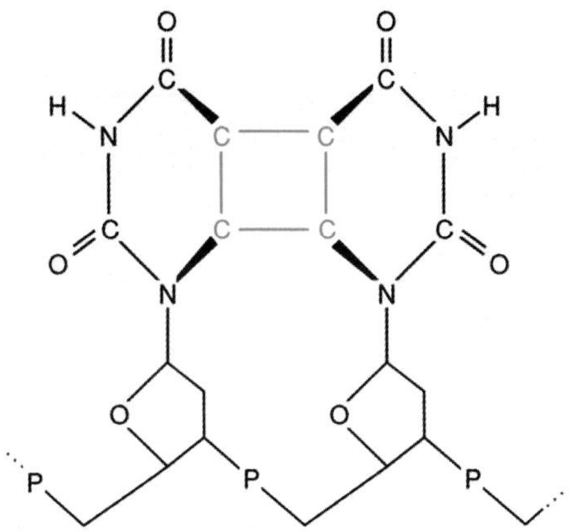

| 그림 1 | 티민 이량체

스(endonuclease)가 피리미딘 이량체에 의해 생긴 뒤틀림을 감지해서 손상을 입은 DNA 사슬을 2곳에서 절단한다(이 효소는 티민 이량체 이외의 DNA 손상도 잘라내는 것이 가능하다). 절단된 12잔기의 올리고 뉴클레오타이드는 이중나선에서 떨어지고, 다음으로 DNA 폴리머레이스 Ⅰ이 gap에 비집고 들어가서 새로운 DNA합성을 수행한다. 마지막으로 DNA ligase의 활동으로 새로이 합성된 DNA 사슬의 3′ 말단이 원래의 DNA 사슬과 연결된다. 아지즈 산자르 박사는 uvrA, uvrB, uvrC 유전자가 코딩하는 효소들를 동정, 분리하여 *in vitro* 연구를 통하여 이 효소들이 자외선 손상을 감지하여 손상된 뉴클레오타이드의 양쪽을 절단하는 기능을 규명하였다.

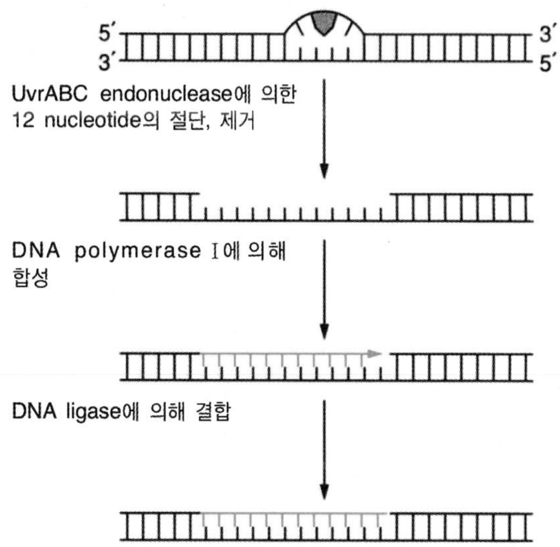

| 그림 2 | 피리미딘 이량체의 제거 복구

(3) 염기 제거복구(BER: base excision repair)

아데닌과 시토신은 자연조건 하에서 일정 속도로 탈아미노화 하여, 각각 hypoxanthine과 uracil이 된다. 토마스 린달 박사는 세균과 인간에서 DNA glycosylase라는 복구

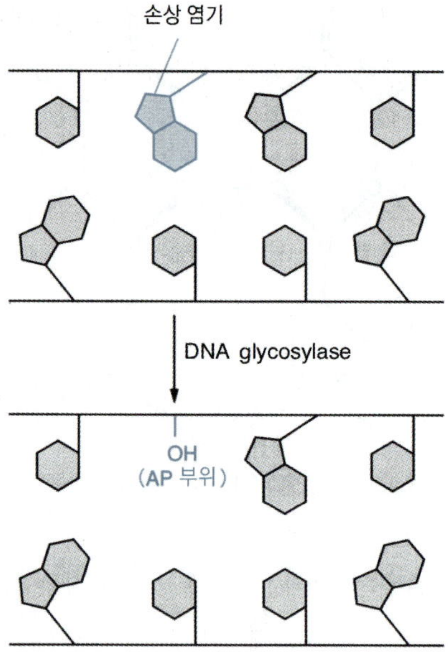

| 그림 3 | DNA glycosylase에 의한 손상 염기의 제거(AP 부위의 생성)

효소를 발견하고 *in vitro*에서 인간의 DNA 복구 과정을 재현하는데 성공하였다. DNA glycosylase는 이상(異常)염기를 인식하여, 손상 뉴클레오타이드의 glycoside 결합을 절단하고, deoxyribose에 염기가 결합하지 않는 AP 부위를 만들어 낸다(그림 3). AP 부위는 정상 생리적 조건 하에서도 glycoside 결합이 불안정하여 자연적으로 생기는 경우도 있다. 복구은 AP 부위를 함유하는 수 염기의 주변에 끊어지는 틈을 넣어 그 부위를 DNA 폴리머레이스가 끊어서 갭(gap) 부분을 합성하여 마지막으로 DNA ligase가 연결시킴으로써 완료된다.

(4) 불일치 복구(MMR: mismatch repair)

분자생물학자 메셀슨 박사는 여러 개의 불일치가 포함된 바이러스를 만들어(예를 들면, 시토신(C) 맞은 편에 티민(T) 대신 아데닌(A)을 배치하는 것) 이 바이러스를 세균에게 감염시켜 보니, 세균 내에서 불일치가 교정되는 것을 발견했다. 폴 모드리치 박사는 DNA adenine methylase(Dam 메틸레이스)라는 효소를 연구하면서 DNA 복구 메커니즘과 마추치게 된다. Dam 메틸레이스는 DNA에 메틸기를 붙이는 효소인데, 이 첨가된 메틸기가 표식으로 작용하여 DNA의 미스매치를 복구함을 발견한 것이다.

메셀슨 박사의 후속 연구로 모드리치가 발견한 Dam 메틸레이스를 이용하여 DNA 가닥 중 하나에 메틸기를 붙여 보았다. 그런 다음 바이러스를 세균에게 감염시켰더니, 세균은 '메틸기가 없는 DNA 가닥'을 일관되게 교정하였다. 그리하여 모드리치와 메셀슨은 다음과 같은 결론에 도달했다. "MMR은 세균이 보유한 천연 복구 메커니즘으로 DNA가 복제될 때 발생하는 불일치를 교정하며 이때 메틸기가 없는 가닥을 잘못된 가닥으로 인식하게 된다."

모드리치 박사는 MMR의 인간 버전도 연구했다. 그리하여 인간의 MMR은 99.9%의 정확성으로 DNA 불일치를 복구함을 밝혔다. 그러나 인간의 경우에는 오리지널 가닥을 확인하는 방법이 아직 확실히 밝혀지지 않았다.

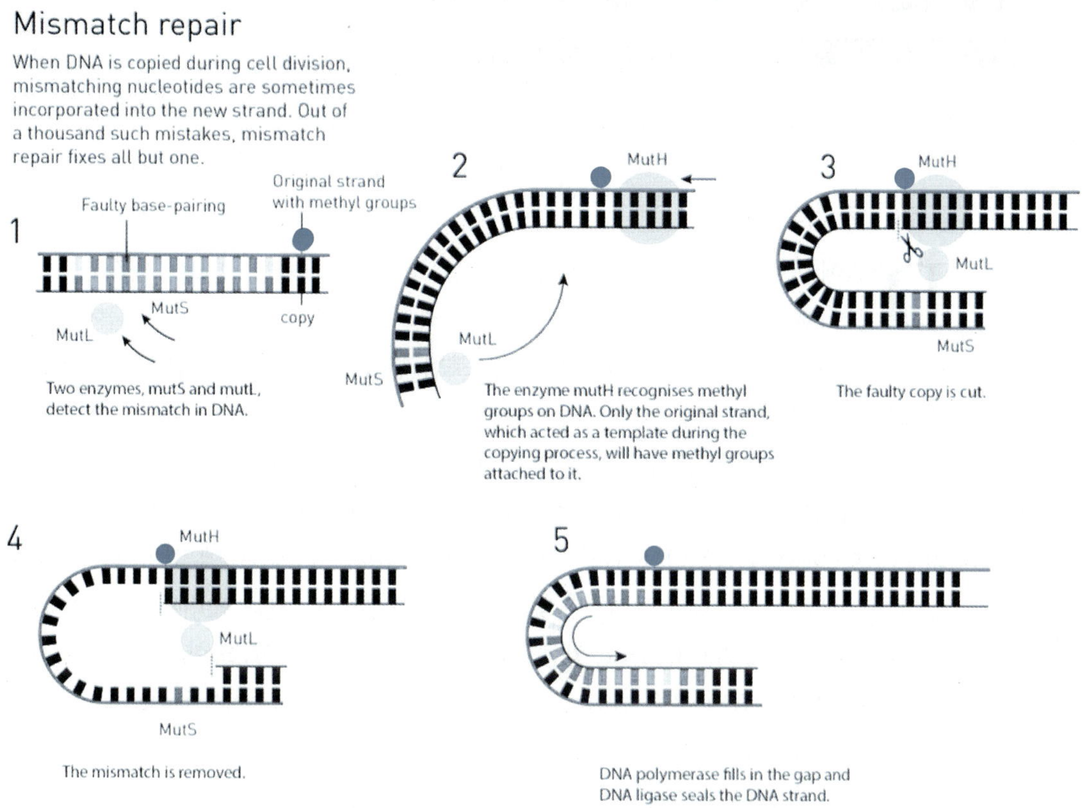

| 그림 4 | DNA 불일치 복구 메커니즘

Chapter 50

유전자의 재구성

遺傳子의 再構成, Gene Recombination

Key words

상동적 재조합(相同的再調合, homologous recombination), RecA 단백질(RecA protein), RecBCD 복합체(RecBCD complex), 홀리데이 모델(Holliday model), 부위특이적 재조합(部位特異的 再調合, site-specific recombination), 인테그라제(integrase), 통합숙주인자(統合宿主因子, integration host factor ; IHF), 전위(轉位, transposition)

DNA에 있어서 때로는 큰 영역이 움직이는 현상이 알려져 있다. 이 움직임의 현상에는 '재조합'과 '전위'의 두 가지가 존재하고, 그것들이 지금까지 생물에 있어서 진화의 요인의 하나라고 생각되고 있다. 재조합 현상은 상동적 재조합 및 부위특이적 재조합의 두 가지가 있다.

상동적 재조합은 특정 유전자와 그 유전자와 유사한 대립유전자•와의 사이에서 일어나는 재조합으로, 그것에 의해 생긴 DNA 사슬은 어버이 DNA의 일부가 다른 한 쪽의 어버이 DNA의 일부와 교체된 구조를 가지고 있다. 대장균 내에 있어서 이 현상이 일어나기 위해서는 RecA 단백질• 및 RecBCD 복합체[RecB는 헬리케이스(helicase), RecD는 뉴클레이스(nuclease)로 활동한다]를 주로 필요로 하고, 또한 DNA 복제 시 중요하게 여겨지는 단일 사슬 결합 단백질과 topoisomerase Ⅰ, DNA ligase 등도 상동적 재조합에 필요한 단백질로서 동정되어 있다. 재조합 메커니즘은 1964년 R. Holliday에 의해 제창되어 Holliday 모델이라고 불리고 있다(그림 1). 이 상동적 재조합은 대립유전자의 단순한 재조합을 의미하는 것뿐 아니라 DNA의 복구이라고 하는 의미도 있다. 이는 이중 사슬 DNA에서 양쪽 사슬 모두가 어떤 원인으로 손상을 받았을 때, 손상 받은 부위의 정보를 다른 닮은 유전자로부터 얻지 않으면 안 되기 때문이다. 따라서 재조합이 불가능한 생물은 손상을 받았을 경우 회복할 수 없고, 결과적으로 불가역적인 변이가 생기게 된다.

부위특이적 재조합은 숙주 세포 내에서 용원성 바이러스를 통하여 일어나는 것으로써, 상동적 재조합과는 다르게 특정의 DNA 배열에 대하여 특이적으로 인식하는 단백질이 관여하는 재조합이다. 람다파지(λ phage)•를 예로 들면 람다파지는 숙주 세포 내에서 환상 λDNA로 존재하고, 숙주 유래의 단백질과 λ 단백질에 의해서 숙주 세포 내에서 복제된다. 또한 그 환상 λDNA는 숙주 염색체의 특정부위와의 사이에서 재조합을 일으키고 염색체의 일부로서 삽입된다. 대장균에 있어서 그 특정 부위는 갈락토스 오페론과 비오틴 오페론 사이에 존재한다. 그 특정 부위는 attB라고 불리고, 람다파지가 지정하는(코딩하는) 인테그라제(integrase)라고 하는 단백질의 부위를 인식하여 절단한다. 그리고 그곳에 대장균 유래의 통합 숙주인자(IHF)가 작용하여, 최종적으로 염색체 DNA에 편입시킨다.

전위라는 현상은 염색체 또는 플라스미드의 어떤 유전자가 다른 염색체와 플라스미

•대립 유전자

Allele, '어릴' 또는 '애릴'로 불린다. 상동염색체의 같은 장소에 위치하고, 기능적으로도 유사한 유전자를 말한다. 서로 구별되는 유전적 변이체이고, 동일한 유전자 자리에서 일어난 염기 배열의 변이에 의해 생성된다.

•RecA 단백질

DNA의 재조합에 관여하는 분자량 약 40,000의 단백질이다. ATP존재 하에서 단일 사슬 DNA와 결합한 후 상보적인 이중 사슬 DNA내의 영역을 부분적으로 풀어서 단일 사슬과 결합시킨다. 이러한 활동으로 DNA의 재조합을 유발시킨다.

•λ phage

대장균 K12주(연구재료로서 광범위하게 이용되는 대장균 종류)에 용원화(용원화, 溶原化)한 무엇보다 유명한 template phage이다. 선상(線狀)의 이중 사슬 DNA를 갖는다.

드, 또는 같은 염색체와 플라스미드 내의 다른 부위로 옮겨가는 현상을 말한다. 이것은 '트랜스포손'(51항)에서 상세하게 소개하겠지만, 좀 더 설명하면, 이 전위라 하는 현상은 생물을 무엇보다고 급속하게 진화시킨 요인으로써 주목 받고 있다. 이렇게 하여 여기서 소개한 재조합과 전위에 의해서 새로운 유전자의 재조합물이 형성되게 된다. 재조합과 전위의 다양한 과정에 의해서 생물은 진화하는 것이 가능하였고 또한 적응력과 다양성을 획득하게 되었을 것이다.

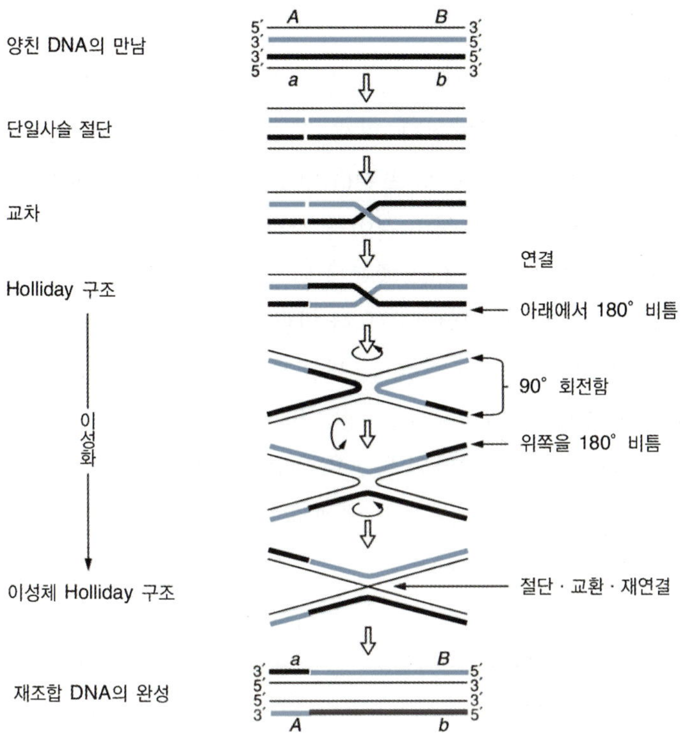

| 그림 1 | 상동적 재조합의 Holliday 모델

Chapter 51

트랜스포손

Transposon, Tn

Key words

트랜스포제이스(transposase), 역방향 말단반복 배열(inverted terminal repeat), 결실(缺失, deletion), 역위(逆位, inversion), 중복(重複, duplication), 리졸베이스(resolvase)

"움직이는 유전자"에 관해서는「유전자의 재구성」(50항)에서 소개한 것처럼 몇 개의 예가 생물계에 존재한다. 현재, 그 중에서도 가장 일반적으로 잘 알려져 있는 전위성(轉位性) 유전자가 트랜스포손(Tn)이다. 트랜스포손은 DNA 상의 어떤 부위에서 다른 부위로 전위하는 특정의 길이를 가진 유전인자를 말한다. 이 유전인자의 무작위적으로 전위한 결과 결실, 역위, 중복을 일으킨다(그림 1). 이것들이 DNA의 조합을 유도하고, 게놈의 재편성과 진화에 중요한 역할을 하고 있다고 생각된다.

트랜스포손의 전위에는 transposase라는 핵산 분해 효소가 필요하고, 게다가 그 transposase 유전자 자신이, 전위하는 트랜스포손 내에 코드되어 있는 것을 특징으로 들 수 있다(그림 2). 트랜스포손의 또 하나의 특징은 유전인자의 양 끝에 약 20 염기쌍으로 된 역방향의 말단 반복 배열(염기 배열을 반대에서 보면 같은 배열)이 존재하고, 그 반복

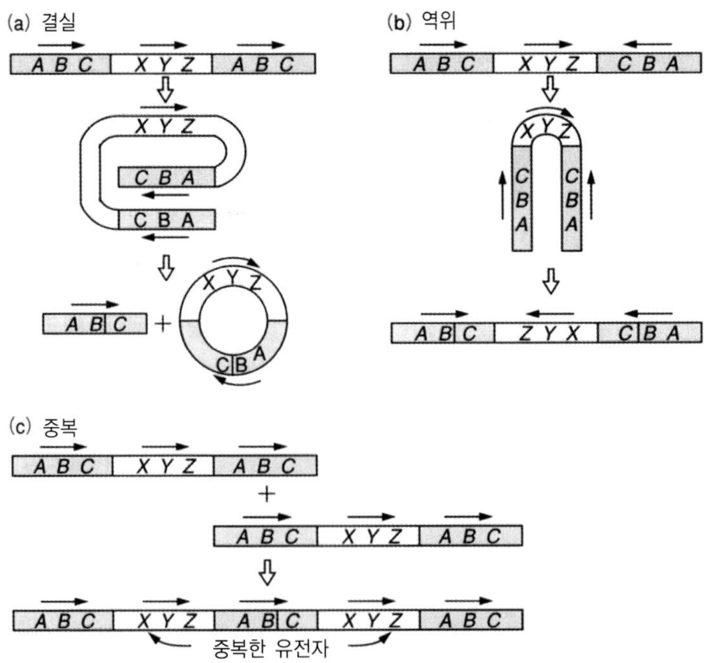

| 그림 1 | 트랜스포손에 의한 결실, 역위, 중복의 기구

L. Stryer, "Biochemistry," Fourth Edition, W. H. Freeman and Company(1995), Fig. 32. 20을 일부 개변.

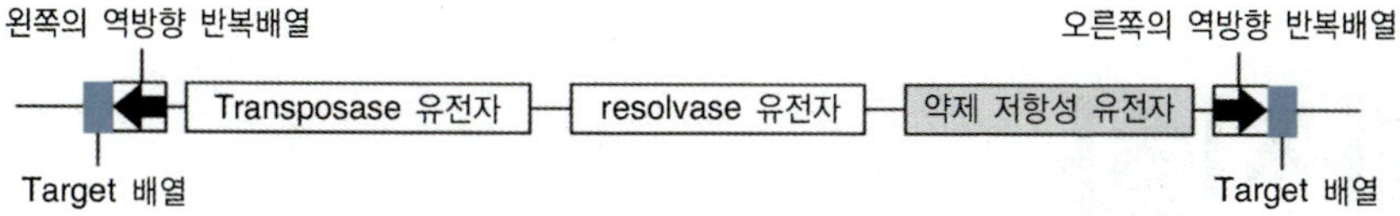

| 그림 2 | 약제저항성 plasmid에 존재하는 트랜스포손의 일반적 구조

배열에 transposase가 결합하여 DNA를 절단한다는 것이다. 따라서 유전인자는 그 반복 배열을 경계선으로 하여 움직일 수가 있고, 사실상 염색체의 어느 부위로도 이동할 수가 있다. 또 트랜스포손의 전위에는 transposase 이외에 resolvase, DNA polymerase I 및 DNA ligase를 필요로 하고 있다.

트랜스포손에 의해 어떤 유전자 내에 다른 유전자가 삽입되면, 삽입을 받은 유전자의 대부분은 기능하지 않게 된다. 그러나 삽입하는 유전인자 내에는 transposase를 발현시키기 위한 프로모터가 존재하고, 그것에 의해 드물지만 근접하는 유전자의 발현을 증가시킬 수도 있다. 또 앞에서 말한 유전자의 결실과 역위, 중복에 있어서도 그 때마다 다른 양상을 나타낸다. 그와 같은 대표적인 것으로 옥수수 열매•의 색의 연구가 유명하다.

트랜스포손에는 무작위적으로 위치를 이동하는 것과(다양한 변이를 일으킨다), 어떤 부위에 대해 특이적으로 이동하여 효과적인 유전자 교환(axon shuffling)을 유도하는 것이 있다. 또 보통은 거의 움직이지 않지만, 어떤 시기에 복수의 트랜스포손이 급격히 움직이는 "돌연성 전위"를 일으키는 수가 있다. 이것에 의해 단기적으로는 그 생물에 있어 불이익이 되어도 장기간으로 보면 종의 보존에 유용한 변이를 일으킨다고 생각된다. 이상의 사실에서 트랜스포손은 생물을 진화시켜 나가는 큰 원동력이라고 생각된다.

•옥수수의 연구

약 60년 전, 여성과학자 B. McClintock에 의해 옥수수 열매의 색깔과 잎의 반점의 모양에 변화가 있다는 것이 관찰되었다. 당시에는 이것이 그때까지 밝혀져 있었던 유전의 법칙에 의해서는 전혀 설명이 안되고 예외적인 현상으로 생각되었다. 그러나 그 후, 이 현상은 트랜스포손에 의해 청색유전자 내로 유전인자가 삽입되고, 그 기능을 붕괴시킨 것이 원인임을 알게 되었고, 그 결과 군데군데 색이 없는 열매가 존재하고 있다는 사실이 밝혀 졌다. 더욱이 삽입하고 있는 유전인자가 착색 유전인자에서 빠져나올 때 그 착색 유전자를 정상으로 되돌린다는 사실도 밝혀졌다. 또, 트랜스포손의 종류에 따라 착색되는 방법이 다르다는 것도 관찰되었다. McClintock 박사는 트랜스포손의 개념을 제창, 정립한 공로로 1983년 노벨 생리의학상을 단독으로 수상하였다.

Chapter 52

분자진화

分子進化, Molecular Evolution

Key words

분자시계(分子時計, molecular clock), 중립설(中立說, neutral theory)

생물의 종과 형태의 결정을 담당하고 있는 것은 유전자 및 그것이 번역되어 생긴 단백질이다. 생물의 진화에 있어서는 개체의 DNA의 염기 배열에 치환이 일어나고, 단백질의 아미노산 배열, 나아가 입체구조의 변화에 영향이 미쳐, 그 치환이 자연선택에 대해 불리한 것은 소멸하고, 유리한 것과 그 어느 쪽도 아닌 것이 모여 집단으로 고정되어 현재에 이르렀다고 생각할 수 있다. 결국 생물진화에 기본적 메커니즘은 분자진화이다. 분자진화는 유전자의 재조합, 전위, 중복 등의 결과 생기는 변이의 축적과 구조의 재편성에 의해 생물진화에 부속하여 서서히 게놈상에서 일어나는 변화이고, 생체고분자의 진화과정, 진화기구, 계통관계 등의 진화현상의 총체를 이른다.

따라서 특정의 DNA의 염기 배열과 특정의 단백질의 아미노산 배열을 종간(種間) 비교함에 따라 분자 수준에서 진화의 족적을 알아볼 수 있다. 즉, 서로 다른 생물 종의 상동 단백질의 아미노산 배열과 그 유전자의 염기 배열을 비교하여, 돌연변이가 진화의 과정에서 어느 정도의 속도로 종 내에 축적해 왔는가를 추정하는 것이다. 이것에 의해 계통수의 제작, 진화속도의 산출, 유전자 중복의 유무, 분기, 수렴 등의 정보가 얻어진다.

예를 들면, 포유동물의 헤모글로빈 α 사슬은 141개의 아미노산 잔기로 이루어 진다. 사람과 고릴라에서는 한 곳만 아미노산 배열이 다르다. 사람과 말에서는 18 곳이 다르다. 이와 같은 아미노산 치환의 수를 화석 등에서 추정된 생물종의 분기연대로 나누면 연 치환율이 구해진다(그림 1). 사람과 말의 경우라면, 그 공통 선조는 약 8,000만년 전에 있었다고 여겨지기 때문에, 헤모글로빈 α 사슬의 치환 아미노산 수 18을 년 수로 나누고, 분기점의 의미로 2로 나눈다.

$$18 \div (8 \times 10^{7}) \div 2 \fallingdotseq 1 \times 10^{-7}$$

결국 헤모글로빈 α 사슬에 있어서는 1,000년 당 하나의 아미노산 잔기가 치환된다는 사실이 된다. 이 값을 분자 진화속도라 하고, 하나의 단백질에 주목하는 한, 동물의 종류에 관계없이 거의 일정하다는 사실을 알 수 있다(그림 1). 이 일정성은 시계바늘이 시간을 나눠 새기는 것과 닮아 분자시계라 한다. 이것은 단백질 분자의 아미노산 배열 중의 치환의 수를 조사하는 것으로, 반대로 진화에 걸리는 시간을 추정할 수 있다는 사실도 된다. 그러나 진화속도는 단백질의 종류가 다르면 크게 다르고, 예를 들어 fibrino-

• 계통수

주목하는 유전자의 염기 배열과 아미노산 배열을 이용하여, 배열상의 차이에서 염기 치환 수와 아미노산 치환 수를 추정하고, 그것들을 진화적인 거리로 하여 계통수를 제작할 수 있다(이것을 분자계통수라 한다)(그림 1). 이와 같이 하여 제작한 분자계통수는 "생물종 계통수"와는 반드시 일치하지 않는다는 사실에 주의할 필요가 있다. 유전자 level에서는 생물종이 분기하기 이전에 전위와 중복이 일어나 있는 경우가 많고, 그와 같은 유전자의 분자계통수는 생물종 계통수와는 전혀 다른 경우가 있다. 생물종 계통수에 있는 분기는 종 분화를 나타내고 있고, 이것은 선조 종의 생물집단이, 지리적인 격리 등, 때문에 교잡이 불가능한 두 개의 그룹으로 분단된다는 사실로 인해 일어난다.

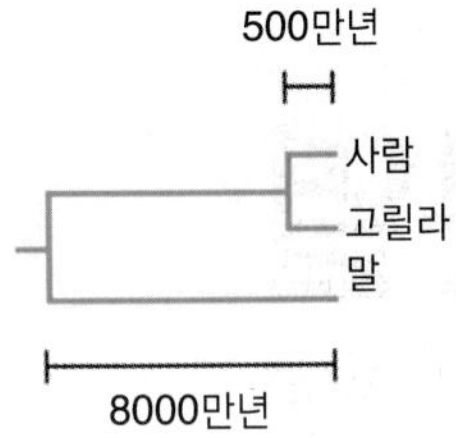

$$\text{분자진화속도} = \frac{\text{아미노산 잔기 치환수}}{\text{분기연대} \times 2}$$

| 그림 1 | 헤모글로빈 α 사슬의 분자계통수와 분자진화속도의 계산

peptide의 매 1억년의 진화속도가 9.0인 것에 비해 cytochrome c에서는 0.3이다. 이 진화속도의 차이는 각각의 단백질이 갖는 기능적 제약의 정도에 따라 다르다고 생각된다.

세대의 길이와 집단의 크기에 관계없는 진화속도의 일정한 성질은 선택에 대해서는 유리하지도 불리하지도 않은 중립적인 변이를 생각할 수 있다. 즉, 분자진화에 있는 치환의 대부분은 중립적인 변이의 우연적인 고정에 의한 것으로 생각하는 중립설이 그것이다. 이 중립설은 木村資生(Kimura motoo)•에 의해 제창되어 L. King, T. Jukes들의「비 Darwin 진화」라는 논문과 함께 분자진화 연구의 기반이 되고 있다.

•**木村 資生(Kimura Motoo)**
아이치현 오카자기시(愛知縣 岡崎市) 출신. 1924년생. 1947년 교토대학 이학부를 졸업하고, 농학부 조교수가 된다. 1949년 시즈오카현 미시마시(三島市)에 있는 국립 유전자 연구소 연구원이 되었다. 일본 유전학회 회장 등을 역임하고, 1984년에 동 연구소 교수가 되어 1988년에 퇴임하였다. 1994년 70세의 생일날에 서거. 1968년, 분자수준에서의 진화는 생존 경쟁에 유리하지도 불리하지도 않는 돌연변이가 종 내에 축적된 결과라는「분자진화의 중립설」을 발표하였다. 이 논문은 Darwin의 자연도태설에 반하는 것으로써 국제적인 논쟁을 불러 일으켰지만, 그 후의 연구로 중립설에 유리한 증거가 많이 등장하고, 유전학의 진보에 의해 현재로써는 그 설이 정착해 있다. 1968년에 일본 학사원상, 1976년에 문화훈장, 1987년에는 미국학술원 Carty상을 수상. 1992년에는 일본인으로써 처음으로 영국 왕립협회에서 Darwin 메달을 받았다.

한편, 생물공학 산업에서는 많은 단백질과 효소가 이용되고 있지만, 때로는 변이도입에 의해 유전자의 염기 배열을 변화시켜, 원하는 아미노산 배열을 갖는 단백질로 개량할 수도 있다. 이 단백질의 기능 개변에 분자진화의 개념을 받아들인 것이 진화공학이다(85항 참조) 즉, 수백만 년에 걸쳐 일어난 분자진화를 시험관 속에서 재현함으로써 유용한 변이를 발견한다는 것이다. 미국의 프란시스 아널드 박사는 효소를 대상으로 이 기법을 최초로 개발하여 2018년 노벨 화학상을 수상하게 된다.

Chapter 53

세포주기와 세포분열

細胞週期와 細胞分裂, Cell Cycle and Cell Division

Key words

cdc 변이체(cdc 變異體, cell division cycle control mutant), cyclin 의존성 프로틴 키네이스(cyclin-dependant protein kinase ; Cdk), 사이클린(cyclin)

진핵세포의 분열 및 증식은 세포주기 조절기구에 의해 제어된다. 세포주기란 G_1기(DNA 합성준비기), S기(DNA 합성기), G_2기(분열준비기) 및 M기(분열기)로 된 진핵세포의 생활주기이다(그림 1). 세포분열은 염색체 DNA 복제 직후의 G_2기에서 개시되어 다음의 순서로 진행한다. ① **간기(G_2기)**: 자매염색체 분체는 분산해 있지만, 중심체가 복제되어 작은 딸 중심체가 형성된다. ② **분열전기**: 각 중심체가 세포의 양 극으로 이동하여 방추체극을 형성하고, 염색체의 응축이 개시되고, 핵막이 붕괴된다. 다음에 centromere로 이어진 2개의 자매염색체 분체의 동원체에, 방추체에서 나온 방추사가 접착한다. ③ **분열중기**: 세포의 적도면에 염색체가 정렬한다. ④ **분열후기**: 2개의 자매염색체 분체는 독립한 염색체로 분리하고, 각각 각 극에 방추사에 의해 운반된다. 동시에 세포질 분열이 개시되고, 세포의 적도면에 분열구가 형성된다. ⑤ **분열종(終)기**: 새로운 핵막이 딸핵 주변에 형성되고, 방추사, 방추체, 염색체는 풀어져 보이지 않게 된다. 그리고 소실됐던 핵소체가 핵 내부에, 또 중심소체가 핵 밖에 출현한다. 그 후, 세포는 G_1기로 이행한다. 세포가 분화, 노화, 및 아포토시스(세포사, 54항 참조) 등으로 이행할 때는 M기 종료 후에 G_0기(정지기)로 진행한다는 것이 알려져 있다. 포유류의 배양세포에서는 S기는 약 6~8시간, G_2기는 약 3~5시간, M기는 약 1시간과 세대시간에 관계

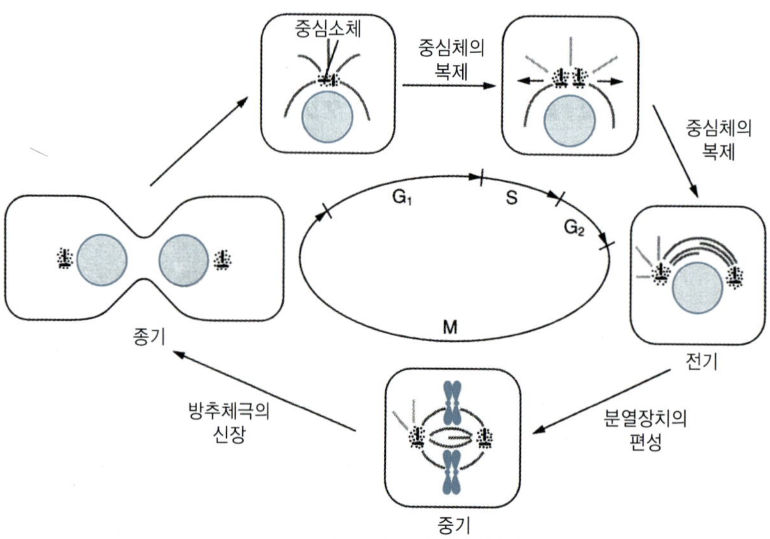

| 그림 1 | 세포분열과 세포주기

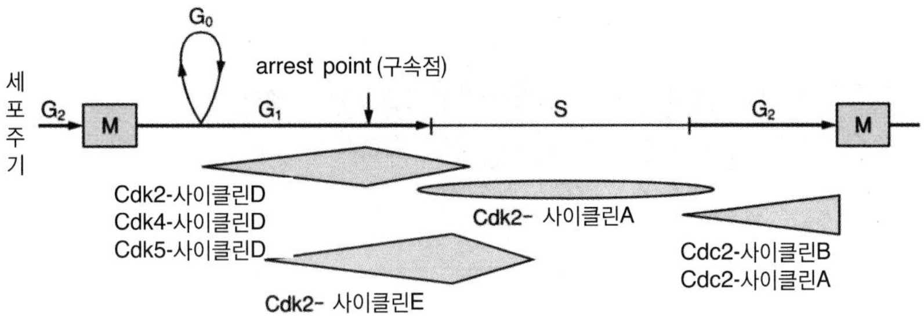

| 그림 2 | 세포주기와 Cdk-cyclin 복합체의 관계

없이 일정하지만, G_1기의 길이는 세포의 상태에 따라 크게 변한다.

세포주기를 추진하는 분자 기구의 해명은 효모의 온도감수성 cdc 변이주를 이용한 연구로 그 포유동물 homolog의 해석에서 크게 진전하여, cyclin이라는 분자군이 세포주기에 관여한다는 사실이 밝혀졌다(그림 2). 각 cyclin의 발현양은 세포주기에 의존하여 엄밀히 조절되고 있고(그림 3), cyclin에 의해 활성화되는 cyclin 의존성 serine- threonine protein kinase(Cdk)의 작용을 통하여 세포주기가 엄밀하게 조절되고 있다. 포유동물의 cyclin(그림 4)과, 대응하는 Cdk의 관계를 표 1에 나타내고 있다. 포유동물에서는 우선 증식인자에 의해 G_1 cyclin(특히 D)이 발현 유도되어 Cdk2와 결합하여 인산화 활성을 증진시켜, 각 종 전사인자(예를 들면 Rb 단백질)를 인산화시켜, G_1기 진행에 필요한 유전자 발현을 촉진한다는 사실이 판명되었다. 최근에는 Cdk2 및 Cdk4와 특이적으로 결합하여 인산화 활성을 강력히 저해하는 분자군(Cdi1, Cip1/Waf1/Sdi/Cap20, Kip1, $p16^{Ink4}$ 등)이 발견되어 있고, 세포노화 등에 관계하는 G_0기 형성에 중요한 역할을 담당하고 있다는 것도 판명되었다.

포유동물의 DNA 복제완료(S기 종료)로부터 세포분열기(M기)로의 이행에는 Cdk1과 B형 Cyclin의 복합체가 중심적인 역할을 담당하는 것이 알려져 있다. 구체적으로는 G_2기 직전에는 이 복합체는 Wee1 tyrosine kinase로부터 인산화를 받아 불활성형이지만, G_2기 도중에서 Cdk25 tyrosine phosphatase가 활성화되어 복합체를 탈 인산화하여 인산화 기능을 증진시킨다는 사실이 판명되었다. 그 결과, 복합체 중의 Cdk1은 histone H1, lamine B, RNA polymerase II 등의 핵 단백질을 중심으로 인산화 시키고, 세포분열에 필요한 단백질 합성 등이 촉진된다고 생각된다.

표 1 각 cyclin의 Cdk

cyclin	Cdk
A	Cdk1/Cdk2, Cdk2
B1	Cdk1/Cdk2
D1, D2, D3	Cdk2, Cdk4, Cdk6
E	Cdk2

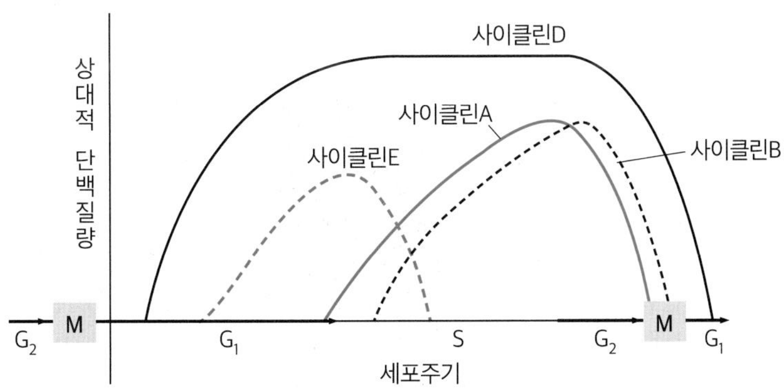

| 그림 3 | cyclin 단백질 양의 주기적 변동

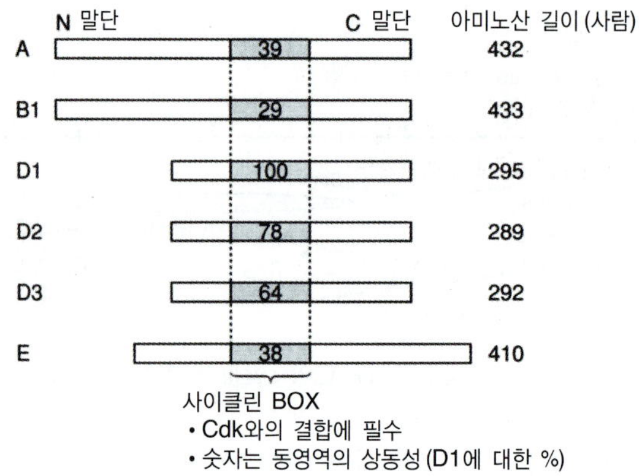

| 그림 3 | cyclin의 구조

이외에 cyclin C, H, I, J 등 다수 존재한다.

세포주기 연구의 앞으로의 과제는 세포주기를 끝없이 계속하는 암과 같은 세포주기 변형의 분자 기구, 그리고 DNA 복제와 복구가 완료된 것을 전달하는 분자 기구의 해명 등이 있다.

Subnote

• cyclin과 cyclin의존성 protein kinase

현재까지 적어도 10종류의 cyclin이 포유류 세포에서 발견되어 있고, 이것들의 농도는 세포주기 과정에서 주기적으로 변화한다는 것이 알려져 있다. 한편, cyclin 의존성 protein kinase(Cdk)는 현재까지 포유류 세포에서 Cdk1/Cdc2(Cdc2는 출아 효모 연구에서 붙여진 명칭이고, 어느 쪽을 사용해도 상관없다), Cdk2, Cdk3, …Cdk9까지에 적어도 9종류가 단리 되어 있다. 각 cyclin은 분자 중간쯤에 위치하는 cyclin box를 통하여, 몇 개의 Cdk가 서로 다른 친화성으로 결합하여, 세포주기에 따라 필요한 Cdk의 특이적 활성화가 가능하다.

더욱이 cyclin-Cdk 복합체의 억제기구는 세포주기가 폭주하지 않도록 다양한 분자 기구가 관여하는 것으로 알려져 있다. 예를 들면, 대표적인 G_1 cyclin인 cyclin D는 주로 Cdk4와 결합하여 활성화를 하지만, Cdk4는 cyclin D와 상호 작용하기 전에는 INK4 단백질(inhibitors of Cdk4 ; $p16^{Ink4}$ 등)이 Cdk4의 cyclin 결합 부위를 결합하여 저해하고 있다는 것이 판명되었다. 또, cyclin D-Cdk4 복합체가 형성되어도 cyclin H-Cdk7 복합체(별명 cyclin-dependent kinase activating kinase ; CAK)에 의하여 Cdk4의 172위의 threonine 잔기가 인산화되지 않으면 활성화할 수 없게 되어 있다. 더욱이 cyclin D-Cdk4 복합체에 대해, Cdk 활성을 저해하는 Kip1등도 작용하고 있다. 이와 같이 이중 삼중의 제거기구에 의해 cyclin-Cdk 복합체가 세포 내에서 신중하게 활성화하도록 조절되어 암화 등의 비상사태에 처하지 않도록 하고 있다.

• 효모와 포유동물

단순 진핵생물인 출아 효모는 변이체 취득, 포자형성에 의한 단수체(haploid) 취득, 및 교잡도 용이하고, 유전학적 해석에 적당한 소재지만, 이와 같은 특징은 사람을 시작으로 하는 포유동물에 있어서는 보이지 않는다. 그러나 출아 효모에는 포유동물과 극히 유사한 세포 내 정보전달기구가 존재한다는 것도 판명되었다. 특히, 세포주기 연구에 있어 출아 효모 연구의 역할은 지대하였다. 포유동물의 세포주기 제거기구에서는 아직 발견되지 않은 분자군이, 효모에서는 Cdc2에 의해 전 세포주기가 기본적으로 작동하기도 하여, 완전하게는 포유동물과 일치하지 않는다는 사실도 판명되어 있다. 2001년 효모의 세포주기에 관여하는 주요한 인자(Cdc)의 발견 공로로 L.H. Hartwell, T. Hunt, Sir P.M. Nurse 3명이 노벨 생리의학상을 수상하였다.

아포토시스

Apoptosis

Chapter 54

올챙이가 개구리로 될 때에는 꼬리가 없어진다. 또 태아의 손가락이 형성될 때에는 손가락과 손가락 사이에 물갈퀴 같은 부분이 탈락한다. 이와 같이 다세포 생물에서는 세포는 증식, 분화할 뿐만 아니라 제어된 죽음을 불러 올 필요도 있다. 그것을 위해 세포에는 유전자적으로 프로그램이 짜인 자살 장치가 존재하고, 무엇인가의 자극을 받았을 때 작동하게 된다. 이와 같이 계획적인 세포 내 장치에 의해 일어나는 세포의 죽음을 아포토시스(apoptosis)라고 부르고, 상해 등에 의해 일어나는 우발적인 세포사인 네크로시스(괴사, necrosis, 壞死)와 구별한다.

아포토시스를 일으킨 세포는 표면이 평활하게 되어 체적이 감소한다. 또 chromatin의 응축과 핵의 단편화가 일어나고, 뒤이어 세포 자체가 단편화 된 아포토시스 소체가 형성된다. 이 아포토시스 소체는 macrophage• 등의 식(食) 작용에 의해 제거된다. 괴사에서는 세포가 파괴되어 용출한 내용물이 신호가 되어 백혈구가 모이고, 주변에 염증이 일어난다. 이것에 비해 아포토시스에서는 아포토시스 소체로의 단편화에 의해서도 세포의 내용물은 누출되지 않기 때문에 염증 반응은 일어나지 않고, 주위의 조직은 영향을 받지 않는다. 아포토시스는 설명한 것처럼 발생 과정에서의 역할과 함께 돌연변이 등에 의해 유해하게 된 세포를 배제하는 역할도 담당하고 있다고 생각된다.

아포토시스를 일으키는 신호는 TNF•, Fas ligand• 등 사이토카인(61항 참조)의 수용체와의 결합, 바이러스 감염, 방사선 피폭이라고 하는 세포 밖으로부터의 요인과, 세포 내 Ca^{2+} 농도, 아미노산, 핵산 대사계의 변동 등의 내적 요인으로 크게 구별된다. 이러한 다양한 신호들이 세포 내의 다양한 정보전달계(55항 참조)와 복잡하게 작용하여, 세포를 아포토시스로 이끈다. 한편, 아포토시스의 실행 과정은 카스페이스(caspase)라 불리는 일군의 protease에 의한 단백질 분해의 연쇄 작용과 DNA의 단편화라는 공통의 과정을 갖는다. 십 수 종류 발견되어 있는 사람의 카스페이스는 아포토시스 유도 신호에 의해 자기 소화되어 활성화 하는 상위의 카스페이스(caspase 8, 9, 10 등)와 상위의 카스페이스에 의한 한정 분해의 결과, 활성화된 하위의 카스페이스(caspase 3, 6, 7 등)로 나누어진다. 예를 들면 Fas를 사이에 둔 아포토시스(그림 1)에서는 Fas ligand의 결합에 의해 Fas 수용체가 다량체화하고, 이것이 카스페이스 8의 전구체를 활성화한다. 활성화된 카스페이스 8은 하위의 카스페이스인 카스페이스 3, 6, 7을 활성화한다. 활성화된 카스페이스 6은 핵막의 안쪽 단백질인 lamin을 분해한다. 카스페이스 3은 액틴과

Key words

네크로시스(necrosis), 종양괴사인자(腫瘍壞死因子, tumor necrosis factor: TNF), Fas, 카스페이스(caspase), p53, bcl-2, 자기면역질환(自己免疫疾患, autoimmune disease)

•Macrophage(매크로파지)

운동성이 풍부한 식세포에서 체내에서 생긴 죽은 세포와 외부에서 침입한 세포 등 이물을 거둬들여, 소화하여 제거하는 기능을 갖는다.

•TNF(Tumor Necrosis Factor)

종양괴사인자는 TNF-α와 TNF-β가 있고, 보통은 TNF-α를 가리킨다. TNF-α는 분자량 약 17,000의 단백질로, 활성화된 macrophage 등이 생산하는 사이토카인(cytokine)의 일종이다. 배양한 암세포에 괴사를 일으키는 것과 동시에 어떤 종의 암세포에서는 아포토시스를 유도한다.

•Fas와 Fas ligand

Fas는 포유류의 세포 표면에 있는 아포토시스의 유도 신호를 전달하는 수용체이고, 분자량 45,000의 막 단백질이다. 세포 외 영역에는 TNF와 신경성장인자 수용체군에 특징적인 domain이, 또 세포질 측에는 TNF 수용체 I형과 상동성을 갖는 영역(death domain이라 불리고, 아포토시스 유도 신호전달에 중요한 역할을 한다)이 존재한다. 한편, Fas ligand는 TNF군에 속하는 II형의 막 단백질로, Fas에 결합하여 아포토시스를 유도한다. 세포막에 있는 프로테이스로 잘라져 가용성이 된 Fas ligand로도 활성을 갖는다.

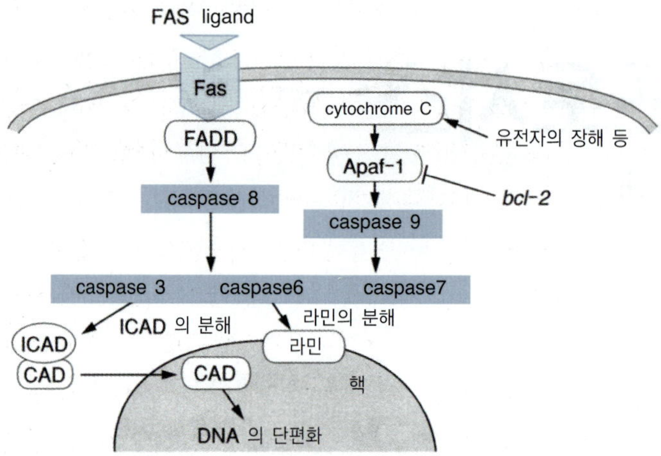

| 그림 1 | apoptosis의 경로

아포토시스의 경로는 다양하지만, 여기서는 세포 외의 신호에 의해 일어나는 caspase 8을 사이에 둔 경로와 세포 내 신호에 기초한 caspase 9를 경유하여 일어난 경로에 관해 설명한다. 세포 외에서의 신호인 Fas ligand가 Fas에 결합하면, Fas와 FADD(Fas에 관련하는 death domain), caspase 8이 다량체화하고, caspase 8의 활성화가 일어난다. Caspase 8은 불활성형인 caspase 3, 6, 7을 활성화한다. 이들 caspase는 lamin, ICAD 등 다양한 단백질의 한정 분해(limited proteolysis)를 통해 세포의 아포토시스를 유도한다(본문 참조). 한편, 유전자의 장애와, 발생 등의 유전적인 프로그램에 기초한 아포토시스에서는 미토콘드리아에서 cytochrome c가 유출된다. cytochrome c가 caspase의 활성화 인자인 Apaf-1(apoptosis protease-activating factor-1)과 결합하면, caspase 9의 활성화가 일어나고, 그 결과 caspase 3, 6, 7이 활성화된다. bcl-2는 Apaf-1의 활성을 억제함으로써, 아포토시스를 억제한다.

CAD(DNA 분해 효소의 일종, caspase-activated DNase)의 활성발현을 억제하고 있는 ICAD(inhibitor of CAD)를 분해한다. 그 결과, 활성화된 CAD는 핵에 이행하고, DNA를 절단한다. 이 외에도 다양한 반응이 연쇄적으로 일어나 아포토시스가 진행한다.

그런데 세포에는 여러 종의 아포토시스 제어인자가 존재한다. 예를 들면, 암 억제 유전자로 알려진 *p53*은 아포토시스를 촉진하는 유전자이다(78항 참조). *p53*을 결실(缺失)한 백혈구 세포주에 야생용 *p53*을 도입하면, 세포는 G_1기에서 정지한 후에 아포토시스로 유도된다. 또 *p53*을 결손한 쥐는 방사선 등에 의해 아포토시스의 유도가 어렵게 된다. *p53*은 DNA에 손상이 생긴 경우에, 세포주기를 정지시켜 손상을 복구하는 시간을 주는 동시에 복구가 불가능할 경우에는 세포의 아포토시스를 유도한다. 한편, 사람의 암 유전자• 로 단리된 *bcl-2*는 그림 1에 나타난 것처럼 caspase 9에 작용하여 아포토시스를 억제한다. *bcl-2*에는 다른 암 유전자와 같이 세포 증식의 촉진 작용은 없고, *bcl-2*를 고발현시킨 경우에 일어나는 세포의 암화는 유전자에 상해를 받은 세포가 본래 가야 하는 아포토시스가 억제되기 때문이라고 생각된다.

•암 유전자

세포에 존재하고, 돌연변이가 일어난 경우, 세포의 암화를 가져오는 유전자군을 말한다. 암 유전자가 활성형의 돌연변이를 가진 상태에서 바이러스 genome 중에 존재하는 바이러스성 암 유전자도 있다. 이들 암 유전자가 code하는 단백질은 증식인자와 protein kinase, 전사인자 등, 세포의 증식, 분화 등에 관여하는 것이 많다. 암 유전자가 돌연변이에 의해 활성화되면, 세포 증식 신호가 과대하게 전달되어 세포를 무제한으로 증식시켜 세포를 암세포로 만든다.

암 이외의 질병에서도 아포토시스와 관계되는 것들이 많다. 예를 들면 자기면역 질환은 본래 아포토시스에 의해 제거되어야 할 자기반응성의 T 세포의 제거에 문제가 일어난 결과라고 생각된다. 면역계에서는 모든 항원에 대응하는 수용체를 DNA의 재편성에 의해 만들어 내고 그 하나 하나를 임파구(T 세포)상에 발현시킨다. 이 DNA의 재편성은 random하게 일어나므로, 당연히 자기반응성의 임파구도 생길 수 있다. 건강한 사람의 면역계는 일반적으로 자기반응성을 나타내지 않지만(자기관용), 이것은 자기

반응성의 임파구를 없애기도 하고 불활성화 시키기도 하는 기구가 존재하기 때문이다. "마이너스의 선택"은 그 하나로써, 높은 자기항원 친화성 수용체를 갖는 임파구가 아포토시스로 제거되는 기구이다. 만일 Fas 유전자에 변이가 생기는 등으로 아포토시스가 일어나지 않게 되면, 자기반응성의 임파구가 살아남아 자신의 성분과 조직을 공격하는 자기면역 질환이 일어난다.

표 1 아포토시스와 괴사의 차이점

세포 내 현상	아포토시스	괴사
핵	크로마틴 응축, 단편화	응축 안됨
세포	수축됨	수축 안됨
세포막	보존	파괴
DNA fragmentation(단편화)	규칙적	비규칙적
Phosphatidylserine	세포 표면으로 노출	불변
Caspase	활성화	비활성
초기 단백질 분해	특이적	비특이적
미토콘드리아	변화 적음	팽창
ATP 사용	필요	불필요
대식 세포의 제거반응	있음	염증 반응 생김

Subnote

• Glucocorticoid

부신피질에서 분비된 steroid hormone 중, 당질대사에 관련하는 steroid(같은 작용을 갖는 합성steroid도 포함)의 총칭, glucocorticoid 수용체를 통하여 유전자의 발현제어를 한다. 간장에서의 당 신생, 혈당치의 상승 등, 단백질 분해의 촉진, 부신피질 자극 호르몬 분비의 저하, 항염증 등의 작용을 갖는다.

Chapter 55

세포 내 신호전달

細胞 內 信號傳達, Intracellular Signal Transduction

Key words

수용체형 티로신 프로테인 키네이스(receptor-type tyrosine-specific protein kinase), MAPK 케스케이드(mitogen-activated protein kinase cascade), 생물정보학(生物情報學, bioinformatics), 프로테오믹스(proteomics)

세포막에 존재하는 수용체로부터, 어떻게 핵으로 신호가 전달되어 유전자 발현, 그리고 단백질 합성으로 이어지는가를 밝히는 것이 "세포 내 신호전달"에 관한 연구의 원점이다. 1990년대 초기는 상피 증식인자와 혈소판 유래 증식인자에 관여하는 수용체형 tyrosine protein kinase를 출발점으로 하는 신호전달 기구에 관한 연구가 정력적으로 이루어졌다.

또한 암 유전자 산물의 연구에서 증식인자의 신호전달기구에 포함되는 분자의 연구들로부터, 수용체 → 인산화 tyrosine에 대한 adapter 분자 → 저분자량 GTP 결합 단백질 Ras → MAPKKK → MAPKK → MAPK → 전사인자군이라는 "고전적 MAPK cascade"의 전체적인 모습이 밝혀졌다. 이와 동시에 포유류에서 효모까지 MAPK cascade가 보존되어 있으며, 더욱이 복수 존재하여 증식인자 이외에 세포 스트레스(열, 침투압, 자외선 등등)에 대해 응답하고 있다는 사실도 판명되었다•.

더욱이 똑같은 인산화 신호 cascade를 기본으로 하는 세포 내 신호전달기구가 cytokine(61항 참조), 호르몬(62항 참조), 신경전달물질(72항 참조), 세포 접착 신호(57항 참조)에 의해 생겨, 세포의 증식, 분화, 암화(78항 참조), 아포토시스(54항 참조), 운동(69항 참조), 및 극성제어 등에 깊이 관여하고 있다는 사실도 밝혀졌다(그림 1). 현재도 전 세계적으로 세포 내 신호전달의 해석은 계속되고 있고, 아직 한참 동안은 새로운 신호

•MAPK cascade

포유류 세포 내에 있어 증식인자 신호에 의해 작동하는 대표적인 MAPK cascade로는 Raf → MEK1/2 또는 MKK1/2 → MAPK 또는 ERK1/2 → c-Myc/Sap/E1K(MAPKKK → MAPKK → MAPK → 전사인자의 순)가 알려져 있다. 최근에는 미동정 → MEK5 → ERK5 → MEF2도 알려져 있다. 한편, 열 쇼크, 단백질 합성 저해제, 자외선, 침투압 변화에 의해 작동하는 MAPK cascade는 주로 2종류가 있고, MEKK1~3 → MKK7 또는 SEK1/MKK4 → SAPK/JNK → E1K/c-Jun/ATF2 및 TAK → SEK1/MKK4 또는 MKK3/6 → p38 → ATF2/Max가 판명되어 있다.

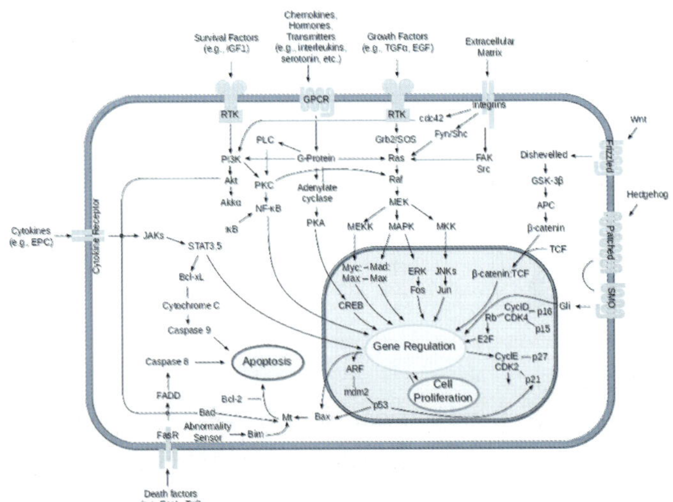

| 그림 1 | 포유류의 주요 신호전달 경로

cascade의 발견이 계속되리라 생각된다•.

이와 같은 상황은 세포 내 신호전달에 관한 연구를 지금부터 시작하는 사람에게 있어서는 의식하지 않으면 안 되는 항목이 너무나 많아서 고통일지도 모른다. 게다가 최근에는 번거롭게도 복수의 신호 cascade가 뒤얽혀, 상호 작용(cross talk)한다는 것까지 알게 되었다. 예를 들면, 발생 및 형태형성에 관여하는 Wnt signal이 MAPK cascade와 TGF β signal에 상호 작용하고, 삼량체 G 단백질에 의한 신호가 저분자량 GTP 결합 단백질과 MAPK cascade와도 상호 작용한다. 그러나 human genome project(111항 참조)가 완료되고, 많은 수이기는 하지만 신호 분자의 총 수가 규정된 것은 현재 스타일의 세포 내 신호전달 연구에 대한 도달점이 어느 정도 명확해졌다고 생각된다.

앞으로는 genome 상에 code된 단백질 전부(proteome)를 계통적이면서 망라적으로 해석하는 생물정보학(bioinformatics)과 proteomics의 수법을 구사하여 해석을 하는 것이 중요하다. 특히, 이미 구미에서는 바이오벤처 사업으로써 시작되었지만, proteome 내의 전체 단백질간 상호 작용의 해석을 하고(119항 참조), 세포 중에 포함된 전 단백질의 복합체를 해명하는 것이 중요하다.

•Protein kinase (단백질 인산화 효소)

포유류 세포 내에는 인산화 cascade를 형성하는 protein kinase군 외에, 각종 생체 분자에 의해 활성제어를 받고 있는 cAMP 의존성 serine-threonine protein kinase(PKA), Ca 이온·인지질 의존성 serine-threonine protein kinase(PKC), cGMP 의존성 serine-threonine protein kinase(PKG), Ca 이온-calmodulin 의존성 protein kinase(Ca MII 등), cyclin 의존성 protein kinase(Cdk) 등과 특이적 기질 단백질을 인산화하는 liposome S6 단백질 protein kinase(RSK), casein kinase II(CKII), glycogen synthase kinase 3(GSK3) 등이 존재한다.

Subnote

• 생물정보학과 proteomics

생물정보학(bioinformatics)이란 biology(생물학)와 informatics(computer science)로 이루어진 합성어이고, 1993년경부터 사용되기 시작하였다. Human genome project 등의 거대 프로젝트가 진행된 결과 유전자 배열, 아미노산 배열, 단백질의 입체구조 등의 거대한 생물정보가 디지털화되어 인터넷상에 축적되었다[미국 생물공학 정보센터(NCBI)의 홈페이지는 특히 상징적인 존재다. http://www.ncbi.nlm.nih.gov]. 그 결과, 본래는 실험 과학인 생물화학의 세계에, 컴퓨터를 이용한 새로운 해석수법이 도입되었다. 예를 들면, 지금까지 발현되지 않았던 생물의 법칙성(새로운 단백질 도메인 등)을 bioinformatics에 의해 데이터 베이스 중에서 보기 시작하고, 그것을 실험 생물화학의 수법에 의해 실증하는 연구 스타일이 다수 출현했다. 또, 유전자 데이터 베이스에서 실험을 하지 않고 신규 유전자를 발견하는 방법을 in silico cloning[*in vitro*(실험관 내)와 *in vivo*(생체 내)를 기본으로 하여, 컴퓨터의 소재인 실리콘을 빗대어 만든 말]이라 부르게 되었다.

Proteomics란 protein(단백질)과 genomics(유전학)에서 생긴 합성어로, proteome을 연구하는 학문 영역을 일컬으며 1998년경부터 사용되기 시작하였다. 현재도 정력적으로 연구되고 있는 genome project 등에 의해 각 생물종이 갖고 있는 전체 유전자 정보(genome)가 밝혀지게 되고, 그 속에 code되어 있는 단백질의 일차구조의 전부(proteome)를 해석하는 것이 가능해졌다. 이러한 연구는 수많은 시간을 거쳐 온 생물진화의 본질(本質)로 각종 생물의 설계도를 손에 넣었다는 것을 의미한다. 현시점에서는 각 부품(각 단백질)을 이제 만지기 시작한 단계로써, 본질의 이해에는 거의 도달하지 못 하였지만, 각 부품의 상호 작용의 해석하고 재편성하는 것으로 다양한 생물 현상의 해명을 분자 수준에서 할 수 있게 되었다는데 의미가 있다. 이것은 모든 질환의 발병메커니즘의 해명과 치료법 개발뿐만 아니라 재생의료에서(정말로 필요한가에 대한 의견이 갈라지지만) 불로불사에까지 도움이 되는 것으로, proteomics는 21세기 생물화학공학의 최대의 테마라 할 수 있다.

Chapter 56

생체 시계 유전자

生體時計遺傳子, Biological Clock Gene

Key words

주기 리듬(circadian rhythm), 주기 유전자(Period, PER gene), Timeless(TIM) gene, Double-time(DBT) gene

생체 시계

대부분의 살아있는 생명체는 매일 환경변화를 예측하고 적응한다. 18세기 식물(미모사)의 잎이 매일 주기적으로 햇빛과 상관없이 개폐운동을 하는 것을 알게 됐다(그림 1). 식물은 그들 자신의 생물학적 시계를 가지고 있는 것처럼 보였다. 식물뿐만 아니라 동물과 인간도 하루의 시간의 변화에 대응하여 생리현상을 준비하는 생체 시계를 가지고 있음이 발견됐다. 이 규칙적인 적응을 24시간 주기 리듬(circadian rhythm)이라 한다. 그러나 생체 시계의 작동 메커니즘은 미지의 영역이었다.

주기 유전자(PER gene)의 발견

1970년대 초파리를 대상으로 생체리듬을 제어하는 유전자를 찾아내는 연구에서 어떤 유전자에 돌연변이가 생기면 생체 시계가 교란되는 것을 증명하고, 그 주기 유전자를 Period(PER)라고 명명했다. 그러나 PER 유전자의 메커니즘은 밝히지 못했다.

2017년 노벨 생리의학상은 생체 시계의 작동 메커니즘을 밝힌 과학자들에게 돌아갔다. 1984년 PER 유전자를 분리하고 뒤이어, PER 단백질이 규명되었다. 초파리를 이용

I 그림 1 I 식물의 생체 시계

식물(미모사)의 잎은 낮에는 태양을 향해있다(위). 그러나 빛이 없는 어두운 곳에서도 하루의 리듬대로 움직인다(아래).

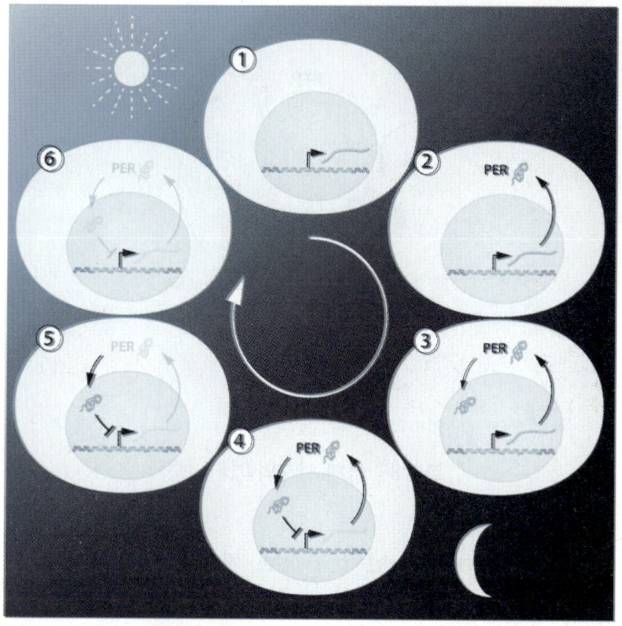

| 그림 2 | PER 유전자의 피드백 조절 메커니즘

① 아침에 PER 유전자가 활성화되어 mRNA의 합성. ② mRNA 세포질로 수송되어 PER 단백질 합성. ③ PER 단백질이 핵 속에 축적, ④ 밤이 되면 PER 유전자 활성이 차단됨 ⑤, ⑥ 수면 중 PER 단백질의 피드백 억제 작동.

한 연구에서 PER 단백질은 밤에는 축적되고 낮에는 없어지는 현상을 확인한 것이다. 즉, PER 단백질의 농도는 24시간마다 한 번씩 주기적으로 변화하는 것을 밝혀낸 것이다.

생체 시계 메커니즘(TIM gene, DBT gene의 발견)

다음 연구는 PER 단백질의 주기적 농도의 변화과정을 이해하는 것이었다. 제프리 홀 박사와 마이클 로스바쉬 박사(Jeffrey Hall, Michael Rosbash)는 PER 단백질이 PER 유전자의 활성을 차단한다는 아이디어를 내고 PER 단백질이 야간에 핵 속에 축적되는 사실을 증명했다(그림 2). 그리고 PER 단백질이 피드백 억제(feedback inhibition)로 자신의 합성을 억제함으로써 자신의 농도를 지속적·주기적으로 조절함을 밝혔다.

그러나 아직 의문점이 남아있었다. 세포질에서 합성된 PER 단백질이 PER 유전자의 활성을 억제하기 위해서는 유전자가 있는 핵 속으로 들어가야하는데 핵막이 가로막고 있다. PER 단백질이 밤에 핵 안에서 증가하는 것은 확인했으나 어떻게 핵 속으로 들어가는지 알 수 없었다. 마이클 영 박사는 PER 단백질이 핵 안에 들어가는데 필요한 제2의 유전자를 발견하고 Timeless, TIM gene이라고 명명하였다. 즉, TIM 단백질이 PER 단백질과 결합하여야만 핵막을 통과할 수 있음을 밝혔다(그림 3).

피드백 억제 메커니즘은 세포 단백질의 농도가 변하는 과정을 설명했지만, 이러한 농도 변화의 리듬이 24시간에 맞추어 제어하는 이유가 궁금했다. 마이클 영 박사는 제3의 유전자를 추가로 발견했다. 그 유전자는 Doubletime gene(DBT gene)으로 명명되었다. DBT 단백질은 PER 단백질의 축적을 지연시키는 역할을 하는 것으로 밝혀졌다. 즉,

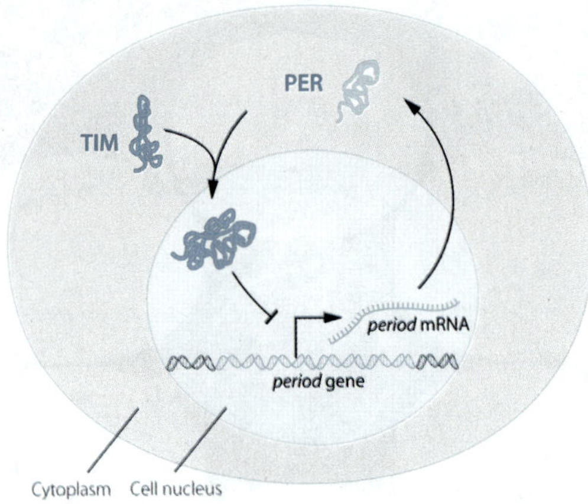

| 그림 3 | 생체 시계의 메커니즘

DBT 단백질은 PER 단백질의 농도 변화 주기인 24시간 주기와 비슷하게 조절하는 역할을 한다. 후속 연구에서 PER 유전자의 활성화에 필요한 단백질들이 새로 발견되고 빛이 생체 시계와 동기화(synchronization)하는 데 필요한 단백질도 발견되어 생체 시계의 기능을 더욱 자세히 알게 되었다.

생체 시계와 생활

생체 시계는 다양한 인간 생리 작용에 관여한다. 모든 다세포 생물들(인간 포함)이 유사한 메커니즘을 이용하여 생체리듬을 조절한다. 우리 유전자 중 많은 부분이 생체 시계에 의해 조절되므로, 생체리듬을 잘 이용해야 하루의 다양한 상황에 잘 적응할 수 있다(그림 4). 생체 시계 메커니즘의 발견으로 일주 생물학(circadian biology)이라는 매우 역동적인 학문 분야가 생겨났고, 우리의 건강과 복지에 많은 시사점을 던지고 있다. 즉, 우리의 생활 양식과 생체리듬 사이의 만성적인 불일치가 다양한 질병의 위험증가와 관련이 있을 수 있음도 생각해 볼 수 있다.

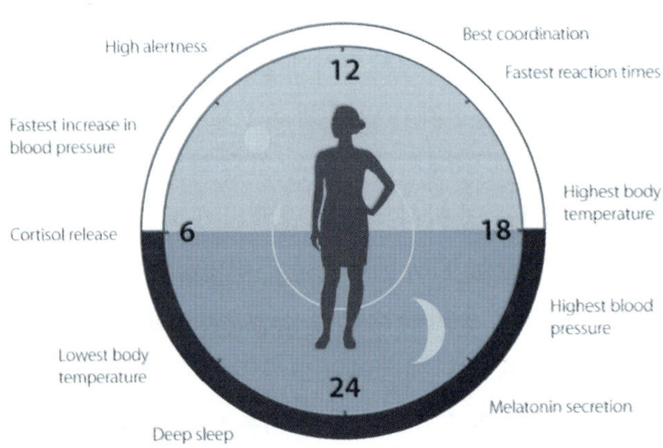

| 그림 4 | 생체 시계의 역할

생체 시계는 수면 패턴, 섭식 행동, 호르몬 분비, 혈압 및 체온을 조절에 관여한다.

세포 접착

細胞接着, Cell Adhesion

57 Chapter

Key words

세포 외 매트릭스(extracellular matrix), 콜라겐(collagen), 프로테오글리칸(proteoglycan), 라미닌(laminin), 피브로넥틴(fibronectin), 인테그린(integrin), 카드헤린(cadherin), 셀렉틴(selectin), 면역 글로블린 슈퍼패밀리(immunoglobulin super family), 밀착결합(密着結合, tight junction), 데스모좀(desmosome), gap 결합(gap junction)

생물이 단세포에서 다세포로 진화함에 따라 특이적으로 분화한 조직과 기관이 출현한다. 척추동물에는 약 100 종류의 세포가 존재하고 있는 것으로 알려져 있지만, 생체 내에 아무렇게나 흩어져 존재하지 않고, 그 기능을 효율 좋게 발현하기 위해 기능 중심으로 모여서 기관을 형성하고 있다. 다세포성으로의 진화는 세포 사이에서 서로 접촉하여 특이적으로 상호 작용하는 능력의 획득에 의해 시작되었다고 생각된다. 또 세포는 세포 내 matrix라 불리는 분비단백질과 당질의 복잡한 망목구조를 만들어 세포간의 간격을 채우고 있다. 이 matrix는 조직 내의 세포의 결합을 도우며, 세포성장과 분화를 지배하는 많은 증식인자, cytokine(61항 참조), 및 호르몬(62항 참조)의 저장부위가 된다. 특히 matrix는 분화 초기에 세포가 움직일 수 있는 도근(道筋)을 제공한다.

세포 기저막과 세포 사이에 존재하는 세포 외 matrix는 긴 섬유를 형성하는 collagen, 장쇄의 다당인 히알루론산(hyaluronic acid), 하전성 다당인 glycosaminoglycan이 결합한 코아 단백질(proteoglycan) 등의 분자군으로 구성되어 있다(그림 1). 특히 collagen 섬유는 적어도 14종류의 sub type로 구성되어 각각 다른 생리적 역할을 담당하고 있다고 생각된다. 또, 거대한 다중 접착 단백질(laminin, fibronectin)은 여러 종의 세포의 수용체(integrin을 포함), 니도젠(nidogen), collagen과 결합하여 matrix 전체의 안정화와 세포 내의 신호전달(55항 참조)에 기여하고 있다(그림 2).

세포간 접착구조에 관여하는 분자는 다수 발견되어 있지만, 그 구조에서 cadherin, selectin, 면역 globulin(Ig) super family로 분류된다(그림 3). cadherin과 selectin에 의존하

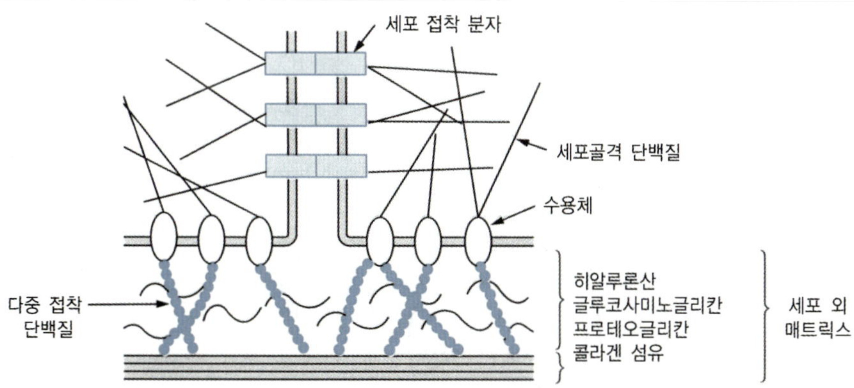

| 그림 1 | 세포 외 matrix, 세포기저막 및 세포 접착

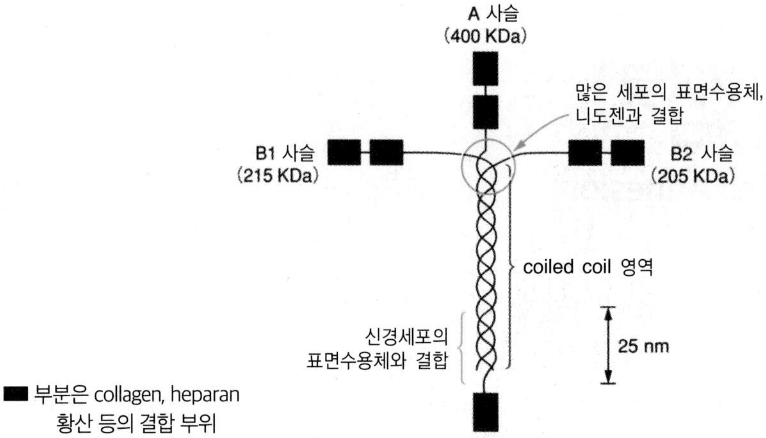

‖그림 2‖ 거대 분자 laminin

는 세포 접착은 Ca^{2+} 농도에 의존하지만, 면역 globulin super family는 아무것에도 의존하지 않는다. 예를 들면, E cadherin은 소장 상피조직의 단층세포의 형성에, 또 동종 세포간의 인식에 중요한 역할을 담당하고 있다. N cadherin은 신경계 세포에서도 관찰되고, 5 종류의 cadherin군은 각각 동종 세포의 인식을 도와서 형태 형성과 분화에 깊이 관여하고 있다. 또, 면역 globulin super family에 포함된 N-CAM도 N cadherin과 유사한 기능을 가지고 있으며, 신경계의 발생분화 과정에 있어 중요하다.

위에서 설명했듯이, 세포간 접착은 세포 표면 분자에 의해 일어난다. 세포가 조직 내에서 합쳐져 기능하기 위해서는 한층 강고한 특이적 결합을 형성할 필요가 있고, 3 종류의 결합이 알려져 있다.

우선 "밀착결합"은 외부에 가장 가까운 곳에 형성되어 막 성분의 확산을 완전히 차단한다. 다음으로 "desmosome"은 세포가 이웃한 세포와 세포 외 matrix에 강고하게 연결되는 세포막의 비후(肥厚)부위다. 그 주변부에는 간격이 존재하고, 물질 이동이 가능하다. 마지막은 "gap 결합"으로, 이웃 세포와 연결된 channel을 형성하여 세포간 물질 이동을 수행한다.

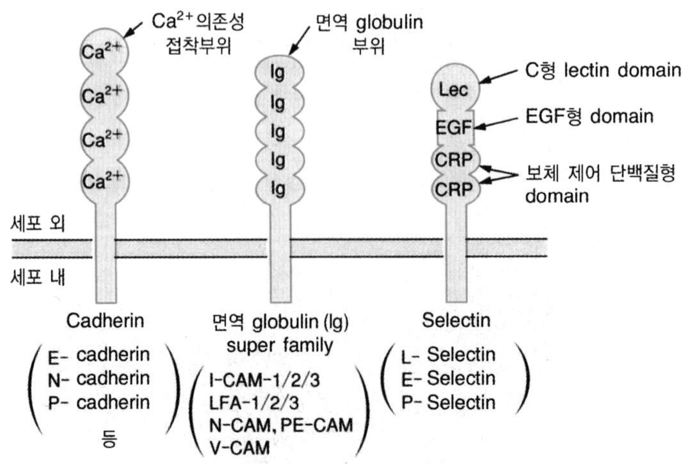

‖그림 3‖ 세포 접착 분자의 구조

발생과 분화

發生과 分化, Development and Differentiation

Chapter 58

Key words

배(胚, embryo), 내배엽(內胚葉, endoderm), 중배엽(中胚葉, mesoderm), 외배엽(外胚葉, ectoderm), 형성체(形成體, organizer), 모르포겐(morphogen), 배세포(胚細胞, embryonic stem cell)

수정란이 성체가 되어 죽음에 이를 때까지의 전 과정을 발생이라 한다. 그 과정에서 1 개의 세포인 수정란은 분열을 반복하는 것과 동시에 다양한 세포군으로 분화해 간다. 다세포생물의 체세포는 원칙으로는 그 생물의 모든 유전 정보를 갖고 있다. 그럼에도 불구하고, 예를 들어 근육을 형성하는 세포(70항 참조)와 신경세포(72항 참조)가 기능도 형태도 완전히 다른 것은 각각의 세포에 의해 발현하고 있는 유전자가 서로 다르기 때문이다.

포유류 이외의 동물의 발생에서는 수정 후 난할이라 불리는 빠른 세포분열이 일어나고 포배라 불리는 세포집단을 만든다. 이 단계에서는 DNA 복제와 유사분열이 상당히 빠르게 진행되고, DNA의 전사는 보통 일어나지 않는다(단 모체 유래의 mRNA를 이용한 단백질 합성은 일어난다). 뒤이어 포배의 세포층의 일부가 내측에 빠져들어(함입), 원장(原腸)이라 불리는 관상의 구조를 만든다(그림 1에 성게의 배엽형성을 나타낸다). 배의 외측의 층을 외배엽, 원장을 내배엽, 이 중간에 위치하는 세포를 중배엽이라 부르는데, 외배엽에서는 표피, 신경, 감각기 등, 중배엽에서는 근육, 생식기, 뼈와 결합조직, 내배엽에서는 소화기 등이 생긴다.

그런데 외배엽과 내배엽을 형성하는 세포군은 원래 같은 수정란에서 증식한 것이다. 이들 세포군의 유전자 발현에 왜 차이가 생기고, 분화가 일어나는 걸까? 그 원인은 난소 자체의 비대칭성에 있다. 발생학의 연구에 자주 이용되는 아프리카 손톱개구리의 알은 1 mm정도의 크기로 젤리 모양의 외피로 둘러싸인 세포다. 초기배의 영양원이

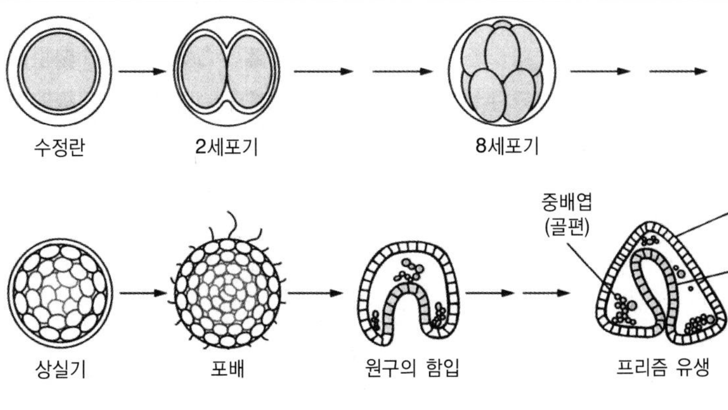

| 그림 1 | 성게의 배엽형성

되는 난황은 알의 한쪽의 극(식물극이라 불린다)에 농축된 상태로 존재한다. 또 한쪽의 극을 동물극이라 부르는데, 동물극과 식물극에서는 모체 유래의 mRNA 등 난황 이외의 성분의 분포도 서로 다르다. 이 때문에 난할에 의해 생긴 세포는 배 안에서의 위치에 따라 서로 다른 환경에 놓여지게 된다. 예를 들면, 아프리카 손톱개구리의 미수정란에는 모체에서 유래하는 Vg1● 이라는 단백질의 mRNA가 식물극 주변에 국재하고 있다. 식물극의 뒤 측에서 합성된 Vg1 단백질의 전구체는 활성화되어 부근의 세포에 작용하여 organizer(형성체, 形成體)라 불리는 특수한 조직으로 분화시킨다. 아프리카 손톱개구리의 원구배진(原口背唇)을 예로, 형성체에 관해 설명해 보자. 아프리카 손톱개구리의 원장형성에서 최초로 함입을 시작하는 부분을 원구배진이라 하는데, 원장형성의 초기에 원구배진을 끊어 내어 다른 배에 이식하면, 그 배는 자신의 원구배진과 함께 이식한 원구배진에서도 원장형성을 시작하고, 결과로써 두 개의 개체를 갖는 샴쌍둥이가 된다. 결국 형성체인 원구배진은 신호의 발생원이 되어 주변 조직의 분화를 유도한다. 이 신호는 뭔가의 확산성 인자라고 생각되고, 그 농도는 발생원 가까이에서는 높게, 멀리서는 낮게 된다. 원래 균일했던 세포군은 이 신호의 농도에 따라 분화되어간다. 이와 같은 확산성의 신호를 morphogen이라 부르는데, morphogen의 응답에 있어서는 복수의 역치(閾値, threshold value, 한계치)가 존재하는 듯 하다. 예를 들면 아프리카 손톱개구리의 동물극의 세포는 morphogen으로 작용하는 activin의 농도가 낮은 경우에는 표피로 약간 높아지면 근육으로, 더욱 높아지면 척삭(脊索)으로 분화한다. 이와 같이, 발생의 초기 과정에서는 난 성분의 비대칭성이 형성체 형성이라는 최초의 세포분화를 유도하고, 뒤이어 분화한 세포가 다른 세포에 작용하기 시작하여 보다 다양한 분화의 패턴을 만들어 나간다(초파리의 형태형성에 관해서는 59항에서 설명).

●Vg1 단백질

transforming 증식인자 β(TGF-β) family에 속하는 단백질의 일종. TGF-β family의 단백질은 세포의 증식억제와 세포 외 matrix의 생산 등에 활동한다. 25 kDa의 이량체 구조를 가진 단백질로서 일단 활성을 갖지 않는 잠재형으로 합성된 후, protease의 작용으로 활성화된다. 또한 본문 중에 있는 activin도 TGF-β와 유사한 구조를 갖는다.

한편, 포유동물 배의 발생의 초기과정은 상기의 경우와는 꽤 다르다. 첫째로 세포의 분열 속도가 늦다. 이것은 발생이 자궁이라는 보호된 환경에서 일어나기 때문에, 포식되기 쉬운 동물의 배와는 달리 발생을 서두를 필요가 없기 때문일 것이다. 또 모체에서 영양이 공급되기 때문에, 난황 등을 저축할 필요가 없고, 알의 크기는 극히 작다(쥐의 난은 지름이 80 μm). 쥐의 난은 수정에 의해 난할하고, 뽕나무의 열매와 같은 모양을 한 세포의 덩어리인 상실배가 되지만(그림 2), 8 세포기까지의 포유동물 초기배의 세포는 완전히 동일하고, 어떤 분화도 가능하다. 예를 들면, 이 시기의 배를 두 개로 나누면, 각각에서 완전히 정상인 개체가 생기고, 2 세포기에서 한쪽의 세포를 파괴한 후, 대리모의 자궁으로 옮겨도 완전한 쥐가 탄생된다. 이와 같은 현상은 포유동물 발생의 초기과정에 있어, 난자 성분의 국재화가 전혀 분화에 영향을 끼치지 않는다는 것을 의미하고 있다. 한편, 정상인 쥐의 배를 성체의 신장과 정소에 이식하면, 이상한 세포 증식이 일어나, 기형종이라 불리는 무질서한 세포 덩어리가 생기게 된다. 기형종 중에는 피부, 뼈 등 다양하게 분화한 조직과 미분화한 줄기세포(幹細胞)가 섞여 있다. 기형종은 생식선 내에서 자연 발생하는 경우도 있고, 발생이 자궁이라는 본래의 환경 하에서 되지 않았을 경우에는 세포분화가 이상하게 된다는 것을 알게 되었다. 즉, 포유동물의 배의 분화

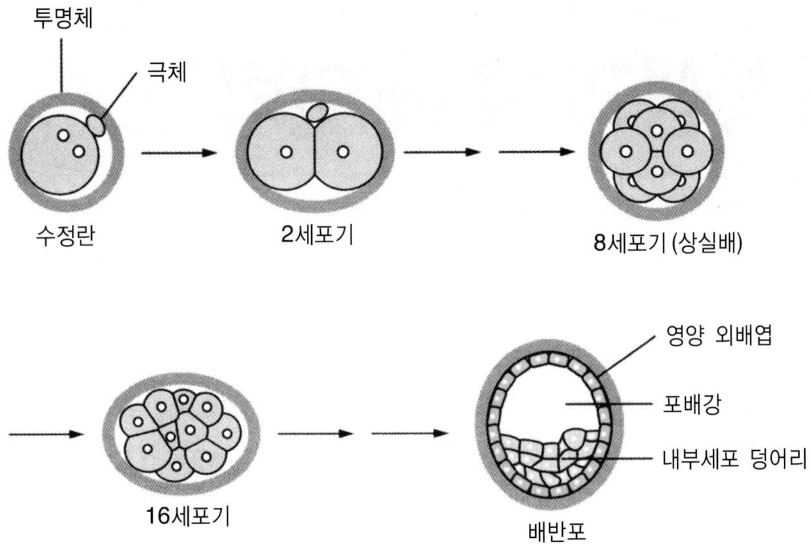

| 그림 2 | 쥐의 발생

는 난이 놓여진 환경에 의존한다. 정상인 내부 세포 덩어리(그림 2)를 배양하고, 증식을 시작했을 때에 흩트려서 세포를 하나씩 떼어 얻은 세포 중 몇 개는 적당한 배양 조건 하에서는 그 성질을 바꾸는 일 없이 무한하게 분열을 계속한다. 이와 같은 세포를 배아 줄기세포(胚幹細胞, embryonic stem cell, ES 세포)라 부른다. ES 세포를 배반포에 주입하면, ES 세포는 내부 세포 덩어리로 거둬들여져, 키메라(chimera) 쥐가 탄생한다(112항 참조). 즉, ES 세포는 정상적인 내부 세포 덩어리의 상태와 같은 모양으로, 정상인 환경 하에서는 발생이 재개된다고 해석할 수 있다.

Chapter 59

형태형성과 호메오박스

Morphogenesis and Homeo Box

Key words

형태형성(形態形成, morphogenesis), 초파리(Drosophila, fruit-fly, vinegar-fly), 호메오 유전자(homeotic gene), 호메오 도메인(homeo domain), 호메오적 변이(homeotic mutation), HOX 유전자(HOX gene)

형태형성이란 소위 생물의 모양 만들기를 말하는 것으로, 지금까지 주로 초파리 등으로 연구를 해 왔다. 이와 같은 형태형성은 수정 후부터 일어나는 다양한 유전자와 단백질 등의 조절로 시작되고 수 단계의 조절을 거쳐서 형성이 일어난다. 초파리에서는 초기발생에 있는 단백질 합성은 어머니에게서 유래하고, 그 정보전달체로써 모성 mRNA를 들 수 있다•. 그 모성 mRNA는 전사인자를 code하고 있고, 배의 전단부, 중앙, 후단에 걸쳐 모성 mRNA 및 그 산물인 전사인자가 농도경사를 만들어 분포하고, 그 농도경사에 의해 gap 유전자•의 발현이 조절된다. 이 gap 유전자는 DNA 결합성의 전사조절인자를 code하고, 이 유전자 산물은 페어룰 유전자•의 발현을 제어하는 활동을 한다. 페어룰 유전자는 배의 구기(口器)에서 복부에 걸친 영역을 분할하는 기능을 갖고, 이 활동에 의해 배를 전후축에 따라서 세분화 해 간다. 또 페어룰 유전자는 전사조절인자도 code하고 있어, 이것에 의해 호메오 유전자에 대한 직접적인 전사제어도 하고 있다. 초파리는 그림 1에 나타낸 것처럼, 세 개의 흉부체절 및 8 개의 복부체절로 되어 있고, 각각을 구성하는 세포는 섞여 합치는 일 없이 독자성을 갖고 있다. 그리고 이 체절형성의 제어는 염색체 상에 존재하는 호메오 유전자에 의해 행하여지고 있다. 이 유전자는 100 킬로 염기쌍(kb) 이상의 길이를 갖는 거대한 것으로, 그 속에는 반복하여 나타나는 공통의 배열이 존재한다. 그것은 길이가 180 염기쌍(bp)인 호메오박스라 불리는 부분으로, DNA 결합능을 가진 homeo domain을 code하고 있다. 원래 이 호메오박스 유전자는 초파리의 형태형성에 관여하는 유전자 중에서 최초로 cloning된 유전자이다.

호메오박스와 homeo domain은 모든 진핵생물 내에 존재하여 그 기능을 발휘하고 있다. Homeo domain의 기능은 유전자 발현에 있어 다른 유전자의 전사를 조절, 제어 하는

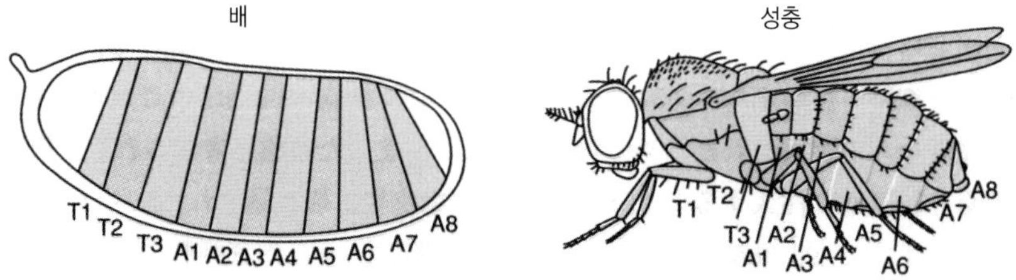

| 그림 1 | 호메오 유전자에 의한 초파리 체절형성의 제어

•모성 mRNA

어머니 유래의 단백질 합성의 정보전달체. 일반적으로 단백질과 결합하여 mRNA 단백질체(mRNP)로서 존재하고 있다.

•gap 유전자

초파리의 분절구조 형성을 억제하는 분절유전자의 일군. 발현은 전후축 형성에 관계되는 모성 mRNA 산물의 제어 하에 있고, 많은 경우, 수정 후에 전사가 개시된다. gap 유전자는 모든 DNA 결합성의 전사조절인자를 code하고 있고, 분절유전자의 1 그룹인 페어룰 유전자군과 호메오 유전자군의 공간적으로 규정된 전사제어를 행하고 있다.

•페어룰 유전자 (pair rule gene)

초파리의 분절유전자의 일군으로, 배의 구기에서 복부에 걸친 영역을 14의 의체절(疑體節)의 반복된 구조로 분할하는 기능을 가진다. 일차 페어룰 유전자(hairy 유전자, runt 유전자. even-skipped 유전자)의 발현은 gap 유전자 산물에 의해 직접 전사제어를 받고 있다. 일차 페어룰 유전자는 다시 fushi-tarazu 유전자 등의 이차 페어룰 유전자의 발현을 제어하

것이고, 그 구조는 3개의 α helix로 되어 있다. 이런 사실로, 생체 내에 존재하는 homeo domain을 갖는 단백질은 주로 핵 내에 국재하고 어떤 특정의 DNA 배열의 부분에 결합하는 것으로, 그 유전자의 전사조절을 담당하는 활동을 하고 있다고 생각된다.

고, 다양한 페어룰 유전자 발현 level에서 배를 전후축에 따라 다시 세분화해 간다. 페어룰 유전자는 전사조절인자를 code하고, 호메오 유전자의 특정 영역 내에서의 반복적 발현에 관해 직접 전사 제어를 하고 있다.

초파리의 호메오 유전자의 두 개의 주요한 집단은 두부와 후흉부 체절의 형성을 조절하는 antenna pedia complex(*ANT-C*) 유전자군 및 전흉부 체절과 두부체절의 형성을 조절하는 Bithorax Complex(*BX-C*) 유전자군이다. 초파리의 두부의 촉각이, *ANT-C*의 변이에 의해 다리로 변하는 antenna pedia 변이는 몸의 일부가 다른 부분으로 변화하는 homeotic변이로써 가장 잘 알려져 있는 현상이다. 이 antenna pedia 변이에 관여하는 유전자 영역은 네 개의 호메오박스 유전자가 집합해 존재하여 클러스터를 형성하고 있다는 사실이 밝혀져 있다. 또 척추동물에 있어서 homeo domain 유전자는 *HOX* 유전자라 불리며, 그것은 초파리의 유전자와 거의 비슷하게 보존되어 있다. 쥐와 사람의 *HOX* 유전자는 큰 유전자 클러스터(Hox유전자 좌, 遺傳子 座)로, 생체 내에 4개 존재하고(*Hox1*, *Hox2*, *Hox3*, *Hox4*), 각각 다른 염색체 상에 위치하고 있다. 각 클러스터 내에는 약 10개의 호메오박스 유전자가 존재하고, 그 클러스터 내에서의 homeotic 유전자의 위치관계는 척추 동물에서 모두 유사하다.

모든 진핵생물에 있는 homeotic 유전자는 앞에서 설명한 것처럼 진화의 과정에서 거의 변화하지 않고 보존되어 왔다. 예를 들면, 쥐에 있는 *HOX*1.1 유전자에서 발현된 homeo domain은 초파리의 antenna pedia 유전자가 code하는 것과 비교하면, 아미노산 잔기가 하나밖에 다르지 않다. 또 포유류의 *HOX* 유전자는 초파리에 있어서도 기능을 할 수 있다는 사실이 밝혀 졌다. 게다가 이와 같은 호메오박스 유전자의 배열은 초파리와 포유류 어느 쪽에 있어서도 배의 전후축에 따라 활동하는 순서와 일치한다는 사실을 그 특징으로 들 수 있다(그림 2). 이와 같이 발생의 기본인 체절의 독자적 지정은 긴 진화에 있어 변화를 받는 일 없이 보존되어 왔다는 것이 이 사실로 명확해지게 되었다.

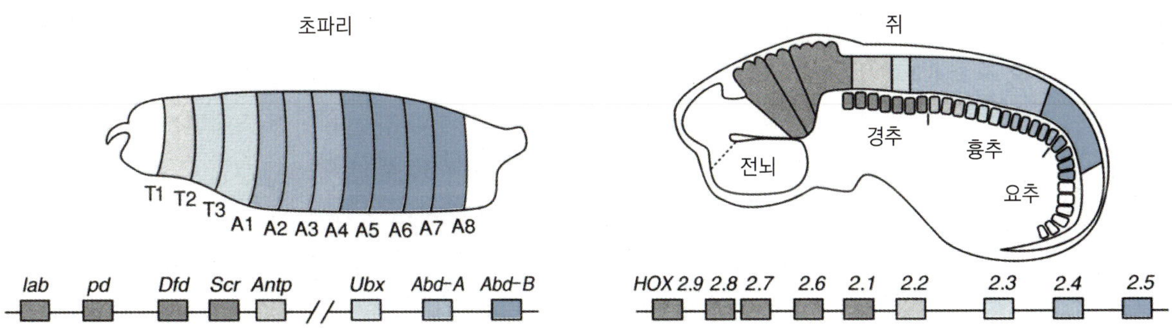

| 그림 2 | 초파리와 쥐의 호메오박스 유전자의 배치와 그 발현 패턴

Chapter 60

면역반응

免疫反應, Immune Response

Key words

B 세포(B cell), T 세포(T cell), 킬러 T 세포(killer T cell), 헬퍼 T 세포(helper T cell), 항원(抗原, antigen), 항체(抗體, antibody), 면역 글로불린(Immunoglobulin; Ig), 보체(補體, complement), 매크로파지(macrophage), T 세포 수용체(T cell receptor ; TCR), MHC 분자(MHC antigen), 인터루이킨(interleukin)

척추동물의 체내에 이물이 침입하면, 면역응답•이라 불리는 방어반응이 일어나고, 이물이 분해, 제거된다. 면역반응의 주역은 임파구의 일종인 B 세포와 T 세포이다. B 세포는 이물에 결합하는 항체[= 면역 globulin(Ig)]를 생산한다. T 세포의 세포막에는 이물에 결합하는 T 세포 수용체(TCR)가 존재한다. Ig와 TCR과 결합하는 이물은 항원이라 불린다. Ig와 TCR의 하나 하나는 특정의 이물하고만 결합하지만, 개체는 미리 매우 많은 종류의 Ig와 TCR을 준비해 두고 있어, 거의 모든 이물과 대응할 수 있다. 즉, 이물에 특이적인 것을 생산하는 B 세포와 T 세포가 활성화됨에 따라 특이적인 면역반응이 일어 난다.

Ig는 무거운 사슬(중쇄) 2개과 가벼운 사슬(경쇄) 2개로 된 Y자형 구조를 갖고, 항원이 결합하는 부분(Y자형의 상부에서 무거운 사슬, 가벼운 사슬의 각 N 말단에 존재하는 110개의 아미노산 잔기 정도의 영역)의 아미노산 배열은 상당히 다양하고 풍부하다. 이 부분은 가변 영역, 그 외의 영역은 정상 영역이라 불린다(그림 1a). 가변 영역의 유전자는 V, J(중쇄에서는 D도 포함)의 유전자 분절로 나눠져 있다. V 유전자 분절에는 수백 종의 단편이 있고 D 유전자 분절과 J 유전자 분절에는 각각 수 종에서 십 종 정도의 유전자 단편의 pool이 있어서 B 세포가 생산되는 과정에서 각 pool에서 하나씩 단편이 선택되어 연결되기 때문에, 이것들의 최상의 조합 결합에 의하여 이론적으로 무한한 수의 가변 영역을 만들 수 있다. 또, 연결 시에 뉴클레오타이드의 삽입과 결실이 일어나는 것이 더욱 다양성을 증대시킨다. TCR은 2개의 폴리펩타이드 사슬에서 구성되지만(그림 1b), 이것들의 다양성도 Ig의 경우와 같은 기구로 탄생된다. Ig유전자에는 고빈도로 돌연변이가 일어나고(체세포 초변이), 결과, 다양성도 한층 증대된다.

Ig의 중쇄 정상 영역을 code하는 유전자는 5종류가 있고(C_μ, C_σ, C_γ, C_ε, C_α), 어느 하나가 가변 영역 유전자와 결합한다. B 세포 분화의 초기에는 C_μ가 이용되고, 그 결과 생기는 Ig는 IgM이라 불린다. 분화가 진행되면 정상 영역은 다른 종류로 바뀌어 가지만(class switch), 그 결과 생기는 Ig를 각각 IgD, IgG, IgE, IgA라 부른다. class switch에서는 가변 영역의 구조는 변화하지 않기 때문에, 항원에 대한 특이성은 변화하지 않는다.

Ig가 항원에 결합한 후의 면역반응은 Ig의 정상 영역의 종류에 따라 다르다. IgM과 IgG가 미생물에 결합했을 경우, 보체라 불리는 단백질군이 집합하고 막에 구멍을 내어 미생물을 파괴한다. IgG가 항원에 결합했을 때, IgG 수용체를 갖는 매크로파지(macro-

•면역 기억

한번, 특정의 항원에 대해 면역 반응을 일으킨 개체에서는 동일한 항원이 다시 한번 침입할 때에는 신속하게 강한 반응이 일어난다. 이것은 첫 번째의 면역 반응 때, 그 항원에 특이적인 B 세포와 T 세포가 기억 세포로 분화하기 때문이다. 기억 세포의 수명은 길고, 다음으로 동일한 항원이 침입했을 때에 재빨리 활성화 세포(항체를 분비하거나, 세포성 면역 응답을 일으키기도 한다)로 분화한다.

•면역 관용

면역응답은 자기의 구성 성분에 대해서는 일어나지 않는다. 그 이유는 주로, 자기 항원에 반응하는 분화에서 T 세포가 흉선 내에서 배제되었기 때문이다.

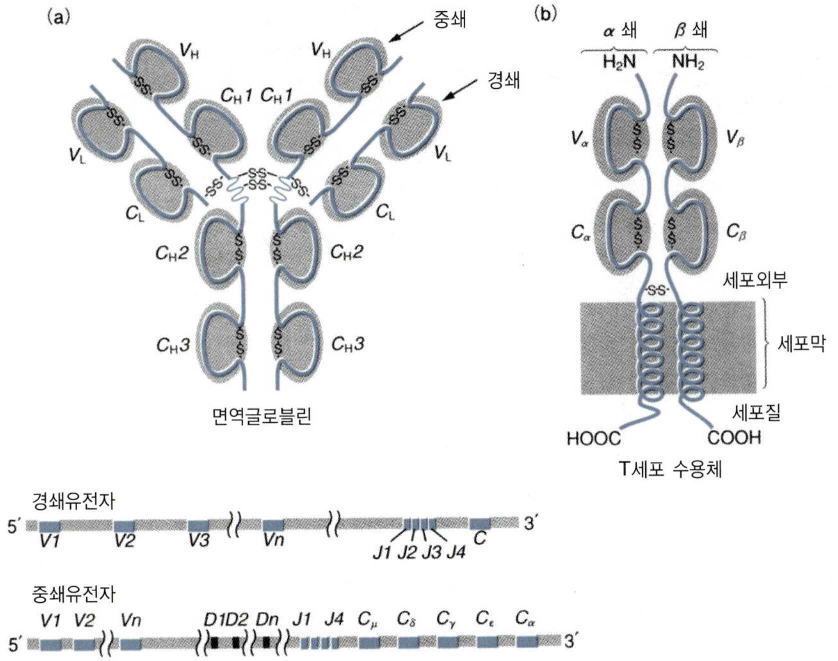

| 그림 1 | 면역 globulin(a)와 T 세포 수용체(b)의 구조

(a) 가변 영역을 V_L, V_H로 표시한다. C는 정상 영역을 나타낸다. 1개의 B 세포는 1종류의 경쇄와 1종류의 중쇄만 합성한다. 따라서 그림 중의 2개의 중쇄와 2개의 경쇄는 각각 동일한 아미노산 배열을 갖는다. 면역 글로블린 유전자는 생식 세포에서 그림에서 표시한 구조를 갖지만, 이것이 B 세포로 분화하는 과정에서 재조합이 일어나, 경쇄에서는 반드시 V 유전자 분절과 J 유전자 분절이 연결된다. 중쇄에서는 D 유전자 분절의 어느 것이 V 유전자 분절과 J 유전자 분절의 사이에 연결된다. (b) T 세포 수용체의 2개의 펩타이드 사슬은 다른 유전자에 code 되어 다른 아미노산 배열을 갖는다.

phage) 등에 의한 포식이 촉진된다. IgE가 결합했을 경우, IgE 수용체를 갖는 비만 세포와 호염구가 활성화되어 히스타민(histamine) 등 생리활성 아미노산의 방출이 유도된다.

다음으로 TCR을 통한 면역응답에 관해 살펴보자. 바이러스가 감염된 세포에서는 바이러스의 genome정보에 기초하여 단백질 합성이 이루어진다. 합성된 단백질의 일부는 분해되어 펩타이드 단편이 생기지만, 이것이 소포체내공으로 이행하고, 거기서 class I MHC 분자라 불리는 막 단백질과 결합하여 복합체를 형성한 후 세포 표층으로 수송된다. 세포 표층으로 이동한 복합체는 T 세포의 일종인 killer T 세포의 TCR과 CD8이라는 막 단백질에 의해 인식된다(그림 2). Killer T 세포는 결합한 표적 세포의 아포토시스(54항 참조)를 유발하고 이들을 죽인다. Class I MHC 분자는 거의 모든 세포에서 발현하고 있기 때문에, killer T 세포에 의한 공격은 거의 모든 감염 세포를 표적으로 한다.

한편, class II MHC 분자라 불리는 막 단백질은 매크로파지와 B 세포 등 특정의 항원제시세포(抗原提示細胞)에서만 발현한다. 항원제시세포는 endocytosis(47항 참조)에 의해 이물을 받아 들인 후, 이것을 엔도좀 내에서 분해한다. 분해로 생긴 펩타이드는 class II MHC 분자와 결합한 상태에서 세포 표층으로 이행한다. 이 복합체는 T 세포의 일종

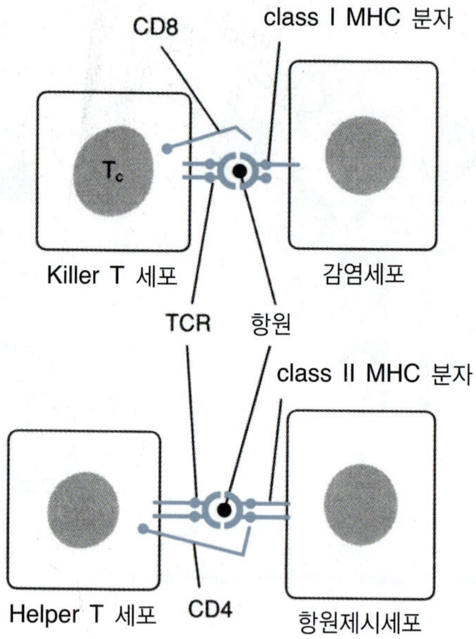

| 그림 2 | T 세포에 의한 MHC 분자-항원 복합체의 인식

인 helper T 세포의 표층에 존재하는 TCR과 CD4라고 불리는 막 단백질에 의해 인식된다(그림 2). 복합체에 결합하여 활성화된 helper T 세포는 interleukin을 분비하는 등 다양한 신호를 발신하고, 자신의 증식과 B 세포의 증식, 분화를 촉진한다.

사이토카인
Cytokine

Chapter 61

사이토카인은 극미량으로 세포 표면의 특이적 수용체를 통하여 생리활성을 나타내는 단백질인자의 총칭이다. 당초에는 혈구계 세포에 작용하는 인터루이킨(interleukin; IL), 인터페론(interferon; IFN), 콜로니 자극인자(colony stimulating factor; CSF), 종양 괴사인자(tumor necrosis factor; TNF)만이 알려져 있었으나, 현재에는 새로이 transforming 증식인자(TGF-β), 상피증식인자(EGF), 혈소판 유래 증식인자(PDGF) 등의 증식인자군도 사이토카인으로 칭하고 있다. IL에 대해서만 보아도 최근 IL-20이 발견되어 도대체 몇 개의 사이토카인이 존재하는가 지금은 불분명하지만, Human genome project(111항 참조)가 완료되었기 때문에, 그 총 수가 가까운 장래에 밝혀지리라 생각된다.

이와 같이 복잡한 사이토카인이지만 작용 기점에 있는 수용체라는 관점에서 정리하면 의외로 이해하기 쉽다. 사이토카인 수용체는 일반적으로 분자 내부에 막 관통 domain을 갖는 막 결합형 단백질이다. 현재에는 주로 세포 외 domain 구조에 기초를 둔 다음의 7 종류로 분류된다(그림 1).

① 보존된 시스테인 잔기와 WS motif(WSXWS)를 세포 외에 갖는 type I family(IL-2R, IL-4R, IL-7R 등).
② IFN 수용체를 중심으로 하는 type II family(IFN-α/βR, IFN-γR, IL-11R, IL-10R, erythropoietin 수용체 등).
③ 많은 시스테인 잔기를 함유한 반복하는 배열을 세포 외에 갖는 Fas/TNF 수용체 family(Fas항원, TNFR, LT-βR, TRAIL-R 등).
④ 세포 내 domain에 serine-threonine protein kinase 영역을 갖는 TGF 수용체 family(TGF-βR, ActR, BMPR 등).
⑤ 면역 글로블린 반복 배열을 세포 외에 갖는 IL-1 수용체 family(IL-1R 등).
⑥ 7회 막 관통형, chemokine 수용체 family(IL-8R 등).
⑦ 세포 내 domain에 tyrosine protein kinase 영역을 갖는 tyrosine kinase 수용체 family(EGFR, PDGFR, NGFR 등).

사이토카인은 이 수용체에 세포 외에서 결합하고, 수용체를 활성화하여, 주로 인산화 신호에 의해 핵 내로 전파되어 최종적으로 전사 메커니즘을 작동시킨다.

Key words

인터루이킨(interleukin), 인터페론(interferon), 콜로니 자극인자(colony stimulating factor), 종양괴사인자(腫瘍壞死因子, tumor necrosis factor, TNF), transforming 증식인자(transforming growth factor, TGF), 상피증식인자(上皮增殖因子, epidermal growth factor, EGF), 혈소판 유래증식인자(血小板 由來增殖因子, platelet-derived growth factor, PDGF)

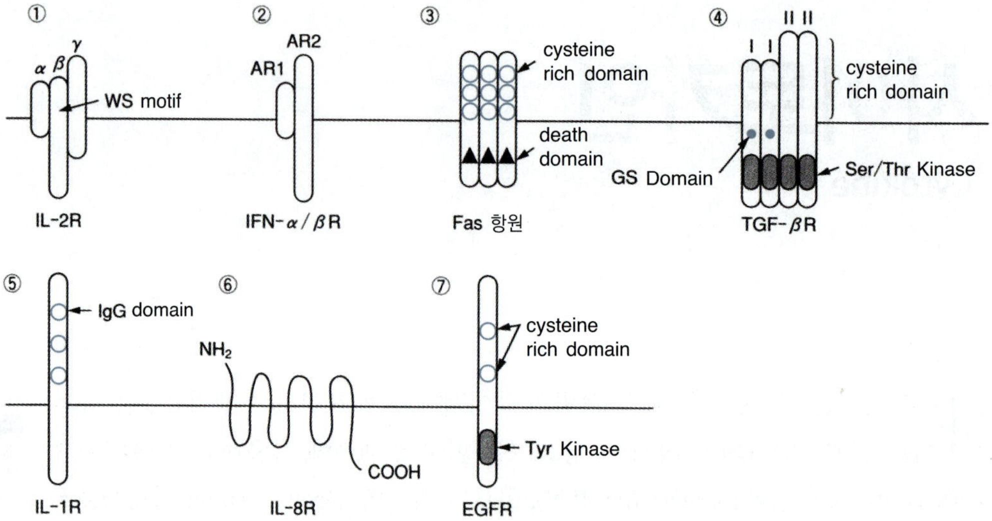

| 그림 1 | 대표적인 사이토카인 수용체

사이토카인 수용체의 큰 특징은 서브유니트의 공유를 들 수 있다. 구체적으로 IL-6 수용체의 gp130은 다른 5 종류의 사이토카인의 수용체에도 공유되어 있다. 또, 과립구/microphage colony 자극인자 수용체 β 사슬은 IL-3 및 IL-5 수용체에 공유되어 있다. 더욱이, IL-2 수용체 γ 사슬은 IL-4, IL-7, IL-9, IL-15 수용체의 공통 서브유니트이고, IL-2 수용체 β 사슬은 IL-15 수용체에, IL-4 수용체 α 사슬은 IL-13 수용체에 공유되어 있다. 하나의 사이토카인이 다른 세포에서 다양한 기능을 발휘하고, 또 다른 사이토카인이 같은 세포에서 같은 기능을 발휘할 수가 있다. 이것들은 이 수용체 분자의 공유와 깊이 관계한다고 생각된다.

Subnote

• 꿈의 항암제였던 사이토카인

유전자 공학의 여명기에 IL-2와 IFN은 암에 듣는 꿈의 특효약으로써 기대를 모으고 있었다. 배양 세포의 실험에서는 확실히 항암제로써 현저한 효과를 나타냈지만, 실제 임상 응용했을 때, 전신 투여로 인해 목적 이외의 부위에서 부작용을 일으켰다. 현재, 그 열기는 가라앉았지만, 각각 면역 부활제와 항바이러스 제제로 실제로 임상 현장에서 사용되고 있다. 앞으로 이 약제들이 실지로 항암제로 사용되려면, 환부에 집중적으로 투여할 수 있는 방법(drug delivery system; DDS)의 개발이 필요하다.

호르몬
Hormone

62 Chapter

고등동물에서는 호르몬이라 불리는 신호전달물질을 내분비 기관에서 방출하고, 떨어진 곳에 있는 표적 세포에 작용하여 그 역할을 제어하고 있다. 호르몬은 보통 혈류를 타고 운반된다. 표적 세포의 표면, 핵 또는 세포질에 호르몬과 결합하는 수용체 단백질이 있고, 그것에 호르몬이 결합하여 구조 변화를 일으키고, 그것이 계기가 되어 일련의 반응이 시작된다. 즉, 표적 세포가 응답하게 되는 것이다. 어떻게 응답하는가는 세포에 따라 다르다. 세포가 다르면 일반적으로 수용체도 다르기 때문에, 같은 호르몬에 대해서도 응답의 방법이 변한다. 수용체의 호르몬에 대한 결합 특이성이 다르기 때문이다. 가령, 같은 수용체인 경우에도 세포가 다르면 응답 방법은 달라진다. 반대의 경우도 있다. 예를 들면, glucagon(글루카곤, 29개의 아미노산 잔기로 된 polypeptide hormone)과 아드레날린(adrenaline, 그림 1)은 전혀 다른 종류의 호르몬이고 수용체도 각각 다른 것이지만, 간세포(肝細胞)에 작용하면 glycogen 분해, glucose의 방출이라고

Key words

신호전달물질(信號傳達物質, signal transmitter), 수용체(受容體, receptor), 결합특이성(結合特異性, binding specificity), 효과특이성(效果特異性, effect specificity), 2차 신호전달물질(second messenger), G 단백질(G protein)

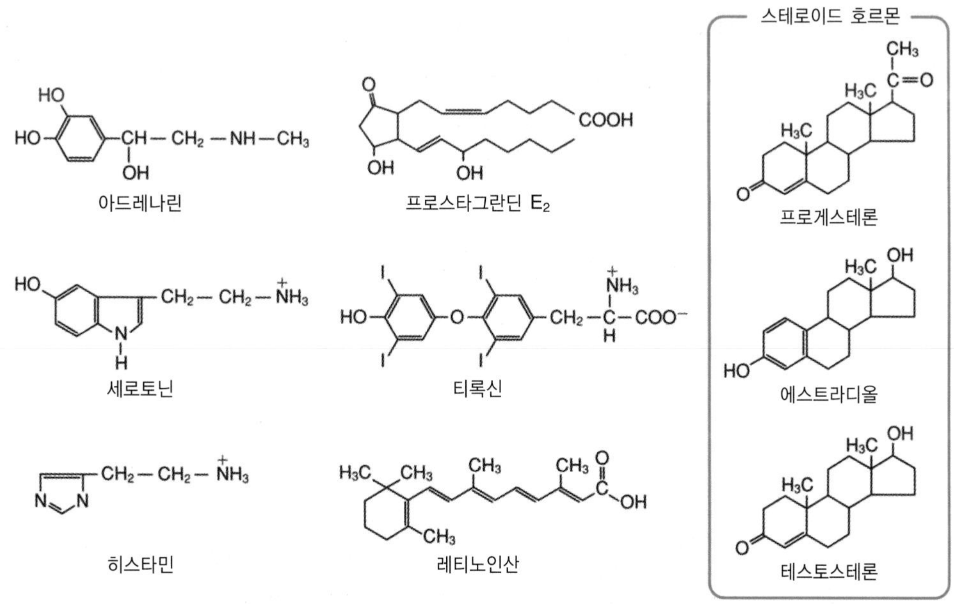

| 그림 1 | 대표적인 호르몬

adrenaline은 부신피질에서 분비되어 간장, 근육에서의 glycogen의 분해, 지방 세포에서의 지방의 분해를 촉진한다. 프로스타그란딘에는 A에서 I까지 9 종류, 세분하면 적어도 16종류가 있다. 표적 세포의 근처에서 분비되고, 분비 후, 곧 분해된다. estradiol과 testosterone은 각각 난소와 정소에서 분비되어 제2차 성징의 발현 등에 기능한다. thyroxine은 갑상선에서 분비되어 열 생산의 증가 등에 기능한다.

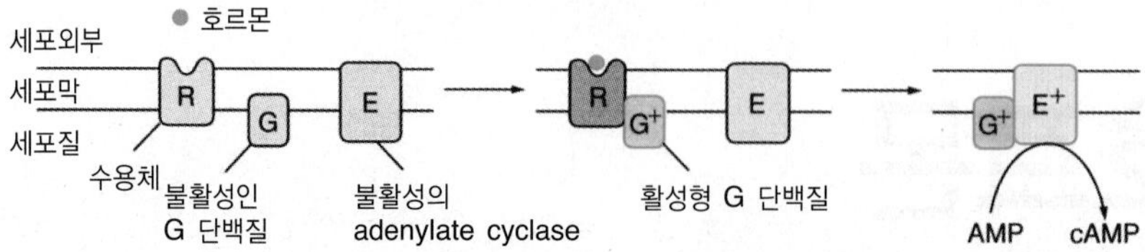

| 그림 2 | G 단백질 결합형 수용체의 작용
활성화된 G 단백질이 adenylate cyclase를 활성화하고, cAMP의 합성이 진행된다.

하는 같은 반응을 발생시킨다. 그것은 어느 쪽의 경우라도 cyclic AMP(cAMP)라고 하는 동일한 신호전달물질(제2의 신호전달물질이라는 의미로 second messenger라고 한다. 그림 3 참조)의 합성을 촉진하기 때문이다. glycogen 분해와 glucose의 방출을 발생시키는 것은 사실은 cAMP이기 때문이다.

대표적인 호르몬을 그림 1에 나타냈다. 호르몬은 크게 나누면 수용성과 지용성 두 개의 타입이 있다. 수용성인 것은 세포막을 투과할 수 없기 때문에, 세포 표면의 수용체에 결합한다. 지용성인 것은 세포막을 투과할 수 있기 때문에, 세포 내부의 수용체에 결합하는 것이 많지만, 프로스타그란딘(prostaglandin)과 같이 세포 표면의 수용체에 결합하는 것도 있다.

수용성의 호르몬에는 amine 등의 아미노산 유도체와 peptide 두 종류가 있고, 둘 다 환경 변화에 대응하여 즉시 응답할 수 있는 신호의 전달에 사용된다. adrenaline은 catecholamine의 동료로 tyrosine에서 합성된다. glucagon은 29개의 아미노산으로 된 단일 peptide이다. 분비 후, 수 초에서 수 분 이내에 효과가 나타난다. 둘 다 수용체는 G 단백질 결합형으로, 수용체에 호르몬이 결합하면 G 단백질● 을 활성화한다. 활성화 된 G 단백질은 second messenger를 합성하는 효소(cAMP의 경우는 adenylate cyclase)를 활성화한다. 그 결과, 그 세포 안에서 second messenger의 농도가 일시적으로 상승하고, 세포는 특유의 응답을 나타낸다(그림 2). Second messenger에는 cAMP 외 1,2-diacyl glycerol,

●G 단백질

GTP의 가수분해 활성을 갖고, GTP 또는 GDP와 결합하는 단백질 중, 세포막의 수용체와 공역하여 신호전달에 종사하는 것을 G 단백질이라 한다.

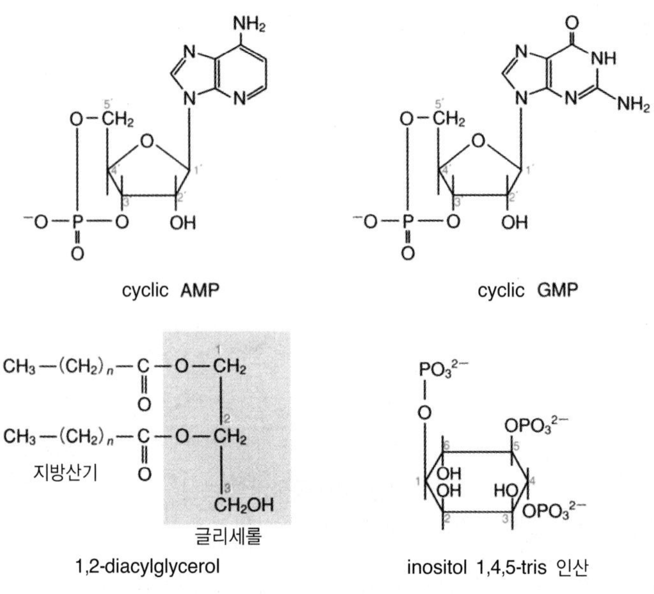

| 그림 3 | 전형적인 second messenger

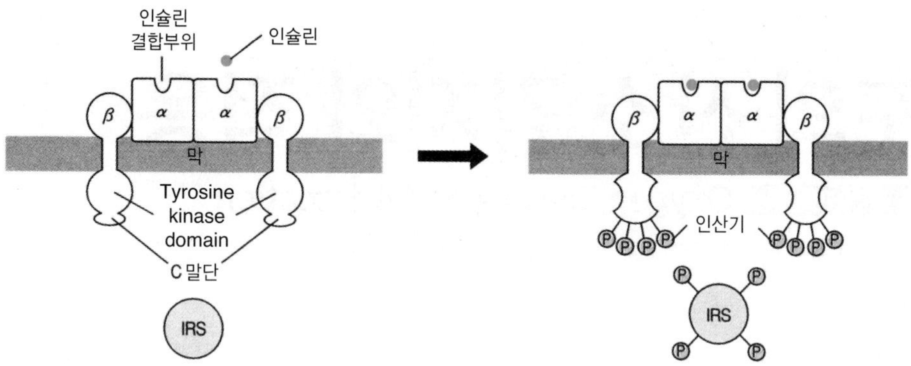

| 그림 4 | Insulin 수용체의 작용

Insulin이 수용체에 결합하면, 수용체의 tyrosine잔기가 자기 인산화한다.
그 결과, insulin 수용체 기질(IRS)이 인산화된다.

inositol 1,4,5-triphosphate 등이 있다(그림 3). 펩타이드 호르몬에는 G 단백질 결합형이 아닌 그 수용체 자체에 효소 활성이 있는 것 등 여러 가지 타입이 있다. 인슐린은 glucagon과 같이, 췌장의 랑게르한섬에서 분비되고, 21개의 아미노산 잔기로 이루어진 A 사슬과 30개의 아미노산 잔기로 이루어진 B 사슬의, 두 개의 펩타이드로 구성되어 있다. 지방 세포와 근세포 등의 수용체에 결합하면, 그 수용체에는 tyrosine kinase 활성이 있고, 자기 자신의 특정한 tyrosine잔기를 인산화한다(자기 인산화). 거기서 그 수용체는 수용체형 tyrosine kinase라 부른다. 그 인산화에 사용된 인산기는 다시 인슐린 수용체 기질이라 불리는 단백질의 tyrosine잔기로 옮겨 가고, 그 결과, 세포 내의 수많은 반응기가 활성화된다(그림 4).

Steroid, thyroxine, retinoic acid 등의 지용성 호르몬은 수송 단백질에 의해 혈액 중으로 운반된다. 그 후, 수송 단백질에서 해리되어 표적 세포의 세포막을 통과하여, 세포 내의 수용체와 결합한다. 형성된 호르몬-수용체 복합체는 핵 내로 들어가 DNA의 전사 조절 부위에 결합하고, 특정의 유전자 전사 속도를 변화시킴으로써 발현에 영향을 준다(그림 5). 따라서 효과가 나타날 때까지는 수 시간에서 수 일이 걸리지만, 운송 단백질과 결합한 호르몬의 체내 안정성은 높고, 장시간(수 시간에서 수 일) 효과가 지속된다. 수용성 호르몬의 경우에는 체내 수명은 짧고, 수 초에서 수 분 정도이다.

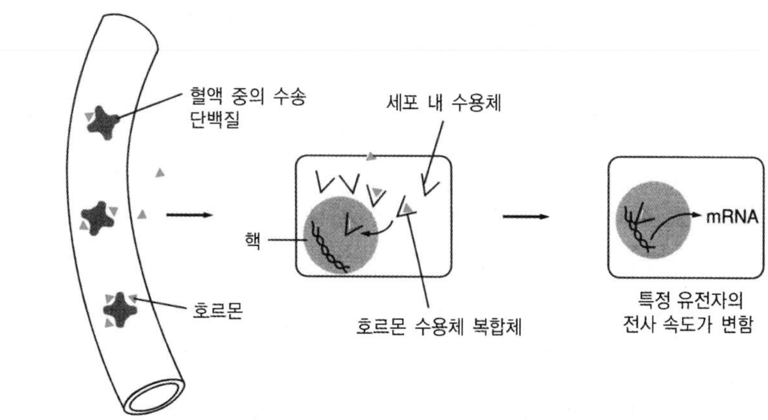

| 그림 5 | 지용성 호르몬의 세포 내 수용체를 통한 기능 발현

Thyroxine과 steroid 호르몬은 수송 단백질에 의해 혈중으로 수송되고, 세포 내의 수용체에 결합한다.
그 후, 핵으로 옮겨져, 특정 유전자의 전사 활성화(또는 불활성화)를 발생시킨다.

Chapter 63

세포의 산소 감지와 적응

細胞酸素感知適應, Oxygen Sensing and Adaptation

Key words

경동맥소체(頸動脈小體, carotid body), 에리스로포이에틴(EPO: erythropoietin), 저산소유도성인자(低酸素誘導性因子, HIF: Hypoxia-Inducible Factor), 전사인자(轉寫因子, transcription factor), 저산소조절유전자(低酸素調節遺傳子, HRE: Hypoxia-Regulated Gene), 프롤린 하이드록실화(prolyl hydroxylation), 폰 히펠-린다우병(VHL 병: Von Hippel-Lindau's Disease)

동물에서 산소의 역할

산소(O_2)는 지구 대기의 약 21%를 차지한다. 산소는 동물의 삶에 필수적이어서 (모든 동물 세포에 존재하는) 미토콘드리아에서 음식물에서 나온 전자를 최종 수용체인 산소에 전달하여 에너지로 전환하는데 꼭 필요하다. 1931년 노벨 생리의학상을 수상한 Otto Warburg 박사는 이 전환이 효소적 과정(enzymatic process)임을 밝혀냈다. 또한 동물들은 진화 과정을 통해 조직과 세포에 산소를 충분히 공급하는 기관이 있다. 목 양쪽 동맥혈관에 인접한 경동맥소체(carotid body)는 혈액 중에 산소의 양이 감소하면 뇌에 경고 신호를 보내 호흡 속도와 혈압을 상승시키는 조절 역할을 한다. 경동맥소체의 호흡 제어 기능을 밝힌 하이만스 박사는 1938년 노벨 생리의학상을 수상했다. 이렇게 산소의 중요성은 오래 전부터 알고 있었지만, 세포가 어떻게 산소를 감지하고 산소가용성에 적응하는가에 대한 메커니즘은 미지의 영역이었다. 2019년 노벨 생리의학상은 세포의 대사 및 생리 기능에 미치는 영향 연구에 주어졌다. 산소 감지와 적응에 대한 발견은 빈혈, 암, 기타 질병 치료에 새로운 전략을 제공하고 있다.

HIF(저산소유도성인자)의 발견

경동맥소체에 의한 산소 제어 이외에도 또 하나의 기본적인 생리적 적응이 존재한다. 그것은 저산소 수준에 대응하는 핵심적인 생리 반응은 에리스로포이에틴(EPO: erythropoietin)이라는 호르몬의 상승인데, EPO 수준의 상승은 적혈구 생성 증가(erythropoiesis)로 이어진다(그림 1). 호르몬에 의한 적혈구 생성 제어는 20세기 초에 이미 알려졌지만, 그 메커니즘은 미개척 분야였다. 2019년 노벨상 수상자인 세멘자 박사는 EPO 유전자가 변화하는 산소 수준에 의해 조절되는 과정에 주목했다. 그는 유전자 변형 생쥐의 연구에서 EPO 유전자에 인접한 특이적 DNA 부분이 저산소 수준과 관련이 있음을 밝혔다. 노벨상 공동 수상자인 랫클리프 박사는 산소 의존성 EPO 유전자 조절의 연구에서 산소 감지 메커니즘이 EPO가 통상적으로 생성되는 신장 세포뿐만 아니라 모든 조직에 존재함을 밝혔다. 즉, 생체의 산소 농도에 반응하는 기작이 모든 세포에서 일반적으로 기능하고 있음을 밝혔다.

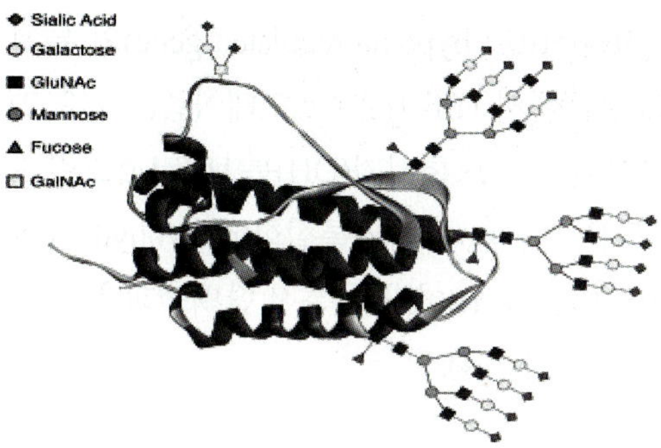

| 그림 1 | EPO의 3차 구조

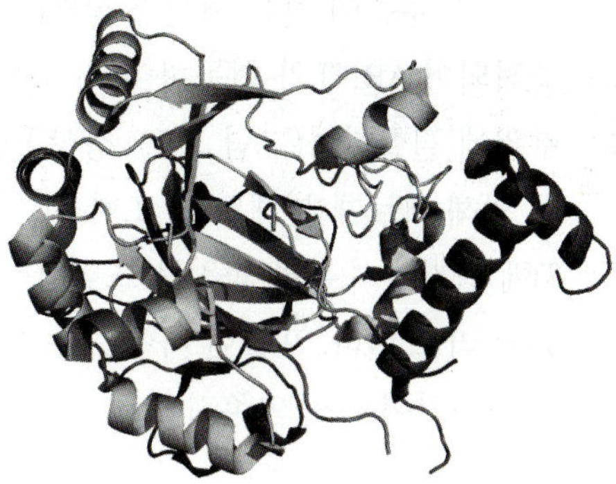

| 그림 2 | HIF-1α의 3차 구조

이어서 세멘자 박사는 간(肝) 세포에서 저산소 수준과 관련 있는 DNA 분절에 세포의 산소 농도에 따라 특이적으로 결합하는 단백질 복합체를 발견했다. 이 복합체 저산소유도성인자(HIF: hypoxia-inducible factor)라고 명명하였다(그림 2).

HIF 복합체는 정제되었고 구조를 파악하였고 HIF를 코딩하는 유전자도 보고되었다. HIF는 두 개의 다른 DNA 결합 단백질로 밝혀지고, HIF-1α와 ARNT로 각각 명명되었다. HIF-1α와 ARNT는 DNA·RNA 과정을 조절하는, 즉 전사인자(transcription factor)였던 것이다. 후에 저산소 수준에서의 추가 인자가 발견되고 저산소 수준에 반응하는 메커니즘이 완성되었다(그림 3).

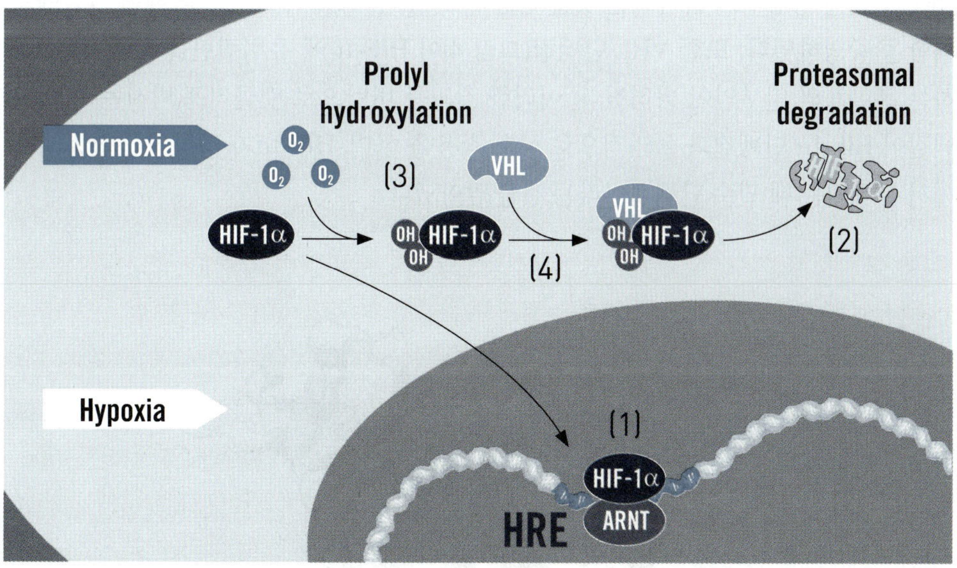

| 그림 3 | 정상 산소 수준(normaxia)과 저산소증(hypoxia)에서의 세포 내에서의 반응

산소 수준이 낮은 저산소 상태(hypoxia)에서 HIF-1α는 분해되지 않고 핵으로 이동, 축적되어 ARNT와 협동하여 저산소조절유전자(HRE: hypoxia-regulated gene)의 특정 부위에 결합한다(그림 3, 1). 정상적인 산소 수준에서 HIF-1α는 프로테아좀(그림3, 2)에 의해 빠르게 분해된다. 또한 산소에서 기인한 하이드록시기(OH)를 HIF-1α(그림 3, 3)에 첨가하여 분해 과정을 조절한다. 이 과정은 프롤린 하이드록실화(prolyl hydroxylation)라고 한다. 프롤린 하이드록실화 된 HIF-1α는 VHL이라는 특정 단백질과 복합체를 형성하여 산소 의존적 방식으로 분해시킨다(그림 3, 4).

VHL(von Hippel–Lindau) 단백질의 발견

산소 농도 수준이 높을 때, 세포에는 극소량의 HIF-1α만 존재한다. 그러나 산소 농도 수준이 낮을 때는 HIF-1α의 양이 증가하여 EPO 유전자와 다른 유전자에 결합하여, 유전자 활성을 증가시킨다. 즉, 통상적으로 신속하게 분해되는 HIF-1α 단백질이 저산소 수준에서는 분해되지 않는다는 것이다. 그리고 정상 수준의 산소 조건에서는 유비퀴틴이라는 작은 펩타이드가 HIF-1α 단백질에 첨가되어 분해를 명령하는 태그로 기능하는 것이 알려져 있다(43항 참조, 2004년 노벨 화학상). 그렇다면 어떻게 유비퀴틴이 산소 농도에 따라 HIF-1α에 결합할 수 있을지가 핵심적인 의문이 된다. 그 의문에 대한 해답은 예기치 않은 연구에서 나왔다. 암 연구자인 케일린 박사는 폰 히펠-린다우병(VHL병: Von Hippel-Lindau's disease)이라는 유전병 연구를 하고 있었다. 폰 히펠-린다우 병은 VHL 유전자의 변이에 의해 발병하며 특정 암의 발생을 증가시킨다. 케일린 박사는 정상 VHL 유전자가 코딩하는 단백질이 암을 예방함을 밝히고 VHL 유전자가 결핍된 암세포들은 높은 저산소조절유전자를 발현하지만, VHL 유전자를 암세포에 도입하면 HRE 수준이 정상으로 돌아오는 것을 발견하였다. 즉, VHL이 저산소증 제어 반응에 관여함을 증명하였다. 또한 VHL 단백질(그림 4)이 HIF-1α에 유비퀴틴을 부착시키도록 하는 복합체의 일부임이 밝혀졌다. 이러한 결과를 바탕으로 랫클리프 박사는 VHL 단백질이 HIF-1α 단백질과 물리적으로 상호 작용을 하며, HIF-1α가 정상적인 산소 수준에서 분해되는 데 필수 단백질이라는 것을 알아냈다.

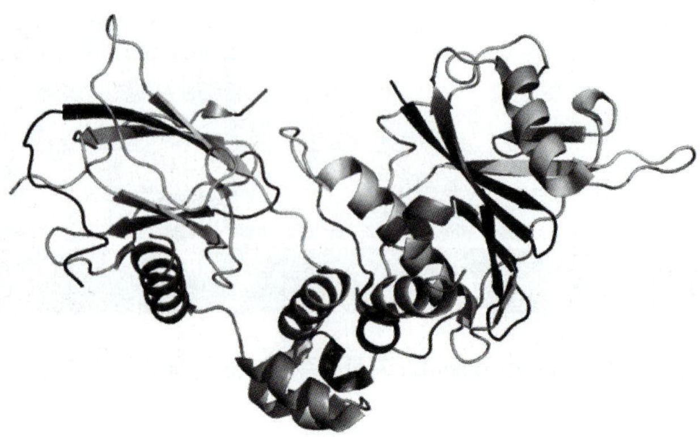

| 그림 4 | VHL의 3차 구조

산소의 균형

VHL과 HIF-1α의 상호 작용은 해결되었으나 산소 의존성에 대한 메커니즘은 부족했다. 연구의 초점은 HIF-1α 단백질의 특이적 부분에서 정상적인 산소 수준에서 하이드록실기(-OH)가 HIF-1α의 두 특정 proline 위치에 첨가된다는 실험 결과였다. 즉, VHL 단백질이 HIF-1α을 인식하고 결합하기 위해서는 HIF-1α의 변형이 필요한데 그것이 바로 두 proline 잔기에 OH기가 붙은 형태였던 것이었다. 후속 연구에서 proline 잔기에 OH기를 첨가시키는 효소인 프롤린 하이드록실화 효소(prolyl hydroxylase)도 확인했다. 또한 HIF-1α 유전자도 산소 의존성 하이드록실화(oxygen-dependent hydroxylation)에 의해 조절되는 것으로 밝혀졌다.

산소 생리학과 병리학

이제 산소가 생리 과정을 조절하는 메커니즘을 잘 알게 되었다. 산소 감지는 세포가 저산소 수준(격렬한 운동 중의 근육 속)에 대응한 대사 조절을 가능하게 한다. 산소 감지에 의해 제어되는 중요한 생리 작용에는 혈관 신생과 적혈구 생성이 있다. 우리의 면역계도 산소 감지 기구에 의해 미세 조정된다. 산소 감지는 심지어 태아 발육에서 정상적인 혈관 형성과 태반 발달에 필수적이다. 즉, 임신 중 흡연은 태아에게 산소 결핍을 유발시키고 태아에게 치명적인 결과를 초래할 수 있다. 산소 감지는 수많은 질병의 핵심에 있다(그림 5). 예로, 만성 신부전 환자들은 EPO의 발현 감소로 심각한 빈혈 증상을 겪는다. EPO는 신장 세포에 의해 생성되며, 적혈구 생성을 제어하는 데 필수적이기 때문이다. 더욱이 산소 조절 기구는 암 생성과 관계가 깊다. 암세포는 혈관 형성을 촉진하고 효과적인 증식을 위해 대사를 재형성하는데 이때 산소조절기구가 필요하다. 따라서 산소 감지 기구를 활성화하거나 차단함으로써 다양한 질병을 치료할 수 있는 신약 개발이 가능한 이유인 것이다.

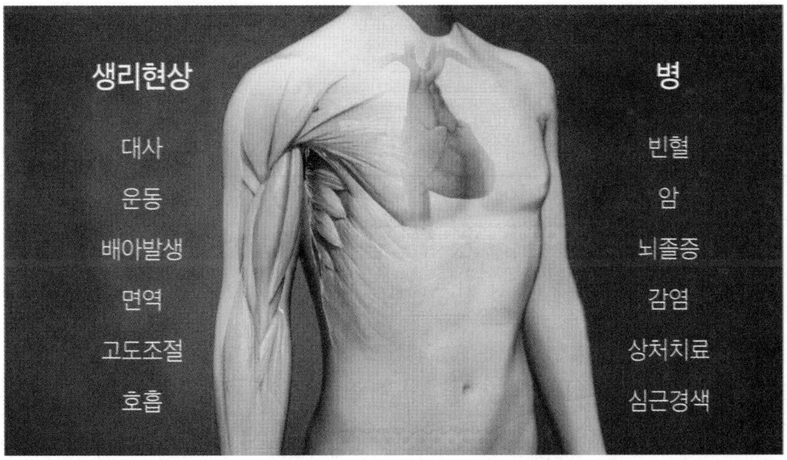

| 그림 5 | 산소 조절과 관련된 생리 현상과 병들

Chapter 64

활성산소와 NO

活性酸素와 NO, Active Oxygen and Nitric Oxide

Key words

superoxide radical, 일중항산소(一重項酸素, singlet oxygen), superoxide dismutase ; SOD, 일산화질소(一酸化窒素, NO, nitric oxide), NO 합성효소(nitric oxide synthase), 퍼옥시나이트라이트(peroxynitrite)

활성산소

생체 내에는 산화 효소(oxidase)가 다수 존재하고, 그 반응 산물로써 superoxide radical($\cdot O_2^-$)을 생성한다. $\cdot O_2^-$는 산소 분자에 하나의 여분 전자가 부가된 것으로써 그 전자를 내주거나, 아니면 외부로부터 하나 더 전자를 획득하여 안정화하려고 하기 때문에, 반응성이 극히 높다. 생체 내에서 $\cdot O_2^-$는 과산화수소와 반응하여 hydroxyl기($\cdot$OH)로도 존재한다.

활성산소란 반응성이 분자 산소보다도 높은 산소 원자를 함유하는 물질의 총칭이고, 이것들 oxyradical류 외에 radical이 아닌 H_2O_2, OCl^-, 일중항산소($^1O_2$)도 포함된다. 더욱이 연구자에 따라서는 상기 물질이 생체 내의 지방산(RCOOH)와 반응하고 용이하게 생성하는 지방산 peroxy기(ROO$\cdot$)와 지방산 alkoxy기(RO$\cdot$)도 활성산소에 포함시키기도 한다.

이 활성산소들은 일반적으로 산소 스트레스로 기능하고 세포에 상해를 준다. 직접적인 표적 분자는 불분명하지만 어떤 종의 tyrosine protein kinase를 활성화시켜 세포 증식 신호를 작동시키는 것이 최근에 보고되어 있다. 옛날부터 활성산소는 염증 등에도 관여하고 있다는 것이 시사되어 왔다. 거기서 활성산소를 분해하여 반응성을 내리는 superoxide dismutase가 항염증제로서 임상 개발되어 있다.

NO(일산화질소)

약 20년 전에 보였었던 혈관 내피 세포 이완인자•가 NO로 동정되고 나서 16년이 경과했다. NO는 1992년 Science지에 「금년의 분자」로 뽑혔으며 1998년의 노벨상으로 이어졌다. 상기의 활성 효소와 같이, 상당히 불안정한 가스상 분자가 생체 내에서 널리 생성되어 게다가 정보 전달 물질로서 기능한다는 것은 그때까지의 상식으로는 생각하지 못했다.

NO는 아르기닌과 분자상 산소를 기질로 하여, 3 종류 존재하는 NO 합성효소(eNOS: 혈관 내피형 NOS, iNOS: 유도형 NOS, nNOS: 신경형 NOS)에 의해 생성된다(그림 1). eNOS는 혈관 평활근의 이완을 촉진시켜 혈압을 저하시킨다. iNOS는 간세포(肝細胞)에서 약물대사, 면역계에서는 암세포와 이물의 배제에 관여한다고 여겨진다. nNOS는 비adrenaline 비choline성 뉴론에 있어서 신경 전달 물질로 사용되는 NO를 생성한다.

• 혈관 내피 세포 이완인자

혈관 내피 세포(혈관 내부의 기저막상에 정렬하여, 혈액과 주위 조직과의 사이의 물질 교환을 제어하는 편평 세포)에 작용하는 생리 활성 물질은 다음의 3종류로 크게 구별한다. 우선 혈관 내피세포 이완인자로서 NO, 프로스타그란딘 I_2, 혈관 내피 유래 과분극인자, C형 나트륨 이뇨펩타이드, adrenomedullin이 있다. 다음으로, 혈관 내피 유래 수축인자로써, thromboxane A2, 프로스타그란딘 H2, endothelin, angiotensin H가 있다. 그리고 혈관 내피 유래 증식인자로써, 혈소판 유래 증식인자(PDGF)군, 섬유 아세포 증식인자(FGF)군, 상피 유래 성장인자(EGF)등이 알려져 있다.

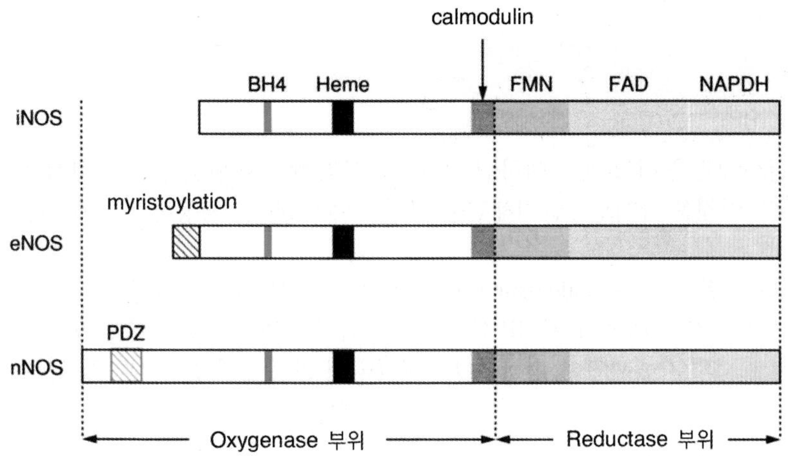

| 그림 1 | NOS isoform의 domain 구조

그러나 과잉의 NO는 독성 물질로서의 측면도 갖고 있다. 예를 들어 글루타민산이 신경독성을 나타내는 것은 오래 전부터 알려져 있지만, 이는 nNOS에 의한 과도한 NO의 생성이 원인이다. iNOS도 마찬가지로 폐혈증과 염증을 일으킨다는 것도 알려져 있다. 또 최근에는 NO와 활성산소가 생체 내에서 반응하여 독성이 매우 높은 peroxynitrite($ONOO^-$)를 생성하고, 더욱이 단백질 표면의 tyrosine잔기를 나이트로화 하는 것이 알려졌다. 이것은 세포 골격의 구성 분자를 나이트로화 하여 중합 저해를 한다.

Subnote

• 나이트로글리세린(nitroglycerin)과 비아그라(Viagra)

유명한 폭약의 주성분인 나이트로글리세린을 혀 밑에 투여하면 심장관동맥의 빠른 이완을 일으켜 협심증 발작에서 일시적으로 벗어날 수가 있다. 이것은 나이트로글리세린이 생체 내에서 NO를 생성하고 있기 때문이라고 생각된다.

nNOS가 생산하는 NO를 신경 전달 물질로 하는 비adrenaline 비choline성 뉴론은 발기를 담당하는 혈관 평활근을 지배하고 있다. NO 신호는 평활근세포 내에서 cGMP 신호로 변환되어 혈관을 이완시켜 발기 상태를 계속시킨다. 비아그라는 cGMP 분해 효소의 저해제이며, 항상 NO로 자극되어 있는 것과 같은 상태를 갖는다.

• 약물대사

체내에 섭취된 약물은 다양한 반응을 받지만, 주로 간장에서 산화된 후에, 포합(抱合)반응을 받고 배설된다. 제1단계(제1상 반응)은 부신 미토콘드리아와 간, 마이크로좀의 전자전달계의 종점의 구성 성분인 cytochrome P450에 의해 촉매된다. 환원형의 P450은 일산화탄소와 결합하면 450nm에서 흡수 극대를 나타내는 heme 보결 분자족을 갖는다. P450은 다음의 식에 표시한 것처럼 NADPH의 환원력과 분자상 산소를 이용하여 지용성의 약물을 일 원자 산소 첨가반응에 의해 hydroxyl화 한다.

$$RH + O_2 + NADPH + H^+ \rightarrow R\text{-}OH + H_2O + NADP^+$$

이 하이드록시기의 도입에 의해 고도 극성을 가진 기와의 반응이 가능한 형이 된다. 또한 P450은 약물만이 아니라 지방산, steroid hormone, 담즙산 등 생체 내의 분자의 하이드록시화도 촉매한다. 약물 대사의 제2단계(제2상 반응)에서는 글루쿠론산(glucuronate), 황산(sulfuric acid), glutathione 등의 극성 분자와 약물 유도체가 포합(抱合)되어 친수성이 높아져, 소변과 담즙 중으로 배설되기 쉽게 된다. 제2상 반응에서 가장 많은 것은 글루쿠론산 포합이고, UDP 글루쿠론산을 공여체로서 phenol 등 다양한 약물, steroid hormone과 bilirubin 등이 glucuronic acid transferase에 의해 포합된다. glucuronic acid transferase는 간(肝), 신장(腎臟,), 장(腸), 피부(皮膚)에 있지만, 간의 활성이 가장 높다.

P450에 의해 산화된 약물은 그 약리 작용을 잃는 경우가 많지만, 물질에 따라서는 약효, 독성이 오히려 증대하는 경우도 있다. 특히 화학 발암 물질에는 생체 내에서 P450의 작용을 받아 활성형으로 변환된 것도 있다.

약물의 대사에 관여하는 P450은 현저히 중복하고 있어, 하나의 동물종이면서도 많은 isoform이 존재한다. 예를 들어 사람은 특이성이 다른 P450을 code하는 유전자를 100개 이상 갖는다. 생체 내 물질의 합성에 관여하고 있는 P450의 기질 특이성은 꽤 엄밀하지만, 약물 대사에 관계되는 P450은 상당히 넓은 기질 특이성(broad substrate specificity)을 갖고 있다.

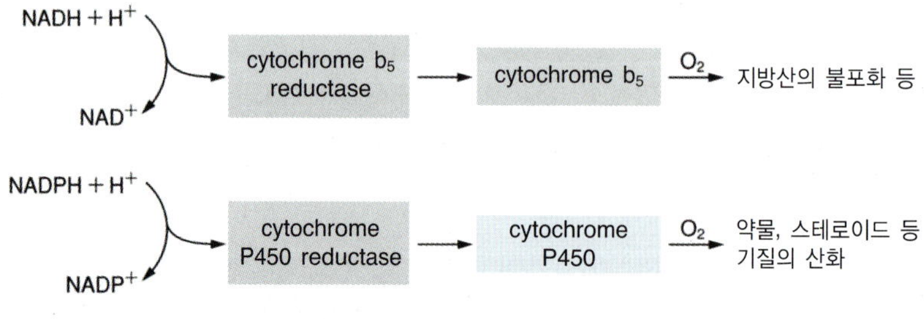

부신 마이크로좀의 P450 전자전달계
약물 대사에 있어서는 NADPH의 환원력과 분자상 산소를 이용하여 P450이 다양한 기질을 산화하고 하이드록시화 한다.

황화수소

硫化水素, H_2S, Hydrogen Sulfide

Chapter 65

Key words

산화질소(nitric oxide), 일산화탄소(carbon monooxide), 신경전달물질(neurotransmitter), 시스타티오닌 합성효소(cystathionine β-synthase), 시스타티오닌 분해효소(cystathionine γ-lyase)

황화수소는 포유류의 일부 세포에 의해 소량으로 생산되어 생물학적 신호 기능을 가지고 있다. 이렇게 생체에서 기체(가스) 형태로 신호전달에 기능하는 것은 산화질소(NO)와 일산화탄소(CO)가 알려져 있다. 세포에서 생성된 기체 신호전달 물질이 다른 세포의 세포막을 투과하여 그 세포의 기능을 제어한다는 사실은 신호전달 체계에 있어 전혀 새로운 원리를 제시한 것이었다. 산화질소의 경우 그 당시까지 알려진 다른 신호전달 분자와는 완전히 다르며 매우 불안정하기 때문에 10초 내에 질산염이나 아질산염으로 전화(轉化)한다는 점은 놀라운 사실로 받아들여졌다. 산화질소가 심혈관계에서 핵심적인 역할을 수행하는 신호전달 분자일 뿐만 아니라 감염에 대항하는 신경계의 신경전달 물질, 혈압조절인자, 여러 신체기관의 혈류조절인자 등, 다양한 역할을 수행하는 것으로 알려져 있다. 일산화탄소 역시 산화질소와 공동으로 여러 가지 신경전달 물질로서 작용하는 것이 알려져 있다.

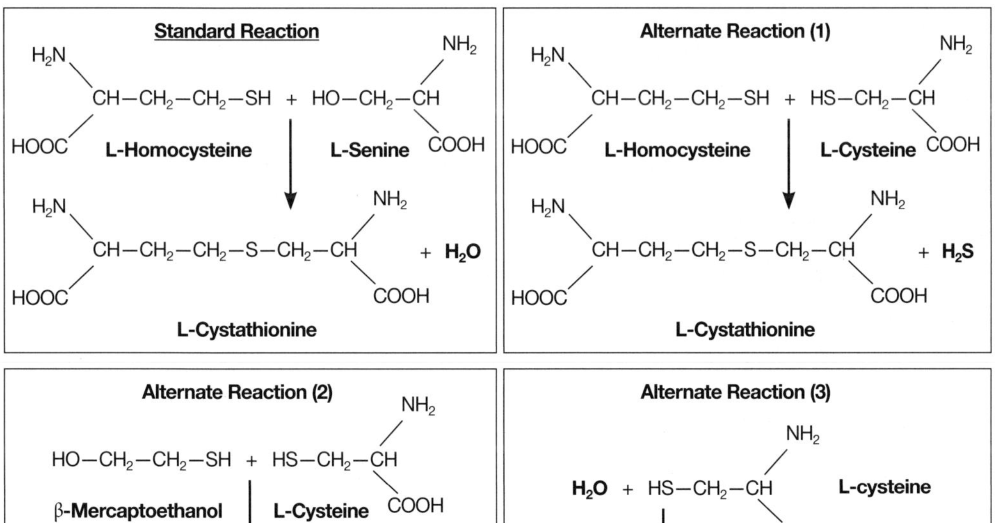

| 그림 1 | Cystathionine β-synthase는 serine과 homocysteine을 기질로 하여 cystathionine을 형성하는 효소(standard reaction)이지만 기질의 종류에 따라 황화수소를 형성하는 반응도 촉매 한다.

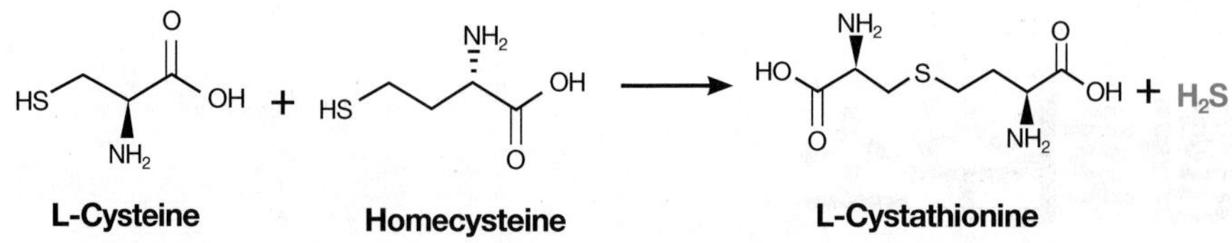

| 그림 2 | 본래 cystathionine γ-lyase는 cystathionine을 기질로 하여 cysteine과 α-ketobutyrate, NH_3를 형성하는 효소이지만, cysteine과 homocysteine을 기질로 하여 cystathionine을 형성하는 부반응도 촉매하는데 이때는 황화수소를 발생시킨다.

최근 황화수소가 세번째로 기체로서 신경전달 역할을 하는 것이 주목 받고 있다. 황화수소는 cystathionine *β*-synthase(시스타티오닌 생합성효소, 그림 1)와 cystathionine *γ*-lyase(시스타티오닌 분해 효소, 그림 2)에 의해 황을 함유하는 아미노산인 시스테인에서 생산된다. 본래 이 두 효소는 메티오닌과 호모시스테인의 대사에서 중요한 역할을 하는 효소들이다(그림 3). 황화수소는 근육 이완(혈관확장)시키는 역할을 하며 신경전달 수용체의 반응을 증가시켜 기억력 형성 강화에도 도움이 된다. 산화질소처럼 황화수소도 잠재적으로 심혈관질환에 대해 긍정적인 영향을 준다고 사료된다. 마늘의 심혈관질환의 효과는 알리신의 polysulfide 그룹의 대사로 발생한 황화수소의 영향이라고 생각된다. NO와 황화수소가 혈관 이완이라는 같은 효과를 나타내고 있지만 NO는 guanylyl cyclase를 활성화 하는 반면, 황화수소는 평활근세포에서 potassium 채널을 활성화함으로써 혈관 이완 효과를 나타낸다(그림 4). 산화질소는 큰 혈관에서 황화수소는

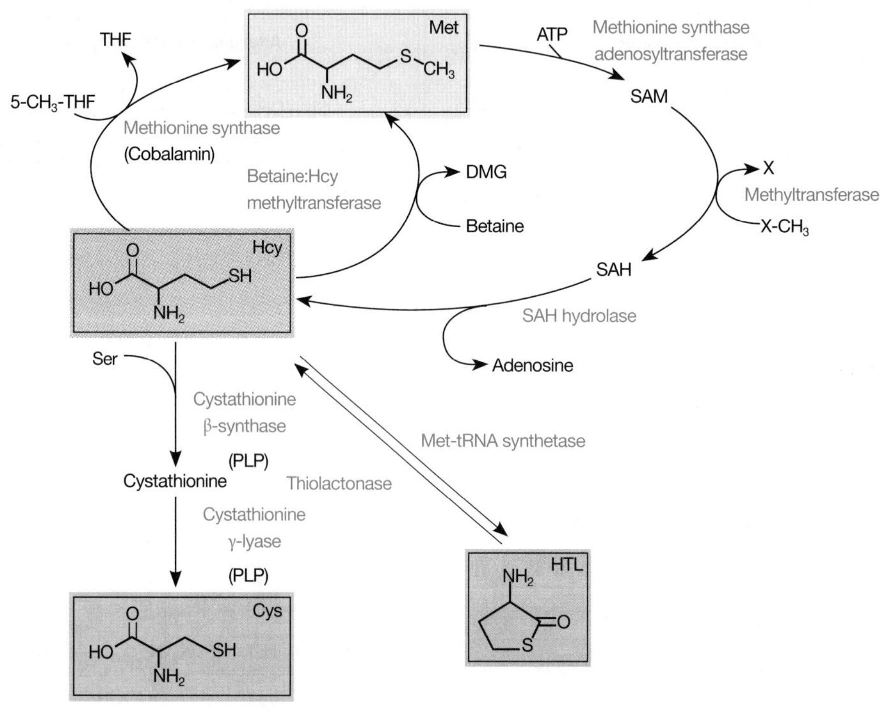

| 그림 3 | 메티오닌(Met)가 호모시스테인(Hcy)을 경유하여 cystathionine, 시스테인(Cys)으로의 대사 경로.

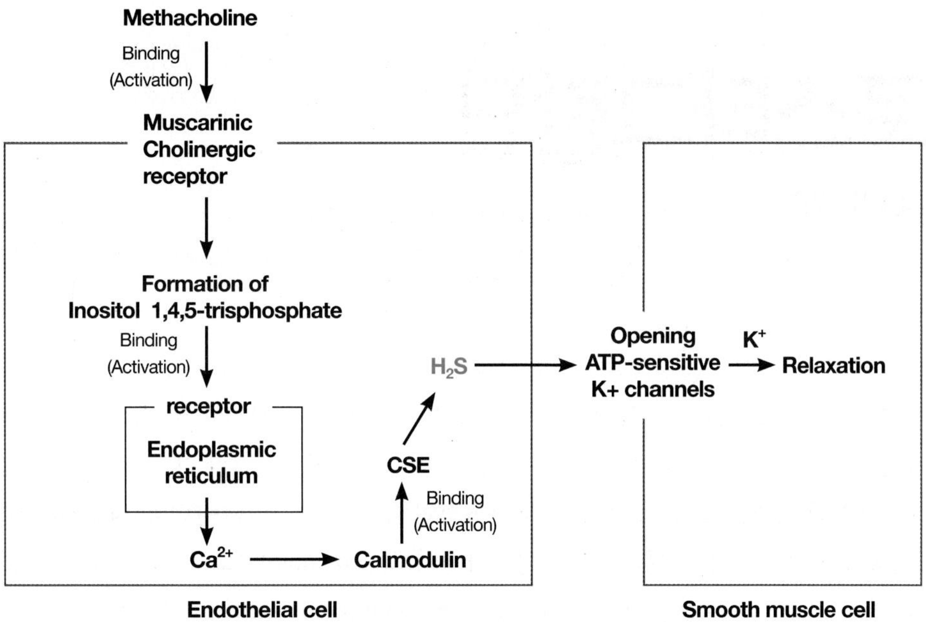

| 그림 4 | 황화수소의 혈관 이완 작용의 메커니즘

CSE는 cystathionine γ-lyase 효소를 나타낸다.

작은 혈관에서 역할을 한다고 생각된다. 최근 NO 및 황화수소 이 두 가스의 혈관 이완 효과는 상호의존적임이 밝혀지고 있다. 이는 혈관 이완 작용을 촉진시키는 산화질소와 마찬가지로, 황화수소가 발기부전 치료에 응용 가능함을 나타낸다. 산화질소와 일산화탄소는 생체 신호전달물질로 중요한 역할을 하지만 적정 농도 이상이 되면 생체에 독성을 나타낸다. 이와 같이 황화수소도 생체에 꼭 필요하지만 적정농도를 넘어서면 독가스로 작용한다. 실제 활화산에서 생성되는 황화수소는 인명피해를 주기도 하고 일본에서는 2008년 황화수소를 제조하여 자살한 사람이 1000명을 넘기기도 하였다. 황화수소는 알츠하이머 환자의 뇌에서는 심각한 감소를 보이고 다운증후군과 제1형 당뇨병 환자에서는 일반인보다 과량 검출된다.

Chapter 66

프로스타그란딘

Prostaglandin

Key words

국소 호르몬(局所 호르몬, local hormone), 전신성 호르몬(全身性 hormone, global hormone), 에이코사노이드(eicosanoids), 프로스타사이클린(prostacyclin), 트롬복세인(thromboxane), 류코트린엔(leukotriene), 아라키도네이트 케스케이드(arachidonate cascade), prostaglandin endoperoxide synthase, lipoxygenase, 아스피린(aspirin)

혈류를 타고 운반되어 몸 전체에서 기능을 발휘하는 전신성 호르몬(62항 참조)과는 대조적으로, 그것을 합성하는 세포 그 자신, 또는 근접한 세포에만 작용하는 호르몬을 국소 호르몬이라고 한다. 그 전형적인 예가 프로스타그란딘(prostaglandin)을 위시한 일군의 C_{20} 지방산류인데, 에이코사노이드(eicosanoid)라고 불린다. 에이코사노이드에는 프로스타그란딘 외 prostacyclin, thromboxane, leukotriene이 포함되고, 각각 저농도에서 현저한 생리 작용을 나타내는 것이 특징이다. 또 반응성이 높고, 화학적으로 불안정한 것이 많다. 염증촉진, 혈압조절, 통증과 발열, 수면과 각성의 조절, 분만유발, 혈액응고(67항 참조)의 유발 등 에이코사노이드의 생리 기능은 다채롭다.

에이코사노이드의 전구체는 아라키돈산(arachidonic acid)이다. 아라키돈산의 대부분은 glycerol 인지질의 2위의 acyl기의 형태로 세포막에 존재하고, 직접 phospholipase A_2에 의해 가수분해되어 생산되거나, 또는 그 인지질이 phosphatidylinositol인 경우는 phosphatidylinositol 4,5-bisphosphate에서 1,2-diacylglycerol, phosphatidylate를 거쳐 생성한다(그림 1). 이렇게 하여 생성한 arachidonate는 arachidonate cascade라고 하는 일련의 반응을 거쳐 에이코사노이드로 변환된다. Prostaglandin endoperoxide synthase(prostaglandin H_2 synthase라고도 한다)에 의해 arachidonate는 프로스타그란딘 H_2로 변환되고 뒤이어 다른 프로스타그란딘류, prostacyclin, thromboxane A_2로 변환된다. 한편, leukotriene A_4는 arachidonate에서 lipoxygenase의 작용에 의해 생성된다(그림 1).

프로스타그란딘에는 염증을 촉진하는 효과가 있고, 전구체인 아라키돈산의 생성을 제거하면 결과적으로 염증을 억제할 수 있게 된다. 예를 들면, phospholipase A_2의 저해제(corticosteroid 등)는 항염증제가 된다. 또, prostaglandin H_2 synthase를 저해하면, 결과적으로 프로스타그란딘류와 prostacyclin, thromboxane의 합성이 억제되어 염증도 억제된다. aspirin(acetylsalicylic acid)은 prostaglandin H_2 synthase의 불가역적인 저해제이고, 강력한 항염증 작용을 나타낸다. prostaglandin H_2 synthase의 Ser 530에 acetylsalicylic acid의 acetyl기가 전이되고, hydroxyl기가 acetyl화 되면 활성부위로 통하는 소수성(물을 싫어하는)의 채널이 막혀 기질이 도달할 수 없게 된다. Ser 530은 촉매 작용에 직접 관여하지 않지만, Ser 530이 화학변형을 받으면 결과적으로 prostaglandin H_2 synthase 반응이 진행하지 않게 된다.

한편, thromboxane A_2는 강력한 혈소판 응집물질이다. 따라서 thromboxane A_2의 생

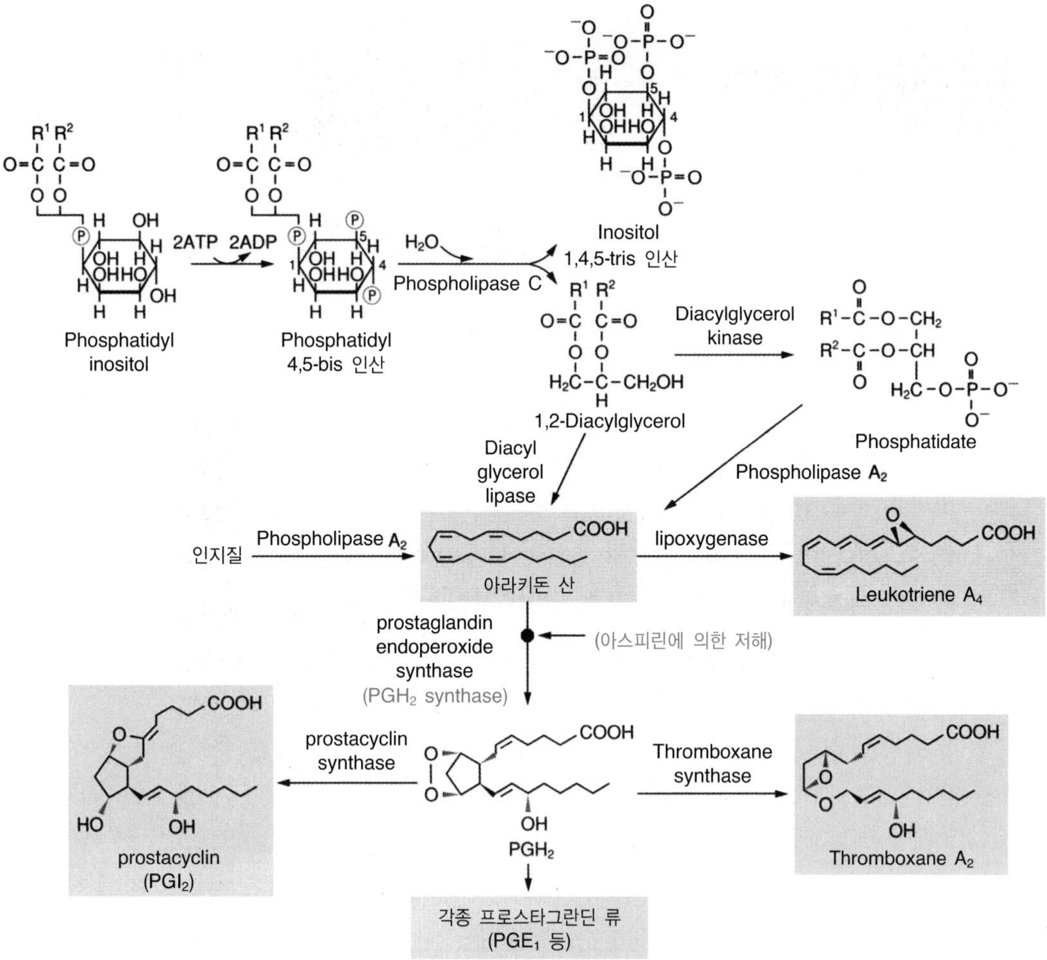

| 그림 1 | 에이코사노이드의 생합성

R^2는 arachidonoyl group. 프로스타그란딘에는 A부터 I까지 있고, 예를 들어 프로스타그란딘 A는 PGA로 생략 표기한다. 더욱이, 프로스타그란딘의 알킬사슬에 포함된 이중결합의 수를 숫자로 표시한다. 예를 들면 PGE_1●, PGA_2● 등으로 표시한다. Prostacyclin은 PGI_2로도 불린다. phosphatidylinositol 4,5-bisphosphate도 인지질의 하나이지만, 다른 인지질(phosphatidylserine 등)이 phospholipase A_2에 의해 가수분해를 받아도 아라키돈산이 생성된다. phospholipase C는 신호전달과 관련하고 있다. 신호전달물질이 세포 표면의 수용체에 결합하면, phospholipase C가 활성화되어 phosphatidylinositol 4,5-bisphosphate가 가수분해된다.

성을 막는 aspirin에는 혈소판의 응집 억제 작용도 있게 된다. 혈소판의 응집은 혈전의 형성으로도 이어지게 되므로, aspirin을 투여함으로써 뇌졸중과 심근경색을 방지할 수가 있다. 단, leukotriene류는 프로스타그란딘 H_2를 경유하지 않고, 아라키돈산에서 lipoxygenase 반응으로 생성되기 때문에(그림 1), aspirin으로는 leukotriene류의 생성을 억제할 수는 없다. leukotriene류가 관련하는 염증(천식(喘息) 등)을 억제하려면, lipoxygenase의 저해제를 이용할 필요가 있다.

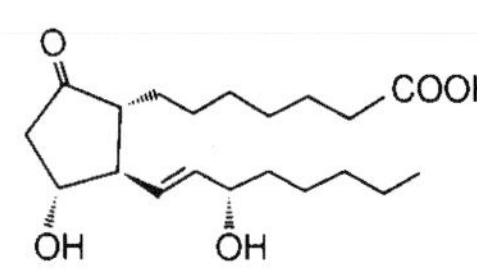

PGE_1

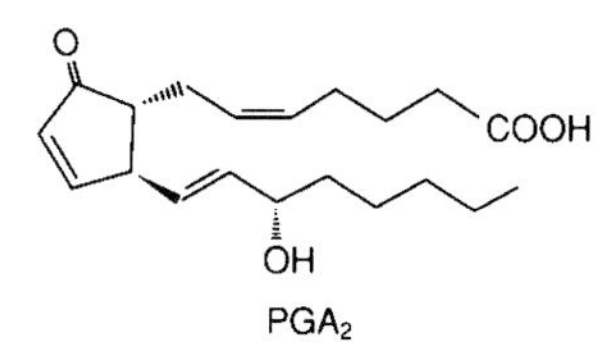

PGA_2

Chapter 67

혈액응고

血液凝固, Blood Clotting

Key words

외인성 혈액응고(外因性血液凝固, extrinsic clotting pathway), 내인성 혈액응고(內因性血液凝固, intrinsic clotting pathway), 피브린(fibrin), 피브리노겐(fibrinogen), 트랜스글루타미나제(transglutaminase), 프로트롬빈(prothrombin), 트롬빈(thrombin), vitamin K, γ-carboxylglutamic acid, 항트롬빈 III(antithrombin III), 프로테인 C(protein C), 헤파린(heparin), 프라스미노겐(plasminogen), 프라스민(plasmin), 조직 프라스미노겐 활성화 인자(tissue-type plasminogen activator)

척추동물이 상처를 입어 출혈하면, 보통은 빠르게 혈액이 응고하고 출혈이 멈춘다. 이것은 외인성 혈액응고에 의한 것이고, 이것과는 다른 또 하나, 내인성 혈액응고라는 응고 양식이 있다. 후자는 혈액을 유리 용기에 옮기면 응고하는 현상의 대표되는 것으로, 어떤 종류의 물질•과 혈액이 접촉함으로써 유발된다. 이 두 개의 응고 양식은 최종적으로 피브린(fibrin)괴(塊, 덩어리)를 형성한다는 점에서는 같지만, 거기에 이르는 경로가 일부 다르다. 그러나 어느 것이나 일련의 cascade 반응•을 통하여 진행하는 데는 변함이 없다(그림 1).

• 혈액응고를 유발하는 물질

유리, collagen, 혈소판막 등이 혈액과 촉매함으로써, 내인성 혈액응고를 유발시킨다.

• 케스케이드(cascade)반응

cascade는 계단상의 폭포인데, 순차적으로 일어나는 연쇄반응을 cascade 반응이라 한다.

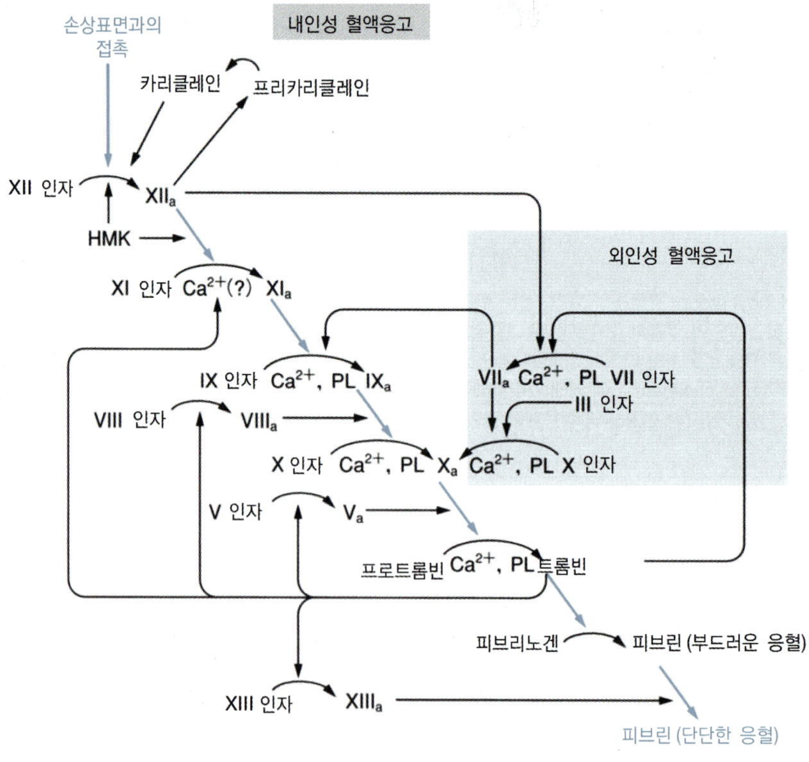

| 그림 1 | 혈액응고의 cascade 반응

내인성과 외인성의 혈액응고의 경로를 나타낸다. 각 인자는 발현 순으로 로마 숫자로 명명되었다. PL은 인산지질을 가리킨다. XII 인자는 Hageman 인자라고 불리고, 접촉으로 활성화된다. 그렇게 하면, 고분자 키니노겐(HMK)의 존재하에서 프리카리클레인이 절단되어 카리클레인을 만들고, 이어서 카리클레인 XII_a인자를 절단하여 XII_a인자를 생성한다. 상처를 입으면 VII인자가 절단되어 VII_a 인자가 되고, 그것을 섬유인자(III 인자)가 활성화시킨다. III 인자는 막 내부의 당 단백질로 외상을 받으면 방출된다. D. Voet, J. G. Voet, "Biochemistry."Second Edition. John Wiley & Sons, Inc.(1990), Fig. 34.1을 일부 개정

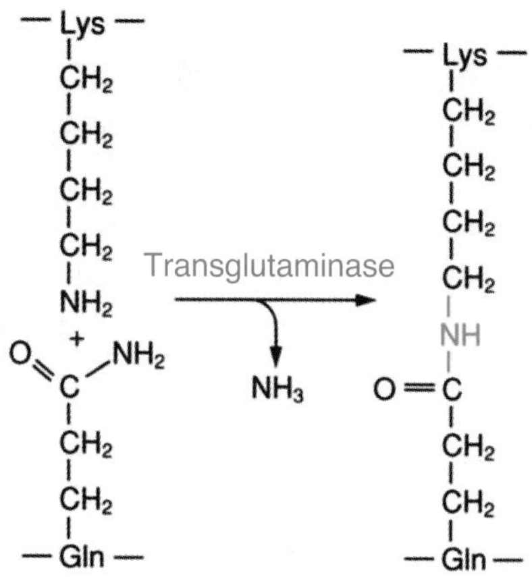

| 그림 2 | transglutaminase의 반응에서 생성하는 isopeptide가교

피브린은 규칙적인 구조를 갖는 불용성의 섬유 단백질이다. 단량체인 피브린 분자가 직쇄상으로 연결되고, 이 쇄상섬유가 다시 규칙적으로 정렬해 회합한 것으로, 서로 이웃이 된 섬유끼리는 공유결합으로 가교되어 있다. 즉, 이웃이 된 피브린 분자의 lysine 잔기와 glutamine 잔기 사이에서 isopeptide가 형성되어 있다(그림 2). 혈액응고 XIII_a 인자라 불리는 transglutaminase가 이 가교반응을 촉매한다.

피브린 단량체는 피브리노겐이라 하는 전구체 단백질이 protease의 반응으로 절단되어 생성한다. 이 protease는 트롬빈(thrombin)이라 불리고, 트롬빈 자신도 프로트롬빈(prothrombin)이라는 전구체 단백질이 protease로 절단되어 생성한다(그림 1). 피브리노겐은 혈장 중에 3~4 mg/ml 이나 있어도 분자끼리 회합하지 않는 것은 분자간의 전하적 반발 때문이다. 트롬빈이 피브리노겐 분자의 중앙부를 절단하면, 피브리노펩타이드로 불리는 단편이 유리하여, 원래 마이너스 전하를 갖고 있던 중앙부가 플러스 전하를 갖도록 변함과 동시에 분자끼리의 회합을 막고 있던 중앙부가 노출된다. 그리고 피브린 단량체가 회합하여 섬유화한다.

프로트롬빈에서 트롬빈으로의 변환에는 serine protease의 일종인 혈액응고 X_a인자와, 그것을 활성화 하는 혈액응고 V_a인자가 관여한다(그림 1). 그 외, Ca^{2+}와 인지질(phosphatidylserine 등)도 X_a인자의 활성화에 필요하다. 프로트롬빈의 아미노 말단에서부터 32 잔기까지의 사이에 γ-carboxyglutamate 잔기가● 10 잔기나 포함되지만, 모두 다 glutamate 잔기에서 번역 후 변형에 의해 생성된 것이다. 이 변환에는 비타민 K●를 보조 효소로 하는 효소(carboxylase)가 관여하고 있다. γ-carboxyglutamate 잔기는 Ca^{2+}과 강하게 킬레이트 결합하고, 다시 Ca^{2+}를 통하여 혈소판의 인지질막에 결합한다. X_a인자도 Ca^{2+}를 통해 인지질막에 결합하여 활성화된다. 한편, V_a인자는 혈소판에 고농도로 존재하고, 혈소판이 활성화되면 방출된다. 이렇게 하여, 혈소판과의 복합체를 통해 프로트롬빈에서 트롬빈이 생성된다. X_a인자에 의해 절단되었을 때, 프로트롬빈의 아미노 말단부가 제거되지만, 생성된 트롬빈은 Ca^{2+}과의 킬레이트 결합능을 갖지 않기 때문에,

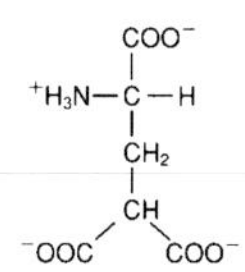

γ-carboxyglutamic acid

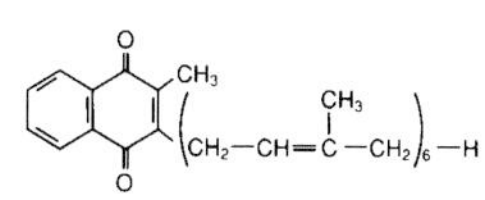
vitamin K_2

인지질막에서 유리하여 혈장 중에 떠돌게 된다.

그림 1에 나타낸 것처럼, 트롬빈은 피브린 생성뿐 아니라 여러 가지의 혈액응고인자의 활성화에도 관여하고 있다. 그것과 더불어, 트롬빈은 혈액응고가 지나치지 않도록 억제하는 활동도 하고 있다. 그 중 하나가 protein C의 생성이다. 트롬빈이 protein C의 전구체를 분석하고 protein C를 생성하면, protein C는 V_a인자와 VIII_a[•]인자를 분해한다. 그 결과, 트롬빈의 생성에 억제가 걸리게 된다. 그 외, 트롬빈의 작용을 직접 억제하는 물질도 있다. 항트롬빈 III를 대표로 하는 인자들이 그들인데, 혈관 내피 세포의 표면에 있는 heparin이라는 다당체와 공동으로 작용해, 트롬빈의 활성을 저해한다.

피브린괴도 지혈의 역할이 끝나면 소멸하는 것이 좋다. 그래서 plasmin이라는 protease가 피브린을 절단한다. plasmin은 조직 plasminogen 활성화인자(tissue-type plasminogen activator, TPA)에 의해 plasminogen에서 생성한다. 혈전은 혈관 속에 형성된 피브린 덩어리이고, 뇌졸중과 심장 발작의 원인이 된다. 혈전의 용해약으로 유전자 재조합으로 만든 사람형 TPA가 실용화되어 있다.

•VIII_a 인자

VIII_a 인자는 protease가 아니고, X_a 인자의 생성에 관여하는 IX_a 인자를 활성화하는 단백질이다. 혈우병에서는 VIIIa 인자가 유전적으로 결손되어 있어, 그것을 보충하기 위하여, 유전자 재조합으로 제작한 VIII_a 인자가 항혈우병 약으로 사용되고 있다.

세포골격

細胞骨格, Cytoskeleton

68 Chapter

근세포의 수축, 신경축삭의 신장, 세포 표면의 돌출에 의한 미섬모와 사상가족(絲狀假足)의 형성, 세포분열 중의 잘록함과 같은 세포 전체의 형태 변화와 세포 운동, 또 염색체의 분리, 사이토졸의 유동, 막소포에 의한 세포 내의 물질운송 등과 같은 세포 내부의 운동은 모두 세포 골격과 관계되어 있다. 건물을 지탱하는 철골과 같이, 세포골격은 세포막을 지지하지만 세포기관 등이 이동하는 길이 되기도 한다. 그러나 건물의 골격과는 달리 세포는 끊임없이 변화하고 있기 때문에, 세포골격도 항상 재구성되고 있다.

세포골격은 세 종류의 세포질 섬유로 된 세포 내 망목구조체이다. 지름 7~9nm의 microfilament, 지름 10nm의 중간경 filament, 그리고 지름 24nm의 미소관이 있다. 중간경 filament는 세포 구조의 유지에 작용한다고 생각되고, 세포 운동에는 다른 microfilament와 미소관이 관여하고 있다.

일반적인 섬유 아세포•도 배양 과정에서 조금씩 움직이고 있다(그림 1). 그 때 앞부분에서는 가느다란 손가락 모양의 사상가족과 얇은 시트 모양의 막상가족을 늘려간다. 이것들이 기질과 접촉하면 세포막은 세포의 하부에 접착반이라는 구조를 만든다. 또 접착반을 만들지 않고 세포가 진행하면 얇은 베일과 같은 주름(ruffle)을 형성하고, 주름은 중앙부 쪽으로 이동한다. 이와 같이 세포에는 앞부분과 꼬리부분이라는 극성이 존재한다. 이것들의 세포 운동의 원동력은 microfilament의 재구성에 의한 것이라고 알려져 있다. Microfilament의 주성분은 액틴(70항 참조)이고, G 액틴이라 불리는 구상

Key words

마이크로 필라멘트(microfilament), 중간경 filament(中間徑, intermediate filament), 미소관(微小管, microtubule). 사상가족(絲狀假足, filopodia), 막상가족(膜狀假足, lamellipodia), 접착반(接着班, adhesion plaque), 주름(ruffle), 액틴(actin), 튜블린(tubulin), 다이닌(dynein), 키네신(kinesin), 섬모(纖毛, cilia), 편모(鞭毛, flagella), G Protein Coupled receptor(GPCR)

•섬유 아세포 (纖維芽細胞, fibroblast)

생체내의 각종 기관에 널리 분포된 세포로, collagen 등의 세포 외 matrix 단백질을 분비하여 조직 간의 결합을 수행한다. 상처가 생겼을 때는 세포 이동을 하여, 상처의 회복에도 관여한다. 섬유 아세포의 명칭은 세포 배양 시에 세포가 섬유상으로 정렬하는 모습에서 유래하고 있다.

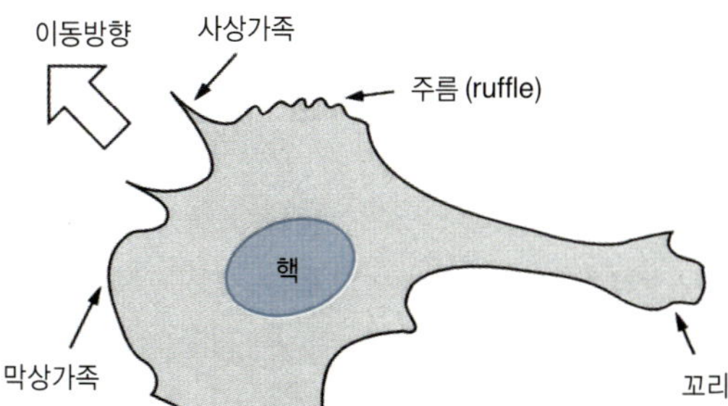

| 그림 1 | 이동 중의 섬유 아세포에 있어서의 형태적 특징

표 1 액틴 결합 단백질

- 가교 단백질 I(독자적인 액틴 결합 부위를 갖는다)
  facine, EF−1a 등
- 가교 단백질 II(7,000 Da의 액틴 결합 부위를 갖는다)
  dematin, vilin 등
- 가교 단백질 III(26,000 Da의 액틴 결합 부위를 갖는다)
  α−actinin, fimbrin, spectrin, filamin, dystrophin, ABP120 등
- Capping 단백질(절단 효소를 포함한다)
  severin(fragmin), gelsolin, vilin, gCAP39
- 중합용 단백질
  Thymosin β4, profilin

의 단량체로서 세포질 내에 존재하지만, 가역적이며 자발적으로 F 액틴이라는 섬유상의 중합체를 형성한다. F 액틴은 다양한 가교 단백질에 의해 묶여지고, 또 다양한 단백질에 의해 더 안정화되고, 또 중합, 탈중합이 제어되어 있다(표 1). 최근에는 저분자량 GTP 결합 단백질•의 일종인 Rho family(Rho, Cdc42, Rac1이라는 subfamily로 구성된다)의 제어를 받고 있다는 것도 알려져 있다.

미소관과 중간경 filament는 각각 tubulin과 IF 단백질의 중합체라는 사실이 판명되었다. 세포 내에서 양 세포골격은 공존하는 일이 많지만, 그 기능은 서로 다르다. 미소관은 섬모와 편모의 움직임, 막소포의 수송, 세포분열 시, 염색체의 배열과 분리, 신경 성장원추의 신장(伸長)을 담당하고 있다. 이들은 tubulin 분자의 중합·탈중합, 및 미소관 motor 단백질 dynein, kinesin들의 작용 결과이다. 한편, 중간경 filament에 의존하는 운동은 알려져 있지 않지만, 막 단백질과의 상호 작용에 의해 세포 운동을 통하여 세포의 막 구조를 유지하는 듯한 활동을 하고 있다.

•GTP 결합 단백질(G 단백질)

세포 내의 에너지원인 ATP와 달리 GTP는 세포 내 신호 분자의 상태가 'ON'이라는 것을 나타내고, GDP는 'OFF'라는 것을 나타내는 태그로 기능하는 일이 많다. 그 대표적 예로써, 삼량체 GPT 결합 단백질(G)과 저분자량 GTP 결합 단백질(Ras, Rho, Rab, Ran 등)이 있다. 전자는 7회 막 관통형 수용체(7 transmembrane receptor, 7TM receptor)의 세포질 측에 존재하고, 수용체로의 ligand 자극에 의해 G_α가 불활성형의 GDP 결합형에서 활성형의 GTP 결합형으로 변환되고, second messenger(cAMP, Ca^{2+}, 인지질 대사산물 등)의 유리와 반응 분자의 활성화를 수행한다. 최근에는 $G_{\beta\gamma}$에서도 세포 내로 신호가 전달된다는 사실이 밝혀져 있다. 후자는 수용체형 tyrosine kinase의 하류에 위치하여, 수용체로의 ligand 자극에 의해 인산화 tyrosine 잔기가 생성되고, adaptor 분자(Grb2, SOS 등)를 통하여 불활성형 GDP 결합형 Ras에서 활성형 GTP 결합형 Ras가 생성되고, Raf 등의 protein kinase군을 활성화한다는 것이 알려져 있다. G protein coupled receptor(GPCR)의 연구는 세포 사이의 상호 작용에서 매우 중요하여 제약과 신약 개발의 주요한 표적 물질이다. GPCR을 발견한 Lefkowits 박사와 Kobika 박사는 2012년 노벨 화학상을 수상했다.

분자모터

Molecular Motor

69 Chapter

분자모터란 세포 이동, 세포분열, 탐식 작용, 염색체 분리 등 생명의 근본을 이루는 "활동"을 담당하는 단백질의 총칭이다. 예를 들면 고등 진핵생물의 근 수축은 상호간에 합쳐진 미오신과 액틴의 두 filament가 slide함에 따라 일어난다(70항 참조). 또 섬모와 편모가 움직이는 것은 dynein과 tubulin의 상호 작용에 의함이다. tubulin을 주요 구성 단백질로 하는 미소관은 세포분열시의 염색체 이동을 담당하는 유사분열 방추체(mitotic spindle)을 형성하기도 하고, 소포와 세포소기관이 이동할 때와 뉴론축삭(軸索)에 따라 분비소포가 수송 될 때의 활주로로서 기능하기도 한다.

분자모터 중에서도 ATP의 가수분해로 얻은 에너지를 이용하여, 자신을 filament와 다량체 분자에 따라 한 방향으로 이동 가능한 단백질을 특히 모터 단백질이라 부른다.* 지금까지 많은 모터 단백질이 동정(同定)되어 있고, 각각 결합하는 filament의 종류와 이동의 방향, 운반하는 "화물" 등이 서로 다르다. 미오신은 액틴 filament에 따라 이동하고, 세포 내부의 운동과 근육의 수축을 일으킨다. 미소관 위에서 움직이는 모터 단백질로는 키네신(kinesin)과 다이닌(dynein)이라는 2종류의 모터 단백질이 잘 연구되어 있다. 키네신은 미소관 위를 마이너스 단에서 플러스 단으로 향하도록 약 2 μm/s로 활주하고, 소포 등을 수송하는 운동 단백질이고 다이닌은 섬모와 편모의 운동을 유발시키는 거대한 단백질이다. 모터 단백질의 대표 예인 미오신, 키네신, 다이닌의 특징을 표 1에 요약한다.

그러면 미오신을 예로 들어 ATP의 가수분해와 힘의 발생이 얼마나 공역하고 있는가를 살펴 보자. 미오신은 S1, S2, LMM(light meromyosin)의 세 부분으로 되어 있다(그림 1). S1은 ATPase 활성부위와 액틴 결합 부위를 갖고, 미오신 머리 부분을 구성한다. 근원섬유에 있어서 미오신은 LMM 부분에서 중합하여 굵은 filament를 형성한다. 그림 2에서 나타내는 것처럼 미오신의 S1에 있어서 ATP의 결합과 가수분해가 일련의 confor-

Key words

모터 단백질(motor protein), 미오신(myosin), 액틴(actin), 키네신(kinesin), 다이닌(dynein), 튜블린(tubulin), 미소관(microtubule), ATPase, 알로스테릭 효과(allosteric effect)

*세균의 분자모터

세균은 진핵생물과는 다른 분자모터와 에너지원을 이용하고 있다. 세포질 막에 위치하는 편모 모터는 ATP가 아니라 proton 구동력에 의해 회전한다.

표 1 대표적인 모터 단백질

myosin	액틴에 의한 활성화	근 수축, 세포 운동, 돌기 신장, 소포 수송, 세포분열
kinesin	미소관에 의한 활성화	막 소기관 수송, 염색체 분배, 색소 과립 수송
dynein	미소관에 의한 활성화	섬모 · 편모의 운동, 막 소기관 수송, 염색체 분배

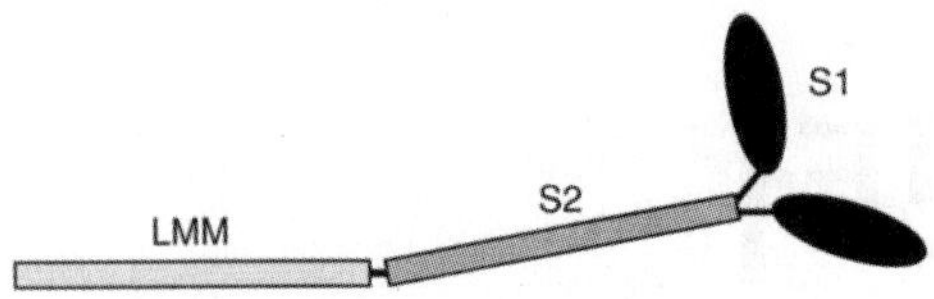

| 그림 1 | 미오신의 모식도

미오신은 세 부분으로 되어 있다. 머리 부분의 S1에는 ATPase 활성을 갖는 부위와 액틴을 결합하는 부위가 존재한다. LMM부가 중합하면, 굵은 filament가 형성된다. S1과 S2, 또 S2와 LMM 사이에는 hinge(경첩과 같은 구조)가 존재한다.

mation 변화를 일으키고, 이에 의해 머리 부분의 선단이 5nm 정도 움직인다. 이 움직임에는 액틴 filament와의 접촉과 해리가 공역하고 있고, ATP의 가수분해 cycle마다 이것이 반복되고, 미오신 분자를 액틴 filament에 따라 일정 방향으로 밀고 나간다. 즉, nucleotide 결합 부위에서 일어난 극히 작은 움직임이 allosteric 효과에 의해 증대되고, 순차적으로 단백질 운동을 생산하게 된다.

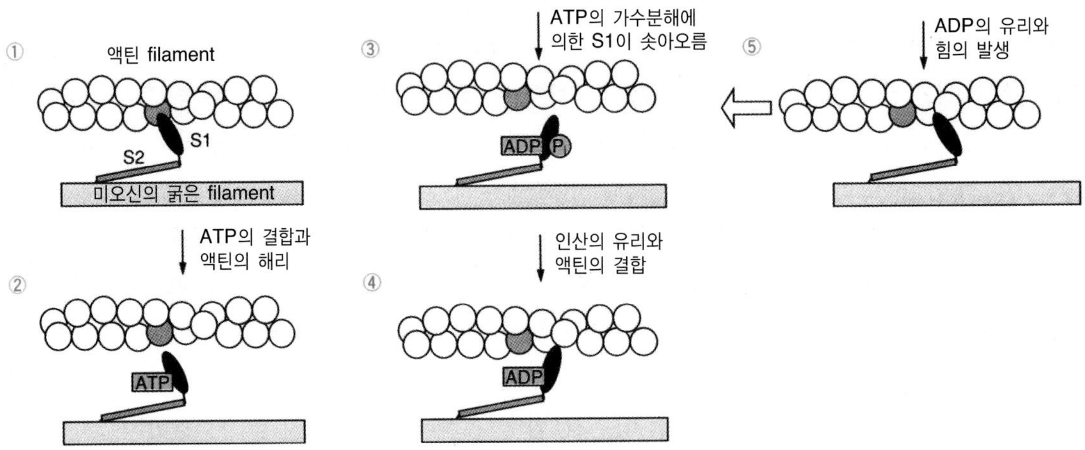

| 그림 2 | 액틴 filament에 따른 myosin의 움직임

① nucleotide가 결합하고 있지 않은 상태에서는 미오신 머리 부분은 액틴과 강하게 결합하고, 경직한 상태로 있다. 미오신 S1에 ATP가 결합하면, 바로 액틴이 해리한다. ② S1에 존재하는 ATPase 활성에 의해 ATP의 가수분해가 일어난다. 그것에 따라 머리 부분의 모양이 크게 변화하고 솟아오른다. 생성된 ADP와 인산은 S1에 강하게 결합한 채로 있다. ③ 미오신 머리 부분이 액틴 filament의 새로운 부분에 약하게 결합하면, 인산이 유리하고, 미오신 머리 부분과 액틴의 결합은 강해진다. ④ ADP의 유리를 계기로 S1의 conformation이 크게 변화하고, 힘이 발생한다. 이상의 cycle의 반복에 의해 근 수축이 일어난다.

근육

筋肉, Muscle

Chapter 70

척추동물과 많은 무척추동물은 두 종류의 근육, 즉 골격근과 평활근을 갖고 있다. 또, 척추동물에는 제3의 근육인 심근이 존재한다. 골격근육과 심근은 광학 현미경으로 보면 줄무늬가 보이기 때문에 횡문근이라 불린다. 골격근은 골격과 연결되어 수의로 사지의 구동 등을 담당하고 있다. 심근도 골격근과 닮아 있지만, 혈액의 펌프 작용을 위해 불수의성 진동 수축을 하는 특수한 구조를 갖고 있다. 평활근은 내장기관의 운동에 관계하고, 불수의 수축을 하고 있다.

전형적인 횡문근세포(근섬유)는 길이 1~40nm, 지름10~50 μm의 원통상이고, 1 세포당 100개 이상의 핵이 존재하는 다핵이다(그림 1). 근섬유에는 근원섬유(지름 30 μm)의 다발이 다수 포함되어 있고, 각각이 사르코미어(sarcomere)라고 불리는 최소 수축 단위로 구성되어 있다. Sarcomere에는 액틴 섬유•와 미오신 섬유•가 서로 겹쳐서 존재하고 있고(그림 2), Z 선이라는 영역에는 actinin(α/β)이 액틴 섬유의 말단에 결합하여 액틴 섬유의 과중합을 억제하고, H 대의 액틴 섬유 말단에는 tropomodulin이 결합하여 액틴 섬유의 탈중합을 억제하고, 전체 sarcomere의 액틴-미오신계의 구성을 지키고 있다. 그리고, ATP에서 구동하는 분자모터(69항 참조)인 미오신이 액틴 섬유상을 활주함으로써 근섬유의 수축이 일어난다.

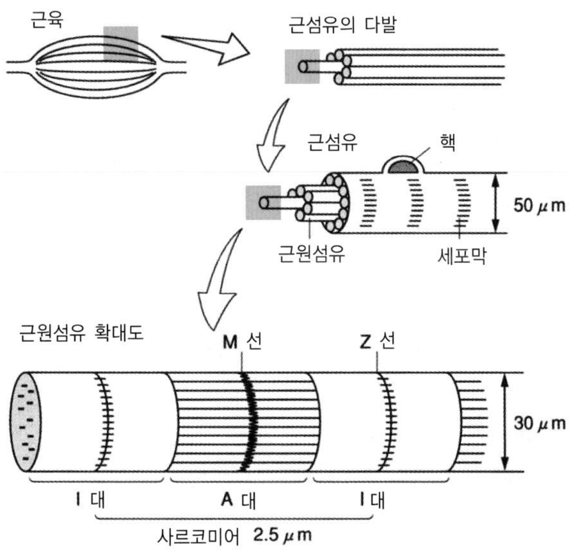

| 그림 1 | 근육의 구조

Key words

횡문근(橫紋筋, striated muscle), 근섬유(筋纖維, myofiber), 근원섬유(筋原纖維, myofibril), 사르코미어(sarcomere), Z 선(Z line, Z disc), 액틴(actin), 액틴 섬유(actin fiber, F-actin), actinin, 미오신(myosin), 트로포미오신(tropomyosin), 트로포닌(troponin), 타이틴(titin, connectin), 네블린(nebulin), 근소포체(筋小胞體, sarcoplasmic reticulum), 칼데스몬(caldesmon), 미오신 경쇄 키네이스(myosin light chain kinase)

•액틴 섬유(F actin)

액틴은 진핵세포에 널리 분포되는 약 375개의 아미노산 잔기를 갖는 단백질로, α actin, 비근 β actin, 비근 γ actin 및 γ actin으로 분류되어 있다. 액틴은 세포 내 함량이 가장 높은 단백질로, 특히 근세포에서는 세포 내 단백질의 10%가 액틴이다. 세포 내에서는 ATP 결합형 G 액틴(구상단량체) 및 ADP 결합형 F 액틴(섬유상 중합체)이 많이 존재하고, Mg^{2+}, K^{+}, Na^{+}가 존재하면 G 액틴에서 선상에 가역적으로 중합하여 F 액틴을 형성한다. 이때 ATP의 가수분해 반응을 동반하지만, 중합반응에 직접 필요하지는 않다. 또, F 액틴에는 방향성이 있고, 탈중합 하는 단과 중합하는 단이 정해져 있어, 양단에 F 액틴의 안정화를 수행하는 cap 단백질이 결합한다. 또, F 액틴의 망목 구조를 형성시키는 가교 단백질이 존재한다.

• 미오신 섬유

미오신도 똑 같이 진핵세포에 넓게 분포하고, 10 종류 이상의 분자(대표적인 것은 I, II, V형)가 동정되어 있고, 근 수축에는 미오신 II가 관여한다(그림6 참조). 미오신 분자의 구상의 머리 부분은 액틴 결합에 의해 활성화되는 ATPase 이고, 목 부분은 머리 부분의 활성을 조절하고, 긴 coiled coil 구조의 꼬리부분은 다른 미오신 분자의 꼬리부분, 막과 상호 작용한다. 근세포 내에 있어서 미오신 II 분자는 이량체를 형성하고, 꼬리 부분은 다른 미오신 II 분자의 꼬리부분과 상호 작용하여, 미오신 섬유(길이 수백nm)를 형성한다. 또, 머리 부분은 액틴 섬유와 상호 작용하여, 액틴 섬유상을 분해하며 활주한다.

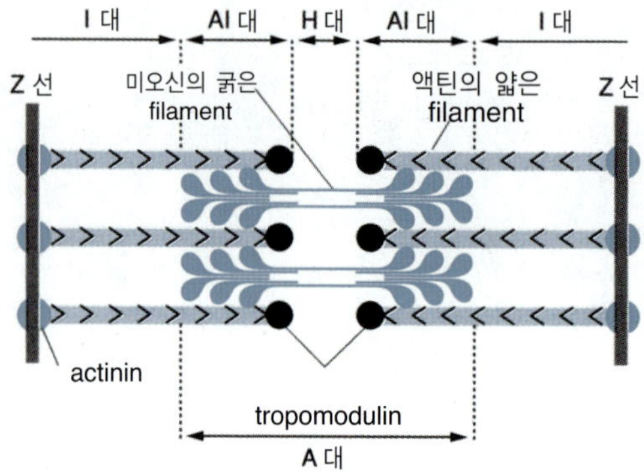

| 그림 2 | sarcomere의 구조

이 수축 과정에서 다른 단백질도 중요한 역할을 담당하고 있다. 예를 들면, troponin-tropomyosin 복합체는 액틴 섬유에 붙어 결합해 있고, 보통은 미오신과의 결합을 저해하여 자발적으로 수축을 억제하고 있다. 또 titin(connectin 이라고도 함)은 미오신 섬유를 sarcomere 중앙부에 고정하기 위하여 Z 선과 미오신 말단을 고정하고 있다. 더욱이 액틴 섬유의 뒷받침 단백질로써 nebulin이 존재한다.

근 수축 과정은 근원섬유를 촘촘히 에워싼 근소포체(그림 3)의 관여에 의해 밀리 초 단위로 일어난다. 우선 ① 신경세포에서의 전기적 신호를 받아, 근소포체 소관에 국재하는 Ca^{2+} 방출 channel이 열리고, ② 종말조에 모아져 있던 Ca^{2+}가 세포질 내로 방출되고, ③ Ca^{2+}는 troponin과 결합하고, ④ 액틴 섬유를 둘러 싼 troponin-tropomyosin 복합체의 구조 변화를 유도하고, 저해되고 있던 근 수축을 개시한다. 그 후, ⑤ Ca^{2+} 방출 channel이 닫히고, Ca^{2+}-ATPase의 작용에 의해 세포질 내의 일과성의 Ca^{2+}농도의 상승을 정상화하고, 근 수축은 정지한다(그림 4, 그림 5a).

한편, 평활근은 방추형의 세포로 구성되고, 역시 액틴 섬유와 미오신 섬유를 포함하고 있지만, 명확한 sarcomere 구조는 형성하지 않는다. 그 대신, 세포질 내에 dense body(농염체)라 칭하는 헐렁한 다발을 갖고 있다. 또, 액틴 섬유의 말단은 actinin과 vin-

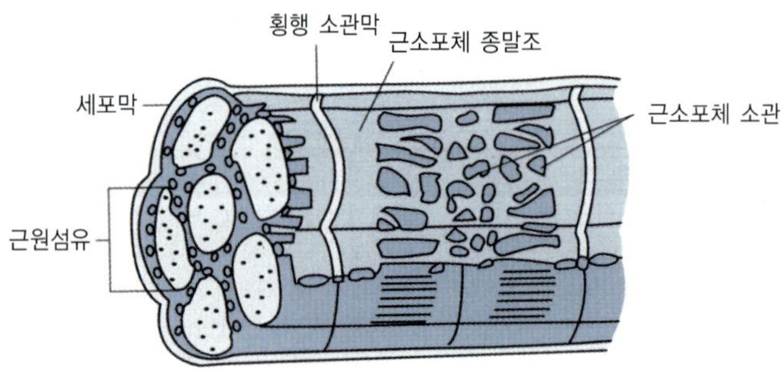

| 그림 3 | 근섬유의 모식도

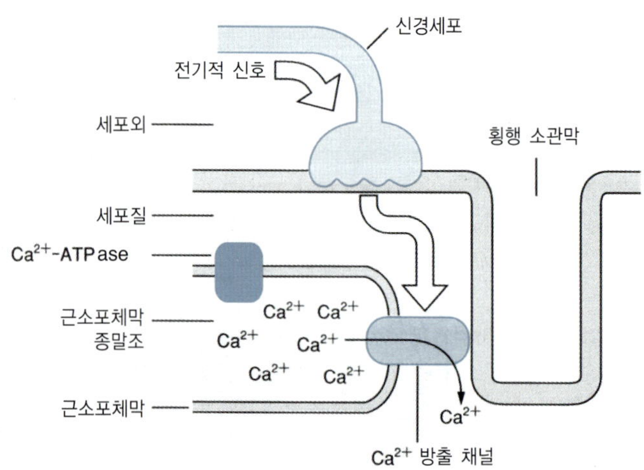

| 그림 4 | 신경에서의 전기적 신호에 의한, 근육에서의 칼슘 이온 조절

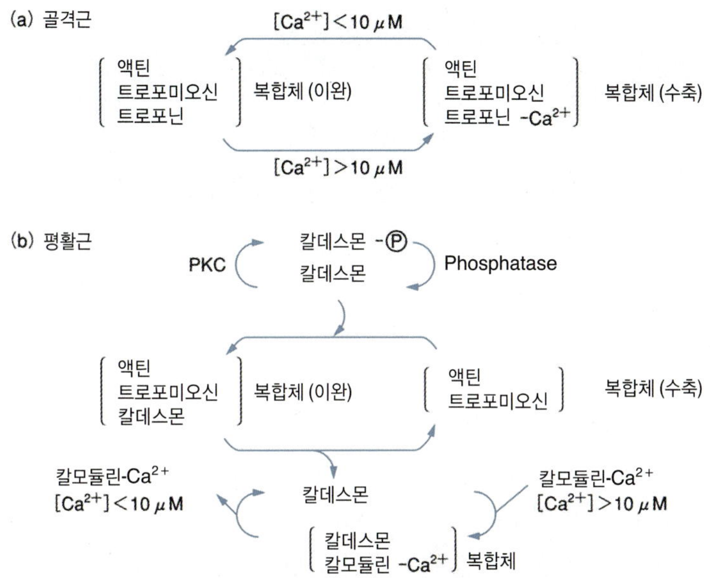

| 그림 5 | 골격근 및 평활근에 있는 근 수축의 메커니즘

culin을 통하여 접합반을 형성하는 막 단백질(인테그린 등)에 결합한다. 그 수축 과정은 골격근과 심장과는 다르나, 그래도 초에서 분단위로 진행한다. 특히 troponin은 존재하지 않고, caldesmon-tropomyosin 복합체가 액틴 섬유와 결합하여 미오신과의 상호 작용을 저해하고, 자발적 수축을 억제하고 있다. Ca^{2+}에 의한 활성화된 protein kinase C(PKC)가 caldesmon을 인산화하고, 또 Ca^{2+}와 결합한 calmodulin은 caldesmon과 결합하고, 그 결과, caldesmon은 액틴 섬유와의 친화성을 잃고, 평활근이 수축한다는 것을 알 수 있다(그림 5b).

더욱이 평활근에는 미오신 경쇄 kinase가 Ca^{2+}-calmodulin 복합체에 의해 활성화되고, 미오신의 조절 영역인 경쇄(그림 6)를 인산화하여 액틴 섬유와의 상호 작용을 높이는 기구가 있다.

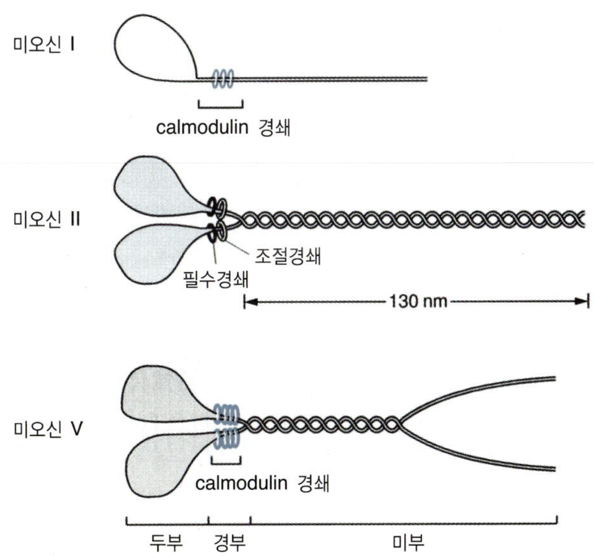

| 그림 6 | 미오신의 구조

Chapter 71

시각

視覺, Vision

Key words

간체(杆體, rod), 추체(錐體, cone), 로돕신(rhodopsin), 광수용기(光受容器, photoreceptor), cyclic GMP, 채널(channel), 옵신(opsin), 11-cis-retinal, 트랜스듀신(transducin), 구아닐산 시클라제(guanylate cyclase)

망막에는 간체와 추체 두 종류의 시세포가 있다. 간체는 빛이 약할 때의 시각(암소 시력, 무색)에, 추체는 밝을 때의 색의 인식(색각)에 관여한다. 사람의 망막에는 약 300만의 추체와 약 1억의 간체가 존재한다.

간체의 외절이라는 부분에는 막으로 쌓인 편평한 주머니 모양의 원판이 층상에 겹쳐 쌓여져 있고, 그 속에 광수용기인 rhodopsin(시홍, 視紅)이 빽빽하게 묻혀 있다(그림 1). 외절을 둘러 싼 형질막에는 cyclic GMP(cGMP) 의존성• 의 나트륨 채널이 존재한다. 어두운 곳에서는 cGMP 분자가 결합하고, 나트륨 채널은 열린 상태로 있다. 빛이 닿으면 rhodopsin이 활성화되고, 이것에 연결되는 일련의 반응에 의해 cGMP가 감소하고 나트륨 채널이 닫힌다. 그 결과, 형질막의 과분극이 일어나고, 약 1mV의 막전위가 생긴다. 이 수용기 전위가 synapse를 통하여 망막의 신경세포군에 전해져, 신경절 세포에서 impulse로 변환되고, impulse는 시신경을 통해 대뇌시각령(大腦視覺領)에 이르러 감각이 생긴다.

그러면 어떻게 하여 빛의 자극이 channel의 폐쇄와 함께 일어나는 과분극을 유발시키는 것인가를 분자 level에서 상세하게 추적해 보자. Rhodopsin은 opsin이라 불리는 단백질 부분과 보결 분자족인 11-cis-retinal로 구성되어 있다. 11-cis-retinal의 전구체는 전 trans-retinol(비타민 A)이고, 포유류는 체내에서 합성할 수 없다(그림 2). 비타민 A가 결핍되면, 안구건조증과 야맹증이 된다. 그런데 빛이 닿으면, rhodopsin의 11-cis-retinal은 전 trans-retinal로 이성화한다. 이 이성화의 과정에서 retinal의 geometry는 크게 변화하고, 그것이 단백질 부분(opsin)에도 전해져, conformation 변화를 일으킨다. 이것에 의해 활성화 rhodopsin이 생성된다(그림 3).

•cyclic GMP

cyclic guanosine 3′, 5′-monophosphate는 guanylate cyclase에 의해 GTP로부터 합성된다. 그리고 phosphoesterase에 의해 GMP(5′-GMP)로 분해된다.

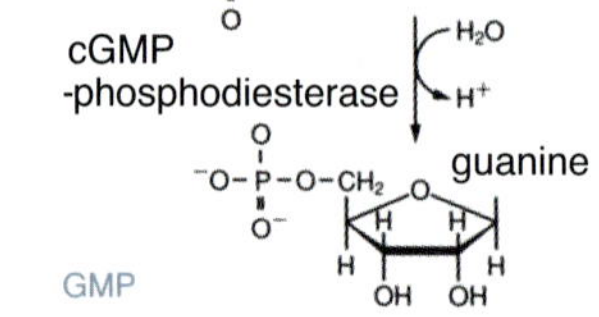

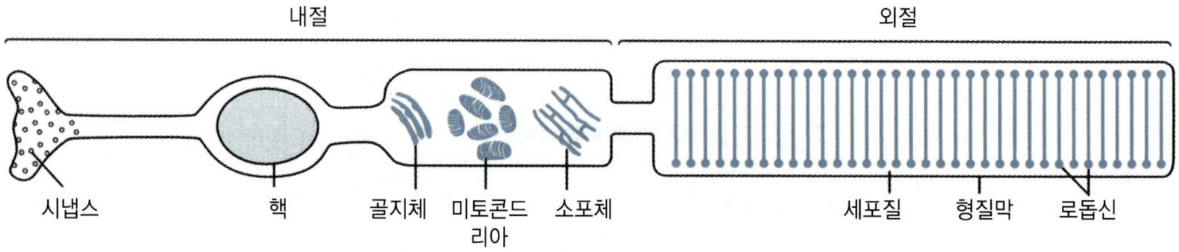

| 그림 1 | 간체 세포의 구조

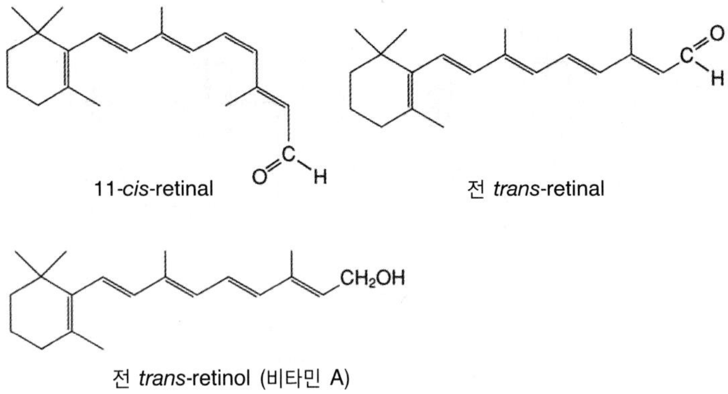

| 그림 2 | 11-cis-retinal과 그 유도체

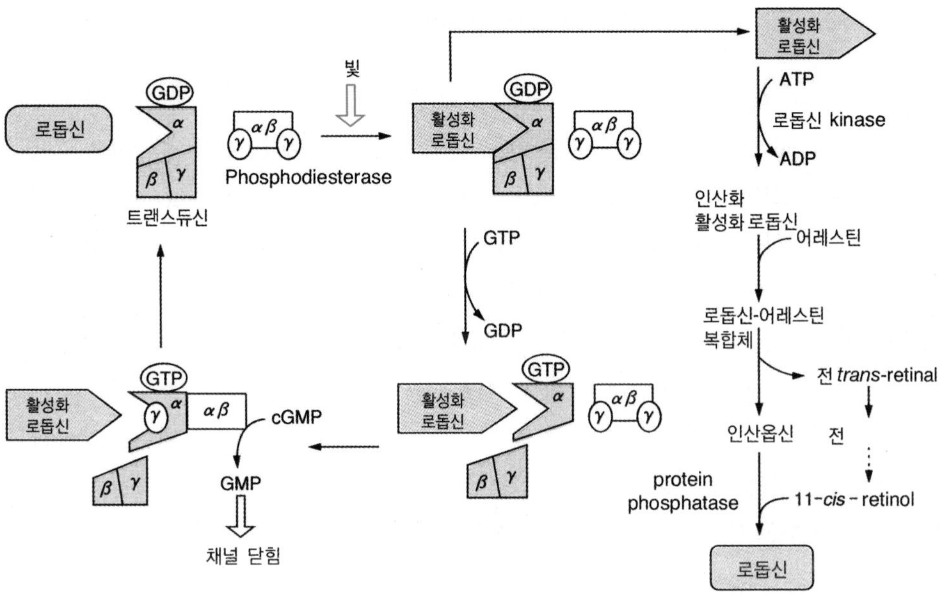

| 그림 3 | 트랜스듀신 cycle과 시각 cycle

이와 같이 빛에 의해 활성화된 rhodopsin은 트랜스듀신(transducin)이라는 삼량체인 G 단백질(55항 참조)과 복합체를 형성하고, 트랜스듀신에 결합하고 있는 GDP를 GTP와 교환하는 반응을 촉매한다. GTP가 트랜스듀신에 결합하면, 활성형 rhodopsin은 유리하고, 삼량체(αβγ)인 트랜스듀신은 α와 βγ로 나누어진다. 이 α subunit는 불활성형의 cGMP phosphodiesterase($\alpha\beta\gamma_2$)의 γ_2 subunit를 떼어내고, 활성의 αβ형으로 변환한다. 활성형 phosphodiesterase에 의해 cGMP는 빠르게 GMP로 가수분해된다. cGMP의 농도가 감소하면, channel에 결합하고 있던 cGMP가 떨어져, 그 결과 channel이 닫히게 된다. 이 경로에 의해 빛의 자극이 channel의 폐쇄를 일으킨다. cGMP는 channel에 직접 결합하고, 그 conformation을 변화시킴에 의해 channel을 열게 된다. channel의 개폐는 약간의 cGMP의 농도 변화에 따라 밀리 초 level의 속도로 행해진다.

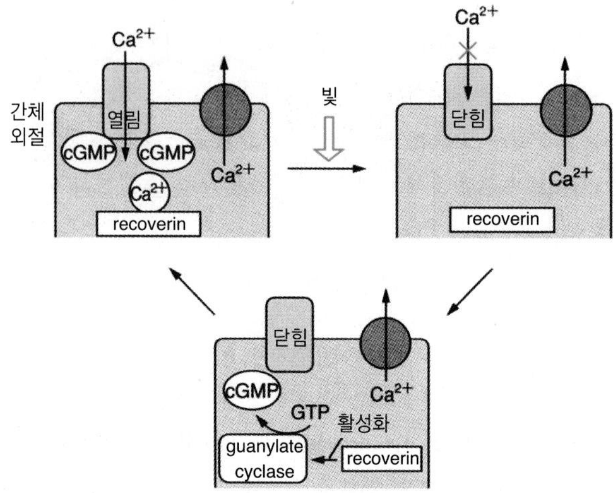

| 그림 4 | Ca^{2+} 이온에 의한 guanylate cyclase의 조절

다음으로 이 계가 어떻게 하여 어두운 곳의 상태로 돌아가는가를 알아보자. 트랜스듀신의 α subunit는 GTPase의 활성을 갖고 있고, phosphodiesterase에 결합하면, 자신의 결합 GTP를 GDP로 가수분해한다. 또 동시에 활성화 된 rhodopsin은 rhodopsin kinase에 의해 인산화된다. 이때 어레스틴(arrestin)이라는 단백질이 인산화된 활성형 rhodopsin에 결합하고, 트랜스듀신과 rhodopsin의 결합을 방해하여, phosphodiesterase의 과잉활성화를 억제한다(그림 3). 또 cGMP는 guanylate cyclase에 의해 GTP에서 합성된다. 여기서 칼슘 이온이 guanylate cyclase의 조절에 중요한 역할을 한다.

어두운 곳에서는 칼슘 이온이 나트륨 이온과 함께 형질막의 cGMP 의존성 channel을 통해 간체외절(杆體外節)로 들어간다(그림 4). 칼슘의 유입과 다른 channel을 통한 유출은 조화를 이루고 있다. 빛이 닿으면 cGMP의 의존성 channel을 통하여 칼슘의 유입은 멈추지만, 다른 channel을 통한 유출은 계속해서 일어난다. 그 결과, 세포질의 칼슘 이온 농도가 내려가고, 칼슘 이온 감수성의 리커버린(recoverin)이라는 단백질이 guanylate cyclase를 활성화한다. 이것에 의해 cGMP가 합성되고 channel이 다시 열려 어두운 곳의 상태로 돌아간다. 한편, 전 trans-retinal은 인산화 rhodopsin-arrestin 복합체에서 유리되고, opsin은 phosphatase에 의해 탈인산화 된다. 전 trans-retinal은 retinol dehydrogenase에 의해 전 trans-retinol로 환원된 후, 이성화 효소 등에 의해 11-cis-retinal로 변환된다. 이것이 다시 opsin과 결합하여, rhodopsin이 재생된다. 결국 광 조사 후의 회복은 트랜스듀신의 GTPase 활성, rhodopsin kinase와 arrestin에 의한 rhodopsin의 불활성화, 칼슘 조절성의 guanylate cyclase의 활성화에 의한다.

색각과 시력에 관여하는 추체에는 3 종류가 있다. 이것은 청, 녹, 또는 적의 빛에 의해 활성화 된 다른 타입의 시색소를 갖는 수용체를 갖고 있기 때문이다. 이것들의 광 수용기도 rhodopsin과 같이 11-cis-retinal을 보결 분자족으로 함유하고 있다. 따라서 활성화 된 빛의 색, 즉 흡수극대의 차이는 아미노산 배열의 차이에 기인하고 있다.

뉴론과 신경전달물질

뉴론과 神經傳達物質, Neuron and Neurotransmitter

Chapter 72

정보처리를 위한 기관인 신경계는 중추 신경계(뇌와 척수)와 말단 신경계(뇌에 출입하는 뇌신경과 척수에 출입하는 척수신경)로 크게 구별된다. 신경계의 고유의 세포 요소는 뉴론(신경세포)과 glia(신경교세포)이고, 이 중 정보전달에 직접 관계되는 것이 뉴론이다. 뉴론은 전기적 흥분의 전달을 담당하는 세포로, 정보출력을 위한 돌기인 축삭과 정보입력을 위한 돌기인 수상돌기를 갖는다(그림 1). 축삭(軸索)•은 표적 가까이에서 종말 분기하여 수상돌기에 결합하고, 정보전달 장소인 synapse를 만든다. synapse에 있어 두 개의 세포는 직접 접촉하지는 않고, 20~40nm 떨어져 있다. 이 극간을 synapse 간극이라 한다. 축삭에서 전해지는 활동전위•에 따라 전달물질을 방출하는 측의 세포를 synapse 전세포라 하고, 전달물질을 받아 synapse 후전위와 이차 전달물질로 변환하는 세포를 synapse 후세포라 한다(그림 1). 신경종말에는 대량의 synapse 소포가 존재한다. Synapse 소포에는 synapse 후세포에 작용하는 화학 분자의 신경전달물질이 쌓여있다. 어떤 세포에서 다른 세포로의 활동전위의 전달은 신경전달물질의 매개에 의하여 행하여진다. 잘 연구된 신경전달물질로는 acetylcholine과 noradrenaline이 있고, 골격근에 활동전위를 발생시킨다.

그러면 synapse에 있는 정보전달의 과정을 추적해 보자(그림 2). 신경종말에 활동전위가 도달하면, synapse 전세포의 세포막에서 탈분극•이 동반되어 Ca^{2+} channel이 열린다. Ca^{2+}의 세포 내의 농도는 보통 낮지만(약 100nm), channel이 열림에 따라 Ca^{2+}는 신경종말로 흘러간다. Ca^{2+}농도의 상승은 synapse 소포와 세포막의 융합을 일으키고,

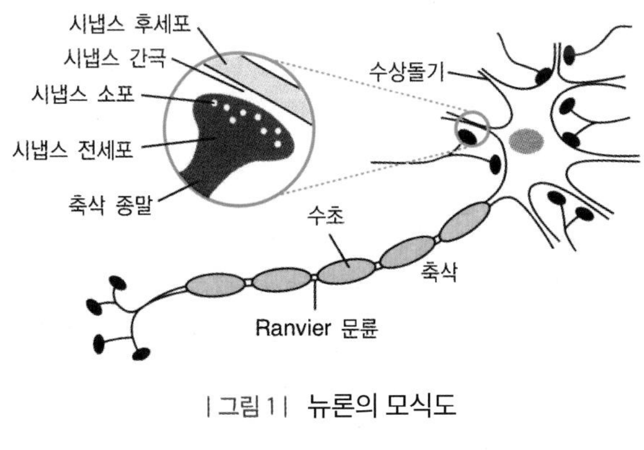

| 그림 1 | 뉴론의 모식도

Key words

뉴론(neuron), 그리아(glia), 축삭(軸索, axon), 수상돌기(樹狀突起, dendrite), 시냅스(synapse), 시냅스 간극(synapse 間隙, synaptic cleft), 시냅스 소포(synapse 小胞, synaptic vesicle), 활동전위(活動電位, action potential)

•유수신경섬유와 무수신경섬유 (有髓神經纖維와 無髓神經纖維)

척추동물의 뉴론의 축삭은 Schwann 세포로 된 수초(髓鞘, myelin)로 둘러 싸인 유초신경섬유이고, 이것에 의해 활동전위의 전도 속도를 상승시키고 있다. 수초는 지질의 막으로 되어 있고, 이온이 세포막을 통과하는 것을 방해하기 위해, 활동전위는 Ranvier 문륜(紋輪)이라 불리는 드러난 부분에서만 발생한다(그림 1). 어떤 활동전위는 계속해서 문륜의 활동전위를 일으키고, 초속 120m정도의 빠르기로 전도된다. 이와 같은 활동전위의 전도를 도약전도라 부르고, 수초가 달려있지 않는 뉴론(무수신경섬유)의 전도보다 약 20배나 빠르다.

•활동전위, 탈분극, 과분극

정지 상태에 있는 뉴론에서는 세포 내의 K^+가 세포 외보다 높고, 세포의 내측이 -70mV 정도로 전기를 띄고(분극) 있다. 이 전위를 정지전위라 부른다. 다른 뉴론에서 신호를 받아, 막전위가 -50~-40mV 정도가 되면, 분극이 감소(탈분극)하고, Na^+-channel이 열려 Na^+가 세포 내로 유입되고, 일시적으로 세포의 내측이 +20mV 정도로 역전한다. 이 pulse

상의 전위변화를 활동전위라 한다(impulse 또는 spike라 부른다). 활동전위는 축삭에 붙어서 축삭종말로 감쇠하지 않고 전해지고, 게다가 synapse를 통해 다음의 뉴론의 수상돌기로 전해진다.

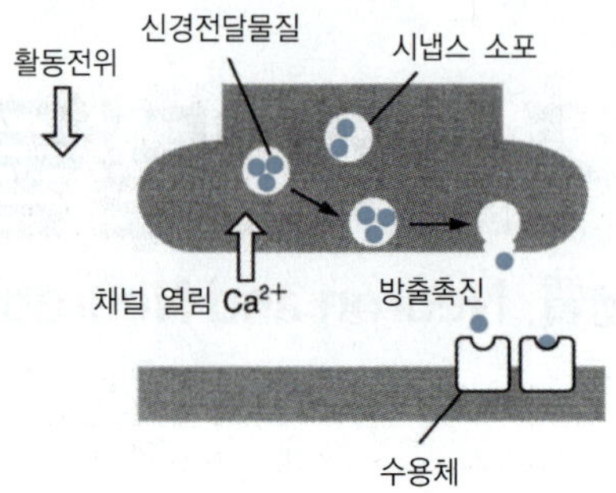

| 그림 2 | synapse에 있는 정보전달

신경전달물질이 synapse 간극에 방출되어 확산한다. 신경전달물질은 synapse 후세포의 세포막에 존재하는 수용체 분자에 선택적으로 결합한다. 하나의 신경전달물질은 synapse 후세포의 수용체의 종류에 따라 두 종류의 반대 효과를 일으킨다. 예를 들면, acetylcholine은 심근의 수축을 억제하지만, 한편으로는 골격근의 수축을 촉진한다. 이것은 수용체에 의해 다음의 두 가지 중 하나가 일어나기 때문이다. ① 신경전달물질의 결합이 Na^+ channel을 여는 계기가 되는 경우, 세포 내로 Na^+가 유입되고, 그 결과, 막전위가 감소한다. 이 탈분극은 세포를 흥분시켜, synapse 후세포의 활동전위를 발생시키기 쉽게 한다. ② 신경전달물질의 결합이 K^+-channel을 여는 계기가 되든가 혹은 Cl^--channel을 여는 계기가 될 경우, 세포 내외로 K^+가 유출되고, 세포 내로 Cl^-가 유입된다. 이것에 의해 세포막 내의 마이너스 전하가 증가하고 막전위는 증가한다. 이 과분극은 세포를 억제하고 활동전위를 발생시키기 어렵게 한다.

그 후 신경전달물질은 synapse에서 두 가지 방법으로 소실한다. 하나는 synapse 간극에 존재하는 신경전달물질 분해 효소에 의한 것이고, 또 하나는 synapse 전세포의 신경종말에 신경전달물질을 수송하는 단백질에 의한 것이다. 후자의 과정은 재흡수라 부른다. 이와 같이 신경전달물질은 분해 또는 재흡수 되기 때문에, 활동전위의 효과는 수 밀리 초 이상은 계속하지 않는다. 신경전달물질이 synapse에서 빠르게 소실한다는 사실은 중요하다. 만약 그렇지 않다면, synapse 후세포에 일어난 흥분 또는 억제가 원래로 되돌아 갈 수 없게 되어버리기 때문이다.

뇌와 기억

腦와 記憶, Brain and Memory

Chapter 73

기억과 학습에는 뇌 속의 해마*라는 부위가 관계하고 있다. 기억은 최종적으로 대뇌피질에 고정되지만, 그 전에 해마에서 처리되어 저축된다.

하나의 신경세포(뉴론)에서 다음의 신경세포로 신호가 순차적으로 전해지는 것을 신경전달이라 한다. 이것을 미시적으로 보면, 앞의 신경세포와 뒤의 신경세포가 접하는 면(synapse)에서 서로 물질을 주고 받아 신호를 전하고 있다. 뒤의 신경세포가 앞의 신경세포에서 신호를 받아, 그것을 장기간에 걸쳐 기억하면, 틀림없이 기억의 원형이라 간주할 수가 있다. 이것은 장기증강이라 하는 현상으로, 해마의 신경세포에서 처음으로 보여졌다. 구체적으로는 앞의 신경세포를 단기간(예를 들면 0.2초)에 고빈도(예를 들면 100 Hz)로 자극한다. 그것에 의해 뒤의 신경세포는 흥분(곧 전위가 발생한다)하기 때문에, 그것이 어느 정도 지속하는지를 조사한다. 그 결과, 흥분한 상태가 몇 시간 또는 몇 일간 계속된다는 것을 알았다. 해마의 신경세포는 각각 몇 백이라는 많은 신경세포에서 신호를 받고 있고, 복수의 세포에서 동시에 신호가 올 수도 있다. 그와 같은 경우에는 상당히 효과적으로 장기증강이 일어난다.

해마가 관여하는 기억은 의식한 일의 기억이고, 현재적(顯在的) 기억이라 불린다. 이것과는 타입이 다른 것으로, 무의식적으로 몸으로 느낀 것을 기억하는 잠재적(潛在的) 기억이라 불리는 것이 있다. 잠재적 기억 속에서 운동에 관한 기억은 소뇌가 관여하고 있다. 위에서 설명한 경우와는 다르게 잠재적 기억은 장기증강이 아니라 반대로 장기억압이라는 수법을 사용하고 있고, 흥분이 단기간에 종료할 수 있도록 억제하는 것으로 운동기억을 담당하고 있다.

장기증강이든, 장기억압이든 공통인 점은 synapse의 전달효율을 변화시키는 전략이다. 그것 이외에 기억, 학습에 관련하는 것으로 synapse의 형태가 변화하는 현상도 알려져 있다. synapse의 대향 면적을 확대하거나, 혹은 앞에 있는 신경세포의 synapse막에서 발아하거나 하면, 여러 형태 변화가 일어난다. synapse가 전달효율과 형태를 바꾸는 것을 synapse 가소성이라 하고, 기억과 학습의 기초 과정이라고 생각되고 있다.

장기증강의 메커니즘을 살펴 보자(그림 1). 이것에는 synapse에 있는 glutamate 수용체가 중요한 역할을 하고 있다. glutamate 수용체는 크게 나누면 두 종류이고, N-methyl-D-aspartate(NMDA)라고 하는 아미노산 유도체에 의해 활성화 되는 것과 그렇지 않는 것으로 나눠진다. 비NMDA형 수용체의 작용은 단순하고, glutamate가 결합하면 이

Key words

해마(海馬, hippocampus), 장기증강(長期增强, long-term potentiation), 장기억압(長期抑壓, long-term depression), 소뇌(小腦, cerebellum), 시냅스 가소성(시냅스 可塑性, synaptic plasticity), N-methyl-D-aspartate 수용체(N-methyl-D-aspartate receptor, NMDA receptor), 탈분극(脫分極, depolarization), NO synthase, guanylate cyclase

*** 해마(海馬)**

해마는 대뇌피질의 일부이지만, "く" 자형의 독특한 형태를 갖고, 그리스 신화의 신 포세이돈이 탄 바다의 괴수[해마(hippocampus)라는]의 하반신과 닮은 것에서 명명되었다.

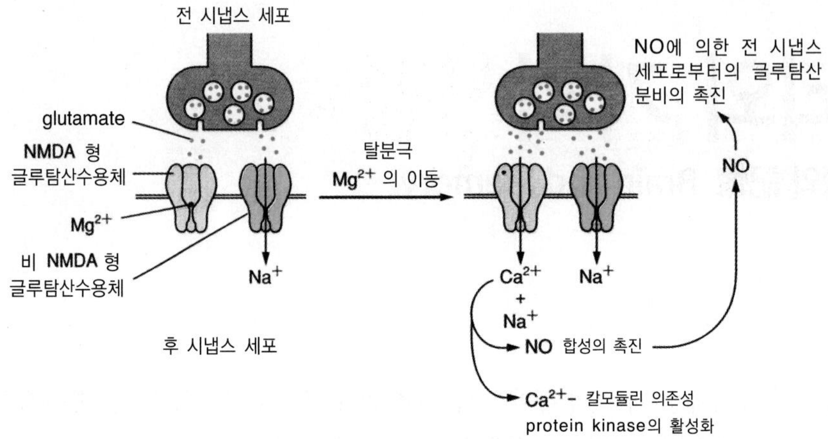

| 그림 1 | 장기증강에 관여하는 NMDA형 수용체와 비NMDA형 수용체의 작용

온 channel(48항 참조)을 열어 Na^+를 유입시킨다. 한편, NMDA형 수용체의 작용은 복잡하다. 단순히 glutamate가 결합만 하여서는 이온 channel은 열리지 않는다. 왜냐하면, 이온 channel에 Mg^{2+}가 스며들어 통로를 막고 있기 때문이다. 처음 세포질은 마이너스의 전위를 갖고 있고, 막의 내측은 마이너스로 분극 해 있기 때문에, 비NMDA형 수용체가 Na^+를 유입시키면, 막전위는 플러스의 방향으로 변화하게 된다. 이것을 탈분극이라 하는데, 탈분극이 강하게 일어나면 NMDA형 수용체의 Mg^{2+}가 떨어져 나가 이온 channel이 열린다. NMDA형 수용체의 이온 channel은 독특하고, Na^+뿐만 아니라 Ca^{2+}도 효율좋게 유입시킨다. Ca^{2+}는 여러 종류의 중요한 효소의 보인자이다. 그 중에서도 일산화질소(NO) synthase가 활성화됨으로써, 중요한 반응이 유발된다. 즉, NO가 생성하여 전 synapse 세포로 유입되고, 세포 내의 guanylate cyclase를 활성화한다. 결과적으로 cyclic GMP가 생성되고, 이것이 glutamate의 방출을 더욱 촉진한다. 결과적으로 NMDA형 수용체는 스스로의 활성을 점점 높이게 된다.

공간인지 신경세포

空間認知神經細胞, Place Cell, Grid Cell

Chapter 74

우리가 어디에 있는지? 길을 어떻게 찾는지? 그리고 한번 가 본 길의 정보를 어떻게 저장하는지? 2014년 노벨 생리의학상 수상자들은 뇌에서 공간 위치 확인 시스템(몸 안의 GPS)을 발견하여 향상된 인지기능 세포의 연구를 가능하게 하였다.

Key words

위치 세포(位置細胞, Place Cell), 격자 세포(格子細胞, Grid Cell), 해마(海馬, hippocampus), 내후각피질(entorhinal cortex), 알츠하이머 병(Alzheimer's disease)

1971년 존 오키프 박사는 이 포지셔닝 시스템의 첫 구성 요소를 발견했다. 그는 실험용 쥐의 뇌 신경세포들에 전극을 꽂아 뇌에서 나오는 전기 신호를 측정하는 실험을 하였다. 그리고 쥐가 특정 장소에 있을 때 항상 활성화되는 것을 발견했다. 쥐가 다른 곳에 있을 때는 다른 신경세포가 활성화되었다. 이러한 세포들은 뇌의 해마(hippocampus)의 특정 부분에 몰려있었다. 오키프 박사는 이 신경세포들이 공간 인지에 관여한다는 가정하고 위치 세포(place cell)이라고 명명하였다(그림 1).

2005년 모세르 부부 교수는 뇌의 위치 확인 시스템의 또 다른 주요 구성 요소를 발견했다. 이들은 위치 세포가 있는 해마 부근에서 공간 인지 신호를 감지하고, 해마에 인접한 내후각피질(entorhinal cortex)의 신경세포들이 쥐가 특정 위치에 갈 때마다 활성화되는 것을 발견했다. 활성화되는 세포들은 독특하게도 육각형 격자의 패턴을 보였다. 따라서 이들 신경세포들을 격자 세포(grid cell)'라고 명명했다. 격자 세포들은 좌표 시스템을 생성하고 정확한 위치와 경로 찾기를 허용하는 다른 유형의 내비게이션 세포였다(그림 2).

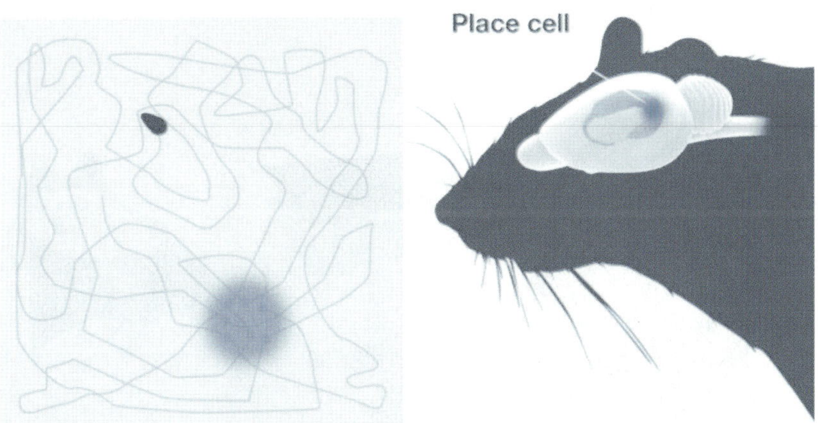

| 그림 1 | Place Cell

선들은 쥐가 움직인 경로이고 점들은 공간 내에서 쥐의 위치 세포가 활성화할 때에 쥐가 있는 지점을 나타냄. 다른 장소에서는 다른 장소 세포들이 활성화한다.

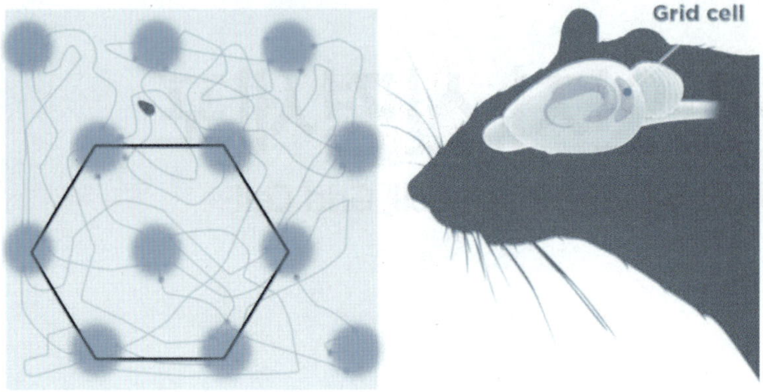

| 그림 2 | Grid Cell

특정 지점에서 하나의 격자 세포가 활성화된다. 격자 세포의 활성화는 육각형 모양으로 나타난다. 이 격자 세포들이 집단으로 작동, 공간 내비게이션이 가능한 공조 시스템을 형성한다.

위치 세포의 활성은 격자 세포의 활성화에 의해 일어나고 서로 상호관계를 이루는 것으로 밝혀지고 있다. 또한 뇌 영상 기술의 발달과 환자의 신경외과 수술로 장소 세포와 격자 세포가 사람에게도 존재한다는 것이 밝혀졌다(그림 3). 신경세포들이 각자 혼자서 작동하는 것이 아니라 서로 다른 세포들이 앙상블을 이루며 네트웍을 만들며 활성화되어 더 높은 인지 기능을 수행할 수 있다는 점도 시사하는 바가 크다.

알츠하이머 병 환자와 기억상실증 환자의 경우, 해마 및 내후각피질이 영향을 받아 길을 잃고, 환경 인식 능력(기억력)이 현저히 저하된다. 그러므로 뇌의 위치 결정 시스템에 대한 지식은 알츠하이머 병 환자 등에게 영향을 미치는 공간 기억 상실의 원인을 이해하는 데 도움이 된다. 또한 택시 운전사의 해마가 발달한 것도 길 찾기 훈련의 영향으로 볼 수 있는 것이다. 즉, 후천적 훈련으로 신경세포의 발달이 가능한 예이기도 하다.

뇌의 포지셔닝 시스템 발견은 특수 세포의 높은 인지 기능을 수행하는 방식, 예를 들면 기억 메커니즘, 사고 메커니즘과 같은 다른 인지 과정을 이해하기위한 새로운 길을 열었다.

| 그림 3 | 쥐의 해마에 있는 위치 세포(가운데)와 내후각피질에 있는 격자 세포(위)

이 세포들의 상호 작용으로 공간 인지를 가능하게 함

신경변성질환

神經變性疾患, Neurodegenerative Diseases

75 Chapter

뇌의 구조가 복잡한 것처럼, 신경변성질환의 병형(病型)은 실로 다양하다. 증상에 있어 공통점은 적지만, 어느 경우에도 신경세포의 변성과 사멸이 보여진다. 근년, 분자 유전학적 연구법의 진보와 함께, 차례로 원인 유전자가 발견되고 있다.

신경변성질환에 있어 가장 많은 것은 파킨슨 병이다. 이 병은 중고령층에 잘 나타나고, 손이 떨리고, 근육이 굳고, 동작이 무디어지는 등의 특징을 나타낸다. 원인은 모르지만, 뇌의 흑질이라는 부분의 멜라닌 함유 세포가 탈락한다. 흑질에는 도파민(dopamine)을 신경전달물질로 하는 신경세포의 대부분이 존재하고 있기 때문에, 흑질로부터 선조체(線條體)로 공급되는 도파민의 양이 현저하게 감소하게 된다. 도파민은 그 자체가 신경전달물질이지만, noradrenalin과 adrenalin의 전구체이기도 하다(그림 1). 결과적으로, 도파민 양의 감소로 다양한 신경계의 기능에 장애가 나타난다.

Huntington 병에서는 특정의 유전자 내에 CAG의 반복 배열이 증가함에 따라 glutamine이 연결된 polyglutamine이 생산되고, 그것이 핵 내에 축적됨에 따라 세포의 기능 장애를 일으킨다고 생각된다. 이와 같이 세 염기쌍의 반복 수의 증가에 의해 발병하는 질환은 최근의 연구로 다수 발견되고 있고, triple repeat disease라고 총칭되며, 주목 받고 있다(표 1, 80항 참조).

Key words

파킨슨 병(Parkinson's disease), 헌팅턴 병(Huntington's disease), 알츠하이머 병(Alzheimer's disease), 프리온(prion), 크로이펠트 야콥 병(Creutzfeldt-Jakob disease), 근위축성 측색경화증(筋萎縮性側索硬化症, amyotrophic lateral sclerosis ; ALS)

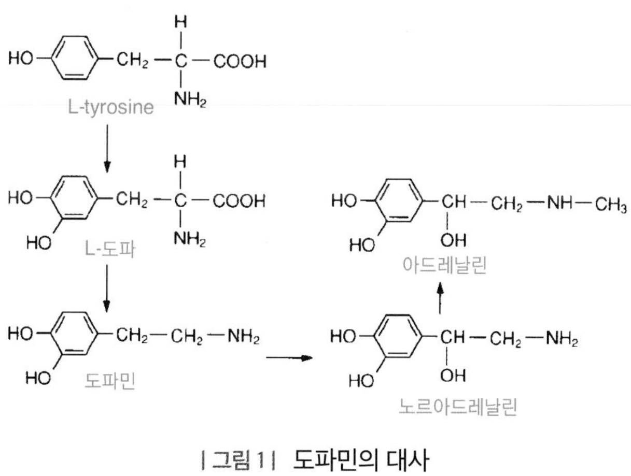

| 그림 1 | 도파민의 대사

표 1 triplet repeat 병의 예

CAG 반복	Huntington 병
	치상핵적핵담창구시상하핵 위축증
	Machado–Joseph 병
	척수소뇌 실조증
	구척수성 근위축증
CTG 반복	근긴장성 이영양증(myotonic dystrophy)
CGG 반복	취약 X증후군
GAA 반복	Friedreich 실조증

알츠하이머(Alzheimer) 병은 치매를 일으키는 질환 중에서는 가장 빈도가 높고, 상당히 주목 받고 있다. 대뇌는 위축하고, 전체적으로 신경세포가 죽어 탈락한다. 게다가 노인반 및 신경원섬유(神經原纖維)변화라고 불리는 침착이 대뇌에 다수 보여지는 것이 특징이다. 노인반에는 β sheet 구조를 한 amyloid β 단백질이 축적되어 있다. 한편, 신경원섬유변화를 구성하는 단백질로서, 고도로 인산화된 타우(tau) 단백질이 주목 받고 있다. 이 질환의 원인은 전혀 불명이고 현재 치료법은 없다.

프리온(prion)은 Creutzfeldt-Jakob 병과 광우병 등의 원인인자이다. 정상인 프리온 단백질(α helix구조)이 β sheet 구조로 변화를 일으키면, 난용성의 이상 프리온이 된다. 이상 프리온은 감염성이 있어, 정상 프리온을 이상 프리온으로 변환하는 능력이 있지만 그 메커니즘은 분명하지는 않다.

근위축성측색경화증(ALS)이란 상위·하위 운동신경세포가 선택적으로 변성 탈리하는 난병이다. 가족성 ALS의 원인의 하나로 동(Cu)/아연(Zn)형 superoxide dismutase 1

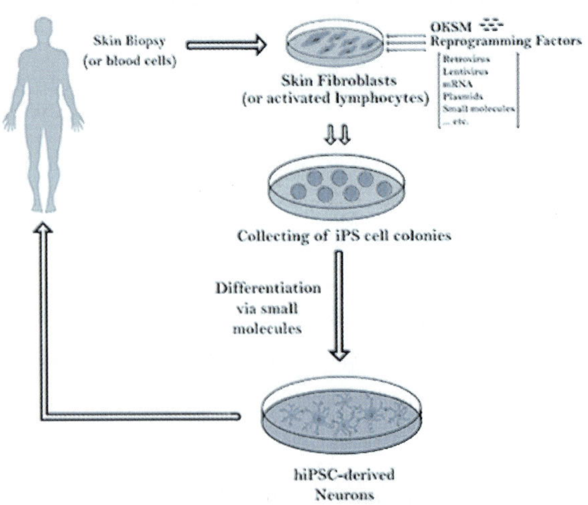

hiPSCs: human induced pluripotent stem cells
OKSM: Oct4 ,Klf4, Sox2, c-Myc

| 그림 2 | 줄기세포를 이용한 신경변성질환의 치료법

신경변성질환 환자의 피부 체세포 또는 혈액세포를 역분화기술을 사용하여 유도 만능 줄기세포(iPSC)를 생성시킨다. 특정 조건에서 뉴런으로 분화한 hiPSC를 환자에 두어하여 기능을 소실한 뉴련이나 신경세포로 기능하도록 힌다.

유전자의 변이가 알려져 있다. 또, 글루타민산 대사의 이상에 기인한다는 설도 있다.

알츠하이머 병, 파킨슨 병, 헌팅턴 병의 퇴행성 신경질환은 뇌의 뉴런과 신경교세포의 손실이 원인이므로 정상적으로 작동하는 뉴런과 신경교세포로 손실 보전을 할 수 있다면 치료가 가능할 것이다. 따라서 최근 발전을 거듭하고 있는 줄기세포가 새로운 치료법으로 개발되고 있다. 특히 2012년 노벨상을 수상한 만능성 줄기세포인 iPSC(induced pluripotent stem cell)의 개발이 주목을 받는다. 환자 본인의 피부세포로 역분화시킨 iPSC로 뉴런 또는 신경세포로 분화시킨 세포를 사용하는 방법으로 치료하면, 면역반응이 일어나지 않는 장점이 있다. 물론 특정 세포로의 분화 방법과 주입 방법의 개발 등이 과제이지만 많은 임상실험이 진행 중에 있다(그림 2)

Chapter 76

에이즈

AIDS

Key words

사람 면역결핍 바이러스(사람 免疫缺乏 virus, human immunodeficiency virus; HIV), 레트로바이러스(retrovirus), 면역부전증(免疫不全症, immune disorder), LTR(long terminal repeat), TAR 배열(trans-acting responsive element), CD4 항원(CD4 antigen), 면역담당세포(免疫擔當細胞, immunocompetent cell), 후천성 면역부전 증후군 ; AIDS(後天性免疫不全症候群 ; AIDS, acquired immunodeficiency syndrome), 항원결정기(抗原決定基, antigenic determinant)

에이즈는 사람 면역결핍 바이러스(HIV)라는 레트로바이러스(retrovirus)•의 일종이 감염되어 일어나는 면역부전증이다. HIV는 지름 약 100nm인 구형의 외피를 갖고 있고, 그 내측의 캡시드에는 게놈 RNA 2개와 역전사 효소와 DNA 합성의 primer가 되는 tRNA를 갖는다. HIV의 모식도를 그림 1에 나타내었다. HIV에는 1형과 2형이 있고, 모든 레트로바이러스에 공통의 *gag, pol, env* 유전자 외에, HIV에 특유의 *tat, rev, nef, vif, vpr, vpu, vpx*의 유전자를 갖는다(그림 2). 모두 HIV가 임파구 속에서 증식하는데 필수의 역할을 하고 있다.

레트로바이러스는 어느 것이나 RNA genome의 양 말단에 LTR이라는 역방향 반복 배열을 갖고 있다. 레트로바이러스의 genome이 복제되기 위해서는 DNA로 역전사된

•**레트로바이러스(retrovirus)**

retrovirus란 (+) 사슬 RNA를 genome으로 갖고, 감염세포 중에서 DNA로 유전정보를 바꿀 수 있는 바이러스를 이른다.

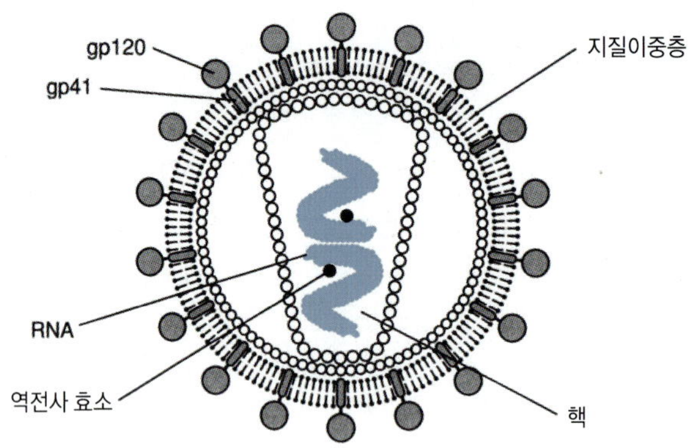

| 그림 1 | HIV 입자의 모식도

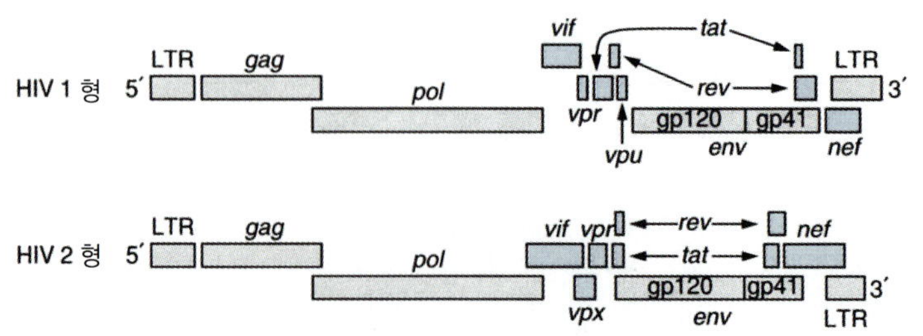

| 그림 2 | HIV-1과 HIV-2의 genome 구조

약 9,000개의 nucleotide의 RNA로 이루어짐

후, 숙주 세포의 염색체 DNA로 받아들여져야 하는데, 이때에 LTR이 관여한다. HIV genome의 전사는 LTR 영역에서 시작하는데, mRNA의 말단의 stem loop 구조를 형성하는 부위를 TAR 배열이라고 한다. *tat* 단백질은 TAR에 특이적으로 결합하여, 하류의 전사를 활성화한다. *rev* 단백질은 바이러스 RNA의 processing을 조절한다. Helper T 세포의 막 표면에는 CD4 항원이라 불리는 당 단백질이 있고, 일종의 receptor로서 기능하여 helper T 세포의 분화와 기능 발현에 중요한 역할을 하고 있다(60항 참조). Helper T 세포 이외에 매크로파지(macrophage)와 수상 세포 등도 CD4 항원을 갖고 있어, HIV는 CD4 항원에 결합함으로써 감염된다. 이들 세포를 면역 담당 세포라 하고, HIV가 감염되어 장애를 받으면, 면역기능이 저하되고, 후천성 면역부전 증후군, 곧 에이즈 발병의 원인이 된다. HIV 표면의 외피 당 단백질 gp120은 CD4와 극히 친화성이 높고, 감염의 성립에 중요한 역할을 담당하고 있다고 생각된다. HIV는 신속 활발하게 변이하고, 동일 개체 내에서도 유전적으로 다른 다수의 주가 동시에 존재한다. 특히 *env* 유전자의 V3 영역은 T 세포의 수용체에 의해 인식된 부위(항원 결정기 또는 epitope라 한다)이고, V3 영역이 활발하게 변이를 일으키므로, 사람의 면역계는 이에 대처할 수 없게 된다.

HIV는 혈액, 정액, 질액, 유즙(乳汁)에 존재하고 있고, 성 행위, 수혈, 약물 주사기의 남용 등으로 감염된다. 임신 중의 모자 감염도 있다. 일본에 있어서는 혈액제제를 통한 약해로, 에이즈 피해가 문제가 되어 있다. HIV가 감염되면, 처음 6주간 정도에는 바이러스는 거의 혈중에서 모습이 없어지고, 만성적으로 소량의 바이러스가 생산되는 시기가 수년~수십 년 계속된다. 그 후, 돌연 면역계가 파괴되고, 카리니(carinii)폐염 등의 일화견감염증(日和見感染; 면역력이 떨어졌을 때 증식하여, 질병을 발병하는 병원체의 감염)과 카포시육종(Kaposi's sarcoma) 등의 악성종양을 일으킨다.

에이즈 치료에는 역전사 효소의 저해제인 azidothymidine(AZT)● 등의 뉴클레오사이드의 유사체(類似體)가 사용되고 있다. HIV의 구조 단백질은 우선 전구체 단백질이 생산되고, 뒤이어 protease로 분단되어 생성한다. 따라서 이 protease의 저해제도 에이즈 치료약이 된다. 현재의 에이즈 치료에서는 역전사 효소 저해제 2 제제와 protease 저해제 1 제제를 합한 3 제제 병용 요법이 주류가 되어 있다. HIV에 감염되고 나서 에이즈 증상이 나타날 때까지의 무증상인 동안에 치료를 시작하면, 치료 효과가 크다고 알려져 있다.

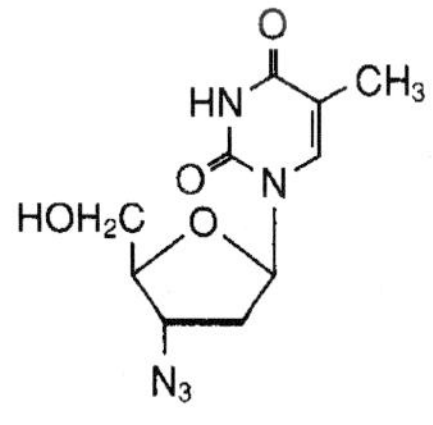

azidothymidine (AZT)
화학구조식

Chapter 77

항생물질과 약제내성

抗生物質과 藥劑耐性, Antibiotics and Drug Resistance

Key words

항균스펙트럼(antibacterial spectrum), 광역항생물질(廣域抗生物質, broad spectrum antibiotics), 협역항생물질(狹域抗生物質, narrow spectrum antibiotics), R plasmid

세균, 곰팡이, 효모, 암세포, 바이러스 등 미생물 혹은 세포의 증식을 억제하는 물질을 항생물질이라 부른다. 처음에는 생물이 생산하는 것만을 대상으로 하였지만, 현재에는 화학 합성한 것도 범주에 넣고 있다. 항생물질은 감염증의 치료에 필수 불가결한 것으로 되어 있으며, 그 중에서도 세균을 대상으로 하는 것이 가장 많이 개발되어 있다. 세균에 대한 항생물질의 작용 메커니즘은 크게 나누면 다음의 5가지로 분류된다. ① Penicillin, Cephalosporin, Vancomycin과 같이 세포벽의 합성을 방해하는 것, ② Polymyxin과 같이 세포벽을 파괴하는 것, ③ Streptomycin, Kanamycin, Erythromycin, Tetracycline, Chloramphenicol과 같이 단백질 합성을 방해하는 것, ④ Rifamycin과 Kinolon과 같이 DNA와 RNA의 합성을 방해하는 것, ⑤ Sulfonamide와 같이 대사를 방해하는 것이 있다. 이것들은 정균 작용이 있는 것(tetracycline, chloramphenicol, sulfonamide 등)과 살균 작용이 있는 것(penicillin, cephalosporin, polymyxin, streptomycin 등)으로 나누어 진다. 정균제는 세균을 죽이지는 않아도 생육을 억제한다. 항생물질에는 각각 항균 스펙트럼이 있고, 유효한 세균의 종류가 다르다. 대표적인 항생물질의 항균 스펙트럼을 그림 1에 나타내었다. Tetracycline, chloramphenicol과 같이 넓은 범위의 세균군에 유효한 것을 광역항생물질, 반대로 polymyxin과 같이 좁은 범위의 세균군에 유효한 것을 협역항생물질이라 한다.

대표적인 항생물질인 penicillin의 작용 기구에 관해 살펴 보자. 세균 세포의 내압은 높고, gram 음성균의 경우는 약 8기압, gram 양성균의 경우는 약 20기압이다. 세균벽에는 펩티도글리칸(peptidoglycan)이라는 망목구조를 한 구조물의 심이 역할을 하여, 세포가 파열되지 않도록 지키고 있다(그림 2). 따라서 펩티도글리칸의 망목구조의 형성이 방해 받으면 치명적인 손상을 입는다. Gram 양성균의 경우, *N*-acetylmuramic acid와 N-acetylglucosamine이 서로 β(1→4) 결합한 공중합체의 유산(乳酸) 부분에 L-alanyl-D-glutamyl-L-lysyl-D-alanyl-pentaglycine이 결합해, pentaglycine의 말단 carboxyl기는 lysine잔기의 ϵ-amino기와 결합하고 있다(그림 3). 말단이 D-alanyl-D-alanine이 되어 있고, L-lysine의 ϵ-아미노기에 pentaglycine이 결합한 전구체 펩티도글리칸이 처음으로 형성되고, 뒤이어 가교반응이 일어나고, 최종적인 펩티도글리칸 사슬이 형성된다. 가교반응의 형성을 촉매하는 것은 penicillin 결합 단백질이라는 효소로, 전구체의 D-alanyl-D-alanine 부분과 구조적으로 닮은 penicillin에 잘못 작용해, 효소가 화학변형

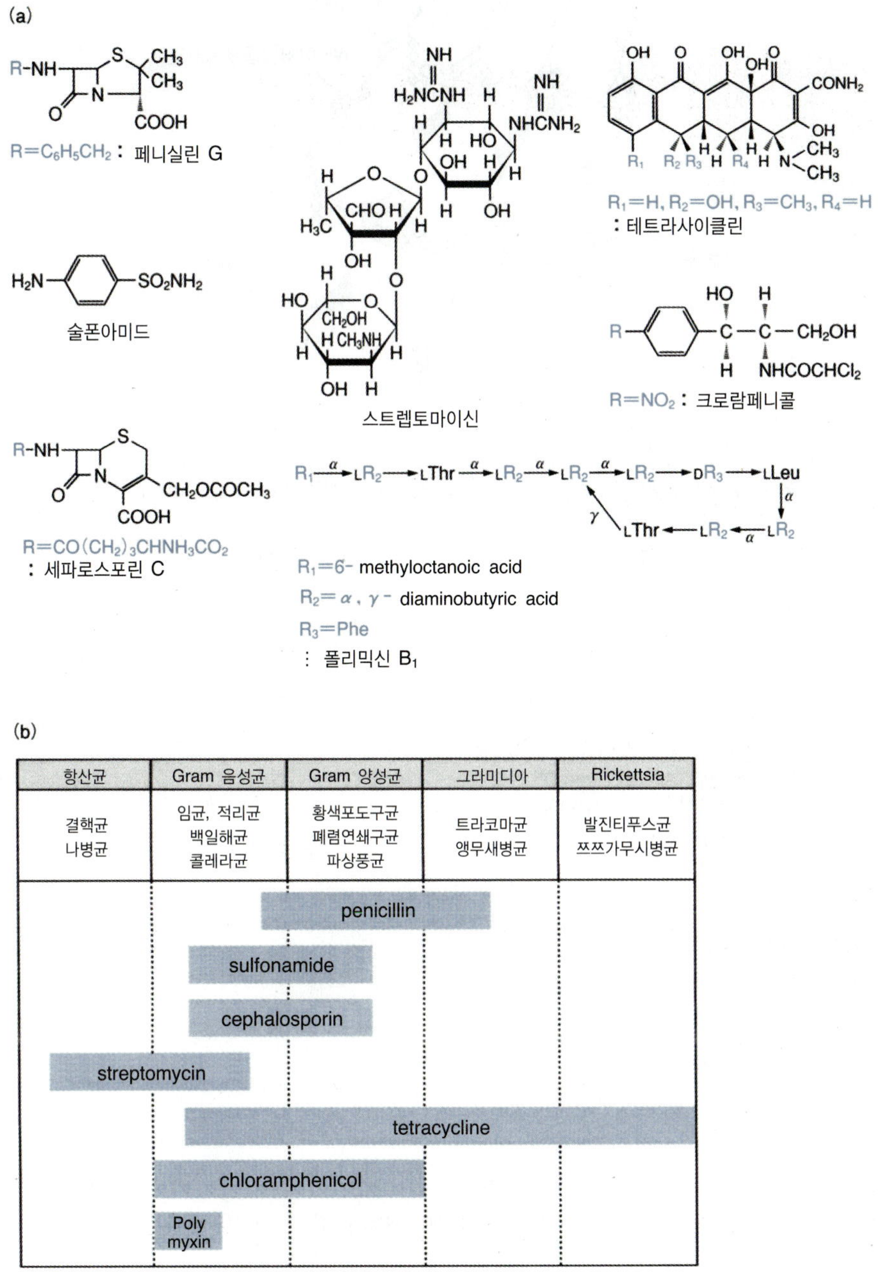

| 그림 1 | (a) 대표적인 항생물질의 구조, (b) 그 항균 spectrum

을 받아 불활성화 된다(그림 4). 결과적으로 펩티도글리칸 층이 완성되지 못하여 세포벽이 부실하게 되어 균 내압을 견디지 못하게 된다. 이것이 penicillin의 작용 메커니즘이다.

항생물질이 듣지 않는 내성균이 등장하여, 큰 문제가 되고 있다. 예를 들면 penicillin에 대해서는 ① penicillin 결합 단백질을 다량 생산하기. ② penicillin의 β-lactam환을 가수분해하는 β-lactamase를 생산하기. ③ 포린(porin, gram 음성균의 외막과 mitochondria 외막에 존재하는 비특이적인 확산 channel을 형성하는 단백질)의 변이에 의해 penicillin

• MRSA(Methicillin-resistant Staphylococcus aureus)

메티실린 내성 황색포도구균. penicillinase에 의해 분해되지 않는 신세대의 penicillin계 항생물질로써 기대되었던 메티실린에도 금방 내성균이 나타났기 때문에, 그 이후, gram계 항생물질에 내성을 갖는 황색포도구균을 상징적으로 MRSA라 부르게 되었다.

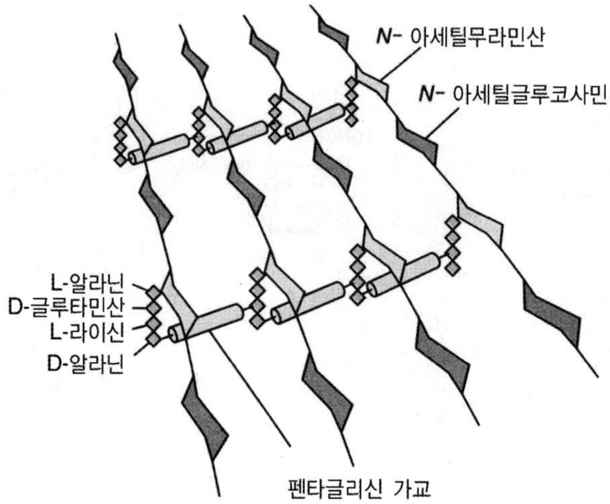

| 그림 2 | gram 양성균의 일종인 황색포도구균의 세포벽 peptidoglycan의 모식도

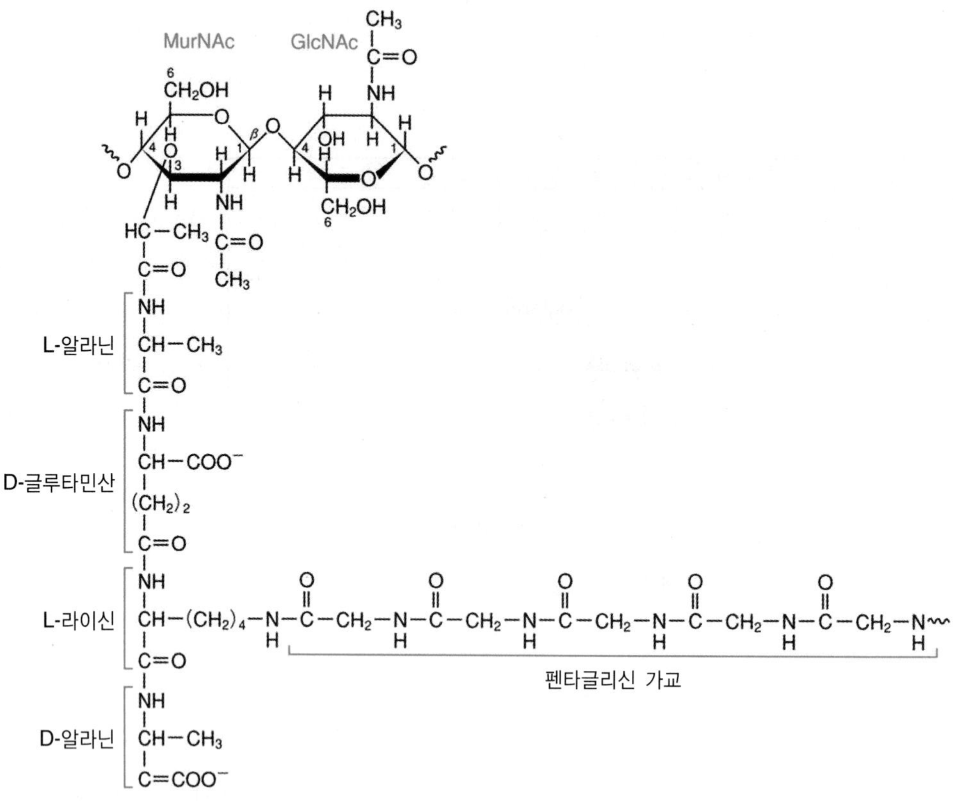

| 그림 3 | 황색포도구균의 펩티도글리칸의 화학구조

D-glutamate의 α 자리가 아니라 γ 자리의 carboxyl기가 L-lysine과 결합하고 있는 사실에 주의. 대장균 등의 gram 음성균에서는 L-lysine 대신에 α, ε-mesodiaminopimelic acid가 들어 있고, pentaglycine을 사이에 두지 않고, 직접 D-alanine과 결합하고 있다. MurNAc:N-acetylmuramic acid, GlcNAc:N-acetylglucosamine.
(5개의 glycine으로 된 가교의 말단에 있는 glycine, 말단에 있는 D-Ala-D-Ala 구조, penicillin 결합 단백질, Gly-D-Ala 가교, D-Ala)

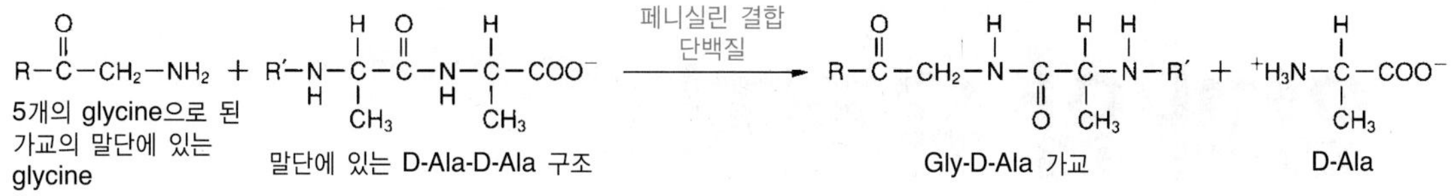

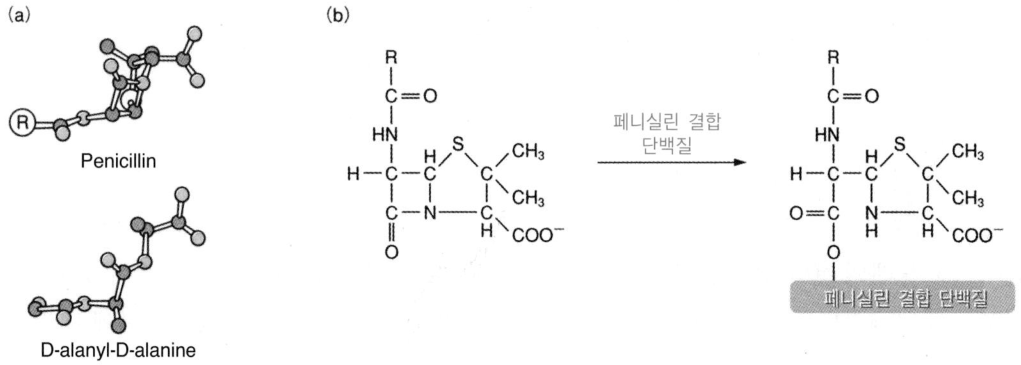

| 그림 4 | (a) Penicillin과 D-alanyl-D-alanine의 구조비교 (b) Penicillin과 penicillin 결합 단백질과의 반응

Penicillin 결합 단백질이 penicillin을 기질인 D-alanyl-D-alanine로 오인하여 penicillin과 작용, 결과적으로 penicillin에 의해 화학변형을 받아 실활한다.

이 막을 투과하지 않도록 하기. ④ penicillin에 의해 수식되지 않는 새로운 penicillin 결합 단백질을 획득하기 등을 함으로써 내성을 획득하고 있다. 내성균의 대부분은 penicillin뿐 아니라 chloramphenicol과 tetracycline 등, 작용 메커니즘 다른 복수의 항생물질에 대해서도 동시에 내성을 갖는 경우가 많다. 이것은 다제 내성의 R plasmid 등을 통하여 균에서 균으로 내성 유전자가 수평 전이한 결과이다. 최후의 수단으로 Vancomycin이 기대되었지만, 그만 Vancomycin에 대한 내성균도 출현하였다●.

●**Vancomycin의 내성**

Vancomycin은 펩티도글리칸 전구체의 D-alanyl-D-alanine부분에 결합함으로써, 펩티도글리칸의 생합성을 저해한다. vancomycin 내성균에서는 펩티도글리칸의 일부분이 D-alanyl-D-alanine이 아니라 D-alanyl-D-serine으로 바뀌어 있다. 이것에 의해 vancomycin의 결합에서 벗어나 있다.

Chapter 78

암과 암 유전자

Cancer and Oncogene

Key words

악성종양(惡性腫瘍, malignant tumor), 암(cancer), 육종(肉腫, sarcoma), 백혈병(白血病, leukemia), 암 억제 유전자(암 抑制遺傳子, tumor suppressor gene)

생체 내에 있어서 전이 및 침윤을 하는 종양을 악성종양이라 부른다. 내배엽 및 외배엽 유래의 것을 암, 중배엽 유래의 것을 육종이라 하며 구별한다. 백혈병은 육종 유래의 것이지만, 혈액 중에서 증식하는 것을 가리킨다. 배양 세포 수준에서의 암화는 일반적으로 형질전환화(transformation)라 부른다. 그 특징은 ① 증식인자에 대한 요구도의 저하, ② 저혈청 하에서의 증식, ③ 배양기질에 대한 접착능력의 저하, ④ 세포 운동의 접촉저해의 상실, 그리고 사람 유래 세포에서는 드물게 ⑤ 불사화(不死化)가 있다(그림 1).

초기의 암 연구에 있어서 사람 유래 암세포에서 추출한 DNA를 쥐 섬유 아세포(fibroblast) NIH3T3에 도입하면, 세포가 형질전환 된다는 사실이 판명되었다. 사람 유래의 염색체 DNA에는 특징적인 Alu 배열이 들어있기 때문에, 그것을 표시로 하여 섬유 아세포에서 사람 유래 DNA 단편을 회수한 결과, 그 속에 정상 세포를 형질전환 시키는데 활성을 갖는 유전자가 code되어 있다는 것이 발견되었다(그림 2).

이와 같은 수법으로 다수의 "암 유전자"가 현재까지 발견되었다. 그것들은 정상 세

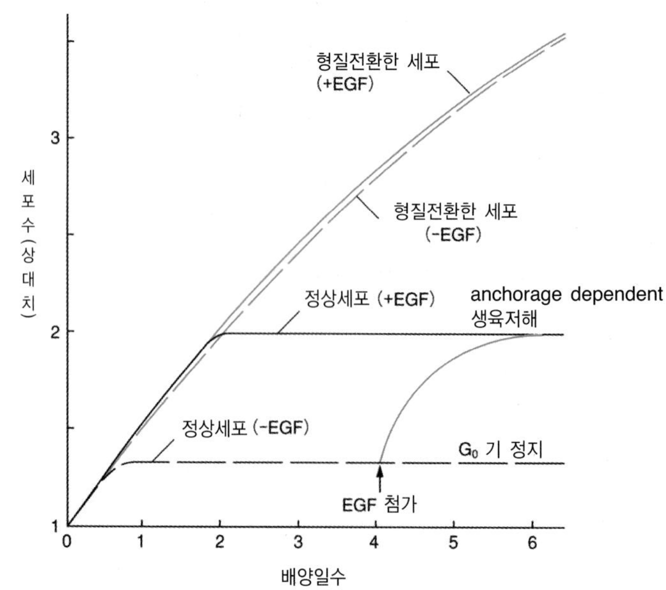

| 그림 1 | EGF 의존적으로 생육하는 정상 세포 및 형질전환(transform)한 세포의 생육곡선

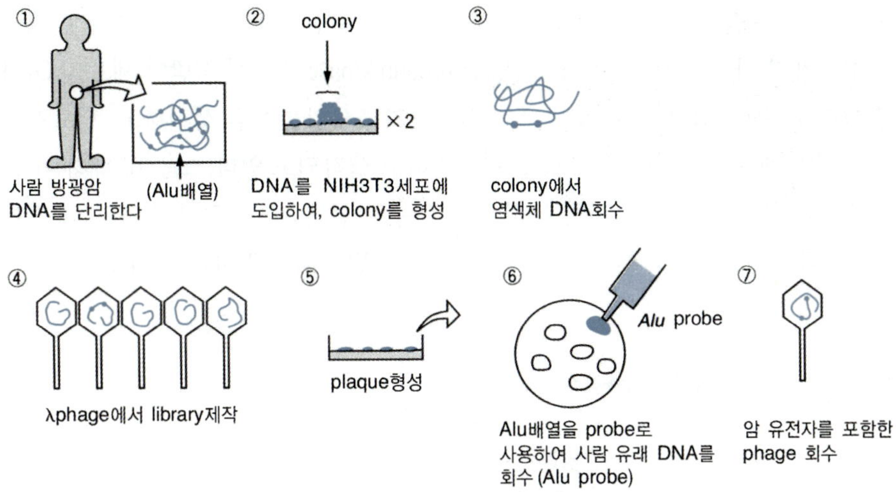

| 그림 2 | 사람 방광암에서 NIH3T3 세포를 이용하여 암 유전자를 단리한다

포의 성장억제에 필수인 유전자 산물의 변이형을 code하고 있다. 구체적으로는 ① 증식인자, ② 증식인자 수용체, ③ 세포 내 transducer, ④ 핵 내 전사인자, ⑤ 암 억제 유전자 산물로 크게 구별된다(표 1). 이 사실은 보통의 증식 신호를 맡은 세포 내 분자의 일부가 변이를 일으킴에 따라 세포 증식이 폭주하고, 정상 세포가 형질전환 한다고 생각된다.

특히 adapter 분자인 Crk의 발견이 주목을 받는다. 이것은 촉매 domain을 갖지 않고, 인산화 tyrosine 잔기와 proline 영역에 각각 높은 친화성을 나타내는 SH2 domain과 SH3 domain만을 가지고 있다. 정상 세포에서는 Crk의 SH2 domain은 수용체형 tyrosine kinase와 결합하고, 남겨진 SH3 domain은 Ras의 활성화인자인 C3G와 결합하여, 활성화 tyrosine kinase에서의 신호를 Ras에 전달한다. 그러나 crk는 암 유전자화함에 따라서 tyrosine kinase의 활성화와 관계없이 Ras로 신호를 전달한다.

표 1 대표적인 암 유전자

① 증식인자
- *sis*(PDGF)●

② 증식인자 수용체
- a. 수용체형 Tyr 특이적 protein kinase; erbB(EGF수용체), fms(CSF1수용체)
- b. 세포 내 수용체 erbA(갑상선호르몬수용체)

③ 세포 내 transducer
- a. Tyr 특이적 protein kinase; *src, yes, abl, met, fyn*
- b. Ser/Thr 특이적 protein kinase; *raf, mos*
- c. Ras 단백질; Ha-*ras*, Ki-*ras*, N-*ras*
- d. adapter 분자; crk

④ 핵 내 전사인자
- *myc, jun, fas, myb*

⑤ 암 억제 유전자 산물
- *Rb, p53*

●( ) 안은 통상유전자 때의 기능

또 하나 주목 받는 것은 암 억제 유전자 산물 *p53*이다. 이것은 세포 주기 관련 유전자의 발현억제를 하는 전사인자이고, 다양한 protein kinase의 수식을 받아 세포의 G_1기 정지를 한다. *p53* 유전자가 변이를 받으면 전사인자로서의 기능을 상실하고, 세포가 불완전한 상태인 채 S기로 이행하여, 형질전환 한다고 생각되고 있다(그림 3). 특히 이 암 억제 유전자가 주목 받는 것은 사람 유래 암의 반수 이상에 *p53* 유전자의 변이(그 변이 개소의 약 8할은 DNA 결합영역에 집중되어 있다)가 발견되고 있다는 점에 있다.

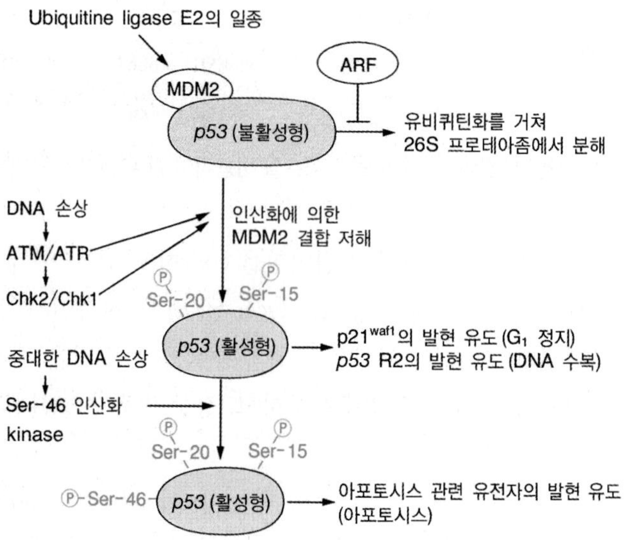

| 그림 3 | *p53*의 분해 및 활성화 기구

면역관문 억제제

면역조절항암제, 免疫關門抑制劑, Immune Checkpoint Blockade

Chapter 79

Key words

면역관문(免疫關門, immune Checkpoint), PD-1, CTLA-4, 호르몬치료법, 골수이식요법

WHO 산하 국제 암연구기구의 2018년 자료를 보면, 암 발병율이 남성은 5명 중 1명, 여성은 6명 중 1명이다. 암에 의한 사망률은 남성이 8명 중 1명, 여성이 11명 중 1명이다. 세계 인구가 77억 명이니까 단순 계산만으로도 약 14억 명이 암에 걸려있고, 년간 500~600만 명이 암으로 사망한다.

암의 치료의 역사를 보면, 수술, 방사선 치료 등 이 있으며, 그중 일부는 노벨상을 수상하기도 했다. 예로 호르몬 치료법(전립선암 치료, 1966년), 화학요법(1988년), 골수이식요법(백혈병 치료, 1990년)이 있다. 그러나 진행성 암은 치료하기가 매우 어려운 실정이다. 즉, 1세대 화학 항암제는 세포 독성 물질로 암세포를 공격하는 치료이다. 하지만 암세포뿐만 아니라 주변의 정상 세포도 같이 공격해 부작용이 심각하다. 2세대 항암치료제는 정상 세포를 공격하지 않기 위해 암세포의 특정 목표만 공격하는 표적항암제로 발전했다. 따라서 부작용은 1세대에 비해 줄었지만, 암세포가 변이 후 재발하면 항암제가 듣지 않는 단점이 있다.

2018년 노벨상을 수상한 항암제는 3세대 항암제로 불리는 면역조절항암제인데, 우리 몸의 면역체계를 이용하여 암세포를 제압하므로 독성과 내성 문제가 적어 부작용도 현저히 줄어들었다. 항암 치료에서 암세포 자체가 표적이 아니고 우리 몸의 면역력을 이용하여 암세포를 제거한다는 완전 새로운 컨셉의 항암제는 2010년 이후 임상에서 놀라운 치료 효능을 보이고 있다(그림 1). 비록 특정 암에만 효과적인 점과 같은 진행성 암이라도 개인별 치료 성과가 다르다는 점이 있으나, 새로운 표준 치료법으로 인정 받는 단계이다. 본 항에서는 최신 항암 트렌드인 면역관문억제제에 대하여 알아본다.

면역관문(=면역 체크포인트)이란?

면역관문을 이해하기 위해서는 생체의 면역체계에 대하여 살펴볼 필요가 있다. 생체의 면역은 세포성 면역과 체액성 면역으로 나뉘어 진다. 세포성 면역에는 백혈구(임파구) 매크로파지 그리고 T 세포가 있고 체액성 면역에는 B 세포가 있다. 각각의 임무를 보면, 백혈구는 외부의 물질과 직접 싸우고, 매크로파지는 세균을 죽이거나 정보를 전달하고, T 세포는 내 세포(self)와 외부 세포(non-self)를 구분하고 B 세포는 항체를 생산한다. 이해를 돕기 위해 면역체계를 군대로 표현하자면, 백혈구는 병사, 매크로파지는 부사관, T 세포는 전투정보장교, B 세포는 포병지원부대 정도로 생각할 수가 있다.

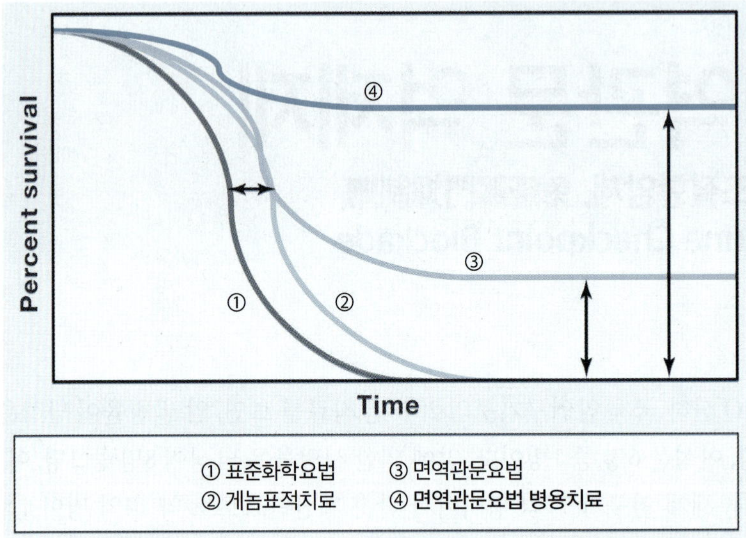

| 그림 1 | 암 치료 혼합 요법으로 증가한 생존율 증가

표준 화학 요법①과 게놈 표적 치료②는 중간 생존율 증가가 미약하고 지속성 없음. 단 면역관문 요법③으로 치료받은 환자의 중간 생존률과 지속성 크게 증가함. 게놈 표적 치료와 면역관문 요법 병용치료④의 경우 대다수의 환자가 중간 생존율과 지속성이 크게 개선되었다(Cell, 2015).

면역관문은 T 세포가 내 세포와 암세포를 구분하는 검문소(gate)를 뜻한다. 즉, T 세포의 주요 임무 중 하나는 정상의 내 세포와 다른 세포(외부에서 온 세포, 바이러스에 감염된 세포, 변형된 세포, 암세포 등)를 찾아내는 일이다. 이 일은 T 세포 표면에 존재하는 단백질들에 의해서 수행된다. 예를 들어 바이러스에 감염된 세포는 바이러스의 유전자 정보에 의해 단백질 합성이 이루어지고 일부 분해된 펩타이드 단편이 소포체 내공으로 이동하고 MHC 분자라는 막 단백질과 결합하여 세포 표층으로 이동한다. T 세포는 표면에 TCR, CD28, CTLA-4, PD-1 등의 단백질들이 존재하고 이들 면역관문 인식 단백질들은 각각 자기 비자기 검증에 필요한 요소들이다.

CTLA-4의 발견

1990년대 미국 앨리슨 박사는 T 세포 표면의 CTLA-4라고 하는 단백질이 T 세포의 활성화를 저해하는 역할을 한다는 것을 발견했다. 즉, T 세포가 너무 활성화되면 자기 세포도 공격하게 되므로 대부분의 연구팀은 이러한 메커니즘을 자가면역질환 치료의 표적으로 연구를 전개하였다. 그러나 앨리스 박사는 전혀 다른 컨셉으로 “혹시, CTLA-4 의 기능을 억제하면, T 세포를 활성화시킬 수 있을까? 그리고 활성화된 T 세포는 암세포를 공격할 수 있지 않을까? 라는 접근을 하였다. 앨리슨 박사는 CTLA-4 기능차단을 위해서 CTLA-4 에 특이적으로 결합하는 항체를 개발하여, 그 기능을 차단하는데 성공하였다(그림 2). 그리고 한걸음 더 나아가 CTLA-4 기능이 차단된 T 세포가 암세포를 공격하는지 알아 보았다. 결과는 놀라웠다. 그들은 암에 걸린 생쥐를 치료할 수 있었다. 더욱이 2010년 인간 대상의 임상 시험에서 진행성 흑색종 환자들에게 큰 효과가 입증

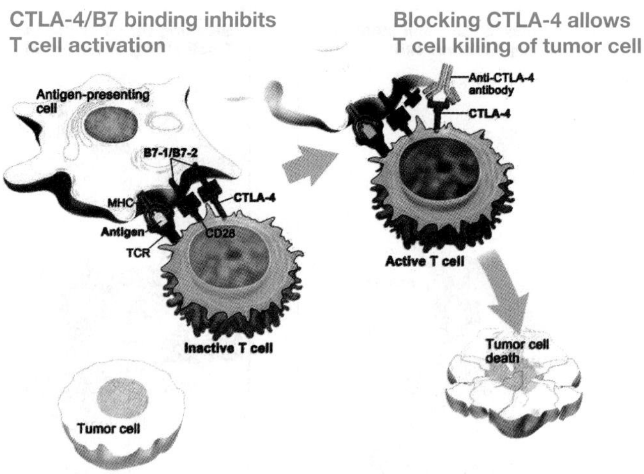

| 그림 2 | CTLA-4의 억제

T-세포 수용체(TCR)가 항원 제시 세포(APC, antigen presenting cell) 표면의 항원 및 주요 조직적합성 복합체(MHC) 단백질과 결합하고 CD28이 APC상의 B7-1 / B7-2에 결합하면, T 세포가 활성화 준비 단계에 들어가지만, CTLA-4가 B7-1 / B7-2와 결합하면 T 세포를 비활성 상태로 유지되어 암세포를 공격할 수 없다 (왼쪽). 그러나 면역관문 억제제(CTLA-4에 결합하는 항체)로 CTLA-4와 B7-1 / B7-2의 결합을 차단하면, T 세포가 활성화되고 종양 세포를 공격할 수 있게 된다 (오른쪽).

되었다. 많은 환자들에서도 잔존하는 암의 징후도 사라졌다. 전례가 없는 성과였다. 결과 2011년 미국 FDA승인을 받아 항암면역 치료제 시대가 열리게 되었다(그림 4)

PD-1의 발견

1992년 일본 교토대학교의 혼조 타스쿠 의대교수는 T 세포 표면에서 새로운 면역관문 분자인 PD-1이라는 단백질을 발견했다. PD-1의 기능을 연구하던 혼조 박사는 PD-1 결핍 쥐에서 자가면역질환을 발견하여 PD-1의 'negative immune regulator'로서의 기능을 증명하였다. 즉, PD-1 기능을 차단하면 T 세포가 활성화하고 새로운 암 치료법으로 사용할 수 있음을 예견하였다. 또한 CTLA-4 결핍 쥐가 수 주 만에 자가면역질환으로 사망하는 것과는 대조적으로 PD-1 결핍 쥐는 수 개월간 건강한 상태를 유지하는 결과로부터 PD-1 면역관문시스템에 의한 부작용이 CTLA-4 결핍에 의한 부작용보다 적을 것이라고 예측하였다. PD-1 기능의 차단법은 역시 PD-1에 특이적으로 결합하는 항체를 이용하였다. 특수 제작된 항체는 PD-1에 결합하여 PD-1의 기능을 차단시키고, T 세포가 활성화됨을 확인하고, 동물실험에서도 암 치료에 효과적인 결과를 얻었다(그림 3). 사람을 대상으로 하는 대규모 임상 시험이 줄을 이었고, 2012년 다양한 암 환자들이 완쾌되는 결과를 얻었다. 그 결과는 너무 극적이었으며 다양한 전이암 환자들에까지 치료가 가능하였다. 예전에는 전이암은 사실상 치료 방법이 없었다(그림 4).

이렇게 면역관문억제제를 개발하여 암 치료에 공헌한 앨리슨 박사와 혼조 박사는 모두의 예상대로 2018년에 노벨상을 타게 되었고 1924년생 전 미국대통령 카터도 (2020년 현재 96세) 면역관문억제(키트루다) 치료로 뇌까지 전이된 흑색종암이 완치되어 큰 화제가 되었다.

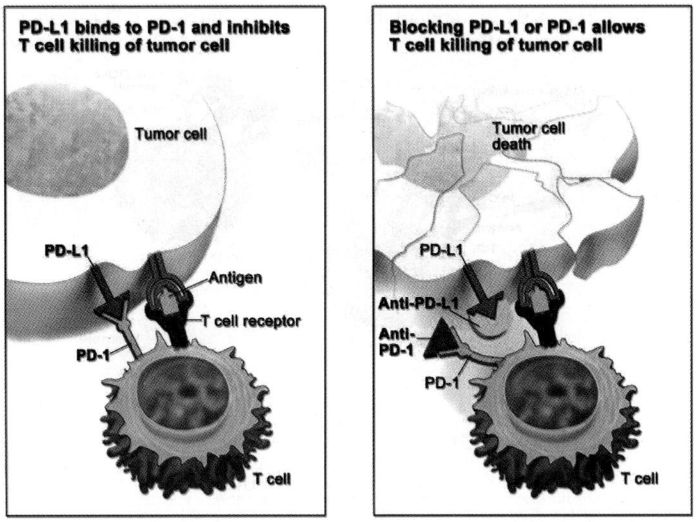

| 그림 3 | PD-1의 억제

암세포의 PD-L1 및 T 세포의 PD-1과 같은 면역관문 담당 단백질은 면역 반응을 확인하는 데 도움이 된다. PD-L1과 PD-1의 결합은 T 세포가 암세포를 공격하지 못하게한다(왼쪽). 면역관문억제제(PD-L1)에 결합하는 항체 또는 PD-1에 결합하는 항체)로 PD-L1과 PD-1의 결합을 차단하면 T 세포가 암세포를 공격할 수 있다(오른쪽).

면역관문요법의 미래

면역관문 단백질 CTLA-4 와 PD-1를 차단하여 암세포 사멸 효과가 증명된 면역관문요법은 진행성 암 환자군의 예후를 근본적으로 바꿔 놓았다. 그러나 면역이 너무 활성화 되어 나타나는 과활동면역반응에 기인한 부작용도 보고 되고 있다. 면역관문요법의 효과를 향상시키고 부작용을 줄이기 위한 즉 면역관문 단백질들의 정확한 작용 메커니즘에 대한 연구가 활발히 진행되고 있다.

두 가지 면역관문 억제제 중 PD-1을 대상으로 한 면역관문요법의 효과가 더욱 좋고, 흑색종, 폐암, 신장암 등에서 치료율이 높았다. 또한 두가지 면역관문 단백질을 대상으로, 즉 CTLA-4와 PD-1을 모두 겨냥하는 병용요법(combination therapy)이 흑색종에서 큰 임상효과를 보였다. 현재 CTLA-4와 PD-1 면역관문 이외의 다른 많은 면역관문 단백질들을 표적으로 한 요법들의 임상 시험이 진행 중에 있다.

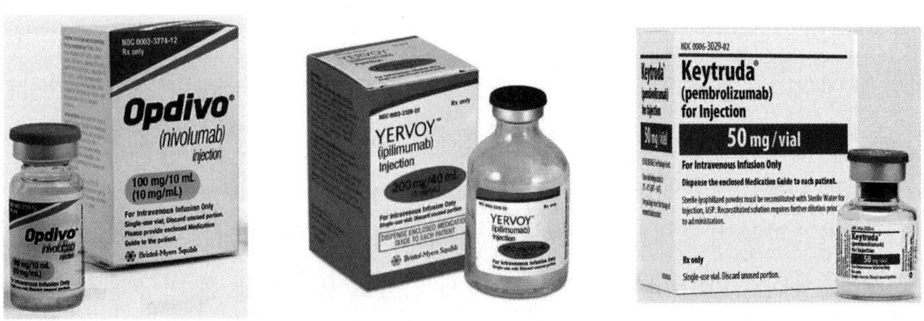

| 그림 4 | 실제 항암 치료제로 사용되는 면역조절항암제

옵디보(PD-1 타겟), 여보이(CTLA-4 타겟), 키트루다(PD-1 타겟)

유전자 진단

遺傳子 診斷, Genetic Diagnosis

Chapter 80

Key words

선천성 대사이상(先天性 代謝異常, inborn errors of metabolism), 유전성대사병(遺傳性代謝病, inherited metabolic disease), 단일 유전자 병(單一 遺傳子病, single gene disorders), 출생 전 진단(出生 前 診斷, fetal diagnosis), 단일 사슬 DNA 고차구조다형(一本鎖DNA 高次構造多型, single strand conformation polymorphism), 트리플리트 리피트 병(triplet repeat disease)

유전자를 조사함으로써, 병의 원인을 밝혀 내는 경우가 있다. 예를 들면, 어떤 유전자의 돌연변이에 의해 그 유전자의 지배 하에 있는 효소가 정상인 활성을 갖지 않으면, 대사이상이 일어나고, 병이 생길 때가 있다. 이것을 선천성 대사이상 혹은 유전성 대사병이라 불린다. 선천성 대사이상처럼, 1종류의 유전자의 이상이 원인으로 발병하여, 멘델의 유전법칙에 따라 유전하는 질환을 단일 유전자병이라 하고, 유전자 해석이 진단에 이용된다. 이와 같이 유전자와 DNA의 이상(변이)의 유무를 조사하는 방법을 유전자 진단 혹은 DNA 진단이라 한다.

유전자 진단의 목적은 선천성 대사이상의 발견만은 아니다. 임 유전자와 암 억제 유전자 등을 조사하여, 암을 진단할 수도 있다(78항 참조). 혹은 병원균에 감염되었을 경우, 그 병원균의 종류와 형태를 동정(同定)할 수도 있다. 예를 들면, 메티실린내성 황색포도구균(MRSA)에는 보통 황색포도구균에는 없는 mecA 유전자가 존재하고, mecA 유전자의 존재를 조사함으로써, 감염균이 MRSA인지 어떤지 진단할 수 있다. 더욱이 유전자 진단을 기본으로, 장래 걸리기 쉬운 병을 예측하기도 하고, tailor made(주문제작) 의료라고 불리는 환자의 유전체질에 맞춘 약의 개발, 치료의 실현이 주목을 끌고 있다.

유전자 진단에 사용되는 검체는 정맥혈의 말초백혈구, 피부소편의 섬유 아세포, 빰점막의 상피 세포, 모발의 모근세포 등으로, 각각 용이하게 채취할 수 있다는 것이 특징이다. 부부에게 염색체 이상 또는 단일 유전자병이 있을 경우, 양수를 산모의 배에서 주사기로 뽑는 양수천자(羊水穿刺)에 의해 태아의 유전자 진단을 할 수가 있다. 혹은 체외수정하여, 수정란이 4분할 했을 때 하나의 세포를 이용하여 유전자 진단을 하고, 남은 3세포를 모태에 착상시켜 발육시키는 방법도 있다. 그러나 이러한 출생 전 진단은 윤리적, 사회적인 문제로 발전하는 경우가 있다.

유전자 이상에는 여러 가지의 타입이 있다. 염색체 수의 변화와 염색체의 일부가 결손되는 것 같은 염색체의 이상은 현미경을 이용한 염색체 검사에 의해서도 검출할 수 있다. 그러나 유전자의 점 돌연변이와 결실, 중복, 삽입 등이 있는 경우, 전기영동(102항 참조)등을 이용한 상세한 해석이 필요하다. 더욱이, 단순반복 배열 길이의 차이가 원인이 되어 증상이 나타나는 유전병도 존재한다. 예를 들면 triplet repeat 병은 CAC 등의 특정의 3염기로 된 triplet repeat라 불리는 반복 배열의 반복수의 증가에 의해 3염기 반

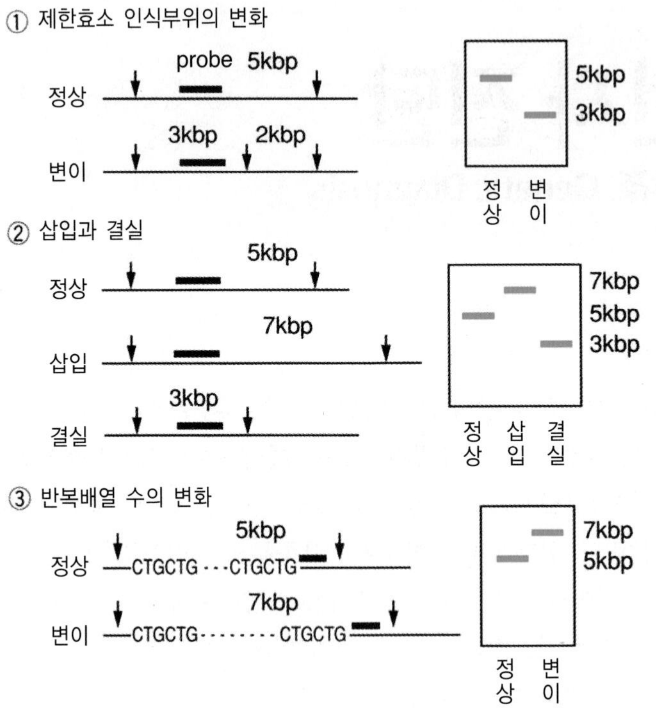

| 그림 4 | 제한 효소에 의한 유전자 이상의 검출법

PCR법에서 특정의 유전자를 증폭시킨 후, 적당한 제한 효소로 절단하고, 생성하는 단편의 분자량을 측정한다. 프로브를 사용하여, 목적의 단편을 특이적으로 검출한다. 화살표는 제한 효소의 절단위치를 표시한다. ① 점 변이에 의해 새로운 절단부위가 생기고, 새롭게 2 kbp와 3 kbp의 절단이 관찰된다. ② 2 kbp의 삽입 혹은 결실에 의해 새롭게 7 kbp와 3 kbp의 band가 관찰된다. ③ CTG의 반복 이상에 의해 새롭게 7 kbp의 band가 관찰된다. 何部敏明, 黒田太弘編, 「소아질환과 DNA 진단」, 三輪書店(1993). p. 15에서.

복이 늘어난 결과, 증상이 나타나는 일군의 유전성 질환이다. Triplet 반복 배열은 정상인 유전자에도 존재하지만, 반복수가 정상의 범위를 넘어 커지면 증상이 나타난다. 척수 소뇌실조증과 Huntington 병(75항 참조)은 CAG의 이상증폭에 의해 나타나는 질환이다. 이들의 유전자 이상을 조사하는 방법으로는 유전자를 PCR법(107항 참조)에서 증폭한 후, 제한 효소로 절단하여 절단된 유전자의 분자량의 변화를 관찰하는 방법(그림 1), 혹은 단일 사슬 DNA의 conformation의 차이에 의해 전기영동의 거동이 변화하는 모양을 관찰하는 단일 사슬 DNA 고차구조다형(SSCP)해석법 등이 있다.

유전자 치료

遺傳子 治療, Gene Therapy

Chapter 81

특정의 유전자가 결손되어 있는 단일 유전자병이면, 환자의 체내에 정상인 유전자를 도입함으로써 치료할 수 있을 가능성이 있다. 예를 들면, adenosine deaminase(ADA)가 선천적으로 결손되어 있는 ADA 결손증에서는 adenosine과 2′-deoxyadenosine의 탈아미노 반응을 촉매할 수가 없다. 그 때문에 T 임파구 생산에 이상을 가져 와, 위독한 면역부전을 일으킨다. 거기서 정상인 ADA 유전자를 환자의 체내에 도입하면, 면역부전을 막을 수 있다고 생각된다(그림 1). 환자의 혈액에서 T 임파구를 채집하여, 시험관 내에서 배양한 후, 정상인 ADA 유전자를 조합한 레트로바이러스(76항 참조)를 감염시켜, 다시 배양을 계속한다(*ex vivo*법). ADA 유전자가 조합된 T 임파구는 수명이 긴데 반해, ADA 유전자를 결손한 T 임파구(환자 본래의 것)는 수명이 짧다. 따라서 시험관 내에서 배양을 계속하는 동안, ADA 유전자가 조합된 T 임파구는 선택적으로 농축되게 된다. 이렇게 배양된 T 임파구를 환자의 체내로 되돌려 놓으면, 꽤 장기간(수 개월)에 걸쳐 ADA 활성을 계속 발현해 간다. 대체적으로 십 수회의 처치에 의해 ADA 유전자를 발현한 세포가 정착하고, 환자는 면역부전을 일으키는 일 없이 보통의 생활을 지낼 수 있지만, 그 정착의 메커니즘은 잘 알 수가 없다•.

가족성 고cholesterol 혈증(FH)의 경우, 저밀도 리포 단백질(LDL, low density lipoprotein)의 수용체 유전자에 이상이 있기 때문에, 동맥경화를 일으킨다. 이 병은 결과적으로 심근경색을 일으킬 가능성이 상당히 높다. FH의 유전자 치료에서는 FH 환자의 간장의 일부를 끄집어 내어 간세포(肝細胞)를 시험관 내에서 배양한다. 정상 LDL 수용체의 유전자를 조합한 레트로바이러스를 간세포에 감염시킨 후, 다시 시험관 내에서 배양한 후, 환자의 문맥을 통하여 체내로 되돌린다. 레트로바이러스 벡터로서는 ADA 유전자의 경우와 같이, 정상의 LDL 수용체 유전자의 cDNA를 이용한다(그림 1).

암(78항 참조)의 발증에도 유전적 요인이 관계한다고는 하지만, 단일 유전자병과는 달리 암의 경우는 복잡하다. 그렇지만 암에도 유전자 치료는 유효하다. 예를 들면 종양괴사인자(TNF)를 사용하는 방법이 있다. TNF는 암세포에 괴사를 일으키는 사이토카인(61항 참조)의 일종으로, TNF의 cDNA를 레트로바이러스에 조합해, 병소(病巢)에서 채취한 임파구에 감염시킴으로써, 암의 유전자 치료가 가능하다. 그림 1의 경우와 마찬가지로, TNF 유전자를 함유하게 한 임파구를 배양하여, 정맥주사로 환자의 체내로 되돌린다.

Key words

아데노신 디아미네이스 결손증(缺損症, adenosine deaminase deficiency), 가족성 고콜레스테롤 혈증(familial hypercholesterolemia ; FH), *ex vivo* 유전자 치료(*ex vivo* gene therapy), 레트로바이러스(retrovirus), 종양괴사인자(腫瘍壞死因子, tumor necrosis factor, TNF), 아데노바이러스(adenovirus)

•혈액 줄기세포(血液 幹細胞)를 이용한 치료

최근에는 치료 효과를 더 길게 하기 위하여, 혈액 간(幹)세포(48항, 93항 참조)를 순화하여, 그 세포에 정상 ADA 유전자를 도입한 후, 환자 체내로 되돌리는 시도가 고려되고 있다.

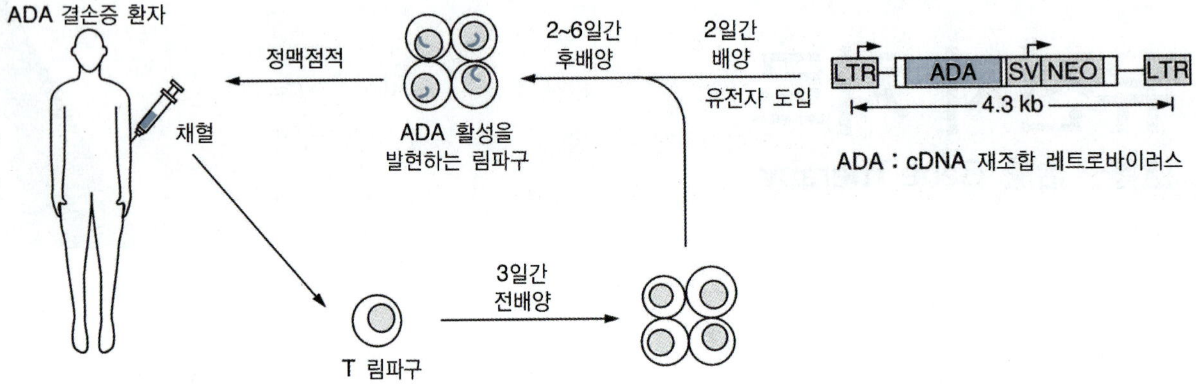

| 그림 1 | ADA 결손증의 유전자 치료

환자의 정맥혈에서 혈구 분리 장치를 사용하여 T 임파구를 끄집어 낸다. 3일 정도 배양한 후, ADA 유전자의 cDNA를 가진 레트로바이러스와 같이, 다시 2일간 배양한다. 그 후 2~6일간 배양하여, ADA 유전자를 함유한 T 임파구의 농도를 선택적으로 높여, 점적 정맥주사로 환자의 체내로 되돌린다. 레트로바이러스의 LTR은 염색체 DNA로의 ADA 유전자를 전달시킴에 필수인 말단 반복 배열이며, 쥐 백혈병 바이러스 유래의 것을 사용한다. ADA는 사람 ADA의 cDNA, SV는 원숭이 백혈병 바이러스 유래의 프로모터를 나타낸다. NEO는 대장균 유래의 neomycin 내성 유전자로, aminoglucoside 3′-phosphotransferase를 code한다.

단순하게, 바이러스를 종양 조직에 이식만 하는 유전자 치료법도 있다. 예를 들면, adenovirus의 결손 변이주를 사용하는 방법이다. 이것은 *p53*이라는 암 억제 유전자가 많은 암세포에서 기능하지 않는 점을 이용하고 있다. Adenovirus의 E1B 유전자가 만드는 단백질은 숙주 세포의 *p53* 단백질과 경합 관계에 있다. 즉, E1B 단백질은 *p53* 단백질과 결합함으로써, *p53*의 아포토시스(54항 참조) 기능을 억제한다. 양자의 공존 하에서 E1B가 *p53*에게 이기면, 숙주 세포는 파괴되고, 바이러스 입자가 방출된다. 한편, *p53*이 E1B에게 이기면, 아포토시스가 일어나 세포 내의 바이러스가 자연스레 사멸하게 된다. 따라서 E1B 유전자를 결손시킨 adenovirus는 암세포에 침투하여 증식하여 바이러스 입자가 방출된다. 한편 정상 세포에서는 *p53*이 충분히 기능하고 있고 E1B 유전자가 결손되어 있는 바이러스는 아포토시스의 명령을 받아 자연적으로 사라지게 된다. 이렇게

• adenovirus
사람의 adenoid 세포에서 단리 된 바이러스. 이중 사슬 DNA를 게놈에 갖게 하여, 감염 세포의 핵 내에서 증식한다.

Subnote

• 암과 유전자 치료

인간의 암의 발암 메커니즘에 있어, 암 유전자가 중심적인 역할을 담당하고 있다는 사실은 틀림이 없다. 그 중에서도 *p53*을 중심으로 하는 암 억제 유전자는 많은 암에 있어 변이를 받고 있다는 사실이 알려져 있고, 정상인 *p53* 유전자를 환자에게 보충하면, 암 치료가 달성되리라 기대하였었다. 그러나 실제로 adenovirus 등을 사용해 보충요법을 하여도 치료 효과를 나타내는 것은 일부였다. 이것은 *p53*이 동사량체(homo tetramer)를 형성하여 전사인자로서 작용하지만, 그 하나의 subunit가 변이를 받으면 전체의 기능이 파손되므로, 결국 *p53* 이외에도 암 억제 유전자가 존재하고 있다는 것이 원인이라고 여겨진다.

암세포를 파괴시킬 수 있다(*in situ*법).

그러나 실제의 치료에 이용하면, 어려운 문제가 많이 있다. 유전자의 도입에 사용하는 레트로바이러스의 안정성이 미 확립되어 있다는 점, 유전자 도입의 효율이 낮다는 점, 도입한 유전자의 안정성(즉 발현 지속성)이 나쁘다는 점, 특정의 조직과 세포에 유전자를 도입할 수 없다는 점 등등, 유전자 치료에는 극복하지 않으면 안 되는 문제가 산적해 있다.

Chapter 82

유전체 편집과 CRISPR/Cas9

遺傳體編輯, Genome Editing by CRISPR/Cas9

Key words

유전자 가위(부위 특이적 핵산분해 효소, DNA site specific nuclease), ZFN(Zinc-Finger Nuclease), TALEN(Transcription Activator-Like Effector Nuclease), CRISPR/Cas9(Clustered Regularly Interspaced Short Palindromic repeat/ CRISPR associated protein 9; 크리스퍼), 게놈공학(genome engineering)

유전자공학의 역사

유전자공학은 1972년 폴 버그 박사가 세균성 바이러스의 DNA를 원숭이 감염 바이러스의 DNA에 삽입한 것이 시작이다. 1973년에는 허버트 보이어와 스탠리 코헨 박사가 이 기술을 생물종 간에도 적용시켰다. 1970년대 후반에는 유전자 공학에 의한 인슐린 생산이 이루어진다. 그러나 이러한 초창기 유전자공학 기술은 정확성이 낮고 생물종 간에 적용시키기가 어려운 한계가 있었다.

1990년대에는 DNA를 특정 위치에서 절단할 수 있는 단백질인 부위 특이적 핵산분해효소(DNA site specific nuclease) 개발이 발전함에 따라 정확성의 문제는 개선되었다.

2012년 크리스퍼(CRISPR)를 원핵생물의 게놈편집에 활용 가능함을 발견하였다. 이어서 진핵생물의 게놈편집에 고효율의 CRISPR/Cas9 시스템에 의한 게놈 편집이 가능하게 되었다.

CRISPR/Cas9(일명 유전자 가위) 개요

CRISPR(Clustered Regularly Interspaced Short Palindromic repeat; 크리스퍼)는 짧은 반복 서열을 포함한, 원핵생물(박테리아, 고세균)에서 발견되는 DNA로, 외부에서 침입한 유전자를 제거하는 역할을 하는 세균의 획득면역 체계이다. 1987년에 대장균에서 2000년에 고세균에서 발견되어 세균의 40%와 고세균의 90%에서 발견되었고, 2005년에 CRISPR 배열 중 스페이서의 일부가 바이러스에서 유래한 것임이 발견되고, 2007년 CRISPR는 세균과 고세균이 플라스미드 및 파지 등 외래의 유전인자에 저항하기 위한 것임이 밝혀졌다. Cas9은 크리스퍼가 특정 DNA를 인식하여 결합하면 그 부분을 절단하는 단백질(효소, 유전자 가위)이다(그림 1).

CRISPR의 DNA 절단 능력은 유전자공학에 응용된다. 2012년 CRISPR/Cas 시스템을 구성하는 Cas9이 RNA 의존성 DNA 분해 효소임이 밝혀지고 Cas9을 이용하여 표적 DNA의 절단 실험에 성공하고, 2013년 포유류 세포의 CRISPR/Cas9 시스템에 의한 게놈 편집에 성공하였다.

CRISPR/Cas 유전자 구조

대부분의 CRISPR 유전자는 cas 유전자군, 선행 배열, 반복-스페이서 배열 이렇게 3

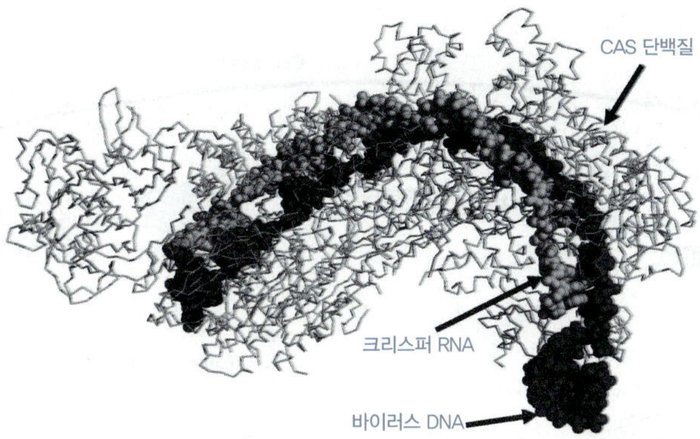

| 그림 1 | 바이러스 DNA가 크리스퍼 RNA에의해 인식된 결정구조(PDB 4QYZ)
크리스퍼 RNA와 복합체를 이루는 Cas 단백질들이 바이러스 DNA를 에워싸고 있다.

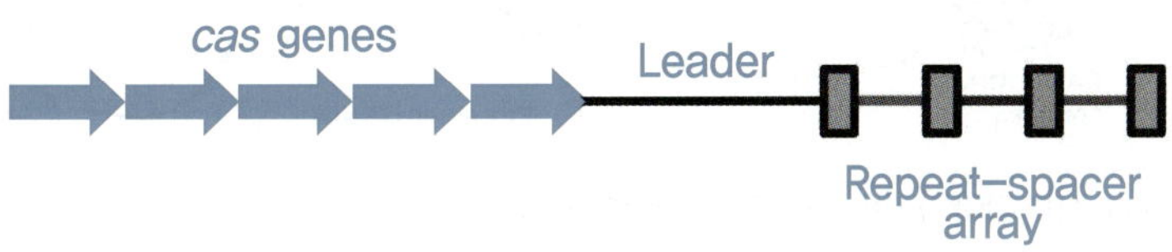

| 그림 2 | CRISPR 유전자의 모식도
네모상자가 반복 배열을 나타내고 선이 스페이서를 나타낸다.

요소가 있다(그림 2).

반복 배열은 일반적으로 24에서 48 염기쌍이고 stem-loop 헤어핀 구조를 이룬다. 이 반복 배열 사이에 비슷한 길이의 스페이서가 있다. 스페이서의 배열은 플라스미드 또는 파지가 갖는 배열과 동일하거나, 혹은 자신의 게놈의 일정 배열과 동일(self-targeting spacers)하기도 하다. 파지에 감염되면 세균은 신속하게 새로운 스페이서를 추가한다.

Cas 단백질군(CRISPR 관련 단백질군, CRISPR associated protein)은 지금까지 40개 이상의 종류가 보고되었다. 또한 CRISPR/Cas 시스템을 구성하는 Cas 단백질군의 종류와 작용 기전의 차이에 따라 I 형, II 형, III 형으로 구분되며, 각 CRISPR/Cas 시스템은 각각 여러 개의 서브유형으로 또 분류된다. 특히 Cas I 군은 CRISPR/Cas 시스템에 공통적으로 나타나고, Cas 유전자와 반복구조의 결합방식에 따라 8종의 서브타입(Ecoli, Ypest, Nmeni, Dvulg, Tneap, Hmari, Apern, Mtube)이 있으며, 그 중에는 repeat-associated mysterious proteins(RAMPs)라고 불리는 추가 요소를 함유하는 서브타입도 있다.

CRISPR/Cas 작동 메커니즘

최초로 침입한 바이러스의 DNA는 Cas 단백질에 의해 짧게(30염기쌍 정도) 잘라지고 CRISPR 유전자에 삽입되어 면역기억 역할을 한다. CRISPR 부위는 보통 RNA로 전사되며, Cas 단백질에 의해 외래 서열을 포함하는 작은 RNA(crRNA)로 잘라져 있다. 같은 바이러스가 재침입하면 이 crRNA는 다른 Cas 단백질을 외래 DNA(또는 RNA)로 안내하여, 진핵생물의 RNAi와 유사한 기구로(39항 참조) 그 기능을 억제한다(그림 3).

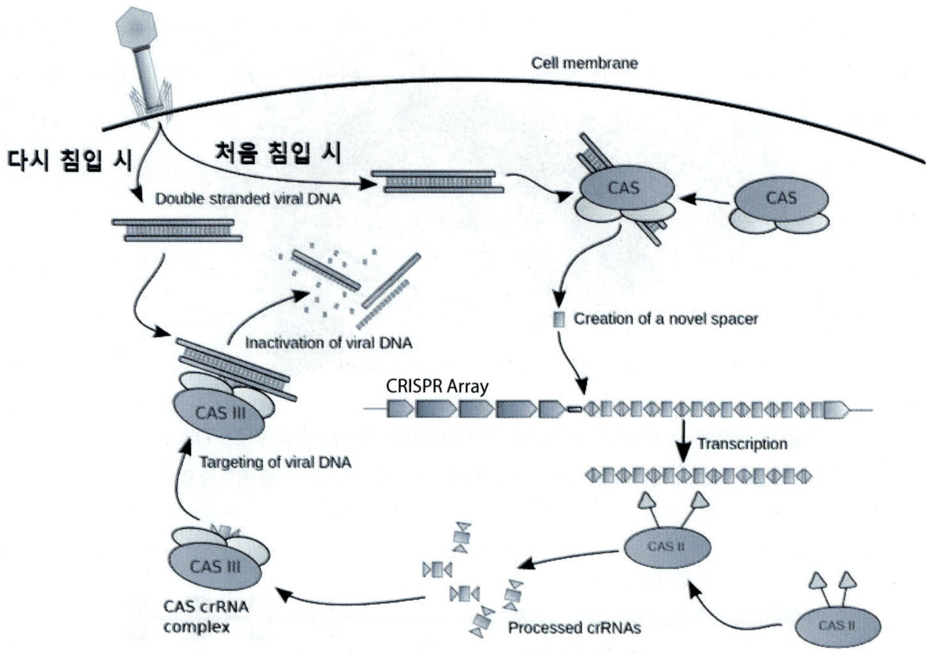

| 그림 3 | 박테리아가 바이러스의 유전자에 대항하는 CRISPR/cas 시스템의 메커니즘

RNAi(진핵)와 CRIPSPR/Cas 시스템(원핵)은 모두 RNA에 의한 외래 유전자의 억제 메커니즘이지만, 반응에 관련된 효소, 이중가닥 RNA 유무, 염기 길이 등에서 차이가 있다.

이처럼 CRISPR/Cas 시스템은 외래 유전자에 대한 면역 메커니즘으로서 연구되어 왔지만, CRISPR 중에는 자기의 배열을 대상으로하는 스페이서가 존재하는 것으로 밝혀지고 있다. 이 자기 표적의 CRISPR은 자가면역반응과 관련된 것으로 추측된다.

CRISPR/Cas 의 이용

박테리아의 CRISPR-Cas9은 바이러스의 DNA를 잘라 그 기능을 잃게 만든다. 이를 응용하면, 다음과 같은 유전자 조작이 가능하게 된다. CRISPR가 인식할 수 있는 스페이서의 서열을 만들어 반복서열(repeat)과 같이 전사시킨 후, CRISPR/Cas9 시스템과 결합시키면 잘라진 DNA를 얻을 수 있다. 이렇게 잘려진 DNA는 이중가닥이 모두 손상된 DNA이고. 세포 내부의 복구 메커니즘들을 이용하여 새로운 서열을 삽입할 수 있다.

또는 잘린 말단을 연결하는 과정에서 몇 개의 염기가 삽입되거나 결실되는 경우가 생기는데, 이때 염기의 삽입/결실 오류를 발생시킬 수도 있고, frame shift 돌연변이(49항 참조)를 일으켜 큰 유전자의 변이(녹아웃)도 만들 수 있다. 그리고 잘린 이중가닥 복구에 주형가닥으로 상동 유전자를 이용하면 정교한 복구가 가능한데 유전자 이상에 따른 유전병 치료에 응용이 가능하다. 또한 유전자 가위를 이용하여 염기쌍 하나만을 조절하는 단일염기수정 방식도 있다.

최근에는 CRISPR/Cas 시스템은 게놈편집기술 이외에도 전사제어, 이미징 방법, 핵산검출법 등 다양한 응용 방법이 개발 중이다. 2018년에는 세계 최초로 태아의 유전자를 편집하여 에이즈(AIDS·후천성면역결핍증, 76항 참조)에 대해 면역력을 갖게 한 후 출산한 보고가 있었고, 2019년에는 CRISPR/Cas9으로 에이즈 동물 완치 실험이 성공했다는 논문도 발표되었다. CRISPR/Cas9 시스템을 변형시켜 사람에게 사용가능하게 된 것은 유전공학에서 새로운 장을 개척하는 분야로 유전병 치료 등 인간의 여러 질병 치료에 대한 응용이 과히 혁명적이라고 할 수 있다.

또한 발효 등 산업적으로 중요한 세균에 인위적으로 수정한 CRISPR 유전자를 도입, 유해한 바이러스에 대한 면역력 제공이 가능하다. 그리고 CRISPR/Cas 시스템을 이용한 세포 및 개체 수준에서 RNA 유도성(RNA-guided)의 게놈공학(genome engineering, 게놈편집기술) 기술에의 응용이 가능하다. 이 분야에서 *in vivo*, *in vitro*에서 실증 실험이 이루어지고있다.

또한 CRISPR 스페이서 배열을 비교함으로써 균주 동정도 가능하고, 내재성 유전자에 대응하는 스페이서를 포함하는 CRISPR 유전자를 도입하여 그 유전자 발현을 녹아웃시킬 수도 있다.

이렇게 그 응용범위가 방대해지면서 CRISPR/Cas9의 연구는 이미 노벨상 후보로 거론되고 있는 매우 핫한 연구 분야가 되었다.

Chapter 83

발효생산

醱酵生産, Fermentation Production

Key words

발효(醱酵, fermentation), Entner-Doudoroff 경로(Entner-Doudoroff pathway), Saccharomyces cerevisiae(빵 효모, 맥주 효모, 와인효모), homo 및 hetero 유산 발효(homo-and heterolactic acid fermentations), 산화발효(oxidative fermentation), 아미노산 발효(fermentation of amino acids), 대사제어발효(代謝制御醱酵, fermentation by metabolic regulation)

탄수화물이 미생물에 의하여 혐기적으로 분해되는 것을 발효라 한다. 효모에 의한 알코올발효, 유산균에 의한 유산 발효 등이 그 예이다. 한편, 산업적으로는 혐기적·호기적 관계없이, 미생물에 의한 유용물질의 생산을 발효 또는 발효생산이라 부르는 경우도 있다. 세균에 의한 초산발효, 아미노산발효, 핵산발효, 사상균(絲状菌)에 의한 유기산발효, 방선균과 사상균에 의한 항생물질의 발효생산 등은 이 정의에 기초를 둔 호칭이다.

(1) 알코올발효

알코올(에탄올)발효에는 두 가지 경로가 알려져 있다. 하나는 혐기적 조건하에서 글루코스로부터 EMP 경로(20항 참조)를 거쳐 생성된 피루빈산(pyruvate)이 pyruvate decarboxylase와 alcohol dehydrogenase의 작용에 의해 에탄올로 변환되는 것이다. 맥주, 와인, 청주의 양조에 사용되는 효모 *Saccharomyces cerevisiae*는 이 경로에 의해 알코올

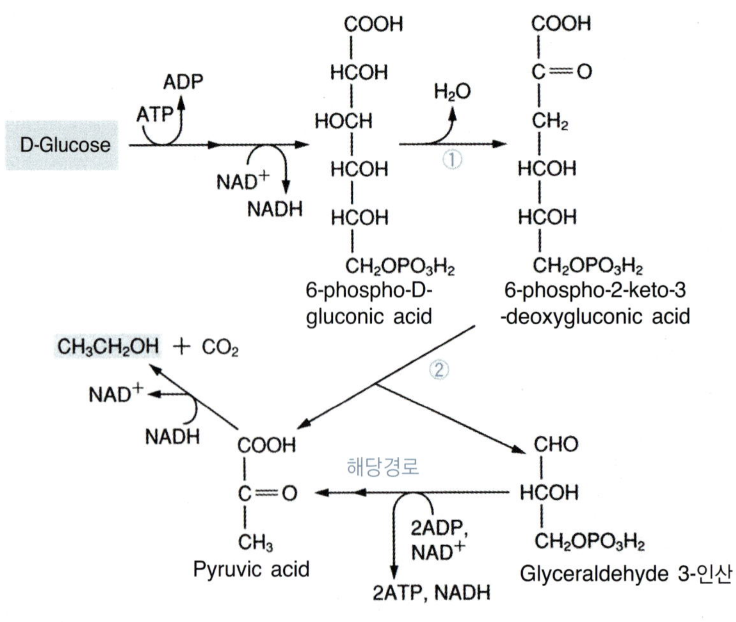

| 그림 1 | Entner-Doudoroff 경로에 의한 알코올 발효

① phosphogluconate dehydratase ② 6-phospho-2-keto-3-deoxygluconate aldolase

을 생산한다. 또 하나의 경로는 글루코스에서 Entner-Doudoroff 경로(그림 1)를 거쳐 에탄올을 생성하는 것인데, *Zymomonas* 등의 일부의 세균만이 알려져 있다.

(2) 유산 발효

어떤 종류의 유산균은 글루코스에서 혐기적인 유산을 50% 이상의 전환율로 생성한다. 이것을 유산 발효라 한다, 글루코스에서 유산 2분자만을 생성하는 유산 발효의 형식을 homo 유산 발효라 부르고, homo 유산 발효는 해당계(20항 참조)와 같은 과정이다. 유산 발효에는 해당계 이외의 경로도 작동함에 따라 초산, 알코올, 당알코올 등 유산 이외의 산물을 포함하는 경우가 있고, 이 발효 형식을 hetero 유산 발효라 부르고 있다. 유산 발효는 치즈와 발효유(요구르트) 등의 제조뿐만 아니라 청주, 와인 등의 양조주와 된장, 간장, 김치 등의 발효식품의 풍미형성에도 중요한 역할을 하고 있다.

(3) 산화발효에 의한 초산과 솔보즈(sorbose)의 발효생산

호기성 미생물이 유기화합물을 부분 산화하여 환원력을 얻을 때, 그 유기화합물의 부분 산화물을 배지 중에 대량으로 축적할 경우, 이것을 산화발효라 부른다. 초산균(*Acetobacter* 및 *Gluconobacter*속 세균)이 에탄올을 산화하여 초산을 배지 중에 축적하는 초산발효가 그 대표적인 예이고, 식초(食酢)의 제조에 이용되고 있다. 또, 초산균과 근연의 세균은 D-sorbitol을 산화하고, 비타민 C의 합성원료인 L-sorbose를 축적한다(sorbose 발효).

(4) 아미노산의 대사제어발효

Corynebacterium 등 어떤 종의 호기성 세균에는 균체 외에 L-glutamic acid(글루타민산)을 대량으로 분비 생산하는 야생주가 알려져 있고, 이와 같은 미생물에 의해 생산된 L- 글루타민산(나트륨 염)이 화학조미료로써 이용되고 있다.

일반적으로 아미노산의 생합성은 대사경로의 말단산물인 아미노산에 의한 feedback 저해와 feedback 억제 등에 의해 제어되고, 아미노산의 과잉생산이 방해 받게 된다. 그 일례를 그림 2에 표시한다. 육종(돌연변이 도입 등)에 의해 이와 같은 제어 메커니즘을 해제할 수 있으면, 특정의 아미노산을 대량으로 분비 생산하게 된 변이주가 얻어진다. 이와 같은 변이주에 의한 유용물질의 발효생산을 대사제어발효라 부른다. 현재, 발효생산되어 있는 아미노산의 대부분은 대사제어발효에 의한 것이다.

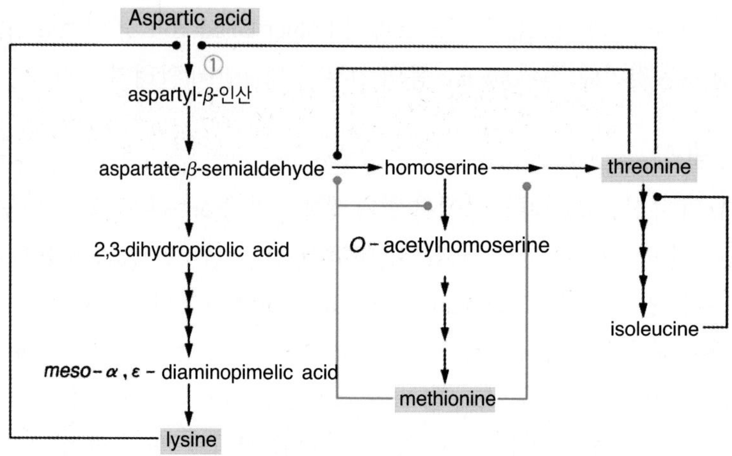

| 그림 2 | 아스파라긴산 족 아미노산(lysine, methionine, threonine, isoleucine)의 생합성 경로의 조절

화살표는 생합성경로를 구성하는 효소 반응을 나타낸다. —• 는 경로의 말단산물에 의한 효소활성 저해(feedback 저해)를, —• 는 말단산물에 의한 효소생합성의 억제(feedback 억제)를 표시한다. 효소①은 이 경로의 시작발효효소인 aspartokinase이다. Lysine의 과도한 생합성은 생합성 경로의 효소①이 lysine과 threonine에 의한 협주적(concerted) feedback 저해를 받음으로써 막혀 있다. Lysine의 대사제어발효는 두 개의 방법에 의해 달성되고 있다. 하나는 lysine과 threonine에 의한 저해를 받지 않도록 변화시킨 효소①을 생산하는 조절변이주를 사용하는 방법이다. 또 하나는 threonine 요구 변이주를 이용하는 방법으로, 이 변이주는 threonine을 합성할 수 없기 때문에 threonine에 의한 저해 시스템 자체가 없다는 것이고, 결과적으로 효소①의 저해는 lysine만에 의한 불충분한 것으로 되어(저해가 되지 않아) 배지 중에 lysine이 대량으로 축적된다.

산업용 효소

産業用 酵素, Industrial Enzyme

84 Chapter

효소의 산업적 이용은 다방면에 걸쳐 있고, 그 시장 규모는 현재도 더욱 급속하게 확대되고 있다. 효소의 산업적인 이용 영역을 그 규모의 순으로 배열하면 그림 1과 같이 된다. 산업용 효소의 대부분은 미생물 기원이지만, 식품가공용 효소에는 동식물 기원인 것도 있다. 아래에, 현재 이용되고 있는 주된 산업용 효소의 종류와 용도를 이용영역별로 살펴본다.

Key words

프로테이스(protease), 아밀레이스(amylase), 라이페이스(lipase), 셀룰레이스(cellulase), 페록시데이스(peroxidase), 고정화 효소(immobilized enzyme)

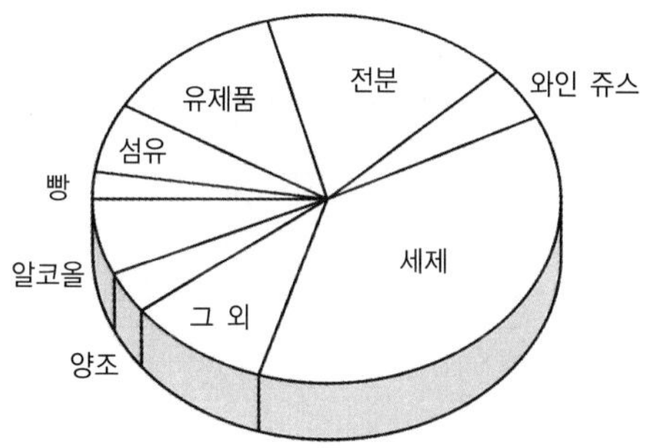

| 그림 1 | 산업용 효소의 시장규모

(1) 세탁세제용 효소

미생물 기원의 protease, amylase, lipase가 주된 것이고, 각각 단백질성으로 더러워진 것, 밥 부스러기 등의 전분 기원의 때, 그리고 기름때의 제거 촉진을 목적으로 첨가되어 있다. 또 셀룰레이스(cellulase, cellulose 분해 효소)는 세제에 첨가하면 "cellulase 효과"라고 불리는 실용상 바람직한 효과(세탁물에 유연성이 생기고, 색이 선명하게 되며, 때가 빠지기 쉽게 되는 등)를 내고 있어 세제에 배합되어 있다. 이들 효소가 세탁 조건 하에서 충분한 효과를 발휘하기 위해서는 알칼리성에서 최대의 활성과 안정성을 가져야 하며, 계면활성제 등 세제 중의 각종 첨가물에 대하여 내성이 있어야 하며, 또 저온에서도 활성이 높은 성질을 가질 필요가 있다. 게다가 protease 세제가 세탁세제용으로 사용되던 초기에는 그 비산 분말의 흡입에 의한 알레르기 문제가 발생하였지만, 이것은 세제의 과립화·액체화에 의해 해결되었다.

(2) 가공식품

섭식에 의해 체내로 들어갈 가능성이 있기 때문에, 원칙적으로 인류가 먹어 본 경험이 있거나 이용경험이 있는 생물종의 효소가 환영 받는다. 그렇지 않는 생물종 기원의 효소는 충분한 안정성 시험을 거쳐 이용된다. 식품가공 전체에서는 α-amylase의 이용 규모가 특히 크다. 이용 분야별로 본 주된 식품 가공용 효소제로 그 용도를 표 1에 나타내었다.

표 1 주된 식품 가공용 효소제와 그 용도

전분 가공공업	
α-amylase	전분의 액화
glucoamylase	액화 전분에서의 포도당 제조
xylose isomerase	포도당에서의 이성화당(과당액당)제조
제빵공업	
α-amylase	"부드럽게 부푼 감"의 보존, 빵의 노화 방지
낙농공업	
Lactase(β-galactosidase)	유당(락토스)소화불능자가 음용 가능한 가공유의 제조와 유제품의 물성, 기능성 개선
응유 효소(凝乳酵素, rennet)	치즈의 제조
양조공업	
amylase 등의 당 가수분해 효소와 protease	청주, 맥주, 위스키의 제조 공정
식육가공업	
protease	고기의 연화
transglutaminase	고기의 강력성과 경도 조절, 성형

(3) 섬유공업

자동화된 봉제공정에서 사용되는 봉제실에는 마모와 절단, 정전기의 발생을 방지하는 목적으로 전분 풀에 의해 기계적인 강도가 부여된다. 그와 같은 봉제실로 만든 직물에는 최종적으로는 풀빼기(전분 분해)공정이 필요하고, 이때 α-amylase가 이용된다.

(4) 임상진단분석

효소의 기질 특성을 이용한 생체 성분의 특이적 정량이 임상진단분석에 이용되고 있다. 위의 이용 분야와 비교하면 규모는 작지만, 중요성은 크다. 이 목적으로는 각종의 oxidase와 peroxidase의 공역계가 자주 이용된다. 즉, 특정의 생체 성분을 oxidase에 의해 특이적으로 산화하여 과산화수소를 화학량론적으로 생성시켜, 이 과산화수소를 peroxidase에 의해 여러 종류의 방법으로 정량한다. 예를 들면 glucose oxidase와 peroxidase의 공역계는 혈중 glucose 농도(혈당치)의 측정에 이용되고 있다(그림 2).

(5) 그 외

혈전용해와 소염(예: Serratiopeptidase, 세라치오펩티데이스) 등의 의료용도도 중요하다. 또, 아미노산과 ester의 효소적 생산에도 여러 종류의 효소가 사용되고 있다. 효소

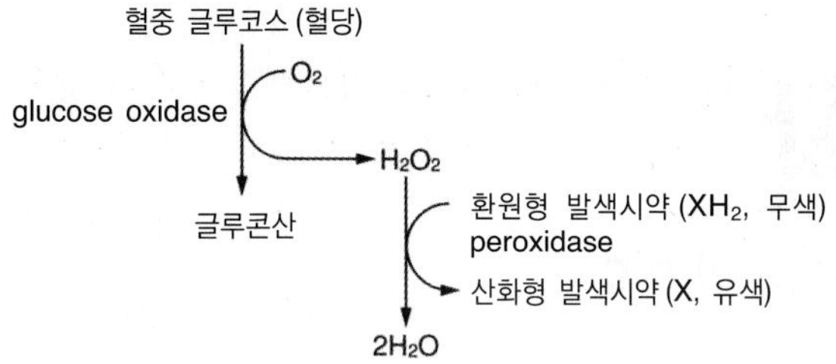

| 그림 2 | glucose oxidase와 peroxidase의 공역에 의한 혈당치의 측정

를 이렇게 물질 생산에 사용할 경우, 불용성의 담체에 고정화한 "고정화 효소"로서 반복하여 이용하기도 하고, 효소활성을 갖는 미생물을 그대로 " 효소 주머니"로 하여 이용하는 수도 있다.

이상, 이용 규모가 큰 것을 중심으로 소개했으나, 효소의 종류는 무수히 있고, 그 산업적 이용의 가능성도 그 수에 따라 무수히 있다고 말할 수 있다. 산업용 효소는 그 이용 분야·형태에 따라 특수한 성질이 요구되지만, 목적에 적합한 성질을 갖는 효소를 취득하기 위하여는 끈질긴 탐색과 연구가 필수적이다. 탐색의 결과 얻어진 효소에 대해, 단백질 공학적인 개변과 화학적 수식(chemical modification)이 더욱 가해져, 실용에 공헌하는 일도 있다.

Chapter 85

진화공학

進化工學, Directed Evolution

Key words

실험실 내 진화(實驗室內 進化, laboratory evolution), error-prone PCR, 부분지정 무작위 변이(部分指定 無作爲 變異, site-specific randomization), DNA 셔플링(DNA shuffling), 유도진화(directed evolution)

진화공학(진화 분자공학 또는 분자진화공학이라고도 함)이란 생체 분자의 분자진화에 기여했다고 생각되는 메커니즘을 실험실 내에서 단기간에 인위적으로 모방하는 것(실험실 내 진화)에 의해 목적의 성질과 기능을 가진 생체 분자(주로 단백질)를 창제하려는 학문 영역이다.

생물기능의 발현을 직접 담당하는 것은 단백질이고, 그 기능은 단백질들의 입체구조에 의존한다. 단백질의 입체구조는 일차구조에 의해 지배되고, 일차구조는 DNA의 염기 배열에 의해 규정된다. 따라서 DNA의 염기 배열에 변이가 일어나면, 결과적으로 단백질의 아미노산치환, 결실, 삽입 등이 초래되어 이들 변이가 입체구조에 반영되면 단백질 기능의 다양성이 나타난다. 이렇게 한 변이가 자연선택(도태)에 대해 불리한 것(열성변이)이면 소실되고, 중립 또는 유리한 것(중립 또는 우성변이)이면 집단에 고정될 수 있을 것이다. 분자진화는 이와 같은 "변이"와 "도태"를 반복하면서 그 결과를 축적함으로써 달성되어 왔다고 생각할 수 있다.

이러한 생각에 기초를 두고 각종의 수법을 이용해 효소 단백질의 유전자에 다양한 변이(무작위 변이)를 도입하고, 얻어진 다양한 변이체 가운데서 목적의 성질을 가진 것을 선택함으로써 목적하는 성질과 기능을 가진 생체 분자를 창제하려고 하는 것이 진화공학이다. 진화공학은 실험실 내에서의 고속진화를 가능케 한 PCR법(108항 참조)등의 유전자공학 기술의 발전에 의해 가능하게 되었다. 진화공학의 큰 특징은 개변하고 싶은 효소 단백질의 유전자만 갖고 있으면, 그 단백질의 입체구조를 모르고 있어도 기능 개변이 가능하다는 점이고, 목적의 기능을 달성하기 위해 입체구조에 기초를 두고 단백질을 이론적으로 설계해 가는 방법과는 취지를 달리하고 있다.

진화공학에서 이용되는 변이도입 기술에는 다음과 같은 것이 있다.

(1) error-prone PCR

대상이 되는 유전자를 PCR로 증폭할 때, PCR 반응의 조건을 여러 가지 고안하여 polymerase에 의한 유전자 복제의 실수의 빈도를 높이고, 증폭영역 전역에 무작위적으로 점 돌연변이를 도입하는 방법이다. 복제 실수의 빈도를 높이는 방법으로써는 Mn^{2+} 이온 농도를 높이거나, dNTP의 조성비를 바꾸거나, 주형 DNA와 PCR primer의 몰 비를 바꾸는 등의 방법이 있다.

(2) 부위지정 무작위 변이

어떤 단백질의 특정의 아미노산 잔기를 다른 19 종류의 천연형 아미노산으로 치환하는 방법이다. 이 방법을 개발한 스미스 박사는 1993년 노벨 화학상을 수상하였다.

(3) DNA shuffling

셔플(shuffle)이란 "섞는다"라는 의미이고, 어떤 유전자의 내부의 배열을 이것과 상동적인 염기 배열로 random하게 바꾸는 수법이다. 이 방법은 다른 변이를 갖는 같은 유전자 간에서의 변이의 교체에 특히 유효하고, *in vitro*(시험관 내)에서 하는 방법과 *in vivo*(세포 내)에서 하는 방법 두 가지가 있다.

in vitro shuffling은 1994년에 W. P. Stemmer에 의해 보고된 것으로 시험관 내에서 PCR을 이용한다(그림 1). 우선 shuffling 하고 싶은 유전자의 혼합물을 DNase I 등으로 짧게 단편화한다. 이렇게 하여 얻어진 유전자 단편의 집합체에 대해 PCR을 하면 유전자 단편 자신이 PCR primer가 되고 또 주형이 되어 결국은 전체의 유전자가 재구축된다. 재구축된 유전자는 원래의 집합을 구성하는 유전자의 각 부분이 서로 교체된 것으로 되어 있다. 따라서 만약 원래의 유전자의 혼합물이 다양한 변이체의 집합이면, 재구축된 유전자에서는 그것들의 변이가 서로 임의로 교체한 것으로 이루어진다. 또, PCR

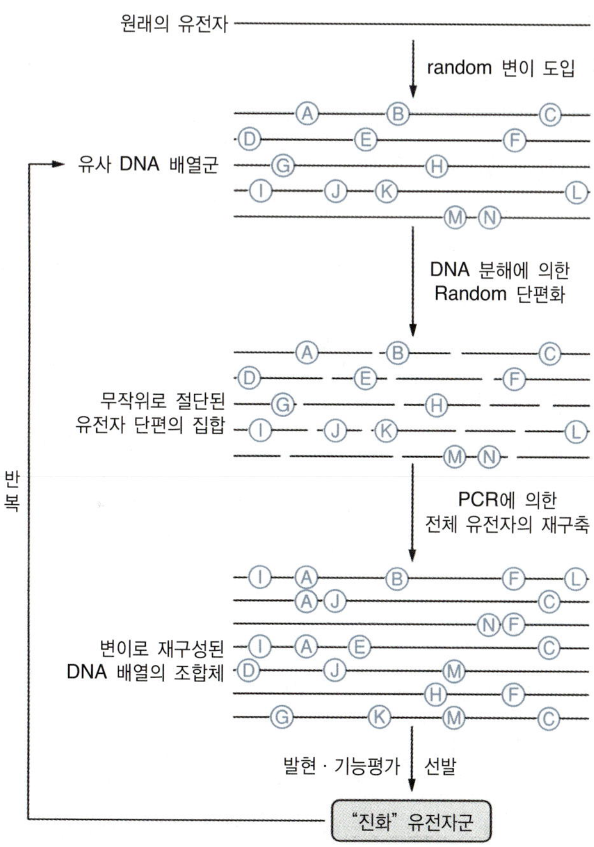

| 그림 1 | DNA shuffling

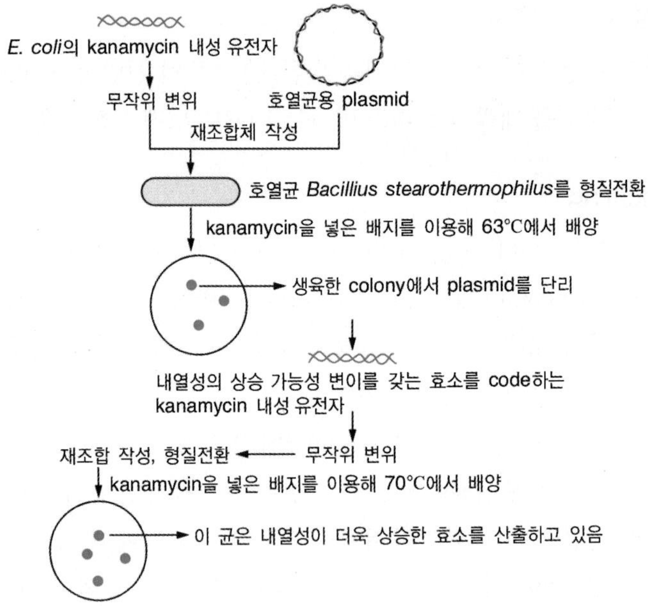

| 그림 2 | 진화공학에 의한 Kanamycin nucleotide transferase의 내열성

Liao들(1986)에서.

의 수행 시에 DNA polymerase의 종류와 PCR 조건을 선택하면, 재구축 시에 새롭게 변이를 유발시킬 수도 있다.

한편, 메커니즘의 차이는 있지만, 한 쌍의 유전자의 상동 배열 부분에서 일어나는 재조합은 생체 내에서도 일어나고 있고, 이것을 상동적 재조합(50항 참조)이라 부른다. *Saccharomyces cerevisiae* 등의 효모 세포 내에서는 상동적 재조합이 특히 고빈도로 일어나고 있는데, 이런 사실을 이용하는 DNA shuffling이 *in vivo* shuffling이다.

이상과 같이 하여 얻은 다양한 변이체 유전자를 대장균과 효모 등의 미생물을 이용하여 발현시켜 원하는 성질을 가진 산물을 발현하는 클론을 선발한다. 이것에 의해 "변이"와 "도태"의 1 라운드가 완료한다. 선택된 변이 유전자에 대해 이것을 반복함으로써, 원하는 성질로 유리한 변이를 축적시켜, 목적의 생체 분자가 창제된다. 이와 같이 하여 효소의 내열화(耐熱化)를 달성한 실례를 그림 2에 나타낸다.

이러한 진화공학적 방법을 유도진화(directed evolution)라고 부르는데, 목적을 두고 분자 진화를 진행시키기 때문이다(그림 3)

미국의 프란시스 아널드 박사는 서브틸리신(subtilisin) 효소를 대상으로 이 기법을 최초로 개발하여 2018년 노벨 화학상을 수상하게 된다.

즉 본래 수용액 조건에서만 촉매활성을 갖는 효소를 유기용매 상태에서 256배나 높은 활성을 갖는 변이 서브틸리신을 3세대만에 진화시켰다.

화학자들이 효소를 디자인하는 기존의 방식을 고수했다면 불가능한 일이었다. 아널드 박사가 개발한 효소의 유도진화는 그 뒤 특정 조건에서 최고의 성능을 낼 수 있는 다양한 변이 효소의 개발로 이어졌다. 오늘날 바이오 연료와 플라스틱 제조에도 쓰이고

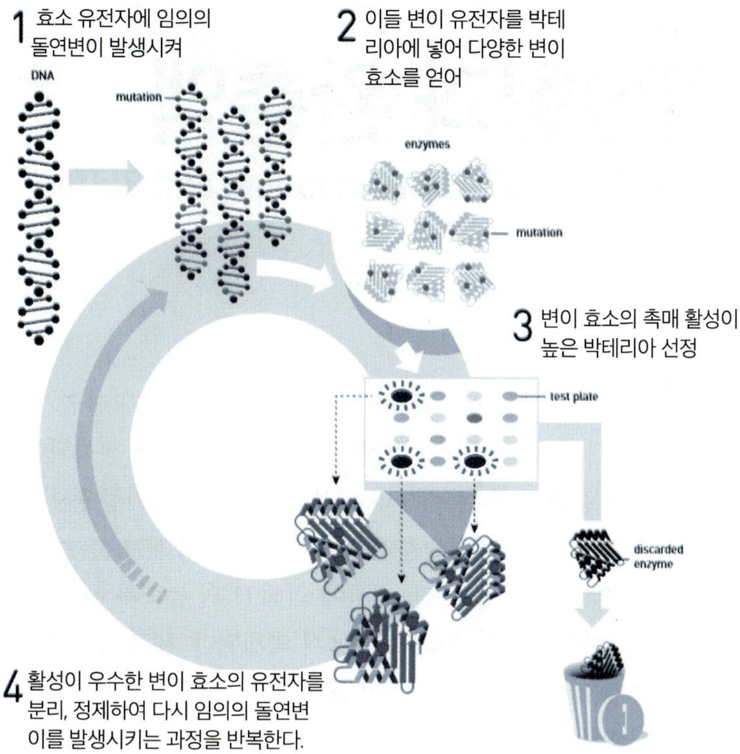

| 그림 3 | 효소의 유도진화 원리

있다. 결과 환경친화적인 녹색화학(green chemistry) 시대에 큰 공헌을 하고 있다.

Chapter 86

산염기평형과 완충액

酸鹽基平衡과 緩衝液, Acid-base Equilibrium and Buffer

Key words

공역산(共役酸, conjugate acid), 공역염기(共役鹽基, conjugate base), 산 해리정수(酸 解離定數, acid dissociation constant), 이온적(이온積, ion product), 완충 작용(緩衝作用, buffer action), 완충능(緩衝能, buffer capacity), 수평화 효과(水平化 効果, leveling effect)

생체의 pH는 항상 7.4 부근을 유지하고 있다. 그것은 생체가 산염기평형에 의한 완충액을 갖기 때문이다. 당질과 지질이 대사되면, 탄소가 생성된다. 한편, 아미노산과 포도당의 대사 중간체, 혹은 핵산의 대사산물에서는 유기산 등이 생성한다. 이렇게 하여 수소 이온 H^+가 생성돼도 생체 내에는 각종의 완충계가 존재하기 때문에, 액체의 pH는 변화하지 않는다. 예를 들면, 대사에 의해 H^+의 농도가 mM의 단위로 증가해도 최종적인 H^+의 농도 변화는 nM의 level에서 억제된다. 세포 내 액에서는 단백질 완충계와 인산 완충계가 기능하고 있다. 혈액의 pH가 조금만 변해도 호흡, 순환, 배출의 기능을 변화시켜, 혈액의 pH를 거의 일정하게 유지시킨다. 또 혈장과 간질액(間質液)에는 단백질 완충계 등과 함께 탄산 완충계가 기능하고 있다. 탄산 완충계에서는 탄산수소 이온 HCO_3^-와 H^+가 반응하여 생성하는 탄산 H_2CO_3가 $CO_2 + H_2O$로써 폐에서 방출된다. 탄산탈수 효소도 탄산 완충계에 있어 중요한 기능을 하고 있다.

탄산탈수 효소의 반응식

$$CO_2 + H_2O \rightleftharpoons HCO_3^- + H^+ \text{ (가역반응)} \quad (1)$$

결국 혈액 혹은 세포액에 용해한 CO_2를 HCO_3^{2-}로 변환하는 반응을 촉매한다. 그런데 이러한 산염기 완충계를 포함한 복잡한 pH 조절계에 장애가 있으면, acidosis(pH가 산성으로 기운 상태)와 alkalosis(pH가 염기성으로 기운 상태)라고 하는 병적인 상태가 된다. 중독된 경우에는 의식장애와 근육의 수축을 일으킨다.

해 설

Brønsted-Lowry 설에서는 산이란 H^+를 공급하는 것, 염기란 H^+를 받아들이는 것으로 정의된다. 어떤 산 HA의 해리평형반응은 HA $\rightleftharpoons$ $H^+ + A^-$로 표시되고, HA를 공역산, A^-를 공역염기라고 한다. 이 평형정수는 산해리정수 K_a라 한다●.

●**열역학적 및 겉보기의 K_a**

$-\log K_a = pK_a$이다. K_a의 열역학 정의로는 농도가 아니라 활량을 이용한다. 활량계수는 농도와 이온강도에 의존하기 때문에 농도적으로 정의한 겉보기의 K_a도 변화한다.

$$K_a = \frac{[H^+][A^-]}{[HA]} \text{ 또는 } pH = pK_a + \log\frac{[A^-]}{[HA]} \quad (\quad (2)$$

여러 가지의 pK_a의 HA를 강염기 BOH로 적정했을 때의 pH 변화를 그림 1에 표시한다. 이와 같은 산염기 반응에서는 HA의 농도 c_{HA}와 BOH의 농도 c_{BOH}의 평형반응(HA + BOH $\rightleftarrows$ A^- + B^+ + H_2O)만을 고려하면 된다고 생각할 지도 모른다. 그러나 용매인 물 자체에 산으로의 성질($H_2O \rightleftarrows H^+ + OH^-$)과 염기로의 성질($H_2O + H^+ \rightleftarrows H_3O^+$)이 있어 자기 해리평형($2H_2O \rightleftarrows H_3O^+ + OH^-$)도 고려에 넣지 않으면 안 된다. 이 평형정수는 이온적 K_w로 표시된다•.

•물의 이온적

물의 해리의 정도는 극히 작아서 $[H_2O]$를 일정하다고 볼 수 있고, 농도적 $[H_2O]_2$는 K_w에 포함시킨다. 또 H_3O^+는 수화된 H^+를 나타내지만, 간단히 H^+로 표현할 수도 있다.

$$K_w = [H^+][OH^-](= 1 \times 10^{-14} M^{-2}, 25℃) \quad (3)$$

이 반응에 있는 A^-의 물질수지에 의해

$$[HA] + [A^-] = c_{HA} \quad (4)$$

BOH는 물 속에서 완전히 해리하기 때문에

$$[B^+] = c_{BOH} \quad (5)$$

더욱이, 수용액 중에서의 전기적 중성의 원리에서

$$[B^+] + [H^+] = [A^-] + [OH^-] \quad (6)$$

가 된다. 이 반응계에서 물 이외의 분자·이온은 HA, A^-, B^+, H^+, OH^-인 5종류이기 때문에, 식 (2)~(6)을 풀면, 이 반응계를 정밀하게 기술할 수 있다. 식 (2)와 식 (4)에서 $[A^-] = c_{HA}K_a/(K_a + [H^+])$, 식 (3)에서 $[OH^-] = K_w/[H^+]$가 된다. 이것들을 식 (5)와 함께 식 (6)에 대입하면, 다음의 산염기반응의 일반식이 얻어진다.

$$c_{BOH} + [H^+] = \frac{c_{HA}K_a}{K_a + [H^+]} + \frac{K_w}{[H^+]} \quad (7)$$

CH_3COOH와 같은 약산의 수용액을 생각하면, $c_{BOH} = 0$이고, 또 $[OH^-] \cong 0$과 비슷할 수 있다[결과적으로, 식 (6)에서 알 수 있듯이 $[H^+] \cong [A^-]$]. 여기서 HA의 해리도$[A^-]/c_{HA}$를 α라 하면 식 (7)에서 Ostward의 희석률이 얻어진다.

$$K_a \cong \frac{[H^+]^2}{c_{HA} - [H^+]} \cong \frac{[A^-]^2}{c_{HA} - [A^-]} = \frac{\alpha^2 c_{HA}}{1 - \alpha} \quad (8)$$

한편, 적정 도중($0 < c_{BOH} < c_{HA}$)의 pH가 약산성~약알칼리성(pH4~10)의 범위 내에 있으면, $c_{BOH} \gg [H^+](\cong 0)$ 및 $[OH^-] \cong 0$과 근사하기 때문에 식 (7)에서 Henderson-Hasselbalch의 식이 얻어진다.

$$pH \cong pK_a + \log\left(\frac{c_{BOH}}{c_{HA} - c_{BOH}}\right) \quad (9)$$

이와 같은 조건하에서의 적정곡선의 반당량점($c_{BOH} = c_{HA}/2$)의 pH는 pK_a와 같게 된다(그림 1 참조). 또, HA(농도c_{HA})와 그 염 BA(농도c_{BA})를 혼합할 경우에는 식 (9)의 대수항은 $\log(c_{BA}/c_{HA})$가 된다●.

●**Henderson–Hasselbalch의 식**
식 (9)와 식 (2)는 유사하지만, 양자의 의미는 다르다. 식 (9)는 어디까지나 근사식이고, 물의 해리의 영향이 크게 된다. 낮은 혹은 높은 pH의 영역에서는 성립되지 않는다.

공역산염기 짝 HA와 A^-가 공존하는 용액을 완충액이라 한다. 근사식 (9)에서 알 수 있는 것처럼, 완충액에 소량의 염기 또는 산을 넣어도 또는 다소 희석하여도 pH는 거의 변화하지 않는다. 이 성질을 완충 작용이라 한다. 완충 작용의 세기는 완충능 β라 불리고, $\beta = dc_{BOH}/dpH(= -2.303[H^+]dc_{BOH}/d[H^+])$로 정의된다. 즉, β란 그림 1의 적정곡선의 pH축에 대한 경사이다. 식 (7)을 $[H^+]$로 미분함에 따라 β의 일반식이 얻어진다.

$$\beta = 2.303\left\{\frac{c_{HA}K_a[H^+]}{(K_a + [H^+])^2} + [H^+] + \frac{K_w}{[H^+]}\right\} \tag{10}$$

식 (10)의 제1항은 공역산염기 짝 HA/A^-에 의한 완충 작용을 표시하고, $pH = pK_a$일 때 최대가 되고, c_{HA} 농도에 비례한다. 그림 1의 적정곡선에서도 알 수 있듯이, 이 완충 작용은 실제상 $pH \approx pK_a \pm 1$의 범위로 한정된다. 제2항, 제3항은 각각 H_3O^+/H_2O, H_2O/OH^-에 의한 완충 작용이다. 물에 HCl과 같은 강산을 넣었을 경우, H_2O가 염기로써 활동하여 HCl은 더 약한 산 H_3O^+로 완전히 변환된다. 이 때문에, HCl($pK_a \cong -7$)의 적정곡선에서도 알 수 있듯이, 강산 수용액은 상당히 큰 완충능을 갖는다. 이와 같이 물 속에서 가장 강한 산은 H_3O^+이고, 예를 들면 HCl과 $HClO_4$($pK_a \cong -10$)는 산으로서의 강함을 구별할 수 없다. 이 현상을 수평화효과라 한다. 강염기의 경우도 마찬가지로, 그 염기성은 물 속에서 가장 강한 염기 OH^-까지 약해지고, 또 그 용액은 강한 완충 작용을 나타낸다.

대표적인 완충액의 공역산의 pK_a를 표 1에 나타낸다. 약산성에서 약알칼리성 영역

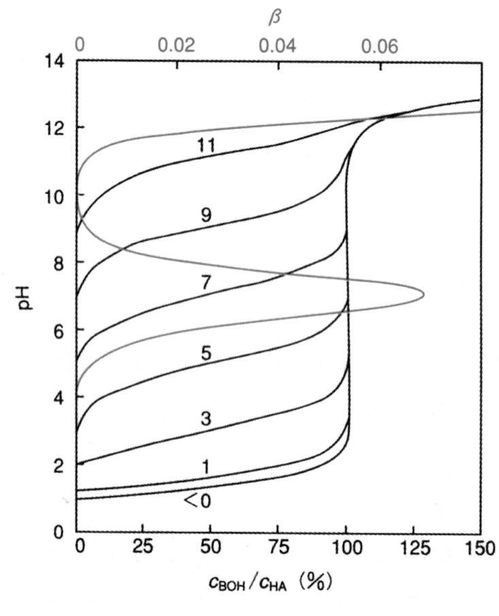

| 그림 1 | 0.1 M HA의 적정곡선

숫자는 HA의 pK_a를 나타낸다. 굵은 선은 pK_a = 7의 HA와 BOH 혼합액의 완충능 β를 나타낸다.

의 완충액을 조제하는 경우만 근사식 (9)를 적용할 수 있다. 당연히 목적으로 하는 pH에 가까운 pK_a를 갖는 공역산염기 짝을 선택하는 일이 중요하고, 또 복수의 산염기 짝을 혼합하면 광역의 완충액이 된다.•

•**완충액의 착물형성능**

Ca^{2+}와 $Fe^{2+/3+}$는 구연산과 착물을 형성하므로 이들의 이온에 관한 실험을 할 경우, 이들을 포함하는 완충액을 사용할 수는 없다.

표 1 완충액과 그 공역산 및 pK_a

pKa	명칭	공역산의 화학식
2.35	glycine(제1)	$HOOCCH_2NH_3^+$
3.13	citrate(제1)	$HOC(COOH)(CH_2COOH)_2$
4.76	citrate(제2)	$HOC(COOH)(CH_2COOH)\ CH_2COO^-$
4.76	acetic acid	CH_3COOH
6.15	MES	$O = N^+HCH_2CH_2SO_3^-$
6.35	탄산(제1)	H_2CO_3
6.40	citrate(제3)	$HOC(COOH)(CH_2COO^-)_2$
7.20	MOPS	$O = N^+HCH_2CH_2CH_2SO_3^-$
7.20	인산(제2)	$H_2PO_4^-$
7.55	HEPES	$HOCH_2CH_2N = N^+HCH_2CH_2SO_3^-$
8.06	Tris	$H_3N^+C(CH_2OH)_3$
9.23	Borate	H_3BO_3
10.33	탄산(제2)	HCO_3^-

Subnote

• **완충액과 온도**

완충액은 이온 강도와 온도의 영향을 받기 때문에, 주의하지 않으면 안 된다. 특히 아민을 포함하는 완충액에서는 온도가 완충 작용에 영향을 주기 때문에 주의를 요한다. 일반적으로 온도에 의한 pK_a치의 변화의 정도는 완충액의 pK_a치에 따라 다르고, 온도가 올라갈수록 pK_a치는 낮아진다. 따라서 완충액의 조제에 있어서는 실제로 사용하는 온도에서 pH를 조절할 필요가 있다. 이때 pH meter의 보정도 그 온도에서 평형화시킨 표준완충액을 사용해야 함이 당연하다.

Chapter 87

생체에너지와 화학평형

生體에너지와 化學平衡, Biological Energy and Chemical Equilibrium

Key words

화학평형(化學平衡, chemical equilibrium), 평형정수(平衡定數, equilibrium constant), Gibbs 자유에너지(Gibbs free energy), 화학포텐셜(chemical potential), 자유에너지 변화(free energy change), 엔탈피(enthalphy), 엔트로피(entropy), van't Hoff식(van't Hoff equation)

생명을 유지하기 위해서는 생합성, 운동 및 분자와 이온의 능동수송(농도경사를 반대로 거스르는 수송, 48항 참조)이 필수이고, 이를 위해서는 에너지를 지속적으로 받아들이지 않으면 안 된다. 생체 내에서 직접적인 에너지의 공여체가 되는 것은 ATP이다. ATP에는 세 개의 인산부분이 있어, 그것들이 정전적으로 반발하고 있다는 것과 말단 인산부분의 공명안정화가 상당히 작기 때문에, ADP에 비해 높은 에너지를 갖는다. 그러므로 ATP가 가수분해하여 ADP가 될 때 큰 에너지가 생긴다. 따라서 이 인산무수결합을 고에너지 결합이라 부른다. 반대로, ADP에서 ATP로의 변환에는 에너지가 필요하고, 생체는 이를 위하여 환원제로서 음식물(화학영양생물) 혹은 광에너지에 의해 생긴 환원물질(광영양생물, 30항 참조)의 산화반응으로 생긴 에너지를 이용하고 있다.

이와 같은 생체 반응은 거의 효소반응에 의해 촉매된다. 효소반응이라 하여도 일반 화학반응과 다름없이 열역학적 제약을 받는다. 즉, 물은 높은 곳에서 낮은 곳으로 흐르는 것처럼, 화학반응도 반드시 높은 에너지 상태에서 낮은 에너지 상태로 옮겨가며, 그 반대는 없다. 또 이 화학물질의 에너지 표현의 하나로, Gibbs 자유 에너지, (G) 라고 불려지는 양(量)이 있다. 상기의 이유로 그림 1처럼 화학반응은 반드시 G가 감소하는 방향으로 진행하고, 그 반응의 추진력(구동력)은 G의 변화경사에 역부호를 붙인 $-\Delta G$가

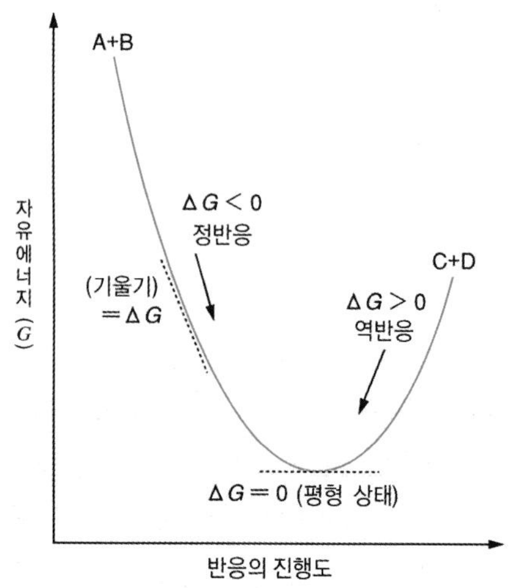

| 그림 1 | 자유 에너지 변화 ΔG와 반응의 방향

된다. 또 이 반응에 의해 남은 에너지는 열의 방출 또는 무질서의 증대로 사용된다. $\Delta G = 0$이 되었을 때를 평형 상태라 하고, 반응은 외관상 진행하지 않게 된다.

이와 같은 열역학적인 사고방식으로는 화학 물질의 에너지 상태에서 어떤 반응이 어느 방향으로 어느 정도의 추진력으로 진행하는가를 논의해야 한다. 실제로 진행하는지 어떤지, 또는 그 속도와 반응경로에 관해서는 전혀 문제삼지 않는다. 예를 들면, $ATP + H_2O \longrightarrow ADP + P_i + H^+$(그림 2)와 $NADH + O_2/2 + H^+ \longrightarrow NAD^+ + H_2O$는 반응 추진력이 큼($\Delta G < 0$)에도 불구하고 효소가 없는 조건에서는 거의 진행하지 않는다. 단 효소가 있어도 반응 속도가 증가하는 것만으로 반응의 추진력과 평형 상태는 변하지 않는다.

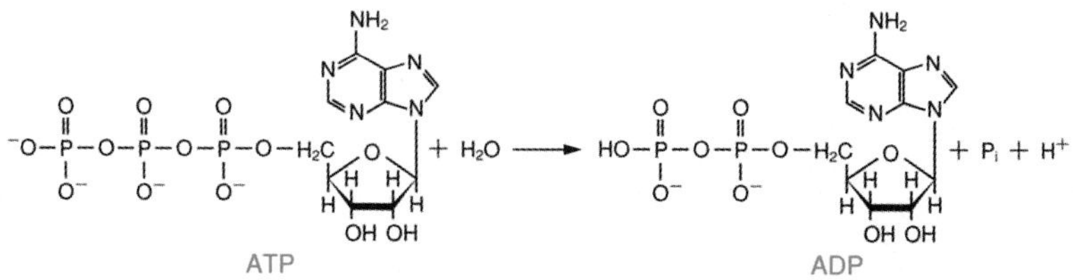

| 그림 2 | ATP의 가수분해반응

위에서 설명한 생명 활동 또는 ADP의 인산화는 그것 자체의 반응 추진력이 $\Delta G>0$이므로 원래 일어날 수 없는 반응이다. 그럼에도 불구하고 진행하는 것은 전자의 경우 ATP의 가수분해반응의 추진력, 후자의 경우 음식물 등의 산화반응의 추진력을 사용하고 있기 때문이다. 이처럼 ΔG에 있어, 플러스와 마이너스의 반응이 결합되어 전체적인 반응 추진력이 플러스가 되어 진행하는 것을 공역반응(共役反應)이라 한다. 생명 활동이란 당연히 전체로써 공역반응계(共役反應系) 이다.

해 설

가역반응에 있어 정반응과 역반응의 속도가 서로 비슷하여 외관상 상승반응이 진행하지 않게 된 상태를 화학 평형이라 한다. 평형 상태의 반응물과 생성물의 농도적(濃度積)의 비를 평형정수 K라고 부르고, 예를 들면 다음의 화학반응 (1)의 평형정수는 식 (2)와 같이 표시된다.•

$$aA + bB \rightleftarrows cC + dD \tag{1}$$

$$K = \frac{[C]_{eq}^{c}[D]_{eq}^{d}}{[A]_{eq}^{a}[B]_{eq}^{b}} \tag{2}$$

여기에서 eq는 평형 상태를 나타낸다. 마찬가지로 비평형 상태에 있는 농도적의 비를 $Q = [C]^c[D]^d/[A]^a[B]^b$ 라 하면, 이 반응은 $Q < K$ 일 때 정방향으로, $Q > K$ 일 때 역방향으로 진행하고, $Q = K$에서 평형이 된다.

이와 같은 화학평형의 조건을 엄밀하게 기술하려면, 열역학의 사고방식이 유효하다. 어떤 화학물질 X의 Gibbs 자유 에너지 G_x는 $G_x = n_x\mu_x$ 로 표시된다. 여기서 n_x는 mol

•**농도와 활량**
열역학적으로는 농도 [X]가 아니고 활량 a (= γ[X])를 이용한다. 여기서 γ은 활량계수(活量係數)라 불리며, 이상 상태로부터의 어긋남을 표시하는 파라메터이고, 농도에 의존한다. 따라서 농도표시의 K는 외관상의 값이고, 조건에 따라 변화한다.

수이다. 또 μ_x는 화학 potential이라 불리고, 1 mol당의 Gibbs 자유 에너지이며, 식 (3)에서 나타낸 것처럼 농도[X]에 의존한다(Subnote 참조).

Subnote

• 화학 포텐셜과 상평형(相平衡)

두 개의 상(相)이 서로 평형 상태에 있을 때, 두 개의 상에 존재하는 화학물질 μ는 동등하다. 예를 들어 순물질의 액상 L과 기상 G의 평형을 생각해보면, 계전체(系全體)에서는 $G = n^L\mu^L + n^G\mu^G$ 가 된다. 만약 $dn^L(= -dn^G)$ 만 액체가 증발했다면, $dG = \mu^L dn^L + \mu^G dn^G = (\mu^L - \mu^G)dn^L$ 이 된다. 일정한 T, P 하에서의 평형 조건은 dG = 0 이므로, $\mu^L = \mu^G$가 된다(비등점). 또 반응이 진행하는 것은 $dG < 0$ 이므로, 그림에 보이듯이 $\mu^L > \mu^G$일 때 증발($dn^L < 0$), $\mu^L < \mu^G$ 일 때 응축($dn^L > 0$)이 일어난다. 결국 μ는 물질 집단으로서 potential을 나타내고, 높은 쪽에서 낮은 쪽으로 옮겨간다는 것을 알 수 있다. 또, 열역학의 법칙에 의해 $d\mu = vdP - sdT$이므로[v는 1 mol당의 체적(부분mol 체적), s는 1 mol당의 entropy(부분mol entropy)], 그림과 같은 μ vs. T 곡선의 경사는 $-s$에 해당한다($s^L < s^G$)

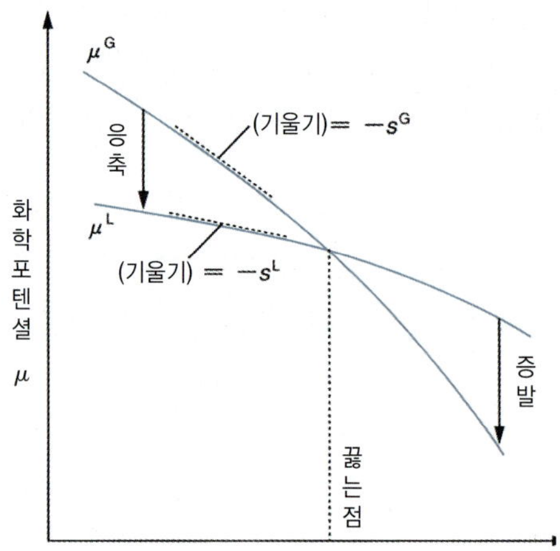

기액평형 (氣液平衡) 의
화학 potential과 물질의 이동

$$\mu_x = \mu_x^{\circ} + RT\ln[X] \quad (\ln[X] = \log_e[X]) \tag{3}$$

μ_x°는 표준 화학 potential이라 하고, 표준 상태에 있는 화학 potential이며, 일정한 온도 T와 압력 P 하에서 정해진 값을 갖는다(R: 기체정수, T: 절대온도). 또 계 전체의 자유 energy는 $G = \sum(n_x\mu_x)$가 된다. 그림 1은 식 (1)의 화학반응에 의한 G의 변화를 모식적으로 나타낸 것으로 이 곡선의 경사를 자유 energy 변화 ΔG라 하고, $-\Delta G$ 는 반응의 추진력을 나타내는 물리량이 된다. $\Delta G < 0$ 일 때 정반응이, 또 $\Delta G > 0$ 일 때 역반응이 진행하고, $\Delta G = 0$일 때 평형이 된다. 식 (1)의 반응을 예로 들면, ΔG 는 다음과 같이 나타낼 수 있다•.

> **•반응진행도**
>
> 그림 1의 반응진행도는 (mol 수 변화)/(화학양론 계수)로 정의되고, $d\xi = -dn_A/a = -dn_B/b = dn_C/c = dn_D/d$. 한편, $dG = \mu_A dn_A + \mu_B dn_B + \mu_c dn_c + \mu_D dn_D = (-a\mu_A - b\mu_B + c\mu_C + d\mu_D)d\xi$. 경사 $dG/d\xi$가 ΔG이므로, 식 (4)가 얻어진다.

$$\begin{aligned}\Delta G &= \sum(n\mu)_{\text{생성물}} - \sum(n\mu)_{\text{반응물}} = (c\mu_C + d\mu_D) - (a\mu_A + b\mu_B) \\ &= (c\mu_C^{\circ} + d\mu_D^{\circ}) - (a\mu_A^{\circ} + b\mu_B^{\circ}) + RT\ln\left(\frac{[C]^c[D]^d}{[A]^a[B]^b}\right) \\ &= \Delta G^{\circ} + RT\ln\left(\frac{[C]^c[D]^d}{[A]^a[B]^b}\right) = \Delta G^{\circ} + RT\ln Q\end{aligned} \tag{4}$$

여기서 $\Delta G^{\circ}[=(c\mu_c^{\circ} + d\mu_D^{\circ}) - (a\mu_A^{\circ} + b\mu_B^{\circ})]$는 표준 자유 에너지 변화라 하고, 반응에 관계되는 모든 것이 표준 상태에 있을 때의 자유 에너지 변화이다. $\Delta G = 0$ 일 때 평형($[X] = [X]_{eq}$)가 되므로, 식 (2)와 식 (4)에서 다음의 중요한 관계식이 얻어진다.

$$\Delta G^{\circ} = -\mathrm{RTln}\,K \quad (5)$$

또한 식 (4)와 식 (5)에서 $\Delta G = \mathrm{RT\ 1n}(Q/K)$ 가 된다.

반응에 관계되는 H^+에 대해서는 물리화학에서는 pH = 0을 표준 상태라 하지만, 생화학에서는 pH = 7을 표준 상태로 정의하는 일이 많으며, 그 때의 표준 자유 에너지 변화를 $\Delta G^{o\prime}$라 쓴다. 예를 들면 pH = 7에 있는 희박용액(稀薄溶液) 중에서 $A + H_2O \rightleftarrows B + H^+$의 반응을 생각할 때, 이 자유에너지 변화는 물리화학적으로는 $\Delta G = \Delta G^{\circ} + \mathrm{RT\ 1n([B][H^+]/[A])}$가 되지만, 생화학적 정의를 쓰면 $\Delta G' = \Delta G^{o\prime} + \mathrm{RT\ 1n([B]/[A])}$가 된다.• 이 $\Delta G^{o\prime}$ 를 물리화학적 정의로 나타내면 $\Delta G^{o\prime} = \Delta G^{\circ} + \mathrm{RT\ In[H^+]}$ 이 되고, 당연히 $\Delta G' = \Delta G$ 가 된다. 반응의 일반적 특성을 생각하면 ΔG°(또는 $\Delta G^{o\prime}$)가 유용한 표준이 되지만, 현실의 반응에서는 ΔG가 더 중요하다. 예를 들면, ATP의 가수분해는 $\Delta G^{o\prime} = -30$ kJ mol^{-1} 이지만, 세포 내에서는 상당히 활발하게 ATP 생산이 일어나기 때문에, ATP는 ADP보다 10에서 100배의 고농도이다. 이 때문에 생체 내에서의 ΔG는 -55 kJ mol^{-1}이나 된다. 이 큰 에너지야말로 생명유지에 대단히 중요한 것이다. 반대로 유산탈수소 효소반응(lactate + NAD^+ ⟶ pyruvate + NADH + H^+)의 경우, $\Delta G^{o\prime} > 0$ 이라도 생성물이 반응물에 비해 충분히 적지 않는 한 반응은 진행한다. 다만 이 경우, 생성물이 어느 정도 축적되면 평형 상태가 되고, 반응은 외관상 정지한다(일종의 생성물저해).

•**반응에 관계되는 H_2O**

H_2O에 관해서는 순 용매를 표준 상태라고 생각하고, 이 화학반응에서는 $\mu_{H_2O} \cong \mu_{H_2O}{}^{o}$에 근사하기 때문에, RT $1n[H_2O]$항은 일정하게 되고, ΔG°항에 포함되므로, 식에는 나타나지 않는다.

한편, ΔG는 두 개 이상의 반응에 대해서 가산하는 일이 생긴다. 예를 들면 $A \rightleftarrows B + X$(반응 I)와 $X + C \rightleftarrows D$(반응 II)를 조합한 $A + C \rightleftarrows B + D$의 반응 ΔG 는 반응 I, II의 그것들(ΔG_{I} , ΔG_{II})의 합($\Delta G = \Delta G_{\mathrm{I}} + \Delta G_{\mathrm{II}}$)이 된다. 그러므로, $\Delta G_{\mathrm{I}} > 0$이라도 ΔG_{II}가 충분히 마이너스이고 전체의 $\Delta G < 0$가 되면, 전체로서의 반응은 정방향으로 진행된다. 이런 경우, 두 개의 반응은 중간체 X를 통하여 함께 공역하고 있다고 한다. 산염기반응•과 산화환원반응은 그 전형적 예다.

•**산염기 반응의 ΔG°**

$HA \rightleftarrows A^- + H^+$(HA의 산해리정수 $K_{a.1}$)와 $B + H^+ \rightleftarrows BH^+$($BH^+$의 산해리정수 $K_{a.2}$)에서 나온 반응.
$HA + B \rightleftarrows A^- + BH^+$의 ΔG°는,
$(-RT\mathrm{ln}K_{a.1}) + (RT\mathrm{ln}K_{a.2})$
$= 2.303RT(\mathrm{p}K_{a.1} - \mathrm{p}K_{a.2})$가 된다

자유 에너지 G는 엔탈피(enthalphy) H와 엔트로피(entropy) S를 이용해 G = H − TS로 정의된다. 따라서 일정한 온도에서의 화학반응에서 식 (6)이 되고,

$$\Delta G = \Delta \mathrm{H} - \mathrm{T}\Delta \mathrm{S} \quad (6)$$

반응 추진력 $-\Delta G$는 ΔH와 ΔS의 균형에 의해 결정된다. 여기서 엔탈피 변화 ΔH는 정압 조건하의 반응열과 같다. 또 엔트로피 S는 열역학 제삼법칙에 의해 난잡함의 정도를 나타내는 상태함수로서 정의할 수 있지만, 또 다른 하나의 견해로는 열역학 제이법칙에 의한 자발과정으로는 $\Delta \mathrm{S} > \int_{\text{반응전}}^{\text{반응 후}} \frac{\mathrm{d}q}{T}$로 표시된다. 여기서 q는 화학반응에 의한 열량변화를 나타낸다. T, P 가 일정할 때, $\int \mathrm{d}p/T = \Delta \mathrm{H} / \mathrm{T}$가 되고, 이것을 식 (6)에 대입함으로써, 이미 말한 것처럼 자발적 반응은 $\Delta G < 0$의 조건을 만족시킨다는 것을 알 수 있다.

또 식 (6)과 마찬가지로, 표준 상태에서는

$$\Delta G^{\circ} = \Delta H^{\circ} - T\Delta S^{\circ} \tag{7}$$

가 된다. 정압에서 T를 증가시킬 때, 흡열반응($\Delta H^{\circ} > 0$)의 경우에 평형정수 K는 증가하고, 발열반응($\Delta H^{\circ} < 0$)에서는 감소한다(Le Chatelier의 원리). 이와 같은 K의 온도 변화는 식 (5)와 식 (7)에서 얻어지는 van't Hoff의 식에서 나타난다•.

•*K*의 온도 변화
van't Hoff 식에서는 ΔH°와 ΔS°는 측정범위 내에서 T에 관계가 없다고 가정하고 있다.

$$\ln K = \frac{\Delta H^{\circ}}{RT} + \frac{\Delta S^{\circ}}{R} \tag{8}$$

따라서 lnK를 1/T에 대해 plot하면, ΔH°와 ΔS°를 구할 수가 있다.

산화와 환원

酸化還元, Oxidation and Reduction

Chapter 88

생체 내의 반응에는 화합결합의 형성과 절단을 동반하지 않는 것이 있다. 산화 혹은 환원도 그 예다. 산화는 전자를 잃어버리는 것이고, 환원은 전자를 획득하는 것이다. 다만 산화나 환원은 세트로 진행한다는 것을 잊어서는 안 된다. 산화반응이 일어나고 있으면, 반드시 계통 내에서 환원반응도 일어나고 있다. 전자를 옮길 수는 있어도 전자를 만들어 낼 수는 없기 때문이다. 물질의 산화, 혹은 환원이 되기 쉬운가 어떤가는 그 물질의 산화환원전위로 결정된다. 전위가 높은(더 플러스의) 산화체는 낮은(더 마이너스의) 환원체를 산화할 수 있다. 산화환원전위는 전기 화학적 수법에 의해 직접 측정하거나, 산화환원 지시약을 사용해 측정하거나, 혹은 평균 정수로 계산하여 구한다. 일반적으로 호기적인 세포는 전위가 높고, 혐기적인 세포는 낮지만, 세포의 효소활성과 동화능력에 의해서도 변동한다. 생체의 에너지원인 ATP는 기본적으로는 산화환원반응으로 생기는 에너지에 의해 만들어진다. 예를 들면, glucose는 산화된 CO_2가 되고, glucose의 전자는 NAD^+로 전달되어 NADH를 생성한다. NADH는 전자전달계(22항 참조)에서 산화되고, 생성된 에너지를 이용하여 ADP가 인산화된다(산화적 인산화). 결국 1 mol의 glucose를 산화함으로써, 38 mol의 ATP를 생산한다. ATP는 여러 가지 생체 물질의 생합성, 운동, 분비, 흡수 등에 사용된다.

Key words

Nernst식(Nernst equation), 표준 산화환원전위(標準酸化還元電位, standard redox potential), 기전력(起電力, electromotive force), 표준수소전극(標準水素電極, standard hydrogen electrode ; SHE)

해 설

산화체(Ox)는 전자를 받아들이는 물질이고, 환원체(Red)는 전자를 제공하는 물질이다. 지금, n개의 전자가 관여하는 어떤 산화환원 짝 $\mathrm{Ox} + \mathrm{ne}^- \rightleftarrows \mathrm{Red}$의 평형반응을 생각하면, 전위 E와 농도 비의 관계는 다음의 Nernst식으로 주어진다.

$$E = E^\circ + \frac{RT}{nF}\ln\left(\frac{[\mathrm{Ox}]}{[\mathrm{Red}]}\right) \qquad (1)$$

여기서 E°는 표준 산화환원전위라 하고, 정반응(forward)인 표준 자유에너지 변화 ΔG°와 $E^\circ = -\Delta G^\circ / nF$의 관계에 있다(R: 기체정수, T: 절대온도, F: Faraday정수)●. 결국 이 산화환원 짝이 갖는 전자수용의 구동력은 $nFE(= -\Delta G_{정반응})$이 되고, Ox가 많은 만큼 또한 E°가 플러스가 되는 만큼 크게 된다. 반대로 전자공여의 구동력은 $-nFE(= \Delta G_{정반응} = -\Delta G_{역반응})$이고, Red가 많을수록, 또한 E°가 마이너스가 되는 만큼 크게 된다.

● **열역학적 평형정수**

E°와 K는 열역학적으로는 농도가 아니라 활량을 이용한다.

● **전자 이동의 순서**

호흡 사슬과 광합성의 전자전달계에 있어 전자 이동의 순서는 E°(엄밀하게는 $E^{\circ\prime}$)가 마이너스인 것에서 플러스인 것으로 되어 있다.

용액 중에서의 산화환원반응은 두 개의 산화환원 짝, 예를 들어 $Ox1 + ne^- \rightleftarrows$ Red1(반응1; E_1^o)와 Red2 $\rightleftarrows$ $Ox2 + ne^-$(반응2; E_2^o)는 동시에 진행하고, 전체로서의 공역반응은 Ox1 + Red2 $\rightleftarrows$ Red1 + Ox2가 된다. 이 평형정수 K는 평형농도의 곱으로 나타낸다.

$$K = \frac{[\mathrm{Red1}]_{eq}[\mathrm{Ox2}]_{eq}}{[\mathrm{Ox1}]_{eq}[\mathrm{Red2}]_{eq}} \tag{2}$$

공역계의 정반응 자유 에너지 변화 ΔG는

$$\begin{aligned} \Delta G &= \Delta G_1 + \Delta G_2 = (-nFE_1) + nFE_2 = -nF(E_1 - E_2) \\ &= -nF(E_1{}^\circ - E_2{}^\circ) + RT\ln\left(\frac{[\mathrm{Red1}][\mathrm{Ox2}]}{[\mathrm{Ox1}][\mathrm{Red2}]}\right) \end{aligned} \tag{3}$$

가 된다.

산화환원이라는 것은 전자를 주고 받는 것이다. 어떤 하나의 산화환원 짝은 적당한 전극과 평형에 도달할 수 있다. 평형 상태에서 전극의 자유전자 포텐셜은 식 (1)의 E와 같다. 따라서 그림 1과 같이 각각의 산화환원 짝이 존재하는 두 개의 용액을 액로로 연결, 각 용액에 담근 전극간의 전위차를 측정하면, 식 (3)의 $E_1 - E_2$가 얻어진다. 이 $E_1 - E_2$를 전지의 기전력이라 한다●. 또, 반응에 관여하는 물질이 전부 표준 상태일 때의 기전력 $E_1^o - E_2^o$를 표준 기전력이라 하고, 표준 자유 에너지 변화 ΔG와 다음의 관계가 있다.

● potentiometry
전위차 측정에서는 양 전극의 전자 potential이 같아지는 것처럼, 전위차 $E_1 - E_2$를 전극간에 반대로 인가(印加)한다. 결과적으로, 전위차 계를 포함한 전 반응계의 ΔG는 0가 되고, 산화환원반응은 진행되지 않고, 전류는 흐르지 않는다. 이와 같은 평형측정법을 potentiometry라 부르고, 유리전극을 이용하는 pH 측정도 이 원리를 이용하고 있다.

$$\Delta G = -nF(E_1{}^o - E_2{}^o) = -RT\ln K \tag{4}$$

이와 같이 실제로 측정할 수 있는 양은 $E_1 - E_2$이고, E_1, E_2 각각의 값을 측정하는 일은 불가능하다. 지금 Ox2 및 Red2가 함께 표준 상태(혹은 일정 상태)를 유지한다면, E_2는 일정하게 되고, 전지의 기전력에서 E_2를 기준으로 한 E_1의 값을 구할 수가 있다. 이와

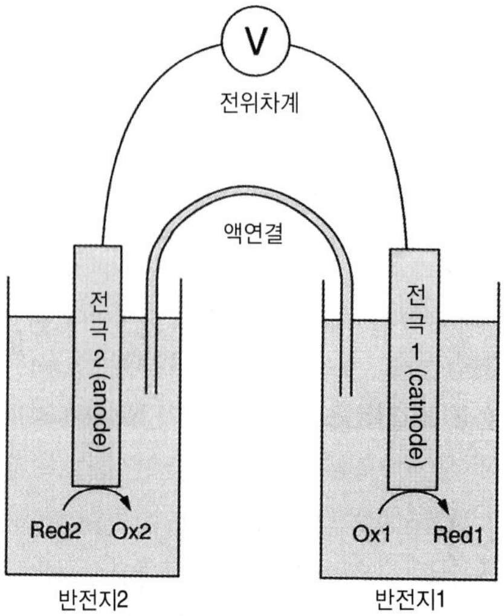

| 그림 1 | 전지의 기전력 측정의 모식도

같은 Ox2/Red2 반전지계를 참조전극이라 한다. 1M H^+/1atm H_2 참조전극은 표준수소 전극(SHE 혹은 NHE)이라고 부르고, 이 E_2를 기준으로 전위 표시하도록 약속 되어 있다. 실용적 참조전극으로는 예를 들어 Ag | AgCl | sat. KCl(E = 0.197 V vs. SHE, 25℃)가 사용된다.

그림 1에서 전위차 계를 적당한 저항으로 바꾸면, 예를 들어 $E_1 > E_2$의 경우, 반응계 2에서 산화반응이, 반응계 1에서 환원반응이 동시에 진행되고, 전극2에서 1로 전자가 흘러, 화학에너지를 전기에너지로 변환할 수 있다(전지의 원리).● 이와 같은 산화환원반응은 당연히 동일 용액 내에서도 진행되지만, 그 경우에는 화학에너지는 열에너지가 된다.

이 반응의 진행 모습을 그림 2에 일례를 들어 나타낸다. 곡선1은 반응에 의해 생성되는 Red1을 나타내고, 그 형은 Nernst식에 따른다. 따라서 식 (1)에서 알 수 있는 것처럼 [Ox1] = [Red1]가 되는 E가 E_1^0이다. 곡선2는 Ox2의 생성의 모습을 나타낸다. 반응의 진행과 더불어 E_1은 마이너스로, E_2는 플러스로 이행하고, 점차로 가까워져, 마침내 교차한다($E_1 = E_2$). 이것이 식 (4)에서 나타나는 평형 상태($\Delta G = 0$)이고 그 전위를 계의 평형 전위 E_{eq}라 한다.

한편, 그림 2의 예에서는 $[Ox1]_0 > [Red2]_0$이므로, E_{eq}가 E_1^0에 근접해 있다. 따라서 이 계에 소량의 Red2를 넣어도 파선으로 나타나는 것처럼 E_{eq}는 크게 변화하지 않는다. 이와 같은 성질을 산화환원 완충능이라 한다. 또 이 경우, Ox1/Red1이 전위결정 산화환원 짝이 된다.

생체 내의 산화환원 물질은 quinone과 NADH와 같이 H^+가 관여하는 경우가 상당히 많다. 일반적으로, Ox + mH^+ + ne^- ⇄ Red의 반응을 고려하면, 그 Nernst식은

●**전지와 전해(電池와 電解)**

전지의 경우(방전 시)는 산화환원반응의 구동력에 의해 전극간에 전위를 발생시켜, 전자를 흐르게 한다. 그에 반해 전해의 경우(충전 시)는 외부에서 전극간에 적당한 전위를 인가함에 따라 강제적으로 산화환원반응을 진행시킨다. 일반적으로, 산화반응이 일어나는 전극을 양극(anode), 환원반응이 일어나는 전극을 음극(cathode)라 한다. 단, 보다 플러스 전위의 전극을 플러스 극, 마이너스 전위의 전극을 마이너스 극이라 부르는 일도 있다. 전지에서는 음극이 플러스 극이 되고, 전해에서는 양극이 플러스 극이 된다.

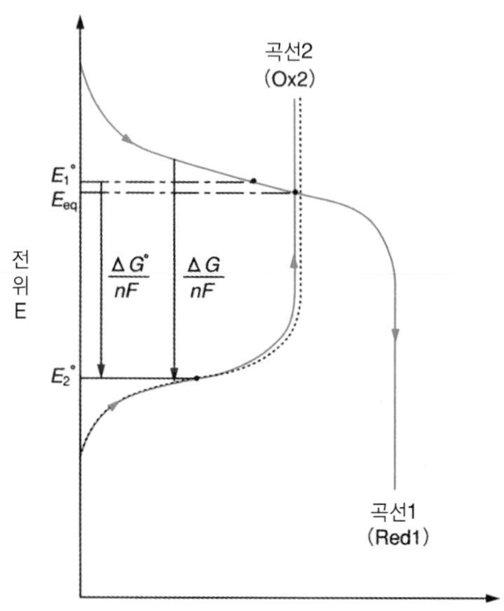

| 그림 2 | 산화환원반응의 진행과 전위의 관계($E_1^\circ > E_2^\circ$)

초기농도: $[Ox1]_0 > [Red2]_0$; $[Red1]_0 = [Ox2]_0$; 검은 파선은$[Red2]_0$를 조금 증가시킨 경우.

$$E = E^\circ + \frac{RT}{nF}\ln\left(\frac{[\text{Ox}][\text{H}^+]^m}{[\text{Red}]}\right) \tag{5}$$
$$= E^\circ + \frac{mRT}{nF}\ln[\text{H}^+] + \frac{RT}{nF}\ln\left(\frac{[\text{Ox}]}{[\text{Red}]}\right)$$

이 된다. 여기서

$$E^{\circ\prime} = E^\circ + \frac{mRT}{nF}\ln[\text{H}^+] = E^\circ - 2.303\frac{mRT}{nF}\text{pH} \tag{6}$$

으로 두면, 식 (5)는 식 (1)은 같은 모양이 된다.

$$E = E^{\circ\prime} + \frac{RT}{nF}\ln\left(\frac{[\text{Ox}]}{[\text{Red}]}\right) \tag{7}$$

이 $E^{\circ\prime}$는 조건표준 산화환원 전위라고 부르고, 어떤 pH에 있는 H^+를 표준 상태로 한 표준 산화환원 전위다. 생화학에서는 pH = 7을 표준으로 한다. 따라서 생화학적 $E^{\circ\prime}$를 사용할 경우에는 pH = 7에서의 산화환원반응에 대해, 반응에 관여하는 H^+를 Nernst식의 농도항에 더할 필요는 없다(87항 참조).

용해도와 염석

溶解度와 塩析, Solubility and Salting out

89 Chapter

단백질의 용해도는 그 종류에 따라 다르지만, 모두 용매의 염농도, 극성, pH, 온도 등의 영향을 받는다. 그것은 단백질이 전해질이라는 것에 기인하고 있다. 용매의 이온 강도가 작을 때, 단백질은 용매 중의 짝 이온과의 정전기적 상호 작용에 의해 안정화되고, 염농도가 높을수록 용해도가 높게 된다. 이 현상을 염용(salting in, 塩溶)이라 한다. 반대로 용매의 이온 강도가 높을 때에는 염의 수화를 위해 물이 염에 빼앗기고, 그 결과, 단백질의 용해도가 낮아진다. 그것은 단백질끼리 접근하여 상호 작용을 하기 때문이다. 이것을 염석(salting out, 塩析)이라 한다. 단백질의 용해도는 염의 종류에 따라 다르고, Na_2SO_4와 $(NH_4)_2SO_4$에는 큰 염석효과가 보여진다(그림 1). 염석효과는 이온의 크기와 수화도(물과의 화합도)에 의해 결정된다. 한편 단백질은 각각 크기와 모양이 다르기 때문에, 염석이 되기 쉬운 정도도 다르다. 이 염석의 성질의 차를 이용하여 단백질을 분리할 수 있다. 특히 $(NH_4)_2SO_4$(ammonium sulfate)는 저온에서 용해도가 높기 때문에(0℃의 물에 3.9 M 녹는다). 단백질 정제에 자주 이용된다. $(NH_4)_2SO_4$의 농도를 단계적으로 올려가면서 침전하는 단백질을 순차적으로 원심분리(99항 참조)에 의해 모은다. 이것을 황산암모늄 분획(ammonium sulfate fractionation)이라고 한다.

> **Key words**
>
> 이온강도(이온强度, ionic strength), 염용(塩溶, salting in), 등전점(等電點, isoelectric point), 활량계수(活量係數, activity coefficient), 디바이 휴켈 이론(Debye-Hűckel theory)

단백질은 양성전해질이고, 모든 전하는 pH에 의존하기 때문에, 단백질의 용해도도 pH에 의존한다. 분자 내 해리기에 의한 플러스와 마이너스의 전하가 모두 합쳐져, 전체의 전하가 제로가 되는 pH를 등전점pI(isoelectric point)라 하고, 이 때의 용해도가 최소

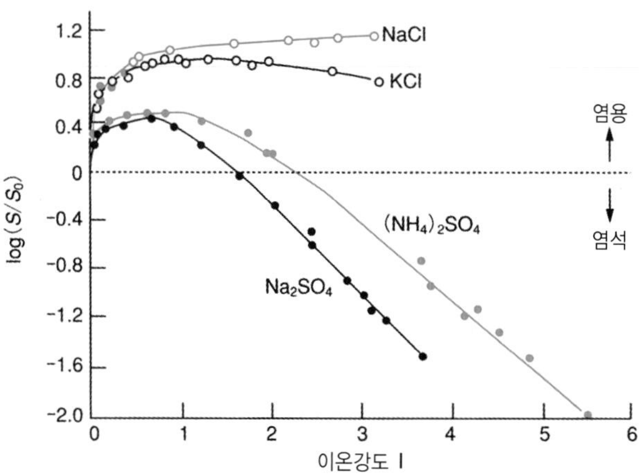

| 그림 1 | 말의 CO-Hemoglobin의 상대 용해도의 이온강도 의존성

가 된다. 단백질의 등전점은 각각 다르기 때문에, 목적의 단백질을 등전점에서 침전시킴으로써, 다른 단백질과 분리시켜 정제에 사용할 수가 있다.

물에 잘 녹는 아세톤(acetone)과 에탄올(ethanol) 등의 유기용매를 단백질 용액에 넣었을 때, 염석과 같은 현상을 볼 수 있다. 즉, 유기용매가 물과 수소결합하기 위해, 단백질의 수화에 필요한 물이 빼앗겨, 단백질이 침전한다. 이것은 유기용매의 유전율이 낮은 것에 기인하고 있다. 마찬가지로, 폴리에틸렌 글리콜(polyethylene glycol)과 덱스트란(dextran) 등의 수용성 polymer를 이용하여도 단백질을 침전시킬 수 있다. 염류이든 유기용매(혹은 수용성 polymer)이든, 단백질의 침전 농축과 결정화에 이용할 수 있다. 이 둘을 서로 조합하여 잘 이용하면, 그 효과는 더욱 높아진다. 이와 같은 화합물은 침전제라 불려지고 있다. X선 결정구조 해석에 적당한 결정을 얻기 위해서는 적당한 침전제의 선택과 결정화의 방법이 중요하다●. 결정화를 위한 마이크로 투석장치의 일례를 그림 2에 나타내었다. 단추(button)라 불려지는 장치에 단백질 용액을 놓고, 반투막으로 덮는다. 이것을 침전제 용액에 담그면, 침전제 또는 이온이 반투막을 통과하게 되고, 결과 단백질의 용해도가 감소하여 결정화한다. 그 외, 기체 상태를 통과하여 휘발성의 용매와 침전제를 이동시키는 증기확산법도 이용된다. X선 결정 구조해석(122항 참조)에 이용하는 결정은 0.1 mm 각(角) 정도가 표준이다.

●**결정화의 조건**

단백질을 결정화시키기 위해서는 사전에 가능한 한 깨끗하게(순수하게) 목적으로 하는 단백질을 정제하는 것은 필수이지만, 설령 정제의 정도가 높아도 용액 중에 단백질 입자가 여러 가지 형태의 회합체로써 존재하는 상태(다양상, 多樣相)에서는 거의 결정화를 기대할 수 없다. 반면에 용존 상태가 비교적 균일한 단일한 형태(單一樣相)의 단백질은 8할 정도의 확률로 결정을 얻을 수 있다. 이런 입자 분포에 관한 정보를 얻기 위해, 동적 광산란법(dynamic light scattering, DLS)이 이용된다.

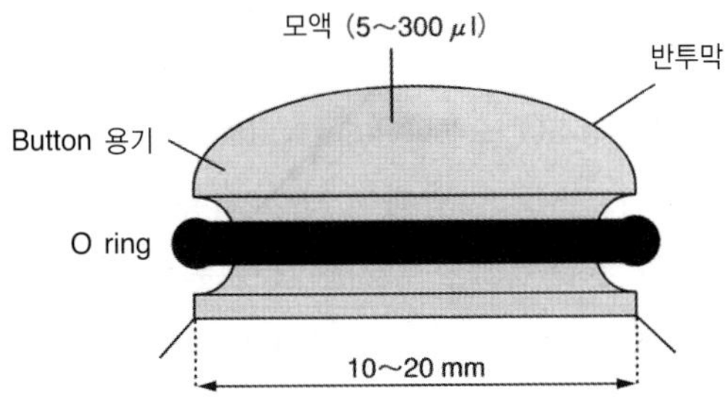

| 그림 2 | micro투석법에 이용되는 button

유기용매와 염류에 의한 침전 농축은 핵산에도 적용된다. 핵산을 포함한 수용액에 에탄올과 염화나트륨(NaCl) 등의 염을 가하면 핵산이 침전한다. 이것은 에탄올 침전이라 부르고, 핵산을 취급하는 연구실에서는 매일 일상적으로 행하는 조작이다. 에탄올이 핵산과 결합한 물을 빼앗고, 노출한 인산기에 나트륨 이온 등의 양 이온이 결합함으로써, 핵산간의 반발력이 저하하여, 응집해 침전하는 것이라고 생각된다.

해 설

어떤 온도에 있는 물질 X가 용해평형에 있을 때, 고체 상태 및 용액 상태의 화학포텐셜을 각각 μ^S, μ^L이라 하면 $\mu^S = \mu^L$이 된다. 따라서

$$\mu^{o,S}(= \mu^S) = \mu^{o,L} + RT\ln a(= \mu^L) \qquad (1)$$

$\mu^{o,S}$ 혹은 $\mu^{o,L}$은 각각 고체 상태 혹은 용액상태의 표준화학 potential이고, 어떤 온도, 압력 밑에서는 일정하다. 따라서 평형 상태(포화용액)의 용질 X의 활량 a(= γc)는 물질에 고유한 정수가 된다(γ: 활량계수, c: 농도). 이 c를 물질 X의 용해도 *S*라 한다. 이상상태(ideal state)에서의 어긋남을 표시하는 γ는 공존하는 전해질의 종류와 농도에 크게 의존하기 때문에 *S*도 이것들의 영향을 받는다. 따라서 X 이외의 전해질이 존재하지 않는 경우의 용해도를 S_0, 전해질이 존재하는 경우를 *S*라 하면, 다음과 같이 나타낼 수 있다.

$$\log\frac{S}{S_0} = -\log\gamma \tag{2}$$

γ는 X의 농도 c에도 의존하고, $c \longrightarrow 0$(무한희석)에서는 $\gamma = 1$이고, *c*의 증가와 함께 감소한다. 따라서 엄밀히 식 (2)의 S_0는 $\gamma_0 S_0 = a_0$가 되고 ($\gamma_0 \leq 1$; 전해질이 존재하지 않는 경우의 γ), 식 (2)는 난용성 물질($\gamma_0 = 1$)에 대해서만 적용할 수 있다.

물질 X가 전해질의 경우, 그것이 해리되어 생긴 cation 혹은 anion의 활량계수는 이온강도 I의 함수로서 다음과 같이 나타난다.

$$-\log\gamma = \frac{Az^2\sqrt{I}}{1 + Ba\sqrt{I}} - K_S I \tag{3}$$

여기서 *z*는 X 유래의 cation 혹은 anion의 전하, K_S는 염석정수라 불리는 경험적 파라메터이다. *a*는 이온 반지름, A와 B는 염도에 의해 결정되는 정수이고, 25℃ 수용액에서는 $A = 0.509\ \mathrm{M}^{-1/2}$, $B = 3.291 \times 10^9\ \mathrm{M}^{-1/2}\mathrm{m}^{-1}$이다. 작은 무기 이온에서는 $\mathrm{Ba} \approx 1$이 되고, 큰 유기 이온에서는 $\mathrm{Ba} \approx 2$가 된다. 또 *I*는 용액 중에 존재하는 모든 이온 종 *i*전하 z_i와 농도 c_i에 의해 다음과 같이 나타난다.

$$I = \frac{\sum (z_i^2 c_i)}{2} \tag{4}$$

이온강도 I가 작을 때, 식 (3)의 우변은 제1항과 유사하다. 이것을 확장 Debye-Hückel 식이라 한다. γ가 *I*와 함께 감소하는 것은 용질 X 유래의 cation 혹은 anion이 용액 중의 짝 이온과의 정전 상호 작용에 의해 용액 내에서 안정화되기 때문이다. 이 안정화 에너지는 $-RT\ln\gamma(\mathrm{Jmol^{-1}})$이고, $|z|$가 클수록 크게 된다. 결과적으로, X 유래의 이온인 γ는 1보다 작게 되고, $S > S_0$ 가 된다.

같은 이유로, 산염기반응과 산화환원반응의 평형도 *I*의 영향을 받는다. 즉, 일반적으로 산해리와 산화환원에 수반하여 $|z|$도 변화한다. 이 경우, *I*를 증가시키면 평형은 $|z|$가 큰 쪽으로 기운다.

한편, *I*가 더욱 크게 되면, 식 (3)의 우변 제2항의 기여가 크게 된다. X 유래의 cation 혹은 anion의 회합이 없으면 $K_s > 0$가 된다. 이것은 가해진 전해질 이온이 수화에 의해 물을 빼앗기 때문에 X 유래의 이온의 용액 내 상태가 불안정하게 된다고 생각해도 좋다. 이 결과 $S < S_0$가 되고, X는 서로 접근해 침전한다. 염 대신에 acetone과 같은 중성 분

자를 전해질 X의 용액에 넣을 경우는 acetone처럼 중성 분자를 전해질 X의 용액에 첨가한 경우, 아세톤과 이온과의 정전 상호 작용은 무시할 수 있는 정도이기 때문에 보통 식 (3)의 우변 제2항에 표시된 염석효과만이 보여진다.

침투압과 투석

浸透壓과 透析, Osmotic Pressure and Dialysis

Chapter 90

용액의 일부의 성분(저 분자)은 자유롭게 통과시키지만, 그 외의 성분(고분자)은 통과시키지 않는 막을 반투막이라 한다. 예를 들면 다공성 셀룰로스 막의 경우, 저 분자의 전해질과 불순물은 통과되지만, 단백질과 같은 고분자는 통과되지 않는다. 따라서 그림 1과 같이, 고분자 물질(단백질 등)과 저 분자 불순물의 혼합 용액을 이 반투막의 주머니에 넣어 방치하면, 저 분자 물질만이 그 농도경사에 의해 외액과 내액의 농도가 똑같이 될 때까지 막 외로 나온다. 이 때 고분자 물질은 그대로 막 내에 남게 된다. 이 때문에 내액상의 침투압은 높아지고, 용매가 막 내로 흘러 들어 주머니는 팽창한다. 이 원리에 기인하여 분자를 크기에 따라 분리하는 법을 투석이라 부르고, 단백질 정제의 중요한 수법의 하나로 되어 있다. 또, 이와 같은 성질을 갖는 막은 투석막 혹은 투석튜브라 불려지고, 막 구멍의 크기가 다른 각 종의 물건이 시판되고 있다.

단백질 정제에 있어서는 목적의 단백질의 크기를 고려해 투석막을 선택할 필요가 있다. 또 보통, 외액은 두 세 번 정도 새로운 것으로 교환한다.

신체의 방광 및 인공투석에서도 이러한 원리로 저 분자 노폐물을 제거하고 있다.

세포막도 반투막으로 기능하기 때문에, 침투압이 높은 고농도의 염용액(고장액)에 세포를 담그면, 외액의 침투압 때문에 세포는 위축된다. 실제로는 세포 내외의 침투압

Key words

반투막(半透膜, semipermeable membrane), 등장액(等張液, isotonic solution), 한외여과(限外濾過, ultrafiltration), 반 호프의 식(van't Hoff equation), 속일적 성질(束一的 性質, colligative property)

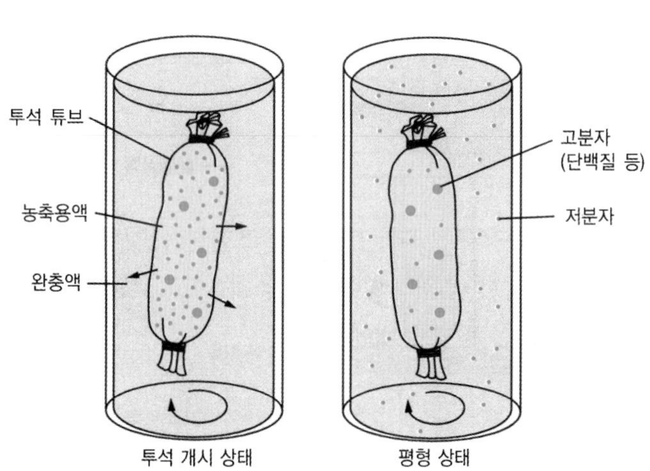

| 그림 1 | 투석에 의한 고분자와 저 분자의 분리

투석액이 잘 교반되는 상태에서는 보통 2, 3시간 동안에 90% 이상 평형에 달한다.

이 똑같이 될 때까지, 세포 내의 물이 세포 외로 나온다. 이것은 김치 등 채소를 담그는 원리에도 사용하고 있다. 반대로, 세포 내에서 침투압이 낮은 용액(저장액)에 세포를 담그면, 외액에서 세포 내에 물이 흘러 들어가 세포는 부풀어 파열한다. 이 원리를 이용해 세포를 파열하는 방법을 침투압 shock법이라 한다. 이와 같은 이유로 생세포를 취급하는 경우는 생리 식염수(0.9 % NaCl)와 Ringer액 같은 세포 내 침투압과 같은 등장액을 이용하여 현탁한다. 주사액과 안약도 자극과 고통의 장애를 경감시키기 위해 등장액을 사용한다.

한편 고장액을 가압하거나 저장액을 감압하는 경우, 고장액의 용매가 저장액으로 이동해, 고장액 용질의 농도는 점점 높아진다. 이와 같은 현상은 역침투라 불리고 있다. 예를 들면 해수를 탈염하여 물을 채취하는 데 이용되고 있다. 생화학 분야에서는 단백질 용액의 농축, 분자 크기의 차이를 이용한 분획, 완충액 교환 혹은 탈염을 위해, 적당한 크기의 구멍을 가진 투석막(여과막)을 이용한 역침투가 널리 사용되고 있고, 이것들은 크기에 따라 여과한다는 의미로 한외여과(限外濾過)라고 부른다. 그림 2에 교반형 장치의 일례를 보여준다. 원심력을 이용한 역침투도 가능하며, 원심기 안에서 사용하는 한외여과기도 시판되고 있다.

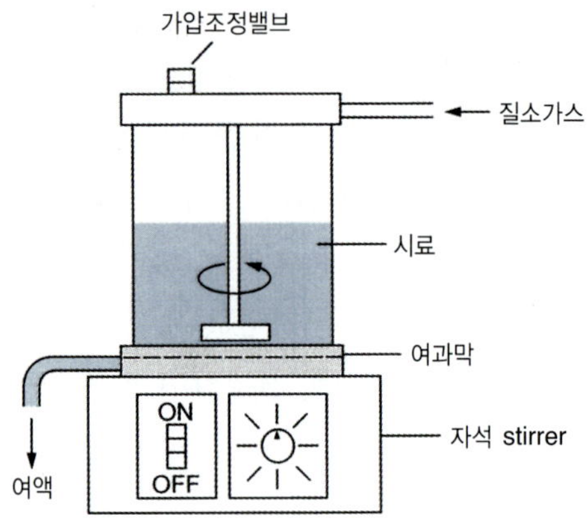

| 그림 2 | **교반형 한외여과 장치**

구멍의 크기가 다른 여러 가지의 막이 시판되고 있으므로 목적에 맞게 적절한 것을 선택한다.

해 설

반투막으로 나뉘어진 순용매상 I과, 용질 A를 포함한 용액상 II의 화학평형에 관해 생각한다(그림 3). 두 용액상에 공통의 화학종은 용매 S이고, 각 상의 S의 화학포텐셜($\mu^{I} = \mu^{o,I}$, $\mu^{II} = \mu^{o,II} + RT\ln x_s$)은 평형 상태에서는

$$\mu^{o} = \mu^{II}$$

$$\mu^{o,I} = \mu^{o,II} + RT\ln x_s$$

$$\mu^{o,II} - \mu^{o,I} = -RT\ln x_s \quad (1)$$

가 된다. 여기서 $\mu^{o,\mathrm{I}}$ 및 $\mu^{o,\mathrm{II}}$는 각각의 상 I과 II의 표준 화학포텐셜이다. 또 x는 상 II에 있는 용매 S의 mol 분률 [$= n_s / (n_\mathrm{A} + n_s)$; n_s, n_A 는 각각 용매 S, 용질 A의 mol 수]이다. $x_s < 1$이 되기 때문에 $-RT \ln x_s > 0$가 된다.

따라서 그림 3에 나타난 것처럼, 식 (1)을 채우기 위해서는 상 II에 여분의 포텐셜, 즉 압력 ΔP를 가하지 않으면 안 된다. 이때 상 II와 상 I의 압력차 $P^{\mathrm{II}} - P^{\mathrm{I}} = \Delta P$를 침투압(기호 Π도 사용됨)이라 한다.

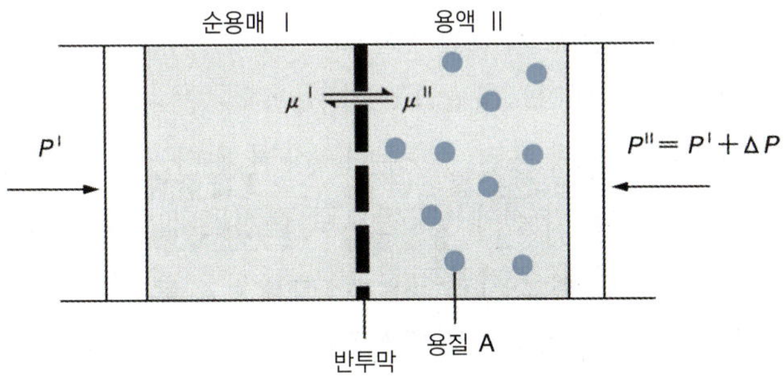

| 그림 3 | **침투압의 원리**

일정한 온도의 조건에서는 μ^o는 P에 비례하여 증대하고, 그 비례 정수는 몰 체적 υ_s ($= \mathrm{d}\mu^o / \mathrm{dP}$: 물질 1 mol이 차지하는 체적)이 된다. 즉, mol 엔트로피를 s로 나타내면

$$\mathrm{d}\mu = \upsilon \mathrm{d}P - s\mathrm{d}T \tag{2}$$

가 되고, 다음의 관계가 성립된다.

$$\begin{aligned} \mu^{\mathrm{II}} &= \mu^{o,\mathrm{II}}(P+\Delta P) + RT \ln x_s \\ &= \mu^{o,\mathrm{II}}(P) + (\mathrm{d}\mu^{0,\mathrm{II}}/dP)\Delta P + RT \ln x_s \\ &= \mu^{o,\mathrm{II}}(P) + \upsilon_s \Delta P + RT \ln x_s \end{aligned} \tag{3}$$

$\mu^{o,\mathrm{I}}(P) = \mu^{o,\mathrm{II}}(P)$라는 것과, 식 (1)을 합하면

$$\upsilon_s \Delta P = -RT \ln x \text{ 또는 } \Delta P = -\frac{RT \ln x_s}{\upsilon_s} \tag{4}$$

가 얻어진다. 이것은 이상용액(理想溶液)의 조성과 침투압과의 관계를 나타내는 일반식이다.

여기서 식 (4)의 $\ln x_s$ 간략화 하기 위해, 상 II의 용질 A의 mol 분률 $x_A[= n_\mathrm{A}/(n_\mathrm{A}+ n_s)]$를 생각한다. 희박 용액에서는 $x_A(= 1-x_s) \ll 1$이며, 또 상 II의 전체적(全體積)은 $V^{\mathrm{II}} \cong n_s\upsilon_s$ 로 나타낼 수 있기 때문에

$$\ln x_s \cong -x_\mathrm{A} \cong -\frac{n_\mathrm{A}}{n_\mathrm{S}} \cong -\frac{n_\mathrm{A}\upsilon_\mathrm{S}}{V^{\mathrm{II}}} \tag{5}$$

가 된다. 식 (4)와 식 (5)에서 침투압에 관한 van 't Hoff 식이 얻어진다.

$$\Delta P \cong \frac{n_A RT}{V^{II}} = RTc_A \tag{6}$$

여기서 cA는 상 II에 있는 용질 A의 mol 농도이다. 전해질 용액에서는 식 (6)을 보정해서

$$\Delta P = iRTc_A \tag{7}$$

이 된다. 이 i를 van 't Hoff 계수라고 한다. 예를 들어 용질 A가 NaCl인 경우, Na^+와 Cl^-로 해리하기 때문에 I = 2가 된다. 또 약전해질 AB의 경우에는 $AB \rightleftarrows A^- + B^+$의 평형에 있어서 AB의 전체 농도를 c, 해리도를 α라고 하면, 용액 중에서는 $[AB] = (1-\alpha)c$, $[A^-] = [B^+] = \alpha c$가 되기 때문에, 전체 용질 농도는$(1+\alpha)c$가 된다. 즉, 침투압은 상 II에 존재하는 용매 이외의 분자와 이온의 전체농도만으로 결정된다. 이와 같은 성질을 총괄성(colligative property)이라고 한다. 증기압 강하, 비등점 상승, 응고점 강하도 총괄성에 의한다. 역침투는 그림 3의 상 I과 상 II의 압력차가 본래의 침투압 ΔP보다 크게 되도록 상 II를 가압하거나, 상 I에 압력을 줄이거나 하는 데에 따라 일어난다.

자외-가시흡수 스펙트럼

紫外-可視吸收, Ultraviolet-Visible Absorption Spectrum

Chapter 91

광자에 빛을 비추면, 분자와 특정의 광자가 반응하여 빛의 강도(광자의 수)는 서서히 감퇴한다. 즉, 빛의 흡수가 일어난다. 예를 들면 riboflavin의 용액에 백색광을 비추면 황색으로 보인다. 이것은 riboflavin이 청색 빛을 흡수하고, 그 외의 파장의 빛은 흡수되지 않고 투과했기 때문이다. 흡수되지 않고 투과한 빛의 색을 여색이라 한다. 흡수되지 않고 투과하는 청색 빛의 세기는 용액 중의 riboflavin의 농도 c(concentration)와 빛의 통과길이 l(length)에 대하여 지수 함수적으로 감소한다. 이것을 Lambert-Beer의 법칙●이라 한다.

입사광 또는 투과광의 세기를 각각 I_0, I라 하면, 양자의 비 I/I_0는 투과율 T라 부르고, 백분율로써 표시된다. 또, log 100/T(= log I_0/I)는 흡광도 A라고 한다. Lambert-Beer의 법칙에 의해

$$\log\frac{I_0}{I} = A = \frac{k}{2.303}cl = \epsilon cl \qquad (1)$$

이 된다. ε($M^{-1}cm^{-1}$)는 몰 흡광계수라 하고, 물질과 파장의 고유한 값이다. ε를 미리 알고 있을 경우, 어떤 파장의 단색광을 용액에 입사시킬 때의 흡광도 A에서 c를 구하는 방법을 분광광도법(혹은 흡광광도법)이라 하고, 생화학을 포함한 폭넓은 영역의 정량분석에 이용되고 있다. 이 분석은 분광광도계를 사용하여 측정한다. 흡광도와 농도측정 오차 F●사이에는 그림 1과 같은 관계가 있고, 분광광도법에 있어서 측정오차를 적게 하기 위해서는 가능한 한 A = 0.1~0.8의 범위 내에 들어가도록 c와 l(length)을 조절할 필요가 있다.

ε는 λ에도 의존하기 때문에, A를 λ에 대하여 측정하면, 분자 특유의 곡선이 얻어진다. 이것을 자외-가시흡수 spectrum(혹은 전자 spectrum)이라 한다. 흡수 spectrum은 그 분자의 전자 상태를 민감하게 반영한다. 예를 들면 그림 2처럼 phenolate는 산해리에 의해 흡수극대 파장이 장파장으로 shift(심색이동, 深色移動)하고, ε가 증가한다(농색효과, 濃色效果)●. 또 반대로, 단파장 shift를 천색이동(淺色移動) ε의 감소를 담색효과(淡色效果)라 한다. 이와 같이 X와 Y 두 종류만이 관여하는 반응계(X ⇄ Y 또는 X→Y)에서는 그림 2와 같이 모든 spectrum은 어느 한 점에서 교차한다. 이것을 등흡수점(isosbestic point)이라 한다. XY간의 화학 평형과 반응 속도를 조사하거나, XY 혼합물의 정량 시, 매우 중요한 실험적 자료가 된다●.

Key words

람버트 비어의 법칙(Lambert-Beer's law), 흡광도(吸光度, absorbance), 몰 흡광계수(몰 吸光係數, molar absorption coefficient), 분광광도법(分光光度法, spectrophotometry), 등흡수점(等吸收点, isosbestic point), 비탁법(比濁法, turbidimetry), 전자전이(電子轉移, electronic transition)

●Lambert-Beer의 법칙

농도 c인 용액 속을 단색광이 통과할 때, 빛에 직각인 길이 dl간의 액 층에서 감소하는 빛의 강도 $-dI$는 c와 I에 비례한다($-dI/dl = kcI$). 따라서 입사광 혹은 투과광의 강도를 각각 I_0, I라 하면

$$-\int_{I_0}^{I} dI/I = kc\int_0^l dl$$ 에서

$-\ln(I/I_0) = kcl$이 된다.

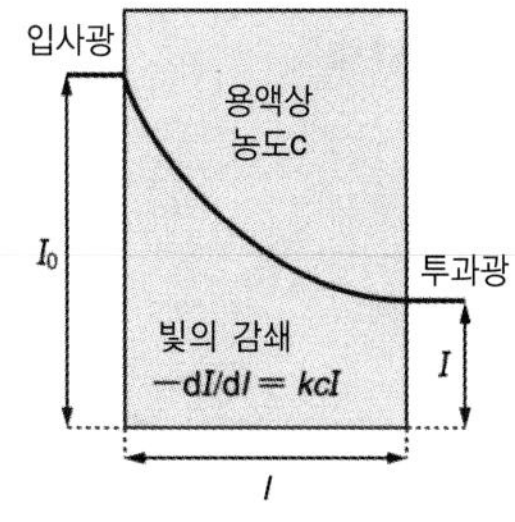

●농도 측정오차

분광광도계에서는 투과도 $t(= I/I_0)$에 비례한 물리량을 측정한다. 이 때문에 어떤 A에 있어서 농도 측정오차 F는

$$F = \frac{-dA}{Adt} = \frac{-dc}{cdt} = \frac{-d(\ln t)}{\ln t dt}$$ 이 된다.

phenolate의 전자 상태

이것은 공역산형에서는 방향환의 비틀린 각이 크고 π 전자 공역이 작은 데 비해, 공역염기형에서는 quinone 구조가 생겨, 다른 두 개의 방향환과의 π 전자 공역도도 증가하기 때문에 형성된다.
이 경우 ε의 증가는 해리형의 비율이 증가하기 위하여 일어나는 외관상의 [농색효과]인 것에 주의할 필요가 있다.

등흡수점

$c_X + c_y (= c_t)$가 일정하면, $\varepsilon_X + \varepsilon_y (= \varepsilon_i)$이 되는 λ_i에서는
$A_i / l = \varepsilon_X c_X + \varepsilon_y c_y = \varepsilon_i c_t$가 되고, 모든 spectrum은 특정의 점에서 교차한다.

산란광

산란광의 강도는 미립자의 지름이 λ/20 이하일 때 λ^4에 반비례하고, 산란각에 의존한다. 하늘색은 산란된 청색 빛에 의한 것이고, 석양이 붉게 보이는 것은 투과된 적색빛에 의한 것이다.

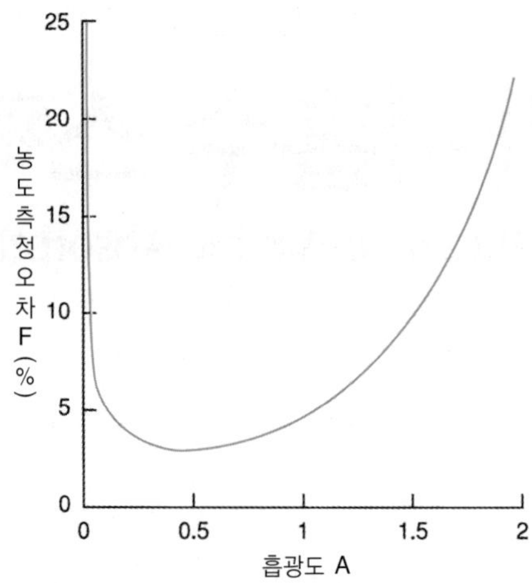

| 그림 1 | 흡광도 오차 곡선

고분자 콜로이드(colloid) 물질과 같은 미립자가 분산 또는 부유하고 있는 액체 또는 기체에 빛을 비추면, 그 광로가 빛나게 보인다(Tyndall 현상). 이것은 미립자가 빛을 산란시켜, 그 산란광을 입사광과는 다른 방향에서도 관측할 수 있기 때문이다•. 여기서 미립자에 의한 빛의 흡수 이외에, 이 광산란에 의해서도 투과광의 강도 I가 감소한다. 이것을 비탁(比濁)이라 하고, 균일한 분산계의 비탁에 의한 I / I_0는 식 (1)과 동일한 모양으로 나타낼 수 있다. 단, 이 경우 c는 단위체적당의 미립자 수이고, 또 ε는 미립자 특유의 정수이며, λ가 크게 됨에 따라 단조롭게 감소한다. 즉, 산란에 의한 흡수 spectrum은 단파장측에서 장파장측에 걸쳐 단조로운 감쇠곡선이 된다. 이와 같은 투과광의 감쇠의 측정을 비탁법이라 하고, 균체수의 측정과 단백질 분획, 또는 중성 지방의 정량에 이용된다.• 생체 시료에서는 광흡수의 영향을 피하기 위해 보통 600nm 이상의 파장을 이용한다. 또, 이와 같은 혼탁이 있는 시료와 다성분 혼합시료의 흡광도와 흡수 spectrum을

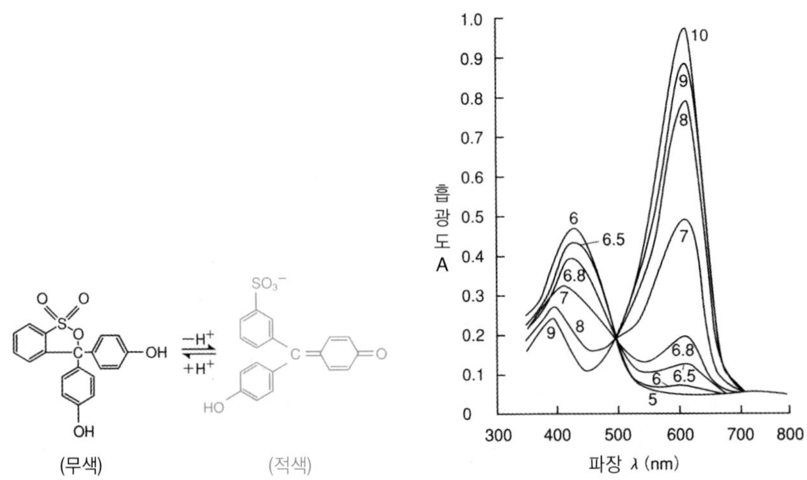

| 그림 2 | Phenolate의 흡수 spectrum

그림 중의 값은 용액의 pH

측정하려면, 두 개의 서로 다른 파장의 빛을 비출 때의 흡광도를 동시에 측정하는 이파장 분광측정법이 이용된다.

•비탁분석
특정 파장의 흡수와는 달리 산란광의 측정은 비탁분석(nephelometry)이라 한다.

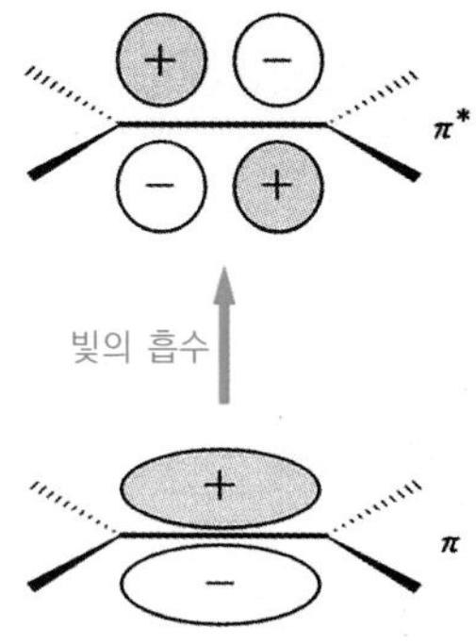

C=C 의 π - π * 전이

해 설

전자파의 광자의 에너지 E(단위: J)는 Planck의 양자가설에 의해

$$E = h\nu = \frac{hc}{\lambda} \quad (h\text{: Planck정수, } \upsilon\text{: 진동수, } c\text{: 진공 중의 광속도, } \pi\text{: 파장}) \tag{2}$$

로 나타낸다. 한편, 분자의 에너지 level은 양자화되어 있기 때문에, 비연속적인 분자 고유의 값을 갖는다. 어떤 분자의 두 에너지 차 ΔE와 같은 에너지를 갖는 광자가 충돌하면, 분자는 어떤 확률로 더 높은 level로 여기된다($\Delta E = h\upsilon$; Bohr의 조건). 분자의 에너지는 작은 순으로 회전, 진동 또는 전자에너지가 되고, 각각의 여기에 관여하는 전자파는 순서대로 micro파, 적외선 또는 가시-적외선이 된다. 그림 3은 가시-자외 영역의 빛을 분자에 비추었을 때의 전자전이를 potential 에너지 곡선으로 나타낸 것이다. Potential 에너지란 전자와 핵과의 전기적인 힘에 의한 위치에너지를 말한다. 유기화합물에서의 전자전이로 가장 중요한 것은 π 궤도상의 전자의 $\pi^{•}$반결합 궤도로의 전이($\pi - \pi^{•}$전이)이다. 이로 인해, 가장 안정한 핵간 거리가 R_e에서 R_e' 로 길어지게 된다. 기저 상태의 전자는 그림 3의 수평선으로 그린 진동 level의 가장 낮은 위치에 있다고 생각해도 좋다. 전자전이는 상당히 빠르고, 핵의 움직임은 무시할 수 있기 때문에, 전자는 수직 방향으로 전이한다(Franck-Condon의 원리). 여기 상태도 어느 정도의 진동 level을 갖기 때문에, 근접한 ΔE의 전이가 여러 개 존재하게 되고, 흡수된 빛도 여러 종류가 있다. 따라서 그림 3과 같이 여기 상태의 진동 구조를 반영한 미세 구조를 가진 광흡수가 관측된다. 단, 용액 시료 등에서는 분자와 용매의 상호 작용 때문에 폭넓은 흡수 peak가 되는 일이 많다.

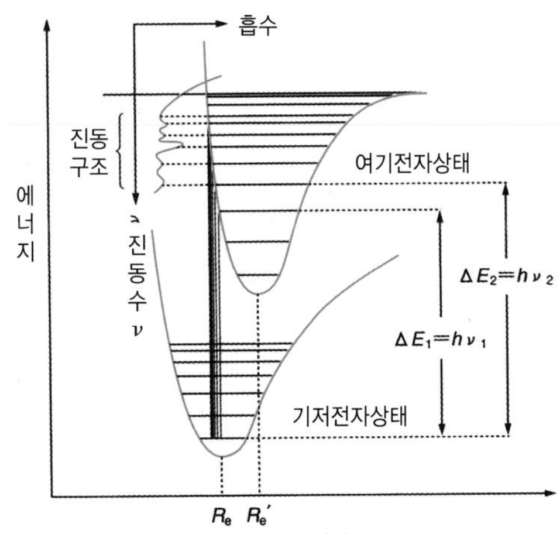

| 그림 3 | 빛의 흡수에 의한 전자 상태의 여기

Chapter 92

형광과 인광

螢光과 燐光, Fluorescence and Phosphorescence

Key words

형광 프로브(fluorescence probe), 녹색 형광 단백질(green fluorescent protein ; GFP), 형광 in situ hybridization법(fluorescence in situ hybridization ; FISH), 형광 활성화cell sorter(fluorescence-activated cell sorter ; FACS), 형광분석(螢光分析, fluorescence analysis), 기저상태(基底狀態, singlet ground state), 여기 일중항상태(勵起一重項狀態, exited singlelet state ; S1), 발광spectrum(emission spectrum), 여기spectrum(勵起, excitation spectrum), 여기 삼중항상태(勵起三重項狀態, exited triplet state), 양자수율(量子收率, quantum yield)

분자에 어떤 종류의 빛을 조사하면, 광에너지를 흡수하여 여기되지만, 여기된 상태는 길게 지속되지 않고, 에너지를 방출하고 원래의 상태로 돌아간다. 이때 에너지를 자외-가시광으로 방출할 경우, 그 빛을 형광 혹은 인광이라 한다(해설 참조). 이와 같이 형광 혹은 인광을 발하는 분자를 이용하면, 여러 종류의 다양한 고감도 분석이 가능하게 된다. 생체 물질 중에는 flavin과 NADH와 같이 그 자체가 형광성을 가진 것도 있지만, 본래는 형광성이 아닌 물질이라도 그것에 형광성 색소(형광 프로브)를 도입함으로써 도입된 형광(의 변화)으로부터 그 시료의 농도와 상태(의 변화)를 추정할 수가 있다. 예를 들면, 해파리 유래의 녹색 형광 단백질(Green Fluorescent Protein, GFP)은 우수한 형광 프로브이고, GFP 유전자와 목적의 유전자를 융합하여 발현시키면, GFP와의 chimera 단백질이 형성되어 형광을 발하기 때문에, 목적의 유전자가 언제, 어디서 어떻게 발현하는지, 살아있는 생물 개체를 사용하여 실시간으로 추적할 수가 있다. 또 특정의 DNA와 RNA를 직접 관찰하는 방법으로, 형광 *in situ* hybridization법(FISH)이 있다. 검색에 사용하는 프로브 DNA를 형광에서 관찰할 수 있도록 해 두면, 목적의 DNA와 RNA가 세포 중에 어디에 있는가 다른 DNA와 RNA와의 관계는 어떻게 되어 있는가 살아 있는 상태에 가까운 상황에서 관찰할 수 있다. 복수의 형광 색소를 사용함으로써, 몇 개의 DNA 혹은 RNA를 동시에 염색 분류할 수도 있다.

형광 표식된 시료를 형광 현미경으로 관찰하면, 어두운 시야 속에서 형광 물질만이 빛나 보인다. 예를 들어 공초점 레이저 주사 현미경(confocal laser scanning microscopy)을 사용하면, 세포를 절단하지 않고 세포의 내부구조를 관찰할 수가 있다. 시료에 laser 광선을 쪼이면, 한 부분에서 설정된 깊이에서 신속하게 주사하고, 영상 정보를 기억함과 동시에 차례로 심도를 변화시켜 나가면, 일련의 단층상을 얻을 수 있다. 컴퓨터로 단층상을 조합하면, 입체상을 얻을 수 있게 된다. 이렇게 하여, 특정의 물질이 세포의 어느 부분에 분포하고 있는가를 용이하게 관찰할 수 있다.

조직에서 떼어낸 세포를 분획하려면, 형광 활성화 cell sorter(FACS)를 사용한다. 목적의 세포 표면에 있는 특정 물질(항원)과 특이적으로 결합하는 항체를 사용해, 다시 그 항체를 형광물질(fluorescein 등[●])로 표식해 두면, 목적의 세포만이 형광을 발한다. 거기서 FACS에 의해 형광을 갖는 세포만을 분리해 얻을 수 있다.

● Fluorescein

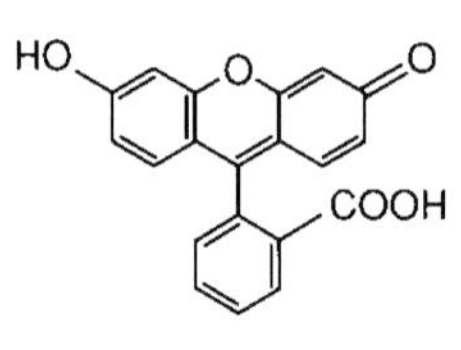

해 설

그림 1에서 나타낸 것처럼, 기저 일중항상태 S_0•의 최저 진동준위에 있는 분자는 자외-가시광선의 빛에너지를 흡수하여 여기 일중항상태 S_1까지 전자적으로 여기된다. 이 여기 분자는 언제까지나 S_1에 머무르지는 않고, (분자의 해리가 일어나지 않는 한)우선 S_1의 최저 진동준위로 이행한다(진동 완화). 그 후, ① 광 방출을 동반하지 않는 전자전이(무폭사전이) 또는 ② 형광 혹은 ③ 인광이라 불리는 형광을 동반하는 전자전이(폭사전이)에 의해 기저상태 S_0의 적당한 진동준위로 이동하고, 계속하여 S_0의 최저진동률 위치까지 되돌아간다.

•다중도(多重度)

합성 spin양자 수를 S라 할 때, 다중도는 2S+1로 나타내고, 이것은 자장 내의 에너지 순위의 수를 표시한다. 대부분의 분자에서는 전자라고 하는 반대의 성질의 전자가 짝이 되어 존재하기 때문에, S = 0(일중항, singlet)가 된다. Radical은 S = 1/2로 이중항(doublet)이 된다. O_2와 같이, 전체로 써는 짝수 개수의 전자라도 축퇴한 두 개의 궤도에 한 개씩의 전자가 존재할 때, 삼중항(S = 1,triplet)이 된다.

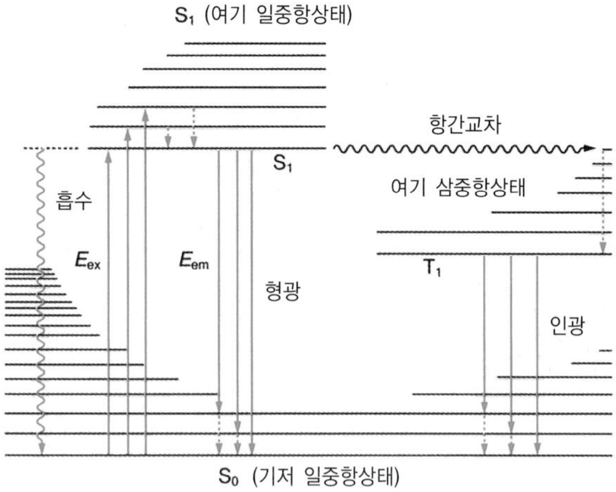

| 그림 1 | 분자의 에너지 상태와 광여기, 완화 과정

→는 폭사전이 〰는 무폭사전이를 나타낸다

•무폭사전이(無輻射轉移)

가장 일어나기 쉬운 전이로, 거기서 잃은 에너지는 열의 형태로 매체로 이동한다.

형광이란 S_1의 최저 진동준위로부터 S_0로 전자전이 할 때 방출되는 빛으로, 그 수명은 10^{-9}~10^{-6} s이다. 형광 분자를 어떤 파장 λ_{ex}의 빛으로 여기 시킬 때의 형광강도 F를 형광 검출 파장 λ_{em} 함수로 측정한 곡선을 형광 spectrum(혹은 발광 spectrum)이라 한다. 그림 1과 2에서 알 수 있듯이, 형광의 빛에너지 ΔE_{em}는 여기의 빛에너지 ΔE_{ex} 보다 작게 되고, 형광 spectrum은 흡수 spectrum보다 장파장 측에 나타난다. 또 S_0와 S_1의 진동준위의 간격이 거의 같으면, 형광 spectrum은 흡수 spectrum과 거울상 관계가 된다. λ_{em} 을 고정하고, F를 λ_{ex} 의 함수로 측정한 곡선을 여기 spectrum(excitation spectrum)이라 하고, 물질이 단일 성분이면 흡수 spectrum과 일치한다.•

•0–0 band

형광 spectrum과 흡수 spectrum의 교점의 파장에 상당하는 에너지가 S_0와 S_1의 최저 진동준위간의 에너지 차가 된다.

한편 인광이란 S_1의 최저 진동주기에서 항간 교차에 의해 여기 삼중항상태 T_1으로 옮겨 가고, 그것이 S_0로 돌아갈 때의 발광으로, 그 수명은 10^{-6}~10^{-2} s로 형광보다 길다. 일중항과 삼중항은 전혀 성질이 다른 전자 상태이므로, 일반적으로 그 전이 확률은 극히 낮고, 인광은 한정된 계에서만 관측된다. T_1과 S_0 간의 에너지 차는 S_1와 S_0 간의 차보다 작기 때문에, 인광 spectrum은 형광 spectrum보다 더욱 장파장 측에 나타난다(그림 2). 인광 spectrum도 발광 spectrum의 일종이다.

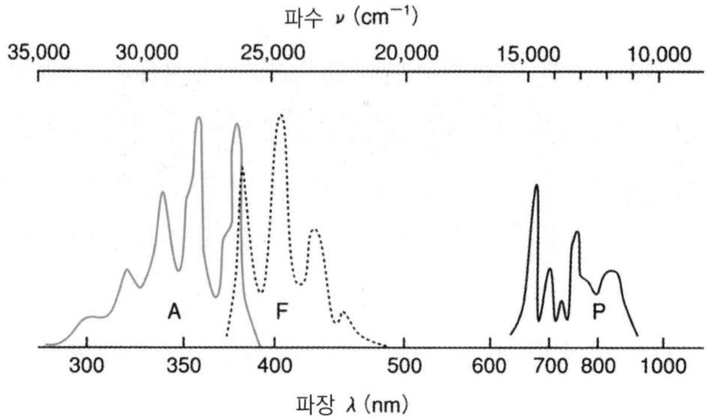

| 그림 2 | 안트라센(anthracene)의 흡수, 형광, 인광 spectrum

(A: 흡수 spectrum, F: 형광 spectrum, P: 인광 spectrum)

생화학에서는 인광보다 형광이 더 잘 이용되고 있기 때문에, 이하, 형광에 관하여 설명한다. 위에서 설명한 것처럼, 형광강도 F는 흡수된 광자의 수(입사광과 투과광의 강도 차 $I_0 - I$)와 비례하므로 Lambert-Beer의 법칙에 의해

$$\begin{aligned} F &= \Phi I_0[1 - \exp(-kcl)] \\ &= \Phi I_0[1 - \{1 - (kcl) + (kcl)^2/2 + \cdots + (-kcl)^n/n!\}] \qquad (1) \\ &\cong \Phi I_0 \text{ kcl } (kcl < 0.05\text{일 때}) \end{aligned}$$

여기서 비례정수 ϕ를 양자 수율이라 한다. 이처럼 흡광도 A(= $\epsilon cl = kcl / 2.303$, 91항 참조)가 작을 경우에는 F를 측정함으로써 c를 알 수 있다. 이와 같은 수법을 형광 분석이라 한다. 형광광도계에서는 F에 비례한 물리량을 측정하지만, 광흡수와 달리 그것이 직접 c에 비례하기 때문에, 형광 분석은 흡광광도법보다 고감도이다. 그러나 c가 높아지면, F와 c의 직선성이 붕괴될 뿐 아니라(식 1 참조), ϕ의 저하(농도소광, 濃度消光)와 용질에 의한 형광의 재흡수가 일어나, F는 현저히 저하하는데, 이를 형광소광(fluorescence guenching)이라 한다. 그 일례를 그림 3에 표시했다. 또 형광 분석에서는 미량의 불순물에 의한 영향을 받기 쉽다는 점도 유의할 필요가 있다.

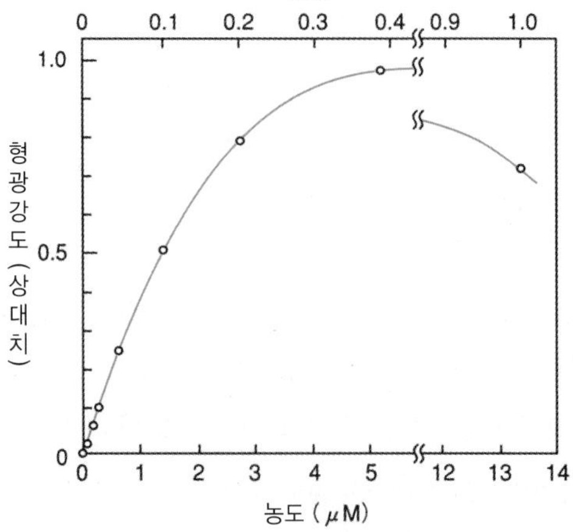

| 그림 3 | Chlorophyll a의 형광강도의 농도의존성

생체 분자의 정량법

生體分子의 正量法, Assay of Biomolecules

Chapter 93

생체 분자란 생명체를 구성하는 성분인데, 주요한 것으로는 단백질, 핵산, 다당 등의 고분자와, 지방, 비타민, 아민과 같은 저 분자 생리활성 물질이 있다. 다양한 생체 분자의 각각의 특성에 따라 농도측정, 활성측정, 화학변형의 효율, 항원-항체 반응의 정량화 등 다양한 정량법이 사용되지만, 다음과 같은 공통의 concept가 존재한다. ❶ 침전을 만들어 무게를 달거나, 발생하는 기체의 체적을 측정한다. ❷ 반응성이 풍부한 작용기와 시약을 반응시켜 적정 한다. ❸ 정색 반응에 의해 생긴 유도체의 흡광도와 형광 강도를 측정한다.

여기서는 생화학에 있어 특히 중요한 단백질, 핵산, 당질, 지방의 대표적인 정량법을 설명한다.

Key words

정색반응(呈色反應, color reaction), 흡광도(吸光度, absorbance), Lowry법(Lowry method), Bradford법(Bradford method), 안트론법(anthrone method), 박층(薄層) 크로마토그래피(thin layer chromatography)

단백질의 정량법

단백질의 정량법을 크게 구분하면, 단백질을 변형시키지 않은 상태에서 정량 하는 경우와, 시료를 가수분해하여 아미노산으로 변화시킨 후에 정량 하는 방법으로 나누어 진다.

가장 간편한 것은 방향족 아미노산의 자외흡수를 이용하는 방법이고, A_{280}(280nm의 흡광도)을 측정한다. 일반적인 단백질에서는 1 mg/mL일 때에 $A_{280} = 1 \pm 0.5$가 된다. 그러나 핵산 등 자외흡수 불순물의 영향을 받거나, 조성 중의 방향족 아미노산 잔기(Trp, Tyr, Phe) 수를 모를 경우에는 신뢰성이 떨어진다.

간편함, 감도, 정밀도 면에서 생화학에서 가장 많이 사용되는 방법으로는 Lowery법과 Bradford법이 있다. Lowery법은 Follin-Lowery법, copper-phenol법이라고도 부른다. Phenol시약에 의한 단백질의 정색 반응(tyrosine, tryptophan, cysteine 등에 기인)과, 알칼리성 Cu 용액에 의한 Burette 반응*(peptide결합에 기인)과 조합하여 감도를 증가시키는 방법이다. 한편 Bradford법은 polyacrylamide 전기영동 후에 단백질을 band로 검출하기 위해 사용되는 색소, Coomassie Brilliant Blue G-250(CBB G-250)을 이용하는 방법이다. 이 색소는 유리 상태에서는 적색(흡수극대 465nm)이지만, 단백질과 결합하면 청색(흡수극대 595nm)으로 변화하기 때문에, 이것을 이용해 측정한다.

*Burette 반응
두 개 이상의 peptide결합을 갖는 물질은 알칼리 용액 중에서 Cu 이온과 청자색의 착물을 형성한다. 즉, 펩타이드 결합의 N 원자가 Cu와 배위한다.

단백질을 가수분해 한 후에 정량 하는 경우, 미량화, 고속화가 가능한 아미노산 분석기를 사용한다. 이 때 검출에는 아미노기에 대해 특이적인 반응이 있는 닌히드린(nin-

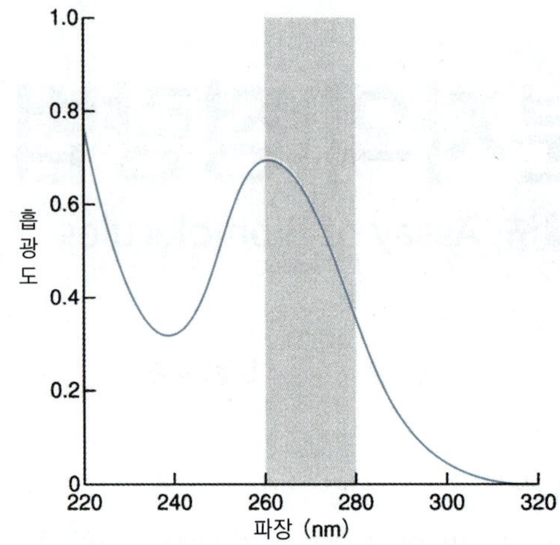

| 그림 1 | 핵산의 흡수spectrum

핵산은 260nm에 흡수극대를 갖는다.

hydrin)법(발색)과 fluorescence법(형광)이 이용된다.

핵산의 정량법

Purine, pyrimidine염기에 의한 강한 자외흡수를 이용한 측정법은 비교적 미량으로 간단하게 핵산을 정량할 수 있고, 중요한 시료를 회수할 수 있으므로, 널리 이용되고 있다(그림 1). 결국 핵산의 260nm에서의 흡광도를 측정하고, 식 (1)에 따라 산출한다.

$$\text{DNA 농도}(\mu g/ml) = A_{260} \times (1A_{260}\text{단위}) \qquad (1)$$

이중 사슬 DNA : $1A_{260}$단위 = 50

단일 사슬 DNA : $1A_{260}$단위 = 37

단일 사슬 RNA : $1A_{260}$단위 = 40

또, 핵산의 순도는 A_{260}/A_{280}의 값에서 판단할 수 있다. 순도가 높은 DNA에서는 A_{260}/A_{280} = 1.8, RNA의 경우는 A_{260}/A_{280} = 2.0이다. 따라서 DNA를 정제하여 260과 280nm의 흡수극대의 비가 A_{260}/A_{280} = 1.9 이면, RNA의 오염을 의심할 수 있으며, A_{260}/A_{280} = 1.6 이하면 단백질의 오염을 생각할 수 있다.

당질의 정량

정색 반응을 이용하여 직접 정량 하는 방법이 많이 있다. 그 중의 하나로 anthrone법은 hexose, aldopentose 류를 유리의 상태에서나 다당류 중에 존재하는 상태에서도 간단하게 정량할 수 있는 방법이다. Anthrone 시약(2 g/liter 진한황산 용액) 중에서 당질을 가열함으로, 620nm에서 흡수극대를 갖는 청록색의 용액이 되기 때문에, 이것을 이용하여 정량 한다. 또한 박층 chromatography(TLC)를 이용하는 방법도 있다.

지방의 정량법

지방의 정량법으로써는 간편함과 정확함 때문에 박층 chromatography, gas-chromatography, 액체 크로마토그래피 등의 분획수단(101항 참조)과 적당한 검출 조작을 조합한 방법이 주로 이용된다. 박층 크로마토그래피를 이용할 경우, 전개 후의 plate에 초산동시약, 로다민(Rhodamine) 시약 등, 각종 검출 시약을 안개 상태로 균일하게 뿌려서 검출한다. 자외 흡수를 갖는 지질 등은 형광 색소를 함유한 plate를 이용해 자외선에 비추어 직접 검출할 수도 있다. 검출한 각 spot를 densitometer를 이용해 정량할 수 있다.

Chapter 94

광학 현미경

光學顯微鏡, Light Microscope

Key words

형광 단백질(螢光 蛋白質, fluorescent protein), 면역염색(免疫染色, immunostaining)

현미경의 역사를 간단히 살펴보고자 한다.

- 1590년 안경제작자 얀센 부자가 최초의 현미경을 만들었다. 세 개의 관과 두 개의 렌즈를 가진 망원경의 형태로 최대 10배 정도 확대되었다.
- 1660년 네덜란드 렌즈제작자 광학 현미경의 아버지로 불리우는 안톤 반 레벤후크는 렌즈 하나를 사용한 현미경을 만들었는데 배율이 270배나 되었다. 혈액, 박테리아 등을 관찰해서 미생물학의 시초를 세웠다.
- 1665년 영국인 로버트 후크는 현미경을 사용해서 처음으로 세포를 관찰하였다.
- 18세기 두개의 다른 종류의 렌즈를 사용해서 굴절현상을 감소시켜 해상도를 높혔다.
- 1830년 리스터는 여러 개의 도수가 약한 렌즈를 일정한 간격으로 배치한 현미경을 고안했다.
- 1878년 독일의 에른스트 아베(Ernst Abbe)가 빛의 파장과 이미지의 최상의 해상력의 관계를 정립하는 수학공식을 개발했다. 즉, 해상도는 빛의 파장과 반비례함을 증명하였다.
- 1903년 찌그몬디가 최초로 빛의 파장보다 짧은 물체를 볼 수 있는 현미경을 개발했다. 그는 1925년 노벨 화학상을 수상했다.
- 1933년 독일의 막스 놀과 에른스트 루스카는 빛 대신에 전자를 사용하는 전자 현미경을 개발했다. 최초의 전자 현미경의 배율이 17.4배였다는 것은 현미경의 이름과 어울리지 않지만 연구개발의 진전으로 현미경의 해상도가 비약적으로 발전했다.
- 1981년 비니크와 로러는 최초로 3차원의 입자(atom)차원으로 이미지를 볼 수 있는 주사 터널링 현미경(scanning tunneling microscope, STM)을 발명했다. 그들은1986년 노벨 물리학상을 수상했다.

어떤 시료를 현미경으로 관찰할 경우에 있어서 고배율로 관찰할 경우는 전자 현미경(95항 참조)이 적합하지만, 살아 있는 상태로 관찰할 수 있는 것은 광학 현미경이다. 광학 현미경이란 대상으로 하는 시료에 빛을 투과시켜, 두 종류의 렌즈(대물, 접안)를 조합시킴으로써 시료의 상을 확대하고 관찰하는 장치를 말한다(그림 1). 대물렌즈 위치에 따라 정립형(正立型)과 도립형(倒立型)으로 분류된다(그림 2). 도립형이 적합한 것은 배양 중의 세포의 관찰 등 용기의 밑부분에서 관찰하는 경우다. 대물렌즈와 접안렌즈

| 그림 1 | 세계에서 가장 고성능인 광학 현미경이라고 알려진 우즈홀 임해생물연구소의 Shinya Inoue 박사 제작의 편광 현미경

연구소 3층에 설치되어 있는데, 건물의 흔들림에 영향 받지 않도록 현미경이 보관 유지되어 있다.

의 배율의 곱에 의해 전체 배율이 정해진다. 보통 2000배 정도가 배율의 한도로 여겨져 왔지만, 최근에는 다양한 연구가 이루어져 배율과 해상도가 비약적으로 향상하고 있다. 더욱이 video camera, computer, 광disc, laser 광원 등의 이용으로, 살아 있는 세포, 또는 그 구성 성분이 운동하는 모습을 실시간으로 모니터링 할 수 있게 되었다(그림 3).

(a)

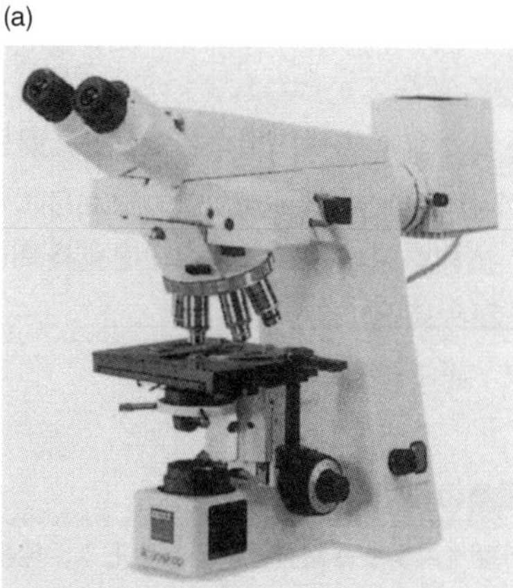

(b)

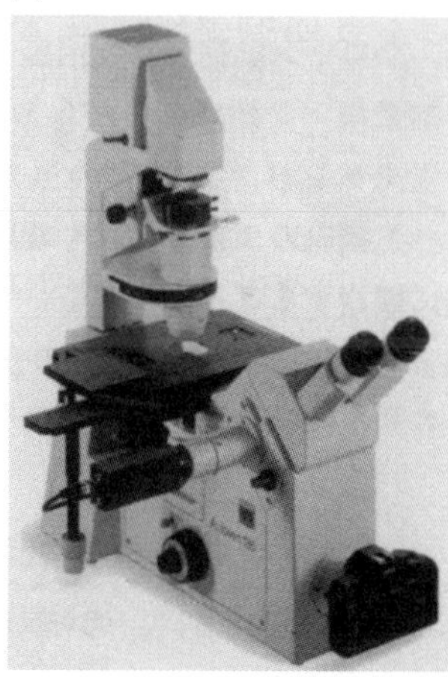

| 그림 2 | (a) 정방형(正立型) 광학 현미경, (b) 도립형(倒立型) 광학 현미경

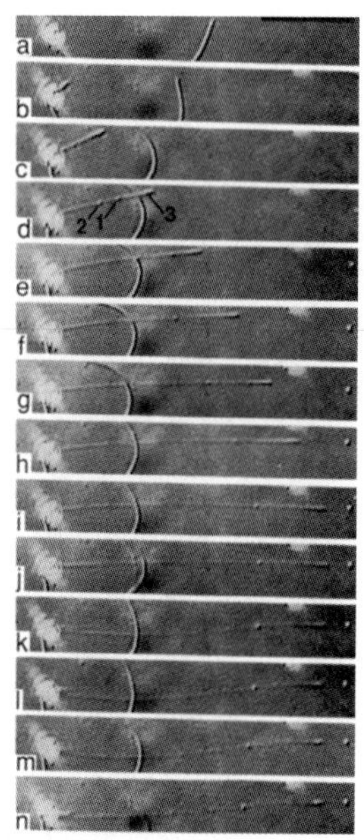

| 그림 3 | 투구게 정자의 첨단 반응의 시간차 관찰

현재의 생화학 영역에 있어 광학 현미경은 연구 응용면에서 필수불가결한 도구이다. Clone 동물과 불임 치료 등의 생명 탄생에 관계되는 조작을 할 때는 난세포를 현미경 하에서 관찰하면서 DNA의 미량 주입을 할 수가 있다. GFP(green fluorescent protein, 녹색 형광 단백질) 등의 형광 단백질을 표식으로 이용하면, 형광현미경을 이용하여 세포의 organelle과 세포 내의 단백질의 거동을 살아 있는 상태에서 직접 관찰할 수 있다. 또 항체를 이용해 세포의 절편을 면역 염색한 경우, 세포 내의 단백질 분포를 현미경 하에서 관찰할 수 있다.

일반적인 광학 현미경의 특징에 관해, 표 1에 정리하였다.

표 1 광학 현미경의 종류와 특징

종류	특징
위상차(位相差) 현미경 (phase contrast microscope)	빛이 굴절률과 두께가 다른 부분을 통과했을 때, 위상차가 생긴다. 그것을 빛의 강도로 변환함으로써, contrast가 있는 상을 만든다. 시료를 고정 염색하지 않고, 무색 투명한 생물 시료를 관찰할 수 있다.
형광(螢光) 현미경 (fluorescent microscope)	세포와 조직을 형광성 물질로 표식하고, 자외선 등으로 여기시켜, 생기는 형광을 관찰한다. 형광 항체법과 GFP에 의한 표식의 가시화 등으로 고감도의 관찰을 할 수 있다.
미분간섭(微分干涉) 현미경 (differential interference contrast microscopy)	직선 편광과 Nomarski prism을 사용함으로써, 명암이 강한 입체감이 있는 상이 얻어진다. 두께가 있는 시료의 관찰이 가능하고, 세포 내의 미세구조의 관찰에 위력을 발휘한다.
편광(偏光) 현미경 (polarization microscope)	복굴절성을 갖는 시료(근원섬유, 골격, 치아, 세포 내의 전분입자 등)를 관찰할 수 있다. 광학계에 편광자(偏光子)와 검광자(檢光子)를 장착하고 있다.
암시야(暗視野) 현미경 (dark field microscopy)	굴절률이 다른 면에서의 빛의 반사와 회절을 이용함으로써, 명암 차가 적은 시료의 미세 구조를 관찰할 수 있다. 암시야 속에서 상이 빛나 보이기 때문에, 해조류와 세균의 편모의 관찰 등에 유효하다.
공초점(共焦點)레이저 주사 현미경 (confocal laser scanning microscopy)	낙사 조명식 형광 현미경으로, laser광을 표본상의 미세하고 작은 점에 조사할 때 발하는 형광을 집광하여, 광전자 증배관에 의해 측광한다. 중복된 조직과 세포 등의 단층상이 선명하게 관찰 되므로, 세포 내를 주행하는 신경 섬유의 추적과 세포 내의 organelle의 관찰, 세포 내의 칼슘 농도 변화 등의 관찰에 위력을 발휘한다.
video 현미경	고감도 비디오 카메라를 접안렌즈로 이용함에 따라 감도를 종래의10배 이상 향상시킬 수 있게 되고, 더욱이 화상의 디지털화에 따라 실시간의 화상 처리에 의해 해상도가 비약적으로 좋아졌다. 근육 단백질 동작의 관찰이 가능해지는 등 현미경 관찰에는 필수가 되어 있다.

전자 현미경

電子顯微鏡, Electron Microscope

Chapter 95

조직과 세포의 미세한 구조를 알고 싶을 때, 광학 현미경(94항 참조)에서 얻어지는 해상도로는 불충분한 경우가 많아 전자 현미경을 사용할 필요가 있다. 투과형 전자 현미경(TEM)과 주사형 전자 현미경(SEM) 두 종류가 있고, 목적에 따라 사용을 달리한다(해설 참조). 전자 현미경은 해상도가 높아서 시료의 제작에 있어서 인위적인 형태 변화를 일으키지 않도록 세심한 주의를 기울일 필요가 있다. 또 전자 현미경 관찰에서는 시료를 고진공으로 하기 때문에, 시료에 손상을 주지 않도록 주의를 요한다. 그 때문에 시료를 고정하고, 포매(包埋)하고, 절편으로 할 필요가 있다. 보통, 글루타르알데하이드(glutaraldehyde)로 단백질 분자를 고정하고, 다시 사산화 오스미움(Osmium tetrahydroxide, OsO_4)에서 지방 이중층도 고정화한다. 그 후, alcohol에 침지(浸漬)시켜 수분을 제거하고, 뒤이어 epoxy 수지에 포매한다. 전자선은 투과성이 낮기 때문에, 전자 현미경용의 시료는 보통 0.1 μm보다도 얇게 할 필요가 있고, 포매는 대단히 유용한 수단이다. 전자선의 산란은 원자 근처의 전자밀도에 비례하기 때문에, Os, U, Pb, W 등의 중 원자로 염색(전자염색, 電子染色)한 후에 관찰할 필요가 있다. 한편, DNA등의 거대 분자의 전자 현미경 관찰에는 negative 염색법이 이용되고 있다. 이것은 탄소박막에 거대 분자를 흡착시켜, 미흡착 영역만을 중금속박막으로 덮는 방법이고, 흑백 반전한 음화와 같은 상이 얻어진다.

시료의 연속적 초박막 절편의 TEM 상을 합성하면, 원리적으로는 삼차원 상을 얻을 수 있지만, 이와 같은 목적으로는 오히려 새도윙(shadowing)이 이용된다(그림 1). 이 방법에서는 건조 시료에 대해 비스듬한 방향에서 Pt 등의 중금속의 초박막을 증착시켜 삼차원적으로 농담(濃淡, 짙고 엷게)을 붙여 그 박막을 다시 탄소에 증착시켜 안정화한다. 그 후, 생체 성분을 녹여 내어, 남은 replica를 TEM으로 관찰한다. 또 이렇게 한 shadowing 응용의 하나로 동결할단법이 있다. 이것은 생체 시료를 액체 수소로 동결 후 나이프로 자른다. 보통 소수성부분에서 잘라지고, 그 잘라진 면을 shadowing한다. 이것을 시료로 하여 replica를 작성하는 방법이 동결할단법이고, 막 단백질 분포의 관찰에 유용하다. 그 외 유사한 방법으로 동결 etching법이 있으며, 이 방법은 세포의 내부구조를 관찰하는데 적절하다.

표면 상태의 관찰에는 SEM이 적합하다. 이 방법으로는 시료를 고정, 건조, 중금속의 박막으로 덮어, 그 시료에 전자선을 주사하면서 조사하고, 산란한 전자선 또는 이차적

Key words

투과형 전자 현미경(透過型 電子顯微鏡, transmission electron microscope ; TEM), 주사형 전자 현미경(走査型 電子顯微鏡, scanning electron microscope ; SEM), 네거티브 염색법(negative staining), 새도윙(shadowing), 동결할단법(凍結割斷法, freeze-fracture), 동결에칭법(freeze etching), 분해능(分解能, resolving power), 시야(視野)의 깊이(depth of field)

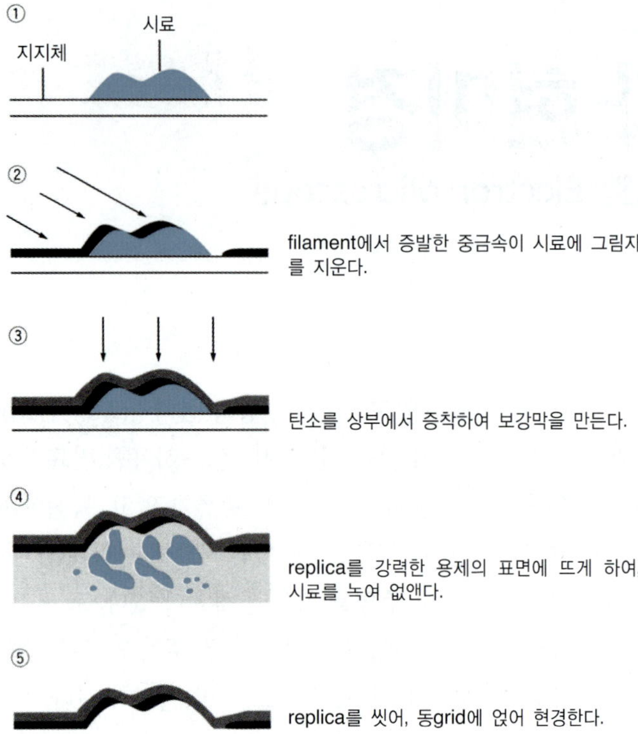

| 그림 1 | 금속 shadowing에 의한 시료 표면의 replica 작성법

으로 발생한 전자선을 측정한다. 산란 전자의 강도는 표면의 모양에 의존하기 때문에, 결과적으로 명암이 생긴다. SEM 장치는 TEM에 비교해서 소형으로, 초점심도(焦點深度)는 크다. 그러나 표면 상태만 알 수 있고, 분해능은 10nm정도이므로 주로 세포와 조직의 관찰에 이용된다.

해 설

브라운관과 마찬가지로 금속을 진공 중에 뜨겁게 하면, 원자가전자(価電子, valence electron, 원자에서 최외각을 도는 전자)는 원자에서 떨어져 나와 열전자로 튀어 나오고, 부전하 e를 갖는 전자는 전장 내에서 가속되어 전자선이 된다. 그 속도 v는 가속전압 V일 때 $mv^2/2 = eV$가 된다(m: 전자의 질량). 이 전자선은 빛과 유사한 파동성을 갖고, 회절, 산란, 간섭 등이 일어 나고, 그 파장 λ는 다음과 같이 표시할 수 있다(h: Planck 정수).

$$\lambda = \frac{h}{mv} = \frac{h}{\sqrt{2emV}} = \frac{12.3}{\sqrt{V}}\text{Å}\,(= 10^{-10}\ \text{m} = 0.1\ \text{nm}) \qquad (1)$$

즉 V를 일정하게 하면, 임의의 λ를 갖는 단색광과 같은 전자선이 얻어진다. 가시광선(전자파)의 경우와 같이, 전자선은 물질과의 상호 작용에 의해 산란 또는 흡수되기 때문에, 투과량에서 그 물질의 모습을 알 수가 있다. 단, 전자선은 공기에서도 흡수되어 버리기 때문에, 측정은 고진공 상태에서 할 필요가 있다. 또 전자는 하전입자이기 때

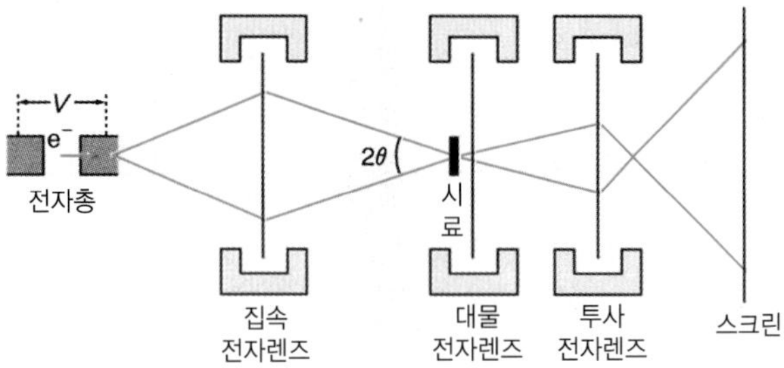

| 그림 2 | 전자 현미경의 모식도

문에, 물질과의 상호 작용이 가시광선의 경우보다 훨씬 크고 상당히 산란되기 쉽다. 그 때문에 전자선은 미량의 물질을 인식할 수 있지만 얇은막이 아니면 투과할 수 없다. 그러나 λ가 작으면, 금속이라도 그 초박막층을 투과할 수 있다. 더욱이 전자선의 진행방향은 자계(磁界) 또는 전계(電界)에 의해 변화시킬 수 있다. 그와 같은 자계 또는 전계를 전자렌즈라고 한다. 따라서 그림 2에 나타낸 것처럼, 광학렌즈 계와 마찬가지로, 전자렌즈를 사용하여 전자선을 물체에 수렴(收斂, convergence)시켜 그 투과 전자선의 확대상을 맺게 할 수가 있다. 이것이 투과형 전자 현미경(透過型 電子顯微鏡, Transmission Electron Microscope, TEM)의 기본적인 원리이다.•

•전자 현미경의 상의 형성

광학 현미경에서는 빛의 흡수의 차에 의하여 상이 형성되는데 반해, 전자 현미경에서는 전자선이 물질에 의해 산란되고, 대물렌즈로의 투과 전자선이 감소한다. 그 감소량의 차에서 상의 contrast가 생긴다(산란광은 대물조리개로 차단한다).

일반적으로, 현미경에 있어 렌즈의 축 근처를 통과한 파와 주변을 통과한 파에는 위상차가 있기 때문에, 반드시 회절과 간섭이 일어난다. 이 때문에, 파장 λ와 같은 정도 크기의 물체의 확대상은 희미해진다. 이것을 파면수차(波面收差, wavefront aberration)라 하고, 두 점을 분별할 수 있는 거리의 한계 d, 즉 분해능은 다음과 같이 나타난다[θ: 개각(그림 2 참조), n: 물체와 렌즈 간에 있는 매체의 굴절률, 전자 현미경의 경우는 $n = 1$].

$$d = \frac{0.61\lambda}{n\ \sin\theta} \tag{2}$$

이 식에서 광학 현미경의 경우, 최고 분해능은 0.2 μm 정도가 되지만,• 전자선의 λ는 가시광의 파장보다 훨씬 작기 때문에, 전자 현미경은 광학 현미경보다 고분해능이 된다. 식 (1)과 (2)에서 $V = 100$kV($\lambda = 0.004$nm)이므로, $d = 0.002$nm이 되지만, 전자렌즈의 경우, 다른 원인에 의한 수차, 예를 들면 렌즈의 중심부와 주변부와의 초점 거리의 차이(구면 수차)의 보정은 개각(開角) θ가 커지면 대단히 어렵게 되고, λ가 작게 되면 초점 거리가 크게 되어 장치는 대형화 된다. 이 때문에 전자 현미경의 최대 분해능은 0.1nm(1 Å) 정도이다. 더욱이 생물 시료에서는 전자선 조사에 의한 손상 등도 있으므로, 현실적인 분해능은 2nm 정도(광학 현미경의 약 100배)라고 생각된다.

•n sin θ의 최대치

λ = 0.4 μm(자색), 광학 현미경의 유침(油浸)렌즈 계에서는 $n \sin\theta$의 최대치는 1.4($\theta \approx 70°$)가 된다.

그림 3에서 보듯이, 초점 P의 전후 $D/2$에 있는 점 A와 B의 상은 반지름 r인 원이 되고, 개각 θ의 경우 $\tan\theta = r/(D/2)$가 된다. $2r$이 렌즈의 분해능 d보다 작으면, AB간의 물체는 초점 P상에 있는 물체와 같은 정도의 선명함으로 볼 수가 있다. 여기서 시야의 깊이 D는 다음과 같이 나타낼 수 있다.•

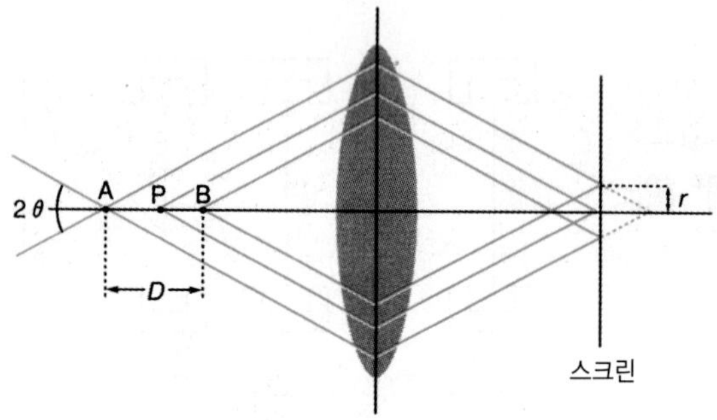

| 그림 3 | 시야의 깊이의 설명도

$$D = \frac{d}{\tan\theta} \tag{3}$$

전자 현미경의 경우 θ가 작기 때문에, 분해능에 비해 D는 상당히 크게 된다.• 이것은 전자 현미경의 큰 이점으로 시료의 어디엔가 초점이 맞으면 시료 전체의 초점이 맞게 된다.

• 시야의 깊이

초점 심도라 불리기도 하지만, 엄밀히 말하면 다르다. 초점 심도란 렌즈에 의해 맺힌 상을 선명하게 기록할 수 있는 상면(像面)의 허용 범위를 말하는 것이다.

• TEM의 D

TEM의 경우, d = 1nm, $\theta = 5 \times 10^{-3}$ radian으로 하면 D = 200nm가 된다. 광학 현미경에서는 최고분해능 d = 200nm, $\theta = 70^{\circ}$일 때, D = 70nm로 상대적으로 매우 얕다.

극저온 전자 현미경

極低溫電子顯微鏡, Cryo-Electron Microscope

96 Chapter

Key words

X선 결정법(X-ray crystallography), 핵자기공명(nuclear magnetic resonance, NMR), Protein Data Bank(PDB), 프랑크의 3차원 이미지 해석법(Frank's image processing method), 유리화물(vitrified water)

이번 항에서는 광학 현미경과 전자 현미경에 이어 생체 분자를 3차원으로 관찰할 수 있는 극저온 전자 현미경(cryo-electron microscope. Cryo-EM)에 대하여 알아본다. 극저온 전자 현미경은 움직이는 생체 분자를 얼려서 잠시 멈추게 한 후, 원자 수준의 3차원 구조를 관찰하는 기술로 생화학 분야의 새로운 지평을 열어 2017년 노벨 화학상을 수상한 분야이다.

극저온 전자 현미경 기술로 생체 분자의 놀라운 구조와 활동 모습을 눈으로 볼 수 있게 되었다(그림 1). 살모넬라균의 표면 돌기가 세포를 공격하는 장면, 화학물질과 항생제에 저항성을 갖는 단백질 모양, 생체리듬을 조절하는 분자 복합체, 광합성에서 광 흡수 분자 복합체, 청각 압력센서 분자 등이 수많은 생체 분자의 3차원 이미지를 볼 수 있게 되었다.

그림은 이해의 열쇠

단백질, DNA, RNA와 같은 생체 분자의 구성과 구조는 20세기 초반만 해도 미지의 영역이었다. 생체 분자들이 어떻게 생겼는지는 전혀 알 수가 없었다. 1950년대 영국 캠브리지대가 X선을 이용해 구불구불한 나선형의 단백질의 모습을 최초로 관찰했다(13항 참조, 1962년 노벨 화학상, 페루츠와 켄드류).

1980년대 X선 결정법(X-ray crystallography, 122항 참조)과 핵자기공명(nuclear mag-

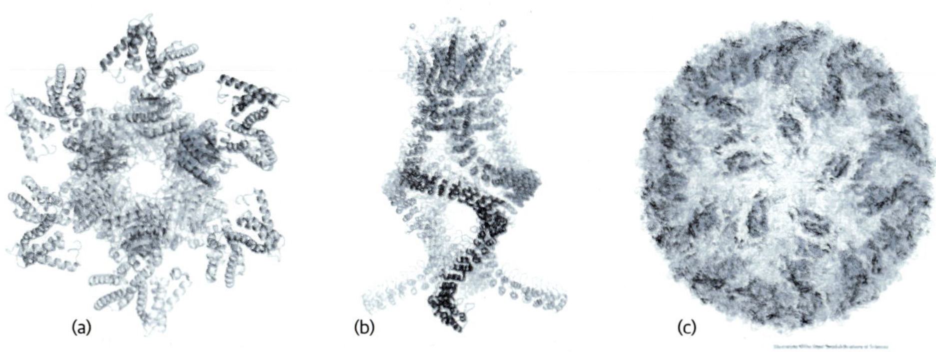

| 그림 1 | 극저온 전자 현미경이 관찰한 생체 분자들

(a) 생체리듬을 조절하는 단백질, (b) 귀에서 압력 변화를 감지하는 센서 분자, (c) 지카바이러스

2016년 브라질에서 소두증을 유발하는 지카바이러스가 나타났다. 새로운 바이러스가 등장하자 Cryo-EM을 통해 지카바이러스의 3차원 구조를 결정하고 이 결과에 기초하여 표적 신약 연구를 시작할 수 있었다.

netic resonance, NMR, 123항 참조) 분광기의 기술로 고체와 용해 상태의 생체 분자의 3차 구조와 상호 작용 연구가 가능하게 되었다. 이로 인해 수 천 가지 생체 분자들의 3차 구조가 규명되고 Protein data bank 등 데이터가 축적되었다. 또한 이를 기초로 다양한 약들이 개발됐다.

X선 결정법과 NMR 분광법의 한계

X선 결정법을 이용한 생체 분자의 구조결정으로 10여 회의 노벨상 수상, 그리고 NMR 기술로 생체 고분자의 연구(2002, 노벨 화학상)와 의학에의 응용(2003년 노벨 생리의학상) 등에서 과학발전에 기여한 공로는 매우 지대하다. 그러나 이 두가지 방법들은 각각 근본적인 한계를 가지고 있었다. NMR은 용액 상태에서 작은 단백질만 관찰할 수 있었으며, X선 결정법은 얼음처럼 동일하게 정렬된 결정 상태의 분자들만 관찰할 수 있었다. 특히 신호전달 단백질 등 생리 기능에 중요한 대부분의 단백질들은 생체막에 존재하는데 이러한 막 단백질들은 소수성 단백질들이 많아 다루기가 어렵다. 자신들의 자연스러운 환경인 생체막에서 벗어나면 용해도의 차이로 종종 쓸모 없는 덩어리로 뭉쳐 버리는 특성이 있기 때문이다. 즉, 이러한 막 단백질들의 특성으로 정제 과정이 수월하지 않아 결정에 필요한 단백질의 분량도 얻기가 힘들었다. 그리고 어렵게 정제에 성공하여도 수용액 중에서 결정을 얻기가 힘들어 X선 결정법의 이용이 불가능한 한계가 있었다.

두 방법으로 얻은 이미지는 마치 옛날의 흑백 사진과 같았고 단백질의 역동적인 움직임을 거의 알려주지 못하였다. 그래서 막대한 시간과 비용이 드는 단백질 분자와 리간드의 존재 유무에 대한 3차 구조를 따로따로 분석해야 했다. 핸더슨 박사가 1970년대 X선 결정법의 한계를 극복하기 위해 전자 현미경 분야로 전환한 이유였다.

전자 현미경과 생체 분자

전자 현미경은 빛보다 파장이 짧은 전자빔을 시료에 투과, 회절되어 나오는 전자빔을 형광판이나 사진필름으로 검출해 이미지를 만드는 현미경이다. X선 결정법이나 NMR보다 사용하는 파장이 짧으므로 더 작은 시료까지도 관찰할 수 있지만 이 방법 역시 생체 분자의 관찰에는 근본적인 한계가 있었다.

첫번째는 전자빔을 강력하게 조사하면 고해상도 이미지를 얻을 수 있지만, 생체 분자가 전자빔에 견디지 못하고 변성되는(타버리는) 문제가 있고, 빔을 약하게 하면 해상도가 크게 떨어지는 문제였다. 두번째 문제는 전자 현미경에 사용하는 전자빔은 기체와도 반응하므로 진공 상태를 만들어야 하는데, 진공 상태에서 생체 분자를 보호하기 위해 사용하는 용액이 너무 빨리 증발하여 본래의 구조를 상실하게 되는 문제였다. 핸더슨 박사는 이러한 전자 현미경의 한계를 극복하기 위해서 박테리오로돕신이라는 막 단백질을 선택하고 세포막과 함께 전자 현미경의 시료로 사용한 것이다.

박테리오로돕신은 세포막으로 둘러싸여 있기 때문에 구조를 유지할 수 있었으며 시

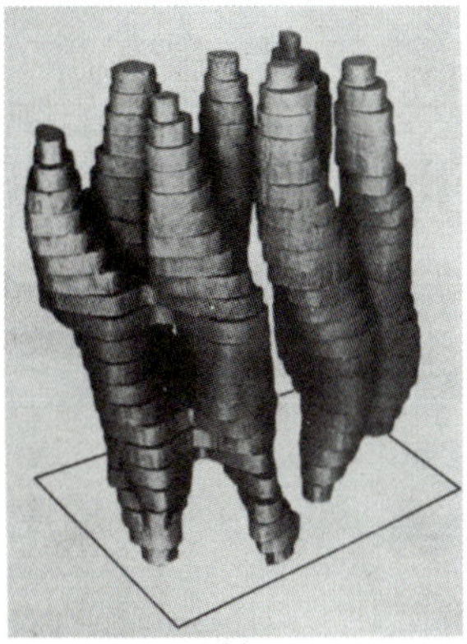
(a)

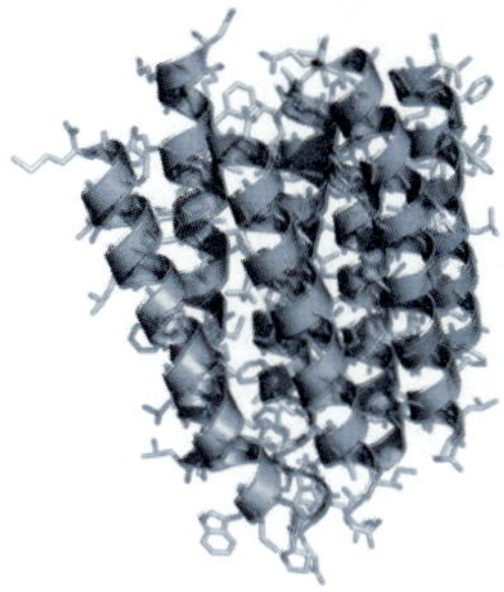
(b)

| 그림 2 | 박테리오로돕신의 3차원 이미지
(a) 1975년, Nature, (b) 1990년

료의 표면을 포도당 용액으로 코팅해 진공 상태에서 수분이 증발하는 것을 방지했다. 그리고 단백질 손상을 최소화하기 위해 최대한 약한 빔을 사용했다. 전자빔을 받은 단백질은 거의 같은 방식으로 빔을 회절 시켰다. 연구팀은 이 회절 패턴을 분석해 더 상세한 이미지를 얻을 수 있었다. 이어서 세포막 시료를 다양한 각도에서 촬영하여 1975년 최초로 전자 현미경으로 7옴스트롱(0.7 nM)의 해상도를 구현한 박테리오로돕신의 3차원 이미지를 네이처 저널에 보고했다(그림 2a). 그리고 렌즈 기술의 발달과 전자빔으로 인한 생체 분자의 손상을 줄여주는 저온 기술의 발달로(액체 질소를 이용해 관찰 중인 시료를 얼리는 것) 1990년, 원자 수준의 고해상도 3차원 박테리오로돕신의 구조를 얻을 수 있었다(그림 2b).

이제는 초저온 전자 현미경으로도 X선 결정법만큼의 해상도를 얻을 수 있는 가능성이 제시됐지만 모든 시료가 가능한 것은 아니었고, 세포막 안에 규칙적으로 배열된 단백질들에 대해서만 가능하다는 문제점이 대두되었다. 즉, 전자 현미경이 무작위로 분산하며 움직이는 시료들의 3차원 이미지를 얻을 수 있을까 하는 초저온 전자 현미경에 대한 근본적인 문제였다.

3차원 이미지 해석법

2017년 노벨상 공동수상자 프랭크 박사는 2차원 전자 현미경 이미지를 고해상도 3차원 이미지로 결합하는 이론을 연구했다. 연구의 시작은 흐릿한 전자 현미경 사진에서 무작위로 위치가 변하는 단백질과 그 배경의 흔적을 컴퓨터로 찾아내는 것이었다(그림 3).

프랑크 박사가 1980년대에 완성한 컴퓨터 알고리즘은 여러 다른 이미지 패턴들을 인식하는 수학적인 방법이었다. 즉, 알고리즘은 우선 전자 현미경으로 단백질을 여러 각도에서 촬영한 고해상도의 2차원 이미지들을 인식한다. 서로 다른 2차원 이미지가 서로 연결될 것인지 어떠한 3차원 이미지를 만들지 수학적으로 결정한다. 프랑크 박사

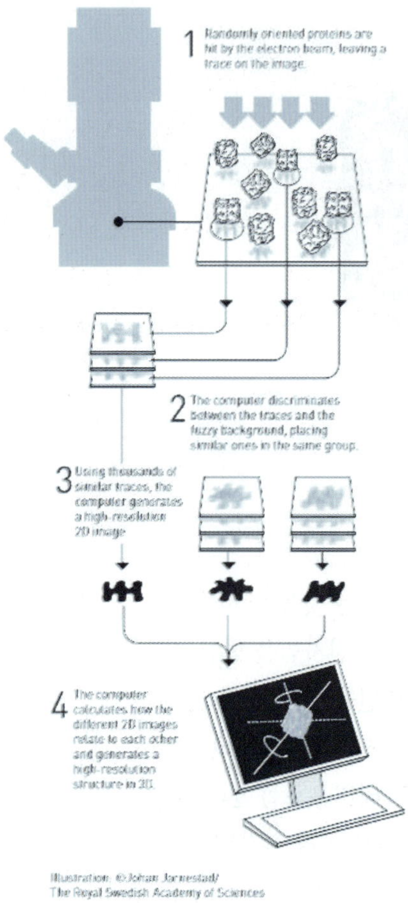

| 그림 3 | 프랑크의 3차원 이미지 분석법

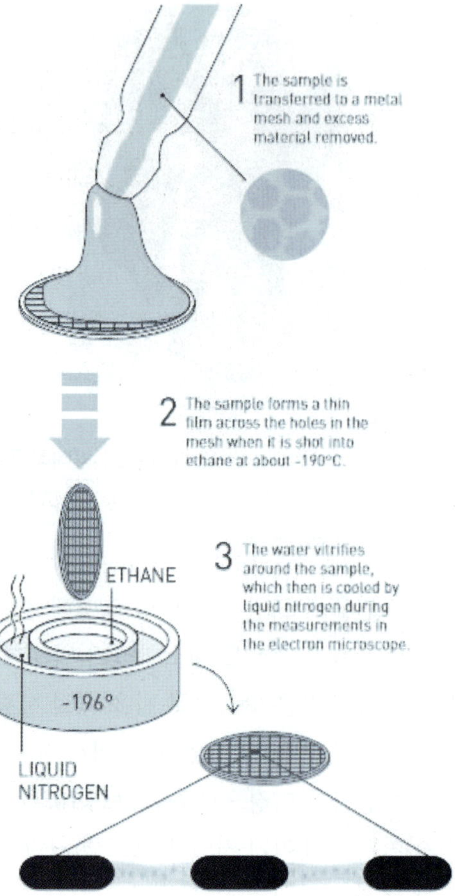

| 그림 4 | 뒤보쉐의 물의 유리화법

는 리보솜을 이미지화 하는데 성공하고 이러한 이미지 처리법은 초저온 전자 현미경 기술 개발의 기반이 되었다.

유리화 된 물

1970년대 전자 현미경의 전자빔으로부터 막을 보호하기위해 포도당 수용액을 사용하고 있었다. 이 방법은 친수성 생체 분자에서 효과가 없었고 얼음이 물보다 증발 속도가 느린 것에 착안해 시료를 얼리기도 했다. 그러나 얼음 결정은 전자빔을 방해했다. 2017년 노벨 공동수상자인 뒤보쉐 박사는 순간적으로 물 온도를 낮추면 액체 상태가 얼음 결정 대신 유리(glass)화 된 상태를 유지한다는 제안을 하였다. 유리화는 고체 결정이 생성될 때 나타나는 불규칙한 구조의 유체로 전자빔의 회절에 방해되지 않아 고해상도 이미지를 얻을 수 있을 것으로 예상했다. 처음에는 영하 196도의 액체질소에 소량의 물을 떨어뜨리는 방법을 연구했으나 시행착오 끝에 유리화에 적당한 온도인 영하 190도를 얻기 위해 액체질소로 냉각시킨 에테인(ethane)을 사용하는 방법을 고안했다. 즉, 물을 빨리 냉각시켜 생체 시료 주변을 액체 형태로 고형화 하여(유리화) 생체 분자가 진공 상태에서도 자연적인 형태를 유지할 수 있게 하였다. 뒤보쉐 박사는 물에 다양

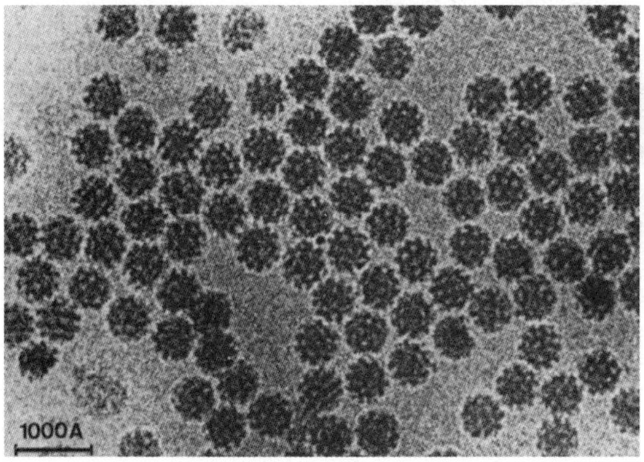

| 그림 5 | 유리화 된 물로 둘러싸인 바이러스(1984, Nature)

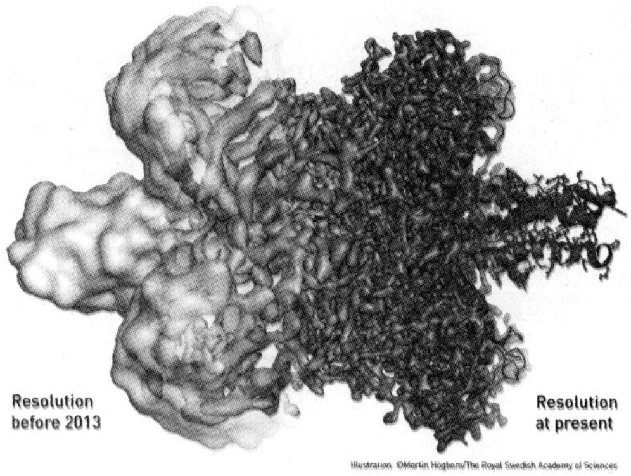

| 그림 6 | 비약적으로 발전한 초저온 전자 현미경의 해상도

한 형태의 바이러스를 용해시키고, 그 수용액을 미세한 금속 그물망에 뿌려 얇은 필름 형태로 만들어, 그물망을 액체 에테인에 넣는 방법을 고안하였다(그림 4). 유리화 된 물을 배경으로 선명한 대조를 이루는 바이러스의 이미지를 얻었다(그림 5). 뒤보쉐의 기술로 생체 물질들을 쉽게 전자 현미경 촬영에 적합하게 만들 수 있게 된 것이다.

해상도 문제

초저온 전자 현미경 관찰의 가장 중요한 부분은 해결됐지만 여전히 저해상도 문제가 남아있었다. 새로운 기법으로 관찰한 리보솜의 3차원 이미지는 마치 물방울 같았고 단백질의 울퉁불퉁한 표면 정도만 시각화할 수 있었으나, 2013년을 기점으로 새로운 전자탐지기가 도입되면서 마지막 기술적 한계도 극복됐다(그림 6).

이제 꿈은 현실이 됐다. 초저온 전자 현미경은 생체 분자를 움직이는 중간에도 얼릴 수 있어, 반응하는 단백질의 연속 이미지도 얻을 수 있게 됐다. 어떻게 단백질이 움직이고 다른 분자와 상호 작용하는지 영상으로 만들 수도 있다. 비록 작은 단백질의 3차 구조 연구에 초저온 전자 현미경 기술의 적용이 아직은 어렵지만, 비교적 큰 단백질인 막단백질이나 분자 수준의 복합체를 볼 수 있어 신약 개발에 응용이 가능하게 됐다.

Chapter 97

녹색 형광 단백질의 발견과 이용

GFP, Green fluorescent protein

Key words

에쿼린(aequorin), BFP(Blue fluorescent protein), CFP(Cyan fluorescent protein), YFP(yellow fluorescent protein), 리포터 유전자(reporter gene), Real time(실시간), 인시추(*in situ*)

녹색 형광 단백질은 Aequorea victoria(해파리)가 갖는 분자량 27,000(27 kDa)의 단백질이고 1962년에 일본의 Shimomura Osamu 박사에 의해 발견, 분리, 정제 되었다. 시모무라 박사는 이 공로로 2008년 노벨 화학상을 수상하였다. 형광 단백질은 해파리의 생체 내에서 aequorin과 복합체를 형성하고 있다. 세포 내 칼슘을 감지해서 발광하는 aequorin은 최대형광 파장이 460nm인 청색이지만, 해파리의 발색 세포 내에서는 GFP가 aequorin으로부터 여기 에너지를 받아 최대 형광 파장이 508nm인 녹색 형광을 나타낸다.

GFP의 녹색 형광의 발색에 대해서 시모무라 박사의 연구에 의해 제창된 발색단의 분자 구조 모델을 기초로 수십 년이 경과하여 1990년대에 발색단의 분자 구조가 확인되었다. GFP 분자 내의 발색단의 형성에는 효소 등의 타 분자의 도움 없이 GFP 단백질의 Ser65-Tyr66-Gly67은 번역 후 변형 과정에서 ① 접힘(folding), ② 고리화(cyclization), ③ 탈수화(dehydrogenation), ④ 산화(oxydation)의 과정을 통해 특징적인 형광체 구조로 변형됨이 밝혀졌다.

이러한 특성을 갖는 GFP는 1990년대 유전자가 동정되고 클로닝에 성공하여 Martin Chalfie 박사와 Roger Tsien 박사에 의해 이형 세포에 GFP를 도입, 발현시키는데 성공하였으며, GFP의 아미노산 중 일부분에 변이를 도입하여 파랑 형광 단백질(BFP; Blue fluorescent protein), 청록색 형광 단백질(CFP; Cyan fluorescent protein), 노랑 형광 단백질(YFP; Yellow fluorescent protein) 등이 개발되었다(그림 1). 따라서 여러 형광 단백질을 동시에 사용함으로써 여러 유전자들 또는 단백질들의 상호 작용을 더욱 편리하게 알아 볼 수 있게 되었다.

GFP의 발색에는 기질을 필요로 하지 않는 점, 단 분자로 발광한다는 점, 발색단 형성에 효소가 필요하지 않다는 점, 이형 세포에서의 발현 방법이 확립되어 있다는 점 등으로 1990년대에 리포터 유전자(reporter gene)으로 널리 보급되었다. 야생형 단백질을 기초로 해서 유전자공학으로 형광 강도와 파장 특성, 최적 온도, 발색단 형성 속도 등 개량된 GFP가 다량 개발되었다. GFP 및 개량형 GFP는 세포생물학, 발생생물학, 신경세포생물학 등을 비롯해 다양하게 사용되고 있다.

GFP는 real time(실시간) 또한 반응이 일어나는 장소(*in situ*)에서 즉 세포 파괴 필요 없이 검출이 가능하고 다른 단백질과 융합한 상태에서도 기능을 발휘하기 때문에 특

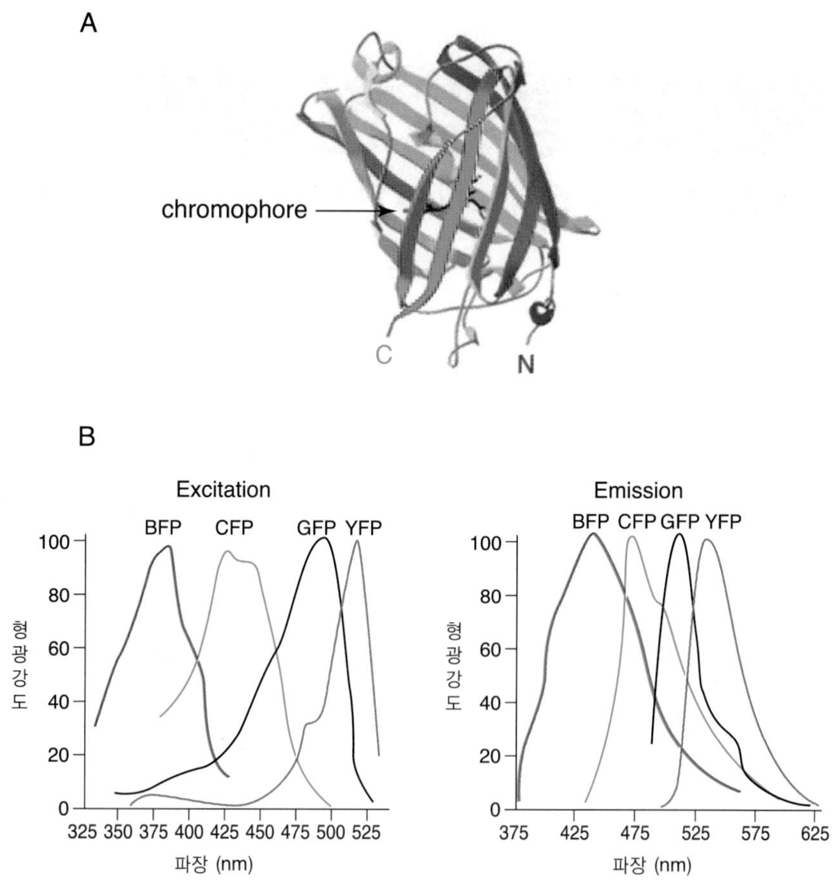

| 그림 1 | 형광 단백질의 3차원 모델(A)과 여러 형광 단백질의 형광흡수 스펙트럼(B)

히 세포 내의 신호전달(signal transduction)에 관여하는 단백질의 세포 내 발현, 양, 존재 유무, 이동성 등을 확인하는 도구로서 요긴하게 사용되고 있다. 단, 실험대상 단백질의 기능에 전혀 영향을 미치지 않는다고 확신하기는 어렵기 때문에 실험 결과의 해석에는 신중을 기해야 한다.

Chapter 98

초고해상도 형광 현미경

超高解像度 螢光顯微鏡, Super-Resolved Fluorescence Microscopy

Key words

아베의 회절 한계(Abbe's Diffraction Limit), 양자광학(量子光學, Quantum Optics), 유도방출 감쇄 현미경(誘導放出減殺 顯微鏡, Stimulated Emission Depletion Microscopy: STED 현미경), 단일 분자 현미경(單一分子 顯微鏡, Single-Molecule Microscopy), 현미경(마이크로스코프, microscope), 나노 현미경(나노스코프, nanoscope)

1873년 독일의 물리학자 에른스트 아베(Ernst Abbe)는 현미경의 해상도가 빛의 파장에 의해 제한되는 방정식을 발표했다(그림 1). 과학자들은 20세기 아무리 렌즈가 좋아도 광학 현미경에서는 가시광선 파장의 절반보다 작은 것인 200 nm 이하를 관찰할 수 없다고 믿었다(그림 2). 세포소기관의 윤곽은 볼 수 있으나, 세포의 개별 단백질 분자를 보는 것은 불가능했다. 이는 도시를 관찰하면서 큰 건물만 볼 수 있고 사람들이 어떻게 살아가는지를 볼 수 없는 것과 같았다. 즉, 세포의 기능을 이해하려면 개별 분자들의 작용을 추적할 수 있어야 하는데 말이다. 그리고 빛 대신 파장이 짧은 전자빔을 사용하는 전자 현미경은 해상도는 좋지만 전자빔이 기체와 반응하므로 진공 상태에서만 사용 가능해서 죽은 조직만 관찰할 수 있는 한계가 있었다. 본 항목에서는 2014년 노벨 화학상을 수상한, 불가능하게만 보였던 Abbe의 회절 한계를 넘어 생체 물질 관찰에 새 지평을 연, 초고해상도 형광 현미경의 원리와 개발에 대하여 공부해 본다.

| 그림 1 | 독일 예나시의 기념비에 새겨진 아베의 회절 한계 공식

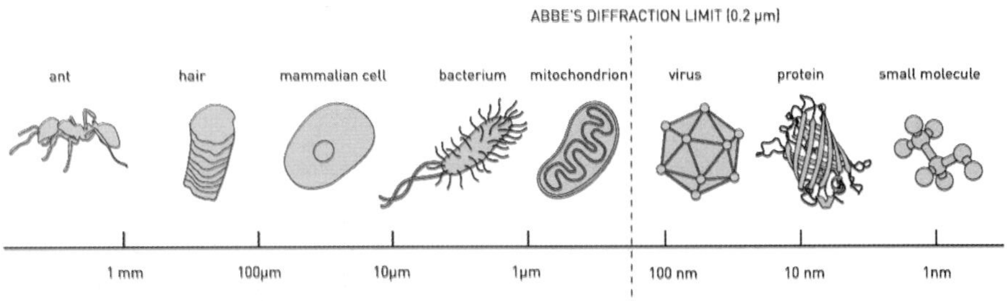

| 그림 2 | Ernst Abbe는 광학 현미경의 해상도가 약 0.2 마이크로미터(빛 파장의 약 절반)라고 정의(아베의 회절 한계)했다.

STED 현미경의 개발

스테판 헬 박사는 Abbe가 150년 전에 정의한 회절 한계를 우회할 방법을 찾던 중, 양자광학(Quantum Optics)• 을 이용한 빛의 방출에서 아이디어를 떠 올렸다. 그는 형광 분자를 사용하여 세포의 일부를 이미지화 하는 기술인 소위 형광 현미경 검사법을 연구하면서 빛의 파장을 바꾸는 대신, 분자를 조작함으로써 이 한계를 극복하려는 시도를 했다.

그는 첫번째 레이저로 형광 분자를 여기(excitation)시키고 다른 파장을 갖는 두번째 레이저로 형광 분자의 스위치를 끄는(퀜칭, quenching) 방법을 제안했다. 다시 말해 제2의 레이저빔(도넛 모양)을 이용하여 제1의 레이저빔이 만든 형광에 테두리를 쳐서 가운데 있는 좁은 범위의 형광 분자들만 형광을 발하도록 하는 double laser 사용 방식을 개발했다(그림 3). 이를 STED 현미경(Stimulated Emission Depletion Microscopy: 유도방출감쇄 현미경)이라고 한다.

이렇게 최종적으로 남은 이미지는 여전히 아베의 회절 한계를 극복하지 못하기 때문에 흐릿하지만, 두번째 레이저빔을 조절하면 타켓 형광물질의 중심에서만 빛이 나오므로 일련의 미세한 형광점들(fluorescent spots)을 만들면 해상도 높은 이미지를 그려낼 수 있었다(그림 4). 그리고 샘플을 따라서 이동하면서 지속적으로 형광을 측정함으로써 전체적

•양자광학
(Quantum Optics, QO)

준고전물리학과 양자역학적 물리학을 사용하여 빛과 관련되는 현상과 초미세 수준에서 물질과의 상호 작용을 연구하는 분야이다. 즉, 광자나 빛에 적용되는 양자역학이다. 양자역학에서 빛은 전자기파인 동시에 광자 입자이다. 빛은 매질과의 상호 작용에서 광자의 에너지는 매질에 흡수 혹은 방출된다. 이를 계산할 수 있는 분야는 양자전기역학이라고 한다.

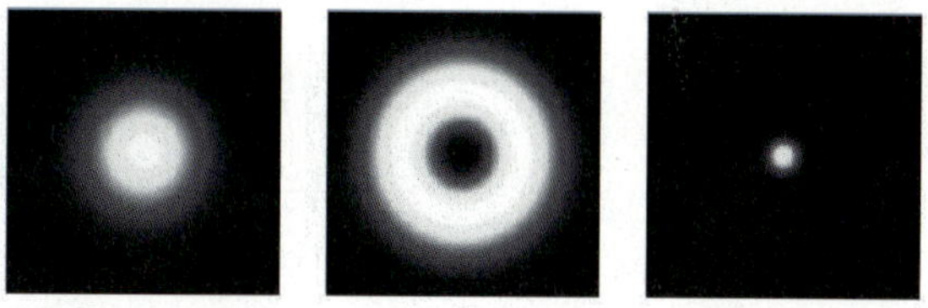

| 그림 3 | 여기지점(Excitation, 왼쪽), 도넛 모양의 여기제거지점(Quenching, 중앙), 형광이 보이는 나머지 영역(오른쪽)

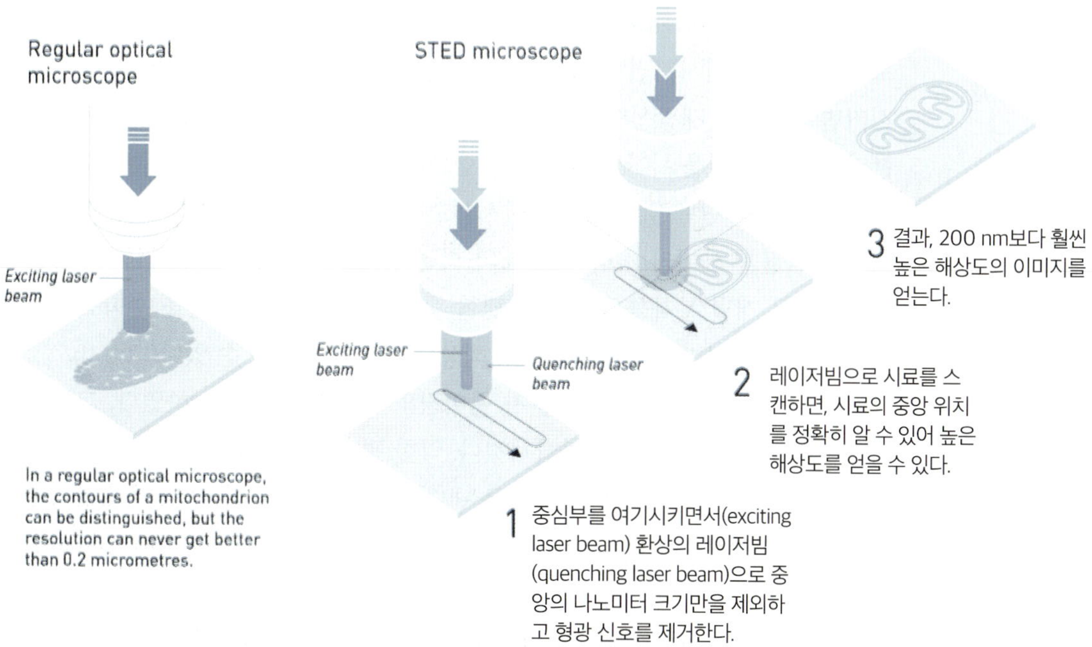

| 그림 4 | STED 현미경의 원리

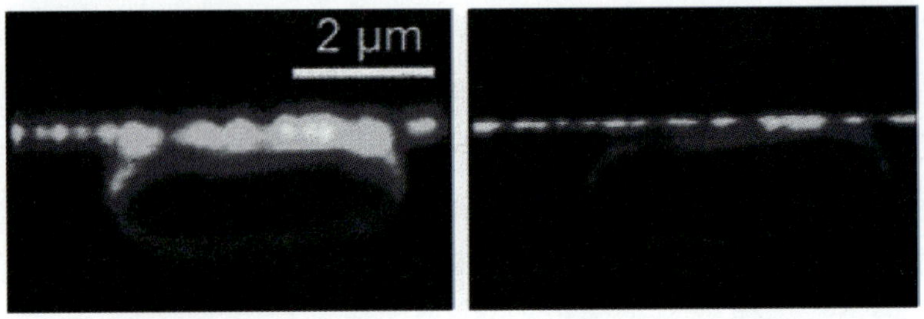

‖그림 5‖ STED 현미경으로 헬 박사가 촬영 한 첫 이미지
대장균의 일반 현미경 이미지(왼쪽), STED 이미지(오른쪽)

인 이미지를 얻을 수 있었다(그림 5).

이론적으로는 중심점의 크기는 무한정 작게 가능하지만 현재 기술로는 형광 분자가 제2의 레이저빔에 파괴되지 않고 견딜 수 있는 20-30 nm 정도이다. 헬 박사는 결국 분자를 갖고 노는 방법을 찾았고 나노스케일의 손전등을 개발한 것이었다.

단일 분자 현미경의 개발

흡수와 형광은 수백만 개의 분자를 동시에 측정한다. 따라서 흡수와 형광은 수백만 분자의 평균값이 된다. 하지만 단일 분자의 흡수나 형광이 측정가능하다면 연구의 수준이 매우 향상될 것이다. 모에너 박사는 노벨상을 수상한 녹색 형광 단백질(GFP)의 발견을 바탕으로 단일 분자 현미경을 개발하게 된다.

1997년 모에너 박사는 녹색 형광 단백질(GFP, 97항 참조)를 이용한 형광 현미경 연구를 시작했다. 그 때는 이미 유전자 기술을 사용하여 녹색 형광 단백질 유전자를 관찰하고자 하는 단백질 유전자에 결합시키는 기술이 보고된 때였다. 모에너 박사는 GFP의 한 변종에서 마음대로 형광을 켜고 끌 수 있음을 발견한다. 즉, 파장 488 nm의 빛으로 단백질을 여기시키면 형광을 내고 이내 사라지지만, 파장 405 nm의 빛으로 재여기시키면 단백질이 재활성화 해서 다시 488 nm에서 형광을 내는 것을 발견한 것이다. 즉, 분자 크기의 물질을 시간 차를 두면서 램프처럼 켰다 껐다 할 수 있게 된 것이다.

이러한 형광 단백질을 겔에 분산시키고 약한 빛을 조사하여 일부 단백질만을 여기시켜 단백질들 사이의 거리가 Abbe의 회절 한계(200 nm)보다 멀게 하면 기존의 광학 현미경으로 개별 분자들의 빛을 식별할 수 있다. 이미지의 중심을 수학적으로 정하고 이러한 수많은 이미지를 중첩하여 고해상도 이미지를 얻을 수 있다(그림 6).

1995년 베치그 박사도 단일 분자 현미경의 기본 개념을 제시하였다. 그는 리소좀을 감싸는 막에 형광 단백질을 결합시켰다. 약한 광 펄스를 사용하여 형광 단백질을 여기시키면, 펄스가 약해서 일부만이 빛을 낸다. 서로 200 nm보다 긴 거리의 형광 단백질들이 일반 현미경으로 정확하게 관찰된다. 얼마 후, 형광이 사라지면 새로운 하위 그룹의 형광 단백질을 활성화시킨다. 이런 절차를 반복하여 수많은 이미지를 겹쳐서 리소좀 막의 초해상도 이미지로 촬영했다(그림 7).

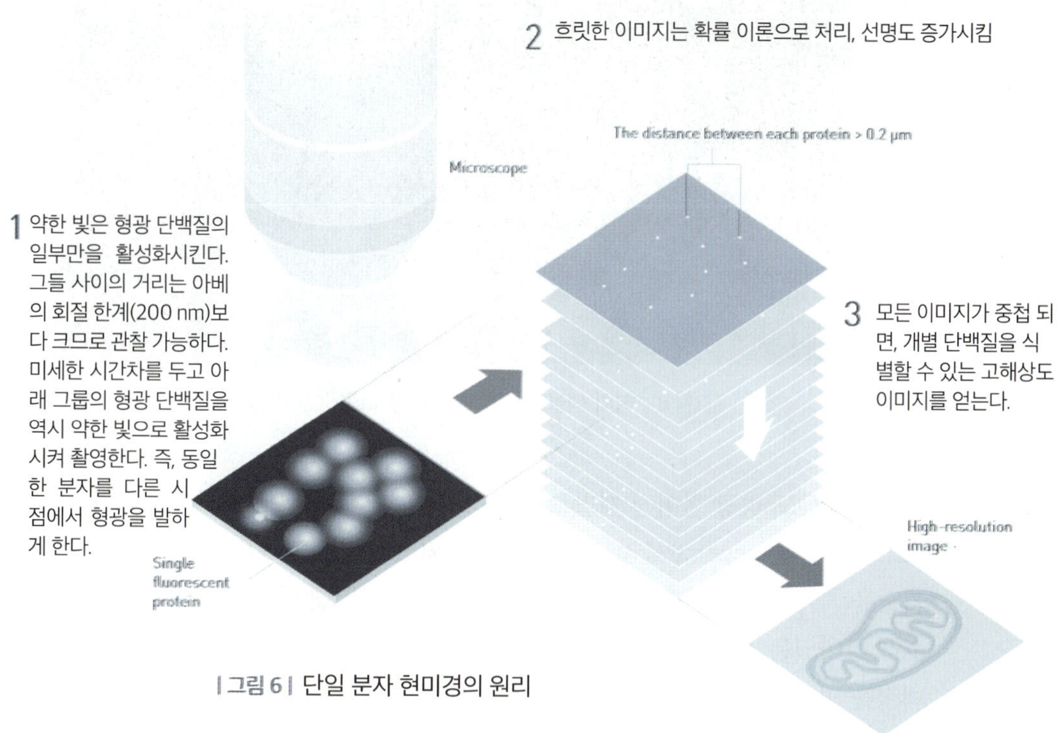

| 그림 6 | 단일 분자 현미경의 원리

또한 베치그 박사는 다른 색깔로 형광을 낸 분자를 사용하여 회절 한계를 피할 수 있으리라는 아이디어도 냈다. 예로 빨강, 파랑, 노랑, 녹색과 같은 다른 색으로 빛나면 일반 현미경으로 고해상도 이미지를 얻을 수 있다는 생각이었다. 이 아이디어의 핵심은 현미경이 하나의 색만 인식하도록 하는 것이었다. 서로 다른 색으로 빛나는 분자들이 200 nm보다 떨어져 있다면, 현미경에서 얻은 이미지를 중첩시켜 고해상도 이미지를 얻을 수 있다는 것이었다. 그러나 실질적으로 다양한 색을 내는 광학 특성을 갖는 분자가 부족했다. 그의 아이디어는 세월이 흘러 미국 UCSD(University of California San Diego) 교수인 로저 치엔 박사가(2008년 노벨 화학상 수상자) 서로 다른 색을 내는 형광 단백질을 개발한 후 아이디어를 실현시킬 수 있었다. 현재 여러 색의 현란한 색의 초고해상도 형광 현미경 사진은 그의 아이디어에서 나온 것이다(그림 8).

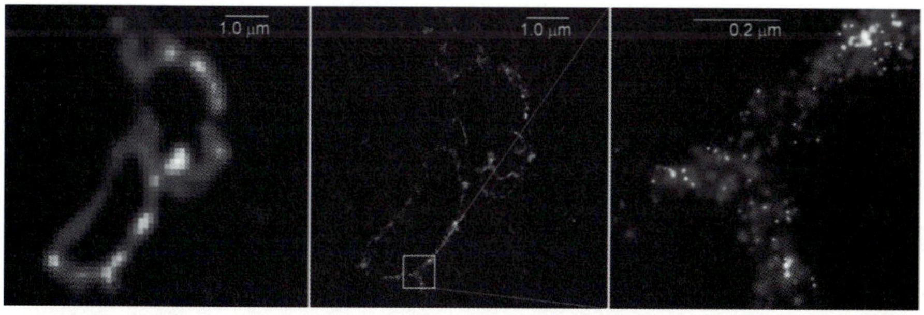

| 그림 7 | 기존 현미경 이미지(왼쪽), 베치그 박사가 찍은 리소좀 막의 단일 분자 현미경 이미지(오른쪽). 아베의 회절 한계를 나타내는 스케일 바에 주목

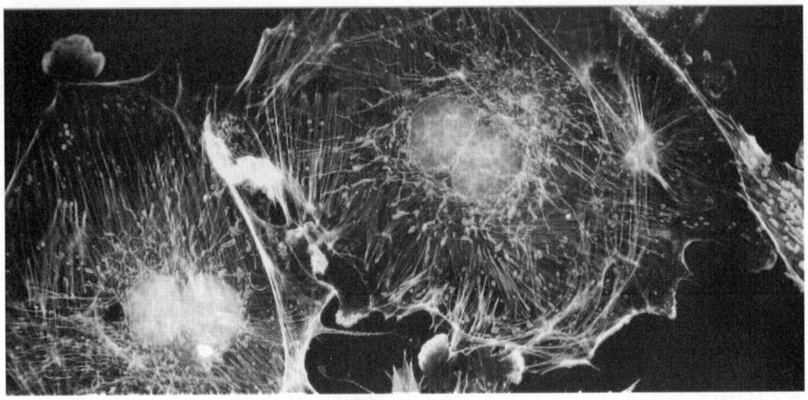

| 그림 8 | 여러 색을 구현한 초고해상도 형광 현미경 이미지

초고해상도 형광 현미경 개발로 현미경이 마이크로스코프(microscope)가 아니고 나노스코프(nanoscope)로 불려도 좋은 시대가 되었다. 이들의 발견은 몇 가지 나노스코피 기술을 가져왔으며 현재 전 세계에서 사용되고 있다. 헬 박사는 뇌 시냅스를 이해하기 위해 살아있는 신경세포 내부를 들여다 보았다. 모에너 박사는 헌팅턴 병과 관련한 단백질을 연구 중이다. 베치그 박사는 배아 내부의 세포분열을 추적하는 연구를 진행 중이다. 이것들은 많은 예 중 일부일 뿐이다. 한 가지 확실한 것은 초고해상도 형광 현미경 개발로 인류에게 가장 중요한 지식의 개발을 위한 토대를 마련했다는 것이다.

원심분리

遠心分離, Centrifugation

Chapter 99

원심력으로 용액 중의 용질을 분리하거나 분석하는 것을 원심분리라 한다. 원심분리는 배양액에서의 세포의 회수, 세포소기관의 분리, 단백질과 핵산을 침전시켜 회수하는 실험 등, 많은 생화학 실험에 이용되는 기본적인 수법의 하나이다. 원심기는 원심분리를 하기 위한 장치로, 시료가 들어 있는 튜브를 로터(rotor, 그림 1), 즉 회전체 속에 삽입시켜, 이것을 고속으로 회전시켜 회전축과 수직의 방향으로 원심력을 생기게 하는 것이다. 최초의 원심기는 Sweden의 C. de Laval이 크림의 분리를 목적으로 개발하였다. 또한 일 분에 수만 회전에서 10만 회전 정도의 고속으로 로터를 회전시키는 초원심기(그림 2)는 같은 Sweden 사람 T. Svedberg에 의해 1924년 개발되고, 그 후, 미국인 J. Beams에 의해 개량되었다. 배양액에서 세포를 분리할 경우 등은 분당 수천 회전의 원심분리로 충분하지만, 더 작은 구조체인 세포소기관을 서로 분리할 경우 등에는 초원심기를 필요로 하는 경우가 많다(99항 참조).

Key words

원심기(遠心機, centrifuge), 초원심기(超遠心機, ultracentrifuge), 침강(沈降, sedimentation), Svedberg 단위(Svedberg unit)

원심기에는 매분 수천에서 1, 2만 회전의 범용형 분취용 원심기와, 매분 수만에서 10만 회전 정도의 초원심기 두 종류가 있다. 더욱이 초원심기는 침강 과정에 있는 용질을 검출하기 위해 광학계를 장착한 분석용과, 광학계를 장비하지 않은 분취용으로 분류할 수 있다. 분석용 초원심기를 사용하면, 용질의 침강계수(아래 설명 참조)와 분자량을 결정할 수 있다. 대부분의 원심기는 생체 시료를 취급하므로 냉각 장치에 의해 엄밀한

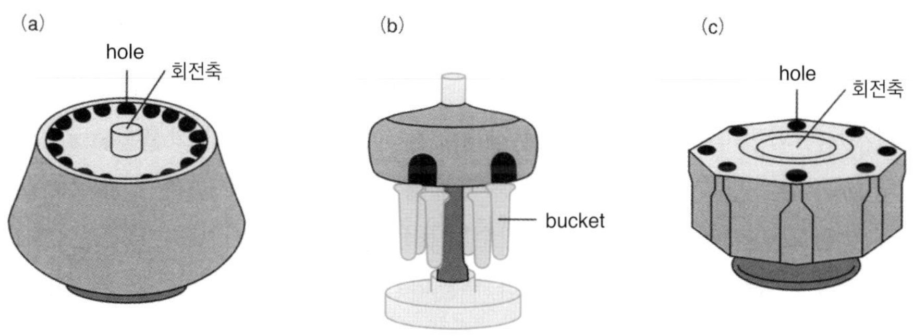

| 그림 1 | 원심분리에 사용되는 주요한 로터의 종류

(a) angle rotor: tube를 넣는 구멍이 일정한 각도로 경사져 있다. 로터가 튼튼하여 큰 원심력을 얻을 수 있다. (b) swing rotor: 로터에 걸쳐진 bucket속에 tube를 넣는다. bucket의 각도는 변할 수 있으며, 원심 조작 중에는 수평이 되므로, tube축과 원심력의 방향은 일치한다. (c) vertical rotor: 튜브를 넣는 구멍이 회전축과 수평이 되어 있다. 시료는 튜브 축과 수직 방향으로 침강하기 때문에, 이동 거리가 짧고 단시간에 분리를 달성할 수 있다.

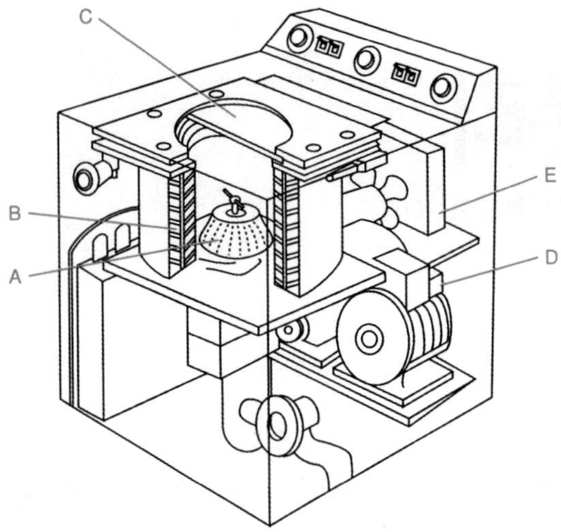

| 그림 2 | 초원심기

Rotor(A)를 B실에 set하고, C로 뚜껑을 닫은 후, pump(D)로 배기하고 B실을 진공으로 한다. 냉각 장치(E)에서 저온을 유지하면서 rotor를 고속으로 회전시킨다. 長野 敬, 「입문visual science 세포의 구조」, 일본실업출판사(1998), p42에서.

온도조절이 가능하도록 되어 있다. 더욱이 초원심기에서는 고속 회전하는 로터와 공기 마찰에 의한 열 발생을 막기 위하여, 로터를 수납하는 부분을 진공 상태로 만들 수 있는 pump가 갖춰져 있다. 원심분리에 사용되는 로터에는 angle rotor, swing rotor, vertical rotor 등이 있고, 목적에 따라 나누어 사용할 수 있다(그림 1). 장착할 수 있는 원심용 튜브도 micro liter level에서 liter level까지 다양하다.

원심력의 방향으로 물질이 이동하는 것을 침강이라 한다. 침강이 되기 쉬운 정도를 나타내는 지표가 침강계수고, 단백질, 핵산, 세포소기관 등의 시료는 각각 특유의 침강계수를 가지고 있고, 이것에 따라 원심분리된다. 어떤 일정한 회전 속도로 로터를 회전시키면, 로터중의 시료는 그 침강계수의 크기에 비례하여 침강하기 때문에, 시료 중의 성분을 분리하거나 분석할 수 있다. 침강계수(s)는 원심 가속도와 용질의 이동 속도의 비로 정의되고, 다음의 식으로 표시한다.

$$s \equiv (dr / dt)\, r\,\omega^2 = \mathrm{m}(1-\upsilon\rho) / \mathrm{f} \qquad (1)$$

여기서 r은 회전축에서 입자까지의 거리, t는 시간, ω는 로터의 회전속도, m은 용질의 질량, υ는 편비용(偏比容, 대용량의 용액에 용질 1g을 넣었을 때의 체적 증가분), ρ는 용매의 밀도, f는 병진(併進)의 마찰계수•이다. 침강계수는 시간의 단위로 표시하고, 예를 들면, $10^{-13}s$를 Svedberg 단위(S)라 부른다. 침강계수는 용질의 질량을 반영하는 수치이므로, ribosome 등 거대한 구조체의 크기를 나타낼 때에 사용되기도 한다.

• 마찰계수

유체 중에 존재하는 입자에 외력 F를 가하면, 이 힘이 마찰저항력(f)과 균형을 이루어, 입자는 일정한 속도 V로 운동한다. 이 때, F와 V의 사이에는 비례관계가 성립되고($F = fV$), 이 때의 비례계수 f를 마찰계수라 한다.

Chapter 100

세포분획

細胞分劃, Cell Fractionation

진핵생물 세포 안에는 핵, 소포체, Golgi체, lysosome(액포), mitochondria, peroxisome, 엽록체 등 다양한 organelle(세포소기관)이 존재하고, 이것들은 각각 독특한 기능을 갖고 있다(14항 참조). 원핵생물세포에서는 대부분의 경우 organelle이 존재하지 않지만, 그래도 사이토졸, 세포막, 세포벽 등 몇 개의 구획이 존재한다. 다양한 생체 분자가 어느 세포 구획에 존재하고, 각 세포 구획이 어떤 기능을 담당하고 있는가를 조사하는 것은 생명 현상을 화학적으로 해명하기 위한 기반이 된다. 생체 분자의 국재성을 조사하는 방법으로는 항체 등으로 특이적으로 표식시킨 후, 그 부분을 현미경으로 관찰하는 방법이 있다. 그러나 이 방법으로는 장소만 알 뿐 그 분자의 기능과 더욱이 그 세포 구획의 기능까지 조사할 수는 없다. 기능을 조사하기 위해서는 활성을 가진 상태에서 세포 구획을 단리(세포분획)할 필요가 있다.

세포분획법은 대상으로 하는 세포의 종류와 단리하고 싶은 organelle에 따라 크게 다르지만, 기본적으로는 다음과 같은 방법으로 한다. organelle를 분리할 때까지의 조작은 전부 등장액 중에서 행하고, 침투압에 의한 organelle의 파열을 막는 것이 매우 중요하다. 생리 식염수와 수크로오스 수용액, sorbitol 수용액 등이 이 목적으로 사용된다. 세포벽이 존재하는 식물 세포, 효모, 곰팡이, 세균의 경우, 우선 세포벽을 효소적으로 제거한다. 이때에는 세포벽의 구성 성분인 다당과 단백질을 가수분해 시키는 여러 가지 효소가 이용된다. 세포벽이 완전히 제거된 상태를 프로토플라스트(protoplast)•라고 한다. 세포벽이 없는 동물 세포에서는 이 조작은 당연히 불필요하다. 그 다음, 세포막만으로 덮인 세포의 현탁액을 Potter-Elvehjem homogenizer• 등으로 부드럽게 파괴 분쇄한다. 초음파 처리와 glass beads와 함께 교반하는 처리는 세포막뿐 아니라 organelle의 막도 파괴하는 경우가 많으므로 일반적으로 바람직하지 않다. 세포막의 파괴 분쇄로 얻어지는 현탁액을 호모지네이트(homogenate)라고 한다. 이 현탁액에서 다양한 organelle를 분리하기 위하여 대부분의 경우 원심분리법이 이용된다(99항 참조).

원심분리법으로, 크기, 형상, 밀도에 의해 organelle를 분리할 수 있다(그림 1). 적당한 매체(수크로오스 등)를 이용한 밀도 경사 원심분리법 등을 구사하여 분획을 한다. 세포막과 세포소기관 막을 분리할 경우, 세포와 organelle를 저장액에 담그고 침투압에 의해 막계를 파열시켜 내용물을 외액으로 방출시킨다. 그 후, 원심분리에 의해 막을 단리 한다. 얻어진 분획의 순도 검정법으로는 분획에 포함된 organelle을 전자 현미경으로 직

Key words

프로토플라스트(protoplast), 호모지네이트(homogenate) 밀도구배 원심분리법(密度勾配 遠心分離法, density-gradient centrifugation)

•**protoplast와 spheroplast**

세포벽을 완전하게 떼어 낸 것을 protoplast, 부분적으로 떼어낸 것을 spheroplast라 한다.

•**Pottar-Elvehjem Homogenizer**

외관에 시료 현탁액을 넣고, 내관을 회전시키면서 올리고 내림으로써, 외관과 내관의 간격을 통과시켜 전단력으로 시료를 파괴하는 기구(아래 그림). 외관에는 glass, 내관에는 테플론이 많이 사용된다.

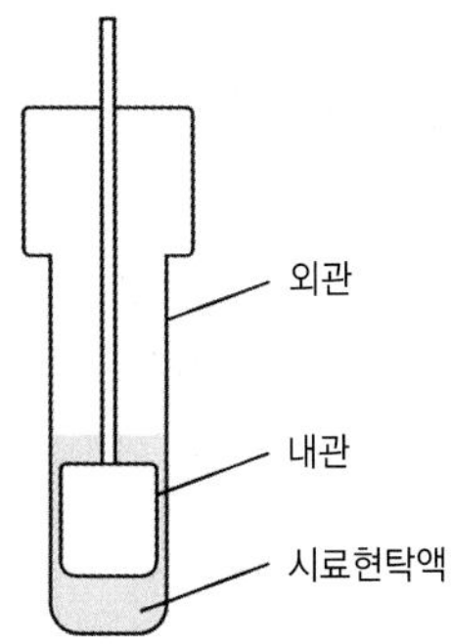

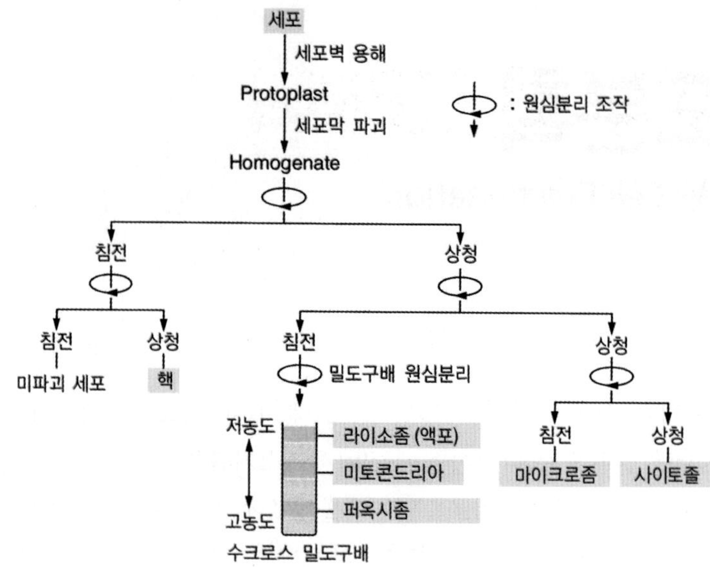

| 그림 1 | 세포분획의 예

접 관찰하는 방법과 organelle에 국재하고 있다는 사실을 이미 알고 있는 marker 분자(단백질과 핵산)을 이용하여 순도를 검정하는 방법이 있다. marker 분자로는 organelle에 고유하면서도 측정이 용이한 것을 이용한다. 예를 들면 mitochondria의 내막에서는 cytochrome *c* oxidase가 peroxisome matrix에서는 catalase가 적당한 marker가 된다. 모든 세포와 organelle에 적용할 수 있는 세포분획법은 존재하지 않으므로 연구자 각자의 시행착오에 의하여 방법을 확립할 필요가 있다.

크로마토그래피

Chromatography

Chapter 101

Key words

액체(液體) 크로마토그래피(liquid chromatography), 이온교환 크로마토그래피(ion exchange chromatography), 컬럼 크로마토그래피(column chromatography), 겔 여과 크로마토그래피(gel filtration chromatography)

크로마토그래피는 많은 성분으로 이루어진 혼합물의 분리와 분석에 이용하는 수법의 하나이다. 시료는 이동상(mobile phase)이라 부르는 액체와 기체의 흐름을 타고 고정상(stationary phase)에서 이동하고, 각 성분은 각각의 분배계수(고체상과 액체상 사이에서 분배되는 용질의 비율을 나타내는 계수, Partition Coefficients)의 차에 의해 분리된다. 이동상이 액체이면 액체 크로마토그래피, 기체이면 가스 크로마토그래피라 한다. 크로마토그래피는 고정상의 형상에 의해서도 분류된다. 고정상이 가늘고 긴 관에 가득 차 있으면 column chromatography, 얇은 평판상에 있으면 thin layer(박층, 薄層) chromatography, 여과지에 있으면 paper chromatography라고 하고, 분배의 기구, 즉 분리의 방법으로는 size exclusion(크기배제), 흡착 chromatography, 분배 chromatography 세 가지로 크게 구별된다.

생체 물질의 정제에는 액체 크로마토그래피가 자주 사용된다(그림 1). 이 가운데 단백질의 정제와 아미노산 분석 등에 사용되는 이온교환 크로마토그래피는 정전 상호 작용을 이용한 흡착 크로마토그래피이고, 플러스 또는 마이너스로 전하를 띈 고정상을 이용한다. 플러스 전하를 갖는 분리하고자 하는 화합물은 마이너스 전하를 갖는 고정상(양 이온 교환수지)에 결합하고, 반대로 마이너스 전하를 갖는 화합물은 플러스 전하를 갖는 고정상(음 이온 교환수지)에 결합한다. 그럼 음 이온 교환수지를 고정상으로 한 column chromatography에 의한 단백질의 분리를 생각해 보자(그림 2). 단백질의 혼합물을 음 이온 교환수지 column에 걸면 마이너스의 실효전하를 갖지 않는 단백질이 고정상에 결합하지 않고 용출된다. 그 다음으로 이동상의 이온 농도를 높혀 가면, 고정상에 결합했던 단백질 중 결합력이 약한 단백질부터 차례로 이온과 치환하고 고정상에서 분리된다. 일단 고정상에서 분리된 단백질은 이동상을 타고 column내를 흘러 내려가지만, column에서 용출되기까지의 사이에는 고정상과의 결합과 분리를 반복한다. 그 결과, 각각의 단백질은 정전기적 성질에 따라서 분리되어 column에서 차례로 용출된다. 용출한 단백질은 보통 fraction collector를 이용해 순서대로 시험관에 분획된다. 단백질이면 각 컬럼 분획분(분획된 시험관의 내용물)의 흡수 스펙트럼을 측정함에 따라 분획 위치를 알 수 있다. 활성을 갖는 단백질이면 각 분획의 활성을 측정해 목적 하는 단백질을 동정한다. 또한 아미노산과 같이 흡수를 갖지 않는 화합물의 크로마토그래피에서는 column에서 용출한 후에 발색제(아미노산의 경우는 ninhydrin)와 반응시켜 검출한다.

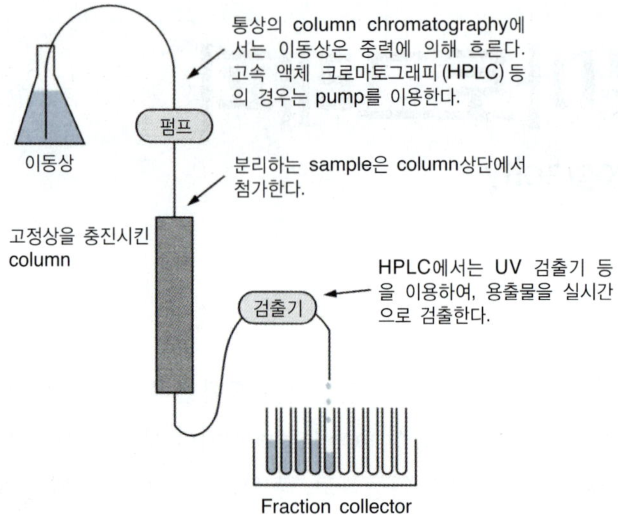

| 그림 1 | column chromatography의 개념도

단백질의 분리와 분자량 측정 때 잘 이용되는 겔 여과(겔 침투라고도 하는) 크로마토그래피는 분자량의 차이에 의해 시료를 분리하는 size 배제 크로마토그래피다. 고정상에는 작용기를 갖지 않는 다공성의 작은 구슬(beads)을 이용한다. 이동상을 타고 흘러온 시료가 이 beads를 만나면, beads의 구멍에 들어가지 못하는 큰 분자는 beads 외측을 통과해 간다. 한편 작은 분자는 beads의 내부에 침투하여, beads 구멍 벽에 부딪히며 밖으로 나온다. 이 과정을 반복하기 위해, 작은 분자의 용출 속도는 큰 분자 경우보다 늦어지고, 그 결과, 분자량에 따른 시료의 분리가 가능해진다.

이 외, 생체 분자의 분리에는 시료 분자의 소수성의 차이에 기초를 둔 소수성 크로마토그래피와, 항원 항체반응과 같은 분자간의 특이한 상호 작용을 이용한 affinity chromatography도 이용되고 있다.

표 1 단백질 정제에 많이 사용하는 크로마토그래피의 종류와 분리 원리

종 류	분리 원리
겔 여과 크로마토그래피	단백질의 크기(size)
이온교환 크로마토그래피	단백질의 이온화 정도(charge)
소수성 크로마토그래피	단백질의 소수성 정도(hydrophobicity)
친화성 크로마토그래피	단백질과 리간드의 친화도 정도(affinity)

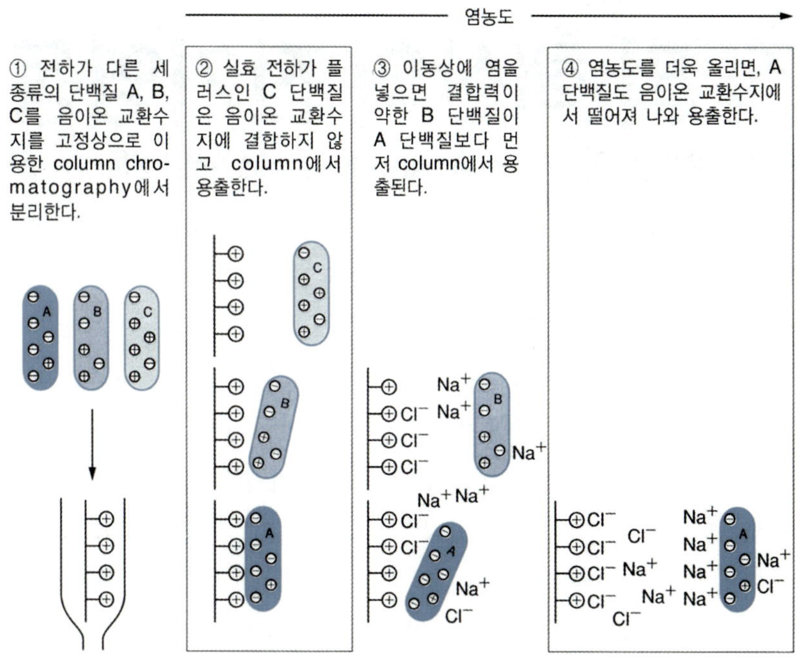

| 그림 2 | (음) 이온교환 크로마토그래피의 원리

Chapter 102 단백질 및 핵산의 전기영동

蛋白質 및 核酸의 電氣泳動, Protein and Nucleic Acid Electrophoresis

Key words

이동도(移動度, mobility), SDS-폴리아크릴아마이드 전기영동(電氣泳動, SDS-polyacrylamide gel electrophoresis ; SDS-PAGE), 미변성 폴리아크릴아마이드 전기영동(未變性 polyacrylamide 電氣泳動, Native PAGE), 등전점 전기영동(等電點 電氣泳動, isoelectric focusing), 아가로스 겔 전기영동(agarose gel electrophoresis)

단백질과 핵산은 분자 전체가 전하를 갖고 있어 전하를 걸어주면 이동한다. 이 현상을 전기영동이라 한다. 단백질의 경우 전하, 크기, 모양이 각각 다르기 때문에, 이동도의 차를 이용해서 혼합물을 분리할 수 있다. 전기영동은 보통, 적당한 겔 지지체를 이용하여 행한다(겔 전기영동법). 단백질의 경우는 치밀한 polyacrylamide•를 이용하는 일이 많고, 이것을 polyacrylamide gel 전기영동(PAGE)법이라 한다. 지지체를 이용하면 분리한 용질 zone을 안정화할 수 있을 뿐 아니라 분자를 거르는 효과도 더해져, 분리능력이 더욱 향상된다•.

단백질 용액에 도데실 황산나트륨(sodium dodecyl sulfate, SDS)을 넣으면, 단백질에 SDS가 결합하여, 단백질은 거의 균일한 마이너스 전하를 띤 상태가 되고, 변성하여 subunit 단위로 해리한다. 보통, 2-mercaptoethanol을 넣어 단백질 내 S-S 결합을 환원시킨다. 이와 같은 SDS변성 조건 하에서의 전기영동법을 SDS-PAGE라 한다. 이에 반해, 미변성 상태에서의 전기영동을 Native PAGE라 한다. SDS-PAGE에서는 단백질의 단위 중량당 같은 정도의 SDS가 결합하고, 더욱이 변성 단백질의 형상은 분자의 종류에 관계없이 같은 random coil이 되므로 분자 전체의 전하는 분자의 크기, 즉 분자량에만 비례한다. 단백질의 상대이동도의 대수와 겔 농도 T 사이에는 그림 1과 같은 직선 관계가 있고, 기울기는 단백질의 종류에 따라 다르다. 또, 겔 농도 T가 같으면, 이동도는 분자량의 대수와 직선 관계에 있다(그림 2). 이것에 의해 단백질(subunit)의 분자량을 구

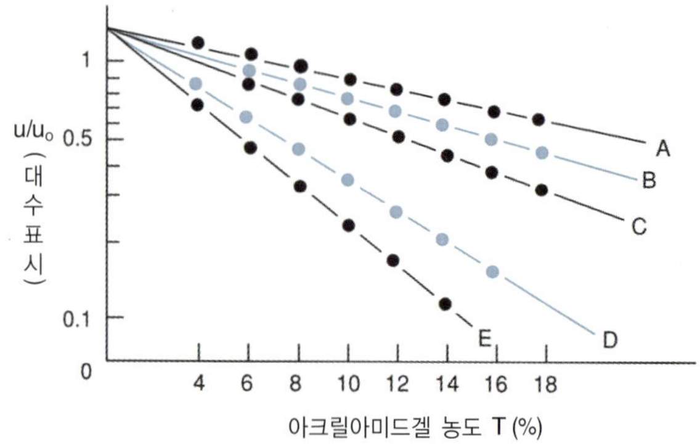

| 그림 1 | 다양한 단백질의 SDS-PAGE에 의한 Ferguson Plot

(A: cytochrome c, B: myoglobin, C: chymotrypsinogen, D: 난백 albumin, E: 소 혈청 albumin)

• **아크릴 아마이드**

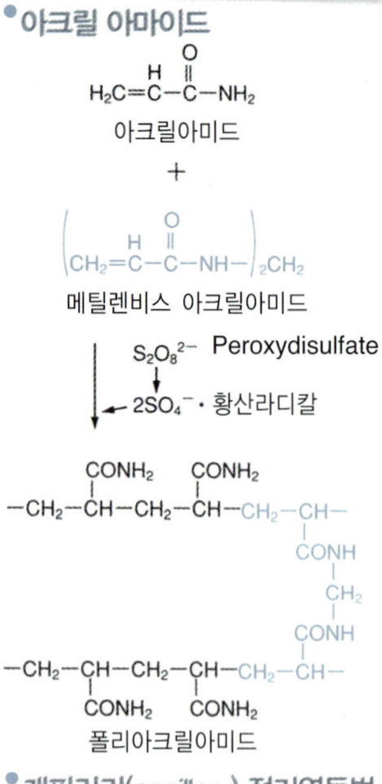

• **캐피러리(capillary) 전기영동법**

보다 고분해 능력을 가진 capillary 전기영동법도 개발되어 있다. 이 방법은 지름 25~100 μm 의 silica 모세관의 양단에 고전압을 걸어 전기영동을 하는 것이다. 영동상을 겔이 아니고 자유상으로 할 때에는 모세관 표면의 전기 이중층 내에서 이온의 영동에 의한 전기 침투류(浸透流)도 물질 이동의 구동력으로 이용한다.

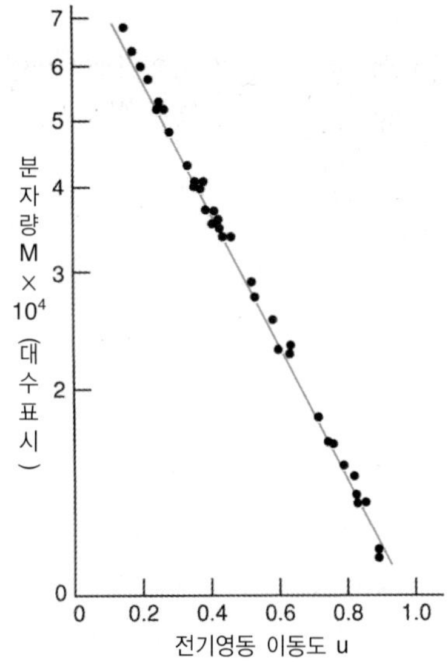

| 그림 2 | 단백질의 분자량과 SDS-PAGE의 u와의 관계

할 수도 있고 순도를 평가할 수도 있다.• 단, 분자량을 미리 알고 있는 몇 개의 단백질을 marker로 하여 동시에 영동시켜 그림 2와 같은 검량선을 작성하고 상대 이동도에서 분자량을 측정할 필요가 있다.

또, 단백질의 등전점(p*I*)의 차이에 의해 전기영동적으로 분리하는 등전점 전기영동법도 이용된다.• 영동상(겔) 내에 양성고분자 전해질인 Immobiline을 넣어 전기를 걸어주면, 특히 이동도가 큰 H^+와 OH^- 가 각각 마이너스와 플러스 극으로 영동하고, 영동상 내에 pH의 경사가 생긴다(그림 3). 이 때 단백질이 공존하면, pH > p*I*의 위치에서는 (−) 전기를 띠어 플러스 극 쪽으로 이동하고, 반대로 pH < p*I*의 위치에서는 단백질은 (+) 전기를 띠므로 결과 마이너스 극 쪽으로 이동한다. 이 원리에 의해 각각의 단백질은

•전기영동 후의 단백질의 검출법

분리된 단백질은 색소 Coomassie Brilliant Blue(CBB)로 염색해 검출할 수 있다. 더 고감도의 검출법으로써 은염색(Ag^+의 환원 석출에 의함)도 널리 이용된다. 또 Native PAGE에서는 길상에서 그 생리활성을 이용하여 검출할 수도 있다.

•그 외의 전기영동법

겔 농도 T를 연속적으로 변화시키는 밀도경사 전기영동과, 플러스 마이너스 극의 전해조 조성을 서로 다른 것으로 하여, 두 상의 계면에 시료를 주입하여 분리하는 등속 전기영동도 있다.

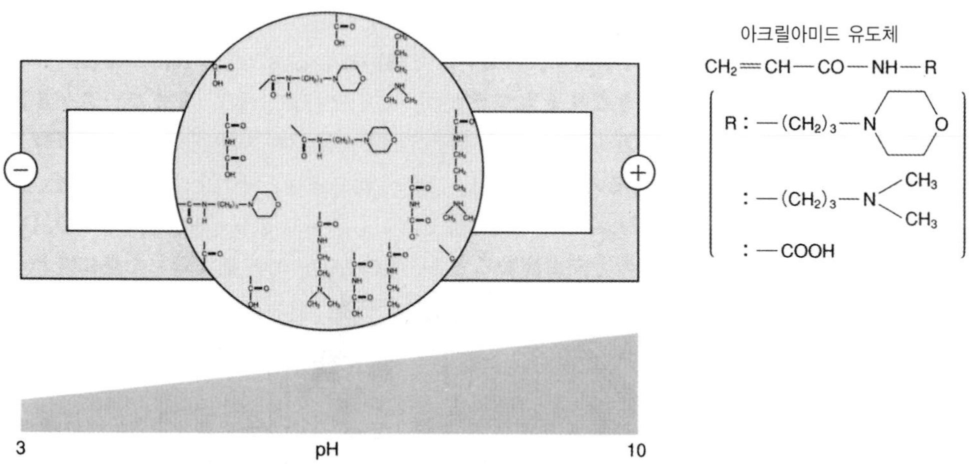

| 그림 3 | Immobiline을 이용한 전기영동

PAGE(본 항 처음을 참조)의 acrylamide를 immobiline으로 바꿔, 같은 방법으로 중합하여 사용한다.

pH = pI의 위치에 도달하기 때문에, pI가 다른 단백질들을 분리할 수 있고, 또 pI를 구할 수도 있다. pH 경사를 안정화하기 위해 polyacrylamide 유도체를 지지체로 이용하지만, 이 경우에는 분자의 거르기 효과가 감소하기 때문에 겔 농도 T는 가능한 한 작게 한다. 등전점 전기영동을 한 후, 그 영동 방향과 직각 방향으로 SDS-PAGE를 수행하면, 보다 더 고분해의 분리를 할 수 있다. 이와 같이, 원리와 조건이 다른 두 종류의 전기 영동을 조합하는 방법을 이차원 전기영동법(two dimensional electrophoresis)이라 한다.

핵산은 nucleotide 1 염기 당 하나의 인산기 유래의 마이너스 전하를 갖기 때문에, SDS 변성한 단백질과 같은 겔 전기영동 거동을 나타낸다.• 그러나 DNA의 경우에는 단일 사슬과 이중 사슬에서의 전기영동의 거동이 서로 다르고, 또 종류에 따라 그 분자량들의 차이가 크기 때문에, 지지체의 선택이 중요하다. 500 염기 이하의 단일 사슬 DNA 단편의 분리에는 치밀도가 높은 polyacrylamide를 이용하면 1염기의 길이까지 식별할 수 있다. 300 ~ 10,000 염기쌍의 경우에는 큰 공극을 갖는 agarose를 지지체로 사용한다(agarose gel electrophoresis).

• 전기영동 후의 핵산의 검출법

분리된 DNA는 EtBr(ethidium bromide)로 염색하여 형광 검출한다. 또 방사선 표식한 DNA 분자는 autoradiography로 검출할 수 있다.

20만~100만 염기쌍의 DNA에는 pulse field agarose 전기영동법을 이용한다. 이것은 영동 방향의 전기장과 그것과 직각인 전기장을 서로 일정한 시간마다 pulse적으로 더해 가면서 영동 시키는 것이다. 거대 DNA 분자는 전기장의 방향이 변할 때 그 방향으로의 영동에 적합한 형으로 변한다. 그 완화 시간이 DNA의 크기에 따라 다른 것을 이용하여 분리할 수 있는 것이다.

해 설

전하 q를 갖는 입자 A를 전장 E(단위: Vm^{-1})의 속에 두면, A에는 구동력 qE가 더해져 q와 반대 부호인 전극 방향으로 이동한다. A가 액체와 같은 매체 속을 이동하면, qE와 반대 방향으로 마찰저항력 fv(f: 마찰계수, v: 속도)를 받는다. 따라서 입자는 두

Subnote

• 전기영동조의 종류

(a)의 수평식 전기영동조는 주로 agarose 겔 전기영동에 사용한다.
(b)의 수직식 전기영동조는 polyacrylamide 겔 전기영동에 사용한다.

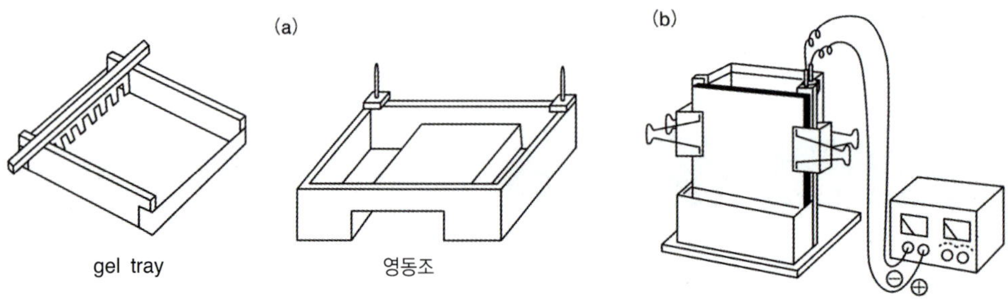

개의 어울린 속도 $v(= qE/f)$로 이동한다. 보통, 전기영동에서는 분자의 움직이기 쉬움을 이동도 $u(= v/E = q/f)$로 나타낸다. 25℃의 수중에서의 u는 $10^{-4}cm^2V^{-1}s^{-1}$단위이고, H^+: 36, OH^-: 20, 다른 저 분자 이온: 4~9, 단백질: 0.1~1이다. u는 이온의 mol 전기전도도 λ와, $\lambda = |z| Fu$라는 관계에 있다(F: Faraday정수). 또 저 분자 이온을 반지름 r의 강체(剛體, 물리학에서 형태가 고정되어 변하지 않는 물체를 이름)로 가정하고, 용매의 점도를 η라 하면 $f = 6\pi\eta r$로 표시된다(Stokes의 법칙). 단백질과 같은 고분자가 겔 지지체 속을 이동할 때, 이동도 u는 겔 농도 T의 영향을 받는다. 양자의 관계는 단백질과 겔 지지체와의 충돌 model에 의해 $\log u = \log u_0 - KT$로 나타낼 수 있다. 단, u_0는 자유상 중에서의 이동도이고 단백질의 전하와 크기 및 형에 의해 정해진다. 또, 우변 제2항은 겔 중의 분자 거르기 효과를 표시하고, 그 비례정수 K는 단백질의 크기와 모양을 반영한다.

SDS-PAGE에서는 그림 1의 $\log u$와 T의 관계(Ferguson plot)에서 알 수 있듯이, u_0는 단백질에의 종류에 의존하지 않고 일정하게 된다. 그 이유는 단백질의 단위중량에는 거의 같은 정도의 SDS가 결합하기 때문에, q가 분자량 M에 비례하고, 더욱이 변성 단백질의 모양이 어느 분자나 똑같은 random coil이 되어 f도 M과 비례하기 때문이라고 생각된다. 결과적으로, K만이 단백질의 크기에 관한 정보를 준다. 또 u와 M 사이에는 경험상으로 $\log M = A - Bu$의 관계가 있다는 것을 알고 있어(그림 2), 정수 A와 B는 영동 조건에서 결정지어진다. 이 식은 겔 여과법(101항 참조)에 의해 M의 평가원리와 같은 의미이다. 단, 아직 열역학적 근거는 확실하지 않고 예외도 있다.

Chapter 103

서던 브로트, 노던 브로트, 웨스턴 브로트

Southern Blot, Northern Blot, Western Blot

Key words

서던 브로트(Southern blot), 노던 브로트(Northern blot), 웨스턴 브로트(Western blot), 하이브리다이제이션(hybridization), 프로브(probe)

상보적인 단일 사슬 DNA끼리, RNA끼리 또는 DNA와 RNA와는 적당한 조건에 놓이면 분자간에 hybridize(이중 사슬 형성)한다. E. Southern은 이 성질을 이용하여 제한 효소 처리 후의 DNA 단편을 agarose 겔 전기영동에 의해 한 개 한 개의 band로 분리하고 nitrocellulose 막으로 옮겨 고정한 다음, 특정의 배열을 갖는 단편을 hybridization에 의해 검출하는 방법을 생각해 냈다. 이 방법은 southern blot 또는 southern hybridization이라 부른다. 구체적으로는 다음과 같이 한다.

우선 DNA를 제한 효소로 단편화 시키고, agarose 겔 전기영동으로 분리한다. 전기영동 후의 겔을 alkali 용액(NaOH)에 담가 겔 중의 DNA 절편을 변성시켜 단일 사슬 DNA로 만든다. 겔을 중화하고, 그림 1에서 나타낸 방법으로 nitrocellulose 또는 nylon의 막에 DNA를 옮긴다(이 일을 blot 또는 blotting이라 한다). 모관 현상에 의해 완충액이 여과지 → 겔 → 막 → paper towel로 스며들면서 DNA가 막에 흡착된다. DNA가 결합한 막을 겔에서 벗긴 후, 고온에서의 건조 또는 자외선 조사에 의해 DNA를 막 위에 강하게 고정한다. 다음에, 원하는 DNA의 염기 배열과 상보적인 배열을 갖는 표식 DNA 또는 RNA(이것을 프로브라 한다)의 용액에 막을 담그어, 프로브와 표적 DNA를 막 상에서 hybridize한다. 프로브에는 방사선 동위체 등의 표식(104, 105항 참조)이 달려있기 때문에, 이것이 발하는 신호를 검출하는 것으로 막 상의 표적 DNA의 위치를 동정할 수 있다. Hybridization을 하기 위해 유리병과 플라스틱 주머니 안에 막과 소량의 표식 프로브 용액을 넣어 밀봉하고 65℃ 정도를 유지한다. 그 후, 막을 잘 씻고, hybridize하지 않은 프로브를 제거하고, 표식에서의 신호를 검출한다. 이것에 의해 프로브의 염기 배열에 상보적인 배열을 갖는 DNA만이 band로 나타나게 된다.

Southern blot란 개발자의 이름에 연관된 것이지만, 이 방법과 마찬가지로 막에 고정한 RNA 단편을 DNA 또는 RNA 프로브에서 검출하는 방법은 개발자 이름과는 상관없이 장난스럽게 Northern blot(Southern = 남방, Northern = 북방)란 이름으로 불리고 있다.

더욱이, SDS-polyacrylamide 전기영동법(102항 참조)에서 분리된 단백질을 특이적 항체에 의해 검출하는 방법에 대해서는 Western blot(western=서방) 또는 immuno blot라는 통칭이 주어져 있다. Western blot의 경우, 단백질은 nitrocellulose 막과 PVDF 막(polyvinylidine difluoride membrane)에 전기영동적으로 전이시킨다. 막 상의 항체는 peroxidase 또는 alkaline phosphatase와 결합한 항 IgG 등을 이용하여 이차적으로 검출

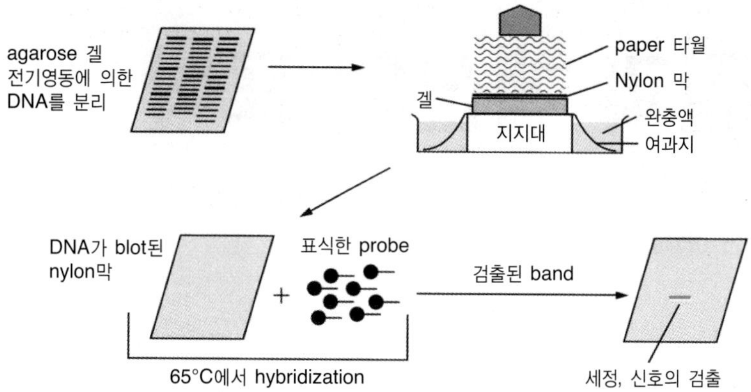

| 그림 1 | Southern blot의 개념도

한다.

Western blot의 변법으로는 막에 옮긴 단백질을 표식한 이미 알고 있는 단백질과 반응시켜, 이것을 검출함에 따라 단백질끼리의 상호 작용을 조사하는 west western법(또는 far western법)과, 막에 고정시킨 DNA를 표식한 목적 단백질로 검출하고, DNA와 목적 단백질의 상호 작용을 조사하는 south western법도 있다.

Chapter 104

단백질과 핵산의 표식

標識, Labeling

Key words

형광표식(螢光標識, fluorescence labeling), 바이오틴(biotin), 다이옥시게닌(digoxygenin; DIG)

단백질과 핵산을 동정(同定)하기 위하여, 또 그 분자의 일부와 전체에 관한 정보를 얻기 위하여, 그 일부를 고치고 변화시켜 표시를 다는 것을 "표식한다"라고 한다. 표식의 방법으로는 동위체에 의한 것과 검출 가능한 치환기에 의한 것도 있다. 예를 들면, 대사 경로와 생체 내 물질의 분포 등의 연구에 있어서 분자의 이동과 변화의 과정을 추적하기 위하여 단백질과 핵산을 방사성 동위체 또는 안정 동위체에 의해 표식하는 경우가 있다(105항 참조). 또, 방사성 동위체와 형광성 화합물, 바이오틴(biotin), 다이옥시게닌(digoxygenin; DIG)으로 표식한 특정의 배열을 갖는 DNA와 RNA를 프로브라 하고 Southern blot, Northern blot, *in situ* hybridization 등에 이용된다(103항 참조). 아래에 단백질의 표식과 핵산의 표식을 나누어서 각각 설명한다.

단백질의 표식

*in situ*로 단백질의 분포를 조사할 때, 목적 단백질에 특이적인 일차 항체와 조직과 세포를 반응시킨 후 표식된 이차항체를 결합시켜 표식에 사용된 지표 효소의 활성과 형광물질을 광학 현미경과 형광 현미경으로 검출한다(그림 1). 이차 항체에 결합시킨 지표 효소로는 alkaline phosphatase와 peroxidase가 자주 이용된다. 또, biotin과 avidin은 특이적으로 강하게 상호 작용하기 때문에 biotin으로 ligand를 표식하고 세포와 조직의 단

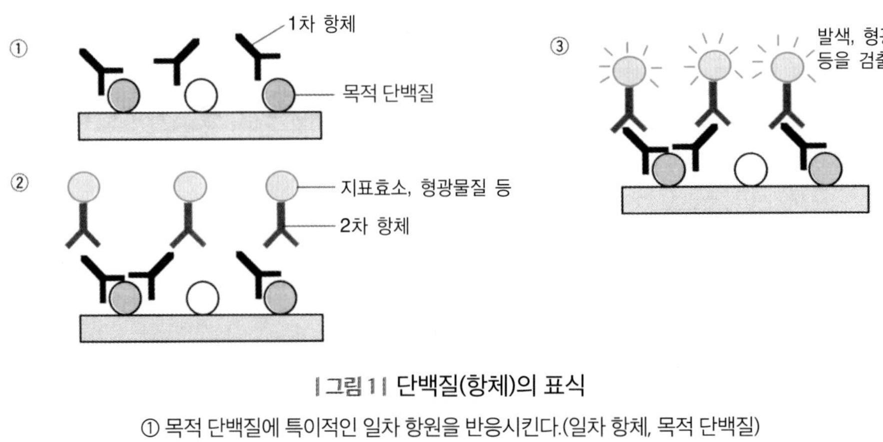

| 그림 1 | 단백질(항체)의 표식

① 목적 단백질에 특이적인 일차 항원을 반응시킨다.(일차 항체, 목적 단백질)
② 지표 효소와 형광 분자 등으로 표식한 이차 항체를 결합시킨다.(지표 효소, 형광물질 등 이차 항체)
③ 지표 효소의 활성에 의한 발색, 발광을 검출하는 일로 목적 단백질의 존재를 알 수가 있다.

백질에 결합시킨 후, avidin에 결합시킨 지표 효소를 이용하여, 목적 단백질의 분포를 조사할 때에도 자주 이용된다. 최근에는 일차 항체와 이차 항체에 형광물질•을 결합시켜 두고, 이 분포를 형광 현미경과 공초점 laser 현미경으로 검출하는 방법이 발달되어 있다. 더욱이 고가의 장치를 사용하면 형광 표식한 단백질과 GEP 융합 단백질을 살아 있는 세포에 주입하여 실시간으로 세포 내의 단백질의 움직임과 분포를 관찰할 수 있다(97항 참조).

또 단백질의 생합성, 세포 내 운송, 분비, 분해 등을 조사할 목적으로, [^{35}S]methionine을 세포에 가해 단백질을 표식할 경우도 있다.

•형광 표식용 시약의 예

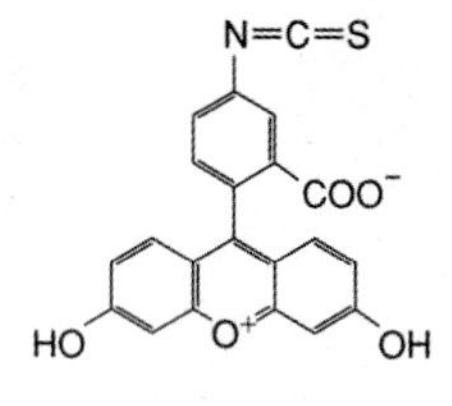

Fluorescein isothiocyanate

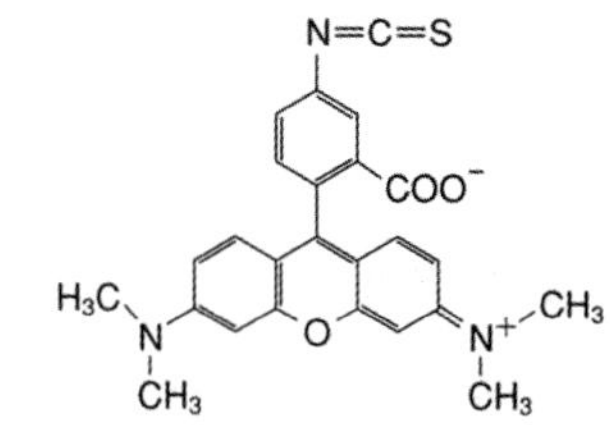

Tetramethylrhodamine isothiocyanate

핵산의 표식

Southern blot와 Northern blot 등에서 특정의 배열을 검출하는 경우에는 ^{32}P와 ^{35}S로 표식한 방사성 프로브가 옛날부터 이용되어 왔다(103항 참조). 표식 프로브를 제작할 때에는 DNA polymerase를 사용해 [α-^{32}P]dNTP를 DNA 사슬에 받아 들이기도 하고, polynucleotide kinase를 이용해 5′ 말단을 [γ-^{32}P]에 의해 인산화하여 표식하는 방법 등이 있다.

한편, 최근에는 biotin과 DIG를 이용한 비방사성 표식법•이 널리 보급되어 왔다. 이 경우, biotin과 DIG를 공유결합시킨 dUTP를 핵산으로 혼입시켜 프로브를 제작한다(그림 2). Alkaline phosphatase와 peroxidase를 결합시킨 avidin과 항 DIG 항체를 사용하여 그 프로브를 검출하는 것이다. 이 외에도 가교제를 사용하여 DNA에 직접 지표 효소를 공유결합 시킴으로써 표식 프로브를 제작하는 방법도 개발되어 있다.

•비방사선 표식법

미량의 물질을 감도 좋게 특이적으로 검출할 수 있다는 사실 때문에, 방사성 동위체의 사용은 생화학, 분자생물학을 크게 발전시켰다. 그러나 피폭과 관리의 문제를 피하기 위해 최근에는 방사성 동위체 표식을 대신하는 안전한 비방사성 표식법이 고안되어 효소발색법과 화학형광법 등이 널리 쓰여져 가고 있는 중이다.

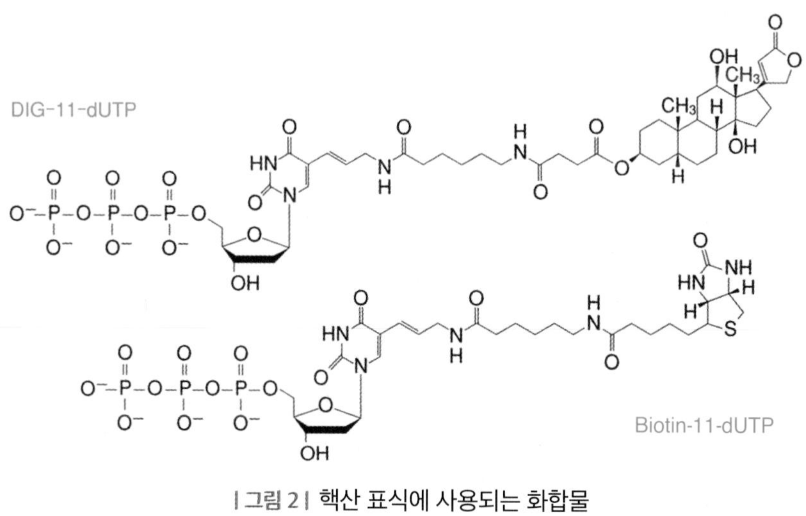

| 그림 2 | 핵산 표식에 사용되는 화합물

Chapter 105

방사성 동위체 표식

放射性同位體標識, Radioisotope Labeling

Key words

방사능(放射能, radioactivity), 반감기(半減期, half-life), α선(alpha rays), β선(beta rays), γ선(gamma ray), 트레사(추적자, 追跡子, tracer), 신실레션 카운터(scintillation counter), 자동라디오그래피(autoradiography), 펄스체이스 실험(pulse-chase experiment)

양자의 수(= 원자 번호)가 같고, 중성자의 수가 다른 핵의 종류를 서로 동위체라 부르고, 그 중, 방사선을 방출하고 다른 핵의 종류로 변화하는 것을 방사성 동위체라 한다. 방사성 동위체는 같은 원자 번호를 갖는 비방사성의 동위체와 같은 화학적 성질을 갖기 때문에 화학적 성질을 바꾸지 않고 특정 화합물을 표식할 수 있다는 점에서 우수하다. 표식된 화합물은 방사성 동위체에서 방출된 방사선을 지표로 하여 지극히 높은 감도로 검출할 수 있다. 주요한 생체 원소인 수소, 탄소, 인, 황에 관하여 각각 ^{3}H, ^{14}C, ^{32}P, ^{35}S라 하는 방사성 동위체가 있고, 단백질, 핵산, 당 등 다양한 생체 분자의 표식에 이용되고 있다. 이 외에도 ^{22}Na, ^{36}Cl, ^{40}K, ^{45}Ca, ^{59}Fe, ^{60}Co, ^{65}Zn, ^{75}Se, ^{125}I 등도 생화학의 연구에 이용된다. 특정 화합물 중의 특정한 원자를 방사성 동위체로 표식하여, 그 화합물이 어떠한 화합물로 변환되어 가는가 생체 내를 어떻게 이동하는가 하는 정보를 얻을 수가 있다. 이와 같이 화합물의 행방을 추적할 수 있기 때문에, 이와 같은 용도의 방사성 동위체를 tracer(추적자)라 부른다.

방사성 동위체에서 방출된 방사선에는 helium 원자핵의 입자선인 α선, 전자선인 β선, 전자파인 γ선과 X선이 있는데, 생화학 분야에서 자주 이용되는 ^{3}H, ^{14}C, ^{32}P, ^{35}S는 모두 다 β선 방출 핵종이다(표 1). 방사성 동위체의 정량에는 액체 scintillation counter가 이용된다. 방사선의 에너지를 받으면 발광하는 액체를 시료와 혼합하여, 발생하는 빛의 강도에서 방사성 동위체의 양을 알 수 있게 된다. 방사선에 의해 기체의 전리(電離)에 동반되는 전류를 측정하는 gas counter(Geiger-Müller counter, 가이거 카운터)도 방사성 동위체로 인한 오염의 검사 등에 이용된다. 전기영동에서 분리한 시료와 생체를 얇게 자른 절편 등에서 어느 위치에 어느 정도의 방사성 동위체가 존재하는가를 명백히 하고 싶을 때에는 autoradiography가 이용된다. 이 방법에서는 시료를 X선 film 등에 밀착시켜 감광함으로써 표식된 물질의 분포를 명백히 할 수 있다.

트레이서(tracer) 실험의 예를 몇 개 들면, ^{14}C로 표식한 이산화탄소 존재 하에서 식물을 생육시키면, 광합성 과정에서 생성하는 중간체가 ^{14}C로 표식되게 되고, 이들 화합물을 동정함으로써 광합성 경로를 밝힐 수 있다. 또, ^{32}P로 표식한 ATP를 기질로 하여 인산화 효소의 반응을 수행함으로써 단백질의 인산화 부위를 밝힐 수가 있다. 어떤 화합물의 구조와 분포의 시간적 변화를 조사하고 싶을 때는 pulse-chase 실험을 할 수 있다. 단백질의 번역 후 수사(분자량 변화를 동반하는 것)를 해석하는 예를 설명하면, 우선

방사능의 단위

방사성 동위체가 괴변(壞變)하여 방사선을 방출하는 능력을 방사능이라 한다. 방사능의 크기를 나타내는 단위로서는 단위시간 당 괴변 하는 방사성 동위체의 수가 이용된다. 어떤 시료 중, 일초당 한 개의 동위체가 괴변 하는 경우, 그 시료는 1 Becquerel(Bq) 또는 1 dps(disintegration per second)의 방사능을 갖는다고 한다. 종래에 이용되던 Curie(Ci) 단위와, Becquerel 간에는 1 Ci = 3.7× 10^{10}Bq라는 관계가 있다.

표 1 생화학 분야에서 이용되는 방사성 동위체의 특성

방사성 동위체	반감기●	주요한 방사선 종류 †
^{3}H	12.33년	β
^{14}C	5730년	β
^{22}Na	2.609년	β + γ
^{32}P	14.26일	β
^{35}S	87.51일	β
^{36}Cl	3.01×10^{5}년	β
^{40}K	1.227×10^{9}년	β + γ
^{45}Ca	162.6일	β
^{59}Fe	44.50일	β + γ
^{60}Co	5.271년	β + γ
^{65}Zn	244.3일	β + γ
^{75}Se	119.8일	γ
^{125}I	59.40일	γ

† β선과 γ선의 에너지는 방사성 동위체의 핵 종류에 따라 다르다.

●반감기

방사성 동위체는 방사선을 방출하면 다른 핵종으로 변화하기 때문에, 시간 경과에 따라 그 수가 감소해 간다. 원래 수의 반으로 되는 데 필요로 하는 시간은 방사성 동위체의 종류에 따라 정해져 있고, 그 시간을 반감기라 한다. 반감기가 짧을 경우는 표식한 화합물이 곧 방사능을 잃어버리므로, 가능한 한 빨리 실험에 사용해야 한다.

^{35}S로 표식된 cysteine과 methionine을 포함한 액체 중에서 단기간세포를 배양하면, 그 사이에 생합성 되는 단백질은 ^{35}S로 표식된다. 그 후, 표식되지 않은 cysteine과 methionine을 대량으로 넣음으로써, 표식된 cysteine과 methionine을 희석하면 이후의 ^{35}S의 단백질로의 혼입을 무시할 수 있을 정도가 된다. 이 조작으로 단시간에 생합성 되는 단백질만을 표식할 수 있다. 시간차를 두고 세포를 떼어 내어 특정 단백질을 단리하고, 전기영동 후 autoradiography로 분석하면 목적 단백질의 분자량의 경시변화를 명백히 밝힐 수 있다.

Chapter 106

형질전환

形質轉換, Transformation

Key words

형질전환체(形質轉換體, transformant), 수용능(受容能, competence)

원핵생물의 유전자교환은 형질전환*, 형질도입, 접합의 3종류의 기구에 의해 일어난다(그림 1). 어떤 세포에서 환경 배지 중에 DNA를 방출하여, 수용균이 그 DNA를 세포 중에 받아 들여 형질을 변화시키는 것을 형질변환이라 한다. 또 DNA를 거둬들인 세포를 형질전환체라고 한다. 이 현상을 이용하여 시험관 내에 재편성한 plasmid를 대장균에 도입하여 세포의 형질을 변화시키는 일은 유전자 공학에 있어 필수의 수단이 되어 있다. 한편, phage를 통하여 공여 세균의 DNA가 수용 세균의 세포로 전달되는 기구를 형질도입이라 부르고, 직접적으로 접촉한 두 개의 세포간에서 유전자의 교환이 일어나는 경우를 접합이라 하여 구별하고 있다.

*형질전환

이 용어는 외래 유전자를 발생 초기에 도입하여 얻어지는 동물(transgenic동물)을 가리켜 "형질전환동물"이라고 사용하거나, 정상의 증식성을 가진 동물 세포가 암세포 혹은 암세포와 유사한 세포로 변화하는 것을 가리킬 때에도 사용하기 때문에 각각의 의미를 구별해서 사용해야 한다.

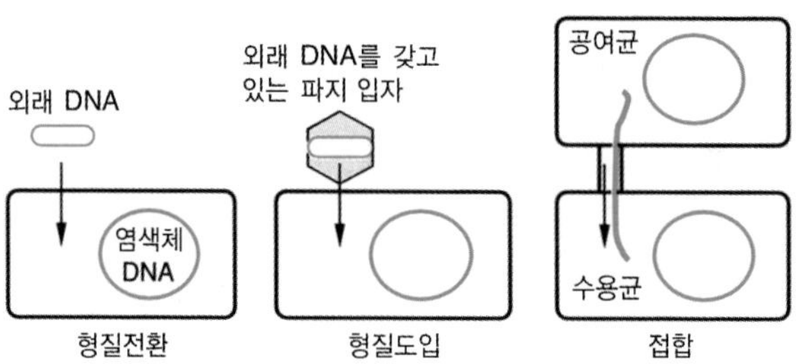

| 그림 1 | 원핵생물에 있는 유전자 교환의 세 기구

자연계에서는 세균이 죽어 용균하고 배양 중에 방출된 DNA(의 일부)를 다른 세균이 어떤 특수한 조건 하에서 자신의 염색체에 받아들인다. 자연에 형질전환이 일어나는 것은 *Bacillus, Haemophilus, Neisseria, Acinetobacter* 외에 *Streptococcus*와 *Staphylococcus*의 일부 등, 극히 한정된 세균에 있어서만 알려져 있다. 이와 같이, 세포가 외래 DNA를 거둬 들일 수 있는 능력을 수용능이라 하고, 받아들일 수 있는 상태에 있는 세포를 competent 세포라 부른다. *Streptococcus pneumoniae*에서는 대수 증식기 중에 급속히 competent 세포로 변하지만, 이것에는 competent 인자라 불리는 단백질군이 관여하고 있다. 또 외래 DNA와 수용균의 염색체 DNA와의 사이에 높은 상동성(相同性)이 있으면 형질전환이 일어나기 쉽다. 그러나 형질전환 시에 DNA가 세포에 받아 들여지는 방법은 균의 종류에 따라 다른데, 예를 들어 *Haemophilus influenzae*의 자연 형질전환에서는 competent 인자는 생산되지 않는다. 또한 연구에 널리 사용되고 있는 대장균은 자

연에서는 competent 세포가 되지 않는다. 그러나 비교적 간단한 처리로 인위적인 competent 세포를 제조하는 수법이 확립되어 있고, 유전자공학의 발전에 크게 기여하고 있다.

인위적인 형질전환을 행하는 수법으로는 일반적으로 두 개의 방법이 사용 되고 있다. 하나는 2가 양 이온과 열 쇼크에 의해 수용능을 유발하는 것인데, 수용균의 생육상태, 배지의 영양분, 호기성도(또는 혐기성도), pH 등의 조건이 중요하다. 대장균의 경우, calcium ion이 많이 이용되고 있고, 최적 조건 하에서는 1 μg의 plasmid DNA당 5×10^8 이상의 형질전환체가 얻어진다(형질전환수율, transformation yield). 또 하나의 방법은 electroporation이라 불리는 방법이다. electroporation에서는 세포의 현탁액에 DNA를 넣고 고전압을 가해 세포막에 아주 짧은 시간 동안 작은 구멍이 생기게 한다. 이 작은 구멍이 닫기기 전에 용액의 DNA가 확산하여 세포 내로 들어가게 된다. 대장균을 이용해 최적 조건 하에서 이 수법을 사용하면, $10^9 \sim 10^{10}$ /μg plasmid의 효율로 형질전환체가 얻어진다.

형질전환체의 선별에는 plasmid 등 외래 유전자상에 존재하는 약제 내성선택 marker 등이 이용된다. 예를 들면, 원래 ampicillin 존재 하에서는 생육되지 않는 대장균에 ampicillin 내성 유전자를 가진 plasmid를 도입한다. Ampicillin 내성 유전자는 ampicillin의 β-lactam 환을 개열하여 β-lactamase라는 효소를 code한다. 따라서 도입한 plasmid를 갖고 있는 형질전환체만이 ampicillin을 포함한 한천 배지상에서 생육할 수 있기 때문에, 생육하여 콜로니를 생성한 균을 선택하면 plasmid를 함유하고 있을 것이다.

Chapter 107

유전자 클로닝
遺傳子 Cloning

Key words

클론(clone), 클로닝(cloning), 게놈 라이브러리(genomic library), 역전사 효소(逆轉寫酵素, reverse transcriptase), cDNA library, 벡터(vector), 스크리닝(screening)

현대 생화학 연구에 있어 유전자 cloning은 빼놓을 수 없는 수단이다. 특정 유전자를 포함한 균일한 집단을 clone이라 부르고, 그것을 단리 하는 것을 cloning(clone화)이라고 한다. 목적 DNA 단편이 세포의 genome에 포함되어 있을 때, 그 세포의 genome DNA를 단편화하여, 각각을 파지(phage)와 플라스미드(plasmid)와 같은 벡터(vector)• 에 삽입한다(그림 1). 개개의 벡터는 단 하나의 삽입 DNA 단편밖에 포함하고 있지 않지만, 전체의 벡터는 genome DNA의 모든 단편을 포함한 집합체가 얻어진다. 이것을 게놈 library라고 부른다. 여기에 반해, 세포의 모든 mRNA에서 역전사 효소(reverse transcriptase)에 의해 cDNA를 조제하여 벡터에 삽입한 것을 cDNA library라 부른다. 진핵생물 유래의 경우 genome library의 DNA는 intron, 프로모터, enhancer 등을 포함한다. cDNA library의 DNA는 이들을 포함하지 않지만, mRNA의 poly(A) 사슬 유래의 A가 연결한 배열을 포함한다. 결국 library의 전부를 대장균 등에 도입하고, 그 안에서 목적의 clone을 스크리닝에 의해 찾아내야 한다.

스크리닝의 방법으로는 다음과 같다. ❶ hybridization에 의해 직접 목적 DNA를 검

• **벡터(vector)**

외래성 유전자를 숙주의 세포에 연결하기 위해 자기 증식성의 DNA를 vector라 부른다. Plasmid와 phage가 cloning vector로서 이용된다. 삽입할 수 있는 DNA 단편의 길이는 plasmid의 경우 10kb 정도이고, λ phage vector는 20kb까지이다. 그러나 더욱 긴 DNA 단편의 cloning를 위해, cosmid(40kb), BAC(bacterial artificial chromosome)(>300kb), YAC(yeast artificial chromosome)(>500kb) 등의 vector가 개발되어 있다.

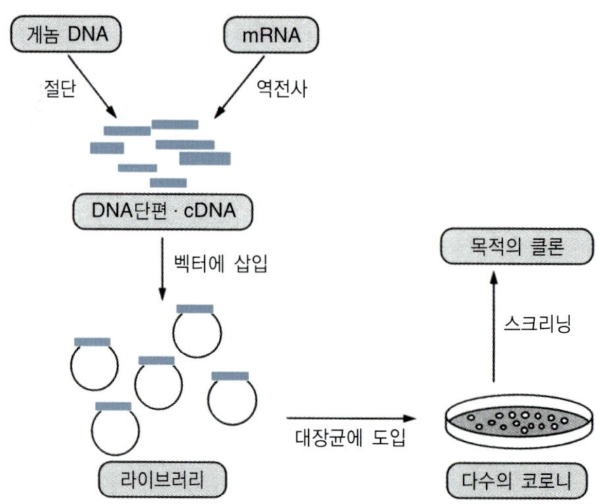

| 그림 1 | cloning의 흐름

genome library를 제작할 경우, genome DNA를 절단해 DNA 단편을 얻는다. cDNA library의 경우는 mRNA를 단리하고, 역전사 효소를 이용해 cDNA를 조제한다. 다음에 이것들을 적당한 vector에 삽입하면, library가 생긴다. library를 대장균에 도입하고, 얻어진 다수의 colony에서 목적의 clone을 스크리닝에 의해 단리 한다.

출한다. ❷ 목적 유전자 산물에 대한 항체를 이용한다. ❸ 목적 유전자 산물을 지표로 한다. 또는 만약 목적 DNA의 염기 배열의 일부를 알고 있다면, PCR(108항 참조)에 의해 그 전후의 DNA 단편을 증폭하고, vector에 삽입하여 cloning하는 것도 가능하다.

만일 평균 15kb길이의 DNA 단편을 갖는 사람 genome library를 hybridization(103항 참조)에 의해 스크리닝 한다고 하자. 사람의 일배체 genome의 크기는 약 3000Mb이므로, 약 10^6개의 phage를 스크리닝 하면, 높은 확률에서 목적으로 하는 유전자를 포함한 clone을 얻을 수 있다는 계산이 나온다. 우선 한천 plate상에서 phage library를 대장균에 감염시켜 다수의 콜로니를 얻는다. 하나의 프라그(plaque)는 단일의 clone에서 만들어진다. 이 다수의 프라그를 nylon 또는 nitrocellulose 막으로 옮겨, 고정시키고, 막 상에서 적당한 프로브(103항 참조)와 hybridization시켜 특이한 검출법에 의해 프로브의 위치를 동정한다. 검출된 spot에 대응하는 프라그를 원래의 한천 plate에서 단리 하게 되면 목적하는 DNA 단편을 갖는 프라그 clone을 얻을 수가 있다. 이 방법을 plaque hybridization이라 부르고, 또 같은 원리를 이용하여 plasmid vector에 의해 library를 스크리닝 하는 방법을 colony-hybridization이라 한다.

Chapter 108

PCR법

유전자 증폭법, 遺傳子 增幅法

Key words

PCR(polymerase chain reaction), 주형 DNA(鑄型, template DNA), 프라이머(primer), 어닐링(annealing), 내열성 DNA polymerase(耐熱性, thermostable DNA polymerase)

PCR법은 *in vitro*에서 특정의 DNA 단편을 효소적으로 증폭하는 방법이다. 그림 1에서 나타낸 것처럼, A, B, C의 세 개의 영역으로 된 이중 사슬 DNA에서 B 부분을 증폭하는 경우를 생각한다. B를 양쪽에서 에워싸듯이, 서로의 DNA 사슬에 상보적인 짧은 oligonucleotide(primer•) a, c′를 준비한다. 여기에 4종류의 deoxyribonucleotide 삼인산(dATP, dTTP, dGTP, dCTP)과 내열성 DNA polymerase를 이용해 다음과 같은 세 단계로 된 PCR cycle을 반복한다.

Step 1 **DNA 사슬의 변성:** 반응액을 95℃로 가열함에 따라 주형(template)이 되는 DNA를 단일 사슬로 해리(변성)시킨다.

Step 2 **primer의 hybridization:** 55℃ 정도로 냉각하면, 각각의 primer는 주형 DNA 사슬의 상보적인 부분에 hybridization한다(annealing). 그림 1에서 primer a는 a′부위에, primer c′는 c부위에 hybridize한다. 이 때 primer는 주형과 비교하면 매우 과량 존재하기 때문에, 원래의 이중 사슬 DNA는 형성되지 않는다.

Step 3 **DNA의 합성:** 다음에 반응액을 72℃로 가열하면 DNA polymerase는 양 primer의 부위에서 B영역의 방향으로 DNA 사슬을 합성하고, primer의 신장이 이루어진다.

이 세 개의 step은 thermal cycler라고 불리는 온도 제어 가능한 장치를 이용하여 반응액의 온도를 변화시키는 것만으로 신속하고 간편하게 행할 수 있다. 내열성 DNA polymerase를 사용하고 있기 때문에, 밀봉된 용기내로 바깥에서 효소와 시약을 추가할 필요도 없다. Primer의 신장에 보다 새롭게 합성된 DNA 산물이 그 다음의 cycle에서는 주형으로 이용되기 때문에, cycle마다에 목적의 DNA 단편 B는 두 배가 된다. 따라서 이론상은 n cycle의 PCR에 의해 목적 DNA가 2^n 배 증폭된다(실제로는 20~30 cycle 행한다).

PCR법의 주목할 만한 특징으로는 우선 증폭하는 DNA 단편(그림 1의 B)의 염기 배열 자체는 몰라도 된다는 것을 들 수 있다. 결국 증폭하는 단편의 양단 외측의 염기 배열만 알 수 있다면, 그 배열을 primer를 설계하여 미지영역의 DNA 단편을 증폭할 수가 있다. 다음으로, primer는 필히 안전하게 상보적일 필요는 없다. 다소 잘못된 매치가 있어도 반응 조건을 선택하는 것으로 목적 DNA 단편의 증폭이 가능하다. 이 특징을 이용

• **프라이머(primer)**

PCR법에 이용되는 primer는 20~30 염기 길이의 합성 oligonucleotide이다. primer의 배열과 그 농도는 PCR법의 성공 여부를 결정하는 중요한 인자이다. 일반적으로 primer자신이 고차구조를 취하지 않는 것, A+T와 G+C의 비가 1에 가까운 것, 두 개의 primer사이에서 이중 사슬을 만들지 않는 것 등을 고려해서 기본 배열을 설계한다. primer의 농도는 0.1~0.5μM의 범위가 적당한 경우가 많다.

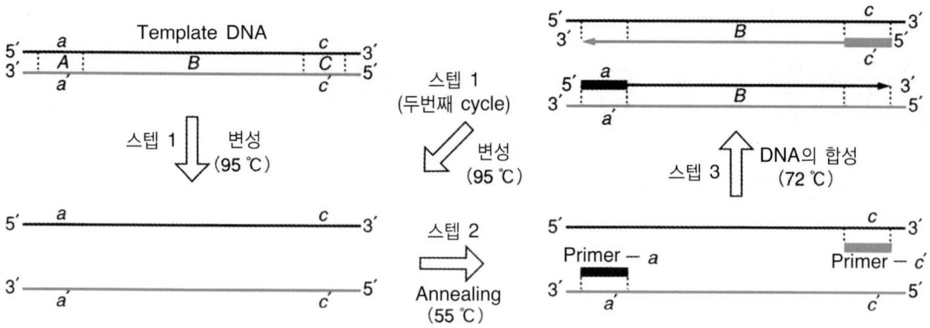

| 그림 1 | PCR법의 개념도

예로써 A, B, C 세 개의 영역으로 이루어진 이중 사슬 DNA의 B부분을 증폭시키는 경우. **Step 1**에서는 시료를 가열함에 따라 단일 사슬 DNA로 변성시킨다. **Step 2**에서 온도를 내리면, primer a, c′는 각각 상보적인 배열을 갖는 부분 a′, c에 anneal한다. **Step 3**에서 내열성 DNA polymerase의 최적 온도까지 가열하면, primer의 5′→3′ 방향으로 새로운 DNA 사슬의 합성이 일어난다. Step 1~3을 20~30 cycle 반복하면, B부분이 10^6배 이상 증폭된다.

하여, 진화의 연구에서 근연한(유사성이 높은) 유전자를 찾아내는 데에도 응용되고 있다. 더욱이 PCR법은 높은 특이성과 높은 감도를 동반하기 때문에, 시료 중에 극히 미량 존재하는 DNA 단편을(이론적으로는 1분자부터) 증폭하는 것이 가능하다. 따라서 세균, 바이러스에 의해 오염과 감염의 검출, 미량의 시료를 이용한 유전자 진단과 법의학에서의 DNA 감정(鑑定) 등 다방면에 응용되고 있으며 개발자 K.B. Mullis는 논문을 발표한 지 7년 만인 1993년 노벨 화학상을 수상하였다. 미국의 인기드라마 CSI(crime scene investigator)에서 범인을 잡기 위해 단골로 등장하는 방법이기도 하다.

• 내열성 DNA polymerase

PCR법에 많이 사용되는 호열성 세균*Thermus aquaticus* 유래의 DNA polymerase(Taq DNA polymerase)의 반응 최적 온도는 70~80℃이다. 따라서 이 효소를 이용한 PCR법의 DNA 합성에서는 72℃에서 행해지는 일이 많다. Taq DNA polymerase는 실수로 만든 nucleotide를 3′→5′ 방향의 exonuclease 활성에 의해 제거하는 기능(proofreading, 교정, 校正)을 갖지 않지만, 이 교정활성을 갖는 효소가 *Termococcus*와 *Pyrococcus*라고 하는 호열성 세균에서 단리 되어 보다 정확한 PCR을 행하기 위해 이용되고 있다.

Chapter 109

다양한 PCR 이용법

Variation of PCR Method

Key words

PCR(polymerase chain reaction), qPCR(real time-PCR), RT-PCR(reverse-transcription PCR), qRT-PCR(quantitative real time reverse-transcription PCR), Allele-specific PCR, Assembly PCR, Hot start PCR, Asymmetric PCR, *in situ* PCR, Nest PCR, Touchdown PCR, RAPD(random amplified polymorphic DNA) PCR, Inverse PCR

이전에 서술한 PCR법은 이제는 그 사용 범위가 연구 목적을 넘어서서 일상생활에까지 광범위하게 이용되게 되었다. 이렇게까지 사용 범위가 넓어진 것은 PCR 기법이 사용 목적에 맞게 눈부시게 진화하였기 때문이다. 그럼 다양한 PCR 이용법에 대하여 알아보자.

(1) **Real Time-PCR:** 이 PCR 방법은 DNA의 증폭과 동시에 증폭된 DNA의 양을 정량 할 수 있는 방법이다. PCR과 기본 원리는 같으나 한 사이클이 끝나면 생성된 DNA의 이중나선에 형광물질(fluorescent dye)를 결합시킨다. 그리고 기존의 PCR 기기에 형광 검출기를 탑재하여 실시간(real time)으로 증폭된 DNA를 검출하는 방법이다(그림 1). 사용하는 형광물질은 이중나선 DNA에 비특이적(non-specific)으로 결합하는 것과 특정 DNA sequence에 결합하는 것(sequence specific)으로 나눈다. 이 방법은 인플렌자 등 질병관련 유전자, 암 유전자, 유전자 돌연변이 검출과 진단 그리고 식품 분야에서 많이 이용하고 있다.

Real Time-PCR

qPCR을 약어로 사용하는데 이는 정량에 이용할 수 있다는 의미로 'q'는 quantitative의 약어이다. 반면 RT-PCR은 reverse-transcription PCR의 약어이고, qRT-PCR은 quantitative real time reverse-transcription PCR의 약어이다. 즉, qRT-PCR은 RT-PCR과 qPCR 기법을 같이 이용한 기술이다.

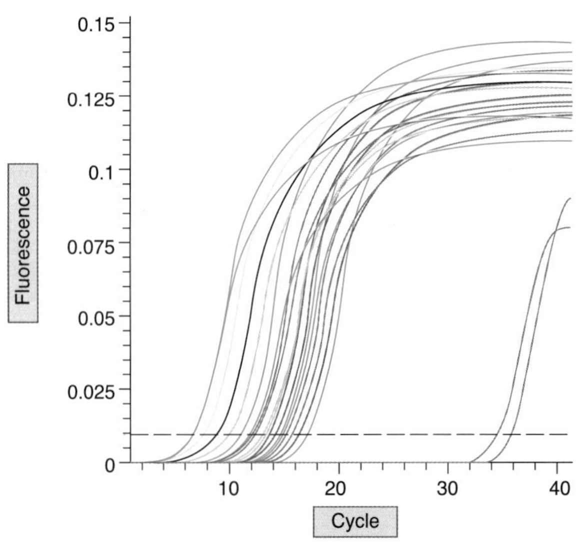

| 그림 1 | qPCR의 예

Real time-PCR은 PCR 수행 후에 전기영동으로 증폭된 DNA를 확인할 필요 없이 PCR 수행 중에서 각 사이클 후에 증폭된 DNA를 확인할 수 있다.

(2) Reverse-transcription PCR: 이 방법은 RT-PCR로 명명하며, 주로 분자생물학에서 RNA의 검출에 사용한다. 진핵생물의 경우 DNA가 모두 RNA로 전사(transcription)되지 않으므로 RNA의 존재 유무와 전사 수준은 매우 중요하다. 즉, reverse transcriptase를 사용하여 RNA를 DNA로 바꾼 후(이때 생긴 DNA를 complementary DNA, cDNA라 한다.) 통상적인 PCR을 수행하면 시료 속의 RNA양을 정량할 수 있다(그림 2). RT-PCR은 통상 형광 프로브를 이용하여 실시간으로 검출하는 방법을 많이 사용하는데 이는 qRT-PCR로 약칭한다. qRT-PCR은 유전질환을 검출하거나 특정 세포 또는 조직에서의 특정 유전자의 전사 level을 측정하는데 사용한다. 또한 RNA transcript(전사물)의 sequence를 아는데 유용하며 결과적으로 DNA상에서 intron과 exon을 알 수 있다. 그리고 진핵생물의 특정 단백질의 유전자에 qRT-PCR로 cDNA를 제조하여 원핵생물에 삽입, 단백질의 대량 생산에도 이용한다. 이는 대장균과 같은 원핵생물은 intron이 없어 DNA가 모두 단백질로 표현되기 때문이다.

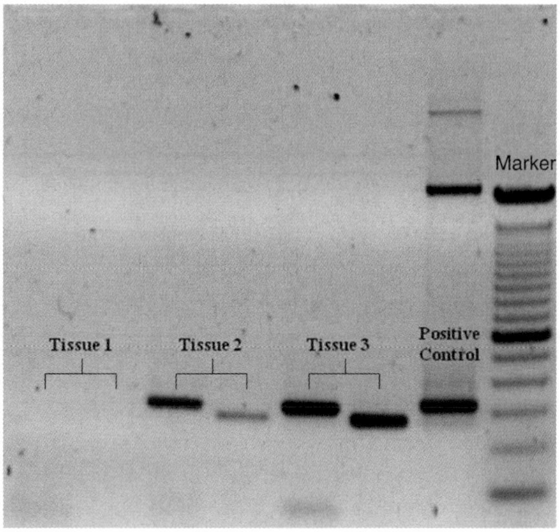

| 그림 2 | RT-PCR 후 아가로스겔 전기영동 후의 사진

세 가지 다른 조직의 DNA 를 증폭시켰다. 조직 1에서는 유전자 검출이 되지 않았고 조직 2와 조직 3에서는 유전자 검출이 된 사진이다. 컨트롤 유전자도 검출 되었으므로 PCR 실험 조건은 문제가 없음을 알 수 있다. 마커 DNA를 이용하여 검출된 유전자의 크기도 알 수 있다.

(3) Allele-specific PCR: 모든 인간은 개인 간에 약 99.9% 동일한 유전적 염기 서열을 지니고 있으며 약 0.1%만 개인 간의 유전적 차이를 나타낸다. 이 유전적 차이를 유전적 변이(genetic variation)라 하는데 변이가 생기는 원인은 DNA 복제과정에서의 오류에 의한 돌연변이 때문이다. 특히 질병에 관여하는 유전체의 연구는 개인 간 단일염기다형성(SNP: single nucleotide polymorphism)을 가장 널리 이용한다. SNP는 개인 간의 DNA상에 존재하는 염기쌍에 차이가 있는 것을 말하는데, 발생 빈도가 높은 만성질환의 발생이나 진전에서 개개인의 차이를 결정짓는 유

전적 요인이 된다. 따라서 개인이 질환 발생 유전자의 다형성을 알아보고자 할 때 SNP-specific 프라이머를 이용하여 PCR을 수행하여 PCR의 band의 검출도를 보고 SNP의 유무를 판단할 수 있다.

(4) Assembly PCR: 짧은 조각의 DNA(단편 DNA)에서 큰 DNA를 만드는 방법이다. 통상의 PCR과 같은 원리이지만, DNA의 어닐링뿐만 아니라 이 과정에서 사용되는 single strand oligonucleotides를 주형으로 하여 정확하게 DNA의 전체 배열을 증폭하는 DNA 중합 효소의 능력을 이용하는 방법이다. 이 방법으로 합성 유전자, 심지어 전체 genome의 생산에도 이 방법을 이용할 수 있다(그림 3).

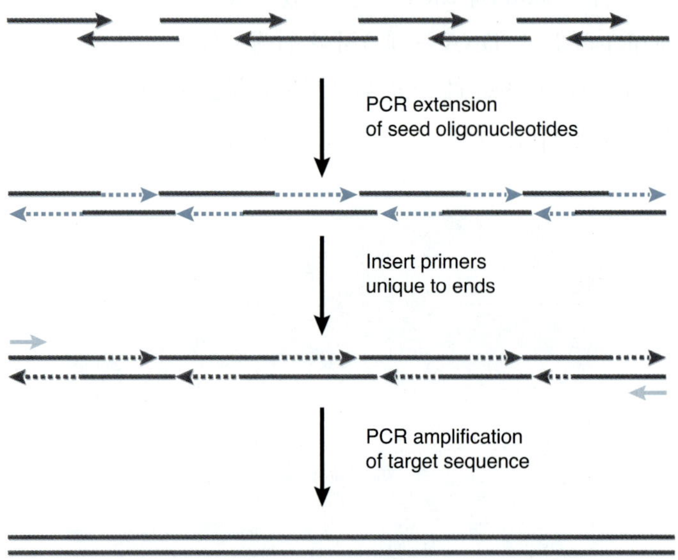

| 그림 3 | Assembly PCR의 모식도

(5) Hot start PCR: PCR 수행 시 non-specific한 증폭을 줄이는 방법의 하나이다. DNA 중합반응 전에 프라이머의 annealing 온도보다 높은 온도에서 시작하면 프라이머의 annealing stringency(정밀도)를 높일 수 있으므로 원하지 않는 PCR product를 줄이거나 만들지 않을 수 있다.

(6) Asymmetric PCR: Single strand를 얻기 위한 PCR로서 양쪽의 프라이머의 농도를 100:1 정도로 섞어서 사용한다. 이렇게 하면 PCR cycle이 진행되면서 한쪽의 프라이머는 소진되고 과잉의 다른 쪽의 프라이머만을 이용하여 되어 single strand DNA가 생성되는 원리이다.

(7) *in situ* PCR: PCR은 원하는 DNA를 대량으로 증폭시키는 방법이고 *in situ* hybridization(ISH)는 세포나 조직에 존재하는 미량의 DNA, RNA를 검출하는 방법

이다. *in situ* PCR법은 이 두 가지 방법의 장점을 혼합한 방법이다. 종래의 *in situ* hybridization에 의한 검출에서는 세포에 따라 10~20 copy의 표적 유전자 서열이 필요하였다. 그런데 AIDS(후천성 면역결핍증)의 원인인 HIV(human immunodeficiency virus) 등의 retrovirus는 감염 후에 세포 내에 존재하는 HIV genome의 copy 수가 극히 적어 종래의 *in situ* hybridization으로는 검출이 불가능하였다. 따라서 조기 진단과 치료를 위해서는 고감도의 검출 방법이 필요하였고, *in situ* PCR에 의한 증폭으로 1개 또는 copy수가 적은 유전자 서열의 검출도 가능해졌다. 병리학과 분자생물학의 여러 분야에도 응용 가능하다.

(8) Nest PCR: DNA 증폭 특이성을 향상시키는 데 사용한다. 첫 번째 PCR에서 원하는 부분의 DNA 영역보다 넓은 부분을 증폭한다. 두 번째 PCR에서는 두 개의 서로 다른 프라이머를 사용하여 첫 번째 PCR 산물을 주형으로 사용한다. 이 방법은 비특이적 반응을 감소시키지만, 실험 전에 목적 DNA sequence에 대한 자세한 분석이 필요하다(그림 4).

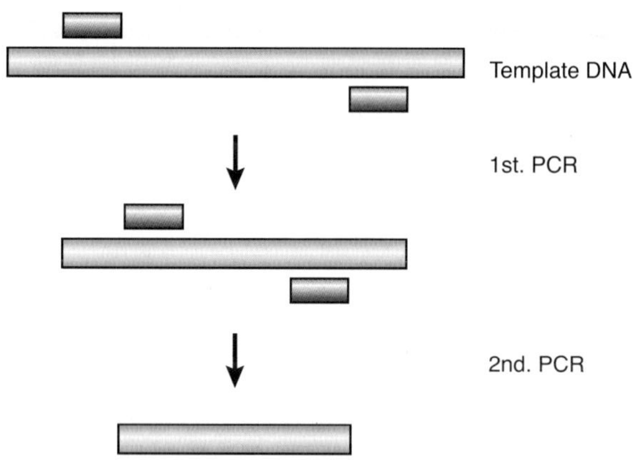

| 그림 4 | Nest PCR의 모식도

(9) Touchdown PCR: 이 방법은 새롭게 프라이머를 디자인 할 필요없이 PCR 작업을 최적화하여 PCR 감도와 수율을 올릴 수 있는 방법이다. 연속 cycle의 과정에서 annealing 온도를 감소시킨다. 즉, 적당한 T_m(melting temperature)을 찾는 PCR 방법이다. 각 PCR의 T_m은 좋은 결과를 얻기 위해 필수불가결하다. 이 방법의 사용으로 cDNA 라이브러리 형성 및 단일염기다형성(SNP) 검사 등에서 폭 넓게 사용 가능하다. 한편 PCR 작업 중 연속 cycle의 과정에서 annealing 온도를 증가시키는 방법은 Touchup PCR 이라고 한다.

(10) RAPD PCR: RAPD(random amplified polymorphic DNA) PCR은 서열이 임의적으로 배열된 8~10 염기의 프라이머 셋을 이용한다. 이렇게 짧은 길이의 프라이머는 genome 상의 여러 곳에 random하게 달라 붙어 다양한 크기의 fragment

를 만들게 되며, 이렇게 해서 생겨난 여러 fragment를 전기영동을 사용하여 band pattern을 분석하여 생명체 간의 유사성을 판별할 수 있다. 만약 두 종이 비슷한 종일 경우에는 band의 모양이 비슷할 것이며, 그렇지 않은 경우에는 서로 많은 차이를 나타낼 것이다.

(11) Inverse PCR: Inverse PCR은 일반적인 PCR에서 사용되는 primer의 진행 방향과는 반대 방향으로 PCR을 실시하는 방법이다. 일정 부분 알고 있는 sequence를 이용하여 그 양 옆의 미지의 영역의 sequence를 알고자 할 때 주로 사용한다. 먼저 알고 있는 부위에 작용하는 제한 효소로 genomic DNA를 절단하고 T4 DNA Ligase를 이용하여 self-ligation시켜 circularization 시킨 후, self-ligation된 circle DNA를 주형으로 primer의 방향이 반대로 제작된 프라이머를 사용하여 PCR을 진행한다. 결과적으로 sequence 주변의 미지의 sequence를 알 수 있다(그림 5).

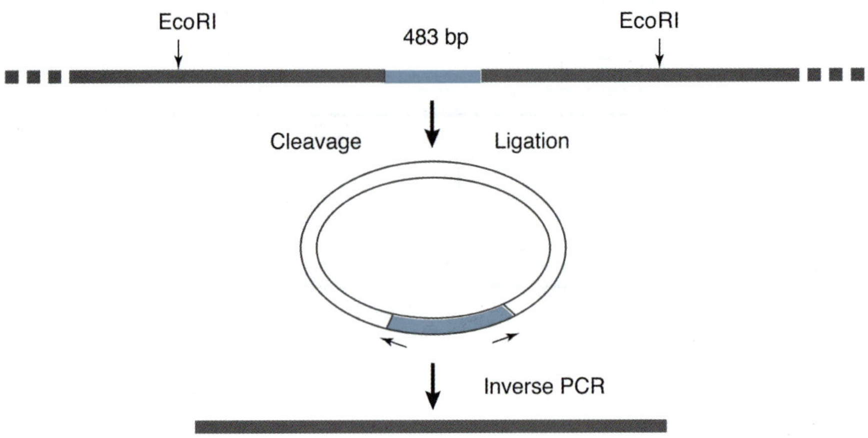

| 그림 5 | Inverse PCR의 모식도

(12) VNTR PCR: Variable Number of Tandem Repeats(VNTR)은 인간 DNA에서 다양성이 매우 높은 지역이다. 미국 FBI를 비롯한 많은 법의학 분석실에서 5′-GG↓CC-3′를 절단하는 제한 효소 HaeIII를 이용한다. 대부분의 제한 절편은 모든 사람에서 일치하지만 VNTR을 포함하고 있는 절편은 사람에 따라 많은 차이를 나타낸다. 따라서 VNTR PCR을 수행하면 각각 다른 대립유전자의 표현형들이 다양한 크기로서 아기로스 겔 전기영동에서 확인할 수 있다(그림 6). VNTR은 길이가 17 염기쌍이고 70-450번 반복되는 1.2-7.6kb의 다양한 크기를 나타낸다. 개개인의 이러한 차이를 DNA 지문(DNA fingerprint)이라 하고 미국에서는 CODIS(Combined DNA Index System)로 불리는 국가 데이터베이스 시스템에 사용할 핵심 좌표를 선정하였다. 범인의 증거 자료와 친자 확인 등에 많이 사용되는 방법이다.

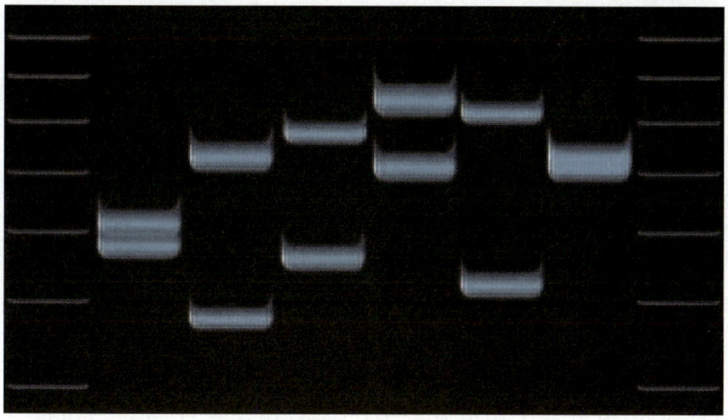

| 그림 6 | VNTR PCR의 아가로스 겔 사진
개개인의 분리 패턴이 다름을 알 수 있다.

Chapter 110

DNA 시퀀싱

DNA Sequencing

Key words

디데옥시법(dideoxy method), Sanger법(Sanger method), Maxam-Gilbert법(Maxam-Gilbert method), dye primer법(dye primer labeling), dye terminator법 (dye terminator labeling)

• dNTP, ddNTP

dNTP는 dioxynucleotide 삼인산(dATP, dTTP, dGTP, dCTP)의 총칭이다. ddNTP란, dNTP에서 다시 3′-OH를 뺀 dideoxynucleotide 삼인산(ddATP, ddTTP, ddGTP, ddCTP)의 총칭이다.

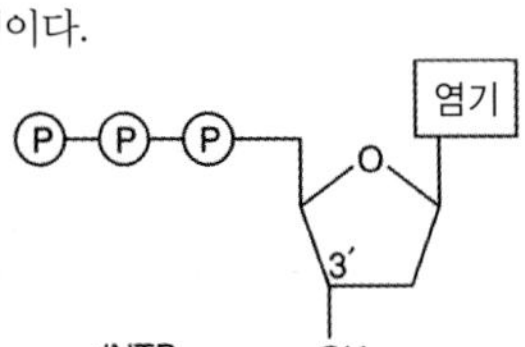

dNTP

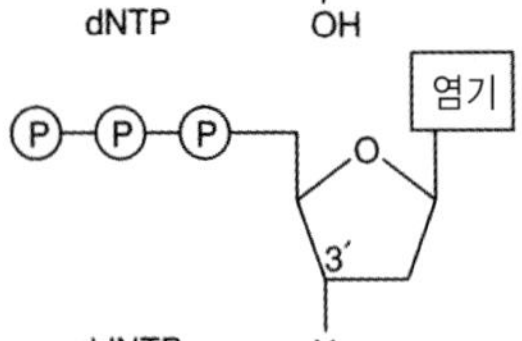

ddNTP

DNA 염기 배열 결정법은 원리적으로 두 개의 방법으로 크게 구별할 수 있다. 하나는 F. Sanger에 의해 개발된 dideoxy법(Sanger법)이라 불리는 효소적 방법이다. 또 하나는 화학적 방법으로 A. Maxam과 W. Gilbert에 의해 개발되어 Maxam-Gilbert 법이라 불린다. 어느 방법이나 nucleotide 1개의 차를 분리하는 일이 가능한 고분해능 변성 polyacrylamide 전기영동을 이용한다. Sanger와 Gilbert는 이 공로로 1980년 노벨 화학상을 수상하였는데, 이로써 Sanger는 두 번째의 노벨상을 수상하게 되었다. 재미있게도 첫 번째 수상(1958년 화학상)은 인슐린의 순서 결정 즉 단백질의 아미노산 순서를 결정하는 방법을 개발한 공로이어서 생화학을 대표하는 물질인 DNA와 단백질의 순서 결정은 모두 Sanger에 의해서 개발되었다.

Dideoxy(Sanger)법

배열을 결정하고 싶은 단일 사슬 DNA를 조제하고, 여기에 상보적인 oligo nucleotide primer와 DNA polymerase를 이용해 5′⟶ 3′ 방향으로 새롭게 상보 사슬의 합성을 한다. 이 반응에는 dNTP가 필요하지만 더욱이 ddNT를 넣어 두면, 이것이 신장하는 사슬에 혼합되면 합성 반응이 멈춘다. 실제로는 4종류의 ddNTP(G, A, T, C) 중, 각각 한 개만을 포함한 4개의 반응을 따로따로 한다. ddNTP: dNTP 비를 조정함에 의해 다양한 장소에서 ddNTP를 혼입한 모든 길이의 DNA 단편을 얻을 수가 있다. 사용된 ddNTP 각각에 대응하여 4개의 lane에서 전기영동을 하면 DNA ladder(사다리상의 band)가 얻어진다. DNA 단편을 band로 하여 autoradiography에서 검출하기 위해, [^{35}S]dATP 또는 [α-^{32}P]dATP가 표식에 이용된다. 폴리아크릴아마이드 전기영동 젤 상에서 순서대로 어느 ddNTP에서 반응이 멈추는가를 보면, 염기 배열을 해독할 수 있다(그림 1).

Maxam-Gilbert(화학적 분석) 법

5′ 말단 또는 3′ 말단 중 한 곳 만을 표식한 정제 DNA 단편을 염기 특이적 수식 시약과 piperazine을 이용해 절단한다. 예를 들면, 디메틸(dimethyl) 황산은 G를 특이적으로 수식한다. 이 결과, 한쪽의 말단이 표식된 일련의 단편이 생성된다. 반응 산물을 전기영동으로 분리 후, autoradiography 방법으로 DNA ladder를 얻는다(그림 2). 이 방법은 특히 사슬 길이가 짧은 oligonucleotide의 염기 배열을 결정하는 데 유용하다. 그러나 시료

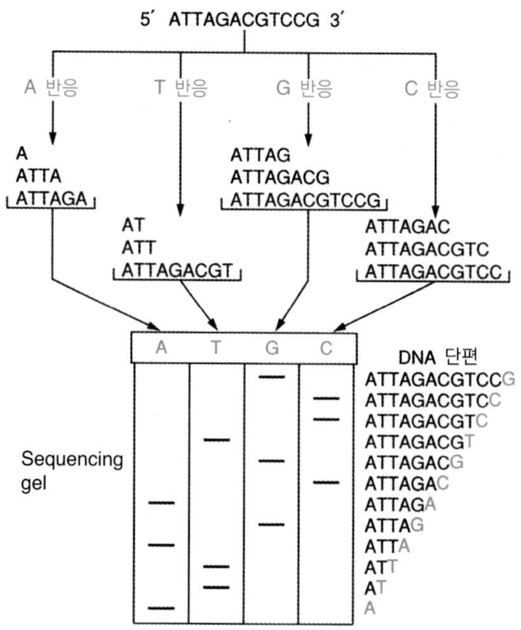

| 그림 1 | 디데옥시법(dideoxy method)

의 조제에는 비교적 노력을 요하는 방법이므로 현재는 그다지 이용되고 있지 않다.

DNA 자동 Sequencer

최근에는 DNA 자동 sequencer가 많이 사용되고 있다. 원리적으로는 dideoxy법을 이용하고 있고, 형광 색소로 표식된 반응산물*을 겔 전기영동에 의해 분리한다. 표식산물이 laser 광의 조사 위치를 통과할 때에 발하는 형광을 검출하고, DNA band pattern의 기록과 분석이 컴퓨터의 소프트웨어에 의해 자동적으로 행하여진다. 표식법에는 미리 형광 색소 표식을 한 primer를 이용한 dye primer법과, 형광 색소 표식을 한 ddNTP를 이용한 dye terminator법도 있다. A, T, C, G를 각각 다른 4종류의 형광 색소로 표식하면, 4종

*Thermal cycle sequencing

반응산물의 조제에 있어서는 thermal cycler를 이용해 변성 → annealing → 상보 사슬 합성의 과정을 반복함에 따라 소량의 주형 DNA로 dideoxy법을 행할 수가 있는 thermal cycle sequencing이 널리 사용되고 있다.

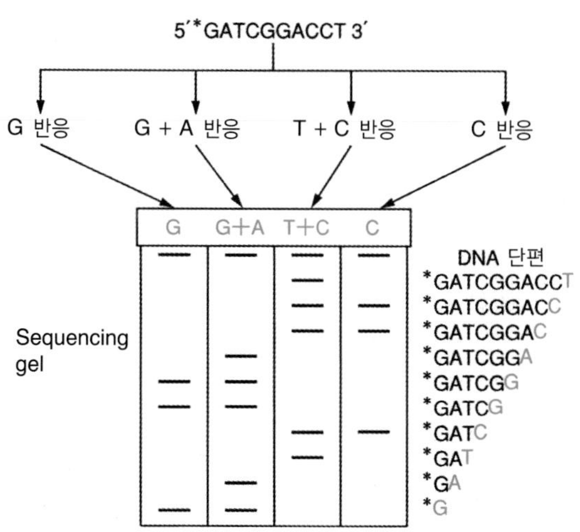

| 그림 2 | Maxam-Gilbert법

류의 반응 산물을 혼합해 1개의 lane에서 전기영동 할 수가 있다. 더욱이 최근에는 capillary 전기영동 장치를 이용한 DNA 자동 sequencer에 의해 보다 많은 시료를 고속으로 해석하는 것이 가능하게 되었다.

게놈 해석

Genomic Analysis

Chapter 111

Key words

인간 게놈 계획(human genome project), 게놈(genome), 쇼트건법(shotgun approach)

1980년대 말에 미국을 중심으로 사람 genome 계획이 발족한 이래, 다양한 생물종의 genome 해석이 진전되어 왔다. Genome이란 모든 유전자 및 유전자간 영역을 포함한다. 세포의 전 DNA를 이른다. Genome해석은 어떤 생물의 유전자 전체와 그 산물의 기능과 발현 제어 메커니즘, 그리고 그것들의 상호 작용 network를 해명함에 따라 생물의 구조와 기능의 총체를 유전자 level 및 분자 level에서 밝히는 것을 목표로 하는 것이다. 또 결정된 각종 생물의 genome을 비교함에 따라 생물 기능의 보편성과 종의 다양성, 그리고 진화의 과정을 해명하는 일도 genome 해석의 중요한 의의이다. 이미 수종의 세균과 고세균 외 효모, 선충, 초파리 등의 genome 염기 배열이 해독되었고, 2000년에는 사람 Genome의 전 염기 배열 결정이 완료되었다(표 1).

표 1 genome해석이 된 생물의 예

생물종	genome size (Mb)
고세균	
Metanococcus jannashii	1.66
Methanobacterium thermoautotrophicum	1.75
세균	
Mycoplasma genitalium	0.58
Borrelia burgdorferi	1.44
Helicobacter pylori	1.66
Synechosystis sp.(남조, 藍藻)	3.57
Bacillus subtilis(고초균)	4.20
Mycobacterium tuberculosis(결핵균)	4.40
Escherichia coli(대장균)	4.64
진핵생물	
Saccharomyces cerevisiae(효모)	12.1
Arabidopsis thaliana(애기장대)	100
Caenorhabditis elegans(선충)	100
Drosophila melanogaster(초파리)	140
Oryzae sativa(벼)	565
Homo sapiens(사람)	3000
Mus musculus(마우스)	3300

게놈의 염기 배열을 결정하기 위해서는 DNA sequencing(110항 참조)을 이용한다. 한 번의 실험으로 결정할 수 있는 범위는 750bp정도인데 많이 사용하는 방법은 긴 genome DNA를 작은 단편으로 잘라서 genome library를 제작하여 각 단편의 염기 배열을 결정하고, 다음에 말단에서 겹쳐 만나는 부분을 컴퓨터로 찾아 전체를 조합하는 방법이다. 이 방법은 shotgun법이라 불리고, 원핵 세포와 같은 작은 genome의 해독에 유효하다. 그러나 genome 사이즈가 크면 데이터 해석이 급격히 복잡해지고, 게다가 반복 배열의 해석에서 실수를 할 가능성이 있다. 이와 같은 이유에서 진핵생물과 같은 복잡한 genome 해석에서는 우선 미리 알고 있는 유전자와 염기 배열의 위치를 가리키는 genome 지도를 제작한다. Genome 지도가 제작되면, clone contig법(clone contig approach) 또는 지정 shotgun법(directed shotgun approach)라고 하는 방법을 이용해 genome의 염기 배열을 결정해 간다(그림 1). Clone contig법에서는 먼저 genome 지도상의 위치에서 알고 있는 수백~수만 kb의 DNA 단편의 염기 배열을 shotgun법에서 결정하고 바른 위치로 조합해 나간다. 한편, 지정 shotgun법에서는 우선 전 genome의 단편에서 다수의 짧은 염기 배열을 얻어, 인접한 수 백 kb 정도 단편의 염기 배열을 결정한다. 이와 같이 연결된 염기 배열군과 genome 지도를 이용해 전체의 genome 염기 배열을 결정한다.

Genome의 염기 배열이 얻어졌으면 컴퓨터를 이용하여 유전자와 그것들을 조절하는 영역의 위치를 동정해 간다. 세균 genome의 경우, open reading frame● 을 찾으면, 대부분의 유전자 위치가 결정된다. 그러나 고등 진핵생물의 경우, 유전자가 intron에 의해 분단되어 있기 때문에 해석이 곤란하다. 따라서 고등 진핵생물 genome의 해석에는 cDNA의 염기 배열의 정보를 이용하고, 유전자 위치와 exon, intron 경계를 정하여 간다.

●open reading frame

염기 배열은 세 가지의 reading frame (읽는 테두리)에서 번역할 수 있다. 염기 배열 중, 특히 종지 codon을 포함하지 않고, 어느 정도 길이의 단백질로 번역될 가능성이 있는 것을 open reading frame이라 한다.

유전자의 위치가 결정되면 그것들의 기능에 관해 해석을 한다. Genome 중에는 상당히 다수의 기능을 알 수 없는 유전자가 존재한다. 이들 미지 유전자의 기능을 결정하는 것은 genome 해석 중에서도 어려운 부분이다. 이것을 해결하기 위해 컴퓨터를 이용한 상동성 검색으로 기능을 추정하거나, 대규모의 유전자 파괴와 유전자 발현해석 등 다양한 실험적 연구가 행해지고 있다.

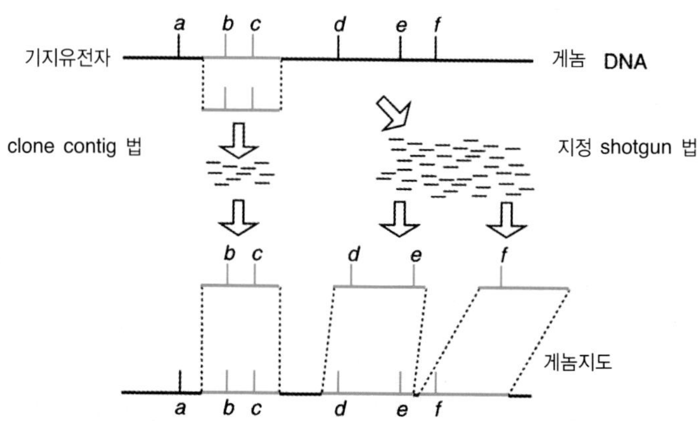

| 그림 1 | Clone cotig법과 지정 shotgun법

Genome 지도상에서 a~f의 유전자 위치를 알고 있다. Clone cotig법에서는 먼저 b, c를 함유한다는 것을 알고 있는 단편의 염기 배열을 shotgun법으로 결정한다. 한편, 지정 shotgun법에서는 genome 전체의 염기 배열을 shotgun법에 의해 결정하고, 얻어진 단편(그림에서는 d와 e를 포함하는 것과 f를 포함하는 것의 두 단편)을 genome 지도상에 적용한다.

유전자 타겟팅

Gene Targeting

Chapter 112

지금까지 많은 연구자에 의해 다양한 생물의 유전자의 다각적인 연구가 이루어져 그 성과로 많은 유전자적 수법이 탄생되어 왔다. 그 수법들은 연구에만 이용될 뿐 아니라 유전자 치료(81항 참조)와 DNA 진단(80항 참조)으로 대표되는 의학 분야와 약학, 농학 등의 분야에 있어서도 많이 응용되어 사용되고 있다. 또한 한편으로는 중요한 생물의 genome의 모든 염기 배열을 결정하고, 미지의 영역에 관해서도 해석하는 genome project도 다수 수행되고 있고(111항 참조), 앞으로 더욱 새로운 유전자 기능이 해명되어 유전자적 수법이 생겨나기를 기대하고 있다.

이런 수법 중에서도 비교적 새롭고, 현재 다양한 분야에서 빈번히 사용되고 있는 수법이 gene targeting이다. Gene targeting이란 소위 유전자 표적법이고 어떤 유전자를 단리하고 그것에 변이를 일으킨 후 그것을 원래의 개체에게 되돌려 놓음에 따라 목적의 변이 유전자를 가진 개체를 얻는 유전자 조작법인 것이다. 그 원리는 「유전자의 구성」(50항)에서 소개한 상동적 재조합과 같은 것이고, 표적으로 하는 유전자를 확실하게 knockout(불활성화)할 수 있는 것이다. 이 수법은 주로 암과 사람의 유전병의 발병 기작의 해명, 생물의 발생, 분화의 해명에 이용되고 있다. 더욱이 Gene targeting에 의해 생물 genome 안에 있는 특정의 유전자를 결손시키거나, 유전자 기능을 불활성화시키는 것을 gene knockout라고 부른다.

최근 gene targeting을 이용하여 어떤 유전자가 만들어 내는 단백질을 갖지 않는 유전자 결손 쥐(knockout mouse)와, 외래의 DNA에 의해 유전자에 변화를 생기게 하는 쥐(targeting mouse 또는 transgenic mouse)가 많이 제작되어 있다(113항 참조). 이 쥐들은 개개의 단백질의 생리 기능을 해명하기 위해 폭넓게 이용되고 있다.

Targeting mouse는 최초는 초기배•를 감염성 바이러스에 방치하여 제작되었다. 그러나 현재는 DNA를 수정란의 전핵(前核)에 직접 microinjection하는 방법(매우 가는 유리 바늘을 사용해 DNA 용액을 직접 세포핵 내로 주입하는 방법), 또는 electroporation•이 가장 일반적인 targeting mouse 제작법으로 되어 있다. microinjection과 electroporation에 의한 gene targeting은 외래 DNA 즉 "transgene"을 이러한 조작들에 의해 세포핵 내로 넣고, 거기서 쥐 genome의 특정 위치에 있어서의 상동적 재조합을 일으키게 하는 것이고, 바이러스의 중개를 거치지 않고 직접적으로 행할 수 있기 때문에, 특히 유용하게 사용되고 있다. 최근에는 gene targeting을 이용한 targeting 쥐를 제작할 때, 배양된 배반포

Key words

유전자 타겟팅(gene targeting), 상동적 재조합(相同的 再組合, homologous recombination), 유전자 녹아웃(gene knockout), 녹아웃 쥐(knockout mouse), ES 세포(embryonic stem cell), 마이크로주입(microinjection), 일렉트로포레이션(electroporation), 타겟팅 쥐(targeting mouse)

• **초기배(初期胚)**

개체 발생에 있어서 하나의 수정란이 난할 할 때까지의 조기(早期)의 모든 단계를 배라 하고, 그 중에서도 빠른 단계의 배를 초기배라 한다.

• **electroporation**

유전자 도입법의 하나. 세포 주위에 도입하고 싶은 유전자가 존재하는 곳에, 전기 pulse를 준다. 그러면 세포막의 일부가 일시적으로 파괴되어 구멍이 생긴다. 거기로 외부의 DNA가 들어 오는 것으로 생각된다.

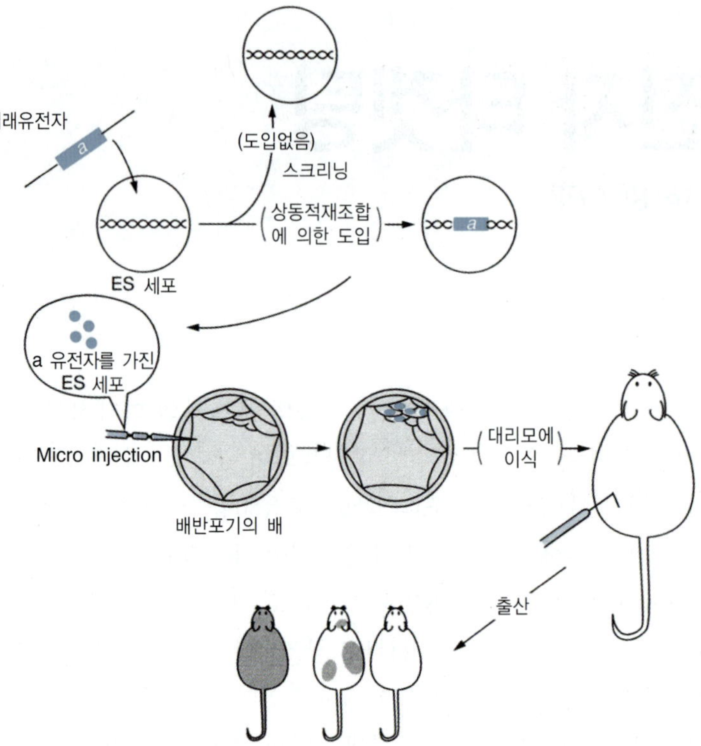

| 그림 1 | Gene targeting에 의한 targeting mouse의 제작

•와 ES 세포•가 이용되고 있다. 주입에 의해 다른 배반포에 재도입되면, 조작된 ES 세포는 생체의 일부가 되고, targeting 쥐를 제작할 수 있다(그림 1).

Targeting mouse를 연구에 이용함에 따라 유전자의 발현 조절 기구의 결정, 유전자의 기능의 동정, 발생과 질환의 분자 메커니즘의 해명과 같은 근원적인 생물학적 전 과정을 해명할 수 있다고 기대되고 있다. 2007년 M. R. Capecchi, Sir. M. Evans, O. Smithies 3인의 과학자가 쥐의 줄기 세포를 이용하여 특정의 유전자를 바꿀 수 있는 원리를 발견한 공로로 노벨 생리의학상을 수상하였다.

•배반포(胚盤胞)

포유동물의 초기 발생(수정보다 기관 발생이 시작할 때까지의 초기 발생 단계)에서 난할기가 끝난 후의 배를 말한다. 할구(난할에 의해 생기는 형태적 미분화의 세포)가 모여, 그 내부에 공간이 생김으로써 포상태(胞狀態)가 되고 내측의 일부에 세포 덩어리가 뚫고 나오는 상태가 된다. 이와 같은 포상태를 배반포라 한다.

•ES 세포

배성간세포(胚性幹細胞), 배간세포(胚幹細胞)라고도 한다. 동물의 모든 몸, 기관을 구성하는 세포로 분화하는 성질을 갖는 간세포(幹細胞). 각각의 조직과 기관의 기본이 되는 세포를 생산해 내는 세포가 간세포이고, 이 간세포의 기본이 되는 배를 만드는 간세포를 말한다. ES 세포라고 말할 수 있는 조건으로는 착상 전후의 배에서 채취한 세포에서 미분화인 채로 배양이 지속된다는 점과 또 배양 후에도 외배엽, 중배엽, 내배엽이라는 배의 삼요소로 분화해야 한다는 점이다.

클론 동물

Cloned Animal

Chapter 113

Key words

유전자 전환 쥐(transgenic mouse), 녹아웃 쥐(knockout mouse), ES 세포(embryonic stem cell)

최근 10년간 포유동물의 발생공학에 관한 기술은 현저히 진보하였다. 생화학 연구의 분야에도 그 기술 혁신은 크게 영향을 끼치고 있어 종래에는 단백질의 구조와 기능의 연구는 시험관 level과 세포 level까지만 해석하였지만 현재는 개체 level에 있어서의 의의를 해명할 수 있게 되었다.

가장 빠르게 이용가능하게 된 발생공학적 수법은 transgenic 기술(112항 참조)이다. 동물 세포용 발현 vector를 microinjection이라는 미세 주입법으로 쥐 수정란에 도입하여 살펴봄으로써 정상 쥐의 개체에 있는 유전자 발현에 의한 영향을 간단하게 해석할 수 있다.

다음으로 이용가능하게 된 수법은 현재 가장 많은 연구자가 관여하고 있는 knockout 기술(112항 참조)이다. 마우스의 3.5일 된 배의 내부 세포 덩어리 유래 ES 세포의 염색체상의 목적 유전자를 상보적 재조합에 의해 파괴하고 8세포기 배에 넣으면 최종적으로 목적 유전자가 파괴된 쥐가 얻어진다. 이것에 의해 정상 쥐에 있는 내재성 유전자의 기능을 밝힐 수 있다. 이와 같은 기술들은 유전자와 개체의 관계를 직접 해석할 수 있을 뿐 아니라 여러 종류의 질환 모델 동물의 창출도 가능하기 때문에 새로운 의약품의 개발에 크게 공헌하고 있다.

한편, clone 동물 기술은 위에서 설명한 유전자 level에서 조작된 동물 제작 기술과는 다르다. 생식 과정을 거치지 않고 같은 형질을 가진 동물을 임의로 생산하는 것을 가능하게 한 기술이다. 이 기술이 확립되기 전에는 2~4세포기 수정란의 할구분리(1979년)와, 핵을 제거한 성숙란 세포로의 초기배 할구의 핵 이식(수정란 clone; 1989년)에 의해 소와 양의 일난성다수자(一卵性多數仔)의 생산을 하고 있다. 1997년에 세계를 놀라게 한 체세포 clone 양(Dolly)은 위와 같은 과정으로 태어났다. 성체의 유선 상피 세포를 단리 배양하여, 빈약한 영양 조건 하에서 G_0기에 도입한 후, 핵을 제거한 성숙란 세포에 도입하고, 가벼운 전기 pulse를 부하하였다(그림 1). 그 후는 수정란 clone과 같은 수법을 거쳐 Dolly가 탄생했다. 원래는 체세포 유래의 핵은 분화한 상태의 유전자 발현밖에 하지 않았지만, G_0기에 유도되어 초기화되고, 전기 pulse 자극에 의하여 초기배처럼 발생에 필요한 유전자군의 발현이 유발되었다고 생각된다. 이것은 성숙란 세포에 포함되는 인자가 중요하다는 사실을 시사하고 있지만, 현시점에서는 확실하지 않다.

그 후 똑같은 방법으로 피부, 근육, 난관, 난구 세포 유래의 체세포 핵을 이용하여

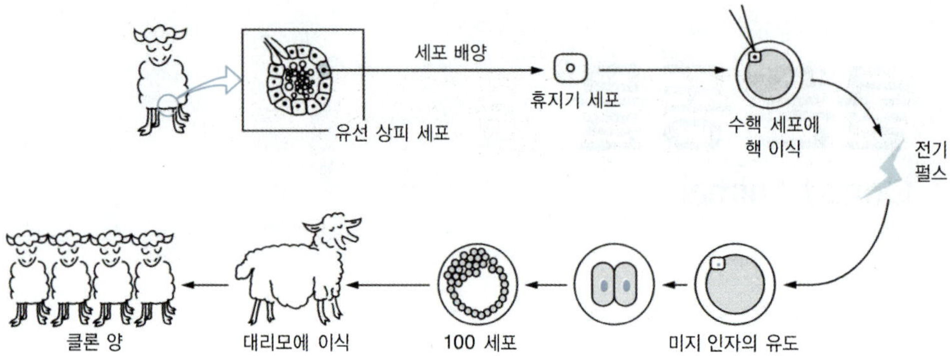

| 그림 1 | clone양 제작의 방법(체세포 이식법)

clone 소가 세계에서 만들어지게 되었지만, 생산 효율이 매우 낮아 이식 배당 약 3%의 정상 산자율을 보였다. 또한 태자(胎仔)의 이상 증식이 관찰되고, 호흡기와 순환기에 이상이 많아 이 기술에는 개량해야 할 점이 많이 보고되어 있다.

최근에는 clone 쥐와 clone 원숭이의 제작, 또 유전자 조작을 조합한 clone 동물의 제작 예도 있고, 이미 clone 인간을 만들어 낼 수 있는 일이 원리적으로는 가능하다. 이 기술은 바로 새로운 의료인 재생의학 분야에 있어서 상당히 중요하고, 인류에 있어서의 그 영향력은 헤아릴 수 없다. 그러나 모든 과학 기술은 양면의 검 같다는 사실은 20세기 초에 인류가 몸소 체험하고 얻은 교훈이다. 범세계적인 의논을 거쳐서 적절한 운용이 요구되는 과학 분야이다.

Subnote

• clone 동물의 이점

① 정자가 없어도 개체를 증식하는 것이 가능(장래, 난 세포 이외의 세포에서도 체세포 핵을 이식할 수 있게 될 것이다.)
② 상급의 육질과 높은 우유 생산 능력 등 생산 상 유용한 형질의 우수한 소의 대량, 안전 생산이 가능.
③ 고가의 비용을 들여 제작한 유전자 개량 동물 및 희소 동물의 보존이 용이.
④ 유전자 조작과 clone동물 기술의 융합에 의해 장기를 갖고 발생하는 chimera 동물의 제작이 가능(장기 이식 및 재생의학에 상당히 유용).

유도 만능 줄기세포

iPS cell

Chapter 114

줄기세포는 어떤 조직으로든 발달할 수 있는 만능 세포를 말한다. 줄기 세포는 두 가지 특성을 갖추어야 한다. 첫째는 미분화 상태로 계속 복제 되어야 하고, 둘째는 특정 배양 조건에서 특정한 기능을 갖는 특정한 세포로 분화 해야 한다는 것이다. 주로 초기 분열 단계의 배아로부터 채취되며 장기 형성 능력이 없으므로 사전에 입력하는데 따라 특정한 세포계(cell line)로 배양될 수 있다. 이를 간세포(幹細胞), 모세포(母細胞)라고도 한다.

줄기세포의 역사를 살펴보면 1952년 미국에서 최초로 수정란 분할로 개구리 복제에 성공하였고 1978년 영국에서 시험관 아기를 최초로 탄생시켰다. 1983년 미국에서 수정란 분할로 쥐를 복제했고, 1997년 영국이 체세포 복제로 복제 양 돌리를 탄생시켰다. 1998년 미국이 잉여 수정란으로 인간 배아 줄기세포를 만드는데 성공했다. 그리고 2006년 일본 교토대학교의 야마나카 신야(Shinya Yamanaka) 교수가 피부 세포로부터 역분화한 새로운 개념의 줄기세포를 만들어 induced pluripotent stem cell(iPS)라고 명명하였다. iPS를 포함하여 줄기세포 분야에서 모두 네 번의 노벨상이 수여되었다. 이토록 줄기세포 분야가 각광을 받은 이유는 줄기 세포를 인류가 적절히 통제할 수 있는 기술이 확보 된다면, 질병 치료와 장기 이식 등이 매우 손쉽게 이루어질 수 있기 때문이다.

줄기세포는 얻는 방법에 따라 세 가지가 알려져 있다.

배아 줄기세포(embryonic stem cell)

정자와 난자의 수정으로 생성된 수정란에서 유래한다. 대량 증식이 가능하며 거의 모든 세포로 분화가 가능하다. 그러나 수정란을 사용하므로 수정란을 얻는 과정과 실험 과정 중에 수정란의 파괴로 윤리적 문제가 심각하다. 또한 분화 조절이 어려워 암세포로의 성장이 문제이다.

성체 줄기세포(adult stem cell)

성체에서 얻을 수 있다고 하여 붙여진 이름이다. 그러나 얻을 수 있는 양이 적고 특정 세포로만 분화가 가능하다. 예를 들면 골수세포는 혈구세포로, 피부줄기세포는 피부로만 분화되도록 정해진 세포이다. 다능성 조혈모세포는 이미 임상적 사용이 가능하다. 성체 줄기세포는 분화가 안정적이어서 암세포로의 성장 가능성이 없으며 수정란을 사

Key words

•전능성(totipotency), •만능성(pluripotency), 배아 줄기세포(embryonic stem cell), 성체줄기세포(adult stem cell), 유도 만능 줄기세포(iPS: induced pluripotent stem cell)

•전능성(Totipotency)

개체를 형성할 수 있는 능력. 즉, 세포 하나하나가 한 개체로 분화가 가능하다.

•만능성(Pluripotency)

모든 세포를 형성 할 수 있는 분화능. 즉, 심장, 췌장, 간, 피부, 신경 등등 다양한 장기로 분화가 가능하다.

•다능성(Multipotency)

제한된 장기로만 분화가 가능한 세포 분화 능력. 신경간세포(神経幹細胞)와 조혈간세포(造血幹細胞)가 여기에 해당된다.

용하지 않으므로 윤리적으로도 문제가 되지 않는다. 그러나 면역거부 반응 때문에 기증, 공여가 안 된다.

유도 만능 줄기세포(iPS: induced pluripotent stem cell)

성체 체세포에 네 종류의 유전자를 도입하여 배아 줄기세포처럼 다양한 세포로 분화할 수 있는 분화 만능성을 갖는 세포이고 2006년에 Yamanaka 교수가 쥐의 섬유 아세포(피부세포)에서 만들었으며 iPS cell로 이름 붙였다. 이는 당시 유행하던 애플의 'iPod에서 따 왔다고 한다. 유도된 만능 줄기세포는 수정란을 사용하지 않으므로 윤리적 문제에서 자유롭다. 하지만 iPS 세포에서 정자와 난자도 만들 수 있고, 이형동물간 장기 생산 문제도 생기므로 새로운 개념의 윤리 문제가 대두되고 있다.

야마나카 교수가 쥐에서 줄기세포를 만들어 내는 과정은 의외로 간단한 방법이었다. 배아 줄기세포에는 특이적으로 *Fbx15*라는 유전자가 발현하는 현상을 발견하고 Fbx15 유전자상에 네오마이신 내성 유전자를 바꾸어 넣은 유전자 조작 마우스를 제작했다. 이 마우스에 이상한 점이 보이지 않았다. 즉, *Fbx15*가 통상 섬유 아세포에서는 발현하지 않지만, 만능성을 갖게 되면 *Fbx15* 유전자가 발현된다는 것이다. 따라서 레트로바이러스(retrovirus)에 후보 유전자를 도입시킨 후, 배아 줄기세포의 배양 조건에서 G148•을 첨가하여 배양하는 방법을 구축했다(그림 1). 즉, Fbx15을 발현하지 않은 섬유 아세포는 G148에 의해 사멸되지만, 만능성을 획득한 세포는 Fbx15 유전자 자리에 삽입한 네오마이신 내성 유전자가 발현하여 G148에 내성을 갖게 된다. 즉, 만능성을 획득한 세포를 스크리닝 하는 방법을 고안한 것이다. 이러한 선별 시스템을 이용하여 배아 줄기세포에서 특이적으로 발현하고 분화능의 유지에 중요하다고 생각되는 유전자 인자들을 찾아 나섰다. 처음에는 24개의 유전자 후보군이 선택되었으나 어느 유전자도 단독으로는 G148에 내성을 보이지 않았다. 그러나 24개 유전자를 모두 함께 도입시킨 후 G148에 내성을 갖는 콜로니를 찾아내는데 성공하였다. 이 세포는 분리 배양에 의해서 배아 줄기세포와 똑같은 형상을 보였고 지속적인 계대배양이 가능하였다(그림 2). 이러한 스크리닝 방법으로 24개의 유전자 후보군에서 최종적으로 4개의 유전자(Oct3/4, Sox2, Klf4, c-Myc)가 세포를 reprogram 시켜서 만능성을 갖게 한다는 것(역분

•G418

G418는 gentamycin과 유사한 구조를 가지는 aminoglycoside계 항생물질이다. 동물 등 진핵생물에서 유전자 조작을 한 세포를 스크리닝 할 때 사용되는 항생물질로 치료목적으로는 사용하지 않는다. Geneticin으로 불리는 경우가 많으며 단백질 합성을 저해하는 역할을 한다.

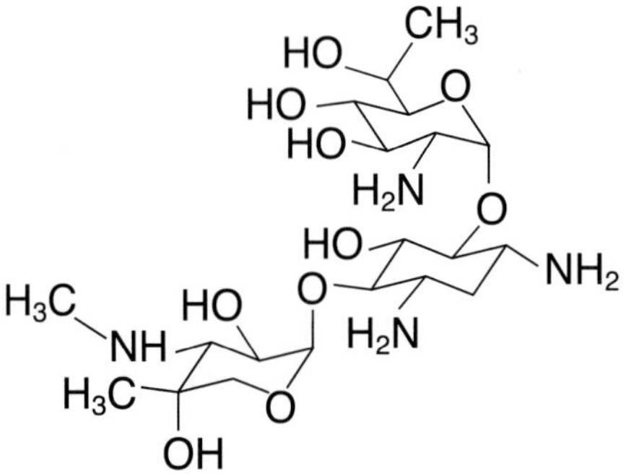

| 그림 1 | G418의 화학구조식

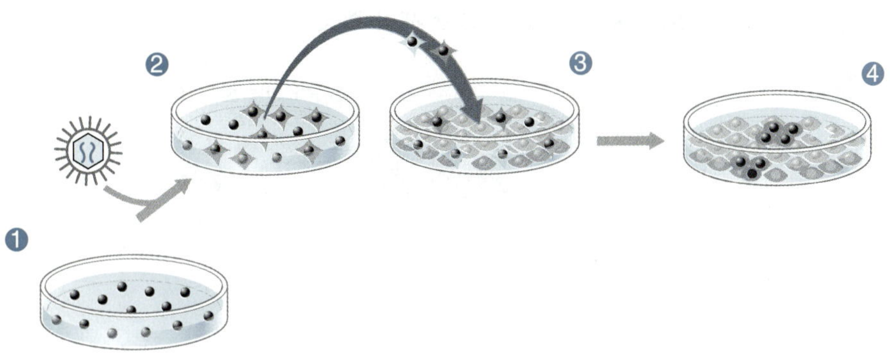

| 그림 2 | iPS 세포의 조제법

① 생체에서 얻은 세포 배양 ② 벡터(레트로바이러스)를 이용하여 만능 분화능을 갖는데 필요한 네 가지 유전자(야마나카 factor)를 도입시킨 후 배양 ③ 콜로니를 배아 줄기세포의 배양법으로 배양 ④ 유전자 도입 된 세포의 일부가 iPS 세포가 되고, 줄기세포의 콜로니를 형성

화)을 알아내고 발견자의 이름을 붙여서 이 네 유전자를 Yamanaka 인자라 명명하였다.

이어서 인간 피부세포를 이용하여 사람의 iPS 세포도 만드는데 성공하였다. 야마나카 교수는 2012년 '성숙한 세포가 초기화되어 만능성을 갖는 발견' 이라는 공헌으로 노벨 생리의학상을 수상했다. 야마나카 교수는 코베대학 의대를 졸업하고 정형외과 임상 연수 의사로 근무했으나 수술에 소질이 없어 고민 끝에 의사 생활을 접고 연구로 돌아선 일화는 유명하다.

전 세계적으로 iPS 세포를 이용한 신약의 독성연구, 유전병 환자의 세포 수준의 연구, 장기 개발 프로젝트가 활발히 진행되고 있다. 이론적으로는 개개인의 피부로부터 iPS 세포를 만들어 모든 장기와 세포를 만들 수 있으므로 면역 거부 반응 없는 개인 맞춤 장기와 치료가 가능하다(그림 3). 최근에는 쥐의 iPS 세포를 이용하여 난자를 만들어 쥐를 출산한 연구도 보고되었다(그림 4). 하지만 iPS 세포의 20%에서는 암세포가 발견되는 등 풀어야 할 숙제도 산적해 있는 상태이다.

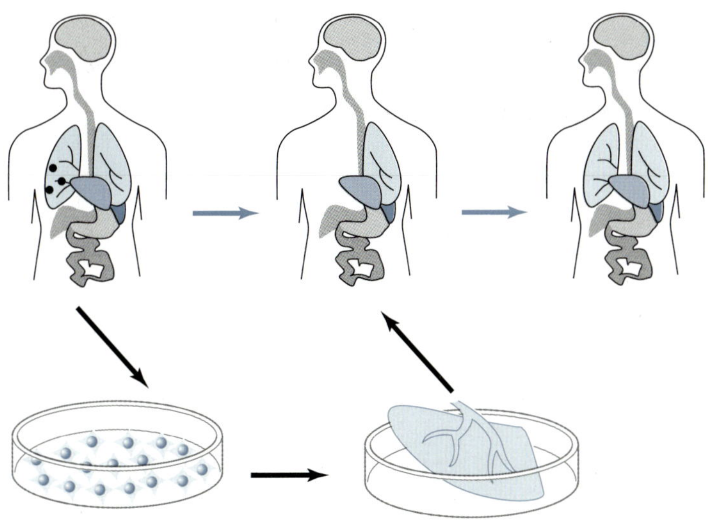

| 그림 3 | iPS 세포의 이용

환자의 피부세포에서 iPS 세포를 만들고 원하는 특정 장기로 분화시켜 환자에 이식

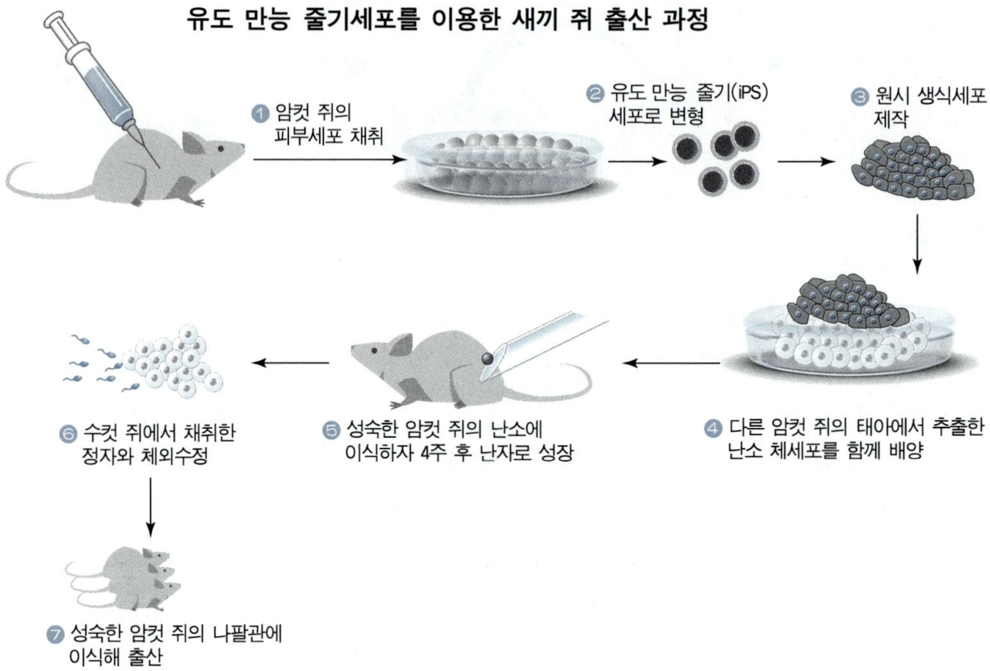

| 그림 4 | iPS 세포를 이용한 쥐 출산 과정

세포융합

細胞融合, Cell Fusion

Chapter 115

Key words

센다이 바이러스(Sendai virus), 폴리에틸렌 글라이콜(polyethylene glycol), 일렉트로포레이션(electroporation), 다핵세포(多核細胞, multinucleate cell), 헤테로카리온(異核共存體, heterokaryon)

세포융합이란 복수의 세포가 융합하여 복수의 핵을 갖는 세포(다핵세포)가 생기는 현상이다. 이종세포(異種細胞)에 유래하는 복수의 핵이 공존할 경우 그 융합세포를 heterokaryon(이핵공존체, 異核共存體)라 부르고 동종세포에 유래하는 복수의 핵이 공존할 경우는 homokaryon(동핵공존체, 同核共存體)이라 부른다. 융합 후, 유사분열까지는 부모세포 유래의 핵이 독립하여 존재하지만, 이것들은 유사분열 후, 하나의 핵(융합 핵)으로 합쳐진다. 수정과 효모의 접합 등도 세포융합의 일종이라 간주하지만, 보통 융합이라는 말은 자연계에서 융합하지 않는 세포간의 인위적 융합을 의미한다.

1960년 두 종류의 세포의 혼합배양에서 양 세포 유래의 염색체를 모두 갖는 세포의 출현이 관찰되었는데, 이것이 세포융합의 발견이 되었다. 그 후 1962년에 Sendai virus가 세포융합을 촉진하는 능력을 갖는 것이 발견되고, 세포융합이 기술로써 확립되었다. 더욱이 polyethylene glycol 등의 화학물질과 전기자극(electroporation)으로도 세포융합을 촉진시킬 수 있다는 것이 밝혀졌다. 바이러스 게놈의 혼입이 문제가 될 경우에는 이런 방법이 이용된다. 식물세포에서는 세포벽을 제거한 protoplast를 융합시킨다.

세포융합은 육종기술로써 또 세포생물학과 유전학에 있어서 기초 기술로써 중요하다. 육종 분야에서는 체세포에서 성체를 만드는 일이 가능한 식물로 다양한 종 간의 세포융합이 시도되고 있다. 감자와 토마토에서 만들어 낸 "pomato"가 유명하다. 종래법에서 교배가 불가능했던 식물 종 간의 잡종을 만들 수 있다는 점에서 주목받고 있다. 단, 먼 종간에서는 [보통은 속(屬)을 넘으면] 식물체로까지 성장하는 일은 드물고, 종자를 얻는 일도 불가능하다. 동물 세포로의 응용 예는 항체를 생산하는 B 세포와 myeloma세포(암세포)의 융합을 이용한 monoclonal 항체의 생산 기술로써 극히 중요하다(116항 참조).

세포생리학 분야에서는 세포융합 기술을 이용하여 여러 가지 중요한 발견이 되어 왔다. 예를 들면 세포 주기의 연구(53항 참조)에서는 G_2기에서 M기로 이행을 제어하는 인자(MPF)의 존재가 세포융합 실험에서 알려지게 되었다. 이 실험에서는 M기(염색체의 응축이 보여지는 유사분열기)와 간기(M기와 M기 사이로 염색체의 응축이 보여지지 않는 시기)의 포유류 세포가 융합된 결과, 간기세포 유래의 염색체가 응축하는 것이 관찰되었다(그림 1). 이 실험은 M기의 세포질에 세포를 유사분열로 향하도록 하는 인자가 존재한다는 것을 나타내고 있다. 또 다른 실험에서는 세포융합에 의해 세포막의

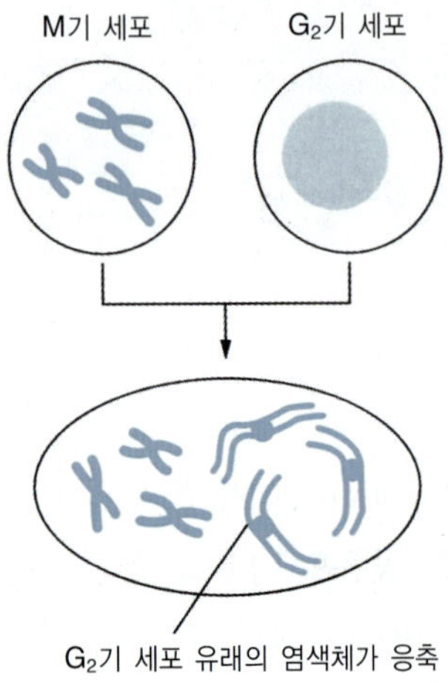

| 그림 1 | MPF의 존재를 나타내는 세포융합 실험

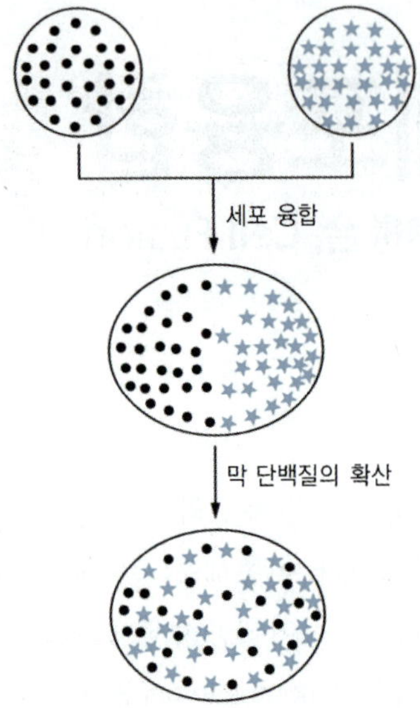

| 그림 2 | 유동 모자이크 모델을 실증한 세포융합 실험

●★: 세포막 단백질의 표식시약

유동 모자이크 모델(3항 참조)의 타당성이 증명되었다. 이 실험에서는 두 종류의 세포의 세포막 단백질을 각각 형광시약으로 표식하여 세포융합을 행하였다(그림 2). 그 결과, 융합세포에서는 두 종류의 형광시약이 혼합되는 것이 관찰되었다. 이것은 막 단백질이 막 내를 이차원적으로 확산할 수 있다는 것을 시사하고 있으며 유동 모자이크 모델의 직접적인 증거가 된다.

유전학의 분야에서는 유전자 지도의 제작에 세포융합이 이용되고 있다. 모세포 유래의 염색체는 융합 후 한참 동안 융합 핵 내에 유지되고 있지만 분열을 반복하는 동안에 서서히 어느 쪽이든 한쪽의 모세포 염색체가 배제되어 가는 일이 많다. 염색체의 배제와 더불어 소실하는 형질을 조사함으로써 그 형질을 지배하는 염색체를 동정할 수 있다.

단일클론 항체

Monoclonal Antibody

Chapter 116

항체는 체외에서 침입해 오는 물질(항원*)로부터 몸을 지키기 위해 동물이 만들어 내는 단백질(면역 globulin)이다(60항 참조). 항체에는 항원에 대해 극히 높은 특이성(1잔기만 다른 단백질을 식별하거나, 광학 이성체를 식별하는 일도 가능)과, 다양한 항원에 대응할 수 있는 다양성(1개체가 생산하는 항체는 10^6~10^8 종류나 된다고 추정된다)이 있다. 생화학자는 이와 같은 특이성과 다양성에 주목하고 항체를 우수한 분석 도구로써 이용해 왔다. 일반적으로 단백질이 가장 양호한 항원이 되지만, 합성유기화합물 등 그 자체로는 항원이 되지 않는 것이라도,* 적당한 담체(단백질을 이용하는 경우가 많다)에 결합시킨 상태로 접종하면, 특이적인 항체를 생산할 수 있는 경우가 많다. 특정한 생체 분자를 항원으로 하여 항체를 제작하면 항원의 세포 내 국재성을 조사하거나, 항원을 정량 하거나, 항원을 정제하거나 하는 등, 많은 실험이 가능하게 되었다. 항체는 극히 높은 특이성을 갖기 때문에, 협잡물(挾雜物)이 대량으로 포함된 시료라도 항원만을 특이적으로 검출할 수 있다. 이 특성은 세포와 같이 복잡한 시료 중 특정 물질의 거동을 조사하고 싶은 경우에 특히 유용하다.

항체를 제작하고 싶은 경우, 항원이 되는 화합물을 토끼와 쥐 등의 실험동물에 접종하고 면역 응답에 의한 항체 생산을 촉진하고 항체가 포함되는 혈청을 채취하는 일이 많다. 다만, 이와 같은 혈청에는 여러 종류의 B 세포(임파구의 일종)가 생산한 여러 종류의 항체(polyclonal 항체)가 반드시 포함되어 있다. 일부는 접종한 항원에 결합하는 것이지만, 원래 그 동물이 생산하고 있는 다른 항원에 대한 항체도 포함된다. 또 접종한 항원에 결합하는 항체에도 다양성이 있고, 항원이 다양한 부분구조(항원 결정기)에 결합하는 항체가 여러 종 포함되는 것이 일반적이다. 혼재하는 항체가 실험에 지장을 초래하지 않는 경우와, 하나의 항원에 여러 종류의 항체가 결합하는 것을 원하는 경우도 많은데, 이와 같은 경우는 polyclonal 항체가 이용된다. 반면, 다음에 기술하는 이유로 1 종류의 B 세포가 생산하는 균일한 항체 분자(monoclonal 항체)를 원하는 경우도 있다.

체내에 다수 존재하는 B 세포의 하나하나는 한 종류의 항체만을 생산한다. 따라서 균일한 항체를 얻으려면, 한 개의 B 세포를 선발하여 배양하면 좋다. 그런데 B 세포 자체는 생체 외에서는 곧 사멸한다. 따라서 생체 외에서 적당한 항체 생산 세포를 선발하는 것이 불가능하다. 따라서 생각해 낸 것이 증식능력을 가진 myeloma(골수종, 암) 세포와 B 세포를 융합시키는 방법이다(그림 1). 융합으로 얻어진 잡종 세포(hybridoma)는

Key words

폴리크로날 항체(polyclonal antibody), 면역 글로블린(immunoglobulin), 미엘로마(myeloma), 하이브리도마(hybridoma)

***항원(抗原) 과 항원결정기(抗原決定基)**

면역 응답을 유발하는 물질을 항원이라 한다. 일반적으로 항원에는 항체가 결합할 수 있는 부분 구조(항원결정기)가 복수 존재한다.

***햅텐(hapten)**

지방, 핵산, 유기화합물 등은 항체와의 결합 능력을 갖지만, 그 자체로는 면역응답을 유발하지 않는다. 이와 같은 물질을 hapten이라 한다. hapten에 결합하는 항체를 제작하기 위해서는 단백질 등의 담체와 결합시켜 이것을 실험동물에 접종한다.

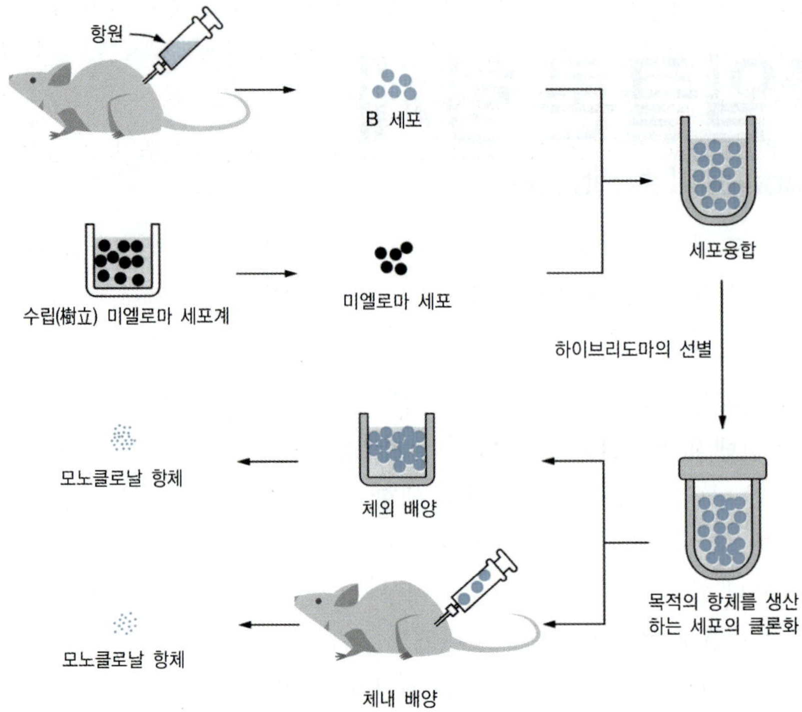

| 그림 1 | Monoclonal 항체의 제작법

Monoclonal 항체의 제작에는 쥐(마우스)가 이용되는 일이 많다. Myeloma 세포와 B 세포의 융합으로 얻어진 다종류의 hybridoma 중에서 어떠한 방법으로 목적하는 항체 생산 세포를 선발(클론화)할지, 즉 그 스크리닝 방법이 성공의 열쇠가 된다.

myeloma세포에 유래하는 증식능력과 B 세포에 유래하는 항체생산능력을 함께 갖추고 있다. 구체적으로는 면역한 동물의 비장 또는 임파절에서 B 세포의 집단을 꺼내어 myeloma세포와 융합시켜, 여러 종류의 hybridoma를 만들어 낸다. 이 안에서 목적의 항체를 생산하는 hybridoma를 선발(클론화)하면, 균일한 항체 분자를 생산할 수 있다.

Subnote

• 항체촉매(Catalytic antibody)

Monoclonal 항체와 항원의 결합은 효소와 기질의 결합처럼 지극히 특이적이다. 효소는 화학반응의 전이상태를 안정화함으로써 반응을 가속화 시킨다. 따라서 전이상태와 유사한 구조의 화합물을 합성하고, 그것에 대한 monoclonal 항체를 제작하면, 전이상태를 안정화하고, 반응을 가속할 수 있다. 이렇게 하여 촉매 능력을 갖게 한 항체를 항체촉매라 한다.

• Phage에 의한 항체생산

최근 항체유전자를 PCR법으로 증폭하고 phage vector를 이용하여 항체를 만드는 일이 시도되고 있다. 다종 다양한 항체 유전자를 갖는 phage library에서 특정의 항체를 생산하는 phage를 clone화하는 것으로 monoclonal 항체를 얻을 수 있다.

하이브리도마에 의한 monoclonal 항체 생산에는 다음과 같은 이점이 있다. ❶ 특정의 항원결정기에만 결합하는 특이적이고 균일한 항체를 구할 수 있다. ❷ 접종하는 항원은 혼합물이라도 상관없다. hybridoma의 클론화에 의해 항체도 균일하게 되기 때문이다. ❸ hybridoma는 반영구적으로 보존 가능하므로 항상 같은 항체를 생산할 수 있다.

Monoclonal 항체에는 이와 같은 이점이 있지만, 그 제작은 polyclonal항체의 제작과 비교하면 훨씬 복잡하다. 따라서 이들 장단점을 잘 파악하여 실험 목적에 부합되게, 어느 항체를 이용할 것인가 결정할 필요가 있다.

Chapter 117

단백질의 대량생산

蛋白質大量生産, Protein Overproduction

Key words

과잉발현(過剩發現, overexpression), 숙주(宿主, host), 벡터(vector), 프로모터(promoter)

DNA재조합 기술을 사용하면, 특정의 유전자를 다양한 숙주 세포 내에서 효율적으로 발현시켜(과잉 발현), 그 유전자가 code하는 단백질을 대량생산 시킬 수 있다. 이것에 의해 insulin 등 의약품 단백질과 amylase 등 산업적으로 유용한 효소가 증산되어 있다. 숙주 세포로는 대장균, 효모, 곤충세포, 동물 세포 등이 이용되고, 각각의 발현계는 특히 번역 후 변형(42항 참조)의 점에서 다른 특징을 갖는다(표 1). 그러나 어느 경우도 목적의 유전자를 plasmid와 그 외의 vector에 삽입해 이것을 세포에 도입한다는 점에서는 일치하고 있다. 많은 발현 plasmid●에는 목적 유전자에 대응하는 mRNA를 대량으로 합성하기 위한 프로모터가 갖춰져 있다. 여기에서는 비교적 잘 이용되고 있는 세 가지 발현계, 즉 대장균을 이용한 방법, 배큐로virus에 의한 방법과 포유류 세포에 의한 방법에 관해 알아보자.

●**발현 plasmid**

일반적으로 대장균의 발현 plasmid(발현 vector라고도 한다)는 다음의 네 요소를 포함하고 있다. ① 숙주 내의 vector가 유지되고 있는 것을 보증하기 위한 선택 marker를 지정하는 배열 ② 유도 가능한 전사 프로모터(예를 들어 lac, tac, PL, T7) ③ 적절한 위치관계에 있는 리보좀 결합 부위와 개시 ATG codon ④ 외래 유전자를 바른 방향으로 삽입하기 위한 poly linker부위

표 1 각 발현계의 장점과 단점

대장균	장점	① 기술적 기반이 확립되어 있다. ② 저가 ③ 전 발현 단백질 중의 30% 정도의 고발현이 비교적 용이하게 달성 가능
	단점	① 진핵생물유래 단백질의 번역 후 변형이 행해지지 않는다 ② 대량 발현된 단백질이, 자주 불용성의 응집체(inclusion body)가 된다 ③ 대량으로 세포 밖으로 분비시키는 일은 곤란
효모	장점	① 기술적 기반이 확립되어 있다 ② 저가 ③ 적절하게 번역 후 변형되는 일이 있다 ④고발현이 가능
	단점	① 반드시 바르게 번역된다고 할 수는 없다 ② 대장균과 비교해 발현량이 적을 수 있다
곤충 세포	장점	① 거의 확실히 고level로 발현된다 ② 동물 세포와 마찬가지로 번역 후 변형이 행해진다 ③적절한 세포구획(막, 핵내, 세포 외 등)에서 생산된다
	단점	① 기술면에서 초심자에겐 곤란한 면이 있다 ② 반드시 바르게 수식된다고는 할 수 없다
포유류 세포	장점	① 고등진핵생물유래의 단백질은 바르게 번역 후 변형된다 ② 적절한 세포구획에서 생산된다
	단점	① 일반적으로, 기술적으로 가장 곤란 ② 시간이 걸린다 ③ 고가 ④ 생산 스케일을 확대시키기 어렵다

대장균에 의한 계

대장균에 의한 발현계는 숙주 vector계가 취급하기 쉽고, 단백질의 고생산이 비교적 용이하므로 빈번히 이용된다. 다양한 약제와 열 쇼크에 의해 발현 유도 가능한 프로모터를 이용한 발현 plasmid가 다수 시판되고 있다. 진핵생물 유래의 유전자를 대장균 내에서 발현시킬 때, 당쇄 수식 등은 일어나지 않고, 균체 내에서 활성형의 단백질로서 본래의 형으로 3차 구조를 형성하지 않는 경우도 많다. 그렇지만, 항체를 제작할 때의 항원으로써 이용할 경우에는 이것들이 문제되지는 않는다. 또, 여러 가지의 carrier 단백질•과의 융합 단백질로써 발현시켜, affinity chromatography에 의해 용이하게 정제하는 방법도 있다. 배양법으로는 수 mg ~ 수십 mg의 단백질이 필요하다면, 수 liter의 flask배양이 이용된다. 더욱이 다량의 단백질을 얻을 필요가 있을 때는 jar fermenter를 사용한다.

•**Carrier 단백질**

발현시킬 단백질의 N 말단에(또는 C 말단에), 융합 단백질이 되도록 발현 plasmid를 구축한다. Glutathione-S-transferase, thioredoxine, maltose binding protein 등이 융합하는 carrier 단백질로써 이용되고 있다.

배큐로바이러스(Baculovirus)에 의한 계

곤충세포(누에)에, 배큐로바이러스의 일종인 핵다각체병(核多角體病) 바이러스를 감염시키면, 그 세포 내에 바이러스 입자를 안정화하는 단백질(다각체, 多角體)이 대량 만들어 진다. 배큐로바이러스에 의한 발현계에서는 다각체 프로모터의 지배 하에서 이 다각체 대신에 외래 유전자 산물을 생산시킨다. 재조합 바이러스 제작에 있어서는 다각체 프로모터 하류에 외래 유전자를 연결한 벡터(transfer vector)를 제작하고, 이것과 야생형 바이러스를 곤충세포에 동시에 도입한다. 이것에 의해 세포 내에서 재조합이 일어나기 때문에, 다각체가 형성되지 않게 된 바이리스 입자를 선택한다. 이 계에 의해 생산 된 단백질은 대장균의 경우와 달리 대부분은 가용화된 상태로 얻어진다. 더욱이, 진핵세포에서의 발현계이므로 수식, processing, 운송 등의 시스템이 갖춰져 있어, 고등 진핵생물 유래의 단백질을 활성을 갖는 형태로 얻을 수도 있다. 실제로 배양할 때에는 spinner flask에 의한 부유배양이 편리하다. 또, 재조합 바이러스를 직접 누에의 유충에 주사하고, 죽음에 이르기 전에 누에의 체액을 회수하는 방법도 있다.

포유류 세포에 의한 계

포유류 세포에 의한 발현계는 고등 진핵생물 유래의 단백질 기능에 관한 연구에 자주 이용되고 있다. 그러나 배양에 비용이 많이 들기 때문에, 대량 생산계로써 이용하는 것은 생체 내 투여를 목적으로 하는 의약품의 생산 등의 경우가 많다. 목적 단백질이 세포 내에서 어떤 기능을 하는가를 조사할 때 등에는 단시간에 간편하게 유전자를 발현시킬 수가 있는 일과성 발현(一過性發現, transient expression)계가 이용된다. 이 계에는 원숭이 신장(腎臟) 유래의 COS세균이 자주 사용된다. 단, 유전자가 도입되는 세포의 빈도가 낮고, 또 대량의 단백질을 얻기 위한 scale up이 곤란하므로 할 수 있는 실험이 한정된다는 결점이 있다. 같은 일과성 발현계에서도 vaccinia virus•를 이용한 경우는 세포로의 유전자 도입 빈도를 높일 수가 있다. 그러나 이 계에서는 세포가 이틀 정도에서

•**Vaccinia virus**

일찍이 천연두 왁진으로 이용되었던 바이러스로, Pox virus과로 분류된다. 동물 세포에 DNA를 도입하는 vector로서 최근 널리 이용되고 있다.

죽어버리는 결점이 있다. 한편, 오랜 기간에 걸쳐 다량의 단백질을 생산시킬 경우는 중국 햄스터(Chinese hamster) 난소 유래의 CHO세포를 이용한 안정형 형질전환세포(stable transformant)계가 좋다. 단, 이 계를 이용할 경우에는 외래유전자를 세포의 genome 중에 안정하게 혼입시킨 클론을 선발할 필요가 있기 때문에, 시간과 수고가 필요하다. 대부분의 포유류 세포 발현 vector는 cDNA를 받아들이도록 디자인되어 있고, 베타 인터페론(β-interferon), 열 쇼크, 중금속 이온, 스테로이드 등에 의해 유전자의 발현 유도가 가능한 프로모터를 갖고 있다.

시험관 단백질 합성

試驗官蛋白質合成, *in vitro* Protein Synthesis

Chapter 118

단백질 합성에 필요한 성분[효소(RNA polymerase, aminoacyl tRNA 합성효소), 단백질인자(개시인자, 연장이자 종결인자), 기질(tRNA), 리보좀 등]은 모든 세포의 가용성 획분(사이토졸 부분)에 포함되어 있고, 전사와 번역에는 세포 내의 막계를 필요로 하지 않는다. 따라서 세포의 추출액(lysate라고도 부름)을 조제하고, 합성하고 싶은 단백질을 code하는 DNA 또는 mRNA(혹은 그 원료가 되는 ribonucleotide), 아미노산,

Key words

무세포 단백질 합성(無細胞蛋白質合成, *in vitro* cell-free protein synthesis), 토끼 망상 적혈구 추출액(토끼網狀赤血球抽出液, rabbit reticulocyte lysate), 대장균S 30 획분(S 30 extract from Escherichia coli), 밀 배아 유출액(wheat germ extract), 전사-번역 공역계(轉寫-飜譯共役系, coupled transcription-translation system)

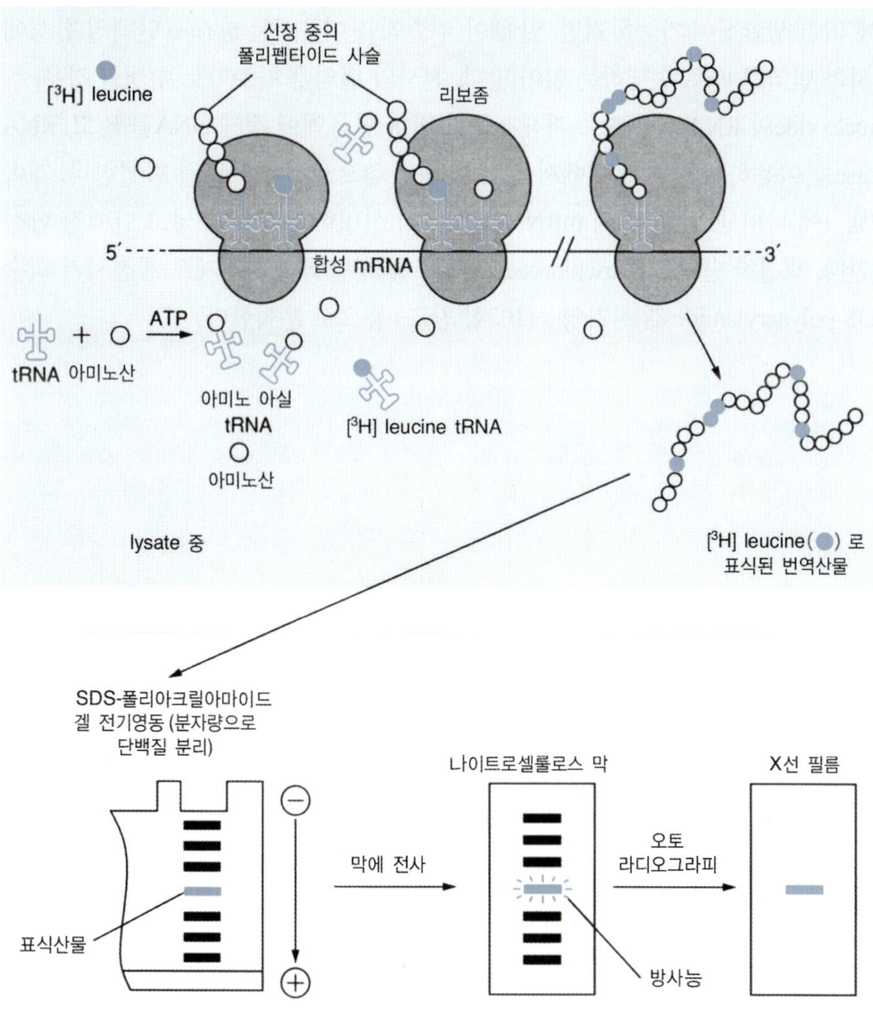

| 그림 1 | 합성 mRNA에서의 *in vitro* 단백질 합성과 번역 산물의 검출

에너지원(ATP), 필요한 금속 이온(Mg^{2+} 등)을 첨가함에 따라 목적 단백질의 전사와 번역을 시험관 내에서 수행할 수가 있다. 이것을 *in vitro* 단백질 합성(무세포 단백질 합성)이라고 부른다. *In vitro* 단백질 합성은 살아있는 세포를 이용하는 단백질 합성(*in vivo* 단백질 합성)과 비교해 단백질의 발현양은 적지만 반응 조건의 제어는 용이하다. 따라서 예를 들어 반응계에 방사성 동위원소로 표식한 아미노산(^{14}C와 ^{3}H로 표식한 leucine, ^{35}S로 표식한 methionine 등)을 넣어 *in vitro* 단백질 합성을 하면, 단백질을 그것들의 방사성 동위원소로 표식할 수가 있다.

사용하는 세포 추출액으로는 토끼의 망상 적혈구, 대장균(S30 분획, 30,000×g로 원심 분리한 후의 상청), 밀가루 배아와 같은 것들이 잘 이용된다. 원핵생물의 단백질 합성에는 대장균의 S30 분획이, 또 진핵생물의 단백질의 합성에는 토끼의 망상 적혈구와 밀 배아의 추출액이 이용되지만, 토끼의 망상 적혈구의 추출액은 특히 단백질 합성활성이 높고 각종의 단백질의 합성에 이용되고 있다.

전사와 번역은 같은 반응액 중에서 동시에 하여도 좋고(전사-번역 공역계), 따로따로 하여도 좋다. 토끼의 망상적혈구의 추출액과 대장균의 S30 분획에서는 전사-번역 공역계에 의한 생합성이 가능하지만, 밀 배아 추출액을 이용하는 *in vitro* 단백질 합성에서는 전사와 번역을 따로 수행하는 일이 많다. 전사와 번역을 따로따로 수행할 경우, 우선 ribonucleotide와 RNA분해 효소 저해제를 포함한 반응액에 정제 DNA를 넣고, RNA polymerase를 이용하여 시험관 내에서 전사 반응을 함으로써 mRNA를 합성한다. 계속하여, 그림 1에 나타낸 것처럼, 이 mRNA를 위에서 설명한 추출액에 넣고 단백질 합성을 수행한다. 생성한 단백질은 trichloroacetic acid 등의 단백질 침전제로 침전시켜 회수하고, SDS-polyacrylamide 겔 전기영동(102항 참조) 등으로 분석한다.

단백질간 상호 작용의 연구법

蛋白質間 相互作用 研究法, Assay of Protein-Protein Interaction

Chapter 119

인간 genome project의 완료에 의해 유전자로 지정되는 단백질군(proteome)의 전용이 밝혀졌다. 21세기의 생화학은 단백질간 상호 작용을 계통적으로 해명하여 생명현상을 유지하는 단백질 복합체를 연구하는 방향으로 진행되고 있다. 그러나 생각보다 단백질간 상호 작용의 연구법 개발이 더디게 진전되고 있어, 모두를 적절하게 설명하기는 곤란하다.

단백질간 상호 작용의 연구법은 조사하고 싶은 단백질을 프로브로 하여 결합 단백질을 code하는 유전자를 library에서 스크리닝 하는 방법과, 특정의 단백질끼리의 상호 작용을 측정하는 타입으로 크게 구별된다.

전자의 대표적인 방법으로써 효모 two-hybrid법이 있다. 이것은 프로브 단백질(bait; 먹이)과 전사인자(GAL4 등)의 DNA 결합영역과의 융합 단백질을 발현하는 효모에, cDNA library유래 단백질(prey; 획물)과 전사인자의 전사활성화 영역의 융합 단백질을 도입한다(그림 1). 만약 상호 작용이 있으면, 양 융합 단백질이 hetero 이량체를 형성하여 전사인자가 재구성되어 효모에 미리 혼입시켜 둔 리포터 유전자군(β-galactosidase 등)을 작동시켜, 목적의 융합 단백질을 code하는 유전자를 동정하는 것이 가능하게 된다. 유사한 방법으로, 전사인자 대신에 신호전달 단백질 Sos를 이용하는 방법(CytoTrap 법), λ phage표면에 β-galactosidase 융합 단백질로서 발현시킨 library를 구축하여, 프로브 단백질에 의해 Far-Western법으로 검출하는 phage display법이 있다. 간단히 다시 설명하면, 파지의 표면 단백질을 만드는 DNA에 우리가 원하는 단백질을 만드는 유전자 서열과 연결해서 발현시키면 파지의 표면에 재조합 단백질(항원)이 발현된다. 발현된 재조합 단백질(항원)에 다양한 종류로 변이를 주어 라이브러리를 만든다. 이 라이브러리를 이용하여 원하는 항체를 빠르게 얻을 수 있다. 면역 질환 치료제 항체의약품인 아달리무맙(휴미라)은 phage display법으로 개발된 신약이다. 이 phage display법을 개발

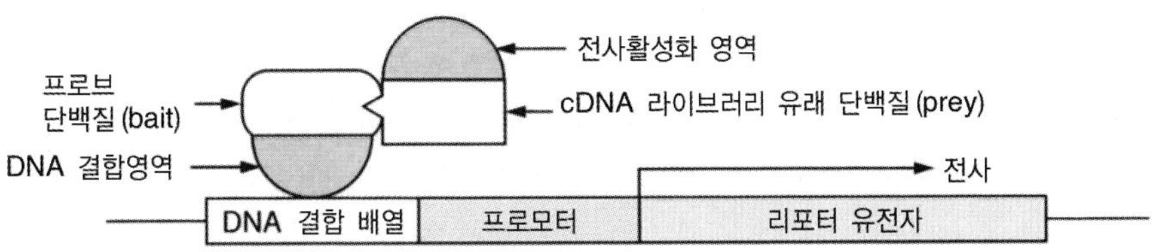

| 그림 1 | 효모 two-hybrid법

Key words

효모 투 하이브리드 법(酵母, yeast two-hybrid assay), phage display assay 법, 면역 침강법(immunoprecipitation assay), GST pull down assay, Far-Western assay, FRET법(fluorescence resonance electron transfer assay)

• 에피토프 태그(epitope tag)

면역 침강법을 이용할 때에, 프로브 단백질 혹은 검출하고 싶은 단백질에 대해 특이적인 항체를 얻기 힘들 때가 많다. 그런 경우, 이미 알고 있는 배열의 짧은 peptide 사슬(epitope tag)에 대한 특이적 항체가 시판되고 있기 때문에, 재조합법에 의해 조사하고 싶은 단백질에 epitope tag를 부가한 형태로써 발현시키면 검출이 용이하게 되는 일이 많다(예를 들어 FLAG, HA, c-Myc 등).

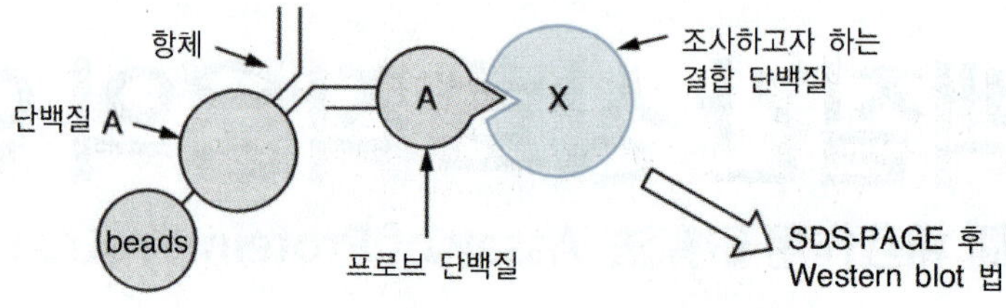

| 그림 2 | 면역 침강법에서 얻어진 면역 복합체

한 조지 스미스 박사와 그레고리 윈터 박사는 2018년 노벨 화학상을 수상하였다.

후자의 대표적인 방법으로 면역 침강법이 있다. 조직과 세포의 용해액에 프로브 단백질에 특이적인 항체를 첨가한 후, agarose beads에 고정화한 protein A(항체 결합능력을 가진)를 혼합하고, 프로브 단백질-항체 복합체를 분리한다. 그 후, 복합체 중에 포함된 결합 단백질을 예상하고 있는 특이 항체를 이용하여 Western blot법(103항 참조)에 의해 검출한다(그림 2). 유사한 방법으로, 프로브 단백질을 GST(glutathione S transferase)융합 단백질의 형태로 대장균 등에서 발현, 정제하고, glutathione 결합 agarose beads에 결합시켜 조직과 세포의 용해액과 혼합한 후, 결합 단백질을 Western blot법에 의해 검출하는 GST pull-down법도 빈번하게 사용된다. 최근에는 조사하고 싶은 두 종류의 단백질을 서로 다른 형광을 발하는 단백질(GEP 등)과 각각 융합시키고 동물 세포 내에서 발현시켜, 양 단백질이 상호 작용하면 형광 파장이 변화하는 것을 이용한 FRET법도 개발되어 있다(97항 참조).

어느 방법에도 일장일단이 있기 때문에, 목적에 부응하는 복수의 검출법을 채용하여 단백질간 상호 작용을 조사하는 것이 바람직하다. 특히, 과잉 발현한 단백질과 내재성 단백질의 결과가 때때로 다르다는 사실, 번역 후 변형이 관여하는 상호 작용의 검출은 어렵다는 사실, 시험관 내에서 상호 작용하여도 세포 내 국재성이 다르면 생리적 의의가 미미하다는 사실 등에 주의할 필요가 있다.

Subnote

• 시약 회사의 protocol

단백질간 상호 작용의 해석 방법은 시약 회사에서 적극적으로 새로운 것이 발표되고 있다. 자신의 연구에 어느 방법이 적합한가를 판단하려면 시약 회사의 catalog와 home page를 참고하면 좋다. 필자가 추천하는 것은 효모 two-hybrid법 혹은 FRET법은 Clontech사(www.clontech.com), CytoTrap법 혹은 phage display법은 Stratagene사 (www.stratagene.com), GST pull-down법은 Amersham-Pharmacia Biotech 사(www.apbiotech.com)이다.

Chapter 120

펩타이드 시퀀싱

Peptide Sequencing

단백질이 기능을 발휘하기 위해서는 아미노산의 늘어선 순번(1차 구조)이 가장 중요하다(5항 참조). 따라서 생물 시료에서 단백질을 순수하게 정제한 후, 우선 떠오르는 생각은 단백질의 크기(분자량)를 추정하고, 다음에 아미노산 배열을 결정하는 일이다. 단백질의 아미노산 배열을 결정하는 작업을 peptide sequencing이라 한다. 단백질에는 아미노 말단(N말단)과 카복실 말단(C말단)이 있기 때문에, 양측에서 결정하게 된다. 이에는 화학법과 효소법이 사용된다.

Key words

아미노산 배열(amino acid sequence), sequencing, 펩타이드 결합(peptide bond), 아미노 말단(N말단)[amino terminal(N-terminal)], 카복실 말단(C말단)[carboxyl terminal(C-terminal)]

화학법에 의해 아미노 말단 측에서 아미노산 배열을 정하는 방법으로는 Edman법이 있다. 이것은 phenylisothiocyanate가 아미노기와 반응하는 성질을 이용한다. 시료가 peptide와 단백질인 경우에는 아미노 말단의 아미노산 잔기가 반응하여 최종적으로는 phenylthiohydantoin(PTH) 아미노산이 되어 단백질에서 잘려 나간다. 보통, 단백질에 포함된 아미노산은 20종류이므로, 20종류의 PTH 아미노산이 생길 가능성이 있다.

에드만 반응 과정 화학식

이렇게 생성된 PTH 아미노산들을 고속 액체 chromatography(HPLC)•에서 분리하고, control(表品)과 비교함으로써 아미노산을 동정할 수 있다(그림 1). 처음 cycle이 끝나면, 다음의 cycle로 옮긴다. 아미노 말단의 아미노산이 제거된 결과, 원래 두 번째에 있던 아미노산이 아미노 말단이 된다. 위와 같은 반응을 반복하면, 두 번째의 아미노산도 결정할 수 있다. 이 cycle의 반복에 의해 수십 잔기 정도는 읽어 낼 수가 있다. 일련의 조작을 수동으로 행하는 것도 가능하지만, 보통은 시판된 자동화 장치(amino acid sequencer)를 이용한다. 이 경우, 10^{-12} mol(pmol)이라는 극미량의 단백질이라도 분석이

•**고속액체 크로마토그래피 (HPLC, high performance liquid chromatography)**

액체 크로마토그래피의 일종으로, column안에 고정상을 채우고 이동상이 되는 용매를 고압으로 흘려, 시료를 단시간에 분리한다. 고정상에는 silica 겔과 silica gel 표면을 alkyl기로 수식한 것이 많이 사용된다.

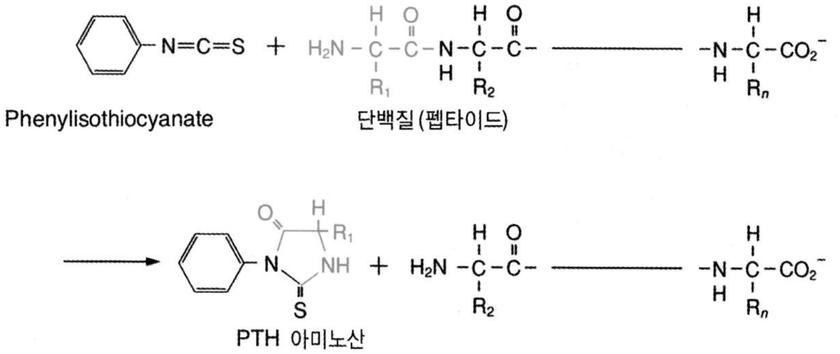

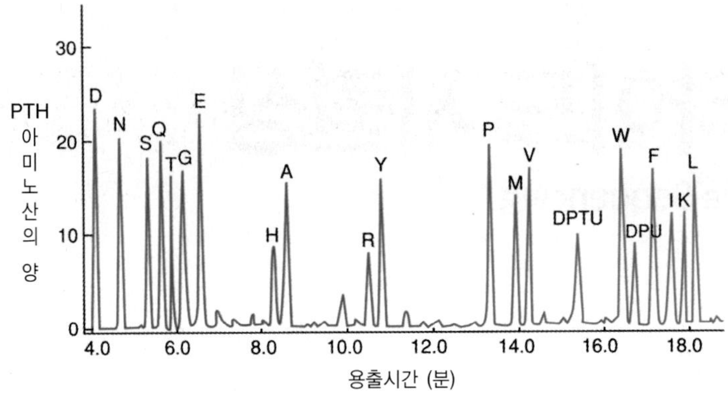

| 그림 1 | PTH 아미노산의 HPLC에 의한 분리

그림 중의 알파벳은 아미노산(5항의 그림 1 참조)을 나타내고, DPTU와 DPU는 시약 유래의 부산물을 나타낸다.

가능하다.

카복실 말단 측에서 아미노산 배열을 결정하는 방법으로 효소법이 있다. carboxypeptidase라고 하는 단백질 가수분해 효소는 단백질의 카복실 말단 측에서 차례로 peptide 결합을 절단(가수분해)하는 성질을 갖고 있다. 따라서 시료에 이 효소를 작용시켜, 유리되어 나오는 아미노산의 종류와 양이 시간과 함께 어떻게 변화하는가를 아미노산 분석기• 등으로 관측하고, 배열을 추정할 수가 있다.

•아미노산 분석기 (amino acid analyzer)

HPLC의 일종으로, 고정상으로 이온 교환 수지가 사용된다. 적당한 pH의 완충액에서 용출하면, 아미노산은 등전점의 차이 등에 의해 분리된다. 분리된 아미노산을 ninhydrin과 o-phthalic aldehyde등과 반응시켜, 생성물의 흡수와 형광을 이용하여 정량 한다.

Edman법과 carboxypeptidase를 조합하여도 실제로는 단백질의 끝에서 끝까지 한번에 배열을 결정할 수는 없기 때문에, 단백질 시료를 trypsin과 같은 단백질 가수분해 효소에서 처리하여 peptide단편을 만들어, 이것들을 분리 정제하여 배열을 결정한다. 다른 단백질 가수분해 효소에서 처리하여 생긴 단편에 대해서도 같은 실험을 하고, 각 배열을 연결해 맞춤으로써 전 배열을 알 수 있다.

단백질의 생합성(41항)과 DNA sequencing(110항)에도 기록되어 있는 것처럼, 아미노산 배열은 유전자의 염기 배열에 따라 정해지기 때문에, 최근에는 실험 효율이 좋은 DNA의 sequencing으로 유전자의 염기 서열을 읽어 단백질의 아미노산 서열을 유추해(deduced amino acid sequence) 끝내는 일이 많다.

질량분석에 의한 구조해석

質量分析에 의한 構造解析, Structural Analysis by Mass Spectroscopy

Chapter 121

Key words

질량분석(質量分析, mass spectroscopy ; MS), 분자 이온 피크(molecular ion peak), 분자량(分子量, molecular weight), 일렉트론 스프레이 이온화법(electrospray ionization ; ESI), 비행시간(飛行時間, time-of-flight), 매트릭스 보조 레이저 탈리 이온화법(MALDI, Matrix Assisted Laser Desorption Ionization)

질량분석이란 질량분석기의 이온원에서 시료를 이온화하고, 고진공 하에서 이온을 질량/전하(*m/z*)에 따라 분리하여, 검출하는 방법이다, 이온화에는 시료에 고속의 전자를 충돌시키는 등의 방법이 채택된다. 시료 분자와 전자와의 반응의 결과는 복잡하고, 여러 종류의 생성물이 생긴다.

*m/z*가 다른 이온 종을 분리하고, 각 이온 종의 양을 *m/z*를 표시한 것이 질량 spectrum 이다. 이 스펙트럼 중에는 다양한 정보가 포함되어 있지만, 특히 중요한 것은 분자 이온 peak이다. 스펙트럼의 이름에서 알 수 있듯이, 이 이온은 시료 분자에서 전자만을 잃은 것뿐이므로, 시료 분자의 분자량을 나타낸다. 동위체 peak를 고려하지 않으면, 분자 이온 peak는 가장 고질량측에 나타난다. 따라서 가장 고질량측의 peak가 분자 이온 peak 란 사실이 확실해지면, 시료 분자의 분자량을 알 수 있게 되고, 미지시료의 구조해석과 이미 알고 있는 시료라도 구조의 확인에 큰 실마리를 제공한다. 분자 이온 peak보다도 저질량측의 peak는 시료 분자가 전자와의 충돌에서 분해하여 생기는 peak이다. 분해라 하여도 절대 무작위적으로 붕괴되진 않기 때문에, 분자의 구조를 반영한 일정한 규칙에 따라 붕괴되기 때문에, 그 법칙을 이해하고 있으면 시료 분자 중에 포함된 작용기와 구조 단위를 동정할 수 있고, 구조 해석은 크게 진전한다.

질량 분석법의 특징은 얻어진 질량이 매우 정밀하다는 점이다. 응고점 강하 등의 고전적인 분자량 측정법으로 소수점 이하까지 질량을 결정하는 것은 실질적으로 불가능하였지만, 최근의 질량분석법으로는 소수점 이하 세 자리 수까지 정밀하게 구하는 것도 용이하다. 이 정도의 정밀도라면, 화학 조성은 다르지만 정수 부분의 정량이 동일한 시료라도 소수점 이하의 차이를 이용하여 구별하는 것이 용이하게 된다. 일례를 들면, 일산화 탄소 CO와 질소 N_2의 분자량은 정수 부분으로 보면 28과 동일하지만, 소수점 이하까지 고려하면, 각각 27.9949와 28.0062이므로, 두 물질을 구별할 수 있게 된다.

생체 시료가 분석 대상인 경우에는 특유의 문제가 생긴다. 그 하나는 많은 분자가 난휘발성이라는 점, 또 고분자량의 시료가 많다는 점이다. 이런 문제들이 해결되면, 단백질, 핵산, 다당 등의 분석이 가능하게 되고, 생화학 분야에서의 용도는 크게 넓어진다. 우선 혼합물의 문제이지만, 시료가 혼합물이라도 분석 그 자체는 가능하다. 단, 시료가 순수한 경우와 비교하면 당연히 해석은 어렵게 되고, 잘못된 결론을 끄집어 낼 가능성도 크게 된다. 따라서 시료가 혼합물인 경우는 분석 전 단계로 분리 조작을 하는 일이

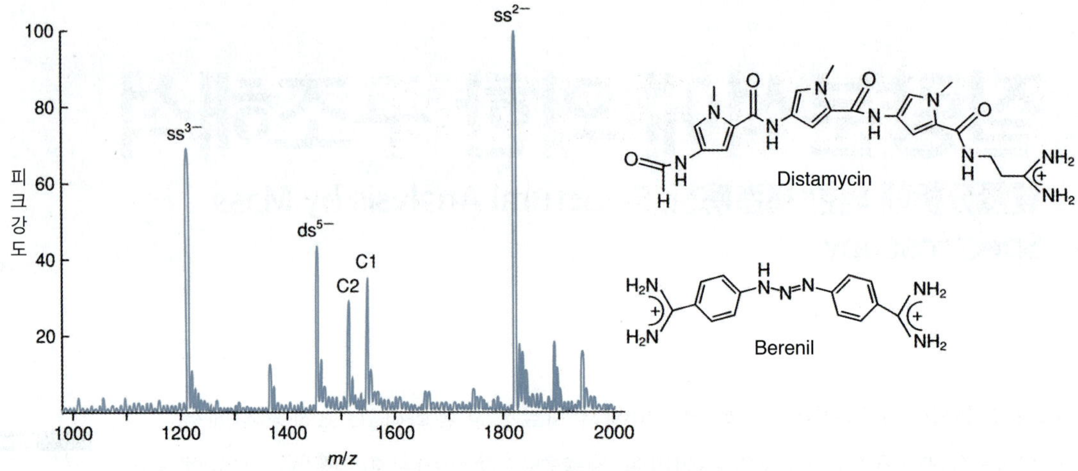

| 그림 1 | 합성 oligo nucleotide dGCGAAATTTGCG 및 여기에 결합하는 약물 distamycin, berenil과의 복합체(C1, C2)의 ESI질량 분석

이 복합의 배열이 자기 상보적이므로 이중 사슬(ds)를 형성하고, 단일 사슬(ss)와는 다른 질량의 위치 *m/z*(이온의 질량m을 전하수 z에서 나눈 값)로 나타난다. Reprinted with permission from K. X. Wan et al., J. Am. Chem. Soc., 122,300, Fig. 6(2000). Copyright 2000 American Chemical Society.

많다. 자주 이용되는 것이 gas chromatography(GC) 또는 고속 액체chromatography(H-PLC)를 조합하는 방법이다. 전자는 휘발성 시료의 경우에, 후자는 난휘발성 시료의 경우에 사용된다. 이러한 수단들과 질량 분석을 조합한 분석법을 GC-MS, LC-MS라고 부른다.

난휘발성 시료의 기화에 관해서는 FAB(고속 원자충격법), FD(장탈착법, field desorption), ESI(electro spray ion화법), MALDI(matrix 보조laser 탈리 이온화법) 등의 수법이 개발되어 생체 고분자의 분석이 용이하게 되었다. ESI법에 의해 합성 DNA를 분석한 예를 그림 1에 표시했다. 이 spectrum에서 흥미 깊은 것은 단일 사슬의 DNA에 그치지 않고, 수소 결합으로 형성된 이중 사슬의 구조, 더욱이 공유 결합에 의존하지 않고 이중 사슬 DNA에 결합한 약물과의 복합체 peak도 관측된다는 것이다. 또 그림 2에는 MALDI법에서 이온화 후, TOP(비행 시간형)법에 의해 분석된 단백질의 예를 나타낸다. 이처럼 우수한 특장점을 갖기 때문에, 질량분석은 세포 내에서의 단백질의 발현을 망라적으로 조사하는 proteome해석의 수단 등으로써, 최근 널리 사용되고 있으며 MALDI법의 개발자인 일본 시마즈제작소의 학부 출신의 일개 주임연구원이었던 K. Tanaka는 2002년 노벨 화학상을 수상하게 되고 일본에 샐러리맨의 신화를 창조하기도 하였다.

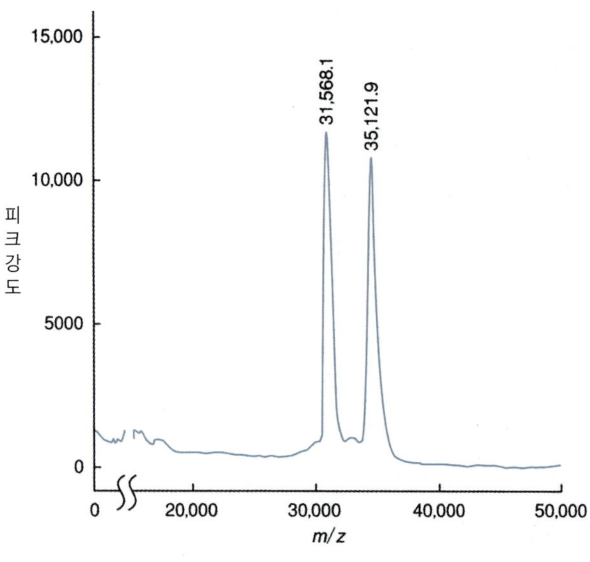

| 그림 2 | $\alpha_2\beta_2$의 조성을 갖는 단백질의 TOF법에 의한 질량분석

α와 β의 분자량은 각각 35kDa과 31kDa

X선 결정 구조해석

X線 結晶 構造解析, X ray Crystal Structure Analysis

Chapter 122

단백질의 정밀 입체구조를 해석하기 위해서는 보통, X선 결정 구조 해석의 기법이 이용된다. X선 결정 구조 해석의 원리는 해설에서 설명한 바와 같으나, 측정에서 얻어지는 것은 단백질을 구성하는 원소의(공간적) 전자밀도이고, 그것을 해석하여 입체 구조를 정한다. 해석한다는 것이란, 단백질의 1차 구조를 전자밀도 지도에 맞추는 것이고, 그렇게 하기 위해서는 단백질의 아미노산의 일차 배열을 알고 있지 않으면 안 된다. 예를 들어, valine과 threonine, aspartate와 asparagine, glutamate와 glutamine을 전자밀도 지도만으로 식별하기는 곤란하다. 그리고 분해 능력이 높아지면, 해석은 더욱 쉬워 진다. 분해능의 좋고 나쁨은 단백질 결정의 질로 정해지지만, 양질의 결정을 얻기 위한 일반적인 방법은 없다. 단백질의 순도를 적극 높이는 것은 당연하다 하더라도 순도가 높다고 양질의 결정이 얻어진다고 할 수는 없다. SDS-PAGE(102항 참조)에서 순도가 높다고 판정되어도 4차 구조적으로 균일하다고는 할 수 없기 때문이다. 변성하여 회합한 분자가 섞여 있으면, 좋은 결정을 얻지 못하는 경우가 있다. 광산란법(dynamic light scattering) 등에 의해 회합체가 섞여 있지 않는지, 미리 확인해 둘 필요가 있다(91항 참조).

Key words

산란(散亂, scattering), 회절(回折, diffraction), 간섭(干涉, interference), Bragg의 조건(Bragg condition), 단위포(單位胞, unit cell), 구조인자(構造因子, structure factor), 중 원자 동형 치환법(重原子 同型 置換法, multiple isomorphous replacement method)

해설에서 설명한 것처럼, X선 결정 구조 해석에서는 어떻게 하여 위상을 결정할 것인가가 문제가 된다. 그것을 위한 유력한 수단으로는 selenomethionine을 이용하는 방법이 있다. 대장균의 methionine 요구주를 숙주로 하고, 목적 단백질 유전자를 클론화하여 발현시키는데, 그 때, 배지 중에 selenomethionine을 넣어 둔다. 그렇게 하면 methionine잔기 대신에 selenomethionine잔기가 도입된다. Se(셀레늄)은 중 원자이고, 그 이상산란을 이용하여 위상을 결정할 수가 있다. 보통 사용되는 수은과 백금이 잘 결합하지 않아 사용하기 어려울 때, selenomethionine 도입법은 유력한 무기가 된다.

해 설

전자파를 물질에 조사하면, 분자중의 전자는 입사광의 전자에 의해 파의 진행 방향에 수직으로 진동된다. 이 전자의 진동에 의해 그 중심 위치에서 입사광과 같은 진동수의 구면파가 발생한다. 이것을 Thomson산란이라 한다. 결과적으로, 입사광의 진행 방향에서 굽어진 방향으로도 빛이 나아간다(회절). 전자파의 파장과 같은 정도의 거리에 있는 복수의 자리에서 회절 하면, 일정한 광로차가 생기기 때문에 간섭한다. 즉, 그 광

• **간섭(干涉)**
이것은 분광광도계의 회절격자의 원리이기도 하다. 마찬가지로 compact disc틈의 폭은 가시광선인 에 가깝기 때문에, 간섭에 의해 무지개 색으로 보인다.

로차가 $n\lambda$(n: 자연수)일 때 빛은 강하게 만나고, $(n + 1/2)\lambda$일 때 없어진다.• X선의 λ는 물질의 원자 간 거리와 같은 정도이므로, 원자의 규칙적인 배열이 X선에 대해 회절격자로써 기능한다.

X선 회절을 모식적으로 나타내면 그림 1과 같이 된다(제2층 이상의 원자는 생략하고 있다). X선의 파면(波面)이 원자의 전자 구름에 달하면, 그 원자 주변의 전자밀도 분포 ρ에 비례하여 산란 X선 f_1, f_2, f_3(원자 산란 인자라 한다)가 발생하고, 그것들이 합성되어 산란광 F가 된다. 면간격 d의 두 번째 층에서도 마찬가지로 산란되기 때문에, 그림과 같이 회절각 2θ의 산란광(이것은 반사광으로 간주해도 좋다)을 생각할 때, 1층째와 2층째에서의 산란파의 광로차는 $2d\sin\theta$가 되고, 그것들은 간섭하므로 Bragg의 조건을 채우는 방향에서만 산란광을 볼 수 있다.

$$2d\sin\theta = n\lambda \tag{1}$$

그 외의 θ에 있어서의 강도는 0이 된다. $n = 2$ 일 때는 1층째와 3층째로부터의 산란의 간섭이라 생각해도 좋다. 3차원적으로 구조가 반복되는 결정의 최소 단위를 단위포(單位胞) 또는 단위격자(單位格子)라 한다. 단위격자는 세 개의 주축 a, b, c와 그 사이에 생기는 각 α, β, γ로 표현되어 식 (1)(엄밀하게는 Laue의 조건식)에서 얻어진다. 이것들의 격자 정수는 구조 해석에서 상당히 중요하다.

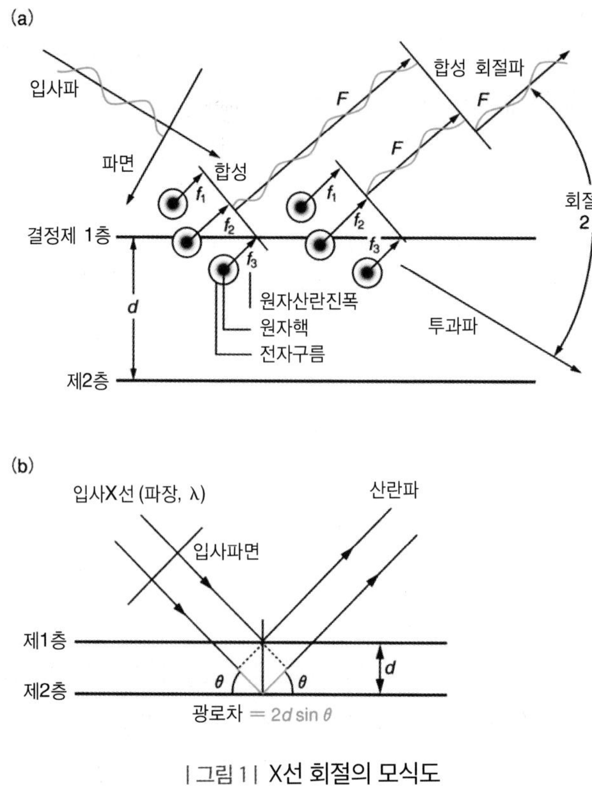

| 그림 1 | X선 회절의 모식도

X선 회절파 F는 구조인자라 불리는 복소량이고, 식 (2)와 같이 표시된다. 여기서 ϕ는 위상각이라 불리고, 간섭에 있어서의 광로차에 기인한다.

$$F = |F| \, exp(i\phi) \tag{2}$$

이 F에서 전자 정밀 분포 ρ를 구할 수 있다.● ρ는 기본적으로 원자 번호에 비례하므로 ρ를 알면 결정구조도 안다. 그러나 X선 회절을 기록한 시점에서 회절파의 강도 $|F|^2$, 즉 구조인자의 크기의 정보만 남는다. ϕ에 관한 정보는 잃어버리고 만다. 따라서 X선 해석이란, ϕ의 정보를 다시 되찾는 것(위상문제를 푸는 일)에 있다고 생각해도 좋다.

위상 문제를 푸는 하나의 유력한 수단으로는 Patterson 함수 P(u)를 푸는 방법에 있다. P(u)는 거리 u만큼 떨어진 두 점에 있어서의 전자밀도의 적분을 단위 격자의 안에서 더한 것이고, $|F|^2$에서 계산할 수 있다. 또, P(u)는 원자 간 벡터의 집합체라 생각된다. 따라서 단위격자 중의 원자 수가 적으면, 개개의 원자간 벡터를 정할 수 있다. 이 방법은 원자 수가 많은 경우에는 적용할 수 없다. 그러나 예를 들어 유기금속착물의 경우와 같이 금속 원자 주변의 ρ가 클 때, 그것에 기인하는 P(u)도 크기 때문에, 그 벡터를 귀속할 수 있다. 그 좌표에서 다른 가벼운 원자의 위치를 알 수 있다. 이것을 중 원자법(重原子法)이라 한다.

단백질과 같은 경우에는 위의 방법은 사용할 수 없다. 이 때문에 단백질 결정 해석의 위상 문제를 푸는 하나의 방법으로서 중 원자 동형 치환법(重原子 同型 置換法, multiple isomorphous replacement method)이 이용된다. 수은과 백금 같은 원자 번호가 큰 원자를 포함하는 이온의 용액에 단백질 결정을 담그어 두면, 중 원자 이온이 결정 속에 확산하여 단백질 표면의 일정한 곳에 결합하는 경우가 있다(glutamate와 aspartate의 마이너스 전하 또는 lysine과 arginine의 플러스 전하와의 정전적 결합이라 생각된다). 이것을 침지법(soaking, 浸漬法)이라 한다. 이렇게 중 원자 유도체가 중 원자가 없는 native결정과 동형(同型)이고 2종류 이상 있으면, 다음과 같이 위상 문제를 해결할 수 있다.

Native결정, 어떤 중 원자 유도체 및 그 중 원자의 구조 인자를 각각 F_p, F_{pH1} 및 F_{H1}이라 하면, 이것들의 관계는 복소(復素) 평면에서 그림 2(a)와 같이 표시할 수 있다. 여기서 중 원자법과 같은 원리로써 F_{H1}만은 구할 수 있다. 지금, 그림 2(b)와 같은 복소 평면에서 F_p 는 실험적으로 얻어진 F_p 를 반지름으로 하고, 중심을 O로 하는 원주상의 어딘가의 위상을 얻는다. 그림 2(a)에 표시한 것처럼 $F_p = F_{pH1} - F_{H1}$이므로, F_p 는 $-F_{H1}$(점J)을 중심으로 반지름 $|F_{pH1}|$의 원주상에 위치하게 된다. 두 개의 원이 교차하는 점 H 또는 점 G가 F_p의 플러스의 위상을 나타낸다. 다른 중 원자 유도체(유도체 및 그 중 원자의 구조인자를 각각 F_{pH2} 및 F_{H2}라고 한다)에 관하여도 같은 조작을 하면(점 K를 중심에 반지름 $|F_{pH2}|$의 원을 그린다), 세 개의 원은 점 H에서 겹치고, F_p는 O – H라는 것을 알게 된다. 이것을 기초로 하여 ρ를 구해 원자를 귀속하고, 아미노산 배열 데이터와 조합함으로써 구조분석이 가능하다●. 그 외, K핵과 L핵의 전자와 X선과의 공명에 의한 이상산란의 파장 의존성을 이용한 이상산란법(異常散亂法)과, 아미노산 배열이 유사한 단백

●**전자파의 복소(複素)표현**

$exp(ix)(= \cos x + i\sin x)$는 F와 ρ와의 관계를 써서 나타내는 [(역)Fourier변환] 것에는 편리하지만, 전자파의 물리적 의미는 실수(實數) 부분에만 있다. exp(ix)는 sinx처럼, 위상이 ϕ진행하면 $exp[i(x+\phi)]$가 된다.

●**동형(同型)**

결정의 격자정수와 공간군이 같은 것. 단백질의 결정은 무기물과 유기물의 결정과 달리 결정 시에 액이 꽉 차 있고, 그 환경은 용액 상태와 그다지 다르지 않기 때문에, 동형이 얻어질 때가 있다.

●**F_p의 위상**

원리적으로는 두 개의 중 원자 유도체로부터 F_p를 구할 수 있지만, 회절강도의 측정 오차도 있기 때문에, 몇 개의 중 원자 유도체를 이용함으로써, 보다 정확한 위상을 구한다.

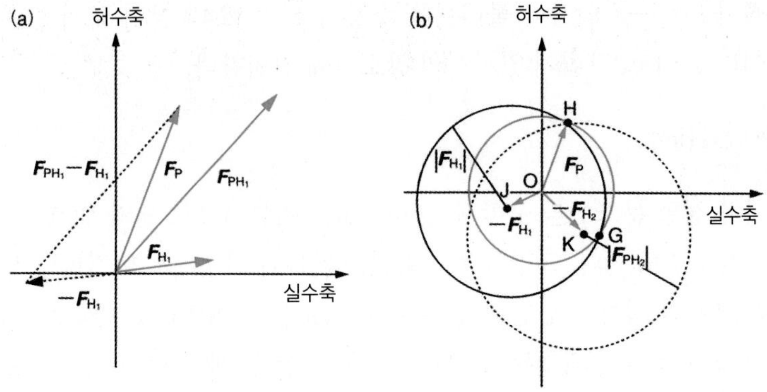

| 그림 2 | 중 원자 동형치환에 의한 구조인자 계산법

질 중 구조를 이미 알고 있는 단백질이 있는 경우에는 그 구조 테이터를 모델로 정밀화를 수행하는 분자치환법(分子置換法)도 이용할 수 있다.

NMR에 의한 단백질의 구조 해석

Protein Structure Analysis by NMR

Chapter 123

Key words

화학 shift(chemical shift), 결합 정수(coupling constant), 이차원 NMR spectrum(two-dimensional NMR), 핵 Overhauser효과(nuclear Overhauser effect ; NOE)

단백질이 기능을 발휘하기 위해서는 특정의 입체 구조를 취할 필요가 있다(6항 참조). 입체 구조를 해명하는 유력한 수단의 하나가 핵 자기공명(NMR) spectrum이다. 이 수법은 시료를 강한 자장 속에 두었을 때 수소와 다른 원자의 핵이 특정의 주파수인 라디오파에 공명하는 현상을 이용한 것이다. 분자 내에서는 수소가 놓인 화학적 환경이 조금씩 다르기 때문에, 공명을 일으키는 주파수도 미묘하게 다르다. 이 현상을 화학 shift라 하고, 기준 물질에서의 shift를 ppm 단위로 표시한다. 보통, 수소의 흡수는 0~15 ppm에서 나타나고, 화학 shift의 차이에 기초하여 비등가(非等價)의 수소를 식별할 수 있다. 또, 2개~4개의 공유 결합에서 사이에 끼인 수소끼리는 핵 spin을 통하여 상호 작용을 일으키기 때문에, 흡수선의 분열이 관측된다. 분열의 크기를 결합 정수라 하고, 0~20 Hz의 범위에 있다. 이런 정보들이 분자의 구조를 해석하는데 극히 중요하게 된다.

하지만 분자량이 겨우 1,000정도의 유기화합물에 비해, 단백질의 분자량은 보통 10,000을 넘어, 구조는 현격히 복잡하게 된다. 따라서 보통의(일차원) NMR spectrum을 관측하는 것 만으로는 흡수 peak의 겹침이 많아, 고차구조에 관한 유용한 정보는 별로 얻지 못한다. 그러나 spectrum을 이차원으로 전개하면, 흡수 peak의 겹침이 많이 해소되어 해석이 가능해 진다. 이차원 NMR spectrum의 하나인 COSY(correlated spectroscopy) spectrum에서는 대각선에서 떨어진 곳에 spin 결합한 수소의 흡수가 등고선 모양으로 표시된다. spin계가 연결되어 있는 한, 유래가 확실한 peak를 출발점으로 하여 cross peak을 따라감에 따라 각 peak의 유래를 정할 수 있다(그림 1).

또 단백질의 입체 구조에 관한 정보는 핵 Overhauser 효과(NOE, Nuclear Overhauser Effect)를 이용하는 수법(NOESY, Nuclear Overhauser Enhancement Spectroscopy)에 의해 얻어진다. NOE는 수소끼리가 입체구조상 가깝게 존재할 때에 인정되는 현상으로 한 쪽의 수소를 여기하면 자기(磁氣)가 공간을 통해 근접하는 수소에 전해진다. NOE에 기초를 둔 이 신규 cross peak가 공유결합적으로는 떨어져 있는 수소 사이에 관측되면 당핵 수소끼리가 일정한 근거리에 존재한다는 것을 알 수 있다(그림 2). 이 입체적 제약을 만족하는 구조를 만듦에 따라 자연스레 단백질의 입체 구조가 정해진다.

NMR에 의한 단백질의 입체 구조의 해석은 X선 결정 해석법을 보완하는 것이다. 그 이점은 생체 내의 상황에 더 가깝다고 생각되는 용액 중에서의 측정이라는 점, 또 결정

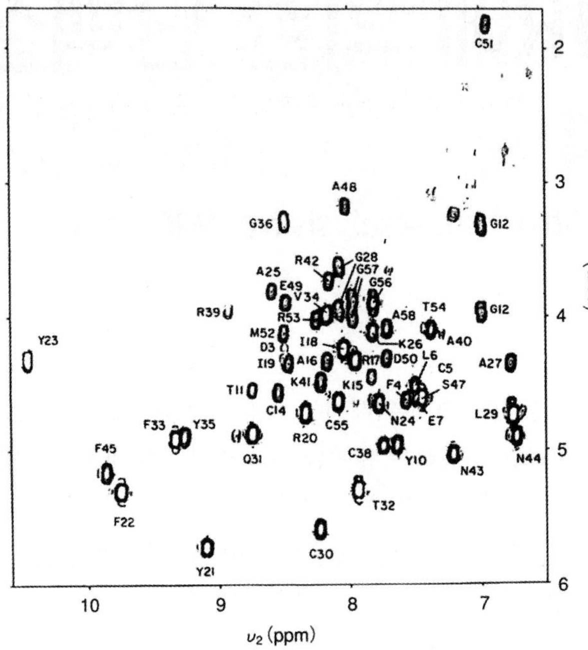

| 그림 1 | Trypsin 저해제의 COSY spectrum

아미노산의 α 수소의 영역(세로축)과 아마이드 수소의 영역(가로축)의 상관을 측정하고 있다.
G. Wagner, *J. Mol. Biol.*, 155, 348, Fig.1, 353, Fig.3(1982)에서.

화하기 어려운 단백질도 측정이 가능하다는 점 등이다. 그러나 반대로 원리적 또는 기술적인 이유로 분자량이 수 만 이하의 단백질에 한정된다는 결점도 있다.

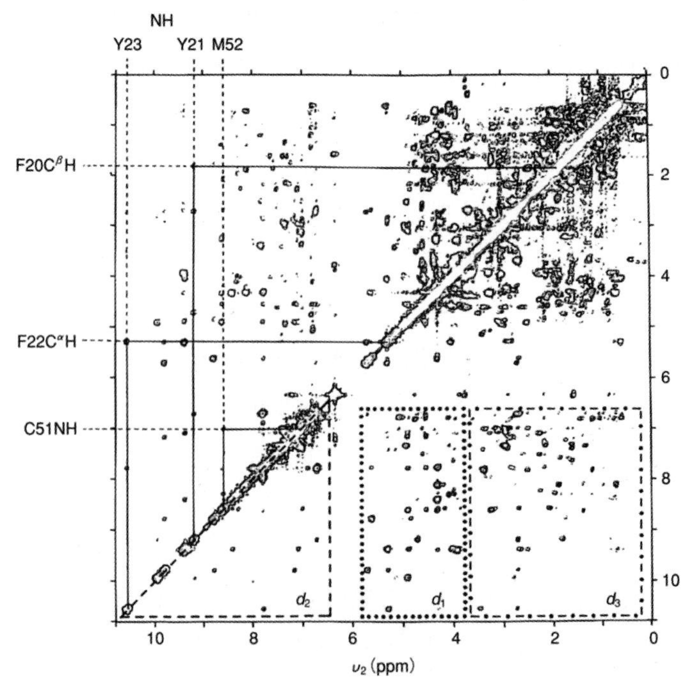

| 그림 2 | Trypsin 저해제의 NOESY 스펙트럼

G. Wagner, et al., *J. Mol. Biol.*, 155, 350, Fig. 2 (1982)에서.

또한 실제의 측정에 이용되는 장치는 100~800 MHz의 라디오파를 이용하고, 자장의 강도는 1.4~18.8 T(Tesla, 테스라)이다. 자장이 강하면 강할수록 감도는 향상하고, 흡수선의 겹침도 적어지기 때문에, 복잡한 구조의 분자를 해석하는 경우에는 더 고성능의 장치가 유리하다.

부록 노벨 생리의학상과 화학상 수상자 일람

년	생리 의학상	화학상
1901	E. A. von Behring (독) 디프테리아 혈청 치료요법의 창시	J. H. van 't Hoff (네덜란드) 화학동역학 법칙 및 용액의 삼투압 발견
1902	R. Ross (영) 말라리아에 관한 연구업적	H. E. Fischer (독) 당과 퓨린 합성에 관한 연구
1903	N. R. Finsen (덴마크) 광선에 의한 피부질환 치료법 연구	S. A. Arrhenius (스웨덴) 전해질 이론의 연구(이온설)
1904	I. P. Pavlov (러) 소화선의 실험생리학적 연구	W. Ramsay (영) 희소가스원소의 발견
1905	R. Koch (독) 결핵 연구	J. F. W. A.von Baeyer (독) 유기염료, 히드로 방향족화합물에 관한 연구
1906	C. Golgi (이탈리아), S. R. Cajal (스페인) 신경조직의 구조 연구	H. Moissan (프) 불소의 단리
1907	C. L. A. Laveran (프) 질병유발 원생동물의 역할 발견	E. Buchner (독) 발효의 생화학적 연구
1908	P. Ehrlich (독), P. Mechnikov (러) 면역에 관한 연구	E. Rutherford (영) 방사선, 방사붕괴의 연구
1909	E. T. Kocher (스위스) 갑상선의 생리, 병리, 외과학적 연구	F. W. Ostwald (독) 촉매 작용, 화학평형과 반응 속도에 관한 연구
1910	A. K. L. M. L. Kossel (독) 핵단백질에 관한 연구	O. Wallach (독) 테르펜류의 연구
1911	A. Gullstrand (스웨덴) 눈의 광학이론연구	M. Curie (프) 라듐 및 폴로늄 발견
1912	A. Carrel (프) 혈관봉합, 장기이식에 관한 업적	V. Grignard (프) 그리냐르 시약 발견; P. Sabatier (프) 미세한 금속의 존재 하에서의 유기화합물의 수소화 반응방법
1913	C. R. Richet (프) 과민증의 연구	A. Werner (스위스) 분자 내에서의 원자의 결합 연구
1914	R. Bárány (오스트리아) 전정기관의 생리, 병리의 연구	T. W. Richards (미) 원자량의 정밀 측정
1915	수상자 없음.	R. M. Willstätter (독) 클로로필의 연구
1916	수상자 없음.	수상자 없음.
1917	수상자 없음.	수상자 없음.
1918	수상자 없음.	F. Haber (독) 질소와 수소에서 암모니아 합성
1919	J. Bordet (벨기에) 면역에 대한 여러 가지 발견	수상자 없음.
1920	S. A. S. Krogh (덴마크) 모세관운동 조절기능 발견	W. H. Nernst (독) 열화학 분야의 연구
1921	수상자 없음.	F. Soddy (영) 방사성 동위체에 과한 연구
1922	A. V. Hill (영), O. F. Meyerhof (독) 근수축의 연구	F. W. Aston (영) 질량분석기의 고안과 동위체의 분리
1923	F. G. Banting (캐나다), J. J. R. Macleod (영) 인슐린의 발견	F. Pregl (오스트리아) 유기물질의 미량 원소분석법의 고안
1924	W. Einthoven (네덜란드) 혈전류계의 고안과 심전도 메커니즘 발견	수상자 없음.

년	생리 의학상	화학상
1925	수상자 없음.	R. A. Zsigmondy (독) 콜로이드 화학의 기초적 연구
1926	J. A. G. Fibiger (덴마크) Spiroptera 암의 발견	T. Svedberg (스웨덴) 분산콜로이드의 연구
1927	J. Wagner-Jauregg (오스트리아) 마비성 치매에 대한 말라리아 접종의 치료 효과 발견	H. O. Wieland (독) 담즙산의 연구
1928	C. J. H. Nicolle (프) 발진티푸스 연구	A. O. R. Windaus (독) 스테롤의 구조 및 비타민으로 전환될 수 있는 스테롤에 관한 연구
1929	C. Eijkman (네덜란드) 각기의 연구에 의한 비타민 B1발견의 단서발견 F. G. Hopkins (영) 성장촉진 비타민 발견	A. Harden (영), H. K. A. S. von Euler-Chelpin (스웨덴) 당의 발효와 이 반응에 관여하는 효소 작용에 관한 연구
1930	K. Landsteiner (오스트리아) 혈액형의 발견	H. Fischer (독) 헤민의 합성, 폴피린 류의 구조 결정
1931	O. H. Warburg (독) 호흡 효소의 연구	C. Bosch (독), F. Bergius (독) 고압화학의 연구 개발
1932	C. S. Sherrington (영), E. D. Adrian (영) 신경세포의 기능에 관한 발견	I. Langmuir (미) 표면화학의 연구
1933	T. H. Morgan (미) 염색체 유전기능	수상자 없음.
1934	G. R. Minot (미), W. P. Murphy (미), G. H. Whipple (미) 빈혈에 관한 간장 치료법 발견	H. C. Urey (미) 중수소 발견
1935	H. Spemann (독) 배(胚)의 성장에서의 유도 작용 발견 등 실험발생학의 기초적 연구	F. Joliot (프), I. Joliot-Curie (프) 인공방사능의 발견
1936	H. H. Dale (영), O. Loewi (독) 신경충격의 화학적 전달의 발견	P. J. W. Debye (네덜란드) 분자의 전자기적 성질에 관한 연구
1937	A. Szent-Györgyi (헝가리) 생물학적 연소의 발견	W. N. Haworth (영), 비타민 C의 합성; P. Karrer (스위스) 비타민 A 및 카로티노이드의 연구
1938	C. J. F. Heymans (벨기에) 호흡조절에서 정맥과 대동맥 작용 메커니즘의 중요성 발견	R. Kuhn (독) 비타민에 관한 연구
1939	G. J. P. Domagk (독) prontosil의 항균 효과의 발견	A. F. J. Butenandt (독) 성호르몬 연구; L. Ruzicka (스위스) 폴리메틸렌 및 테르펜류의 연구
1940	수상자 없음.	수상자 없음.
1941	수상자 없음.	수상자 없음.
1942	수상자 없음.	수상자 없음.
1943	H. C. P. Dam (덴마크), E. A. Doisy (미) 비타민 K 발견, 단리, 합성	G. von Hevesy (헝가리) 방사성 동위원소의 추적자로의 이용 연구
1944	E. J. Erlanger (미), H. S. Gasser (미) 신경섬유의 기능에 관한 연구	O. Hahn (독) 원자핵분열 발견
1945	A. Fleming (영), E. B. Chain (영), H. W. Florey (영) 페니실린과 그 치료 가치의 발견	A. I. Virtanen (핀란드) 케토산의 연구
1946	H. J. Muller (미) X선 조사에 의한 인공돌연변이의 연구	J. B. Sumner (미) 효소의 결정화 발견; J. H. Northrop (미), W. M. Stanley (미) 바이러스의 결정화
1947	F. C. Cori, G. T. Cori (미) 당 대사의 연구; B. A. Houssay (아르헨티나) 당 대사와 뇌하수체 전엽호르몬의 관계 연구	R. Robinson (영) 알칼로이드의 연구
1948	P. H. Müller (스위스) DDT의 살충 작용의 발견	A. W. K. Tiselius (스웨덴) 전기영동장치의 고안과 이를 이용한 혈청단백질의 연구

년	생리 의학상	화학상
1949	W. R. Hess (스위스) 간뇌의 내장 제 기관의 조절기능 발견; A. C. de A. F. E. Moniz (포르투갈) 정신분열증에서 전두엽 백질 절단술의 치료적 가치의 발견	W. F. Giauque (미) 극저온에서의 물질의 운동 연구
1950	E. C. Kendall (미), P. S. Hench (미), T. Reichstein (스위스), 부신피질호르몬의 구조, 생리 작용에 관한 연구	O. P. H. Diels (독), K. Alder (독) 디엔 합성의 연구
1951	M. Theiler (남아프리카공화국) 황열병 왁진의 발명	G. T. Seaborg (미), E. M. McMillan (미) 초우라늄 원소의 발견
1952	S. A. Waksman (미) 스트렙토마이신의 발견	A. J. P. Martin (영), R. L. M. Synge (영) 분배 크로마토그래피 개발과 아미노산 분석에의 응용
1953	F. A. Lipmann (미) CoA의 발견; H. A. Krebs (영) 구연산 회로의 제창	H. Staudinger (독) 고분자화학의 창시
1954	J. F. Enders (미), T. H. Weller (미), F. C. Robbins (미) 소아마비 바이러스의 조직배양의 연구	L. C. Pauling (미) 화학결합의 본성에 관한 연구, 특히 복잡한 분자 구조의 연구
1955	A. H. T. Theorell (스웨덴) 호흡 효소의 연구	V. du Vigneaud (미) 폴리펩타이드 호르몬의 구조결정과 합성
1956	A. F. Cournand (미), D. W. Richards (미), W. Forssmann (독) 심장 카테터법의 개발과 응용	C. N. Hinshelwood (영), N. N. Semenov (러) 기폭반응에 관한 연구
1957	D. Bovet (이탈리아) 큐라레(Curare)의 합성	A. R. Todd (영) 뉴클레오타이드의 연구
1958	G. W. Beadle (미), E. L. Tatum (미), J. Lederberg (미) 미생물을 이용한 생화학적인 유전학의 개척	F. Sanger (영) 인슐린의 구조결정
1959	S. Ochoa (미), A. Kornberg (미) RNA, DNA 생합성의 기구에 관한 연구	J. Heyrovsky (체코슬로바키아) 폴라로그래피의 창시
1960	F. M. Burnet (호주), P. B. Medawar (영) 후천적 면역내성의 연구	W. F. Libby (미) 14C를 이용한 탄소연대측정법 개발
1961	G. von Békésy (미) 내이(內耳)의 자극에 대한 물리적 기구에 관한 발견	M. Calvin (미) 광합성 중에 발생하는 화학적 단계연구
1962	M. H. F. Wilkins (영) F. H. C. Crick (영), J. D. Watson (미) 핵산의 분자 구조와 유전정보전달의 의미의 발견	M. F. Perutz (영), J. C. Kendrew (영) X선 해석에 의한 단백질 구조의 연구
1963	J. C. Eccles (호주), A. L. Hodgkin (영), A. F. Huxley (영) 신경의 흥분, 전달에 관한 연구, 이온 기구의 제창	K. Ziegler (독), G. Natta (이탈리아) 중합촉매의 발견에 의한 고분자화학에의 공헌
1964	K. E. Bloch (미), F. Lynen (독) 콜레스테롤과 지방산 생합성의 기구와 조절에 관한 연구	D. M. C. Hodgkin (영) X선 해석에 의한 생체 물질의 구조결정
1965	F. Jacob (프), A. M. Lwoff (프), J. L. Monod (프) 효소와 바이러스 합성에 관한 유전적 제어의 연구	R. B. Woodward (미) 과거 생물에 의해서만 산출된다고 여겼던 스테롤, 클로로필의 합성
1966	F. P. Rous (미) 발암성 바이러스의 발견; C. B. Huggins (미) 전립선 암의 호르몬 치료법에 관한 연구	R. S. Mulliken (미) 분자의 화학결합 및 전자 구조에 관한 연구
1967	R. A. Granit (스웨덴), H. K. Hartline (미), G. Wald (미) 시각에 관한 화학적 생리학적 발견	R. G. W. Norrish (영), G. Porter (영), M. Eigen (독) 초고속 화학반응에 관한 연구
1968	R. W. Holley (미), H. G. Khorana (미), M. W. Nirenberg (미) 유전정보의 해독과 단백질 합성에서의 역할	L. Onsager (미) 비가역 과정의 열역학 이론 확립
1969	M. Delbr ck (미), A. D. Hershey (미), S. E. Luria (미) 바이러스의 증식기구와 유전적 구조에 관한 발견	O. Hassel (노르웨이), D. H. R. Barton (영) 화학구조의 입체적 개념 제창과 발전
1970	J. Axelrod (미), U. S. von Euler (스웨덴), B. Katz (영) 신경전달물질의 발견과 전달에 관한 연구	L. F. Leloir (아르헨티나) 당 생합성에서 당 뉴클레오타이드와 그 역할 발견

년	생리 의학상	화학상
1971	E. W. Sutherland, Jr. (미) 호르몬 작용기구에 관한 발견, cAMP의 역할	G. Herzberg (캐나다) 전자상태와 분자 구조에 대한 연구, 특히 유리기에 관한 연구
1972	E. M. Edelman (미), R. R. Porter (영) 항체의 화학구조와 기능에 관한 발견	W. H. Stein (미), S. Moore (미), RNaseA의 아미노산 배열 결정과 그 활성 중심의 구조 해명; C. B. Anfinsen (미) RNaseA를 이용하여 단백질의 입체 구조가 아미노산 배열에 의해 정해짐을 증명
1973	K. von Frisch (독), K. Lorenz (오스트리아), N. Tinbergen (영) 동물의 행동유형 연구	G. Wilkinson (영), E. O. Fischer (독) 샌트위치형 화합물의 개척에 관한 연구
1974	A. Claude (벨기에), G. E. Palade (미), C. R. de Duve (벨기에) 세포의 구조와 기능에 관한 연구	P. J. Flory (미) 고분자화학의 이론과 실험의 기본적 업적
1975	R. Dulbecco (미), H. M. Temin (미), D. Baltimore (미) 암 바이러스의 연구	J. W. Cornforth (호주) 효소촉매 반응에 있어서의 입체화학적 연구; V. Prelog (스위스) 유기화합물 반응의 입체화학 및 천연화합물의 연구
1976	D. C. Gajdusek (미), B. S. Blumberg (미) 지발성(遲發性) 바이러스 감염증의 연구	W. N. Lipscomb (미) 보란의 구조연구
1977	R. C. L. Guillemin (미), A. V. Schally (미) 뇌의 펩타이드 호르몬 연구; R. S. Yalow (미) 펩타이드 호르몬의 방사성동위체 표식 면역정량법의 개발	I. Prigogine (벨기에) 비평형 열역학 연구
1978	W. Arber (스위스), H. O. Smith (미), D. Nathans (미) 제한 효소의 발견과 유전공학에의 응용	P. D. Mitchell (영) 생체 내 에너지 전환에서 '화학 삼투압 설'을 제창
1979	A. M. Cormack (미), G. N. Hounsfield (영) 컴퓨터를 사용한 X선 단층사진의 연구 개발	H. C. Brown (미) 붕소를 이용한 유기화학 합성의 개발; G. Wittig (독) 유기인산을 기본으로 하는 합성반응의 개발
1980	G. D. Snell (미), B. Benacerraf (미), J. Dausset (프) 주요조직적합성 유전자 복합체의 해석과 면역응답기구에 관한 연구	W. Gilbert (미), F. Sanger (영), P. Berg (미) DNA의 염기 배열의 결정법 개발
1981	T. N. Wiesel (스웨덴), R. W. Sperry (미), D. H. Hubel (미) 대뇌 생리에 관한 연구	K. Fukui (일), R. Hoffmann (미) 프런티어 궤도론을 이용한 분자의 전자구조에 관한 연구
1982	S. K. Bergstr m (스웨덴), B. I. Samuelsson (스웨덴), J. R. Vane (프) 프로스타그란딘의 생리활성에 관한 연구	A. Klug (영) 생체고분자의 미세구조의 연구
1983	B. McClintock (미) '움직이는 유전인자'의 개념의 제창	H. Taube (미) 금속착물에서의 전자이동의 반응기구에 관한 연구
1984	N. K. Jerne (덴마크), J. F. G. K hler (독), C. Milstein (아르헨티나) 면역제어기구의 이론 확립과 이를 이용한 단일클론 항체 생산기술에 관한 이론 및 개발	R. B. Merrifield (미) solid 상태에서의 폴리펩타이드 합성방법 개발
1985	M. S. Brown (미), J. L. Goldstein (미) 콜레스테롤 대사에 관련된 세포 수용체의 발견과 질환의 연구	J. Karle (미), H. A. Hauptman (미) 결정구조해석에 있어서 직접법의 확립
1986	R. Levi-Montalcini (이탈리아), S. Cohen (미) 성장인자의 발견	D. R. Herschbach (미), Y. T. Lee (미), J. C. Polanyi (캐나다) 화학반응과정의 동역학적인 연구
1987	S. Tonegawa (일) 항체의 다양성을 유전학적으로 규명	C. J. Pedersen (미), D. J. Cram (미), J.-Marie Lehn (프) 높은 선택성으로 구조특이적인 상호 작용을 수행하는 분자의 개발과 그 응용
1988	J. W. Black (영), G. B. Elion (미), G. H. Hitchings (미) 약물요법에 있어서 중요한 이론의 발견	J. Deisenhofer (독), R. Huber (독), H. Michel (독) 광합성 반응중심의 삼차원 구조의 결정

년	생리 의학상	화학상
1989	J. M. Bishop (미), H. E. Varmus (미) 암 유발 유전자 연구	S. Altman (미), T. R. Cech (미) RNA의 촉매기능의 발견
1990	J. E. Murray (미), E. D. Thomas (미) 신장과 골수 이식에 관한 연구	E. J. Corey (미) 복잡한 유기화합물의 합성이론과 방법론의 개발
1991	E. Neher (독), B. Sakmann (독) 세포의 단일 이온채널의 발견	R. R. Ernst (스위스) 고분해능 NMR 분광학의 방법론의 개발
1992	E. H. Fischer (스위스), E. G. Krebs (미) 가역단백질의 인산화 발견	R. A. Marcus (미) 용액 중의 전자이동반응의 속도론 연구
1993	P. A. Sharp (미), R. J. Roberts (영) 절단 유전자 발견	K. B. Mullis (미), M. Smith (캐나다) DNA 연구방법의 개발 (PCR, 유전자변이 도입방법 개발)
1994	M. Rodbell (미), A. G. Gilman (미) G-단백질의 발견과 세포 내 신호전달에서의 역할 해명	G. A. Olah (미) 카르보카치온의 존재의 증명과 성질의 연구
1995	E. B. Lewis (미), C. N sslein-Volhard (독), E. F. Wieschaus (미) 초기의 배(胚)발생에서의 유전적 조절 제어의 연구	P. Crutzen (독), M. Molina (미), F. S. Rowland (미) 오존층의 형성과 파괴의 메커니즘의 연구
1996	P. C. Doherty (호주), R. M. Zinkernagel (스위스) 면역체계가 바이러스에 감염된 세포를 인식하는 방법의 발견	R. F. Curl Jr. (미), R. E. Smalley (미), H. W. Kroto (미) 탄소 풀러렌(C60)의 발견
1997	S. B. Prusiner (미) '프리온 설'의 제창	P. D. Boyer (미), J. E. Walker (영), J. C. Skou (덴마크) ATP 합성과 분해에 관한 효소의 연구
1998	R. F. Furchgott (미), L. J. Ignarro (미), F. Murad (미) 순환계에서 신호전달 분자 일산화질소(NO)의 발견	W. Kohn (미), J. A. Pople (영) 컴퓨터를 사용한 분자반응 연구방법 고안
1999	G. Blobel (미) 세포 내 단백질 이동 경로를 규정하는 특정 신호체계 발견	A. H. Zewail (미) 초고속 분광학 기술을 이용한 화학반응의 전이상태의 연구
2000	A. Carlsson (스웨덴), P. Greengard (미), E. Kandel (미) 신경전달물질과 그 작동 원리 발견	A. J. Heeger (미), A. G. MacDiarmid (미), H. Shirakawa (일) 전도성 폴리머의 발견과 개발
2001	L. H. Hartwell (미), T. Hunt (영), Sir P. M. Nurse (영) 세포 주기를 조절하는 주요한 제어인자의 발견	W. S. Knowles (미), R. Noyori (일) , K. B. Sharpless (미) 촉매를 이용한 비대칭 합성기법 개발
2002	S. Brenner (영), H. R. Horvitz (미), J. E. Sulston (영) 기관발생과 세포의 자살 메커니즘의 유전적 제어 연구	J. B. Fenn (미), K. Tanaka (일), K. Wüthrich (스위스) 생체고분자의 동정 및 구조해석을 위한 수법의 개발
2003	P. C. Lauterbur (미), P. Mansfield (영) 자기공명영상화 장치의 기본원리의 개발	P. Agre (미), R. MacKinnon (미) 생체세포막에 존재하는 물질의 통로에 관한 연구
2004	R. Axel (미), L. B. Buck (미) 후각수용체와 후각 시스템의 해명	A. Ciechanover (이스라엘), A. Hershko (이스라엘), I. Rose (미) 유비큐틴을 통한 단백질 분해 메커니즘 발견
2005	B. J. Marshall (호주), J. R. Warren (호주) 위염,위궤양의 원인 균인 헬리코박터 파일로리균 발견 및 발병 메커니즘 규명	Y. Chauvin (프), R. H. Grubbs (미), R. R. Schrock (미) 유기합성에서의 메타세시스 (metathesis) 반응의 개발
2006	A.Z. Fire (미), C. C. Mello (미) RNA 간섭의 발견	R. D. Kornberg (미) 진핵생물에서의 유전정보 전사의 기초적 연구
2007	M. R. Capecchi (미), Sir M. J. Evans (영), O. Smithies (미) 쥐의 줄기세포를 이용하여 특정 유전자를 바꿀 수 있는 원리의 발견	G. Ertl (독) 물질의 표면에서 일어나는 화학반응 연구
2008	H. zur Hausen (독) 자궁경부암 유발 바이러스의 발견; F. Barr - Sinoussi (프), L. Montagnier (프) 에이즈 바이러스의 발견	O. Shimomura (일), M. Chalfie (미), R. Y. Tsien (미) 형광 단백질(GFP) 발견과 개발

년	생리 의학상	화학상
2009	E. H. Blackburn (미), C. W. Greider (미), J. W. Szostak (미) 염색체가 말단소립(텔로미어, Telomere)과 말단소립 복제 효소 (Telomerase)에 의해 보호되는 원리의 발견	V. Ramakrishnan (영), T. A. Steitz (미), A. E. Yonath (이스라엘) 리보좀의 구조와 기능에 관한 연구
2010	R. Heck (미), E. Negishi (일), A. Suzuki (일) 팔라디움 (Pd) 촉매를 이용한 탄소와 탄소의 cross coupling 반응의 발견	R. G. Edwards (영) 체외수정 기술의 개발
2011	D. Shechtman (이스라엘) 준결정 (Quasicrystal) 의 발견	B. Beutler (미), J. A. Hoffmann (룩셈부르크), R. M. Steinman (캐나다) 면역체계의 활성화 메커니즘의 규명 (수용체 발견, 선천성 면역반응, 획득 면역반응의 연구)
2012	J. B. Gurdon (영), S. Yamanaka (일) 분화 후 체세포의 만능줄기세포(iPS)로의 변환연구	R. J. Lefkowitz (미), B. K. Kobilka (미) G 단백질 결합 수용체 (G-protein coupled receptors, GPCR)의 발견
2013	James E. Rothman (미), Randy W. Schekman (미), Thomas C. Südhof (미) 우리 몸 세포의 주요 운반 시스템인, 소포체 운반 조절 기구 발견	Martin Karplus (미), Michael Levitt (미), Arieh Warshel (미) 컴퓨터로 화학반응 예측 기술개발
2014	John O'Keefe (미), May-Britt Moser (노르웨이), Edvard I. Moser (노르웨이) 뇌의 공간인지시스템 구성 세포의 발견	Eric Betzig (미), Stefan W. Hell (독), William E. Moerner (미) 초고해상도 형광 현미경의 개발
2015	William C. Campbell (미), Satoshi Omura (일) 회충·구충·폐충·사상충 등의 기생충 치료제, 아버맥틴 개발 Tu Youyou (중국) 개똥쑥에서 말라리아 치료의 특효 성분인 아르테미시닌 개발	Tomas Lindahl (영), Paul L. Modrich (미), Aziz Sancar (미) DNA 미스매치 복구 메커니즘 규명
2016	Yoshinori Ohsumi (일) 오토파지(자가소화 작용)의 메커니즘 발견	Jean-Pierre Sauvage (프), Fraser Stoddart (영), Ben Feringa (네덜란드) 분자 기계의 디자인과 합성
2017	Jeffrey C. Hall (미), Michael Rosbash (미), Michael W. Young (미) 생체 시계를 통제하는 분자 메커니즘 발견	Jacques Dubochet (스위스), Joachim Frank (독), Richard Henderson (영) 생체 분자의 고해상도 구조 결정을 위한 저온전자 현미경의 개발
2018	James P. Allison (미), Tasuku Honjo (일) 면역조절항암제 발견과 암 치료에 응용	Frances Arnold (미) 효소(단백질)를 이용한 실험실내 진화 연구, George Smith (미), Sir Gregory Winter (미) 새로운 단백질 진화 연구의 도구 개발 (phage display)
2019	William Kaelin Jr. (미), Peter J. Ratcliffe (영), Gregg L. Semenza (미) 산소 농도에 따른 세포의 적응 메커니즘 발견	John B. Goodenough (미), M. Stanley Whittingham (영), Akira Yoshino (일) 리튬 이온 전지 개발

편저역자

지 광 환
국립금오공과대학교 응용화학과 교수

고려대학교 (학사)
일본 교토대학교 (석사, 박사)
일본 교토대학교 화학연구소, 박사연구원
미국 국립보건연구원 (NIH, NIDDK) 초빙연구원
미국 Fox Chase 암 연구소, 선임연구원
일본 교토대학교 초빙교수
한국미생물생명공학회 이사

저서 및 역서
일반화학(2004, 자유아카데미), 생화학 기초의 기초 (2009, 자유아카데미), 화학의 기본개념 (2010, 자유아카데미), 기초 고분자화학(2010, 자유아카데미), 생화학 기초의 두드림 (2013, 자유아카데미), 일반화학 개념과 비판적 사고 (제8판) (2018, 탐구당)

생화학 기초 개념
Basic Concept of Biochemistry

1판 인쇄 2020년 8월 25일
1판 발행 2020년 8월 31일

편 저 Nobuyoshi Esaki, Hiroyoshi Fujita
편저역 지광환
펴낸이 홍정수
펴낸곳 탐구당

출판등록 1950. 11. 1 서울 제 03-00993호
04382 서울특별시 용산구 한강대로 62 나길 6
전화 (02)3785 - 2211~2 | 팩스 (02)3785 - 2272
E-mail : tamgudang@paran.com | http://www.tamgudang.co.kr

ISBN 978-89-6499-046-9 93570

값 33,000원

이 도서의 국립중앙도서관 출판예정도서목록(CIP)은 서지정보유통지원시스템 홈페이지(http://seoji.nl.go.kr)와 국가자료종합목록 구축시스템(http://kolis-net.nl.go.kr)에서 이용하실 수 있습니다. (CIP제어번호 : CIP2020033051)